中国美丽乡村建设生态工程技术与实践

◇ 苏进展 李 翔 黄国勤 主编

中国农业科学技术出版社

图书在版编目（CIP）数据

中国美丽乡村建设生态工程技术与实践 / 苏进展，李翔，黄国勤主编 . —北京：中国农业科学技术出版社，2017. 11

ISBN 978-7-5116-3323-1

Ⅰ. ①中… Ⅱ. ①苏… ②李… ③黄… Ⅲ. ①城乡建设－研究－中国Ⅳ. ①F299.21

中国版本图书馆 CIP 数据核字（2017）第261997 号

责任编辑 白姗姗
责任校对 贾海霞

出 版 者 中国农业科学技术出版社
北京市中关村南大街12号 邮编：100081
电　　话 （010）82106638（编辑室）（010）82109702（发行部）
（010）82109709（读者服务部）
传　　真 （010）82106650
网　　址 http: // www.castp.cn
经 销 者 各地新华书店
印 刷 者 北京富泰印刷有限责任公司
开　　本 889mm×1 194mm 1/16
印　　张 33.5
字　　数 1 000千字
版　　次 2017年11月第1版 2018年1月第2次印刷
定　　价 498.00元

《中国美丽乡村建设生态工程技术与实践》

编委会

内容简介

我国美丽乡村生态建设是美丽中国的基础组成。是利用乡村青山绿水资源，发展“三农”产业，缩小城乡差别，推进现代化农业可持续发展的新战略工程。我国美丽乡村生态建设起步晚，但发展快、势头猛。目前，美丽乡村建设正处于全国试验示范阶段。经过近几年努力，我国美丽乡村建设取得了令世人瞩目的成就。2016年全国休闲农业和乡村旅游接待游客近21亿人次，营业收入超过5 700亿元，占国内旅游总收入14.6%，并以年30%速度递增，展示了中国美丽乡村生态建设的发展前景。

我国美丽乡村生态建设是提升“三农”建设，促进农村社会经济持续发展的重大举措。美丽乡村是社会、经济、文化、生态环境等多元素完美结合的统一体，是自然与人、物质与文化、生产与生活、传统与现代结合的农业综合系统工程。不仅展现乡村山水田林路居生态环境资源的自然美，还反映农林牧副渔游乡村产业经济的发展、农民生活水平的提高、生活质量的改善、幸福指数的提升等研究开发内容。因此，美丽乡村生态建设及产业发展是我国农业亟待突破的重大科学技术问题。

《中国美丽乡村建设生态工程技术与实践》书著出版，展示了中国美丽乡村生态建设近几年综合研究开发取得的重大成果。中国美丽乡村建设涉及社会科学与自然科学。就美丽乡村生态工程学而言，它隶属于农业生态学科系统，也涉及农学的土、肥、水、种、栽培、植保、农机和农业管理等各分支学科。本书是我国第一部系统反映中国美丽乡村生态建设创新成就的专著。全书共分十四章，论述了我国美丽乡村建设生态工程学的理论体系、技术体系和市场体系，剖析了发展乡村生态产业典型示范区规划设计与施工实践，展示了我国美丽乡村生态建设巨大成就，反映了我国美丽乡村生态建设重大技术突破和创新。

本书以论文题材编写，内容丰富，数据严谨，案例突出，具有较高的学术性、实践性和可读性价值。既可作为美丽乡村生态建设专业技术人员和工程管理人员的科研、工作参考书，亦可作为城乡规划、园林景观、农业管理等专业大专院校师生及研究生辅助教材。

美丽乡村生态建设，是美丽中国建设的基础和重要组成部分。2013年中央一号文件，第一次提出了建设“美丽乡村”的目标，指出：必须加快农村基础设施建设，加大环境治理力度，营造良好的生态环境，促进农业增效、农民增收。

按照中央文件精神，全国各地积极推进美丽乡村建设，尤其是加快推进美丽乡村生态建设，并已取得积极进展和显著成效。

厦门日懋城建园林建设股份有限公司及深圳市日昇园林绿化有限公司是专门从事美丽乡村生态建设工程的企业，近年来，已完成大量工程项目，取得良好的社会效果。

为了全面总结和反映公司在美丽乡村生态建设方面取得的成效和成果，公司组织全国有关教学科研单位从事该领域研发的专家，共同编写了《中国美丽乡村建设生态工程技术与实践》一书。全书共十四章，约100万字，是一部学术性、实践性和可读性都较强的科技著作。该书具有以下几个明显特点与创新。

一是梳理了我国美丽乡村生态工程学的理论体系、技术体系，为丰富和完善我国农业生态工程学科体系做出了贡献。

二是提出了开展美丽乡村生态建设工程前期规划，应从土地利用、农业布局、产业发展等方面着手，这为美丽乡村生态建设与产业发展明确了方向。

三是从乡村生态经济产业发展和农业产业结构调整的角度，指出田园植物选择，应以发展经济作物和经济果木为主体，以不断提高乡村旅游区的经济效益，促进经济发展。

四是依据不同气候带的自然资源状况，建立适合不同生态区域的美丽乡村典型模式，并因地制宜地规划乡村产业发展，这为美丽乡村生态经济产业发展提供了依据和示范。

进入“十三五”，国家提出发展6 000个宜居宜业宜游美丽乡村，重点发展休闲农业和乡村旅游产业。同时，“十三五”期间，要实现全国农村贫困人口全部脱贫。在这一形势和背景下，我对今后加强美丽乡村生态建设的科学研究，提出以下三点意见和建议，供有关方面参考。

一是加强美丽乡村生态建设理论与实践的研究。在理论上，阐明美丽乡村生态建设的作用和机制；在实践上，提出美丽乡村生态建设的具体模式，并进行示范推广。

二是加强乡村旅游产业园区生态环境质量提升和优化的研究。主要开展乡村旅游园区生态环境破坏因素及污染源的动态监测、土壤污染类型及防治技术、黑臭水体的工程措施与生物措施的防护技术、污泥（污染物质）禁入食物链的园林湿地利用技术等方面的研发，为美丽乡村建设及生态旅游产业持续发展提供创新技术。

三是开展美丽乡村生态建设、农业产业布局与农村经济社会协同发展的研究。要探明三者协同发展的内在机制、现实模式及关键技术。

总之，只要积极、有序地开展美丽乡村生态工程建设，经过若干年的努力和奋斗，“美丽乡村”必将呈现在祖国的大江南北。是为序。

中国科学院院士 赵其国

2017年7月25日

前言 FOREWORD

我国美丽乡村生态建设是美丽中国的建设基础，是提升“三农”建设，推进现代化农业持续发展的新工程、新载体。我国美丽乡村生态建设起步晚，但发展快、势头猛。目前，美丽乡村建设正处于全国试验示范阶段。经过近几年努力，我国美丽乡村建设取得了令世人瞩目的成就。就农业生态旅游而言，据国家旅游局发布数据显示，2016年国内旅游总收入39 000亿元，其中全国休闲农业和乡村旅游接待游客近21亿人次，营业收入超过5 700亿元，约占全国旅游总收入14.6%；2016年乡村旅游收入又比2015年增加1 300亿元，增收29.5%。带动672万户农民受益。全国共创建休闲农业和乡村旅游示范县328个，推介中国美丽休闲乡村370个，认定中国重要农业文化遗产62项，在全国培育了一批生态环境优、产业优势大、发展势头好、带动能力强的发展示范典型。

厦门日懋城建园林建设股份有限公司及深圳市日昇园林绿化有限公司，是专业从事美丽乡村生态建设工程、土壤生态修复、城乡水利资源保护工程的企业，近年来，打造了一批优秀的生态示范典型工程案例，取得了良好的生态、经济和社会效果。本书以公司工程业绩为背景，以美丽乡村生态工程实践和企业科研成果为主线，以国内美丽乡村生态建设先试先行成功典型为分析范例，组织编写、出版《中国美丽乡村建设生态工程技术与实践》一书。同时，还邀请了国内和市内知名专家组成写作团队，秉承“乡村生态、理论与技术、工程实践”的宗旨，共同完成这富有深远意义的编著工作，以期为中国美丽乡村生态建设工程学创新和发展做出科技贡献。

《中国美丽乡村建设生态工程技术与实践》一书，是我国第一部系统总结美丽乡村生态建设工程科技书著。从“三农”建设及农业生态学发展角度看，该书具有以下创新点。

一是梳理了我国美丽乡村生态工程学的理论体系、技术体系，为丰富和完善我国农业生态工程学科体系做出了贡献。

二是提出了开展美丽乡村生态建设工程前期规划，应从土地利用、农业布局、经济产业发展等方面着手，这为美丽乡村生态建设与产业发展明确了方向。

三是介绍了美丽乡村生态建设的水土保持、田园土壤管控、山体生态修复等研发成果，肯定了保护乡村土壤资源，是美丽乡村生态建设的基础，农业增效、农民增收的根基所在。

四是从乡村生态经济产业发展和农业产业化结构调整的角度，指出田园植物选择，应以发展经济作物和经济果木为主体，以不断提高乡村旅游区的经济效益，促进农村经济发展。

五是依据不同气候带的自然资源状况，建立适合不同生态区域的美丽乡村典型模式，并因地制宜地规划乡村产业发展，这为美丽乡村建设生态经济产业发展区划提供了依据。

六是以贵阳白云区十九寨乡村旅游规划实施和南昌西湖李家乡村生态旅游创建为例，剖析了美丽乡村建设生态旅游规划、施工与创建的实践示范成果。以管窥展示我国美丽乡村建设生态工程技术的创新与突破。

全书共分十四章，论述了我国美丽乡村建设生态工程的理论体系、技术体系和市场体系，剖析了典型美丽乡村建设生态设计与施工实践，展示了我国美丽乡村生态建设的巨大成就，凸显了我国美丽乡村生态建设的技术突破与自主创新。

第一章，中国美丽乡村生态建设的战略意义及发展趋向。阐明了我国美丽乡村生态建设取得了突破性进展，美丽乡村建设对生态环境及人居安全的影响，国内外美丽乡村生态工程建设研究进展，我国美丽乡村建设生态工程技术研究主要创新成就。本章由黄国勤、苏进展、张颖睿、余小红、郑明主笔编写。

第二章，中国美丽乡村建设生态工程学理论体系。阐述了美丽乡村生态工程学的学科体系定位，农业生态学原理，美丽乡村生态学原理，乡村景观生态工程学原理，乡村生态工程的建筑学原理，乡村生态工程的植物学原理。本章由黄国勤、赖庆旺、张俊云、王兰、黄慧青主笔编写。

第三章，中国美丽乡村生态工程建设的基本条件及建设标准。分析了美丽乡村的分类及其特点，构建美丽乡村建设的基本条件，从环境、人居、产业发展方向等，论述了中国美丽乡村生态工程建设的基本条件及建设标准。本章由黄庆海、朱伟华、肖国滨、韩明江、蓝茂富主笔编写。

第四章，美丽乡村生态工程建设与环境整治规划。论述了美丽乡村土地利用规划技术、美丽乡村综合生态体系建设技术、美丽乡村建设绿地规划技术、发展美丽乡村生态旅游产业的规划技术，发展乡村生态经济产业的规划技术。本章由李翔、周林涛、杜小姣、葛永强、徐芬主笔编写。

第五章，美丽乡村生态工程的植物选择与配置技术。论述了美丽乡村生态景观植物的选择原则与标准、美丽乡村水土保持植物选择、美丽乡村经济植物的选择、美丽乡村园林植物品种选择、美丽乡村生态工程建设的植物群落配置技术。本章由周林涛、张寿洲、白史且、陈涛、刘荣堂、李冲主笔编写。

第六章，美丽乡村生态景观工程的建造技术。介绍了草坪种植技术、苗木繁殖技术、乡村建设苗木种植技术、大树移植技术、发展乡村旅游设施农业（大棚栽培）。本章由杜小姣、王岚、朱敏群、苏振裕、舒绍才主笔编写。

第七章，美丽乡村田园土壤质量提升与管控技术。从乡村田园土壤主要类型、不同利用方式的田园土壤特性、田园土壤改良的基本原理、有机农业土壤培肥技术途径、有机农业作物营养与施肥等方面论述了田园土壤质量管控技术。本章由赖庆旺、赖涛、黄庆海、周生、王自在主笔编写。

第八章，美丽乡村水源保护与利用技术。以粤赣东江源为例，从东江水源存在的主要问题、水源保护林建设及林分类型结构、水源保护与利用及其效益分析、东江水源保护区饮用水质量现状、评价及历史贡献等方面看美丽乡村水源保护的重大意义。本章由赖涛、陈霞、吴长文、陆子锋、马永林主笔编写。

第九章，受损山体的生态修复技术。从受损山体类型及特点、生态修复工程指导原则、生态修复技术等方面，论述了受损山体边坡的生态修复技术。并列举了三亚三个岩体边坡生态修复工程共性设计、三亚不同岩体边坡生态修复工程的施工图设计及实施效果示范。本章由董文庆、孙红梅、马永林、罗喜梅、周勇主笔编写。

第十章，中国不同生态区域美丽乡村典型模式。论述了中国不同生态区域类型分布及主要特点、不同区域美丽乡村主要示范模式、依靠生态区位资源开发美丽乡村建设模式的成功经验、美丽乡村生态工程典型施工模式剖析。本章由黄国勤、王志强、杜小姣、周生、雷江丽、潘小平主笔编写。

第十一章，美丽乡村产业发展途径及效益评价。阐述了美丽乡村产业发展状况、美丽乡村产业产品链及其构成、美丽乡村产业发展水平及试点示范管理经验、美丽乡村产业要素及效益评价标准、美丽乡村产业经营模式、美丽乡村产业发展制约因素及面临挑战、美丽乡村产业发展的提升途径，指出了美丽乡村产业发展途径及效益评价。本章由黄庆海、肖国滨、王岚、黄东光、马永林主笔编写。

第十二章，美丽乡村规划设计及实施结果（以贵阳市白云区十九寨为例）。从规划策略、定位、目标、内容表达、规划主题等方面，对我国西南地区美丽乡村生态工程规划设计进行了剖析。本章由李翔、杜小姣、马永林、周勇、赖锋主笔编写。

第十三章，美丽乡村生态旅游示范工程的创建及其效果剖析。对南方滨湖区，江西省进贤县前坊镇西湖李家乡村生态旅游成功发展模式进行了剖析，重点介绍了西湖李家乡村生态旅游发展思路、创建过程和滚动发展经验。本章由李豆罗、刘建峰、赖庆旺、黄庆海、黄国勤主笔编写。

第十四章，中国美丽乡村生态建设的科技创新成就及发展前景。本章由苏进展、赖庆旺、黄庆海、李翔、黄国勤主笔编写。

本书在系统总结美丽乡村生态建设经验的基础上，还指出了我国美丽乡村生态建设健康持续发展，当前宜解决四个关键性问题。一是增强造血功能。美丽乡村建设过程中，涉及旧屋改造、道路铺筑、庭园绿化、水系清理等规划实施都需要大量投资，靠国家、靠企业、靠融资等乡村建设筹措资金难度大。必须边建边开放旅游，申照收门票，办农家乐、民宿等获取收益，实现滚动发展。二是改水改厕。拆移猪牛栏，人畜分离，改变脏、乱、差、臭农村卫生环境，游客进得来，留得住。三是发展乡村旅游产业，保护好乡村青山绿水，防治源头土壤、水体新污染。为农业持续发展，留住农村一片净土。四是生态景观四季造景。防春季客满，三季休业非正常营运。

本书内容全面，科学严谨，思路清晰，结构新颖，图文并茂，案例突出，有较高的学术性、实践性和可读性价值。既可作为美丽乡村生态建设科技人员、市场人员和主管部门的科研和工程施工参考书籍，又可作为相关专业大专院校师生的辅助教材，特别是美丽乡村生态建设硕士、博士研究生定向培养选题教材。

本书编写过程中，得到中国科学院赵其国院士热忱的关心和指导，并为本书荐序，特致谢意。同时，还承江西农业大学、江西省红壤研究所、贵阳市白云区政府，以及深圳市水土保持办公室、城市管理局、农科集团、深水咨询公司等单位及专家的大力支持，在此，一并致谢。

由于我国美丽乡村生态建设正处于示范发展阶段，规模性发展经验正在积累中。加之本书编著者的专业结构、认知水平和实践经历所限，本书难免有疏漏和不当之处，恳请广大读者指正。

《中国美丽乡村建设生态工程技术与实践》

编委会

主持人：

（赖庆旺，土壤学研究员，

享受国务院特殊津贴专家）

电子版制作：杜小姣、周林涛

2017 年 8 月 8 日

目录 CONTENTS

第一章　中国美丽乡村生态建设的战略意义及发展趋向

第一节　美丽乡村概述

一、美丽乡村溯源

“美丽乡村”一词提出时间，可从学界、政界两个层面来考察。

首先，从学术界来看。2017年7月29日，作者依据《中国知网》（http：//www.cnki.net），以“美丽乡村”一词为篇名，共检索出文献10 007条（篇），其中，最早一篇提出“美丽乡村”一词的文献是发表于《中国商界》1998年第1期第20至第23页的一篇文章“到‘美丽乡村’去”（作者：文/冯蕾，图/进江、达叶），此后，1999—2005年没有相关文献发表，其他年份以“美丽乡村”为主题的文献量均呈逐年递增趋势（表1-1）。

表1-1　以“美丽乡村”为篇名的文献量（1998—2017年）

年份	文献量（条/篇）	年份	文献量（条/篇）
1998	1	2008	19
1999	0	2009	34
2000	0	2010	81
2001	0	2011	168
2002	0	2012	242
2003	1	2013	1 239
2004	0	2014	1 823
2005	0	2015	2 561
2006	5	2016	2 612
2007	7	2017	1 212

注：资料来源于《中国知网》（http：//www.cnki.net），截至2017年7月29日

其次，从政府层面来看。正式提出“美丽乡村”一词是在2013年中央一号文件中。在2012年12月31日发布的2013年中央一号文件“关于加快发展现代农业进一步增强农村发展活力的若干意见”，明确提出“推进农村生态文明建设。加强农村生态建设、环境保护和综合整治，努力建设美丽乡村。”此后，关于“美丽乡村”的研究文献量明显增多。

二、美丽乡村内涵及发展方向

要搞清楚“美丽乡村”的内涵，必须了解“美丽乡村”的发展过程。2005年10月，十六届五中全会提出建设社会主义新农村的重大历史任务，指出“生产发展、生活宽裕、乡风文明、村容整洁、管理民主”的具体要求。2007年10月，“十七大”提出“要统筹城乡发展，推进社会主义新农村建设”。

可以说，“美丽乡村”是“社会主义新农村建设”的“升级版”，其要求和标准应比“社会主义新农村”更高、更优。因此，有研究认为，“美丽乡村”应是“山美水美环境美、吃美住美生活美、穿美话美心灵美”，或简要概括内涵为“产业美、环境美、生活美、人文美”。

党的“十八大”提出我国“五位一体”的发展战略，将生态文明建设融入经济建设、社会建设、文化建设各方面和全过程。在建设美丽中国的背景下，美丽乡村建设，是新农村建设的升级版，但又不仅仅是“生产发展、生活宽裕、乡风文明、村容整洁、管理民主”理念的简单复制，在“生产”“生活”“生态”三生和谐发展的思路中，“美丽乡村”还包含了对整个“三农”发展新起点、新高度、新平台、新期待，即以多功能产业为支撑的农村更具有可持续发展的活力。以优良的生态环境为依托的农村，重新凝聚现代农民守护宜居乡村生活的愿望，以农耕文化传承的农村现代文明的更新，是实现“全面小康”和“中国梦”的关键点和难点。因此，面向“三农”是美丽乡村生态建设的发展方向。

三、美丽乡村的特征

1. 时代性

“美丽乡村”是以中央文件的形式正式提出，并迅速在全国广泛实施。“美丽乡村”建设是“美丽中国”建设的重要组成部分，是全国生态文明建设的重要抓手。因此，从这一意义来讲，“美丽乡村”建设具有强烈的时代气息，反映了国家推进生态文明建设的坚强意志和强烈愿望。

目前，中国美丽乡村建设正经历由“美丽乡村建设1.0时代（即传统美丽乡村建设）→美丽乡村建设2.0时代（即‘业兴、村新、景美、人和’的现代美丽乡村建设）→美丽乡村建设3.0时代”的农业结构快速转变和产业发展。美丽乡村建设3.0时代，即乡村众创与产业融合发展的时代。由于美丽乡村的核心价值是运营，这就离不开共享经济，需要以“互联网+”为核心，形成新的众创生态圈。显然，美丽乡村的时代性特征越来越明显。

2. 综合性

“美丽乡村”不仅包括自然条件、生态环境的“自然之美”，还包括经济、产业、生产、生活等“产业之美”“经济之美”，同时，还包含着思想美、心灵美、人与人关系美，即“人文之美”。一句话，“美丽乡村”一词是涵盖自然、生态、经济、文化、社会等“之美”的综合性概念，“美丽乡村”具有综合性的特征。

“美丽乡村”的综合性特征，要求在推进美丽乡村建设时，要全方位地提升各方面的“水平”和“档次”——无论是“硬件”，还是“软件”。“硬件”包括乡村的基础设施建设和产业发展，“软件”包括人（主要是农民）的知识水平、文化道德、思想觉悟、人文素养。

3. 层次性

“美丽乡村”具有层次性的特征。如就一个自然村而言，美丽乡村建设，就是建设这一个自然村；从一个村委会来说，美丽乡村建设就不是一个自然村，而是全村委会所管辖的几个甚至十几个自然村的范围，其建设难度显然有所增加；从一个乡、一个县、一个市、一个省，甚至再大到一个国家，美丽乡村建设的范围在扩大、层次在提高、难度在增加。这就要求在推进全国美丽乡村建设的同时，各地要把自己所属、所辖地区美丽乡村建设好，要脚踏实地做好各自的美丽乡村建设。

4. 系统性

任何一个乡村或“美丽乡村”，实际上都是一个系统、一个生态系统、一个“生态—经济—技术”的复合系统、一个“自然—人—社会”的复合大系统甚至是巨系统。要使这个系统建设好，成为“美丽乡村”，运行好，促进“美丽乡村”不断发展。就要运用系统工程的理论和技术，将系统的结构调节好、调整好，同时，还必须将系统中的每一组分的“作用”“功能”发挥好。只有这样，“美丽乡村”建设才大有希望，“美丽乡村”建设才能事半功倍、成效显著。

5. 国际性

“美丽乡村”的国际性特征体现在以下3个方面：一是从世界各国而言，除了城市以外，都有农村、乡村，在推进城市发展的基础前提下，都面临着农村、乡村发展的问题，或者说，都存在建设“美丽乡村”的共同任务；二是不论哪个国家，建设“美丽乡村”，都需要借鉴国际经验，需要运用全人类最新、最前沿的科技成果，以加快“美丽乡村”建设的速度、提高“美丽乡村”建设的质量和水平，才能创造“世界一流”的美丽乡村；三是从世界发达国家“美丽乡村”建设的成功经验来看，只有重视学习国际经验、利用国际资源、加强国际交流与合作，才能“少走弯路”，才能早见成效，才能快获成功。

第二节　中国美丽乡村建设的重大战略意义

一、我国美丽乡村生态建设取得了突破性进展

我国美丽乡村生态建设是解决“三农”问题，促进农村社会经济持续发展的重大决策。在国家政策引领和农业部的具体部署下，中国美丽乡村生态建设和示范研究开发取得了重大成果。中国美丽乡村建设涉及社会科学与自然科学。就美丽乡村生态工程学而言，它隶属于农业生态学科系统，也涉及农学的土壤、肥料、水利、种子、栽培、植保、农机及农业管理等各分支学科。本研究梳理了美丽乡村生态工程的理论体系、技术体系和市场体系，为我国美丽乡村生态工程学的创新发展奠定了基础。

我国美丽乡村建设是解决农业高产徘徊，农村经济发展滞后，促进农民脱贫致富的新途径。美丽乡村生态建设要靠发展乡村一二三产业（农林牧副渔游）来实现，而最直接的产业载体是发展休闲农业和乡村生态旅游。从调研和工程实践看，多数典型案例展现乡村一旦开放旅游，旅游收入（门票+农产品销售+餐饮、民宿）占乡村总产值的70%～80%。因此，美丽乡村生态建设，是加快农村产业经济发展的好途径、好模式。

我国美丽乡村生态建设起步晚、发展快、势头猛。2016年全国休闲农业和乡村生态旅游总人数近21亿人次，营业收入5 700亿元，约占国内旅游总收入3.9万亿元的14.6%，比2015年增加1 300亿元，增收29.5%，带动672万户农民受益，出现了一批生态环境优、产业模式多样、发展势头好、带动能力强的示范典型，展示了我国美丽乡村建设蓬勃发展的光明前景。

促进我国美丽乡村生态建设健康持续发展，当前宜解决四个关键性问题。一是增强造血功能。美丽乡村建设过程中，涉及旧屋改造、道路铺筑、庭园绿化、水系清理等规划实施都需要大量投资，靠国家、靠企业、靠融资等筹措资金难度大。必须边建边开放旅游，申照收门票，办农家乐、民宿等获取收益，实现滚动发展。二是改水改厕。拆移猪牛栏，人畜分离，改变脏、乱、差、臭农村卫生环境，游客进得来，留得住。三是发展乡村旅游产业，保护好乡村青山绿水，防治源头土壤、水体新污染。为农业持续发展，留住农村一片净土。四是生态景观四季造景。防春季客满，三季休业非正常营运。

二、美丽乡村生态建设工程是我国又一基本国策

党的“十八大”提出“把生态文明建设放在突出位置，融入经济建设、政治建设、文化建设、社会建设各方面和全过程，努力建设美丽中国，实现中华民族永续发展”，确定了建设生态文明的战略任务。美丽中国是生态文明建设的目标指向，生态文明建设是建设美丽中国的必由之路。从中央到地

方，打造美丽中国的布局新篇章已经展开。推进生态文明、建设美丽中国，重在继续加强生态环境保护，积极探索在发展中保护、在保护中发展的生态环境保护新道路，遵循代价小、效益好、排放低、可持续的基本要求，努力形成节约型环保型的空间格局、产业结构、生产方式、生活方式，推进生态环境保护与经济发展的协调融合。

国务院《关于加快推进生态文明建设的意见》是国家建设“美丽中国”的纲领性文件。作为“美丽中国”建设工作的重点和难点，“美丽乡村”建设，成为我国生态文明主要发力点。

美丽乡村建设是美丽中国建设的重要组成部分，是全面建成小康社会的重大举措，是在生态文明建设全新理念指导下的一次农村综合变革，顺应社会发展趋势农村建设的升级版。它既秉承和发展了“生产发展、生活宽裕、乡风文明、村容整治、管理民主”的宗旨思路，又顺应自然客观规律、市场经济规律、社会发展规律，使美丽乡村的建设实践更加关注生态环境资源的保护和有效利用，关注人与自然和谐相处，关注农业发展方式转变，关注农业功能多样性发展，关注农村可持续发展，关注保护和传承农业文明。毋庸置疑，美丽乡村生态建设工程已成为新时期、新阶段我国的又一重要基本国策。

三、美丽乡村建设是加快农民脱贫致富奔小康的必由之路

1. 绿水青山就是金山银山

创建“美丽乡村”是推进生态文明建设的需要。在“绿水青山就是金山银山”“环境就是民生，青山就是美丽，蓝天也是幸福”经济发展新常态下，全国各地树立保护生态环境就是保护生产力，改善生态环境就是发展生产力的理念，创建美丽乡村，推进生态文明建设。美丽乡村建设是农村生态文明建设重要内容，开展美丽乡村创建活动，可为重点推进生态农业建设、推广节能减排技术、节约和保护农业资源、改善农村人居环境提供契机，这也是落实国家生态文明建设和实现美丽中国的重大举措。

2. “十三五”脱贫攻坚计划

改革开放以来，我国成功解决了几亿农村贫困人口的温饱问题，成为世界上减贫人口最多的国家，探索和积累了农耕脱贫致富的宝贵经验。中央“十八大”以来把扶贫开发摆到治国理政的重要位置，提升到事关全面建成小康社会、实现第一个百年奋斗目标的新高度，纳入“五位一体”总体布局和“四个全面”战略布局的决策部署，加大扶贫投入，创新扶贫方式，出台系列重大政策措施，扶贫开发取得巨大成就。2011—2015年，现行标准下农村贫困人口减少1亿多人、贫困发生率降低11.5个百分点，贫困地区农民收入大幅提升，贫困人口生产生活条件明显改善，上学难、就医难、行路难、饮水不安全等问题逐步缓解，基本公共服务水平与全国平均水平差距趋于缩小，为我国美丽乡村建设创造了基础条件。

当前，贫困问题依然是我国农村经济社会发展中最突出的“短板”，脱贫攻坚形势复杂严峻。从贫困现状看，截至2015年年底，我国还有5 630万农村建档立卡贫困人口，主要分布在832个国家扶贫开发工作重点县、集中连片特困地区县（以下统称贫困县）和12.8万个建档立卡贫困村，多数西部省份的贫困发生率在10%以上，民族8省区贫困发生率达12.1%。现有贫困人口贫困程度更深、减贫成本更高、脱贫难度更大，依靠常规举措难以摆脱贫困状况。

计划目标到2020年，稳定实现现行标准下农村贫困人口不愁吃、不愁穿，义务教育、基本医疗和住房安全有保障（以下称“两不愁、三保障”）。贫困地区农民人均可支配收入比2010年翻一番，增长幅度高于全国平均水平，基本公共服务主要领域指标，接近全国平均水平。确保我国现行标准下农村贫困人口实现脱贫，贫困县全部摘帽，解决区域性整体贫困（表1-2）。

表1-2　“十三五”时期贫困地区发展和贫困人口脱贫主要指标

指标	2015年	2020年	数据来源
建档立卡贫困人口（万人）	5 630	实现脱贫	国务院扶贫办
建档立卡贫困村（万个）	12.8	0	国务院扶贫办
贫困县（个）	832	0	国务院扶贫办
实施易地扶贫搬迁贫困人口（万人）	—	981	国家发展改革委、国务院扶贫办
贫困地区农民人均可支配收入增速（%）	11.7	年均增速高于全国平均水平	国家统计局
贫困地区农村集中供水率（%）	75	≥83	水利部
建档立卡贫困户存量危房改造率（%）	—	近100	住房城乡建设部、国务院扶贫办
贫困县义务教育巩固率（%）	90	93	教育部
建档立卡贫困户因病致（返）贫户数（万户）	838.5	基本解决	国家卫生计生委
建档立卡贫困村村集体经济年收入（万元）	2	≥5	国务院扶贫办

注：国家统计局抽样统计调查显示，截至2015年年底全国农村贫困人口为5 575万人。根据国务院扶贫办扶贫开发建档立卡信息系统识别认定，截至2015年年底全国农村建档立卡贫困人口为5 630万人。按照精准扶贫、精准脱贫要求，为确保脱贫一户、销号一户，本表使用扶贫开发建档立卡信息系统核定的贫困人口数

3. 脱贫攻坚与美丽乡村建设

把脱贫攻坚与美丽乡村建设结合起来，是精准扶贫、精准脱贫的必然要求。大多数贫困人口，需要立足当地资源，实现就地脱贫。山清水秀，是宝贵自然资源；绿水青山掩盖下的贫困，也是我国全面建成小康社会的短板。贫穷落后的山清水秀和物质丰富而环境污染，都不是“美丽乡村”。把脱贫攻坚与美丽乡村建设结合起来，以美丽乡村建设催生“美丽经济”，进而实现脱贫增收，就是立足贫困地区自身优势的精准扶贫、精准脱贫之举。

坚持“绿水青山就是金山银山”的绿色发展理念。把美丽乡村与群众增收有机融合，秉承生态与经济协调发展，把生态富民贯穿到“美丽乡村”建设的全过程。必须坚持因地制宜、精准施策。贫困地区的贫困村都有自己的风景。一峦青山、一汪碧水或者一段故事，往往就是一个村庄的地标。如果搞“一刀切”，既不科学也不现实。要立足既有条件，统筹考虑各贫困村的地理位置、基础条件、文化特色、产业发展等因素，精心打造一村一品、一村一景、一村一韵。保持干净整洁的村貌，仅是美丽乡村的起点；守护浸润乡愁的村韵，方能避免“千村一面”；提升人的素质，才是真正开启金山银山的“金钥匙”。

在脱贫致富的道路上，要敢于创新、勇于担当。通过深化改革，整合涉农资金，统筹生产、生活、生态三大布局，汇聚政府、市场、群众三股力量，把美丽乡村示范片打造成为县域经济的支撑点、城乡一体的交会点、现代农业的展示区、山水田园的综合体。同步推进脱贫攻坚与美丽乡村建设，也需要创新思维，实行“一张图”规划、“一盘棋”建设、“一本账”统筹、“一把尺”衡量。在脱贫攻坚战中，要引导乡村基层发扬钉钉子精神，以执着韧劲打造美丽乡村，努力走出一条“生态美”与“农民富”相结合的新路子，以实际行动诠释“绿水青山就是金山银山”这一真知灼见。

四、美丽乡村建设是国家解决“三农”问题，发展农业现代化的重大创举

1. “三农”问题与“美丽乡村”建设

建设美丽乡村突出了生态文明的内容。近年来，各地按照美丽乡村建设的基本要求，即建成了不同类型的美丽乡村，彰显了秀美的农村田园风光、农村的自然特征和优美的生态环境。这些成功案例发挥了生态环境优势，体现了生态文明建设的内容，是人与自然和谐发展的典范，突出了美丽乡村的鲜明特点。不言而喻，推进美丽乡村生态工程建设，就是以实际行动解决中国的“三农”问题，加快推动农业现代化的进程。

“三农问题”是世界工业化国家都须面临的重大课题，是农业文明向工业文明、生态文明过渡的必然产物。在中国解决“三农问题”更具艰巨性、复杂性和特殊性。“三农问题”的本质是城乡二元社会中，城市与农村发展不同步、结构不协调的问题，解决“三农问题”要从“城乡一体化”“三农一体化”着手才能取得实效，而“两个一体化”的重要抓手即是“美丽乡村”建设。美丽乡村建设是一项庞大的系统性综合工程。本研究拟将企业实践与各地美丽乡村建设的经验、成果汇总成册，作为我国美丽乡村建设和解决“三农途径”可参考、可借鉴、可复制示范样本，这是一项开创性工作。

2. 美丽乡村生态建设是解决“三农问题”的关键

（1）发展现代农业，提高农业生产效率。我国虽然是农业生产大国，但是近几年来，农业产量的增加值在全国GDP所占的比重出现下降的形势。2012年我国粮食总产量58 958万t，2013年60 194万t，2014年60 710万t，粮食同比增长率分别为3.2%，2.1%，0.8%；我国虽是粮食产量大国，但2010年大豆产量1 450万t，2011年1 350万t，2012年1 277.4万t，2013年1 220万t，呈现负增长趋势；近年来，我国进口粮食却大幅度增加，2010年进口5 480万t，2011年5 264万t，2012年5 838万t，2013年6 338万t，进口量呈现增长趋势。我国虽是粮食生产大国，但是由于人口众多，人均粮食占有只有390kg，远远低于美国的840kg，西欧的450kg。

要大力发展农业现代化，首先，要利用先进技术进行装备，发展可持续、集约化的农业现代化。例如，“浙江模式”就是典型的土地集约型农业发展模式，它们突出将粮食生产功能区和现代农业园区建设相结合，形成生态高效和特色精品发展方式，以此提高土地的产出率。其次，要提高农业产业化和规模化经营水平。这是农业发展的趋势，这样一来可降低农业生产的经营成本，提高农业经营效益，二来可带动农业与其他行业一起发展，形成农业一体化体系，改变当前小户经营所带来的生产效率低下现状。最后，积极培养新型的农业人才。通过知识培训，培育具有科学文化与劳动技能相结合新型农民，一定程度可提高农业综合生产率。

（2）增加农民收入。“三农”问题的核心是农民，农民的核心是收入问题。检验美丽乡村建设成效的一个重要尺度就是看农民的钱袋子。近几年来，我国农民的收入连续增长，增幅高于国内生产总值和城镇居民收入，城乡居民的收入差距在逐年缩小，但由于各种原因，我国农民整体收入水平还有待于提高，城乡的差距在一定的时期内还将继续存在。我国农业比重在下降，农业生产的成本以及农产品的价格受到了限制，农民的增收面临着严峻的挑战。因此，要增加农民收入，应当深化农村改革，加大对农村财政支持力度，健全体制机制，推进城乡的协调发展。贫困地区扶贫应拓宽农民增收渠道，增加农民收入。

（3）推进美丽乡村建设。农村生态环境一旦被破坏，要恢复就会相当难。乡村是中国人精神归属，是思念家乡的家园，农村美一旦消失了，乡愁也将无处寄托。因此，要进行美丽乡村生态建设，首先，要与发展现代农业相结合，不能过度撤村或者简单并居，要加强农村基础设施建设，建立完善的公共服务体系，让农村在马路、路灯、水质、服务方面与城市一体化发展。其次，要尊重自然发展规律、社会经济发展规律，合理引进工业，制定严格、可行的农村生态环境保护政策，体现新农村的特点，注重乡村味道，留住青山绿水。

五、政府对美丽乡村生态工程建设高度重视和支持

国家把生态文明建设放在突出位置，提出了努力建设“美丽中国”的任务和目标。“美丽中国”自然离不开“美丽乡村”建设。国家“十三五”期间提出全国发展6 000个宜居宜业美丽乡村，重点发展休闲农业和乡村旅游产业，并从中央财政发给奖补资金150万元/村。地方政府也积极响应，全国掀起了美丽乡村建设热潮，美丽乡村产业开发收到了显著效果。

1. 黑龙江省农、牧、游产业带动“美丽乡村”建设

黑龙江省对高效种植业、健康养殖业及民俗文化旅游业进行了整体规划和立体开发，走出了一条农、牧、游产业富民增收的“美丽乡村”创建之路。以促进农业生产发展、人居环境改善、生态文化传承、文明新风培育为目标，选取不同类型、不同特点、不同发展水平的乡村建设典型，突出农业产业结构、农民生产生活方式与农业资源环境相互协调的发展主线。通过实施基础设施建设工程、环境综合整治工程、兴业富民工程和服务优化工程，创建试点村特色鲜明的产业发展得到培育壮大，协调美观的整体环境风格初步形成，健康文明的村风民风得到明显提升，建章立制的规范化管理得到完善。

2. 山东省弘扬地方特色“美丽乡村”建设

山东省将“美丽乡村”建设工作与生态农业、农村新能源示范县建设、农村大中型和户用沼气建设、农业野生植物保护区（点）建设、农村清洁工程示范村建设、农业清洁生产示范项目、面源污染防控项目等紧密结合起来，创建了一批兼具鲜明区域色彩和浓郁地方特色的“美丽乡村”典型，积极打造“生态宜居、生产高效、生活美好、人文和谐”的示范典型，形成了以“渔村”为代表的胶东（半岛）模式，以“民俗村”“古村”为代表的民俗文化模式，以“山村”为代表的鲁南乡村模式，以“平原村”为代表的鲁西、鲁北美丽乡村模式，以及以“特色经济”“地标产品”为代表的新农村模式。为推进全省农业农村主导产业、农民生产生活方式、农业资源环境条件、乡村民俗文化的高度融合和协调发展树立了很好的样板。2013年，山东省53个乡村被命名为全国美丽乡村创建试点单位。

3. 河南省打造6种乡村发展目标模式建设“美丽乡村”

河南省美丽乡村创建以“美丽的田园风光、自然的风土人情、纯朴的乡风民俗”为标准，打造“生态宜居、生产高效、生活美好、人文和谐”的示范典型，力争达到“生态环境资源的有效利用、人与自然和谐相处、农业发展方式转变、农业功能多样性发展、农村可持续发展、保护和传承农业文明”的建设目标。科学编制《河南省“美丽乡村”建设规划》和各年度实施方案，并按照生态宜居型、特色产业型、文化传承型、资源环保型、技术革新型、新型社区型6种乡村发展模式，对46个国家级美丽乡村创建试点，在方位和区域上进行精心设置和合理布局。

4. 安徽省淮北“美丽乡村”建设

2012年10月安徽省淮北市正式启动了美丽乡村建设工作，按照“重点突破、分期实施”的原则，截至2016年，先后分四批选取了87个村作为美丽乡村建设中心村，11个乡镇开展驻地建成区整治建设。其中，省级重点中心村26个，市级重点中心村45个，一般中心村16个。2013年首批确定的13个重点中心村建设任务全面完成并通过考核验收，现已进入长效管护阶段；2014年度确定的11个重点中心村项目建设也基本完成，工程正处于收尾以及完善软件资料阶段，等待省级考核验收；2015年11个重点中心村建设规划全部编制完成，已全面启动施工建设；2016年确定了11个镇驻地建成区和36个中心村，现已全部完成规划编制工作。

5. 江西省因地制宜建设“美丽乡村”

江西省把建设“美丽乡村”作为提升农村建设水平、加快生态文明建设的重要抓手，通过大力转变农业发展方式，加强农业农村生态环境保护，优化农业产业布局，推动农业产业升级。在实现全省农业农村经济社会快速发展的同时，根据各地财力承受度、农民接受度的不同，因地制宜开展美丽乡村建设。在赣北鄱阳湖生态经济区推进现代农业发展，加强村庄环境整治；赣中片推进村庄环境整治和农业产业发展，加强城乡统筹；赣西、赣南、赣东山区发展生态乡村旅游，加强乡村自然资源、文化遗产保护和利用。美丽乡村创建的各个试点乡村，生态环境更加良好，经济条件更加优化，为全省建设美丽乡村打下了扎实的实践基础。

6. 湖北省建设宜居、宜业、宜游“美丽乡村”

湖北省“美丽乡村”创建主要从家园、田园、公共清洁设施建设和农村生态文明建设等入手，大力推广节约型农业技术、秸秆资源化利用技术等环保清洁技术，提高农产品质量，发展“一村一品”无公害产业，促进环境保护与经济发展协调统一。2013年，《湖北省“美丽乡村”创建活动实施方案》，从全面、协调、可持续发展角度，构建科学、量化的评价目标体系，通过开展“三建”（生态经济、生态环境、生态文化建设）、“四推”（推广生态农业、清洁能源、污染防治、废弃物利用技术）、“五培”（培育科技之星、沼气之星、环保之星、致富之星、文明之星）活动，用3年时间在全省创建美丽乡村试点45个，全面建设宜居、宜业、宜游的“美丽乡村”，提高城乡居民生活品质，促进生态文明建设。

7. 西藏自治区彰显藏区特色建设“美丽乡村”

西藏自治区紧紧围绕努力改善农村生产生活条件的总体要求，以“发展现代农业、改善人居环境、传承生态文化、培育文明新风”为主题，重点突出农牧业的清洁生产推进绿色发展，积极引导各试点乡村探索经济发展、环境改善、文化传承示范模式。2014年，西藏自治区19个美丽乡村创建试点，在结合当地实际基础上，大胆实践，在创建模式、创新机制、支撑体系、发展产业等方面均取得了较为显著的成效。各试点乡村充分依托地理、环境以及文化等资源禀赋，重点形成了以种植、养殖以及旅游服务等多种主导产业为依托的发展模式，农民收入不断增加，成为全区美丽乡村创建的示范典型。

第三节　中国美丽乡村建设对生态环境及人居安全的影响

一、改善乡村自然生态面貌

创建“美丽乡村”是加强农业生态环境保护，推进农村经济科学发展的需要。近年来，农业乃至农村经济社会发展，越来越面临着资源约束趋紧、生态退化严重、环境污染加剧等严峻挑战。开展“美丽乡村”创建，推进农业发展方式转变，加强农业资源环境保护，有效提高农业资源利用率，走资源节约、环境友好的农业发展道路，是发展现代农业的必然要求，实现农村经济可持续发展的必然趋势，从根本上改善乡村自然生态面貌，使乡村更加宜居、宜业。例如，黑龙江省在美丽乡村生态建设中，农村供水、供电、通村路建水平已经迈入了全国先进行列。全省农村自来水入户率达到90%，通村公路通畅率达到99.95%，与2007年相比，分别提高了47%、57%；累计改造泥草（危）房173.18万户，农村泥草（危）房数量由2007年的233万户，减少到不足60万户；村内道路硬化步伐加快，示范村主街路硬化率达到90%以上；农村电网覆盖所有村屯，供电可靠率达到99.86%；行政村电话和宽带覆盖率超过97%，全光纤网络覆盖2 171个行政村，占23.34%；但农村污水处理率仅为0.8%、垃圾处理率为5.8%，与全省城市污水处理率85%、垃圾处理率90%比较，差距巨大。

近几年，全省持续开展美丽乡村环境综合整治，推进绿色美化亮化工程，农村“脏、乱、差”局面得到初步扭转。到2015年，全省6 684个行政村建立了保洁队伍，占行政村总数的72.8%，其中，设施配套、保洁效果较好村达到2 460多个，占行政村总数的26.8%，庆安县、海林市、方正县、汤原县等形成了完善的农村环境卫生保洁体系。全省7 800个行政村已实施绿化工程，占行政村总数的85%以上，累计完成村屯四旁绿色超1.33万hm^2，村内道路边沟、路灯、围墙、栅栏建设改造步伐加快，环境卫生设施正在向配套化方向发展。为全省开展美丽乡村生态示范村建设，正在提供完善的基础设施及公共服务的根本条件。

二、对人居环境安全的影响

创建“美丽乡村”是改善农村人居环境安全，提升农业农村建设水平的需要。近几年来，我国美丽乡村生态建设取得了令人瞩目的成绩，但总体而言，广大农村地区基础设施依然薄弱，高危山区居住环境的安全问题必须重视。创建“美丽乡村”，全面推进生态人居、生态环境、生态经济和生态文化建设，创建宜居、宜业、宜游的“美丽乡村”，是美丽乡村建设理念、内容和水平的全面提升，是贯彻落实城乡一体化发展战略的实际步骤。近些年农村遭受地震和地质灾害常有发生，生命财产受到严重损失。

例如，2008年5月12日，印度洋板块向亚欧板块俯冲，造成青藏高原快速隆升导致地震。高原物质向东缓慢流动，在高原东缘沿龙门山构造带向东挤压，遇到四川盆地之下刚性地块的顽强阻挡，造成构造应力能量的长期积累，最终在龙门山北川—映秀地区突然释放，形成逆冲、右旋、挤压型断层地震。汶川地震是我国自新中国成立以来影响最大的一次地震，直接严重受灾地区达10万km^2，这次地震危害极大。但靠国家的支持，经过2年时间（2010年数据），全省交通恢复重建项目完工87%、投资完成90%。灾区6条高速公路全部开工建设，都汶高速（至映秀段）在地震1年后投入使用，88条国省干道及重要经济干线全部开工，其中完工64条，建成农村公路25 421.7km、占规划总里程的87.6%；成都至都江堰城际铁路建成投运，贯穿和辐射灾区的成绵乐城际铁路、成兰铁路等项目开工建设。受余震和山洪泥石流灾害影响，灾区干线公路反复中断，抢修人员组织力量集中攻坚，全力抢通保通，在最短时间恢复灾区交通。水利设施加快恢复重建，水利重建项目开工98%、其中完工82%；震损水库开工1 222座，主体工程完工1 161座；实施乡村供水项目，解决了612.8万人的农村饮水困难。骨干电网和农村电网重建加快，电力和通信保障能力得到提高。为现在汶川地区美丽乡村生态建设打下了扎实基础，提供了农村灾后重建的示范榜样。

面对天灾，人类显得渺小。不能阻止其发生，但可努力最大程度地减少灾害损失。因此，建设美丽乡村，不止要在环境上达到美的效果，还要为全国9亿农民建设安全舒适的居住环境。加强基础设施建设，做好道路交通、排水泄洪、山体防护、抗震减灾等工作，给农村居民提供安全保障。2017年8月8日发生的九寨沟7.0级地震，倒塌房屋和伤亡人员大量减少，就是检验了原汶川地震灾害农村房屋抗震重建的安居效果。

三、加快农村社会经济发展

建设美丽乡村是农村发展的内在要求。农村经济的快速发展和城镇化进程的不断加快，农民对居住环境、生活质量和公共服务有了更高的要求。因此，在进行美丽乡村生态建设过程中，要着力提高公共服务的共享程度，以促进人与自然的和谐相处，促进生态环境水平的提高，逐步形成美丽乡村良好局面。

建设美丽乡村是转变经济发展方式的客观需要。要加快经济发展方式转变，建设环境友好型和资源节约型社会，就必须做好美丽乡村建设工作，建设美丽乡村重点要加快农村经济发展。建设美丽乡村对促进农村社会和经济转型，改变农村传统的生产、生活方式，提高农民生活质量和居住环境，综合利用土地资源，以及促进人与自然协调发展等，均具有积极的推动作用。

2017年4月11日中国首届全国休闲农业和乡村旅游大会在浙江省湖州市安吉县召开，中国农业部部长韩长赋出席会议时表示，近年来，全国休闲农业和乡村旅游蓬勃发展，2016年全国休闲农业和乡村旅游接待游客近21亿人次，营业收入超过5 700亿元人民币，同比增长29.5%。当天发布的《中国休闲农业和乡村旅游发展研究报告（2016年度）》还显示，全国休闲农业和现存旅游上规模的经营主体达30.57万个，比上年增加近4万个，整个行业快速发展。2016年国庆黄金周期间，全国休闲农业和乡村生态旅游游客接待量占同期旅游人次的69%，休闲农业和乡村旅游成为市民出行旅游的首选。发展休闲农业和乡村旅游，有利于调优农产品品种品质、促进一二三产业融合，促进农民增收，统筹城乡一体化发展。当前，随着中国城乡居民收入水平提高，消费观念转变和带薪休假制度的逐步落实，加之城乡一体化进程加快，休闲农业和乡村生态旅游发展面临难得的历史机遇。

我国红色旅游点，大部分分布在农村，建设美丽乡村也包括发展红色旅游产业。红色旅游历经13年的发展，取得了良好的政治效益、社会效益和经济效益。《2016—2020年全国红色旅游发展规划纲要》，为"十三五"期间我国红色旅游发展指明了方向。要加强统筹协调、监督检查、工作指导，帮助基层及时解决红色旅游发展中的问题；提升红色旅游规范化水平，强化红色旅游基础性工作；要发挥红色旅游脱贫攻坚作用，推进红色旅游扶贫；开展主题宣传推广系列活动，提升红色旅游影响力。这将是井冈山、延安、瑞金等红色旅游区的重要发展机会，将对当地美丽乡村生态经济的发展起到积极带动作用。

第四节　国内美丽乡村生态工程建设研究进展

一、我国美丽乡村生态工程建设动态研究与进展

美丽乡村建设是生态文明建设的一部分，生态文明建设研究对美丽乡村建设具有一定借鉴意义。因此，可从生态文明建设和美丽乡村建设两方面阐述美丽乡村建设的主要成就。

1. 生态文明建设综合指标评价体系的研究

对于生态文明建设成效，很多学者都有针对性研究。在全国范围内，通过建立区域生态文明建设综合指标体系，对中国大陆各省市（直辖市）的生态文明水平进行了评估；在具体区域范围内，建立经济发达城市生态文明建设评价指标体系，包含生态环境、生态经济、生态文化和生态制度4个准则层，37项具体指标，应用此评价体系，对北京、上海、广州、深圳4个城市进行了实证研究；还有人专门对太湖流域城市的生态文明进行评价。此外，在省市级层面上，国内多个省市都编制了生态文明建设规划或专门进行生态文明指标体系研究，其中广西、海南、杭州、贵州等地的生态建设和环境保护成效显著。

有学者通过比较《中国省级生态文明建设评价报告》中提出的指标体系，运用和改进了中国省域生态文明建设评价指标体系；也有人通过构建包含资源能源、环境保护、生态经济、生态科技、生态精神5项一级指标20项二级指标来评价中国生态文明建设绩效；有研究通过建立江苏省生态文明建设绩效指标体系，将其上述5项指标加上生态社会6个方面，共22项指标进行动态评价和分析。

此外，各个城市的指标体系与此有一定的共通之处，例如，厦门建立的包括资源节约、环境友好、生态安全和制度保障4大系统30个具体指标；北京建立的包括生态环境、生态经济、生态行为、生态安全、生态文化和生态社会6个系统23个指标；有的学者从经济发展效率等方面，构建了生态文明建设评价指标体系。这些研究都为建立美丽乡村建设生态指标体系研究打下了基础。

2. 美丽乡村建设成效研究

美丽乡村建设是从浙江省首先开展的。2008年，浙江省安吉县提出并启动中国美丽乡村建设。在此基础上，"安吉模式"开始向全国推广，2013年，中央财政启动了美丽乡村建设试点，首批选择浙江、贵州、安徽、福建、广西、重庆、海南作为重点推进省份。随后，从天津到凌源、南京、宜兴等地区，都根据各地区资源禀赋，出台各自的建设规划，积极开展美丽乡村建设工作。

有学者针对区域新农村建设的制约因素和瓶颈提出思路和对策，例如，有人认为垃圾不仅影响农

村美观和增加疾病传播，对土地的可持续利用也造成威胁；还有人认为家庭的非农业收入越高、所接受的教育水平越高，年龄越大的农户，环境保护意识越强烈。也有学者对区域性美丽乡村的建设成效进行了总结，指出美丽乡村生态建设是农民致富奔小康的必由之路。

3. 美丽乡村生态建设的良好布局和规划设计研究

研究指出，建设美丽乡村按照城乡一体化要求制定科学的规划和布局，把城镇建设和乡村建设有机结合起来，把乡村生态建设规划布局和土地规划有机结合起来，把土地整治和重点村建设结合起来。建设美丽乡村必须优化农村布局和农民素质，加快农村环境综合整治和乡村住房改造，建设农村社区服务中心，有条件的地方可以修建住宅，改善农民住房水平。就旧房改造，许多研究一致肯定人字形旧屋两边筑马头墙，改成工字形结构旧房的徽派建筑设计，既经济实用，又美观大方，获得设计师和农民认可。

4. 美丽乡村特色产业的高效发展研究

建设美丽乡村加快了农村生态经济发展。研究指出，按照生产园区化、经济生态化、产品品牌化要求，加快高效生态农业建设，和现代农业园区建设，使不同乡村有不同的产业和专业特色，努力实现“一村一业、一村一品、一村一园”。同时，加快实现了土地规模经营，着力发展绿色、无公害、有机农产品产业，使乡村生态农业达到产业化、标准化、规模化、生态化和科技化水平，为建设美丽乡村奠定坚实的物质基础。研究还强调把休闲生态旅游作为建设美丽乡村的重要推手，充分发挥人文景观、地域文化、田园风光和山水资源优势，积极为农民增收营造稳定收入来源，为美丽乡村基础建设的滚动发展，增强造血功能，提供实践支持。

5. 弘扬传统文化，加强服务设施建设的研究

大力弘扬乡村优秀的传统文化、提高农民综合素质，是建设美丽乡村的重要内容。建设美丽乡村要发展农村文化教育，倡导新的生活方式，树立文明新风尚，积极开展健康向上、形式多样的文艺宣传活动，以发放宣传册、墙壁文化等形式弘扬传统文化，营造生态发展的良好氛围，增强农民的生态文明意识和环保意识，使农民自觉投入建设美丽乡村活动中。充分挖掘和保护历史文化遗产，把历史文化底蕴和现代文明相结合，打造特色文化村。通过创建和评选“文明户”等活动促使农民形成健康文明的生活方式，促进生态文化建设。通过专家讲课、网络培训、文艺表演、技术指导等方式广泛对农民进行培训，以提高农民的科学文化素质。

研究还指出，建设农村公共服务设施是建设美丽乡村的重要保障。必须加快推进农村社会公共事业，完善农村社会保障体系，如农村社会救助制度、养老保险制度、农民基本生活保障制度、孤寡老人及五保户供养制度等，提高公共服务水平，为乡村农民提供完善的公共服务。同时，要完善农村公共卫生事业和新型合作医疗制度，降低农民看病的费用标准，防止农民因病返贫。

6. 加强乡村非遗保护建设的研究

文化是一个民族、一个国家的灵魂和软实力，同样也是一个区域、一个村落的魅力所在。在美丽乡村建设中，村庄治理要突出乡村特色、地方特色和民族特色，保护有历史文化价值的古村落和古民宅；要保护和发展优秀传统文化。乡村文化保护和创造还不能适应美丽乡村生态建设的要求，要建立在乡村本土文化的基础上，发挥地方特色，保持乡村文化的本真，加以创新，走出一条适合乡村文化和美丽乡村生态建设协调发展新道路。

建设美丽乡村，保护村落文化，是乡村农民的迫切愿望。村落是以建筑风格为代表性，但村落的结构、走向，又与人们的生活习惯、生存习俗和自然状况有着深厚的关联。加强传统村落以及乡村传统文化资源的保护传承，充分利用这些文化资源，可促进乡村文化的繁荣和发展，可使乡村农民形成认同感、归属感。富有地方特色的传统戏剧、民俗活动等村落文化，为当地百姓所喜闻乐见，极大地丰富了人民群众的精神文化生活，其蕴含的教化作用，也更容易为当地农民所接受。

二、我国美丽乡村生态工程研究发展趋势

1. 推进形成乡村转型发展的新认知

随着我国快速工业化、城镇化发展，保红线、保发展、保民生的压力不断加大，城乡转型发展进程中，因土地利用转型引发的矛盾与问题也日益凸显。城乡发展转型是指城乡二元结构体制下，城市与乡村地域系统相互联系、交互作用方式的转变及其空间形态的演变，是城乡系统由城乡分化、隔离、对立，转向城乡融合、一体化发展的综合人文过程。体现在城乡地域系统的要素转移、战略转变、机制转换，包括城乡人口格局、就业状况、产业结构、土地利用和空间形态的转型。在快速的乡村转型背景下，随着农村人口非农化转移减少，农村宅基地“不减反增”的格局未能根本转变。农村空心化与新房扩建占地相伴而生，建新不拆旧、新房无人住，造成大量农村土地的浪费和耕地资源的破坏，成为新时期美丽乡村建设面临的首要难题。因此，应从理论体系、战略体系、制度和技术体系等视角，加快推进形成对乡村转型发展的新认知。

（1）在理论体系上。应加快推进形成以人地关系为基础的城乡关系地域系统理论。人地关系地域系统，是以地球表层一定地域为基础的人地关系系统，是由人类社会和地理环境两个子系统，在特定地域交错构成的一种动态结构。在城乡转型发展背景下，城乡人地关系逐渐演化为人口、土地、产业、资本等要素流动和集聚的空间结构系统。城乡关系地域系统理论，主要由三部分组成，即由城到乡转型过程的乡村现代化理论，由乡向城转型的渐进城镇化理论，以及城乡一体化发展的城乡等值化理论。其中，城乡等值化是指城市和乡村虽属不同地域类型，但在资源配置、公共服务、就业机会、生活质量和民主决策等方面基本等值，是统筹城乡发展的一种新理念、新机制。

（2）在战略体系上。应合理推进国家新型城镇化发展战略，针对不同地区实施区域城镇化战略，以实现城乡一体化发展。

（3）在制度体制上。亟须建立城乡统一的土地市场、城镇化集约用地制度和城乡一体化规划制度体系。

（4）在工程技术体系上。应集成城镇化综合治理工程、城镇化信息支撑平台和城镇化模拟决策技术，科学规划引领乡村转型。

（5）农村可持续发展和美丽乡村建设。亟须深度探究城乡发展转型的动力机制，探索农民、土地、产业与环境协调耦合模式，制定新型美丽村镇建设总体规划和差别化战略，促进城乡公共资源配置均等化，引领农村生产和生活方式现代化，逐步实现城乡等值化和农村生态文明化。

2. 创建统筹城乡发展的新模式

美丽乡村生态工程建设的本质在于发展、协调、富裕、健康。核心是新型城镇化和农村现代化协同推进，激发乡村创新创业活力，促进就地城镇化、就近园区化和城乡等值化。尤其是我国传统农区“四化”协调、民生保障亟需创建城乡发展一体化新模式。我国美丽乡村生态建设模式，应统筹考虑和践行统筹城乡生态发展模式、体制机制创新模式、资源节约转型发展模式和科学引领城乡一体化模式。

在统筹城乡生态发展模式中，新型城镇化和农村现代化要同步推进，加快农村改革与发展。在体制机制创新驱动模式中，要适应农村人地关系的剧烈变化，加快农村产权、户籍、社保制度和基层治理机制创新，培育新型农民主体、保护农民利益。在资源节约转型生态发展模式中，土地集约化、资产化倒逼农村土地制度改革，将城乡建设用地增减挂钩制度化，探索农村土地使用权股份化和宅基地确权流转市场化模式。推进农村空废土地整治与配置，促进城乡发展转型。创造条件让农民依法享有土地流转自主权，土地市场权益权，使务农村民、失地村民的长远生计有保障等。创新乡村人口、土地、产业与生态环境协同耦合新机制，制定美丽乡村建设总体规划，转变城市扩张对乡村空间依赖甚至寄生关系，建立城乡平等、互惠、一体化的新型关系。

3. 构建中国村镇建设新格局

美丽乡村生态建设必须构建科学合理的村镇化格局、农业发展格局、生态安全格局。而新型城镇化背景下，中国亟须在理论与战略上定位村镇建设格局。村镇生态建设格局指乡村地区县城、重点镇、中心镇、中心村（社区）空间布局、等级关系及其治理体系。村镇生态建设格局包括村镇人居空间、产业空间、生态空间和文化空间。立足村镇地域空间，以促进产业培育、生态保育、服务均等、文化传承作为村镇生态建设的核心目标。其价值在于村镇生态发展新主体、新动力、新制度的塑造，推进形成中国特色的城市、村镇、农业、生态“四位一体”国土空间新格局。

定位决定地位、格局决定结局。构筑村镇生态建设新格局，是夯实美丽乡村发展基础，搭建统筹城乡发展新平台的需要；是集聚乡村人口产业，促进城乡生态产业要素平等交换的需要；是优化乡村空间重构，推进城乡公共资源均衡配置的需要；是优化城乡地域生态系统，实现“城市病”“乡村病”两病同治的需要。

加快构筑村镇生态建设新格局，是构建城乡生态发展一体化新格局根本要求，亦是打破城乡二元结构、破解“三农”问题实践途径。好的村镇生态建设格局，最能凸显绿水青山之美、安居乐业之福、魂牵梦绕之情，是城乡协调发展和美丽乡村建设不可或缺的空间载体。我国美丽乡村生态建设，应与全国主体功能区划规划提出“两横三纵”的城市化战略格局相融合。

4. 农村土地制度改革新突破

解决农业、农村、农民的“三农”问题，一直是我国最具挑战性的难题，而土地制度改革是美丽乡村建设的关键性问题。建设美丽乡村的支点在于推进农村产权制度改革，加快农村土地流转，以盘活现有土地资源拓宽融资渠道，鼓励和引导工商资本大规模投向农业，突破农村发展困局。通过土地流转吸纳工商资本参与美丽乡村建设，既要发挥市场机制的作用，也要强化政府的引导、扶持、服务、调控和监管作用。

在城乡生态发展一体化背景下，我国农村土地制度改革新突破，由基础域、核心域和战略域组成。土地制度改革的核心域，包括土地承包经营制度、宅基地退出制度、经营性集体建设用地流转制度、农村产权交易制度和征地制度，其中前三者是土地改革的核心制度，后两者则是土地改革的保障制度；土地制度改革的基础域，有家庭联产承包责任制、土地使用制度、土地法律制度、土地管理制度和分税制财政制度；耕地保护制度和集约用地制度为土地制度改革提供战略保障；土地制度改革的终极目标，是实现农村土地资源可持续利用。随着农民离乡进城、农地大规模确权、流转和建立股份制合作社，家庭农庄、超级农场兴起，传统“包产到户”小农业，转向现代大农业成必然之势。制度创新驱动我国乡村振兴，从而为美丽乡村生态建设提供制度保障。

5. 创新农村生态环境治理新机制

美丽乡村生态环境直接关系到农村经济、乡村旅游与农业的可持续发展。农村环境污染长期得不到治理，可能会带来灾难性的后果，如癌症村问题。目前学界已从人口增长、经济发展、城镇化、土地利用变化、政策和管理体制等，广泛探讨了我国农村环境问题的形成原因。然而，目前我国农村环境污染的态势，尚未根本转变。因此，应着力加强农村环境污染问题的深度、作用机理和机制研究，如农村环境污染区域分异规律、农村环境承载力、农村环境容量或自净能力、环境污染的微观机制等研究。

推进农村环境污染治理机制创新。主要包括转变发展方式，新型城镇化进程中，城市扩张、村镇建设、产业发展决不能以牺牲农村生态环境、贻害百姓健康为代价；建立城乡平等关联，健全农村环境监管机构与监测体系，扭转农村长期“被污染”的局面；统筹城乡生态发展规划，以环境为先、民生为重，严格环境保护奖惩机制，从源头治污、系统整治；重视建立健全区域协同机制，创建政府主导、部门联动、公众参与的生态环境管控与监督长效机制。

三、我国美丽乡村生态工程建设典型案例及效果分析

1. 典型案例一：浙江安吉美丽乡村模式

安吉县位于浙江省湖州市，地处长三角几何中心，是一个典型的山区县。整个县土地总面积1 886km^2，人口约46万人，是杭州经济圈重要的西北节点。安吉县是我国首个生态县，更是乡村旅游经济强县，不仅有中国竹乡、中国白茶之乡、全国首批生态文明建设试点县、国家卫生城市、国家园林县城等美称，还曾获得中国人居环境奖。

安吉县提出建设“中国美丽乡村”是在2008年，并准备用10年的时间把全县的建制村都变为“村村优美、家家创业、处处和谐、人人幸福”。安吉县致力于发展生态经济，坚持走生态立县、产业联动的发展思路，由此形成了“生态为本、农业为根，产业联动、三化同步，乡村美丽、农民幸福”的安吉特有的生态发展模式。

一是以生态建设为目的，大力发展绿色产业。安吉县本身森林覆盖率71%，植被覆盖率75%，不仅有优美的自然环境，人文居住环境更是优越，是土净、水净、气净的“三净”之地。安吉抓住地方特色，大力发展绿色产业和休闲产业，并将绿色产业与旅游业有机结合，把生态文明建设摆在首位，以生态理念为指导，真正做到了生态立县。

二是坚守农业产业。围绕“一产接二连三”“一产跨二进三”的发展原则，主要目标是实现农村经济大跨越，从产业转型入手，在保持农业产业主体地位的基础上，不断提高农产品绿色附加值，加强农产品品牌创建，真正实现了农产品品牌价值资源的高效利用，同时延伸产业链，推动农业与二三产业的不断促进，实现了县域经济发展的良性循环。

三是坚持统筹发展，带动全面进步。自实施美丽乡村建设以来，安吉县始终围绕“宜居宜业宜游”建设目标，坚持生态立县、工业强县、开放兴县三大发展战略，以实现城乡均衡化发展为目标，同时，努力实现三大产业的统筹协调发展，做到城乡有效结合，产业结构合理分配。

2. 典型案例二：浙江江山中国幸福乡村模式

江山市是衢州市所辖的县级市，位于浙闽赣三省交界处，是浙江省西南部门户和钱塘江源头之一。自建设美丽乡村以来，提出了“五村联创、共建中国幸福乡村”的构想。通过以点连线、以线带面的方式，在全市农村推进了五大提升工程，即“产业增收提升、公共服务提升、农民素质提升、环境整治提升和基层基础提升”，从而把江山市绝大多数行政村建设成为中国幸福乡村。其主要经验如下。

一是以点带面，推进幸福乡村建设。通过大力实施五大提升工程，深入开展“五村联创”工程，第一通过实施产业增收提升工程，建设富裕乡村；第二通过实施公共服务提升工程，进一步建设满意乡村；第三实施农民素质提升工程，从而建设文明乡村；第四实施环境整治提升工程，进一步建设美丽乡村；第五实施基层基础提升工程，从而建设和谐乡村。将农村建设资金，主要流向基础条件好、群众积极性高的村庄，实现美丽乡村建设目标。

二是以人为本，加强多方协作。坚持让政府前期引导、农民自主参与，以及社会力量多方支持的发展政策，进行多层次、多元化创新发展，并贯彻落实支持农村项目和资金，通过部门联村、村企结对两种方式，帮助扶持共建中国幸福乡村。同时，建立了以农民直接感受为核心的主观评价体系，着力提升村民的幸福感，充分体现了以人为本，调动了农民建设幸福乡村积极性和主观能动性。

3. 典型案例三：仙居“浙江省绿色农产品基地”模式

仙居位于台州与温州、丽水、金华三市的交会处，至杭、甬、温三大中心城市的交通时间均在2h之内。仙居拥有得天独厚的环境资源条件，森林覆盖率达77.2%，被誉为“仙人居住的地方”，是发展生态产业、休闲旅游的极佳区域。2005年仙居县提出要高度重视农业发展，计划把整个仙居打造成“浙江绿色农产品基地”，充分发挥本地的生态绿色资源优势，以满足都市高品质农产品需求。该战

略构想在浙江尚属首例，为仙居赢得了极大的市场空间、品牌效应和政策支持。通过构建“绿色农业产业、绿色农业生态、绿色农业标准、绿色农产检测、绿色农业管理和技术服务”五大支撑体系，全面推进“绿色农产品生产基地”建设。同时，以“基地”建设为载体，建立“林—羊—牛、果—鸡—鸭、猪—沼—果、稻—鱼”的新型生态农牧业循环模式，采用“因林下乡、花果进村、瓜果进户”的新型农村发展模式，形成了稻香村、杨梅村、花果村、三黄鸡村、有机茶村等多个绿色生态农业特色村。可见，仙居县走出了一条以绿色效益农业带动美丽乡村建设、农民创收致富的有效路径，这一路径类似荷兰以现代农业振兴乡村发展的建设效果。

4. 典型案例四：成都锦江区三圣花乡模式

三圣花乡位于成都市锦江区，包括5个行政村，距成都市区二环路约5km，总占地面积约12km²。整个三圣花乡80%被花木覆盖，村民则世代以种植花木为生。自推进美丽乡村建设以来，三圣花乡立足丰富的农业资源优势，深度挖掘农业文化内涵，成功探索了一条实现城乡一体化的路子，即农民就地市民化。目前三圣花乡已建成为一个集商务休闲、旅游度假、文化创意为一体的旅游度假休闲胜地，多次被国家有关部门授予“国家AAAA级旅游景区”“国家文化产业示范基地”以及“首批全国农业旅游示范点”等称号。主要经验如下。

一是因地制宜，突出文化特色。根据三圣花乡5个不同的行政村各自的发展优势和地方特色，以文化润色农业，以文化提升经营，迎合四季主题，以百花争艳之春、绰约风韵之夏、含蓉迎霜之秋、傲雪吐芳之冬为文化载体，打造了“花乡农居”“荷塘月色”“东篱菊园”“幸福梅林”四大景区。同时，打造了以农耕文化为主题的“江家菜地”，将传统种植业地区发展成为体验式的休闲旅游产业景区。不断推进生态产业，大力发展乡村旅游，促进传统农业向休闲旅游经济发展。

二是科学规划，完善基础设施。基础设施建设对美丽乡村建设的作用是基础。按照整体发展布局，科学合理规划美丽乡村建设。在统一样式、统一标准的基础上，加快完善“五朵金花”各村的基础设施建设，对破旧景观进行改造。同时，做到不征地、不拆迁，实现了农民离土不离乡，进厂不进城，减轻对城市的压力。在项目的运作上，整合宅基地资源、构建生态水系，将营造农村生态景观环境与基础设施改造相结合，对农房实施川西民居改造，逐步改变农民生产、生活方式，打造乡村艺术体验生态景区及乡村旅游观光休闲生态景区。

5. 典型案例五：“中国最美乡村”江西婺源绿色旅游模式

20世纪90年代后期，婺源凭借本土浓绿山水风光和深厚文化底蕴，率先举起了乡村文化大旗，以“中国最美乡村”为主题，打出了“绿色婺源”的旅游品牌，通过树立品牌、唱响品牌、提升品牌。2001年婺源县提出了建设“旅游大县、经济强县、文化名县”的生态建设目标，确立了发展生态经济，壮大三大产业（生态农业、生态工业、生态文化旅游业），优先发展文化与生态旅游业的发展思路。婺源旅游资源的独特性表现在“天人合一”，在于自然生态与人文生态高度结合。发展目的强调富民性，发展方向强调坚持性，发展过程强调规律性，发展规划强调落实性，开发建设强调特色性，市场开拓强调整体性，经营管理强调自律性。

从婺源生态发展模式的特色上，可以看到，婺源最美乡村的建设，得益于政府的高度重视和扶持；得益于对生态旅游产业发展规律的准确把握和发展方向的科学定位；得益于对良好生态与文化遗存等原真旅游资源的精心保护和整体规划；得益于“中国最美乡村”的品牌影响力与市场感召力；得益于旅游发展体制机制的不断创新和发展生态环境的不断优化。至今，婺源生态旅游已经步入了良性发展轨道，其做法值得借鉴与思考。

（1）树立生态文明和生态保护观念，加强宣传和教育。美丽乡村建设涉及政府、企业、农民等主体，因此，要树立生态保护理念，明确生态保护与经济发展是对立统一的关系，良好的生态环境，已成为地方经济发展的独特优势和持续动力。婺源县按照生态立县、科学发展的要求，积极转变发展方式，在关闭高耗能、高污染企业的同时，大力发展生态旅游、茶业、高新技术三大特色产业，努力探索乡村生态与经济互动发展的模式，实现了经济与生态建设的互利双赢。同时，宣传生态理念，让乡村农民参与进来。

（2）科学定位，制定乡村生态发展规划。美丽乡村建设应根据各乡村的实际情况，发展条件、基础和资源状况，进行科学定位。同时，在此基础上制定发展规划和战略，并狠抓落实。婺源在根据自身禀赋、资源状况下，定位“中国最美乡村”战略，紧扣乡村生态旅游的发展定位，坚持规划先行，先后编制了四个层次的规划：围绕“中国最美乡村”品牌战略，编制了高起点的《婺源县生态旅游产业发展总体规划》；编制了具体景区开发、建设及保护性规划；结合美丽乡村建设，做好公路沿线乡村建设控制性详规；围绕国家徽州文化生态保护实验区，编制了《江西婺源•徽州文化生态实验区保护规划》。强调规划的指导性、权威性和延续性，加大执行力度，建立了项目全程监管、经常性巡查和保证金等制度，生态旅游资源得到有效保护和有序开发，产品质量得到保障，品牌形象得到有力维护和提升。

（3）政府组织各部门主体的参与，加强乡村管理。美丽乡村生态建设需要部门单位的联合行动，建立“政府主导，部门联动，市场运作，全民参与”的生态旅游发展机制，为改善乡村生态环境，需要交通部门支持公路建设，水利部门开展河道整治，环保部门关停污染企业，农业部门加强渔政管理，公安部门制定游客安全和失窃预赔制等，促进乡风文明，民主管理发展。

（4）保持乡村特色，建设特色精品。在乡村生态建设过程中，保持乡村文化的原真性，针对各乡村的经济、文化、生态的不同，打造“一村一品”、百花齐放的格局。

（5）打造品牌，创新营销方式。婺源铸造了“中国最美乡村”品牌形象，创新宣传、营销方式，利用媒体、网络进行宣传，制造热点吸引眼球，兴办节庆活动，乡村文化旅游节等特色产品，主动走出去，加强区域合作，进行联合宣传推介与展览。

（6）发展乡村生态旅游，放手民营，发展生态产业。从婺源发展来看，建设美丽乡村，乡村旅游起着重要作用。乡村旅游、生态旅游的发展能增加经济总量，滚动发展，提高居民收入、调整经济结构、改造乡村环境、提高居民生态环保意识等，同时能促进村民全面参与乡村、经济、社会和生态建设，增强乡村基层组织的民主化。此外，发展生态产业应坚持政府引导，放手民营，鼓励社会资本参与乡村生态发展，让民营企业积极参与，社会资本融入，遵守市场运作规律，加速美丽乡村生态发展。

6. 典型案例六：宁国多样型生态建设模式

安徽省宁国市从2010年起在全省率先启动“美丽和谐乡村建设”，在“大生态、大循环、大和谐”的理念指导下，形成了经济高效、环境优美、文化开放、政治协同、社会和谐“五位一体”美丽乡村建设的“宁国模式”。具有把握生态文明主线、坚持因地制宜原则、引导社会力量参入、创新农村社会管理和服务四个重要的实践特色，形成了多样建设类型，包括自然山水生产发展型、城郊结合生活富裕型、依托重大项目安置型、试点改革整村推进型、功能拓展文化旅游型和创意农业生态观光型六类。而农业部农村社会事业发展中心则把宁国市美丽和谐乡村建设的主要类型，概括为景区带动型、旧村改造型、项目支撑型、生态依托型和城郊结合型五大类。

7. 典型案例七：衢州四级联创生态模式

衢州市在美丽乡村建设，特别注重村庄整治方案，形成了独特的“衢州四级联创模式”。实施这一模式有利于调动各级主管部门积极性，有利于发挥农民主体作用，有利于形成上下联动推进互动氛围，有利于彰显衢州“浙江绿源”的生态特色，有利于促进农民收入的持续增长。在村庄整治和农房改造建设中，衢州以改善农村基础设施为重点，以推进中心村建设为平台，以实施农村清洁工程为基础，以提高农民文明素质为根本，积极改进方式、提升品位、推进后续管理和强化动力支持。详见表1-3。

表1-3　国内典型地区的美丽乡村建设案例比较

地点	推行时间	主要内容	建设工程	动力来源（工作机制）	品牌特色	地区及地貌特征
安吉	2008	生态为本、农业为根；产业联动、三化同步；依托环境、融入文化；创建品牌、树立形象；乡村美丽、农民幸福	通过实施环境提升、产业提升、素质提升和服务提升四大工程，推进农村生态人居体系、生态环境体系、生态经济体系和生态文化体系建设	政府主导，农民主体，干部服务，城乡一体，部门协作，社会参与	村庄秀美、产业精美、社会和美、服务完美、生活甜美	“七山二水一分田”的山区县
临安	2010	“绿色家园、富丽山村”建设	绿色新环境打造工程、绿色新产业提升工程、绿色新社区建设工程、绿色新文化培育工程	“政府推动”发挥主导作用，“市场拉动”发挥辅助与规范作用，“民间协同”发挥参与性作用，“创新驱动”发挥发展方向引领作用	村美、家富、社兴、人和	“九山半水半分田”，有良好的区位优势
湖州	2010	“新1381行动计划”	产业发展、规划建设、生态环境、公共服务、素质提升、平安和谐、综合改革、党建保障八大工程	政府主导，农民主体，各方参与	宜居宜业宜游	“五山一水四分田”
宁国	2010	构筑相融的自然生态、打造高效的经济生态、倡导开放的文化生态、强化协同的政治生态、营造和谐的社会生态	推进规划建设工程、农村环境清洁工程、产业发展富民工程、社会事业和社会管理工程、基层组织建设工程和农村综合配套改革工程	政府领导，市乡联创，村企共建	生态经济共赢、人文景观相融、城市乡村互动	“八山一水半分田，半分道路和庄园”的重点山区市
衢州	2011	“四级联创”，即创建美丽乡村先进县、美丽乡村示范乡镇、美丽乡村精品村和美丽乡村“五美”农户	房屋改造工程、农村清洁工程	政府主导，农民主体，部门帮扶，社会参与	—	自然资源丰富，位于四省交界中心位置

第五节　国外乡村生态工程建设研究进展

一、国外美丽乡村生态工程建设研究现状

农村建设是每个国家历史发展的特定阶段，国外学者一般称为“乡村发展”（Rural Development），而不是国内的“乡村建设”（Rural Building）。在发展过程中，必须处理好工业与农业、城市与农村、农村现代化的关系，这在农村发展中起着重要的作用。18世纪魁奈已经建立起了重农学派，当时学术界就对农业和农村问题进行了广泛的研究。此后，关于农村发展和农业改造的课题研究，一直受到国内外学者的广泛关注。国外的研究主要有恩格斯的“城乡融合”理论，他指出城乡之间的对立是随着野蛮向文明的过渡、部落制度向国家的过渡、地域局限性向民族的过渡而开始的，贯穿着文明的全部历史。另外，还有舒尔兹的城乡发展理论、埃比尼泽霍华德的“田园城市”理论。

1. 国外乡村建设的总体性经验研究

Raanan在其著作中指出，乡村发展的着力点，在于经济增长与人力发展理论的关系。大多数国家，目前对于乡村发展的普遍定义是：提高农村生产力，并让农村人口获取相应的益处。

周金堂等研究了我国的新农村建设历程，同时对比了国外的新农村建设特征，总结出国内外农村建设的有益经验：推进健全法制建设、提升农村文化水平、平衡城乡经济发展、完善管理制度体制、保护农民利益。

在《国外农村建设的基本经验》一文中，冯书泉也总结了前人的建设经验，并将其巧纳为：一是倡导支持农村建设政策；二是提升农村的文化教育素质，培养现代化新型农民，积极使用现代化农业

先进技术；三是坚持贯彻农村决议，保护农民的切实利益。

程又宗在《国外农村建设的经验教训》中，系统地论述了国外农村的建设经验，从基础设施建设、经济金融建设、农村土地制度建设、政策保护、农村公共福利建设、农村教育文化建设等详细论述了农村建设的发展过程。

2. 发达国家乡村建设研究

美国、韩国、日本等农村发展经验，也值得深入研究分析。例如，美国学者罗吉期等认为美国的乡村建设主要是由城市化拉动的，美国的乡村社会建设经验主要包括以下内容：农业生产能力和科技应用水平，农业部门协调关系、乡村结构系统和价值体系、乡村制度建设和组织变化。

韩国的乡村建设历程来源于“新村运动”的实施，国内学者以此为背景，详细分析了“新村运动”的发展过程。例如，在《韩国“新村运动”经验及其对中国新农村建设的启示》，总结论述了韩国“新村运动”的建设作用和发展成效，并认为我国在新农村建设过程中，需要提高农民科技文化素质，合理规划农村建设布局，保护农村利益和发挥农民组织的作用。此外，关于韩国乡村建设的研究资料包括《新农村建设：韩国的经验与借鉴》《韩国政府在“新村运动”中的作用及其启示》等。

日本乡村建设“造村运动”也是成功发展的模式之一。在《日本建设新农村经验及对我国的启示》中，总结论述了日本农村建设过程和相关经验，主要包括发展农村新型合作经济，提升农村文化水平，培养新型农村，推进农业科技应用，保障农民切实利益，发挥农村化管理组织作用，建设新型生态农村。

以上介绍了美国、韩国、日本的发展模式，还有其他成功的国外乡村建设模式，包括德国的农业工业化模式、澳大利亚的粗放与集约模式、法国的新农政策等，这些国家的发展模式，为我国美丽乡村建设提供了丰富的借鉴意义。

二、国外美丽乡村生态工程建设特点

发达国家成功的乡村建设案例，都是在一种或两种资源中，开发出了都市需求的独特功能。例如，日本乡村建设“一村一品”“一村一景”的形成，铸就了乡村发展的持久动力和独特品格。

1. 国外乡村聚落资源内涵

根据以往研究总结和以上发展经验分析，可以将创造乡村聚落“个性化、差异化、特色化”的资源遗产，归结为5个方面。

（1）人——指地方的发展领袖。带领农村的建设者，以及著名的历史人物、拥有特殊技艺的人、有特色的地方住民活动，如环境保护、国际交流、节庆祭典等。

（2）地——指自然资源。如特殊的青山、绿水、温泉、雪、土壤、植物、梯田、盐田、沙洲、湿地、草原、鸟、鱼、昆虫、野生动物等生态环境。

（3）产——指生产资源。农林渔牧产业、手工艺、饮食、加工品、艺术品等，以及拓展产业机能之观光、休闲、教育、体验农业、市民农园及农业公园等。

（4）景——指自然或人文景观。如森林、云海、湖泊、山川、河流、海岸、夕阳、星星、古迹、地形、峡谷、瀑布、庭园、文化、建筑等。

（5）文——各种文化设施与活动。如寺庙、古街、矿坑、传统工艺、石板屋、童玩，有特色的美术馆、博物馆、工艺馆、研究机构、传统文化与习俗活动等。同时，要完善乡村建设机制，不断提升农民创建“美好家园”的参与热情和积极性。在整个乡村开发过程中，广泛动员当地居民的建设积极性，并保证有合理的收益反馈。

2. 乡村发展动力体系

根据乡村发展的影响因素分析，那些较为成功的乡村发展案例，同样也离不开地方政府、企业和居民（农户）的相互作用，从而形成推动乡村持续发展的地方产业体系，以及完善的基础设施、良好的生态环境和特色的地方文化。所以，可将国内外乡村发展的动力机制框架归纳如下。

（1）产业体系。指能支撑乡村快速发展的内生动力，包括现代农业体系、现代旅游业体系和地方小型工业体系，一般更为强调用工业化、信息化的手段，组织形成农业产业链系统或旅游业产业链系统。

（2）基础设施。指能保证和维持乡村产业经济发展、居民便捷生活生产的系列硬件基础设施和软件服务设施，包括道路、网络、水电、排污、学校、医疗、法律等，这些属于乡村发展的基础动力。

（3）生态环境。指产业、乡村、居民等，生产与发展所赖以存在的基本条件，属于一种开放性和扩散性的组织系统，相对于聚集式的城市系统，更能体现出乡村聚落的本质属性。

（4）地方文化。指能区别于城市和其他乡村特征的内在属性，是每个成功乡村具有自身魅力而不可缺少的灵魂，包括农耕文化、牧渔文化、民风民俗、地方名人、节庆盛事等。

3. 国外农村发展的主要特点

国外的农村发展在市场经济环境下，其主要特点：一是从政策和信贷资金方面予以支持；二是发展现代农业，提高农民收入，改善农村生活；三是健全农业社会化服务体系，普及农村教育，发展农技协会，提高农村从业人员的文化素质，激发农民的积极性和主动性；四是政府主导农业发展，工业反哺农业，兴建基础设施。少数国家，在政府大力支持下，采取行政运动模式，逐步建设新农村，把农民组织起来，统一规划，分期分批地进行新村建设运动，在较短时间内，比较全面地改善了农民的生活。

三、国外美丽乡村生态工程模式发展趋势

1. 荷兰的温室农业主导模式

荷兰的温室农业主导模式，其特点和发展趋势是：大力发展畜牧业、奶业和附加值高的园艺作物；农业生产产业化、集约化和机械化发展；温室农业通过从私人银行和国外贷款中获得大量资金，迅速发展起来。在7%的耕地上建立起1万hm^2，由计算机自动控制的现代化温室，使园艺花卉作物基本上摆脱了自然气候的灾害影响，使有限的土地产生了可观的经济效益。

2. 日本的市民农园发展模式

根据市民农园与租用者居住地之间的距离远近和利用方便程度，可以划分为近邻型市民农园、日归型市民农园和滞在型市民农园。

根据市民农园的所有者或经营者不同，可划分为JA（日本农业协同组合）经营型市民农园、地方公共团体经营型市民农园、个人经营型市民农园以及民间企业或NPO经营型市民农园。

按照法律依据不同，日本的市民农园，可划分为以《特定农地贷付法》为依据的市民农园、以《市民农园整备促进法》为依据的市民农园，以农园租用合同为依据的市民农园。

按照租用者的特征，可将市民农园划分为家庭农园、学童农园、高龄农园（也称为银发农园）、残疾人农园等。

3. 澳大利亚的家庭农场度假模式

澳大利亚墨尔本的家庭农场度假模式，其特点和发展趋势如下。

（1）经营模式。私人负责牧场生产，公司经营管理牧场旅游，牧场的拥有者不变，生产状态保持原貌，只是出于旅游开发的需要，由一家专业公司来统一管理。专业公司负责组合旅游产品，统一旅游接待标准，开拓客源市场，管理和培训牧场接待游客的家庭成员，解决游客在牧场发生的意外状况。

（2）运营特色。注重环境保护，有专门法律法规约束；自愿植树造林、保护草原不退化，政府给予税收减免；农场具有特色住宿接待及农业观光服务。

四、国外美丽乡村生态工程典型案例分析

国外美丽乡村生态工程典型案例可分为两种类型：基于“城乡发展均衡”的西欧乡村建设和始于“城乡差距较大”的东亚乡村建设。

1. 始于“城乡差距较大”的东亚乡村建设

（1）典型案例一：日本的“造村运动”。日本属于岛国，山地、丘陵占国土面积的71%，耕地面积仅占13.6%。1975年之前的20年，属于日本城市经济高速增长时期。但农村因青壮年人口大量外流到城市，农业生产和乡村发展的人力资源条件不断恶化，农村面临瓦解的危机。为缩小城乡差距，保持地方经济活力，至今日本已经实行了多轮新村建设计划。1955—1965年是基本的乡村物质环境改造阶段，主要目标是改善农业的生产环境，提高农民的生产积极性。1966—1975年是传统农业的现代化改造和提升发展阶段，主要是调整农业生产结构和产品结构，满足城市农产品大量需求。其中，20世纪70年代末，日本推行了“造村运动”，强调对乡村资源的综合化、多目标和高效益开发，以创造乡村独特魅力和地方优势。

与前两次过于注重农业结构调整不同的是，“造村运动”的着力点是培植乡村产业特色、人文魅力和内生动力，对后工业化时期，日本乡村的振兴发展产生深远影响，也彻底改变了日本乡村的产业结构、市场竞争力和地方吸引力。最具代表性的是大分县知事平松守彦，1979年提出“一村一品”运动，这是一种面向都市高品质、休闲化和多样性需求，自下而上的乡村资源综合开发实践。经过30多年的锤炼，日本人慢慢发展出一套乡村建设逻辑，认为地方的活化，必须从盘点自己的资源做起；只要针对一两项特色资源运用、发展，就可以让地方免于持续萧条，让乡村焕发活力。

日本是较早开展美丽乡村建设的国家之一，体系完整，形成了较为成熟的产业发展模式。乡村旅游便是日本美丽乡村建设的主要模式之一。据统计，日本乡村旅游市场占国内旅游市场份额的一半以上，不但独具特色，而且形式内容多样。日本在建设美丽乡村时，充分将文化因素与经济建设相结合，因地制宜，不仅使相对落后的农村地区，通过当地的文化特色带动了经济发展，同时，也促进了日本传统文化的传承。其主要模式有以下几种。

一是依托乡村自然风光的发展模式。日本由于其独特的地理位置和气候条件，形成了颇具特色的自然景观。植被资源丰富、风景优美，发展美丽乡村，依托自然风光，开展一系列的旅游发展模式。结合当地的自然环境与传统生活模式，利用有限的资源提升经济发展。

二是依托乡村传统文化的体验模式。日本通过不断发掘传统文化的独特魅力，依托传统文化优势，进行积极尝试和探索。一方面，不断发展乡村教育中心，通过“乡村留学”即学习乡土知识、开展野外活动方式，引导青少年学习，并热爱传统文化。另一方面，日本还积极开启游客体验模式，让各地游客亲身参与传统手工艺品如制陶、竹编、纺织、木工等制作，使游客通过真实体验感受传统文化魅力，充分利用各种传统生活用品和农具，设置专门场所对其进行展示。

三是依托城乡迁移探亲模式。随着城市化的不断发展，日本农村人口逐渐向城市迁移，日本大多数年轻人父母或祖父母都来自于农村，乡村发展紧抓这个契机，创新模式，形成了“寻根旅游”乡村建设模式。在每年几次传统节日中，大批的城镇居民都会回故乡省亲加上度假，形成了很大规模返乡潮，以此为契机发展乡村，形成了回家乡探亲度假的模式。

四是依托观光农业的体验模式。日本观光农业主要以5个方面为主，分别为参观农场果园、采摘新鲜的蔬菜和水果、到了季节收粮食、放牛放羊以及挤牛奶，它是较早开展乡村建设的一种发展模式。在一些村庄，还建立有日本特色的农具展览馆，也是观光农业的一部分。租赁农园是近几年兴起的一种新型体验模式，城镇居民可以以租用乡村农民土地方式来种粮食、蔬菜、水果以及养殖。也可

利用周末，在农园里进行休闲娱乐活动。在收获无污染的绿色农产品的同时，还可提升精神享受，受到城市居民的青睐，市场前景发展广阔。此外，日本海边渔村利用发达的渔业，也兴起了观光体验模式。每逢捕捞季，这些海边渔村都会引来旅游热。通过发展附加产业比如租船等，为当地的经济发展带来了活力。

（2）典型案例二：韩国的“新村运动”。韩国国土面积99 300km^2，以丘陵、山地居多，耕地占国土面积的22%。20世纪60年代韩国农业落后，农民贫穷，城乡差距拉大。为改变农村落后面貌，1970年开始倡导“新村运动”，把实施“工农业均衡发展”放在国民经济建设首要地位。

从发展演变看，韩国新村运动也可划分为3个时期。1970—1980年为启动推进阶段，主要目标是改善落后的农民生活、生产条件和基础硬件设施，较为类似于日本20世纪五六十年代的新村建设。1981—1990年为充实提高阶段，主要目标是调整农业结构，增加农民收入，进一步缩小城乡差距，类似于日本新村建设。1991年至今，为自我完善的稳定发展阶段，以促进城乡一体化发展为目标，类似日本20世纪80年代后的“造村运动”。

韩国的“新村运动”以扩张道路、架设桥梁、整理农地、开发农业用水等，作为农村基础设施建设的重点，政府适时倡导自力更生，引导发展养蚕、养蜂、养鱼、栽植果树、发展畜牧等特色都市产业，因地制宜开辟城郊集约型现代农业区、平原立体型精品农业区、山区观光型特色农业区，拓展了农民增收的渠道。同时，农民收入的提高和富余资金的积累，也为农村设施建设形成了良性互动的前提。与日本相比，韩国的“新村运动”是建立在政府低财政投入和农民自主建设的基础上，因此，创造了低成本推行农村跨越式发展的成功典范。

2. 基于“城乡发展均衡”西欧乡村建设

（1）典型案例一：德国的“村庄更新”。德国国土面积相对广阔，农业发展水平位居世界前列。战后德国的“村庄更新”始于20世纪50年代早期，当时德国城镇化水平，已达到60%左右。乡村更新的主要目标，是改善乡村土地的拥有结构，不过于分散，影响农业的现代化。其中重要手段是农地整理。20世纪七八十年代，德国基本实现现代化。该时期村庄更新，开始审视村庄原有形态和村中建筑，重视村内道路布置和对外交通合理规划，关注村庄生态环境和地方文化，并且强调农村不再是城市的复制品，而是有着自身特色和发展潜力的村落。进入20世纪90年代，农村建设融入了可持续发展的理念，开始注重生态价值、文化价值、旅游价值、休闲价值与经济价值的结合。村庄更新项目的重要目标是，从保护区域或地方特征出发，更新传统建筑；从保护乡村特征出发，扩建村庄基础设施；按照生态系统要求，协调村庄与周边自然环境；因地制宜发展经济，帮助乡村社区持续发展。

（2）典型案例二：荷兰的“农地整理”。荷兰国土面积42 000km^2，全境为低地，1/5土地属于围海造田。20世纪50年代，荷兰城镇化水平就超过了80%，城乡人口矛盾并不突出。20世纪60年代由于经济好转，城市地区得到长足发展，大批城镇居民开始由城市中心迁往大中城市郊区——都市乡村。第二次世界大战后荷兰城镇化面临的重大课题是，在都市区化过程中，保护周边乡村农地经营规模化和完整性，以实现农业的结构调整。因此，“农地整理”一直是荷兰解决农村、农业发展问题的核心工具。“荷兰农地整理”是将土地整理、复垦与水资源管理等进行统一规划和整治，以提高农地利用效率，农村建设和农业开发项目，都要依托土地整理而进行。

荷兰已经改变了过去强调农业发展的单一路径，而转向多目标体系的乡村建设。如推进可持续发展的农业，提高自然环境景观的质量，对水资源进行可持续管理，推进乡村经济多样化、乡村旅游和休闲服务业发展，改善乡村生活质量，满足地方需求。

（3）典型案例三：法国城乡平衡的乡村建设。1960年，法国颁布了《农业指导法》，加大了对农业的扶持力度，在农产品价格上给予农民补贴，还提供购买农业生产所需用品、种子等贷款。法国政府致力于发展农业国际市场，降低关税，农产品出口比例大幅提高。随着生活方式的改变，农民也渐渐融入了城市生活氛围，农村的人口已不局限于从事农业工作的人。

法国乡村建设重视农业发展和城乡发展平衡，并运用科技手段，提高现代农业产业发展。同时，统一全国农村发展规划，使得利好“三农”政策释放，提高了农村事业建设步伐。中国目前由于幅员广阔，地域特点差异较大，还没形成一套乡村建设统一的建设模式。

第六节　我国美丽乡村生态工程研究主要创新成就

一、美丽乡村生态建设是农业综合系统工程

我国美丽乡村生态建设，既是美丽中国建设的基础和前提，也是推进生态文明建设和提升“三农”建设的新工程、新载体。党的“十八大”第一次提出了建设美丽中国的战略构想，美丽中国这一全新概念，强调必须树立尊重自然、顺应自然、保护自然的生态文明理念，赋予了“美丽中国”深刻的理论内涵和鲜明的时代特色。只有实现社会、经济、文化、生态的和谐发展、持续发展，才能实现美丽中国的建设目标。2013年中央一号文件，第一次提出了要建设“美丽乡村”的目标，加强农村生态建设、环境保护和综合整治工作。因此，要实现美丽中国的奋斗目标，就必须加快美丽乡村生态建设的步伐，加快农村地区基础设施建设，加大生态环境治理和保护力度，营造良好的生态环境，促进农业增效、农民增收。统筹城乡协调发展，切实提高农村居民的幸福感和满意度。

美丽乡村建设关键是规划做好生态工程建设。生态工程的实质是认识和改造世界的一种系统方法论，将社会经济与自然环境融合，建立可持续发展新的生态体系。例如，我国农村山水林田路居自然景观和农林牧副渔产业，都可看作美丽乡村建设的生态系统工程。因此，面向“三农”是我国美丽乡村生态工程建设和发展方向。美丽乡村生态建设是美丽中国建设的重要组成部分，建设美丽乡村，对加强农村生态文明建设，促进农村经济社会发展，实现农民脱贫致富奔小康，提升“三农”可持续发展具有重要意义。

农业观光和休闲旅游、农村生态旅游是近几年发展起来的乡村旅游热点主要品种。乡村旅游是我国美丽乡村生态建设的重要内容，受到国家重视和支持。国家《“十三五”旅游业发展规划》提出重点推动乡村旅游的发展，在我国旅游业实现的四大目标中，乡村旅游放在了推动发展八项之一，与精品景区、红色旅游等并列。而在优化空间布局时，古村落旅游目的地和民俗风情旅游目的地，也列为推进八大类特色旅游目的地建设之内，体现了国家对美丽乡村建设发展生态旅游的重视和支持。

二、我国美丽乡村生态建设发展举世瞩目

我国美丽乡村生态建设起步晚，但发展快、势头猛。目前，美丽乡村建设正处于全国试验示范阶段。经过近几年努力，我国美丽乡村建设取得了令世人瞩目的成就。就农业生态旅游而言，据国家旅游局发布数据显示，2016年国内旅游总收入39 000亿元，其中全国休闲农业和乡村旅游接待游客近21亿人次，营业收入超过5 700亿元，约占全国旅游总收入14.6%；2016年乡村旅游收入又比2015年增加1 300亿元，增收29.5%。带动672万户农民受益。截至目前，全国共创建休闲农业和乡村旅游示范县328个，推介中国美丽休闲乡村370个，认定中国重要农业文化遗产62项，在全国培育了一批生态环境优、产业优势大、发展势头好、示范带动能力强的发展典范。

农业是对自然资源直接利用与再生产，是我国经济社会发展的前提和基础。美丽乡村建设是新农村建设的升级版，发展目标不仅是“生产发展，生活宽裕，乡风文明，村容整洁，管理民主”理念的简单复制，在“生产、生活、生态”农业和谐发展的思路中，美丽乡村建设包含的是对整个“三农”发展的新起点、新高度、新平台的新期待。“三农问题”是世界工业化国家都须关注，并致力于探索

解决的重大课题，是农业文明向工业文明、生态文明过渡的必然产物。“三农”问题一直是制约我国长足发展的一个根本性问题。我国解决“三农”问题更具艰巨性、复杂性和特殊性。“三农”工作自20世纪80年代初开始，一直成为了每年中央“一号文件”发表的重点和焦点。“三农”问题的本质是城乡二元社会中，城市与农村发展不同步、结构不协调的问题，解决“三农”问题要从“城乡一体化”“三农一体化”着手才能取得实效，其重要解决途径就是发展美丽乡村生态建设。聚焦“三农”建设美丽乡村，是一个新的政策定位，中央和地方政府都非常重视。美丽乡村建设的目的，在于促进农村的物质文明、精神文明和生态文明建设，全方位推进“五位一体”总布局。因此，美丽乡村生态建设，可作为我国当前解决“三农”问题的一个总纲，统领农村全面发展、协同推进。

在厦门日懋城建园林建设股份有限公司及其子公司深圳市日昇园林绿化有限公司组织下，由苏进展、李翔、黄国勤、赖庆旺、黄庆海等多位专家主持编写的《中国美丽乡村建设生态工程技术与实践》一书，共包括十四章，约100万字。以公司承建一系列与美丽乡村相关生态建设工程项目135个，累计完成工程量1 800万m^2，实现工程合同金额10.6亿元，打造了一批优秀的典型示范工程案例为背景，以公司生态工程实践和企业科研成果为主线，组织了各学科庞大专家编写团队，系统总结了我国美丽乡村生态建设示范工程的成熟经验和创新成果，肯定了成效，反映了趋势，指明了科研开发方向。

三、我国美丽乡村生态建设创新研究成就

从科学性、价值性和实践性结合评价，中国美丽乡村生态工程技术研究主要创新成就概括如下。

（1）研究梳理了我国美丽乡村生态工程学的理论体系、技术体系、市场体系，丰富和完善了我国农业生态工程学科体系，为我国美丽乡村生态工程学的发展和创新，打下了扎实基础。

（2）美丽乡村生态建设工程是需要大量投资的。针对各省的争点、布点、试点，地方热情高，据报道西南贵州省已有1.6万“四在农家•美丽乡村”创建点，覆盖9 000多村，占全省行政村50%，受益群众1 500万人，有全面铺开之势。通过大量研究与实践提出了中国美丽乡村生态工程建设的基本条件及标准，提供了明确目标，为正确引导美丽乡村建设健康、持续发展，提供了科学依据。

（3）提出从土地利用、农业布局、经济产业发展等方面开展美丽乡村生态建设工程的前期规划，肯定了农业在美丽乡村生态建设的主导产业地位，为美丽乡村生态建设与产业发展明确了规划方向。

（4）当代美丽乡村建设示范点多是山清水秀，如何保持清洁源头水资源，是建设美丽乡村，尤其是乡村旅游区开发的一道难题。本书对粤赣东江从安远、寻邬源头，上中下游，多年来东江水资源保护林建设等措施及效果，进行了调研监测，从新开发城市深圳30多年用水安全和香港供水安全的实践成果，为美丽乡村建设源头水资源保护，做出了规模性水安全范例。

（5）从乡村生态经济产业发展和农业产业化结构调整的角度，指出了田园植物选择，应以发展经济果木和经济作物为主体，不断提高旅游乡村区单位耕地产出效率，并提出了植物配置与高产种植技术。

（6）研究指出了依据不同气候带和当地自然资源，建立不同生态区域美丽乡村典型模式，并按类型、分布及主要特征，规划乡村产业发展途径。为美丽乡村建设生态经济产业发展区划提供了科学依据。

（7）本研究还介绍了美丽乡村生态建设的水土保持、田园土壤管控、山体生态修复等研发成果，肯定保护乡村土壤资源是美丽乡村生态建设的基础，是农民赖以生存的根基所在。

（8）本研究还以贵阳白云区十九寨乡村旅游规划与南昌西湖李家村为例，重点剖析了美丽乡村建设生态旅游设计与施工实践取得的成果。从一个侧面展示了我国美丽乡村生态建设巨大成就，也反映了我国美丽乡村生态建设工程技术水平的创新与突破。

（9）本研究还着重介绍了乡村基础建设初步完成后，应及时旅游开放收取门票，增强造血功

能，促进依托乡村山水资源旅游开发，实现滚动发展，摆脱筹措资金和基础设施滞后的困局。

当前美丽乡村生态旅游发展，面临难得的历史机遇。随着城镇居民收入提高和消费结构的不断升级，休闲旅游的需求将更加旺盛。城乡一体化加快，将推动农村基础设施和公共服务体系更加完善，使乡村好山好水好风光更具魅力。发展休闲农业和乡村生态旅游，有利于调优农产品品种和品质，增强农业的供给侧活力，有利于统筹城乡的要素资源，补农村短板、美乡村风貌，以加快农民脱贫致富奔小康的步伐。

参考文献

河北省委省政府. 2016-01-21. 河北省省政府省印发《关于加快推进美丽乡村建设的意见》[N]. 河北科技报（B08）.

曾诗淇. 2016-10-28. 乡村美中国美全国各省美丽乡村建设成果展示[EB/OL]. https：//wenku.baidu.com/view/5e8a22c49fc3d5bbfd0a79563c1ec5da50e2d6c3.html.

陈秋红，于法稳. 2014. 美丽乡村建设研究与实践进展综述[J]. 学习与实践（06）：107-116.

董铭胜. 2016-12-03. 国务院关于印发“十三五”脱贫攻坚规划的通知[EB/OL]. http：//www.cpad.gov.cn/art/2016/12/3/art_46_56101.html.

杜姗姗. 2017. 打造美丽乡村实现精准脱贫[J]. 西部财会（04）：48-49.

冯蕾. 1998. 到“美丽乡村”去[J]. 中国商界（1）：20-23.

河北省人民政府，河北省美丽乡村建设领导小组. 2016-07-08. 河北省美丽乡村建设领导小组关于印发《2016年河北省美丽乡村建设实施方案》的通知[EB/OL]. http：//www.sjzhb.gov.cn/cyportal2.3/template/site00_article@sjzhbj.jsp?article_id=8afaa16155b396370155c9105e78240a&parent_id=402882663fe4de03013fe4f68447046f&parentType=0&siteID=site00&f_channel_id=null&a1b2dd=7xaac.

湖南日报评论员. 2017-06-03. 把脱贫攻坚与美丽乡村建设结合起来[N]. 湖南日报（001）.

黄国勤. 2006. 农村生态环境与社会主义新农村建设[J]. 中国井冈山干部学院学报，2（3）：75-78.

黄国勤. 2007. 论建设社会主义新农村[M]. 北京：中国农业出版社.

黄杉，武前波，潘聪林. 2013. 国外乡村发展经验与浙江省“美丽乡村”建设探析[J]. 华中建筑（05）：144-149.

蓝美芬. 2017. 挖掘传统文化智慧推动美丽乡村建设——清代松溪县畲汉两族“和”文化研究及意义[J]. 湖北函授大学学报（02）：193-194.

李高峰. 2017. 关于黑龙江省美丽乡村建设情况的调研报告[J]. 当代农村财经（02）：30-33.

李克明. 2014-09-25. 美丽乡村提出的过程、意义及内涵[N]. 毕节日报（002）.

刘彦随，周扬. 2015. 中国美丽乡村建设的挑战与对策[J]. 农业资源与环境学报（02）：97-105.

孙海峰. 2016-08-04. 美丽乡村承载的意义[N]. 甘肃日报（010）.

孙秀艳，贺勇，禹伟良，等. 2012. 美丽中国：执政理念新发展[J]. 今日海南（12）：14-16.

唐德军，王庆，陈光虎. 2017. 荆州市新型农村合作医疗运行状况分析[J]. 现代医院管理（02）：29-32.

唐珂，闵庆文，窦鹏辉，2015. 美丽乡村建设理论与实践[M]. 北京：中国环境出版社.

唐珂. 2015-06-26. 美丽乡村建设进入标准化轨道[N]. 农民日报（003）.

王甲迎. 2017. 国内外美丽乡村研究现状及典型案例分析[J]. 佳木斯职业学院学报（02）：448-449.

王荣才，黄继胜，刘振宏. 2017. 精准扶贫视角下美丽乡村发展路径探索[J]. 安徽农学通报（09）：8-10.

王卫星. 2014. 美丽乡村建设：现状与对策[J]. 华中师范大学学报（人文社会科学版）（01）：1-6.

王洋. 2017-03-30. 全国红色旅游工作协调小组召开会议宣贯《2016—2020年全国红色旅游发展规划纲要》[N]. 中国旅游报（001）.

徐小龙. 2016-12-19. 浙江桐庐：非遗成为美丽乡村的“原动力”[N]. 中国文化报（007）.

杨惠菊. 2016. 习近平关于美丽乡村的思想探析[J]. 湖北经济学院学报（人文社会科学版）（05）：5-6.

杨阳. 2017-07-02. 长江2017年第1号洪水正在形成湖南334万人受灾[EB/OL]. http：//china.huanqiu.com/article/2017-07/10924848.html.

姚传娟. 2016. 美丽乡村建设研究——基于安徽省淮北市的调查[J]. 陕西学前师范学院学报（12）：37-40.
佚名. 2012. 迈向建设美丽中国新时代[J]. 环境保护（23）：2.
张宝旺. 2015. 大洼县美丽乡村建设案例分析[D]. 大连：大连理工大学.
张莎莎. 2016. 岳西县“美丽乡村”建设研究[D]. 合肥：安徽大学.
张宇翔. 2013. 美丽乡村规划设计实践研究[J]. 小城镇建设（07）：48-51.
赵菲菲. 2015. 建设美丽乡村的意义和思路[J]. 现代农村科技（22）：72.
赵子军. 2015. 安吉：中国美丽乡村建设最佳实践[J]. 中国标准化（06）：18.
郑向群，陈明. 2015. 我国美丽乡村建设的理论框架与模式设计[J]. 农业资源与环境学报（02）：106-115.
朱为民，姜石泉，陈鹏，等. 2016. 打造美丽乡村推进生态文明[J]. 江苏农村经济（08）：57-58.
左盛丹. 2017-04-11. 中国休闲农业和乡村旅游年营业收入超过5700亿元[EB/OL]. http：//www.chinanews.com/cj/2017/04-11/8196673.shtml.

第二章　中国美丽乡村建设生态工程学理论体系

第一节　生态工程学及其学科体系

一、美丽乡村生态工程学的学科体系定位

1. 生态工程学的定义

生态工程是一门既古老又年轻的学科。在我国古代，就已经出现了许多朴素的自发的生态工程。但过去还未归纳出原理，方法论也未形成，研究对象也未明确，是朴素的自发的实践和思想，尚未成为一门学科。随着20世纪30年代之后，国际上多次公害事件的发生，引发了全球范围内对人类发展中对生态环境影响的深思，并进而在关注全球性的粮食、人口、环境、资源等背景下，逐渐掀起了生态工程的热潮。

生态工程的概念是20世纪60年代分别由美国生态学家H.T.Odum及我国生态学家马世骏提出的。H.T.Odum（1962）将生态工程定义为："在人类所操纵的环境中，利用一小部分额外的能量，来控制一个主要能量仍源于自然资源的系统，生态工程所应用的规则虽以自然生态系统为出发点，但之后所衍生出的新系统将有别于原者。"具体来说，生态工程学是应用自然生态系统原理，通过同自然环境合作，进行对人类社会和自然环境双方都有利的复合生态系统设计的科学；生态工程是建立在少花费、低能耗而更有效地利用自然资源的基础上，增加社会财富的同时，又能使人类社会与自然环境都可持续发展的生态设计、生态保育、生态恢复、生态更新和生态管理等的技术综合。生态工程研究的内容，虽然涉及自然环境、自然资源、人口增长、社会生产等各个子系统，但它研究的是人口、资源、环境及产业之间相互作用的横向联系，及它们之间的整体效应，而不是人口学、资源学、环境学和部门生产的单个组分。尽管此时已经出现了一些关于生态工程的概念的学说，但直到1989年在美国出版了Mitsch和Jorgensen主编，中、美、加拿大、丹麦、日本等国学者合著的《生态工程》一书，明确提出生态工程研究对象、基本原理、研究方法。生态工程才被国际学术界公认为一门新兴学科。生态工程不同于传统的在末端治理的环境工程，及寓环保于生产中的清洁生产工程，目前我国通过政府引导、科技催化、社会兴办、群众参与，许多地方已经或正在应用生态工程。我国高速公路、高速铁路及现正在建设中的"一带一路"，都可以称谓伟大的应用生态工程。

2. 美丽乡村生态工程学的学科体系

生态工程学较全面、系统地阐述了生态工程及相应技术，重点介绍生态工程学原理、发展的历史与主要理论，生态工程的设计理论与方法，农业、工业、环境、景观、湿地、城市及园林建设中生态工程的理论应用和相应的技术配套体系，现代高新技术在生态工程学领域中的应用等。生态工程学的学科体系基本上包括生态工程设计、农业生态工程原理与技术、工业生态工程原理与技术、环境生态工程原理与技术、湿地生态工程原理与技术、景观生态工程及规划设计、城市园林生态工程原理与

技术。

美丽乡村是社会、经济、文化、生态环境等多方面完美结合的统一体，是自然与人、物质与文化、生产与生活、传统与现代结合在一起的系统工程。除生态环境的自然美外，还应该包括农业经济的发展、农民生活水平的提高、生活质量的改善、幸福指数的提升等方面内容。这个概念提出了美丽乡村生态建设是社会主义新农村建设的进一步发展，两者一脉相承。

美丽乡村，重点在于“美丽”。美丽，是一个极为抽象的概念。美丽乡村之“美”可以归纳为自然之美、生态之美、农业之美、人之美和文化之美。所谓自然之美，即当地自然风貌；所谓生态之美，即当地生态环境，特别是治理农村的生态环境污染，实现农村的可持续发展；所谓人之美，即在建设美丽乡村的过程中培育文明、高素质和精神面貌良好的“美丽”村民，实现乡村的人“美”；所谓文化之美，即在建设美丽乡村的过程中，要重视当地文化的保护与传承，包括当地的古代民居、农耕文化等。在美丽乡村生态建设中，应用生态工程可以获得良好的效果。结合生态工程学的相关理论，美丽乡村生态工程学的学科体系应该包括农业生态学、农村生态学、乡村景观生态学、乡村生态工程的建筑学、乡村生态工程的植物学原理，是隶属于农业生态学的一门分支学科。

二、理论生态学的学科分类体系

1. 理论生态学的研究方向

从生态学的发展来看，已经有了理论生态学和应用生态学之分。应用生态学中有污染生态学、放射生态学、热生态学、野生动物管理学、自然资源生态学、城市生态学等。理论生态学主要涉及生态学的过程、生态关系的推理以及生态学模型。对理论生态学一般有两种理解：一是与应用生态学相对应的理论生态学，这种理解实际上指的是生态学基础理论；二是与描述和定性生态学相对应，即把生态学从一般定性描述提高到如物理学或化学一样，可进行精确的定量分析，并进行预测的科学。理论生态学的目的是对自然界中所发生的生态现象、过程与机制给以理论上的分析、解释和预测。与实验生态学之间密切联系，相互促进，两者之间形成类似于“DNA双螺旋结构”关系。理论生态学几乎涉足所有生态学理论问题。理论生态学也被理解为一种研究方式，与观察和实验一道构成了生态学不可或缺的基本研究途径，特别是理论生态学常采用的演绎思维，能够加强认识的目的性，提高研究效率，实现“让理论指导观察与实验”之目的。所以理论生态学的实质研究的是自然界中生物在分布、多度和动态等方面所表现出来的模式（或称规律、现象），并且建立数学模型形成理论。作为一门科学，生态学研究的是自然界中生物在分布、多度和动态等方面所表现出来的模式。在这个过程中，人们往往需要借助数学和统计学方面的知识去识别模式，但我们不能仅停留在对模式的描述上。我们还需要理解这些自然模式是怎样产生的，或者说，是哪些生物学和生态学过程导致了我们所观察到的模式（即内在机理问题），这是理论生态学研究的最终目的。生态学理论的准确、清晰的表达大都依赖于某些形式的数学符号与公式。生态学家严谨的逻辑推理中经常使用数学模型作为手段。

2. 理论生态学的分类

理论生态学中的普通生态学是经典生态学的基础理论，通常包括个体生态、种群生态、群落生态和生态系统生态4个分类层次。主要研究阐述生态学的一般原则和原理。依据生命科学的生物类别，理论生态学可以分为：动物生态学、植物生态学、微生物生态学。在动物生态学中还可以分出：哺乳动物生态学、鸟类生态学、鱼类生态学、昆虫生态学。依据生物栖息地，理论生态学可以分为：陆地生态学、海洋生态学、河口生态学、森林生态学、淡水生态学、草原生态学、沙漠生态学。

目前，理论生态学已经取得了一些成就，如性比率理论、亲属选择理论、觅食理论、种群动态调节、个体行为与种群动态、生态系统的稳定性与复杂性、食物链长度与调控等。

三、应用生态学特征及发展方向

1. 应用生态学主要特征

应用生态学是将理论生态学研究所得到的基本规律和关系，应用到生态保护、生态管理和生态建设的实践中，使人类社会实践符合自然生态规律，使人与自然和谐相处、协调发展的一门学科。主要有以下特征。

（1）应用生态学的研究对象十分广泛，几乎涵盖了地球表面所有的生态系统类型。应用生态学包含了极为宽广的研究领域，不可被视为生态学的一个分支，而是生态学的一大研究门类。所有与研究人类活动有关的生态学分支，如农业生态学、渔业生态学、林业生态学、草地牧业生态学、污染生态学、城市生态学、资源生态学以及野生动植物管理保护、生态预测乃至景观生态学、区域生态学、全球生态学中的部分或大部分领域都可归属在应用生态学这一门类之下。

（2）应用生态学，发展速度快，促进了科学与社会的进步。1964年，英国生态学会创办了《Journal of Applied Ecology》，标志着应用生态学的诞生。之后随着人类与生物圈之间的关系日趋紧张，出现了所谓人口爆炸、资源濒临枯竭、环境危机以及工业化、城市化发展带来的一系列问题，进一步引发了一些新的应用生态学分支的诞生与发展。1974年Ramade出版了《Eléments D’écologie Appliquée》应用生态学原理，这是世界上第一部应用生态学专著；1976年美国学者Hinckley出版了《Applied Ecology》专著；1978年，另一美国学者De Santo又出版题为《Concepts of Applied Ecology》的学术著作，这三本专著的出版，标志着应用生态学逐渐走向系统化。20世纪80年代中期以来，应用生态学的研究非常活跃，许多相关国际组织相继成立，如国际保护生物学会（1985），同时，大量应用生态学分支学科杂志创刊发行。1991年，美国生态学会创刊了《Ecological Applications》，标志着应用生态学进入一个成熟时期。进入20世纪90年代，大量应用生态学专著出版发行，应用生态学进入了一个蓬勃发展阶段。进入21世纪之后，生态学本身的发展，生态学面对现实问题，即社会需求继续推动“应用生态学”的发展。应用生态学的理论与实践方法为大多数学者关注。

2. 应用生态学的发展方向

在现代社会，生态学正在受到环境问题的挑战，应用生态学的研究和实践者，应该积极面对这种挑战。这就要求应用生态学家，按照所研究问题的不同时间和空间尺度，采用不同的研究方法和技术手段，去认识和研究人类与地球生物圈之间的关系，并寻求和谐发展的对策。这也是未来应用生态学的发展方向。

（1）生态系统与生物圈的可持续利用。这一领域的研究对象，可以是某种生物产业，如农业、林业、畜牧业、渔业；也可以是人类社会经济活动的特定空间，如城市、乡村、矿山、自然保护区等。应用生态学研究，将有助于深入认识人类活动对生物圈的影响和作用，有助于制定对社会进步、经济发展、资源和环境保护等，具有较好兼容性的发展对策。

（2）生态系统服务与生态设计。城市化引发的生态学问题越来越突出；未来的城乡环境将更多地由人类影响和管理的生态系统组成，在这个系统中，人类所依赖的生态系统服务，将越来越难以维持。应用生态学研究，必须正视人类需求与生态系统需求间的紧张关系。

（3）生态体系预警预报。这是一门跨学科的综合性研究，能帮助科学管理者制定研究、监测、模拟和评价的优先领域，是资源与环境管理、决策中的重要依据。生态预警预报对于资源、环境的决策和管理将扮演越来越重要的角色。随着现代化科学技术的不断发展，尤其是计算机科学和智能定量分析的进步，加上生态学理论的发展，未来我们能够更加精准地预测各类生态系统的动态变化和演变规律。

（4）生态过程及其调控。生态过程泛指受环境因素控制的生物学过程和受生物参与、影响的环境过程。生态过程研究需要借助各种实验技术和观测手段，长期、大规模的生态学实验、重要生态环境要素的持续观测、跨区域实验观测的联网比较，以及遥感、图像、信息技术等的综合应用。生态过程的调控将主要集中在时间和空间调控上，以解决资源配置的合理性问题。

第二节　农业生态学原理

一、农业生态学的历史和发展

农业生态学在现代农业科学中占有重要地位，起着多方面的作用。农业生态学是研究农业生物（包括农业植物、动物和微生物）与农业环境之间相互关系，及其作用机理和变化规律的科学。其基本任务是要协调农业生物与生物、农业生物与环境之间相互关系，维护农业生态平衡，促进农业生态与经济良性循环，实现经济效益、社会效益和生态效益的同步增长，确保农业可持续发展。农业生产的生态观点和系统思想，可以追溯到农业发展的早期阶段。农业生态学的发展时期大致可分为以下4个时期。

1. 萌芽期（1920年前）

农业生产的生态观点和系统思想，可以追溯到农业发展的早期阶段。我国许多古书如《诗经》《齐民要术》等，都有农作物与环境的关系的记述，但侧重于个体生态。意大利阿兹齐（G.Azzi）早在20世纪初，即开始农业生态学方面的研究，1920年得到公认。而在1920年之前，可以认为农业生态学是处于“知识累积阶段”，或称为“萌芽期”。

2. 产生期（1920—1980年）

社会的需要是推动农业生态学产生和发展的巨大动力。20世纪五六十年代发达国家出现了环境污染，七八十年代出现了“人口爆炸、粮食短缺、资源枯竭、能源不足、环境污染”五大世界性危机，人们迫切希望通过生态学、农业生态学的发展，来从根本上解决上述诸多问题。农业生态学的产生有两方面的基础：一是传统农学思想的影响。农业生态学的观点早已有之，如我国古代农学著作《齐民要术》指出：“顺天时，量地利，则用力少而成功多。任情返道，劳而无获”。二是现代科学技术的发展。如20世纪30年代由贝塔朗菲（L.V.Bertalanffy）提出的系统论，1948年由美国科学家C.E.Shannon创立的信息论和Nobert Wiener提出的控制论等，都为农业生态学的产生和发展提供了重要的方法论基础。

1920年农业生态学得到公认后，阿兹齐在意大利开设了农业生态学课程。之后一些学者出版了农业生态学专著，如1956年，G.Azzi出版了《农业生态学》（Agricultural Ecology）；1972年，日本小田桂三郎出版了《农田生态学》；1979年，美国考克斯（G.W.Cox）等出版了《农业生态学》。从20世纪70年代开始，出现有关农业生态学的期刊和学术机构，1974年国际性的“农业生态学”杂志创刊，后改为“农业生态系统和环境”。同年国际生态学联合会农业生态委员会成立，强调解决污染与食物短缺等问题，必须发展农业系统调和循环的整体性，建议各国政府立即加强和改进农林牧生产中生态系统关系的研究，加强农业生态系统研究成果的国际交流等。1976年在荷兰阿姆斯特丹召开了国际农业生态会议，会议论文已汇集成《农业生态系统中矿质养分循环》一书出版。

3. 发展期（1980—2000年）

进入20世纪80年代，在粮食需求和环境压力不断增长的背景下，世界农业生态学进入迅速发展时期。表现在：一是研究机构增多。目前，世界上已形成多个农业生态研究中心，其中较著名的有美国加州大学圣克鲁兹分校农业生态计划、美国乔治亚大学生态研究所、美国夏威夷大学东西方研究中心等。在我国，很多大学也设立了农业生态研究所、研究中心或农业生态教研室（组），如浙江农业大学（现为浙江大学）农业生态研究所、华南农业大学热带亚热带农业生态研究所等；中国科学院生态系统研究网络建立的29个试验研究站中，农业生态（或农业生态系统）研究站就有16个，如鹰潭红壤丘陵农业生态试验站、千烟洲红壤丘陵农业生态试验站、封丘农业生态试验站、常熟农业生态试验站、桃源农业生态系统观测试验站等。二是科研项目增多。从1982—1992年，国家自然科学基金资助的生态学科应用基础研究项目共136项，其中，农业生态就有49项，占11.5%。三是研究领域拓宽。近20年来，农业生态研究的领域已涉及农业生态学的基本理论，我国各类基本的农业生态系统特征的研究等方面。

4. 完善期（2001年以后）

步入21世纪，气候变暖、粮食安全、资源生态安全等，再次成为全球关注的热点问题，农业生态学的研究领域，得到不断扩展和深入，农业生态学将进入一个新的发展时期。围绕农业生产对全球气候变化的生态影响与适应策略、农业面源污染防治与农产品产地环境安全、农业清洁生产与循环农业发展、外来生物入侵及其控制等方面的研究，开始成为农业生态学研究新的重点和任务。国内外学术交流也更加频繁，从2001年开始我国多次召开全国农业生态学学术讨论会，并且召开“第一届亚热带区域持续农业国际学术研讨会”等国际会议。

二、农业生态系统原理

1. 农业生态系统的特点

农业生态系统是农业生态学的主要研究对象，是一种典型的半自然生态系统，与一般自然生态系统相比，它具有以下几大特点。

（1）开放性。在农业生态系统中，为了提高系统生产力，人们往往需要从系统外提供各种辅助能，如输入化肥、农药等。

（2）调控性。人不仅是农业生态系统的组成成分，同时，也是农业生态系统的干预者，在一定程度上可以调节和控制农业生态系统。

（3）高效性。农业生态系统中的农业生物都是高产的优良品种，加上精细化管理，净生产率远远超过自然生态系统。

（4）二重性。农业生态系统既受到自然规律的支配，也受到社会经济规律的制约。

（5）综合性。农业生态系统是在人为干预下，农业生物与环境条件相互作用的人工生态系统。创造一个良好的农业生态系统，除调整结构外，还要考虑各项农业技术措施的质量标准、互相之间以及与其他因素之间的综合作用。

农业生态系统是人类赖于获取一系列社会必需的生活资料的载体，有其自身的特点和发展规律。我国农业现代化，必须尊重农业生态系统自身特点及其演进方向，走传统有机农业与现代农业技术、生态效益与经济效益、生态经济与新农村建设相统一的生态农业可持续发展道路。

2. 我国农业生态系统演进特点

我国农业生态系统的演进呈现五大特点。

（1）结构复杂化。主要表现为区域性特色农业发展迅速；二三产业发展迅速，2002年农村二三产业增加值已分别占GDP的23.1%和11.5%，各种农副产品的加工，继续沿着深度化和精细化发展，农业生态系统的产业链条不断延长，农产品的附加值越来越高。

（2）功能增大化。根据国家统计局的资料，2015年我国农业已经形成了8 625万t肉类和62 143.5万t粮食的综合生产能力，并从依靠资源消耗型的传统增长方式转向实施可持续发展战略，农业生态系统的开放程度和对外依赖水平越来越高。

（3）边界缩小化。由于人口急剧增加和城市化进程加快，土地水土流失、草原沙漠化、湖泊富营养化和滩涂污染严重，我国农业生态系统中的耕地面积日趋缩减，1996—2002年年均净减少68.5万hm^2。中国国土资源部《2013年中国国土资源公报》指出，2013年全国耕地面积为13 516.34万hm^2，与2009年相比减少0.16%。在这种背景下国务院要求1.2亿hm^2的耕地总量底线至少要守到2020年，而不仅限于“十一五”期间。

（4）波动显著化。我国面积广阔，气候类型多，农业气象灾害发生的种类多、范围广、频率高，同时，由大气污染所带来的酸雨危害，污水灌溉导致污染物在土壤中沉积，以及农业生产中大量使用化肥、农药等，使土壤污染越来越严重。土壤污染直接导致污染物长期富集在土壤中，最终进入食物链危害人类的健康。

（5）效益增长缓慢化。衡量我国农业生态系统经济效益的几项指标，如土地生产率、劳动生产率、资源利用率、投入产出率等与发达国家相比都有很大的差距，从事农业生产的人口比重很大。基于此，我国仍然有3亿农业劳动力不得不以务农为生，占全社会从业人员近50%的农业从业人员，仅创造了占GDP16.4%的农业增加值。

3. 农业生态系统的结构与功能

生态系统结构主要指构成生态诸要素及其量化关系、各组分在时空上的分布及各组分间物质、能量、信息流的途径与传递关系。目前，生态系统的相关研究的一大特点是将结构与服务功能相联系。生态系统提供的服务功能种类众多，且各要素之间关系复杂多样、联系紧密。国外不同的研究机构和研究人员，从不同的角度出发，提出了各自不同的生态系统服务功能内容划分标准。如Daily等将生态系统服务功能分为维持生命系统的功能、提供生活与生产物质基础的能力，以及提供生活享受的功能三大类。欧阳志云、孙刚等将生态系统服务功能价值总结为4类，即直接利用价值、间接利用价值、选择价值和存在价值。

（1）农业生态系统的结构。自然生态系统的结构是由生产者、消费者、分解者和环境4个基本成分构成的，通过物质循环和能量转化联系起来。农业生态系统同样由这4个基本要素构成，但是农业生态系统很大程度上受到人类意志的影响。农业生态系统的结构由3个方面组成：层状结构、形态结构和营养结构。农业生态系统的层状结构大致可以分为四级，包括国家级的农业生态系统、地区级的农业生态系统、亚区级的农业生态系统、单位的农业生态系统和农田生态系统。农业生态系统中的多种生物种群，联系在一起有水平结构、垂直结构和季相变化。生产者、消费者、分解者和环境，以营养为纽带把生物和生物之间，以及生物与非生物之间联系起来，进行物质循环和能量转化，就是生态系统的营养结构。农业生态系统受人类影响较多，它的影响结构不像自然生态系统那么完全。在农业生态系统中，人们需要遵循客观的生物规律，像桑基鱼塘模式、稻田养鱼模式，就是比较合理的农业生态系统结构模式。

（2）农业生态系统的功能。能量流动、物质循环、信息传递和价值转换是农业生态系统的四大基本功能。在农业生态系统中，有太阳能和人工辅助能两种。农业生态系统的能量流以食草链为主，系统内的植物净生产量大部分被利用。所以在人类控制下的农业生态系统需要尽量缩短食物链，减少能量消耗。在人类积极干预下的农业生态系统的物质循环，既服从物质的生物地球化学循环规律、又有按照人类生产目的而投入的大量的辅助能量。农业生态系统具有各种各样的信息传递，包括光信息、化学信息、声信息等。农业生态系统的经营者，通过各种途径与社会生产和消费领域发生资金来往，形成资金流，叫作价值转换。

4. 农业生态系统的环境与生物

（1）环境系统。农业生态系统的环境包括两个部分：自然环境和人工环境。

一是自然环境。自然环境又称为初生环境或第一性环境，包括大气圈、水圈、岩石圈、土壤圈以及农业生物层、地区环境等。

二是人工环境。首先是次生环境，它是在原有的自然环境中，受到人为因素影响发生局部变化的环境。例如中低产田的改良，半干旱地区种草、种灌木林等。其次是在人工控制下的生态环境，即人类根据生物生长发育所需要的外界条件，进行模拟或塑造的环境。如溶液栽培，以人工创造根际环境取代土壤环境，主要用于蔬菜、花卉栽培。

（2）生物系统。在自然界中，任何生物都不是以单个个体，或单个种群的形式存在的。生活在一个地段或水域内，相互具有直接或间接关系的各种生物集合体，称为生物群落。生物群落具有水平和垂直结构，并且具有生态演替现象。农业生态系统的生物系统，包括植物群落、动物群落和土壤微生物群落。在这个生物系统里，不仅有种间关系，还有群落与群落间的关系及食物链的关系。在农业生产中，需要应用以上原理，来提高农业生态系统的生产力。

三、农业生态学的发展趋势和学科体系

1. 农业生态学的任务

农业生态学的任务是应用生态学的观点，研究生物种群之间、生物与环境之间相互作用的过程，从中找出能量、物质转化的规律，应用于农业生产实践中。现代农业生态学研究的内涵与外延都发生深刻变化，研究水平从个体到群落，研究边界从小区到农场，乃至整个农业生态系统或涉及全球食物生产、分布和消费网络的食物系统，探讨的问题涉及生态学、经济学和社会科学各个层面。具体表现在以下两个方面。

（1）研究层次。农业生态学研究在宏观与微观上将不断延伸，从传统区域农业生态系统，和农田生态系统的结构和功能分析等方面，不断地向农业碳汇碳源平衡与肥、水、药投入效率及其环境效应，农田污染途径与机制等研究领域深入，并在区域农业资源与生态安全、农田肥力、农产品质量安全等方面发挥重要作用。也就是说，未来农业生态学的发展应该以社会需求为前提。农业部于2013年启动了“美丽乡村”创建活动，于2014年2月发布美丽乡村建设十大模式，包括生态保护型、高效农业型，环境整治型、社会综治型、城郊集约型等模式。农业生态学研究层次的深入将有利于美丽乡村建设活动。

（2）研究方法。充分吸纳现代生物学科和现代信息学科的先进理论、技术和研究手段，在模型构建、“3S”空间分析、定位监测、工程规划设计等方面得到快速发展，进一步推进农业生态研究从定性向定量、从宏观向微观、从模式化向工程化方向发展，显著提高农业生态学整体研究能力和水平。同时，学科交叉与融合将进一步加强，生命科学、环境科学、经济学、管理科学、信息学等相关理论与技术的密切结合，将进一步扩展农业生态学研究领域。

2. 农业生态学学科体系与内容

农业生态学学科体系和学科内容主要包括以下几个方面，见下图。

（1）农业生态学概述。主要讲述农业生态学学科的形成、发展，学科研究的对象——农业生态系统，学科的范畴，学科的性质、地位、主要内容、基本任务及研究方法等。

（2）农业生态系统及其主要特征。从系统、生态系统、农业生态系统3个层次的比较上，阐明农业生态系统的概念、组成、类型及其特征。

（3）农业生态系统的环境。包括环境因子的组成、环境因子的生态作用和生态效应、环境对生物的影响。

（4）农业生态系统的生物。从种群、群落、生态系统和生物多样性4个层次，探讨生物之间及生物与环境之间的相互作用和相互影响规律。

（5）农业生态系统的结构、功能、演替和调控。这是农业生态学学科的核心内容，必须进行全面、深入的描述和分析，并剖析其内在联系和内在规律。

（6）生态工程。人们应用生态系统中物质循环原理和系统工程的方法，对农业生态系统进行评价、诊断、规划、设计、改造和建设的工程，或者说是人类对农业生态系统进行调控的一切方式方法的总称，这是农业生态学原理、规律和理论的应用，具有重要的实践意义。

（7）生态农业。是世界“替代农业”的重要模式之一，是21世纪世界农业发展的重要方向，但中国的生态农业不完全与国际上的生态农业一致，中国生态农业有其独特的内涵和特征，这些内容应充分表述清楚。

（8）农业可持续发展。这是研究、探索农业生态学学科的重要目标，或者说研究农业生态学学科的最终目的，就是要实现农业的可持续发展，这一点务必阐述清楚。

（9）农业生态学学科发展展望。

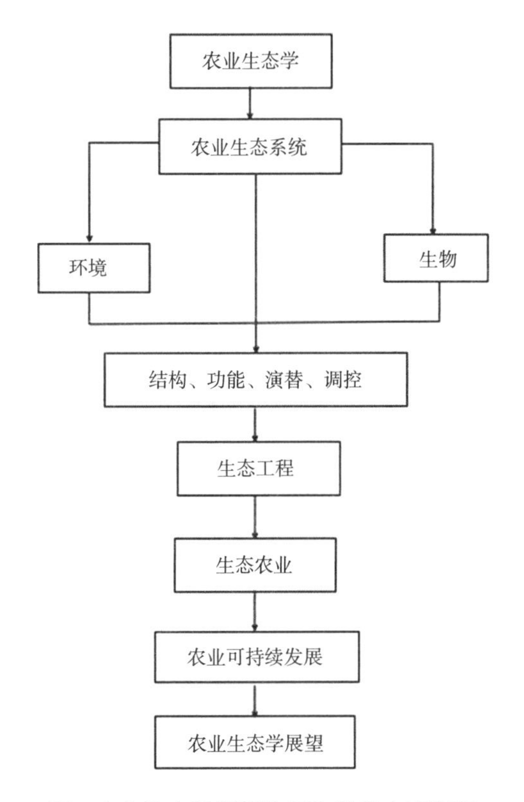

图　农业生态学学科体系和学科内容框架

第三节　美丽乡村生态学原理

一、田园土壤耕作学原理

土壤耕作是农业生产的基础，我国古代就高度重视土壤耕作在农业增产中的重要作用，在长期的农业实践中，总结出了丰富的土壤耕作理论与耕作技术。我国早期土壤耕作理论，为土壤耕作提出的基本任务是：采取相应的耕作措施，改善土壤结构状况，其目的是协调耕层土壤的水、肥、气、热，为农作物创造良好的土壤环境。土壤耕作的基本原则是“三宜”原则，即因时制宜、因地制宜、因物制宜。这些理论和技术对我国现代土壤耕作学的发展至关重要。

耕作学是按照人类需要和经济目的，合理利用农业资源，因地制宜地优化作物结构，科学安排作物种植，采取综合配套的农业技术措施，协调和处理好作物与土壤、气候、病虫害乃至作物与作物等之间的关系，做到用地与养地相结合，促进能量和物质的合理流动，保证农田生态平衡的一门科学。它需要为作物生长发育创造适宜的生态条件，满足各类作物种群的本能需求，不断提高光能转化效率，实现作物的持续高产、稳产、高效、低耗并进而促进农、林、牧、副、渔各业的全面发展。结合田园土壤耕作的实际情况，无论是水耕还是旱耕，都要遵循以下几点要求。

（1）科学安排种植制度。根据社会需要、当地自然与经济条件、各种作物特性，采取一套科学种植制度，包括优化作物组合、合理布局，实行单、间、套、复种，组织换茬轮作等，从“时”“空”两个方面把各种作物与品种科学地安排配置到乡村各类农田上，从而合理地利用各种农业资源，为作物的全面增产稳产奠定基础。

（2）田园土壤管理制度。在农田基本建设的基础上，采取一套土壤管理制度，包括土壤耕作、培肥与保护等，调节与补偿各种生活因素（光、热、水、气、养分），做到用地与养地相结合，促进能量的合理流动与物质流的良性循环，保证农田生态平衡，不断改善作物生育的生态环境，满足不同作物对生活因素的综合需求，提高光能利用效率，保证实现作物的持续高产、稳产、高效、低耗。

（3）协调大农业各产业关系。在作物生产取得全面、持续增产的同时，不断协调种植业与林、牧、副、渔等业之间的关系，促进整个农业生产全面、协调、稳定地发展，提高其社会效益、经济效益与生态效益。

二、田园生态限制因子原理

1. 两个基本定律

生物的生长发育离不开环境，并适应环境的变化。生态因子是在生态环境中，对生物个体或群体的生活或分布起着影响作用的因素。其中，使生物的生长发育受到限制，甚至死亡的生态因子称为限制因子。任何一种生态因子，只要接近或超过生物的耐受范围，就会成为这种生物的限制因子。生态限制因子原理中包含了2个定律，分别是耐受性定律和最小因子定律，二者合称为限制因子原理。耐受性定律是Shelford提出的，“任何一个生态因子在数量或质量上不足或过多，当这种不足或过多接近或达到某种生物的耐受上下限时，就会使该生物衰退或不能生存下去。”利比希的最小因子定律，指出“当植物所需的营养物质降低到该植物的最小需要量以下时，该营养物就会影响该植物的生长。”生态限制因子虽然存在于生物系统之中但是人力资源因素系统本身也存在限制因子，这些限制因子严重地影响着自然资源的开发及其效用的发挥。

2. 乡村田园生态问题多

随着我国城市化的发展，人们的生活品质有了很大提高，可是伴随这一切的是人类离大自然越来越远，人们渴望回归自然。我国在这种背景下，美丽乡村的概念被提出，如何营造良好的乡村田园生态景观，成为众多生态学家关注的焦点。然而田园生态环境，通常存在很多生态限制因子，阻碍了美丽乡村的建设。

（1）地貌条件复杂。乡村地形往往比较复杂，尤其是我国南方地区的乡村地形，主要以低山、丘陵与峡谷为主，平原（坝地）分布面积小，耕地大部分为坡耕地和梯田且垦殖率高。地形以山地、丘陵为主，沟谷切割剧烈，加上暴雨洪水频繁，故崩塌、滑坡、泥石流等地质灾害严重，数量大、分布集中，是全国山地地质灾害频发区。如2017年6月24日四川茂县叠海镇新磨村山体高位垮塌滑坡造成全村40余户家庭房屋被摧毁，100余人被埋。生命财产损失惨烈。

（2）旱涝灾害严重。我国南方大部分地区属于亚热带季风气候区，夏季经常遭受干旱和洪水交替袭击，对农作物的生长和收获，带来非常不利的影响，给乡村民众的生命、财产带来严重威胁，特别是灾害所带来的一系列生态破坏，在短时间内难以恢复，严重阻碍了美丽乡村建设。

（3）水土流失严重，土壤肥力不足。乡村生态环境最大的问题是水土流失严重，而且很大程度上是人为造成的。例如农民为提高农作物产量，过量使用化肥，致使土壤板结，同时高强度地开垦荒地，最终造成水土流失，土壤肥力下降，作物减产的严重后果。

（4）植被严重破坏，许多物种濒临灭绝。由于乡村人类活动，以及不合理的开发利用，乡村地区的森林植被会受到较严重的破坏，森林覆盖率急剧下降，一些动植物物种在乡村也濒临绝迹。适于农田生活的种类数量下降，生物多样性明显降低，乡村田园生态系统结构趋于简单，自我修复能力下降，容易遭到破坏，不利于美丽农村建设。

三、空间生态学原理

空间生态学（Spatial Ecology）是研究生境破碎化的重要理论基础。同生态学发展历史上的许多重大突破一样，生态学家对于“空间”的认识，也是从种群生态学开始的。生态学者早就注意到了空间在种群结构及动态中的重要性。例如，安德烈沃斯于1961年就定义生态学为对有机体的分布和数量的科学。20世纪60年代计算机科学及其应用迅速渗入到各个学科，生态学也不例外。1997年，有关空间生态学的第一本专著以论文集的形式出现。空间生态学被定义为研究空间在种群动态、种间相互作用的科学。1999年汉斯基发表了专著《集合种群生态学》。近年来，空间生态学发展迅速，涉及的方法包括集合种群研究、数学模型研究、景观生态学研究。集合种群生态学的理论和方法论，无疑是空间生态学的一个支柱领域，是种群生态学以致生态学和保护生物学领域中最新、最重大的开拓之一。它在研究大尺度、多斑块、高种群数量、高周转率的集合种群中充分显示其优越性，是迄今为止使理论应用于实际种群方面最为成功的，并在探讨破碎化生态环境中生物多样性的保护方面有巨大应用前景。

四、生物多样性原理

1. 生物多样性含义及层次关系

生物多样性是人类赖以生存的条件，是人类社会、经济能够持续发展的基础。它包含所有不同种类的动物、植物、微生物和所拥有的基因，以及与生存环境所组成的生态系统，是衡量一个国家或地区生物资源丰富的标志。

一般认为生物多样性的定义包括3个层次，即遗传多样性、物种多样性和生态系统多样性。遗传多样性是指遗传信息的总和，包含在栖息于地球的植物、动物和微生物个体的基因内；物种多样性是指地球上生命有机体的多样性；生态系统多样性与生物圈中的生态环境、生物群落和生态过程等的多样性有关。三者之间的关系是相互依赖、密不可分。其中生态系统多样性，是物种多样性和遗传多样性的基础与生存保证。生态系统的多样性维持了系统中能量与物质运动的过程，保证了物种的正常发育与进化过程以及物种与其环境之间的生态学过程，从而保护了物种在原生环境下的生存能力和种内的遗传变异度。物种是生态系统的组分，生态系统依靠物种来维持，物种在生态系统中得以延续其生存。遗传变异由物种产生，物种是遗传的载体。遗传变异使物种变得更丰富，并使物种得以更好地发展。所以，对生物多样性而言，物种多样性是前提，遗传多样性是基础，生态系统多样性是保证。

2. 生物多样性的保护对策

生物多样性保护方法一般分四种：一是就地保护，大多是建自然保护区；二是迁地保护，大多转移到动物园或植物园；三是开展生物多样性保护的科学研究，制定生物多样性保护的法律和政策；四是开展生物多样性保护方面的宣传和教育。生物多样性具有重要意义：首先，生物多样性为我们提供了食物、纤维、木材、药材和多种工业原料；其次，生物多样性还在保持土壤肥力、保证水质以及调节气候等方面发挥了重要作用。生物多样性的维持，将有益于一些珍稀濒危物种的保存、繁殖和发展。

3. 我国生物多样性特点

中国是地球上生物多样性最丰富的国家之一。中国生物多样性的特点如下。

（1）物种高度丰富。中国有高等植物3万余种，仅次于世界高等植物最丰富的巴西和哥伦比亚。

（2）特有属、种繁多。中国高等植物中特有种资源最多。

（3）生态系统的类型丰富。中国具有陆生生态系统的各种类型，包括森林、灌丛、草原和稀树草原、草甸、荒漠、高山冻原等。由于不同的气候、土壤等条件，又可进一步分为各种亚类型。

（4）空间格局繁杂多样。中国地域辽阔，地势起伏多山，气候复杂多变，从北到南，气候跨寒温带、温带、暖温带、亚热带和热带，生物群落也随之变化。从东到西，海拔高度递升，随着降水量的减少，生物群落发生各种演变。例如，在北方，针阔叶混交林和落叶阔叶林向西依次更替为草甸草原、典型草原、荒漠化草原、草原化荒漠、典型荒漠和极旱荒漠。

五、生态自我修复与调节原理

生态是一个复杂的系统，它由很多物种组成，它们直接间接地联系在一起，组成复杂的生态网络系统。而生物多样性越丰富，组成的生态网络系统越大，生态系统越稳定。生态修复的目标包括恢复生态功能、恢复生态的可持续性、修复生态系统特有的文化和人文特色。其中，恢复生态功能具体来说就是修复物种的多样性和完整的群落结构。而恢复生态的可持续性包括两个方面：一方面是指生态的抵抗能力，即恢复能力。在自然状态下，生态系统可以不断调节自身，适应外界的变化。在此过程中动物植物群落出现交替现象，但生态系统整体结构不会遭到破坏。另一方面是指生态的自我恢复能力，即使生态系统的一部分被外力破坏了，它也会很快恢复。这就是说生态系统具有一定的自我修复和调节能力。

生态恢复有三个层次：物种层次的恢复、种群层次的恢复、景观层次的恢复。其中，最先恢复的是物种，需要恢复物种聚集地和种群，保持遗传多样性。生态系统中物种的自我修复与调节速度视实际情况而定，在自然状态下，生态系统本身结构越复杂，恢复与调节速度越快。只要有足够的时间，退化的生态系统将根据环境条件，合理地组织自己并最终改变其组分。因此，生态的自我修复与调节恢复的只能是环境决定的生物群落。

第四节　乡村景观生态工程学原理

一、美丽乡村生态景观的构成

景观概念在不同领域有着很大的差异，一般可泛指风景或景色。景观的地理学含义则为一个地理区域的总体特征，包括自然景观和人文景观在内的地理综合体。同时，景观是由景观元素组成。景观元素是地面上同构共生的生态要素或生态单元，包括自然因子和人文因子，是整个生态系统的组成部分。近年来，随着“美丽乡村建设”的提出，很多地方的乡村基层在努力向着目标靠近，提出了自己的建设经验，如安吉、永嘉、高淳、江宁4地在美丽乡村建设过程中都具有政府主导、社会参与，规划引领、项目推进，产业支撑、乡村经营的共同特点。在这些研究和经验中，生态景观无疑是一个实现“美丽乡村”目标的重要领域。不考虑“美丽乡村”的内涵，多数人第一次看到这个名词，直观上就会从生态环境角度来理解，如健康的生态系统、清洁的生态环境、优美的乡村风貌、独特的景观特征、乡土气息浓郁的地域文化景观。美丽乡村生态景观，应包括自然景观和人文景观。

（1）自然景观。乡村范围内自然景观元素是山脉、河流、湖塘、林地等，即指乡村建设中山水田村路。半自然景观元素是农耕、果园、牧场等。乡村景观多样性，一方面体现在乡村景观的自然属性，另一方面也反映在人类活动，对土地利用和景观格局的改变。这些景观要素之间是互相关联的。例如地形要素的利用和改造，将影响到乡村园林的形式，建筑的布局，植物配置，景观效果，给排水工程，农田小气候等因素。

（2）人文景观。乡村人文景观是人类活动长期与自然界相互作用的产物。有形的人文景观包括建筑、街道、场地、人物、生产性作物等；无形的人文景观主要指风俗习惯、宗教信仰、生活方式、生产关系。

二、美丽乡村景观生态学的相关理论

1. 景观生态学起源和发展

景观生态学兴起于第二次世界大战后。20世纪80年代后，进入一个快速发展阶段，随着研究内容的日益丰富，逐步奠定了其在环境科学中的新兴和交叉学科的地位。国外景观生态学的研究成果比较多，而且已经被成功地运用于评价和分析景观生态系统、生态破碎化、生态与农业的关系及生态环境演化等领域。1939年德国地理学家C.特洛尔提出了景观生态学（Landscape Ecology）的概念，是以整个景观为对象，通过物质流、能量流、信息流与价值流，在地球表层的传输和交换，通过生物与非生物，以及与人类之间的相互作用与转化，运用生态系统原理和系统方法研究景观结构和功能、景观动态变化以及相互作用机理、研究景观的美化格局、优化结构、合理利用和保护的一门学科。国内对景观生态学的研究起步比较晚，始于20世纪80年代，随着农业休闲旅游的发展，越来越多的学者开始关注景观生态学在农业景观规划与设计中的运用。

2. 景观生态学的研究方向和内容

景观生态学，是以空间格局与生态过程相互作用为研究对象的学科，主要研究地表各种景观的结构、功能和动态，强调空间异质性、生态学过程和尺度，及其相互之间的关系。景观生态学理论基础包括：生态进化与生态演替理论、空间分异性与生物多样性理论、景观异质性与异质共生理论。生态演替进化是景观生态学的一个主导性基础理论，现代景观生态学的许多理论原则，如景观可变性、景观稳定性与动态平衡性等，其基础思想都起源于生态演替进化理论，如何深化发展这个理论，是景观生态学基础理论研究中的一个重要课题。空间分异性是一个经典地理学理论，有人称为地理学第一定律，而生态学也把区域分异作为其三个基本原则之一。生物多样性理论不但是生物进化论概念，而且也是一个生物分布多样化的生物地理学概念。二者不但是相关的，而且有综合发展为一条景观生态学理论原则的趋势。景观异质性的理论内涵是：景观组分和要素，如基质、镶块体、廊道、动物、植物、生物量、热能、水分、空气、矿质养分，在景观中总是不均匀分布的。由于生物不断进化，物质和能量不断流动，干扰不断。因此，景观永远也达不到同质性的要求。日本学者丸山孙郎从生物共生控制论角度，提出了异质共生理论。这个理论为增加异质性、负熵和信息的正反馈，可解释生物发展过程中的自组织原理。在自然界生存最久的，并不是最强壮的生物，而是最能与其他生物共生，并能与环境协同进化的生物。因此，异质性和共生性是生态学和社会学整体论的基本原则。

景观生态学的原理包括景观结构和功能原理、生物多样性原理、物种流动原理、营养再分配原理、能量流动原理、景观变化原理和景观稳定性原理。

三、美丽乡村景观协调设计原则

近年来城市化发展迅速，人们开始向往乡村田园生活，但是大多数地方的乡村景观遭到不同程度的破坏，乡村景观出现不协调的现象。为了给人们视觉和心理上美的享受，修复乡村山水田园路居及园林景观，我们有必要从景观协调的角度，对美丽乡村建设进行研究，对乡村景观进行合理规划，以求取绿水青山、金山银山的美丽乡村生态景观目标。

美丽乡村景观修复设计，不同于一般景观设计，必须综合考虑多维因素进行全面协调设计，力求设计安全稳定、协调美观的景观，改善和丰富当地景观资源。在进行美丽乡村景观协调设计时需要遵循以下原则。

1. 自然优先原则

保护乡村生态环境和维护自然过程，是利用自然和改造自然的前提。景观设计必须师法自然。首先在形式上表现自然，例如，通过植被群落设计和地形、地貌合理处理，使人造道路景观与自然环境浑然天成，完全融入自然，体现和谐美的景观。在设计手法上更是要体现自然优先。师法自然的景观设计必须是结合对象的本质特性，合理运用景观生态学相关原理，师法地域植物群落相关规律，以植物群落为景观的基本单元，利用生态恢复学技术建造层次、功能多样和结构复杂稳定的植被群落，科学艺术地再现具有地方特征的生态景观。

2. 整体统一原则

系统论要求从整体看待问题，不能片面处理问题。美丽乡村景观的设计，同样要与周边地区以及地形地貌、气候等结合起来形成有机整体，统一规划设计，一气呵成，形成共同的主题风格，这样有利于各部分的协调美观。这里的统一是辩证的统一，不是机械的、强调千篇一律的统一，而是在整体统一的前提下求变化，在变化中达到统一。乡村景观建设的主题风格一旦确定，其他各要素均要按这一风格设计，在统一主题下寻求不同变化。

3. 以人为本原则

以人为本要求以满足人们的需要为根本。在乡村景观设计中，人是景观设计的服务主体，所以设计应从方便人的使用来考虑。例如，设计道路时，道路的一切要素要从满足人的需要出发，以便设计出安全、舒适、快捷、优美的通行道路。景色优美，充满节奏和韵律。色彩鲜明的乡村园林环境是人们的客观需要，在景观设计中必需满足人们的需求。

4. 可持续发展原则

可持续发展是既满足当代人的需求，又不对后代人满足其需求的能力构成危害的发展称为可持续发展。在乡村景观设计中，坚持可持续发展原则，就是要使人类的建设活动少破坏自然环境，少占用资源，合理利用自然资源，使其能够稳定，持续发展。当然，在美丽乡村建设中，不可避免地要对自然环境进行破坏，在景观设计中应该尽最大的努力恢复破坏的自然，维护自然的整体性，使其生产力不受破坏。只有这样，美丽乡村景观的建设才能既满足当代人的需要，也不危害到后代的需要，还能造福后代。例如，乡村土地资源的开发利用，不能污染土壤，也不能造成水土流失，变成穷山恶水，要使乡村土地资源利用设计做到永续利用。

四、美丽乡村景物置配原则

景观设计中，景物的合理置配非常重要。例如，乡村园林景观设计中，园林建筑是构成园林的重要因素，但是要和构成园林的主要因素园林植物搭配起来，才能对景观产生好效果影响。建筑与园林植物之间的关系应是相互因借、相互补充使景观具有画意。园林建筑为植物提供基址、改善局部小气候。建筑的外环境、天井、屋顶为植物种植提供基址，同时，通过建筑的遮、挡、围的作用，能为各种植物提供适宜的环境条件。园林建筑对植物造景起到背景、框景、夹景的作用，江南古典私家园林以墙为纸、以植物为绘。

在美丽乡村建设过程中，乡村景物置配应该遵循以下原则。

1.突出景观主体

在乡村景物置配过程中，首先要考虑在景观建设中突出景观主体。许多园林景观就是以植物作为建筑物的配景或背景，例如，利用草坪、树丛、树群、树林、花丛、花群等丛植类型的植物。这些植物在美化周围环境的同时，对相邻的建筑也起到了衬托衔接的作用，使原本优美的建筑线条得到彰显。

2.景物配置协调性

例如，在建筑和植物的配置关系上，乡村园林植物配植应与建筑风格相统一，常采用寓意、借景、漏景、泄景、对景、框景等艺术手法，突出移步移景、景物随时移的空间效果。

五、美丽乡村景物置配的色彩学应用

1. 景观色彩学内涵

由于人们对乡村景观欣赏的精神层面需求日益增加，乡村景观的环境质量受到关注，特别是乡村旅游示范点，乡村景观建设显得尤为重要。而当前我国景观设计中还存在很多问题，尤其是缺乏对色彩学设计的考虑。

视觉对色彩变化的敏感度最高，植物的花、果、枝叶、茎秆都有不同的色彩变化。色彩是色光在人类视网膜上所引起的一切色觉，分为无彩和有彩两大色系。色彩的三属性包括色相、纯度、明度。色彩设计新理论包括色彩地理学理论、色彩四季理论。色彩地理学理论是法国色彩学家让·菲利普·朗克洛（Jean–Philippe lenclos）于1960年率先提出的。朗克洛教授纵观不同地理位置上的色彩现象，发现不同的地理位置其气候、生态环境不同，影响了人们的风俗习惯和社会审美，乃至形成不同的文化氛围，最终间接而又鲜明的影响到校园色彩的组成。色彩四季理论是美国人卡洛尔·杰克逊（Karel Jeffersun）女士于20世纪80年代所创立的理论体系，并迅速在欧美风靡。色彩四季理论把人眼睛可看到的颜色，进行冷暖划分后形成四组色彩群，每一组色彩群的颜色，刚好与四季的色彩特征吻合，因此，便把这四组色彩群命名为“春”“夏”“秋”“冬”。

2. 现代景观色彩学的应用

现代景观中的自然要素，包括自然色和半自然色。自然色指自然物质所表现出来的色彩，具体表现为天空、水面、植物、山体、自然光源和天象的色彩；半自然色指经加工过但未改变自然物质性质的色彩，具体表现为石材、木材和金属材料的色彩。人类偏爱自然界中的色彩，对自然色有天生的好感，如现代广场，利用色块植物造景，使广场更具活力，是因在大自然中人们紧张的情绪可得到舒缓。自然景观中天然的山、水、草、木。这些珍贵的自然财富，如能在乡村景观建设中加以利用，通过合理的配置植物、安排水体和其他的色彩要素进行组合，定能优化乡村景观的视觉效果，营造理想的色彩构图。例如深圳周边分布大量采石场，因就地供应石材石料，采石场曾为深圳城市发展做出过历史性贡献，但采石场边坡影响了城市景观。多年来政府非常重视采石场岩石边坡的生态治理，因此，从景观色彩学角度，提出了“三季有花，四季常青”的边坡生态景观绿化目标，取得了良好的城市景观效果。现在基本上5km内视角景观看不到岩体边坡灰色景观旧貌。

现代景观中的人工要素，指经过技术手段加工而成，在自然界中不直接存在的材料。由于技术的发展，人工要素获取色彩的种类要远大于自然要素，人工要素可人为的调配出各种色相、明度及饱和度的色彩，为景观色彩的营造提供了多种可能性。人工要素包括瓷砖、玻璃、镜面、布面、塑料等。乡村园林景观色彩设计时，设计师要利用人工要素丰富的全色相组成，满足视角需要看到全色相的要求，同时也要慎重使用人工要素，进行合理的景物置配，否则会对乡村园林的色彩景观，造成破坏性整体效果的影响。

第五节　乡村生态工程的建筑学原理

一、传统园林建筑结构学原理

1. 传统园林建筑结构学内涵

中国园林建筑以悠久的历史和独特的风格著称于世，是世界园林中一朵璀璨晶莹的艺术奇葩，是中华民族的骄傲。建筑与结构是不可分割的，缺一不可。随着经济的发展，人们逐渐提高了对建筑结构的认识，建筑工程不仅要保证质量和性能，还需要符合美学的要求，满足人们的品味。

传统园林建筑多采用木结构，讲究在空间上的通透畅达，加强户内外的联系，疏通视角与景点的沟通。在设计布局时很注意户外活动的空间作用，强调与周围环境自然而紧密的融合，使建筑在形体上表现轻盈、灵活的丰富变化。在结构上，内外视线通透，形成了不同的景观和景点，庭院、楼、阁，以及屋宇、厅、堂，也通过门窗、花墙等形式，加强了户内外的联系与沟通，给人以空间畅达无阻，赏景一览无余的感觉。既有聚，又有分，既相通透，又有阻碍，若透非通，混融交汇，使艺术意境与人们的现实生活取得巧妙的结合。如北海的五龙亭，避暑山庄的水心榭、天宇咸畅，杭州西湖的平湖秋月、三潭印月，成都望江亭公园等，其布局多样，建筑组群自由，组合的空间开敞，则多采用分散开放式，用桥、廊、道路、店铺等相联结，院落开放，空间围合依地形而转折。单体建筑的内部空间通透，是观景的好去处，本身又是佳景的构成者。

2. 园林古建筑的结构形式

中国传统建筑，论其结构，不论是皇家的宫苑，还是散见于各地的各类型的建筑，包括民居，其结构特点，在世界古代建筑史中，都是独一无二的。具有代表性的结构形式，主要有两种。

（1）抬梁式。就是在屋基上立柱，柱上架梁，梁上放短柱，其上再放梁，梁的两端并承檩；这样层叠而上，在最上层的梁中央放脊爪柱以承脊檩。这种结构的建筑，室内少柱或无柱，空间较大，在我国应用很广，特别是北方用得更多。

（2）穿斗式。这种结构的特点是由柱径较细柱，距较密的落地柱与短柱直接承檩，柱间无梁而用若干穿枋联系，并以挑枋承托出檐。这种结构用料小，但室内柱密，空间不够开阔，在中国南方使用很普遍。由于是以木构架为主，柱承重，墙不承重，所以门窗可自由布置，体现了形式与结构的统一。在皇家建筑和重要的坛、庙建筑中，还以斗拱支撑在柱头、屋檐间，使得建筑出檐深远，保护木结构的屋身。在这里，斗拱一方面是结构构件，另一方面也成为建筑上的装饰物，既以结构构件为装饰物，形式反映了功能，结构真实，功能合理，也是一种真善美的统一。但不论是何种建筑，结构上的基、柱、梁、檩、椽、斜撑等部分大都外露，形状上也加工成装饰构件，结构、构件间用榫卯结合，不施用钉子。外观上和其他国家的许多建筑一样，分台基、屋身和屋顶三部分，但中国传统建筑的屋顶尤其大，有时几乎和屋身同高，且每个部分都有一定的比例及标准做法。

二、现代园林建筑力学原理

1. 建筑力学的重大作用

从古至今，房屋、桥梁等建筑，在建造过程中都需要符合力学原理。遵循将弯矩转变为轴力的力学主线，贯穿着建筑史发展的全过程。运用力学原理能够使建筑结构稳固，防止建筑物出现倒塌现象，稳固方能安居，同时，还能节约建筑材料。本文从建筑力学主线的角度出发，分析建筑结构的发展历程。建筑与结构是不可分割的，缺一不可。随着经济的发展，人们逐渐提高了对建筑结构的认识，建筑工程不仅要保证质量和性能，还需要符合美观的要求，满足人们的品味。因此，美观实用和安全可靠逐渐成为建筑工程的重要评判标准。

2. 现代建筑力学原理

在建筑、结构形式的发展史上，建筑设计都遵循着同一规律，共同要求是安全可靠。这就脱离不了客观的力学原理。结构物承受着荷载，外荷载产生支座反力、对每个截面产生剪力、弯矩、拉、压轴力、扭矩等。其中，最危险的属弯矩，因为它和一对力偶矩等效，即拉、压轴力组成的力偶矩等效。弯矩引起的内力在截面中分布不均匀，靠近中性层的材料不能充分发挥其力学性能。一根竹棍，轴向施加拉力或压力，很难将其折断，但如果横向加力，产生弯矩，则可轻易将其折断。因此，无论有意识或无意识，有理论或无理论，建筑结构构件的任一截面，必须能承受该截面的剪力、弯矩、拉、压轴力才能正常工作。

3. 建筑力学的应用范围

建筑力学合理地分析整体结构、局部构件的受力性能，研究整体结构与局部构件受力关系传力路线。建筑力学为整体结构造型、局部构件截面形状提供了科学的依据。建筑力学为合理选择建筑材料，充分发挥材料特性提供了科学根据，如砖、石耐压，悬索只能承拉，而钢筋混凝土利用了钢筋承拉混凝土承压的特性。建筑力学为建筑施工过程中机械强度的计算和合理操作提供了数据。

三、美丽乡村旧屋改造建筑设计与原理

1. 保护乡村古建筑的重要性

在当今农村城镇化建设如火如荼的时期，越来越多的传统的乡村旧屋包括乡土建筑被新型的现代景物所取代。重视和保护有人文价值传统乡村旧屋刻不容缓。乡村旧屋改建保护是美丽乡村建设过程中，必须考虑的一个重要因素，与美丽乡村建设存在着良性互动的关系。一方面，作为各地传统文化表达的外在表现形式，保护乡村旧屋就是保护中国的传统文化，只有完整地保存好乡村旧屋，才能更好地展现区别于城市的农村特有文化景观，展现不同地域的民俗和风情，更好地保留和发扬优秀的传统文化；才能更好地为美丽乡村的建设赋予精神实质。另一方面，美丽乡村建设的重点是加强生态文明，强调人与自然和谐统一，熔铸着丰富的生态理念。只有更好地建设美丽乡村，才能为乡村古建筑提供更好的生存环境。两者相互影响，良性互动。

2. 乡村旧屋改造的基本原则

在乡村旧屋改造过程中，必须坚持整体性和原真性的原则，对乡村旧屋进行全方位修缮保护，确保乡村旧物不受二次破坏。

（1）整体性原则。乡村旧屋改造时，必须与周围环境保持一致，即建筑设计时使乡村园林的景物遵循同一个主题。例如，在乡土建筑的改造中，推进农村危旧房改造，加强农户建房规划引导，提高农村建房标准。对在建村民集中安置点，统一规划房屋外观，完善入户路、厕所、水电等配套设施建设；对危房比例大、群众建房积极性高的自然村实施拆旧建新、集中安置；对空心村和居住分布零散的住户动员搬迁，安排集中居住，建成布局合理、设施完善、环境优美、生态良好的新乡村。

（2）原真性的原则。乡村旧屋改造时，应尽量维持乡村景观原貌。即修旧为旧，现在有很多地方都在进行美丽乡村建设，但他们在建设过程中，往往拆除原有旧屋，最后出现“千村一面”的景象。在乡村旧屋改造建筑设计中，还可结合现代高科技，配合乡村旧屋营造技艺对乡村旧屋进行修复性保护，但必须保证“原汁原味、修旧如旧”。具体来说，就是根据乡村旧屋受破坏的程度划分修缮的程度，对于破坏严重的重点关注；修复使用的原材料采取就地取材原则，保证乡村旧屋原汁原味、原生态的传承下去，以提升乡村生态旅游的价值。

第六节　乡村生态工程的植物学原理

一、不同区域生物气候学特征

1. 生物气候学内涵

生物气候学（Phenology，Bioclimatology）是研究生物与气候关系、气候因子季节性变化、生物活动最适周期性规律。例如，天气和气候对动植物和微生物的影响，对正常健康人的生理过程及其疾病的影响，积温与农作物种植制度的影响，房屋和城市小气候对人类健康的影响，历史气候演变对人类发展和分布的影响等。希波克拉底（Hippocrates）早在2000多年前，在《空气、水和地点》中就曾

提到物候概念，维克多·奥戈亚在1963年出版的《设计结合气候：建筑地方主义的生物气候研究》提出生物气候主义的地域设计理论，以满足人体舒适度为出发点，关注气候和人类生理感受之间的关系，并把建筑设计过程分为4个部分：调研设计地段的各种气候条件，评价每种气候条件对人体舒适度的影响，采取技术手段解决气候与人体舒适感的矛盾，结合地段解决气候与人体舒适感之间的矛盾。继20世纪60年代，维克多·奥戈亚正式提出生物气候学概念，1980年后，随着可持续发展的深入研究，建筑结合生物气候的研究成果不断涌现。

2. 我国生物气候学特征

不同区域生物气候学特征，具有以下特点。

（1）差异性。我国生物气候深受经纬度、海拔和天气等影响，生物气候千差万别。不存在两个生物气候完全一致的地区，一个地区的生物气候学特征总是受地形、水文、土壤等因素的影响。例如，亚热带地区的植被以常绿阔叶林为主，在建筑设计上房屋的门窗通常比较大，这是因为亚热带地区夏季炎热，大面积的门窗可以扩大通风面积，使屋内更凉快，人类感到更舒适。

（2）周期性。生物气候学的研究对象是气候因子、生物活动。而气候因子具有季节性变化，生物活动具有周期性变化。一年四季周而复始，因此，不同区域生物气候学特征具有周期性。

当前“美丽乡村”生态示范工程创建活动正在全国范围内开展，了解不同地域乡村生态景观存在的问题，有利于针对性地促进美丽乡村的建设。在乡村园林的不同区域，其生物气候学特征可能也会不一样。在美丽乡村园林景观的建设过程中，应该关注当地的生物气候特征，合理设计乡村景观。例如园林植物是构成景观的基本要素之一，而乡村园林每一区域都有其独特的生物气候学特征，植物景观设计，首先基于区域生物气候特征选择植物，与景观植物进行良好置配。我国幅员辽阔，自南向北生物气候带，分布着热带和南亚热带，中、北亚热带，暖温带，中温带和寒温带。因此，北种南调或南种北调都受生物气候学影响，不能轻易调种，否则农业会颗粒无收。

二、乡村田园植物学特征

1. 乡村园林植物群落的组成

乡村山地或园林植物群落的树木品种组成相当丰富。从高大的乔木，丛生的灌木，再到各种矮小木本地被，树种组成应有尽有，不胜枚举。繁多的树种形成错落的层次，从生态角度看有利于群落的稳定。从景观营造的角度看，如此众多的植物，已为营造良好的景观效果，打下扎实的数量基础。乡村森林资源的类型很多，有用材林、经济林、薪炭林和山地森林。不同的农业观光园区，可结合本地区地形、地貌及原有资源，开发相应的林业资源。面积较大的山地型观光园可结合本地特色种植特有的用材林或山地森林，如湖南岳麓山的枫树、河南太行山的柿树，长白山的白桦林等；面积较大的平原观光园区，可结合遍布我国广大农村的农田防护林网，形成很好的乡村林网景观。如河南20世纪50年代黄河滩区的治沙工程和防风固沙的防护林带，已经形成了大片的槐树林，并引来了无数的鸟类活动，形成生态效益良好、景色优美的自然景观。而对于小面积的观光园区，可种植一些由古树名木、特色果园所形成的林业景观或果树种植园，虽然面积不大，但影响力也不亚于森林景观，如春季各地的桃花节、梨花节、杏花节，秋季则是各种果树的采摘节，产生了乡村旅游经济和农果经济双丰收效益。

2. 乡村田园农果植物学特征及利用途径

美丽乡村建设中，农作物植物群落的面积最大。一般可食用的禾本科植物和豆科植物集中连片，以菜地的形式出现在乡村生态建设中，乡村田园生态离人类居住点越近，园林植物群落人工痕迹越明显，植物群落的树种相对较少，植物群落较为郁闭、林冠整齐，色泽比较单一稳定，给人安宁的感受。乡村中面积最大的应该是农作物植物资源，通常包括粮食作物、经济作物、园艺作物和水生作物。这4种植物资源种植的农产品不同，但却有相同的一些景观资源特点，如都适宜大面积布局，形成群体景观效果。并且农作物都在农时，根据不同的季节去播种、栽培、生长、开花、结果、收获等，不同的栽培阶段形成独特田园景观。

乡村田园植物群落的人工痕迹明显。乡村园林中的植物种类虽然比都市复杂，但由于是人类的聚居地，不可避免地受到人类活动的影响。从空间上来说，离村落越近，植物群落的垂直结构有矮化趋势，而且植物种类趋向简单化，主要是因为靠近村落的是农田，植物群落以农作物为主。从时空观念上来说，乡村田园景观中，夏季植物生长最为旺盛，植物种类比较多。

三、乡村园林植物造景与应用原则

1. 美丽乡村植物造景的意义

植物是乡村园林中有生命的构成要素。植物要素包括乔木、灌木、攀缘植物、花卉、草坪等。植物的四季景观，本身的形态、色彩、芳香等都是园林造景的题材。园林植物与地形、水体、建筑、山石等有机的配置，可以形成优美的环境。乡村园林建设中植物造景应以群落为单位，尽可能把乔木、灌木、草本以及藤本植物因地制宜地配置在群落中，达到种群间相互协调和群落与环境的协调。

2. 乡村植物造景应用原则

在实际的植物造景与应用过程中，必须坚持以下原则。

（1）美学形象的原则。完美的植物群落设计，必须具备科学性与艺术性两个方面的高度统一。具体来说，一方面，植物造景要满足植物与环境在生态适应性上的统一，即要根据植物的特性和周围环境状况，栽植适应当地生态环境的植物园；另一方面，要通过艺术构图原理，体现植物个体及群体的形式美，给人们在欣赏时所产生的意境美。随着时代的发展，人们的生活节奏加快，现代人普遍的存在返璞归真、回归自然的心理，很容易形成对自然植物群落之美的渴求，产生了乡村旅游的市场需求。当然也应意识到，群落的美学设计，常常是一个对自然群落的改造与再塑过程，毕竟像九寨沟、桂林山水那样完美的大自然原始景观实在太少了。美丽乡村建设为了使景观更加美丽，达到审美的享受，往往需要对原生景观进行一定程度的艺术加工和修饰过程。

（2）生态学的原则。任何一个植物群落的存在，都依赖于一定的环境条件，因而每一个群落都有一定的分布区。例如，青冈栎林、甜槠林只分布在长江以南，而青皮林仅见于海南岛热带地区。也就是说，每一个气候带都有其独特的植物群落类型，这就是所谓地带性原则。例如，高温、潮湿的热带的典型植物群落是热带雨林；四季分明的季风亚热带主要是常绿阔叶林；气候干燥寒冷的寒温带则是针叶林或与落叶林混交。因此，美丽乡村生态建设应根据乡村所处的气候带，选择当地常见树种和主要群落类型，即乡土植物作为乡村园林建设的主体。在乡村园林植物群落营造中，要注意保护生物多样性，对乡村原有的自然植被、河流、池塘以及动植物区系都应该加以保护。维持已经建立的稳定的植物和动物区系，尽可能保存不同的生态环境条件，为特殊的种类提供生育基地。应在保持乡村原有的文化景观风貌的基础上，拓展乡村内部的绿地，并通过道路和水系，建立乡村与周围的生态联系。通过植物景观改造，使乡村传统的文化景观和自然生态都得以保持和恢复，并从乡村整体景观格局出发，在关键的节点处开辟新的植物区，为发展乡村旅游营造乡村园林植物群落新景观。

（3）文化性的原则。乡村园林植物群落，作为乡村生态文化的一个重要组成部分，要体现出乡村的文化特色，在群落营造中，既要从色调上配合乡村建筑景观的形象，还要应用好传统的文化树种，围绕古树造景。

（4）以人为本的原则。在乡村社会中，无论是自然景观还是人为景观，都是为人类服务，为游客服务的。因此，乡村园林植物造景与应用，应体现以人为本的原则。针对此原则，有关设计和主管部门应采取有效措施，促进乡村园林公共绿地的建设，使植物群落在村落与田园风光之间得到合理的分布和平衡的发展，让乡村居民亲近绿地，享受乡村园林植物景观带来的视觉上的效果。

四、美丽乡村田园植物顶端生长优势原理

1. 乡村植物产生顶端生长优势的原由

植物个体水分和营养物质的输送规律是先主干后分枝，从高端至低旁，这就是植物的顶端生长优势。植物群落，无论是单一性，还是多样性植物组成，都具有争水、争光、争肥的生存能力，造成了顶端生长优势的时空特性。植物顶端生长优势，是植物的顶芽优先生长，而侧芽受抑制的现象。茎顶和幼叶是控制顶端优势物质的来源，摘掉顶芽，就会解除侧芽受到的顶端优势控制，侧芽即可发育成枝条。乡村梯田茶叶生产，就是利用摘心，向上、向左右产生多个新芽的顶端生长优势的特例。顶端优势使得顶芽迅速发育，植物能向高处生长，有利于植物争夺高位空间，从而获得更多的阳光。植物群落是某一地段上全部植物的综合。它具有一定的种类组成和种间比例，一定的结构和外貌，一定的生态环境条件，执行着一定的功能。其中，植物与植物、植物与环境之间存在着一定的相互竞争关系，它是环境选择的结果，在空间上占有一定的分布区域，在时间上是整个植被发育过程中的某一阶段。植物群落在垂直方向上具有明显的分层现象，这就是植物群落的垂直结构。这种层次结构使植物充分利用环境中的空间、阳光、水分和矿质营养，扩大了植物利用环境的范围和效率。例如，在发育成熟的森林中，上层乔木可以充分利用阳光，穿过乔木层的光，有时仅占到达树冠的全光照的1/10，林下灌木层却只能利用这些微弱的光。在灌木层下的草本层能够利用更微弱的光，草本层往下还有更耐阴的苔藓层。这说明在植物群落中，处于群落垂直结构顶端的树种更具有生长优势。这就是植物争水、争光、争肥的生存特性。

2. 顶端生长优势原理在发展乡村农林业的利用

从睿等对黄山植被进行多样性研究，发现黄山植物沿海拔变化有显著更替特征，占据顶层空间的乔木层虽然物种种类单一，但是优势种的特征明显；灌木层植被种类丰富，且均匀分布，是群落的主要结构组成成分；草本层数量较少，占据较少的空间。美丽乡村园林植物群落，同样存在顶端生长优势，顶端优势不仅是植物的一种生存机制，其原理的利用在农业和园艺生产中有重要意义。在美丽乡村的建设过程中，当地应根据乡村植被群落实际情况，对农村植被破坏较多区域进行间断保护，尤其是靠近村落和农田位置，努力恢复群落的生命力，如多设立农田防护林、完善林木整治。同时应用顶端生长优势原理，合理安排乡村园林植物群落结构，例如，在植物群落的垂直空间上，合理搭配低茎农作物与高茎观赏性植物，保证农民收入的同时，创造美丽的景观。

参考文献

陈梦. 2005. 森林生物多样性理论与方法研究及应用[D]. 南京：南京林业大学.

方萍，陈聿华. 2006. 丘陵旱地农——桐生态工程模式的生态效应分析[J].干旱地区农业研究，24（3）：72-77.

付敬宏. 2011. 植被护坡景观协调性研究[D].成都：西南交通大学.

郭守鹏. 2006. 中国园林建筑形态结构的演变与发展[J]. 青海师范大学学报（自然科学版）（04）：95-99.

郭旭东，刘国华，陈利顶，等. 1999. 欧洲景观生态学研究展望[J]. 地球科学进展（4）：353-357.

何兴元，曾德慧. 2004. 应用生态学的现状与展望[J]. 应用生态学报（10）：1691-1697.

金磊. 2015. 乡土建筑的保护与前景分析[J]. 大众文艺（8）：271.

林碎君. 2016. 生态文明视角下建设美丽乡村的路径研究[D]. 南昌：江西农业大学.

刘进平. 2007. 植物腋芽生长与顶端优势[J]. 植物生理学通讯（03）：575-582.

刘慎邦，葛有兰. 1996. 三论耕作学的基本原理及其理论基础[J].高等农业教育（01）：39-40.

刘先华. 1999. 内蒙古锡林河流域空间生态学研究[D]. 北京：中国科学院植物研究所.

楼元. 2015. 空间生态学中的一些反应扩散方程模型[J]. 中国科学：数学（10）：1619-1634.

马世俊. 1983. 生态工程——生态系统原理的应用[J].生态学杂志，2（3）：177-309.

梅歆. 2015. 应用生物气候学的风景园林设计理论方法[J]. 城市建筑（5）：49-51.
欧阳志远. 1996. 关于生态学的学科体系问题[J]. 自然辩证法研究（04）：10-13，34.
钦佩，安树青，颜京松. 2002. 生态工程学 [M]. 第2 版.南京：南京大学出版社.
荣玮. 2010. 色彩学在高校校园景观规划设计中的应用与研究[D].大连：大连工业大学.
盛连喜，冯江，王娓. 2002. 环境生态学导论[M].北京：高等教育出版社.
王德利. 2004. 理论生态学研究进展与展望[A]. 中国生态学会.生态学与全面、协调、可持续发展——中国生态学会第七届全国会员代表大会论文摘要荟萃[C].北京：中国生态学会.
王轩堃.2016. 建筑结构形式发展的力学原理分析[J].建筑工程技术与设计（13）：3369.
邬建国. 2000. 景观生态学：概念与理论[J]. 生态学杂志（1）：42-52.
吴理财，吴孔凡. 2014. 美丽乡村建设四种模式及比较—基于安吉、永嘉、高淳、江宁四地的调查[J]. 华中农业大学学报（社会科学版）（1）：15-22.
肖鸣政. 2003. 生态限制因子改变原理[J]. 中国人才（05）：30.
姚亦锋. 2014. 以生态景观构建乡村审美空间[J]. 生态学报（23）：7127-7136.
宇振荣，张茜，肖禾，等. 2012. 我国农业/农村生态景观管护对策探讨[J]. 中国生态农业学报，20（7）：813-818.
禹杰. 2014. 美丽乡村建设的理论与实践研究[D]. 金华：浙江师范大学.
翟为. 2014. 园林建筑与植物结合组景的探讨[J]. 现代园艺（08）：93.
张大勇. 2000. 理论生态学研究[M].北京：高等教育出版社.
周启星，孙顺江. 2002. 应用生态学的研究与发展趋势[J]. 应用生态学报（07）：879-884.
Christensen NL，Bartuska AM，Brown JH，et al. 1996. The report of the Ecological Society of America Committee on the scientific basis for ecosystem management[J]. Ecol Apply，6：665-691.
Mitsch JW，J orgensen SE. 1989. Ecological Engineering：An Introduction to Ecotechnology[M].New York：John Wiley&Sons.
Odum HT. 1971. Enviroment，Power and Society[M]. New York：Wiley.
Robert May. 2010. 理论生态学[M]. 第1版. 北京：高等教育出版社.
Shen S -M（沈善敏）. 1990. Current situation of applied ecology and its development [J]. 应用生态学报，1（1）：2-9.
Tilman D，Farglione J，Wolf FB，et al. 2001. Forecasting agriculturally-driven global environmental change[J]. Science，292：281-284.

第三章　中国美丽乡村生态工程建设的基本条件及建设标准

第一节　美丽乡村建设是生态文明理念的创新

一、美丽乡村生态建设是“美丽中国”的核心组成

“美丽中国”概念，强调树立尊重自然、顺应自然、保护自然的生态文明理念，是我国“五位一体”社会主义建设总目标。这是科学发展理念和发展实践的重大创新。充分体现了以人为本，顺应了追求美好生活的新期待，符合当前的世情、国情。贫穷落后中的山清水秀不是美丽中国，强大富裕而环境污染同样不是美丽中国。只有实现经济、社会、文化、生态的和谐发展、持续发展，才能实现美丽中国的建设目标。

美丽乡村建设是美丽中国建设的重要组成部分，建设美丽乡村对加强农村生态文明建设、促进农村经济社会发展、实现农民收入持续增加具有重大意义。在2013年中央一号文件中，第一次提出了要建设“美丽乡村”的奋斗目标，进一步加强农村生态建设、环境保护和综合整治工作。中国农村地域和农村人口占绝大部分仍是基本国情，要实现美丽中国的奋斗目标，就必须加快美丽乡村建设的步伐。加快农村地区基础设施建设，加大环境治理和保护力度，营造良好的生态环境，挖掘和整合农村各类资源和生产要素，激活农村资源资产存量，做大做优增量，增加农民资源和资产性收入，促进农业增效、农民增收，推动农村经济社会可持续发展。统筹做好城乡协调发展、同步发展，切实提高广大农村地区群众的幸福感和满意度。

二、用农业生态工程学理论引领我国美丽乡村旅游示范工程建设

农业是对自然资源的直接利用与再生产，是其他经济社会活动的前提和基础，农业生产与自然生态系统的联系最紧密、作用最直接、影响最广泛，只有农业生态文明建设取得实际效果，我国的生态文明建设才会有根本性的改变和质的突破。生态工程建设作为生态文明建设的重要组成部分，生态工程的建设直接关系到美丽乡村建设的成败。

生态工程是人类认识和改造世界的一种系统方法。它将社会经济与其自然环境综合在一起，并达到两者相互统一的可持续生态系统的规划、设计与管理的系统科学方法与组合技术手段。生态工程建设就是人为的干预实现生态工程的过程。运用生态学和系统工程原理设计的工艺系统。将生物群落内不同物种共生、物质与能量多级利用、环境自净和物质循环再生等原理与系统工程的优化方法相结合，达到资源多层次和循环利用的目的。如利用多层结构的森林生态系统增大吸收光能的面积、利用植物吸附和富集某些微量重金属以及利用余热繁殖水生生物等。它强调生态效益和经济效益的统一，清洁生产以及生态系统可持续发展的能力。生态工程是应用生态系统中物种共生与循环再生的原理，结合系统工程的最优化方法，设计的分层多级利用物质的生产工艺系统。遵循物质循环的规律，防止环境污染，达到经济效益和生态效益的同步发展，最终实现可持续发展。

以浙江安吉为中国新农村建设的鲜活样本，中国美丽乡村建设在全国如火如荼的进行着。“十二五”期间，受安吉县“中国美丽乡村”建设的成功影响，浙江省制定了《浙江省美丽乡村建设行动计划》，广东省增城、花都、从化等市县从2011年开始也启动美丽乡村建设，2012年海南省也明确提出将以推进“美丽乡村”工程为抓手，加快推进全省农村危房改造建设和新农村建设的步伐。“美丽乡村”建设已由点及面，上升成为中国社会主义农村建设的国家战略，全国各地正在掀起美丽乡村建设的新热潮。然而，各地在建设过程中，既有成功的典范，也存在盲目跟风的现象，有的定位不准确，有的目标不明确，有的缺乏统一的建设标准，有的基础条件未达到建设的要求，呈现参差不齐，更有甚者将国家的强农惠民的民生工程变成了坑农损民的面子工程。我国美丽乡村建设起步较晚，但发展快、势头猛。目前，美丽乡村建设正处于全国试验示范阶段。各省区争点、布点、试点，地方热情高。据报道，贵州省“四在农家•美丽乡村”已有1.6万创建点，覆盖9 000多村，占全省行政村50%，受益群众1 500万人，有全面铺开之势。因此，研究我国美丽乡村建设的基本条件和建设标准，总结经验、分析问题，科学引导美丽乡村建设健康持续发展，其意义和责任十分重大。

第二节　美丽乡村的分类及其特点

一、美丽乡村建设的基本内涵

乡村是农民集聚定居的空间形态，是农民生产、生活的世代聚集地，是农村经济社会发展的基本单元。美丽乡村是依托农村空间形态，遵循社会发展规律，坚持城乡一体化发展，农民群众广泛参与，社会各界关爱帮扶，注重自然层面和社会层面，形象美与内在美有机结合，不断加强农村经济、社会、文化和生态建设，不断满足人们内心感受，又不断实现其预期建设目标的循序渐进的自然历史过程；美丽乡村建设是指经济、政治、文化、社会和生态文明协调发展，规划科学、生产发展、生活宽裕、乡风文明、村容整洁、管理民主，宜居、宜业的可持续发展乡村（包括建制村和自然村）。这一定义至少包括了以下要点：空间区域在乡村，建设活动有组织，建设时序有计划，建设发展有规划，建设内容全方位，建设主体是农民，建设过程持续性，建设重点明确化，建设要求具体化，建设目标是“三农”发展，农民富裕。

美丽乡村建设是中国特色社会主义建设中农村社会经济发展的伟大实践。在探索美丽乡村建设过程中，必须坚持创新、协调、绿色、开放、共享“五大发展”理念，遵循因地制宜，立足农村发展实际，注重挖掘地方文化特色，发挥地区特色和活力，充分应用现代“互联网+”手段，打造出一批村容村貌园林化，家庭院落精致化，特色文化景观化，生态旅游规模化的富有特色、个性鲜明的村庄精品，高标准推进美丽乡村建设工作。根据各个乡村在自然资源禀赋、社会经济发展水平、产业发展特点以及民俗文化传承等不同条件下建设美丽乡村的成功路径和有益启示，中国农业部于2013年启动了“美丽乡村”创建活动，于2014年2月正式发布中国美丽乡村建设十大模式，为全国的美丽乡村建设提供范本和借鉴。根据这十大模式，可将美丽乡村分为：产业发展型、生态保护型、城郊集约型、社会综治型、文化传承型、渔业开发型、草原牧场型、环境整治型、休闲旅游型、高效农业型。对美丽乡村的分类旨在凝练其基本特征和发展规律，为各地在建设美丽乡村中提供有效借鉴，并将全国各地的美丽乡村建设工作推向更高水平。

二、美丽乡村建设的产业类型与范例分析

1. 产业发展型及特点

产业发展型乡村主要在东部沿海等经济相对发达地区，其特点是产业优势和特色明显，农民专业

合作社、龙头企业发展基础好，产业化水平高，初步形成“一村一品”“一乡一业”，实现了农业生产聚集、农业规模经营，农业产业链条不断延伸，产业带动效果明显。

永联村，国家四星级休闲观光农业旅游区，全国文明村。位于江苏省张家港市南丰镇，现有集体总资产350多亿元，村办企业永钢集团去年实现销售收入380亿元，利税达23亿元，村民年人均纯收入28 766多元，经济综合实力跻身全国行政村前三甲。初步形成了以苏州江南农耕文化园、鲜切花基地、苗木公司、现代粮食基地、特种水产养殖基地、垂钓中心为一体的休闲观光农业产业链，休闲观光农业年收入7 573.7万元，是“全国文明村”，先后获得30多项省级、国家级荣誉称号。现已发展成以农业观光、农事体验、生态休闲、自然景观、农耕文化为主的四星级休闲观光农业旅游区。

永联被誉为“华夏第一钢村”。曾是张家港市面积最小、人口最少、经济最落后的村，曾经被称为“江苏最穷最小村庄”。改革开放期间，村领导组织村民挖塘养鱼、开办企业，陆续办起了水泥预制品厂、家具厂、枕套厂等七个小工厂，以及村集体轧钢厂，收益颇丰。在村集体的共同努力下，永联村不仅完全脱贫，还跨入全县十大富裕村的行列。永联村是以企带村发展起来的，村集体有了经济实力，就可以为新农村建设、美丽乡村建设“加油扩能”。钢铁业是集体经济的发动机。1984年的村办轧钢厂已发展为今日的永钢集团，2012年实现销售收入380亿元。苏南早期乡镇企业多是村企合一，企业用着集体土地，集体也依赖企业获益。20世纪90年代末，乡镇企业的苏南模式向更有活力的温州模式转变，明晰产权，管理层收购，建立现代企业制度。永联村没有按上级的要求搞“一刀切”，力争为村民留下了25%的股权，确保永联村有持续发展的经济实力。

作为张家港市的标杆企业，永钢集团也是节约型、集约型用地的典范。为促进产业转型，高效用地，张家港市去年要求辖区内，省级以上开发区，亩均投资强度不低于500万元，而地处乡镇的永钢在此之前早已超越了这一标高。事实上，永钢厂区已发展成为一个冶金工业园，政府有意愿依托永钢的优势基础来发展工业。同样一亩工业用地，放到别的地方，和放到永钢附近，投入产出效用是不可比的，这里工业基础配套完善，集聚效应更强。

随着集体经济实力的壮大，永联村不断以工业反哺农业，强化农业产业化经营。2000年，村里投巨资于“富民福民工程”，成立了“永联苗木公司”，将全村4 700亩可耕地全部实行流转，对土地进行集约化经营。这一举措，不仅获得巨大的经济效益，同时，大面积的苗木成为永钢集团的绿色防护林和村庄的“绿肺”，带来巨大的生态效益。目前，永联村正在规划建设3 000亩高效农业示范区，设立农业发展基金，并提供农业项目启动资金，对发展特色养殖业予以补助，促进高效农业加快发展。

近十年来，永联村投入数亿元用于新农村建设，村里的基础设施及社会公共事业建设都得到快速发展。此外，为解决数量过万的村民的就业问题，村党委还利用永钢集团的产业优势，创办了制钉厂等劳动密集型企业，有效吸纳了村里剩余劳动力。村里还开辟40亩地建设个私工业园，统一建造生产厂房，廉价租给本村个私业主。另外，还利用本村多达两万人的外来流动人口的条件，鼓励和引导村民发展餐饮、娱乐、房屋出租等服务业。永联村还先后共投入2.5亿元，积极发展以农业观光、农事体验、生态休闲、自然景观、农耕文化为主的休闲观光农业，初步形成了以苏州江南农耕文化园、鲜切花基地、苗木公司、现代粮食基地、特种水产养殖基地、垂钓中心为一体的休闲观光农业产业链，休闲观光农业年收入7 573.7万元。村里建设的“苏州江南农耕文化园”为张家港唯一一家四星级乡村旅游区。

城镇化后，乡村特有气息并未散去；现代化的来临，也并没有打扰永联村的和谐宁静。在建设现代化新农村的进程中，永联人抓住历史机遇，不断借助制度优势激发内生动力，绘制出了一幅“小镇水乡、现代工厂、高效农庄、文明风尚”的农村新画卷。

2. 生态保护型及特点

生态保护型乡村主要是在生态优美、环境污染少的地区，其特点是自然条件优越，水资源和森林资源丰富，具有传统的田园风光和乡村特色，生态环境优势明显，把生态环境优势变为经济优势的潜力大，适宜发展生态旅游。

高家堂村，以生态农业、生态旅游为特色的生态经济村。位于浙江省安吉生乡山川乡境内，全村区域面积7km^2，其中，山林面积648.6hm^2，水田面积25.7hm^2，是一个竹林资源丰富、自然环境保护良好的浙北山区村。高家堂村是安吉生态建设的一个缩影，以生态建设为载体，提升了环境品位，实现经济、生态良性发展。

高家堂村将自然生态与美丽乡村完美结合，围绕"生态立村—生态经济村"这一核心，在保护生态环境的基础上，充分利用环境优势，把生态环境优势转变为经济优势。现今，高家堂村生态经济快速发展，以生态农业、生态旅游为特色的生态经济，呈现良好的发展势头。全村已形成竹产业生态、观光型高效竹林基地、竹林鸡规模养殖，富有浓厚乡村气息的农家生态旅游等生态经济，对财政的贡献率达到50%以上，成为经济增长支柱。高家堂村把发展重点放在做好改造和提升笋竹产业，形成特色鲜明、功能突出的高效生态农业产业布局，让农民真正得到实惠。从1998年开始，对200hm^{2}的山林实施封山育林，禁止砍伐。并于2003年投资130万元修建了环境水库仙龙湖，对生态公益林水源涵养起到了良好作用，还配套建设了休闲健身公园、观景亭、生态文化长廊等。新建林道5.2km，极大方便了农民生产、生活。

同时，着重搞好竹产品开发，如将竹材经脱氧，防腐处理后，应用到住宅的建筑和装修中，开发竹围廊、竹地板、竹层面板、竹灯罩、竹栏栅等产品，取得了一定的效益，并积极为农户提供信息、技术、流通方面的服务。同时，鼓励农户进行竹林培育、生态养殖、开办农家乐，并将这三块内容有机地结合起来，特别是农家乐乡村旅店，接待来自沪、杭、苏等大中城市的观光旅游者，并让游客自己上山挖笋、捕鸡，使得旅客切身感受到亲自然、住农房、品山珍、干农活的一系列乐趣，亲近自然环境，体验农家生活，又不失休闲、度假的本色，实现市民与村民互动，把生态旅游做活，经济做强，农民致富。

3. 城郊集约型及特点

城郊集约型乡村主要是在大中城市郊区，其特点是经济条件较好，公共设施和基础设施较为完善，交通便捷，农业集约化、规模化经营水平高，土地产出率高，农民收入水平相对较高，是大中城市重要的"菜篮子"基地，休闲的"后花园"。

泖港镇，上海市民生活的"城郊菜园"、休闲的"后花园"。地处上海市松江区南部、黄浦江南岸，是松江浦南地区三镇的中心，东北距上海市中心50km，北距松江区中心10km。该镇的发展不倚仗工业，而是依托"气净、水净、土净"的独特资源优势，大力发展环保农业、生态农业、休闲农业，成为上海市民的"城郊菜园""后花园"，服务于以上海为主的周边大中城市客源。

该镇注重卫生环境的治理，在美丽乡村建设中，开展村庄改造和基础设施建设，使全镇生态环境和市容卫生状况显著改善，2010年，该镇成功创建国家级卫生镇，2011年成为上海市第一家创建成功的市级生态镇。截至2012年6月，市容环境质量已连续18个季度保持全市郊区108个乡镇第一名。泖港镇作为上海市的"菜篮子"基地，以创建高产田为抓手，大力发展环保农业；以"三净"品牌为优势，大力发展农副经济；以节能环保为标准，淘汰落后工业产能。泖港镇还鼓励兴办家庭农场，泖港镇2007年起走上了以家庭农场为主要经营模式的农业发展道路，如今已基本实现了家庭农场的专业化、规模化经营。具体做法一是规范土地流转，实行家庭农场集中经营；二是完善服务管理，提高家庭农场运行质量；三是推动集约经营，优化家庭农场运行模式。截至2012年6月，泖港镇已有1 354.9hm^{2}土地由家庭农场经营，占全镇粮田面积的87%。同时，随着家庭农场的集约化、规模化、机械化程度的提高，由此带来土地产出效益和农民收入的提高，农户承办家庭农场的积极性也空前高涨。

为顺应时代发展，满足大城市休闲度假的市场需求，泖港镇借助自然资源优势，发展生态旅游。

近年来该镇开发和引进了大批中高档旅游项目，从空白镇发展成农村休闲旅游镇。以乡土民俗为核心，以市场需求为导向，充分整合生态农业、生态食品、农业观光、农业养殖、村落文化、会务培训、疗养度假、农家餐饮等各类乡村旅游资源，实现了农村休闲产业的功能集聚。目前，乡村旅游已成为该镇农业经济新的增长点。据不完全统计，仅2013年就先后接待游客约15万人次，实现旅游总收入近3 000万元，利润总额达500多万元，带动农副产品销售1 500多万元，解决了300多名当地农民的就地就业。旅游景点的建造带动了周边环境的改造，也使泖港的绿色环境越来越优美。

4. 社会综治型及特点

社会综治型乡村主要在人数较多，规模较大，居住较集中的村镇，其特点是区位条件好，经济基础强，带动作用大，基础设施相对完善。

大寺王村，乡村社区化，建设城市卫星村，发展旅游经济。位于天津市西青区，北邻西青经济技术开发区，东邻天津微电子城。该村距天津港10km，距天津国际机场15km，距市中心15km，交通四通八达。全村580户，人口1 862人，占有土地266.7hm^2。王村是天津东南方新农村发展的一颗明星。王村被天津市政府命名为天津市“示范村”，2012年，荣获“美丽乡村”称号。王村经过近几年的发展实现了农村城市化。村里生活环境和谐有序，基础设施完善，家家户户住进新楼房，电脑、电话、汽车走进农家，村民过着“干有所为，老有所养，少有所教、病有所医”其乐融融的城市化生活。

十几年前，王村90%的村民仍然住着低矮潮湿的危陋平房，单调、简陋、陈旧、窘迫、拥塞是绝大多数王村人的居住状况。为了改变这一现状，彻底解决村民的住房问题，村领导制定了5年村庄建设规划，推倒全村危陋平房，建成公寓和别墅，让全体村民住上了新楼房。此外，为了实现农村城市化，使百姓生活在舒适、整洁、文明、优美的环境中，村领导制定了彻底改造村内生活环境的规划，并筹措资金，组织力量先后完成了环境工程、项目的改造和提升，村庄环境得到大改善。王村在完善社区服务中心、商业街，开发建设峰山菜市场、卫生院等公共服务设施的同时，还先后建成了占地2万多m^{2}的音乐喷泉健身广场、2 400m^{2}的青少年活动中心以及1 000多m^{2}的村民文体活动中心，室内网球场、羽毛球场、乒乓球场、拉丁舞排练场、农民书屋、村民学校、党员活动室、文化活动室、舞蹈排练厅、棋牌室样样俱全，全部按照最高标准建设，设施完善，而且所有场馆都不对外营业，全部作为村民福利，无偿使用。完善的基础服务设施，极大方便了村民生活。为弘扬历史文化，开发旅游资源，王村修复了千年古刹——峰山药王庙，以此纪念药王孙思邈。王村先后接待了罗马尼亚、澳大利亚、日本、德国、美国、坦桑尼亚、赞比亚、中国香港、中国台湾等地区的旅游团体。

5. 文化传承型及特点

文化传承型乡村是在具有特殊人文景观，包括古村落、古建筑、古民居以及传统文化的地区，其特点是乡村文化资源丰富，具有优秀民俗文化以及非物质文化，文化展示和传承的潜力大。

平乐村，农民画家村。地处河南省孟津县，汉魏故城遗址，文化积淀深厚，因公元62年东汉明帝为迎接大汉图腾筑“平乐观”而得名。该村以农民牡丹画而闻名全国，农民画家已发展到800多人。“一幅画、一亩粮、小牡丹、大产业”，这是流传在河南省孟津县平乐村的新民谣。近年来，平乐村按照“有名气、有特色、有依托、有基础”的“四有”标准，以牡丹画产业发展为龙头，扩大乡村旅游产业规模，探索出了一条新时期依靠文化传承建设“美丽乡村”的发展模式。

千百年来，平乐村民有着崇尚文化艺术的优良传统。改革开放后，富裕起来的农民开始追求高雅的精神文化生活，从事书画艺术的人越来越多。随着牡丹花会的举办和旅游业的日益繁荣，与洛阳有着深厚历史渊源而又雍容华贵的牡丹成为洛阳的重要文化符号。游人在观赏洛阳牡丹的同时，喜欢购买寓意富贵吉祥的牡丹画作留念，从事书画艺术的平乐村民开始将创作主题集中到牡丹。

经过20多年的发展，平乐农民画家的牡丹画作品远销西安、上海、香港、新加坡、日本等地，多次参加各种展览并获奖。2007年4月，平乐村农民牡丹画家自愿组建洛阳平乐牡丹书画院，精选120余幅作品在洛阳市美术馆隆重举办了农民书画展，展示了平乐牡丹画创作的规模和水平。

“小牡丹画出大产业”。如今的平乐，已拥有国家、省市画协、美协会员20名，牡丹画专业户100多个，牡丹绘画爱好者300人，年创作生产牡丹画8万幅，销售收入超过500万元。2007年，平乐村被河南省文化厅授予“河南特色文化产业村”荣誉称号，平乐镇被文化部、民政部命名为“文化艺术之乡”，受到河南省委、省政府领导的高度重视。

6. 渔业开发型及特点

渔业开发型乡村主要在沿海和水网地区的传统渔区，其特点是产业以渔业为主，通过发展渔业促进就业，增加渔民收入，繁荣农村经济，渔业在农业产业中占主导地位。

武山县，美丽乡村渔家乐托起渔业致富梦。位于甘肃省东南部，天水市西北部，西秦岭横亘于南，黄土高原绵延于北，属温带大陆性季风气候，年平均气温10.3℃。渭河及其支流榜沙河、山丹河、大南河、聂河流经全县，充沛的水资源，为发展渔业提供了良好的基础。

以美丽乡村建设为着力点，推动全县休闲渔业持续健康发展，进一步拓展渔业功能，转变渔业发展方式，提高渔业发展质量和效益，促进渔民转产转业，增加渔民收入，丰富城乡居民物质文化生活，全面建设渔区小康社会。武山县通过抓示范建基地、抓培训促创新、抓宣传促消费，发展休闲渔业。经过多年发展，形成了龙台镇“冷水鱼养殖示范区”、鸳鸯镇“盘古渔村”、四门镇“鲟鱼养殖园”、城关镇石岭“龙王池鱼苑”、温泉镇“福源生态农庄”五大休闲渔业示范点。2016年新建成龙台鑫水源专业合作社冷水鱼山庄、城关军信养殖专业合作社垂钓鱼场、榆盘刘能山庄等一批示范性休闲渔业场户。如今，全县休闲渔业场点接近40家，休闲渔业带动了乡村旅游业发展，休闲渔业综合效益超过5 000万元。“龙台冷水鱼”已成为全县乡村旅游业的一张亮丽名片。

全县现有农业部命名的健康养殖示范场2家，市畜牧局命名的标准化养殖示范场5家，国家旅游局命名的金牌农家乐3家，星级农家乐6家，成为全县休闲渔业持续发展的带头兵。

7. 草原牧场型及特点

草原牧场型乡村主要在我国牧区半牧区县（旗、市），占全国国土面积的40%以上。其特点是草原畜牧业是牧区经济发展的基础产业，是牧民收入的主要来源。保护草地资源，展示草地风光，挖掘游牧文化。

道海嘎查，转变主产方式、培育新型主体、坚持草原特色、传播民族风情，是太旗开展“美丽乡村”建设中的一个典型。道海嘎查主要就是草原，因此，对草原牧区，保护好草原生态环境是发展过程中的重要任务。道海嘎查在美丽乡村建设中，坚持生态优先的基本方针，推行草原禁牧、休牧、轮牧制度，促进草原畜牧业由天然放牧向舍饲、半舍饲转变，发展特色家畜产品加工业，形成了独具草原特色和民族风情的发展模式。

在“美丽乡村”建设中，太旗把农牧区发展、农牧业增效、农牧民增收为中心，依托自然资源、区位优势，调整产业结构，推动农牧产业特色化、规模化、现代化发展。养殖业方面积极推广标准化养殖，引导农牧民转变发展方式，逐步由家庭“作坊式”养殖向规模化、集约化、标准化方向转变。通过项目扶持，鼓励和支持农牧民发展“小三养”及特种养殖业。实施优惠政策，每年为养殖户建设标准化棚圈3 000m^2，各苏木乡镇为养殖户无偿划拨土地、并给养殖区通路、通水、通电和平整场地。积极争取国家项目扶持资金，配套推广标准化养殖技术，大力发展特种养殖生产基地。目前，全旗建成标准化奶牛养殖场26处，肉牛养殖场22处，奶牛和优质肉牛存栏数分别达到4.3万头和3.97万头，“小三养”和特种养殖专业合作社47家，养殖基地48处。与此同时，积极引导农牧民走合作发展之路，加大政策扶持、项目倾斜力度，就重点农牧业建设项目优先安排有条件的合作社实施，为农牧民专业合作社提供全方位管理服务。定期开展业务培训工作，苏木乡镇积极培育先进示范社，全旗每年对10个农牧民专业示范社进行表彰奖励。创新运作模式，提高经济效益，各类农牧民合作社已发展到587家。注册总资金达4亿多元，覆盖全旗140个嘎查村，9 000多农牧户。

8. 环境整治型及特点

环境整治型乡村，主要在农村脏、乱、差突出地区，其特点是农村环境基础设施建设滞后，环境污染，当地农民群众对环境整治的呼声高、反应强烈。

红岩村，少数民族文化、生态特色旅游新村。位于广西桂林恭城瑶族自治县莲花镇，距桂林市108km，共103户407人，是一个集山水风光游览、田园农耕体验、住宿、餐饮、休闲和会议商务观光一体的生态特色旅游新村。红岩新村成功地建起80多栋独立别墅，共拥有客房300多间，餐馆近40家，建成了瑶寨风雨桥、滚水坝、梅花桩、环形村道、灯光篮球场、游泳池、旅游登山小道等公共设施。

以前的红岩村环境卫生较差，近几年，随着新农村建设工程的开展，红岩村脏、乱、差问题得到极大改善。在村内环境卫生改善的基础上，红岩村围绕新农村建设“二十字”方针，大力发展休闲生态农业旅游，成效显著。红岩村积极启动生活污水处理系统建设工程，现已成为广西第一个进行生活污水处理的自然村，使村里生态旅游业有了新的发展。从2003年10月至今，已接待了中外游客150多万人次，成为开展乡村旅游致富的典范。

现已建成红岩生态旅游新村，位于恭城县南面，距莲花镇1.2km，离县城14km，交通和通信便利，自然环境优美，莲花河流经该村，河畔翠竹林立、绿柳成荫，河水清澈缓流，是泛舟休闲之佳处。房前屋后都是茂盛的果木，村后是溶岩地貌的马头山，山清水秀、景色怡人。村前是恭城最大的无公害水果生产基地——莲花镇莲塘岭无公害月柿标准化栽培示范基地，村内至今还有较多的百年古柿及古建筑、拴马石、牌匾等古遗迹，有一定的文化底蕴。

生态景区总面积6.8km^2，2002年开始进行规划建设，2003年10月对外开放。共投资1 100多万元，建起了60多幢农家别墅、共拥有客房300多间，餐馆近50家。景区内拥有中国唯一的“柿之乡”称号的无公害水果万亩月柿示范基地。景区内山明水秀，生态怡人，一年四季瓜果飘香，乡土气息幽静而清新，一幅如诗如画的岭南乡土韵味。游览项目丰富多彩，塘边垂钓、田间耕耘、园里采果、水中娱乐、山上观景、对歌等，一年一度举办的大型金秋月柿节主会场就设在这里。节庆期间，各种民间传统活动和民族风情表演更是异彩纷呈，趣味无穷。红岩村是集山水风光游览、田园农耕体验、餐饮住宿休闲、会议商务观光等多功能为一体的乡村特色旅游品牌。

该村先后荣获全区生态富民示范村，全区农业系统十佳生态富民样板村，全国农业旅游示范点，“2006年全国十大魅力乡村”，全国绿色家园奖，全国生态文化村，中国村庄名片，国家特色景观旅游名村等荣誉称号。

9. 休闲旅游型及特点

休闲旅游型美丽乡村模式，主要是在适宜发展乡村旅游的地区，其特点是旅游资源丰富，住宿、餐饮、休闲娱乐设施完善齐备，交通便捷，距离城市较近，适合休闲度假，发展乡村旅游潜力大。

婺源江湾，国家特色旅游景观名镇。地处皖、浙、赣三省交界，云集了梦里江湾AAAAA级旅游景区，古埠名祠汪口AAAA级旅游景区，生态家园晓起和AAAAA级标准的梯云人家篁岭四个品牌景区。依托丰富的文化生态旅游资源、着力建设梨园古镇景区、莲花谷度假区，使之成为婺源“国家乡村旅游度假试验区”的典范。中国美，看乡村，一个天蓝水净地绿的美丽江湾，正成为“美丽中国”在乡村的鲜活样本，并以旅游转型升级为拓展空间，加快成为中国旅游第一镇。

江湾旅游资源丰饶，生态绿洲的晓起名贵古树观赏园荟萃了600余株古樟群，全国罕见的大叶红楠木树和国家一级树种江南红豆杉，栖息着世界濒危珍稀多鸟种黄喉噪鹛、国家重点保护的黑鹿、白鹇鸟等。江湾镇森林覆盖率高达90%，既是一个生态的示范镇，也是一个文化底蕴丰厚的千年古镇。该镇依托丰富的历史人文资源和良好的生态环境，成功打造“伟人故里——江湾”“生态家园——晓起”“古埠名祠——汪口”3个品牌景区。以品牌景区发力，已将江湾打造成一个乡村旅游的省级示范镇。

中国最美乡村江湾镇，近年来积极发展乡村旅游，着力打造乡村旅游的示范镇，促进乡村旅游与农业、农民和农村发展有机相结合，使乡村旅游参与主体的农民，成为受益主体。投资8 000万元建设篁岭民俗文化村和投资7亿元重点开发以徽派古建筑异地保护区定位的梨园新区正处于紧张的建设阶段，这两个重点旅游工程的建成，将使更多群众受惠于乡村旅游。积极引导开发农业观光旅游项目，打造篁岭梯田式四季花园生态公园，使农业种植成为致富的风景，成为乡村旅游的载体。

作为全国首批特色景观旅游名镇的江湾镇，乡村旅游效益逐年提升，2013年旅游接待游客达250万人次以上，联票收入6 800万元，旅游综合收入5.56亿元；围绕旅游“吃、住、行、游、购、娱”六要素，带动了旅游工艺品生产销售、旅游管理导游等相关产业从业人员近3 000人，旅游商品生产、宾招饮食服务企业330多个，“农家乐”120家。

10. 高效农业型及特点

高效农业型乡村，主要在我国的农业主产区，其特点是以发展农业作物生产为主，农田水利等农业基础设施相对完善，农产品商品化率和农业机械化水平高，人均耕地资源丰富，农作物秸秆产量大。

三坪村，福建省漳州市，特色高效现代农业产业园，国家AAAA级三坪风景区所在地。该村共有8个村民小组2 086人，2012年，该村农民人均纯收入11 125元。三坪村全村共有山地4 024hm^2，毛竹1 200hm^2，种植蜜柚833hm^2，耕地146hm^2。该村在创建美丽乡村过程中充分发挥森林、竹林等林业资源优势，采用“林药模式”打造金线莲、铁皮石斛、蕨菜种植基地，以玫瑰园建设带动花卉产业发展，壮大兰花种植基地，做大做强现代高效农业。同时，整合资源，建立千亩柚园、万亩竹海、玫瑰花海等特色观光旅游，构建观光旅游示范点，提高吸纳、转移、承载三平景区游客的接待能力。

为了改善当地村民居住环境，提升景区周边环境品位，三坪村实施“美丽乡村建设”工程，现今建设中的“美丽乡村”已初具雏形，身姿靓丽，吸人眼球。2013年，平和县斥资1 900万元，全力打造闽南金三角令人神往的人文生态村落。其建设内容包括铺设村主干道1km、慢步道2km，河滨休闲景观绿道1.3km，以及开展村中沿街门面装修、污水处理、绿化美化、卫生保洁等。目前，已累计完成投资960万元，占年度计划投资的50.5%。

几年来，三坪村特有的朝圣旅游文化和“富美乡村”的创建成果，吸引着众多的游客，也影响着当地村民的精神生活，带动当地旅游产业的茁壮发展，走出了一条美丽创造生产力的和谐之路。该村先后获得“国家级生态村”“福建省生态村”“福建省特色旅游景观村”“漳州市最美乡村”等荣誉称号，是漳州市新农村建设的示范点，福建省新农村建设的联系点，连续五届蝉联省级文明村。

三、小结与思考

中国乡村，每一个都有自己的故事和“灵魂”，都是中华亘古文明的传承，都具有其特定的血脉相传文化。前述对美丽乡村进行了概况和分类，对部分范例进行了分析，既是对中国美丽乡村建设的总结与思考，也为今后美丽乡村建设提供有益借鉴。美丽乡村建设必须坚持乡村的“灵魂”和特点，必须坚持全面小康的目标，必须坚持因地制宜，突出特色；必须坚持传统文明与现代文明的有机融合。因此，需要立足乡村自然条件、资源禀赋、产业发展、民俗文化，因地制宜、突出优势，有序推进美丽乡村建设。尽可能在原有乡村形态上进行完善和提升，着力打造乡村发展新业态，培育乡村发展新动能，推动农民创新创业，增加农民资源资产性收入。杜绝盲目大拆大建，不搞形象工程，同时还要防止千村一热，全面铺开，把严肃的美丽乡村建设，当作群众运动，有无条件大家都上，结果资金、技术跟不上而告终，再次伤害了农民。

第三节　美丽乡村建设的基本条件

一、美丽乡村是新农村建设的升级版

美丽乡村建设是美丽中国建设的重要组成部分，是全面建成小康社会的重大举措，是在生态文明建设全新理念指导下的一次农村综合变革，是顺应社会发展趋势的升级版新农村建设。它既秉承和发展了“生产发展、生活宽裕、乡风文明、村容整治、管理民主”的宗旨思路，又顺应和深化了对自然客观规律、市场经济规律、社会发展规律的认识和遵循，使美丽乡村的建设实践，更加注重关注生态环境资源的保护和有效利用，更加关注人与自然和谐相处，更加关注农业发展方式转变，更加关注农业功能的丰富、拓展，更加关注农村可持续发展，更加关注保护和传承农耕文明。建设美丽乡村，发展农业经济，改善农村人居环境，传承农耕文化，培育文明新风成为当前农村建设的重点，对于提升美丽乡村生态建设水平意义重大。

从美丽中国到美丽乡村，从十六届五中全会，到中央一号文件，再到农业部出台《关于开展“美丽乡村”创建活动的意见》（农办科〔2013〕10号）及《农业部“美丽乡村”创建目标体系》，美丽乡村的大轮廓已清晰可见。美丽乡村就是美丽中国的农村版，是新农村的升级应用版。美丽乡村建设涵盖了以往的新农村、休闲农业、农家乐、乡村旅游等内容。“美丽乡村”中所强调的“美丽”，可归纳为乡村的环境优美、经济富美、景色秀美、民风淳美等。

二、构建美丽乡村建设的基本条件

1. 舒适的人居环境

农村人居环境是农村居民生产劳动、生活居住、休闲娱乐和社会交往的空间场所，包括农村居民居住、生活和活动的自然环境、人文环境及人工环境，涉及农村居民生产、生活的物质环境和非物质环境。安居乐业是中华民族几千年来固有的文化传承，这体现在现实生活尤其是农村中，最实际的便是改善农居环境。改善农村宜居环境是推进社会主义新农村建设的重要内容，也是全面建设小康社会的迫切需要。农村宜居环境的改善，不仅可以改善农民的生活条件，也能为产业和产品结构调整提供条件，从而促进国民经济平稳较快发展。农村宜居环境的改善，直接关系农村面貌，直接影响农民的生产经营、生活质量与幸福指数，进而影响到社会和谐稳定。

“十六大”以来，中央提出了统筹城乡，加快城乡一体化发展及新农村建设。随着国家对农村改革的不断深入，强农惠农政策不断实施，农村建设取得了翻天覆地的变化，但城乡差距仍然巨大，农村的人居条件和环境难以吸引和留住能人的生息，人员外流，资本外流，乡村发展的动能减退，造成了诸多空心村的产生。乡村的基本属性是人的居住聚集。乡村发展就是要使乡村更加宜居宜业，脏、乱、差不是乡村的固有属性，生产、生活落后更不是乡村的本质特征，要挖掘乡村的各种功能要素，补齐乡村发展的短板，并使其与城镇、城市，在整体上具有比较优势，在某方面具有特色差异竞争力，这是建设美丽乡村的基本要求。

（1）生态环境优美。美丽乡村建设需转变传统的发展模式，让生态环境发展成为经济发展的基本前提。通过治山治水建设“绿水青山”，让农民得到“金山银山”，建设“天蓝、地绿、水净，安居、乐业、增收”的美丽乡村，是美丽乡村建设的重要内容。美丽乡村的生态环境建设包括农业污染防治、工业污染防治，生活垃圾处理、生活污水处理，以及村容村貌整治等内容。当前全国性基本生存环境遭到严重挑战，工业化、城镇化、农业开发、工业生产等活动对农村生态环境也带来一定威胁，保护并改善农村的生态环境，保持天蓝、水绿、气清的自然环境，为居住者提供良好的生存环境，是美丽乡村的基本所在。

（2）基础设施完善。农村基础设施是农村经济、社会发展和农民生产、生活改善的重要物质基础，加强农村基础设施建设是一项长期而繁重的任务。在农村基础设施建设过程中，必须科学规划，明确建设的总体思路、基本原则、建设目标、区域布局和政策措施。规划既要立足当前，从实际出发，明确阶段性具体目标、任务和工作重点，有步骤、有计划地加以推进，又要着眼长远，体现前瞻性。在制定农村基础设施建设规划时，既要做到尽力而为，努力把政府公共服务延伸到农村去，又要坚持量力而行，充分考虑当地财力和农民承受能力，防止加重农民负担和增加乡村负债搞建设；既要突出建设重点，优先解决农民最急需的生产、生活设施，又要加强农业综合生产能力建设，促进农业稳定发展和农民持续增收，切实防止把美丽乡村建设变成面子工程建设。

总体而言，乡村的基础设施依然薄弱，人居环境脏、乱、差问题亟须治理，尤以农村改厕、路面硬化、排污、垃圾处理等任务为重点，加强农村公共基础设施建设，建立长效的保洁机制，应成为建设美丽乡村的重要内容和任务。创新乡村基础设施建设的体制和机制。开展美丽乡村建设，亿万农民既是受益主体，又是主力军。在乡村基础设施建设中，要坚持政府主导、农民主体，通过政府强有力的支持，组织和引导广大农民发扬自力更生、艰苦奋斗的优良传统，用辛勤的劳动改善自身生产、生活条件，改变落后面貌，建设和谐乡村。

（3）公共服务均等。党的“十八大”突出强调，要“基本建成公共服务体系，推动文化产业成为国民经济支柱性产业，充分发挥文化引导社会、教育人民、推动发展的功能，建设中华民族共有精神家园，增强民族凝聚力和创造力。”可见，加强农村公共服务体系建设，对促进农村经济发展、社会进步、农民素质提高、坚持城乡经济社会统筹协调发展、实现全面建成小康社会的目标，有着重要的意义。公共服务均等化是乡村文明的重要体现，也是缩小城乡差距的重要标志。“十八大”指出，让基本公共服务城乡均等化。美丽乡村的建设不仅要整治环境，还要提升农村公共服务水平。完善的科、教、文、卫、体、社会保障服务，能够保障农民安居乐业，助推城乡一体化发展。加快推进城乡基本公共服务均等化，为建设美丽乡村家园打下了坚实基础。

2. 适度的人口聚集

城市之所以吸引了大量农村人口涌入，是因为城市为他们提供了比农村更大的发展平台，更好的生活环境、更多的就业机会。虽然近十年来，我国大多数地区都完成了新农村建设规划，但事实上乡村的吸引力仍然不足，空心村、老幼村依旧突出。新农村不应该是农村建设的终结，而应该进一步创新、提升，在完成基础建设的同时，推进农业提升发展，满足新时期农民的生存、生活、生产需求，提炼独特的乡村文化，吸引有知识、有技术、有能力的人才回到农村二次创业。

（1）保有人口居住。农村的基本属性就是满足人口居住聚集，美丽乡村建设规划应以能吸引人口聚居、提升农村发展活力才是根本。美丽乡村建设首要重点加强中心村和农村新社区建设，确保农村能留得住人居住，能有人居住，体现农村发展以人为本。逐步解决和消除空心村、空巢村的存在，没有人居住的美丽乡村都是没有意义的。把发展为了谁的问题放在首位。农业部颁发的《关于开展“美丽乡村”创建活动的意见》把“以人为本，强化主体”列为首要原则，农村规划、农村建设、农村发展都应该把农民群众利益放在首位。农村的基本属性就是满足人口居住聚集，美丽乡村规划当然也不例外，能够吸引人口聚居、提升农村发展活力才是根本。

（2）人口规模适中。适度的人口规模集中是考量建设美丽乡村的重要内容，人口过大或过少都不利于农村资源的合理化配置。人口集聚的规模是根据人口自身发展规律与周边产业吸收的就业人数来决定。同时，以产业为基础，发展现代农业，彰显特色，延伸农业产业链，增强农业吸纳劳动力的能力，避免美丽乡村再次空巢化。

（3）人口结构合理。农村人口老龄化、妇女儿童化是当前农村普遍存在的现象。进城务工是当前多数农村青壮年劳动力的首选。村子建好了谁来住，地谁来种，现代农业谁来发展，成为我们面临的重大问题。提升农村吸引力是关键，发展农业产业是核心。随着专业化、标准化、规模化、集约化生产的开展，扶持龙头企业，建设农产品基地，拓宽农民就业渠道，促进农民增收，吸引有技术、有文化、有胆识的年轻人回到农村再创业、奉献农村，从而带动人口规模提升，增加农村人气。目前我国多数农村变成了留守村，青壮年外出务工且很难再回到农村，留守的基本均是妇女、儿童和老人，文化知识欠缺、市场意识淡薄，将严重制约乡村农业的发展。美丽乡村建设如果合理布局、村庄布点，改善和优化农村人口结构，消除留守村恶性状况，是解决美丽乡村长远发展的动力之源。

3. 新型的居民群体

人的发展与乡村发展是相辅相成的，农村基础设施不断完善，农业产业化程度提升，农村居民生活逐渐改善，精神文化需求丰富多样，农村居民群体的素质也随之提升。现在农民已告别“吃饱穿暖”的年代，物质需求、精神需求层次不断升高，自我发展意识及职业化需要不断强烈，一个新型的农村居民群体已呈现为新型职业农民，各地提出培养“四型农民”的概念（即知识型、技能型、组织型、职业型）。新型职业农民的培养，对于美丽乡村建设意义重大，将从根本上推动农村发展，是强化解决“三农”问题的内在动力。

在美丽乡村建设、乡村旅游发展中，就是乡村规划、乡村建筑，包括民居民宅，既不规范，也不符合乡村地域特点的美观，问题在于用城市的理念，用城市的研究院、规划院、设计院去搞农村的设计，更多只注重外延，对乡村内涵挖掘不够，“灵魂”没有足够体现。2017年中央一号文件特别关注，提出今后高等学校、职业院校要开设乡村规划建设、乡村住宅设计等相关专业和课程，要培养一批专业人才，扶持一批乡村工匠。

（1）一定的文化知识。美丽乡村建设要发挥农民的主体作用，重视农民文化知识、农民素质及创业创新等教育，充分利用乡村远程教育平台，着力培育有文化、懂技术、会经营的新型农民，确保农民综合素质、农村经济发展与美丽乡村建设的要求相匹配。

（2）娴熟的技术技能。随着农村物质和精神文明的提升和丰富，留在农村和返回农村的人口将逐渐增加。乡村居民整体的技术、技能水平上升，由此带来的个人发展和提升、自我实现的意识渐渐强烈，为农业现代化、产业化注入新生力量，推动农业发展壮大，从而吸引更多的返乡人口共同建设美丽乡村。

（3）较高的文明素质。美丽乡村建设不是单纯“涂脂抹粉”，不仅要外貌美，更要内在美、心灵美。农村的内在美主要取决于乡村居民的文明素质和意识，即将淳朴的乡风、民间传统文化、现代文明意识等互相融合，形成美丽乡村建设的内在动力。注重提升人的素质作为创建深化的重点来抓。江西省各地开展了道德模范和“最美人物”系列评选表彰活动，挖掘宣传在乡村出现的“最美医生”“最美教师”“最美职工”“最美媳妇”等道德典型人物，并对这些道德典型人物进行了物质和精神上的帮扶。

4. 优美的村落风貌

村落风貌最直观的表现就是山水田林路居组成的农家优美图画——打造“田园综合体”，这也是村庄由内而外散发的魅力。村落风貌改善是美丽乡村建设的核心。乡村建设应积极实施“四化”工程，坚持改善生产、生活环境，挖掘内在文化升华乡村形象两手同时抓。尤其对于先天禀赋较好，适合发展乡村旅游的村落，更要注重村庄风貌改善、基础设施完善、文化形象塑造、旅游品牌打造和环保氛围营造。

通过合村并点对村庄进行改造，是节约农村土地、提高公共设施利用效率的有效途径。在美丽乡村建设中，可以按照“人口向镇域集中、土地向适度规模集中”的原则，对规模偏小、位置偏僻的村庄进行适当合并，向中心村庄、大型村庄靠拢。通过科学合理的村庄改造，改善农村环境，提高农民生活质量，实现农村可持续发展。

（1）自然生态景观优美。美丽乡村建设需打造特色村落风貌。随着城乡一体化步伐的加快，一些地区将城市建设的模式引用到新农村建设中，这不但改变了农村的原貌，带来了农村生态环境造成一定程度的破坏。美丽乡村建设必须尊重自然之美，充分彰显山清水秀、鸟语花香田园风光，体现人与自然和谐相处的美好画卷。因此，美丽乡村建设在逐步渗入现代文明元素的同时，通过生态修复、改良和保护乡村优美的自然景观，精心打造融现代文明、田园风光、乡村风情于一体的魅力乡村。

“望得见山、看得到水、留得住乡愁”。在村镇绿化中，一定要切实做好规划，使原有的自然景观合理利用，科学改造。例如，利用古树、名木和大树，尽量保留，变为村镇永久的人文景观。在规划时与村镇绿化设计科学地衔接，形成一个自然的、完整的、多样化的绿地生态系统，形成良性循环。在规划中违反科学规律去否定一切，置原自然景观于不顾，彻底推倒重来，这是全盘否定的错误态度，完全脱离了当地实际。只有保留原有的自然生态景观，让村民与历史相融、山水相亲、自然相近，尽情去欣赏与“村”俱有、俱来的美景，见证村镇新农村建设发展变化的历史，这才是一件有意义的事情。

（2）形式独具村落布局。村庄建设应该以保持乡村风貌为前提，深入挖掘历史、民间文化特色，完成形象设计、文化塑造等，打造村庄独特的风貌。独具特色的村落布局是美丽乡村建设的重要体现。立足于改变村容村貌，用规划引导环境整治，实现道路硬化、路灯亮化、河塘净化、卫生洁化、环境美化、村庄绿化，使村庄布局更加合理、村容村貌更加优美。建筑美观实用，房屋错落有致，立面色彩协调有序，具有明显的地方特色和乡土风情。

（3）街巷建筑特色明显。村庄风貌要突出地域、文化、民族等特色元素，传统建筑风格，注重个性化、特色化、差异化。街巷建筑的好坏直接影响游客的游览兴致和重游率，其规划要与地方文化协调，体现地域特色。对于某些破败不堪的农房政府要给予一定的资金、技术帮助改造，包括建筑的风格、形式、朝向、尺度、墙面以及屋面的色彩等方面；对于具有历史、观赏价值的古建筑，在保护的前提下，作为旅游资源加以开发利用。

（4）居民宅院风格独特。美丽乡村建设要通过居民宅院景观的不断提升，改善村落的风貌形象。在景观设置中，注重地域文化元素的注入。例如，居民宅院，可种植高低错落的乔灌花草，增加景观的层次感，营造花园般的景观氛围，烘托乡村文化氛围；村庄入口处设牌坊，是村庄的整体环境引导和识别，以展示鲜明的特色文化。

5. 良好的文化传承

全国农村精神文明交流会指出，乡村文明是中华民族文明史的主体，村庄是这种文明的载体，耕读文明是我们的软实力。强调农村是我国传统文明的发祥地，乡土文化的根不能断，农村不能成为荒芜的农村、留守的农村、记忆中的故园。新农村建设要注重坚持传承文化，发展有历史记忆、地域特色、民族特点的美丽城镇。

随着城镇化进程快速推进，部分地方片面追求城镇化和新农村建设速度，一味追求现代、美观、整齐，对古建筑、古民居进行“改造”，传统建筑风貌、淳朴的人文环境受到不同程度的破坏，农耕文化、传统手工艺、节庆活动、戏曲舞蹈等文化遗产面临瓦解、失传、消亡的危险。村落是文化的载体，是文化传承和保护的基因。因此，传承和发展优秀文化，对文化遗产进行有效保护和利用，是彰显美丽乡村地方特色，提升美丽乡村内涵的迫切需求。

（1）保护历史文化。美丽乡村不仅是古村落、古建筑、古树名木、历史遗址等的物质文化遗产的保护地，还是人居文化、农耕文化、民俗文化、传统工艺、老手艺、民间技能、民间歌谣、神话传说、戏曲舞蹈等非物质文化遗产的传承地。保护利用历史文化遗产，丰富美丽乡村内涵，让美丽乡村建设具有持续活力、独特魅力、强大引力。

历史文化村落承载着历史积淀的宝贵物质遗产和非物质遗产，开展历史文化村落保护利用工作，是对古村落、古建筑、古遗址最直接有效的保护，是对历史文化最好的传承与弘扬。因此，要注重古村落的保护与修缮，把握整体推进与重点保护，保护物质遗产与非物质遗产相结合。要把历史文化村落的保护纳入美丽乡村建设的总体规划，与村庄整治紧密地结合，与发展乡村休闲旅游业紧密地结合，充分展示历史文化村落的魅力。坚持因地制宜、分类管理原则，政府主导与社会参与相结合，进一步营造氛围，持之以恒地开展历史文化村落的保护和利用工作。

（2）传承民风民俗。美丽乡村建设不仅要突出物质空间的布局与设计，同时，必须嫁接生态文化、传承民风民俗，将孝廉、农耕、书画、饮食、休闲、养生等文化融入美丽乡村建设中，提升建设的内涵和品质，满足农民文化需求，丰富农民精神生活，使美丽乡村真正成为农民的精神家园和生活乐园。需要充分挖掘文化底蕴，彰显文化内涵，体现民风民俗，让美丽乡村不但有美景，而且重文化、尊传统、有底蕴。保护独特的村居风貌、尊重传统文化，挖掘传承乡村文化的根脉，实现人与自然、文化与环境的和谐发展。

（3）彰显精神文明。农村精神文明建设要以培育和践行社会主义核心价值观为根本，以美丽乡村建设为主题，以“村容整洁环境美、品德高尚人心美、乡风文明风尚美、精神充实生活美”为目标，着力建设文明乡风、优化人居环境、完善文化服务，不断提高农村社会文明程度，全面推进精神文明建设。

乡村外在美的创造与维护要靠农民素质的提升和精神文明的进步。为此，一定要重视精神文明建设，培养农民正确的价值取向和行为习惯，不断提升农民的整体素质。要注重乡村生活和生产方式的整体性安排，从物质和精神两个方面都让农村的面貌焕然一新，让田园城市和美丽乡村相得益彰。

6. 鲜明的特色模式

与城市相比，农村具有独特的建筑类型、居住形式，有深厚的农耕文化、地域文化、庭院文化，有优美的自然环境和生态环境。美丽乡村是农村鲜明特色的具体化、形象化的体现，建设美丽乡村是深入挖掘农村特色、亮点，充分发挥农村的地域特色、文化特色、生态优势、产业特色等优势，并通过环境整治、农业拓展、文化休闲、生态旅游、产业提升等途径，形成特色鲜明的农村发展模式。

（1）发展模式独具体系。根据各地农村的经济发展、自然环境、资源特色、地域特色等，农业部发布了中国“美丽乡村”十大发展模式：产业发展型、生态保护型、城郊集约型、社会综治型、文化传承型、渔业开发型、草原牧场型、环境整治型、休闲旅游型、高效农业型。每种模式分别代表某一类型乡村在各自的自然禀赋，经济发展水平、产业发展特点以及民俗文化传承等，开展美丽乡村建设的有益启示。美丽乡村是对水乡、山乡、花乡、景区及历史人文特征的充分体现，使生态特色、环境特色、产业特色、文化特色、人文特色、历史特色、民族特色、布局特色更加鲜明突出，并能充分利用这些特色亮点，形成独特的乡村旅游发展模式，改善农村人居环境、带动农村经济发展。

（2）建设模式科学合理。美丽乡村是山水田林自然风貌得到保护，历史文化得到传承，建筑特色得到彰显，村容村貌得到改善，农业功能得到拓展，特色农业得到壮大，乡风文明得到弘扬。平原地区田园风光更秀美，丘陵山区更具山地风貌，沿湖区凸显水乡风韵，高原区体现高原生态特征。按照因地制宜、因村而异、特色优先的原则，形成科学合理的建设模式。

要创新体制机制，强化保障力度，坚持立足自身实际，建设科学合理的特色模式。我国农村数量众多，发展水平各异，创新美丽乡村建设体制机制，要充分考虑各村的资源禀赋、地域条件、经济状况、民族文化等差异，本着因地制宜、量力而行的原则，条件优先者先上。宜工则工、宜农则农、宜游则游，分类推进美丽乡村建设。要根据乡村自身的自然条件、生活方式等特点，确定自己的标准，特别是对垃圾处理、厕所改造、传统能源替代等难点问题，加大研究和攻坚力度，破解难题，形成有特色的新模式，走出农民接受的新路子。

（3）治理模式探索创新。美丽乡村，不仅美在自然，更美在和谐，而探索创新乡村治理模式是促进农村和谐的重要手段。保障农民主体地位是建设美丽乡村的基本点，要增加农民在基层管理和建设上的参与度，发挥农民在建设家园方面的积极性。鼓励建立农村社会组织、村民小组，共同参与农村事业建设和社会管理服务。探索政府主导、村民自治、企业参与的乡村治理的新路径，形成具有鲜明特色的美丽乡村建设模式。

7. 持续的发展体系

可持续发展是一种注重长远发展的经济增长模式，既满足当代人的需求，又不损害后代人的利益，是科学发展观的基本要求之一。美丽乡村建设是一项功在当代，利在千秋的战略思想，由城市一体化过渡到城乡多元化经济发展转型的重大举措。乡村建设最根本的是在国家产业结构调整体系中，最终解决道德、信仰与“三农”问题。是建立乡村统筹、完善乡村布局、促使乡村自身发展的综合体系。因此美丽乡村要持续发展。开展美丽乡村建设是解决“三农”问题的最佳途径。无论是新型农民群体、农村建设及农业发展，还是农村生态环境保护、民生问题，都是可持续发展的问题。美丽乡村建设，必须为农村建立一套可持续发展的体系，既能让农村环境持续美丽，又能引领农业提升发展，传承传统文化，保证农民收入持续稳定增长，从而体现美丽乡村建设的本质。

（1）坚实的产业循环支撑。美丽乡村建设，短期靠环境整治，长远靠产业支撑。建立健全长效机制，巩固扩大农村环境治理成果，发展经济、社会、事业，让美丽乡村建设成为农民生活方式、社会发展模式。以产业发展带动农村经济发展。准确的定位，是农村长足发展的关键，产业化发展是美丽乡村的有力支撑。因此，在美丽乡村建设中，要结合大区域环境、当地资源禀赋、发展基础等，找准定位，要么为大区域提供配套服务，与周边区域融合发展，要么打造自身特色优势，突出绿色食品、休闲农业、乡村旅游，生态旅游等产业主题，以独特的魅力吸引周边资源集聚，解决农业和农民持续增收的问题。“美丽乡村”建设的根基在于产业的发展，需要持续推动产业循环支撑，推动现代农业产业化程度不断提高。要在资源优势和基础条件下，以市场为导向，以效率为中心，带动农业产业结构的调整。积极发展观光休闲农业，因地制宜大力发展乡村旅游业，延长产业链，加大产业融合，形成规模效应，为美丽乡村的繁荣奠定坚实的基础。

产业是建设美丽乡村的基础，没有产业支撑，美丽乡村就不具备可持续发展和自我发展的能力。依照“宜工则工、宜农则农、宜游则游”原则，紧紧抓住产业发展主线，大力发展生态高效农业、农产品深加工业、农家乐产业和休闲乡村旅游。加速推进土地流转，组建新型农民合作组织，推动农业生产经营模式多样化，增强农村集体经济造血功能，促进农民增收致富。

（2）稳定的居民增收渠道。建设美丽乡村是促进农民增收、持续改善民生的重要途径。美丽乡村建设一方面是通过发挥农村的生态资源、人文积淀、块状经济等优势，积极创造农民就业机会，加快发展农村休闲旅游等第三产业，拓宽农民增收渠道；另一方面，通过完善道路交通、医疗教育等基础设施配套，全面改善农村人居环境，着力提升基本公共服务水平，解决民生问题。

（3）合理的集体经济规模。发展壮大村级集体经济，是统筹城乡发展、建设美丽乡村的重要保证，是加强基层组织建设，夯实农村执政基础的现实需要，是实现农村经济、社会持续健康协调发展的必然要求。美丽乡村建设中，要大力发展村级集体经济，以集体经济为支撑，不断加大产业基础设施投入，滚动发展，推进美丽乡村建设进程。进一步改善村民的生产、生活条件，让农民真正感受到美丽乡村建设带来的实惠。

（4）良性的建设投入机制。美丽乡村建设需要强化保障力度，积极运用市场思维，多途径吸引社会资本。美丽乡村建设需要大量的资金投入，仅靠政府支持还远不够，因此，要积极拓宽资金渠道，建立多元化的投入机制，强化资金保障，引导更多的社会资金参与美丽乡村建设。同时，围绕美丽乡村建设目标要求，不断加大资金支撑力度，强化激励措施，优化农村金融发展环境，积极发挥财政资金主导作用，放大财政资金杠杆效应，撬动社会资本跟进，带动农民筹资投劳，形成多渠道、多层次、多形式的投入机制，确保有效筹集美丽乡村建设资金。

建立良性的投入机制需要从根本上转变生产、生活方式。从产业发展、文脉延续、文明乡风等方面提升农村内涵、体现农村内在美；从建设舒适的人居环境、村容村貌整洁、基础设施完善、生态环境保护等方面改善农村生产生活环境，展现农村外在美。进一步建设布局美、环境优、产业兴、农民富、宜居宜业宜游的农村。从根本上优化农村环境、转变农村经济发展方式及农民生活方式，形成农村持续发展体系，实现农业、农村可持续发展。美丽乡村建设在不断加大财政支持力度的同时，要积极探索美丽乡村建设投入体制机制创新，并以宅基地使用权竞价竞拍为突破口，努力推动农村生产要素改革，进一步激活农村资源与市场潜力，初步形成政府主导、多元投入的美丽乡村建设投资新格局。通过投入机制创新，农村的不动产成功转化为资产，资产转化为资本，资本转化为资金，资金最终变成为公益设施，形成投资、建设与发展的良性循环，激发农村资源与市场潜力的释放。

美丽乡村是依托农村空间形态、遵循社会发展规律、坚持城乡一体发展、农民群众广泛参与、社会各界关爱帮扶、注重自然层面和社会层面、形象美与内在美有机结合、不断加强农村经济、政治、文化、社会和生态建设，不断实现其预期建设目标循序渐进的自然历史发展过程。所以美丽乡村建设并不是基本条件的叠加，需要更加注重建设乡村的整体内涵。美丽乡村的建设除了要下大力气保护古迹风貌、改善村容村貌、让乡村外表美丽养眼之外，更重要的是要让美丽乡村由表及里地展现美丽的实质，也就是说，美丽乡村既要美在外表，更要美在内涵。

第四节　美丽乡村的建设标准

一、标准化管理是美丽乡村建设的发展方向

1. 美丽乡村标准化管理的意义

标准具有固化经验、提高经济效益、降低成本的作用，标准工作的开展可为美丽乡村建设提供有效的管理手段。标准与美丽乡村建设的相互作用，对美丽乡村发展中的各环节具有重要指导意义。标准化的实施理念，使质量提升，使建设体系变得明确、条理清晰、科学规范和便于操作，使美丽乡村建设能真正实现立足根本、着眼未来，使目标事项定位准确。浙江省安吉县以“中国美丽乡村国家标准化示范区建设”项目、“中国美丽乡村旅游省级标准化示范区”试点项目建设为契机，将标准化作为推进工作的重要载体和手段，实现科学规范、合理定位“美丽乡村”建设各项事宜。

美丽乡村建设中涉及公共设施、道路交通、生态环境、饮用水安全、服务管理等，都需要有定量的技术指标。在公共设施的面积、道路交通路面建筑、污水治理中污染物限量值，饮用水安全中的卫生标准等方面，都需要制定具体的限制性标准，这些标准需要明确规定美丽乡村建设中的指标要求和实现方法，为科学衡量、评价美丽乡村情况提供定量化的技术基准，从而实现公共服务标准化、产业发展标准化、生态文明建设标准化，使美丽乡村建设工作条例清晰、科学规范。

2. 国家及地方重视美丽乡村建设的标准出台与推行

《美丽乡村建设指南》（GB 32000—2015）国家标准由质检总局、国家标准委2015年5月27日发布。该标准于2015年6月1日起正式实施。标准由12个章节组成，基本框架分为总则、村庄规划、村庄建设、生态环境、经济发展、公共服务、乡风文明、基层组织、长效管理9个部分。在村庄建设方面，标准规定了道路、桥梁、饮水、供电、通信等生活设施和农业生产设施的建设要求。明确规定村主干道建设应进出畅通，路面硬化率达100%；要科学设置道路交通标志，村口应设村名标识；历史文化名村、传统村落、特色景观旅游景点还应设指示牌。在生态环境保护标准规定了气、声、土、水等环境质量要求，对农业、工业、生活等污染防治，森林、植被、河道等生态保护，以及村容维护、环境绿化、厕所改造等环境整治进行指导，并设定了村域内工业污染源达标排放率、生活垃圾无害化处理率、生活污水处理农户覆盖率、卫生公厕拥有率等11项量化指标。同时，标准还在经济发展和公共服务方面做出了相关规定。

浙江省地方性标准《美丽乡村建设规范》（DB33/T 912—2014）由安吉县人民政府、安吉县质量技术监督局等相关单位起草，并由浙江省质量技术监督局于2014年3月6日发布，2014年4月6日正式实

施，该标准规定了美丽乡村建设的术语和定义、基本要求、村庄建设、生态环境、经济发展、社会事业发展、社会精神文明建设、组织建设与常态化管理等要求。适用于指导以建制村为单位的美丽乡村的建设，社区参照执行。

二、美丽乡村建设的推荐性标准

美丽乡村是指经济、文化、社会和生态文明协调发展，规划科学、生产发展、生活宽裕、乡风文明、村容整洁、管理民主，宜居、宜业的可持续发展乡村。美丽乡村建设主要包括六大内容：村庄规划、村庄建设、生态环境、经济发展、公共服务和其他方面。根据《美丽乡村建设指南》GB 32000—2015和《美丽乡村建设规范》DB33/T 912—2014，针对这六方面内容，本文通过调研，归纳整理，提出了美丽乡村建设的定性或定量标准。

1. 基本要求

美丽乡村的建设需达到建设的基本要求：3年内未发生重大安全生产事故、重大刑事案件及群体性事件；3年内无重大环境污染事故和生态破坏事件；3年内未发生甲、乙类传染病暴发流行，未发生重大食品安全事故；无陡坡地开垦、任意砍伐山林、开山采矿、乱挖中草药资源及毁坏古树名木等现象；无捕杀、销售、食用国家珍稀野生动物现象；计划生育工作达标管理责任制考核要求；村庄无违法用地，无违章建筑，无人住危房。

2. 村庄规划

村庄规划主要规定村庄建设、生态环境治理、产业发展、公共服务等方面的系统规划要求。村庄规划应节约土地利用，功能区布局合理，符合相关规定。以建制村为单位，因村制宜，结合村落特点和地域文化，注重特色，突出重点，按城乡建设等相关规划要求及GB 18055、GB 50188等标准，编制科学、合理、可行的村庄规划及具体实施方案，与土地利用总体规划及相关规划衔接。属于国家级、省级历史文化名村和列入中国传统村落名录的村庄要编制历史文化名村保护规划和传统村落保护发展规划，按照规划要求进行保护和开发利用。

（1）因地制宜。美丽乡村建设应根据乡村资源禀赋，因地制宜编制村庄规划，注重传统文化的保护和传承，维护乡村风貌，突出地域特色。村庄规模较大、情况较复杂时，宜编制经济可行的村庄整治等专项规划。历史文化名村和传统村落，应编制历史文化名村保护规划，传统村落保护发展规划。

（2）村民参与。美丽乡村建设需要有广泛的群众基础，村庄规划编制应深入农户实地调查，充分征求意见，并宣讲规划意图和规划内容。且村庄规划应经村民会议或村民代表会议讨论通过，规划总平面图及相关内容，应在村庄显著位置公示，经批准后公布、实施。

（3）合理布局。村庄规划应符合土地利用总体规划，做好与乡镇经济社会发展规划和各项专业规划的协调衔接，科学区分生产、生活区域，功能布局合理、安全、宜居、美观、和谐，配套完善。结合地形地貌、山体、水系等自然环境条件，科学布局，处理好山地、水体、道路、建筑的关系。

（4）节约用地。村庄规划应科学、合理、统筹配置土地，依法使用土地，不得占用基本农田，慎用山坡地。公共活动场所的规划与布局，应充分利用闲置土地、现有建筑及设施等。按照土地利用总体规划，实施农村土地集约化利用，建设用地面积总规模不突破，村庄建设新占用耕地通过宅基地复垦实现占补平衡，村庄人均建设用地标准不突破。且村庄各类建设项目，符合有关规划。

（5）规划编制要素。编制规划应以乡村需求和存在问题为导向，综合评价村庄的发展条件，提出村庄建设与治理、产业发展和村庄管理的总体要求。统筹村民建房，村庄整治改造，并进行规划设计，包含建筑的平面改造和立面整饰。确定村民活动、文体教育、医疗卫生、社会福利等公共服务场所和管理设施的用地布局。确定村域道路、供水、排水、供电、通信等各项基础设施配置和建设要求，包括布局、管线走向、铺设方式等。确定农业及其他生产经营设施用地。确定生态环境保护目标、要求和措施，确定垃圾收集、污水处理设施，和公厕环境卫生设施的配置和建设要求。确定村庄防灾减灾的要求，做好村级避灾场所建设规划；对处于山体滑坡、崩塌、地陷、泥石流、山洪冲沟等地质隐患地段的农村居民点，应经相关程序确定搬迁方案。确定村庄传统民居、历史建筑物与构筑物、古树名木等人文景观的保护与利用措施。规划图文表达应简明扼要、平实直观。

3. 村庄建设

美丽乡村村庄建设中规定了道路、桥梁、引水、供电、通信等生活设施和农业生产设施的建设要求。

（1）基本要求。美丽乡村村庄建设应按规划执行。新建、改建、扩建住房与建筑整治应符合建筑卫生、安全要求，注重环境协调；宜选择具有乡村特色和地域风格的建筑图样；倡导建设绿色农房。保持和延续传统格局和历史风貌，维护历史文化遗产的完整性、真实性、延续性和原始性。整治影响景观的棚舍、残破或倒塌的墙体，清除临时搭盖，美化影响村庄空间外观视觉的外墙、屋顶、窗户、栏杆等，规范太阳能热水器、屋顶空调等设施的安装。逐步实施危旧房的改造。

（2）生活设施。

① 道路。村主干道建设，应进出畅通，路面硬化率达100%。村内道路应以现有道路为基础，顺应现有村庄格局，保留原始形态走向，就地取材。村主干道应按照GB 5768.1和GB 5768.2的要求设置道路交通标志，村口应设村名标识；历史文化名村、传统村落、特色景观旅游景点应设置指示牌。利用道路周边、空余场地，适当规划公共停车场（泊位）。

② 桥梁。安全美观，与周围环境相协调，体现地域风格，提倡使用本地天然材料，保护古桥。维护、改造可采用加固基础、新铺桥面、增加护栏等措施，并设置安全设施和警示标志。

③ 饮水。根据村庄分布特点、生活水平和区域水资源等条件，合理确定用水量指标、供水水源和水压要求。应加强水源地保护，保障农村饮水安全，生活饮用水的水质应符合GB 5749的要求。

④ 供电。农村电力网建设与改造的规划设计，应符合DL/T 5118的要求，电压等级应符合GB/T 156的要求，供电应能满足村民基本生产、生活需要。电线杆应排列整齐，安全美观，无私拉乱接电线、电缆现象。合理配置照明路灯，宜使用节能灯具，并合理安排村庄亮灯时间，定期检查和维护，确保夜间亮化照明效果。

⑤ 通信。广播、电视、电话、网络、邮政等公共通信设施齐全，信号通畅，线路架设规范、安全有序；有条件的村庄可采用管道地下铺设。

（3）农业生产设施。开展土地整治和耕地保护；适合高标准农田建设的重点区域，按GB/T 30600的要求进行规范建设。开展农田水利设施治理；防洪、排涝和灌溉保证率等达到GB 50201和GB 50288的要求；注重抗旱、防风等防灾基础设施的建设和配备。结合产业发展，配备先进、适用的现代化农业生产设施，推行设施农业、节水滴灌和无人机施药等。

4. 生态环境

美丽乡村生态环境建设，规定了水、土、气等环境质量要求，对农业、工业、生活等污染防治，森林、植被、河道等生态保护，以及村容维护、环境绿化、厕所改造等环境整治进行指导。

（1）环境质量。环境质量标准中，大气、水系、土壤环境的质量，应分别达到GB 3095、GB 3096、GB 15618中与当地环境功能区相对应的要求。村域内主要河流、湖泊、水库等地表水体水质，沿海村庄的近岸海域海水水质，应分别达到GB 3838、GB 3097中与当地环境功能区相对应的要求。

（2）污染防治。

① 农业污染防治。推广植物病虫害统防统治，采用农业、物理、生物、化学等综合防治措施，不得使用明令禁止的高毒高残留农药，按照GB 4285、GB/T 8321的要求合理用药。推广测土配方施

肥技术，施用有机肥、缓释肥；肥料使用符合NY/T 496的要求。农业固体废物污染控制和资源综合利用可按HJ588的要求进行；农药瓶、废弃塑料薄膜、育秧盘等农业生产废弃物及时处理；农膜回收率≥80%；农作物秸秆综合利用率≥70%。畜禽养殖场污染物排放应符合GB 18596的要求，畜禽粪便综合利用率≥80%；病死畜禽无害化处理率达100%；水产养殖废水应达标排放。

② 工业污染防治。村域内工业企业生产过程中产生的废水、废气、噪声、固体废弃物等污染物达标排放，工业污染源达标排放率达100%。

③ 生活污染防治。

生活垃圾处理。应建立生活垃圾收运处置体系，生活垃圾无害化处理率≥80%。应合理配置垃圾收集点、建筑垃圾堆放点、垃圾箱、垃圾清运工具等，并保持干净整洁、不破损、不外溢。推行生活垃圾分类处理和资源化利用；垃圾应及时清运，防止二次污染。

生活污水处理。应以粪污、雨污分流为原则，综合人口分布、污水水量、经济发展水平、环境特点、气候条件、地理状况，以及现有的排水体制、排水管网等确定生活污水收集模式。应根据村落和农户的分布，可采用集中处理，或分散处理，或集中与分散处理相结合的方式，建设污水处理系统并定期维护，生活污水处理农户覆盖率≥70%。

清洁能源使用。应科学使用并逐步减少木、草、秸秆、竹及煤等传统燃料的直接使用，推广使用电能、太阳能、风能、沼气、天然气等能源。

综合利用废弃物。工业固体废弃物处置利用率达到95%以上；塑料农膜回收率达到80%以上，农作物秸秆综合利用率达到85%以上，规模化畜禽养殖粪便综合利用率达到97%以上。农业固体废弃物污染控制可参照HJ 588的要求进行。

推广使用清洁能源。清洁能源普及率达到70%以上。

（3）生态保护与治理。注重对村庄山体、森林、湿地、水体、植被等自然资源进行生态保护，保持原生态自然环境。开展水土流失综合治理，综合治理技术按GB/T 16453的要求执行；防止人为破坏造成新的水土流失。开展荒漠化治理，实施退耕还林还草。规范采沙、取水、取土、取石行为。按GB 50445的要求对村庄内坑塘河道进行整治，保持水质清洁和水流通畅，保护原生植被。岸边宜种植适生植物，绿化配置合理、养护到位。改善土壤环境，提高农田质量，对污染土壤按HJ 25.4的要求进行修复。实施增殖放流和水产养殖生态环境修复。外来物种引种应符合相关规定，防止外来生物入侵。

（4）村容整治。

① 村容维护。村域内不应有露天焚烧垃圾和秸秆的现象，水体清洁、无异味。道路路面平整，不应有坑洼、积水等现象；道路及路边、河道岸坡、绿化带、花坛、公共活动场地等可视范围内无明显垃圾。房前屋后整洁，无污水溢流，无散落垃圾；建材、柴火等生产、生活用品集中有序存放。按规划在公共通道两侧划定一定范围的公用空间红线，不得违章占道和占用红线。宣传栏、广告牌等设置规范，整洁有序；村庄内无乱贴、乱画、乱刻现象。不应私拉乱接电线、违章占道、出店经营；划定畜禽养殖区域，人畜分离；农家庭院畜禽圈养，保持圈舍卫生，不影响周边生活环境。规范殡葬管理，尊重少数民族的丧葬习俗，倡导生态安葬。

② 环境绿化。村庄绿化应以人为本，生态优先，兼顾经济和景观效果；应整洁，适度彩化，与当地的地形地貌、人文景观相协调，宜采用乡土树种，绿地布局多样化，节约用地，见缝插绿。村庄绿化宜采用本地果树、林木花草品种，兼顾生态、经济和景观效果，与当地的地形地貌相协调。庭院、屋顶和围墙提倡立体绿化和美化，适度发展庭院经济。古树名木采取设置围护栏或砌石墙等方法进行保护，并设标志牌。山区村和海岛村林木覆盖率应达15%以上；半山区村建成区的林木覆盖率应达20%以上；城郊村和平原村建成区的林木覆盖率应达25%以上。因地制宜，结合当地的乡村民俗文化，村庄建成区宜建有1个面积300m^{2}以上的休闲绿地。主要道路、河岸宜绿化地段绿化覆盖率应达

95%以上，平原区农田林网控制率应达90%以上。住宅间绿化带，提倡农户庭院、屋顶和围墙实现立体绿化和美化。村庄绿化模式的选择、设施小品的设计、村庄绿化地形设计、植物的选择及配置可参照DB33/T 842。宜采用当地花草品种进行乡村风格的绿化。

③ 厕所改造。实施农村户用厕所改造，户用卫生厕所普及率≥80%，卫生应符合GB 19379的要求。合理配置村庄内卫生公厕，不应低于1座/600户，按GB 7959的要求进行粪便无害化处理；卫生公厕有专人管理，定期进行卫生消毒，保持干净整洁。村内无露天粪坑和简易茅厕。

④ 病媒生物综合防治。按照GB/T 27774的要求组织进行鼠、蝇、蚊、蟑螂等病媒生物综合防治。

5. 经济发展

规定美丽乡村的农业、工业、服务业三大产业的发展要求。村级集体组织有较稳定的收入来源，并逐步增长，能够满足其所承担职责、开展村务活动和自身发展的需要。且农村居民人均纯收入增长率高于当年所在县（市、区）平均水平、低收入农户人均纯收入增长率高于当年所在县（市、区）平均水平。

（1）基本要求。美丽乡村经济发展需制定产业发展规划，三产结构合理、融合发展，注重培育惠及面广、效益高、有特色的主导产业。创新产业发展模式，培育特色村、专业村，带动经济发展，促进农民增收致富。村集体经济有稳定的收入来源，能够满足开展村务活动和自身发展的需要。发展高效生态农业。推广种养结合等新型农作制度，发展生态循环农业，推进农业规模化、标准化和产业化经营。提升发展乡村电商服务业。因村制宜，发展本地特色的休闲旅游服务业、生产性服务业和生活性服务业。

（2）产业发展。

① 农业。发展种养大户、家庭农场、农民专业合作社等新型经营主体。发展现代农业，推广适合当地农业生产的新品种、新技术、新机具及新种养模式。促进农业科技成果转化；鼓励精细化、集约化、标准化生产，培育农业特色品牌。发展现代林业，提倡种植高效生态的特色经济林果和花卉苗木，推广先进适用的林下经济模式，促进集约化、生态化生产。发展现代畜牧业，推广畜禽生态化、规模化养殖。沿海或水资源丰富的村庄，发展现代渔业，推广生态养殖、水产良种和渔业科技，落实休渔制度，促进捕捞业可持续发展。

结合实际开展土地整治，对于符合高标准基本农田建设重点区域，可按TD/T 1033的要求进行规范建设。因地制宜，开展农田水利工程建设。推广利用标准化手段，提高气象防灾减灾能力。区域防洪、排涝和灌溉保证率等达到GB 50201和GB 50288的标准。健全基本农田建设，完善排灌系统，增强防灾能力。灌排工程布置合理、配套完善，区域内骨干灌溉渠系建筑物配套率达到100%，工程完好率达到90%以上，田间灌排分渠，沟渠及放水口配套完整。有条件的建制村发展农业规模化生产。主导产业标准化生产程度高于当年所在县（市、区）平均水平，培育品牌。应注重节水灌溉，推广管灌、喷微灌等先进灌溉技术。推广统防统治、生物防治和高效低毒农药的应用，不得使用明令禁止的高毒高残留农药，遵照GB 4285、GB/T 8321的要求合理用药。采用测土配方、营养诊断、平衡施肥，推广施用有机肥、缓释肥。发展生态畜牧业，改进畜禽饲养方式，推进畜禽排泄物资源化利用。充分发挥农业现代经营主体的作用，提高农业生产的组织化程度，带动农民致富。

② 工业。结合产业发展规划，发展农副产品加工、林产品加工、手工制作等产业，提高农产品附加值。引导工业企业进入工业园区，防止化工、印染、电镀等高污染、高能耗、高排放企业向农村转移。

③ 服务业。依托乡村自然资源、人文禀赋、乡土风情及产业特色，发展形式多样、特色鲜明的乡村传统文化、餐饮、旅游休闲产业，配备适当的基础设施。发展家政、电商、养老托幼等生活性服务业。鼓励发展农技推广，动植物疫病防控，农资供应，农业信息化，农业机械化，农产品流通，农

业金融，保险服务等农业社会化服务业。可依托乡村自然资源、人文禀赋及产业特色，发展多样化的休闲旅游服务业；发展商贸、现代物流、信息服务、金融服务、房屋租赁等生产性服务业。构建以农业公共服务为基础，多元化农业服务组织为主要力量，公益性服务和市场化服务的新型农业社会化服务体系；满足居民生活中的物质和文化生活消费等产品和服务需求。商业零售店经营按GB/T 28840的要求进行规范。

6. 公共服务

美丽乡村公共服务规定了医疗卫生、公共教育、文化体育、社会保障、劳动就业、公共安全、便民服务等方面的要求。

（1）医疗卫生。美丽乡村的建设需建立健全基本公共卫生服务体系。建有符合国家相关规定、建筑面积≥60m^{2}的村卫生室；人口较少的村可合并设立，社区卫生服务中心或乡镇卫生院所在的村可不设。建立统一、规范的村民健康档案，提供计划免疫、传染病防治及儿童、孕产妇、老年人保健等基本公共卫生服务。医疗保险参保率巩固在95%以上，60岁以上参合老年人健康体检率达65%以上，免费妇女病普查服务率两年高于80%。残疾人社区康复服务率达到90%以上。村卫生室应配有适当数量的具有执业资格的医生，医疗过程符合卫生操作规范，药品来源符合药品管理规范，并做好维护运行管理。

（2）公共教育。公共教育中村庄幼儿园和中小学建设，应符合教育部门布点规划要求。村庄幼儿园、中小学学校建设，应分别符合GB/T 29315、建标109的要求，并符合国家卫生标准与安全标准。普及学前教育和九年义务教育。学前一年毛入园率≥85%；九年义务教育目标人群覆盖率达100%，巩固率≥93%。通过宣传栏、广播等渠道加强村民普法、科普宣传教育。

（3）文化体育。

① 基础设施。建设具有娱乐、广播、阅读、科普等功能的文化活动场所。建设篮球场、乒乓球台等体育活动设施。少数民族村能提供本民族语言文字出版的书刊、电子音像制品。

② 文体活动。丰富农民的文体活动，定期组织开展民俗文化活动、文艺演出、讲座展览、电影放映、体育比赛等群众性文体活动；制定村规民约，通过广播、报刊、电视、网络、会议、标语、科普宣传栏等形式向村民宣传村规民约、卫生健康教育、生育文化、生态文明知识，倡导文明、健康、低碳的生产、生活和行为方式等。建立生态文化活动档案记录。设有健康教育固定宣传栏。

③ 文化保护与传承。发掘古村落、古建筑、古文物等乡村物质文化，进行整修和保护。收集民间民族表演艺术、传统戏剧和曲艺、传统手工技艺、传统医药、民族服饰、民俗活动、农业文化、口头语言等乡村非物质文化，进行传承和保护。历史文化遗产村庄，应挖掘并宣传古民俗风情、历史沿革、典故传说、名人文化、祖训家规等乡村特色文化。建立乡村传统文化管护制度，编制历史文化遗存资源清单，落实管护责任单位和责任人，形成传统文化保护与传承体系。

（4）社会保障。村民普遍享有城乡居民基本养老保险，基本实现全覆盖。鼓励建设农村养老机构、老人日托中心、居家养老照料中心等，实现农村基本养老服务。家庭经济困难，且生活难以自理的失能半失能65岁以上村民，基本养老服务补贴覆盖率≥50%。农村五保供养目标人群覆盖率达100%，集中供养能力≥50%。村民享有城乡居民基本医疗保险参保率≥90%。被征地村民按相关规定享有相应的社会保障。

（5）劳动就业。加强村民的素质教育和技能培训，培养新型职业农民。协助开展劳动关系协调、劳动人事争议调解、维权等权益保护活动。收集并发布就业信息，提供就业政策咨询、职业指导和职业介绍等服务，为就业困难人员、零就业家庭和残疾人提供就业援助。

（6）公共安全。美丽乡村的公共安全建设，要根据不同自然灾害类型，建立相应防灾设施和避灾场所，并按有关要求管理。制订和完善自然灾害救助应急预案，组织应急演练。农村消防安全应符合GB 50039的要求。农村用电安全应符合DL 493的要求。健全治安管理制度，配齐村级综治管理人员，应急响应迅速有效，有条件的可在人口集中居住区和重要地段，安装社会治安动态视频监控系统。治安管理制度健全，应急响应迅速有效，刑事案件年发生率低于3‰。有条件的可在道路交通要道边等安装交通安全动态视频监控系统，技术要求符合DB 33/T 502。

（7）便民服务。要建有具备综合服务功能的村便民服务机构，提供代办、计划生育、信访接待等服务，每一事项应编制服务指南，推行标准化服务。村庄有客运站点，村民出行方便。按照生产、生活需求，建设商贸服务网点，鼓励有条件的地区推行电子商务。

7. 其他方面

美丽乡村建设对乡风文明建设、基层组织建设、公众参与、保障与监督等内容进行了明确。

（1）乡风文明。组织开展爱国主义、精神文明、社会主义核心价值观，道德、法治、形势政策等宣传教育。制定并实施村规民约，倡导崇善向上、勤劳致富、邻里和睦、尊老爱幼、诚信友善等文明乡风。开展移风易俗活动，引导村民摒弃赌吸陋习，培养健康、文明、生态的生活方式和行为习惯。

（2）基层组织。

① 组织建设。应依法设立村级基层组织，包括村民委员会、村务监督机构、村集体经济组织、村民兵连及其他民间组织。基层党组织、村级组织健全。村民自治章程、村规民约、居民公约等民主管理制度完善，定期召开村民代表会议。村级经济发展、社会事业建设和村内重大事务采取民主决策，程序完善。村务公开制度和档案管理规范，村民对村务公开的满意率高于95%。建立规范的财务制度，并定期公开。村干部工作作风群众满意度不低于上年水平。社区志愿组织、老年协会、经济合作社等社区组织发展完善，参与社会管理作用明显。

② 工作要求。遵循民主决策、民主管理、民主选举、民主监督。制定村民自治章程、村民议事规则、村务公开、重大事项决策、财务管理等制度，并有效实施。具备协调解决纠纷和应急的能力。建立并规范各项工作的档案记录。

（3）长效管理。

① 政府指导。以政府引导、市场化运作、村民参与相结合，建立运行维护常态化管理模式，创建常态化管理机制，提供必要的资金保障。配备合理数量的保洁、清运、园林绿化养护、公共设施维护等人员，制定岗位职责，明确各类人员管理维护区域、责任，加强对相关人员的管理和培训。制定公共卫生保洁、园林绿化养护、基础设施维护等的监督考核制度，每月进行检查考核，并记录归档。

② 公众参与。通过健全村民自治机制等方式，保障村民参与建设和日常监督管理，充分发挥村民主体作用。村民可通过村务公开栏、网络、广播、电视、手机信息等形式，了解美丽乡村建设动态、农事、村务、旅游、商务、防控、民生等信息，参与并监督美丽乡村建设。鼓励开展第三方村民满意度调查，及时公开调查结果。

③ 保障与监督。建立健全村庄建设、运行管理、服务等制度，落实资金保障措施，明确责任主体、实施主体，鼓励有条件的村庄采用市场化运作模式。建立并实施公共卫生保洁、园林绿化养护、基础设施维护等管护机制，配备与村级人口相适应的管护人员，比例不低于常住人口的2‰。综合运用检查、考核、奖惩等方式，对美丽乡村的建设与运行实施动态监督和管理。

三、标准化研究是我国美丽乡村建设的重大科学技术问题

《美丽乡村建设指南》作为推荐性国家标准，为开展美丽乡村建设提供了框架性、方向性技术指导，使美丽乡村建设有标可依，使乡村资源配置和公共服务有章可循，使美丽乡村建设有据可考。标准对乡村个性化发展预留了自由发挥空间，不搞“一刀切”，也不要求“齐步走”，鼓励各地根据乡村资源禀赋，因地制宜、创新发展。本文就是根据我们多年美丽乡村建设的实践，作出的标准化研究成果报告，为我国建设美丽乡村提供定性与定量标准化管理体系的完善做出新贡献。

目前，我国美丽乡村考评均以行政文件的形式出现，尚未形成具体的评价标准，需围绕二十字方针，建设《美丽乡村建设评价》标准，弥补美丽乡村考评标准空白，对美丽乡村建设具有重要意义。而建立考核考评机制，要做到明确责任分开，紧密结合美丽乡村建设的目标和任务，通过规范化的指导和明确的指标考核，制定清晰的组织运作规范，逐步完善美丽乡村建设各项指标，同时细化工作流程考评控制，实现农村工作考评标准化、规范化，为美丽乡村建设提供动力和支撑。

中国美丽乡村建设是一个新的实践，有深入探索的空间，需要标准化渗透，加大质量管理力度，严格按照规划狠抓落实，充分挖掘特色，提升品位，突破重点，树立形象，创新破难，大胆探索，走一条适合我国国情的美丽乡村建设的新路子。

参考文献

蔡颖萍，周克，杨平. 2014. 美丽乡村建设的模式与成效探析——基于浙江省长兴县的调查研究[J]. 湖州师范学院学报，36（1）：20-23.

陈润羊. 2016. 美丽乡村建设中环境经济协同发展研究[J]. 福建农林大学学报（哲学社会科学版），9（4）：21-27.

陈锡文. 2005. 深化对统筹城乡经济社会发展的认识扎实推进社会主义新农村建设[J]. 小城镇建设（11）：14-17.

樊雅丽. 2015. 新型城镇化过程中农村生态文明建设研究[J]. 中国沼气，33（4）：91-95.

范展智. 2016. 浅谈无锡市建设美丽乡村、发展休闲农业的实践与思考[J]. 上海农业科技（6）：1-3.

顾敏. 2015. 建设美丽乡村背景下的安吉竹产业转型升级策略研究[D]. 宁波：宁波大学.

黄克亮，罗丽云. 2013. 以生态文明理念推进美丽乡村建设[J]. 探求（3）：5-12.

黄幼钧，马利军，黄卫国. 2013. 西湖区『美丽乡村』建设的调查与思考[J]. 杭州农业与科技（3）：6-7.

金建新. 2011. 推进湖州美丽乡村建设的思考[J]. 农村工作通讯（2）：47-49.

晋鹏程. 2014. 美丽乡村建设应做好五个结合[J]. 农业技术与装备（22）：15-16.

李英豪，郑宇军，LiYinghao，等. 2011. 基于综合发展规划理念的“美丽乡村”规划设计研究——以东阳市花园村为例[J]. 规划师，27（5）：37-40.

娄火明. 2013. 注重特点、特质与特色 加快杭州美丽乡村建设[J]. 新农村（1）：9-10.

农业部农村社会事业发展中心新农村建设课题组. 2009. 打造中国美丽乡村 统筹城乡和谐发展——社会主义新农村建设“安吉模式”研究报告[J]. 中国乡镇企业（10）：6-13.

盛立新，龚贺，赵杰. 2016. 美丽乡村建设标准研究[J]. 中国标准化（1）：98-101.

帅志强，蔡尚. 2016.《美丽乡村建设指南》国家标准颁布实施的意义、作用及执行[J]. 生态经济，32（3）：198-201.

苏颖. 2013. 建设“蓬莱美丽乡村”的探讨与研究[J]. 山西经济管理干部学院学报，21（2）：54-55.

田志婵. 2016. 整治农村环境打造美丽乡村的措施研讨[J]. 山西农经（6）：60.

王书明，欧瑞华. 2012. 生态乡村：生态文明政区建设的细胞工程[J]. 山东省农业管理干部学院学报，29（2）：13-15.

王卫星. 2014. 美丽乡村建设：现状与对策[J]. 华中师范大学学报（人文社会科学版），53（1）：1-6.

吴声怡，陈训明，王玉玲，等. 2007. S文化观视野下和谐乡村的构建[J]. 中国农村经济（s1）：46-50，58.

吴卫平. 2015. 高标准整治农村环境 夯实美丽乡村建设基础[J]. 吉林农业（6）：22.

薛孟铎. 2014. 加快农村环境综合整治建设美丽乡村[J]. 法治与社会（3）：58-59.

严端详. 2012. 美丽乡村 幸福农民——安吉县推进美丽乡村建设的研究与思考[J]. 中国农垦（12）：50-54.

张康. 2016. 建设美丽乡村：用乡村留住乡愁文化[J]. 西部大开发（3）：87-91.

张壬午. 2013. 倡导生态农业建设美丽乡村[J]. 农业资源与环境学报，30（1）：5-9.

张勇，汪应宏，陈发奎. 2013. 农村土地综合整治中的基础理论和生态工程[J]. 农业现代化研究，34（6）：703-707.

郑向群，陈明. 2015. 我国美丽乡村建设的理论框架与模式设计[J]. 农业资源与环境学报（2）： 106-115.

Burel F, Baudry J. 1995. Social，aesthetic and ecological aspects of hedgerows in rural landscapes as a framework for greenways[J]. Landscape and Urban Planning： 327-340.

Gregory A, Ruf, Cadres Kin. 1998. Making a Socialist Village in West China[M]. Stanford & Calif： Stanford University Press.

第四章　美丽乡村生态工程建设与环境整治规划

美丽乡村建设是“美丽中国”概念的重要组成，受到举国关注。当前我国农业、农村、农民的“三农”问题，仍是困扰农村经济、社会发展和全面建设小康社会的难题。落实开展“美丽乡村”建设的重要时期，应深入把握好美丽乡村建设的内涵，进一步拓宽思路，科学创新统帅农村建设，做好美丽乡村生态工程建设与环境整治规划，以造福农民、造福子孙后代。

我国美丽乡村建设生态工程学的研究，面临农村两大生态难题。一是从土地利用角度看，山水田林路居自然生态体系；二是从农村产业发展角度看，农林牧渔副（工）产业生态体系。因此，本章主要论述在美丽乡村生态工程建设与环境整治的规划问题。一方面应从“合理利用”做好山水田林路居土地规划，另一方面应从现代发展眼光，科学布局农林牧渔副（工）各产业，为美丽乡村建设画出规划蓝图。

第一节　美丽乡村土地利用规划技术

合理规划利用土地是“美丽乡村”生态建设的重大技术问题，以及贯彻“十分珍惜和合理利用每寸土地，切实保护耕地”国策的措施，所以乡村土地利用规划是美丽乡村建设的前提和基础。

“绿树村边合，青山郭外斜”“暧暧远人村，依依墟里烟”反映中国传统乡村犹如一幅清淡水墨画，美不胜收。然而，如今有些乡村，院落久无人居，蒿草疯长；传统村落成片消失，火柴盒似的小楼杂乱分布，“城不像城，村不像村”；道路狭窄，公共设施普遍缺失，垃圾随处可见。要解决这些问题，首先需要面对的就是对乡村土地进行合理利用规划。

一、我国农村土地利用现状

1. 土地矛盾日趋尖锐

随着农村经济发展，人口不断增长，多数村户由一户一院发展为一户多宅，对耕地的占有量需求迅速上升。在耕地减少的同时，荒地由于土壤肥力低，开垦补充耕地的效果差，导致土地供应矛盾日益尖锐。

2. 普遍存在“空心村”现象

现阶段土地利用总体规划或城镇总体规划，通常考虑城镇建设规划区范围内的土地，而对镇域的土地利用不够重视。长期以来农村居民点处于无规划指导的自然发展状态，普遍造成“空心村”老旧屋无人居住或“满天星”式建造新村落等。其建设过程往小城镇方向发展，注重增量土地发展，忽视存量土地潜力挖掘。

3. 土地利用管理不够

（1）村庄只对村民住宅的建筑面积和朝向，做了大致的规定，而选址等没有具体规定。因此，村民新住宅分布大多呈“沿坝、沿路”的趋势，这样造成的宅与宅之间闲置空地多，甚至出现“空心屋”，这种建筑排列不整齐、一家一户分散居住，造成用地严重浪费，使得美丽乡村基础设施建设工程量大、成本高、利用率低。

（2）村内道路由主干路和支路组成，尚未形成较完善交通网络，影响村民生产、生活需求。另外，农民随意在绿化区内，种植经济作物，影响了道路交通。

（3）农村宅基地的管理上存在着漏洞，部分村民住宅兴建攀比之风盛行，想方设法在地理位置好的地段申请新宅基地建房，而原先的老住宅则无人居住，变成无法复垦的“空心村”。

二、美丽乡村土地利用规划面临的问题

1. 土地利用空间布局不合理

由于联产承包责任制的推行，农用地按照人口平均分配到各家各户。在分配过程中，考虑了土地的质量、好坏搭配均匀，这种做法具有一定的公平性。然而分配的结果是整块的土地被分割，农用地呈现零散不集中、单位面积狭小的局面。这样的农用地布局，虽与我国当时精耕细作的传统农业模式相匹配，但很难与现代化农业发展模式相适应。

2. 耕地面积锐减、质量下降，且污染严重

近年来，有些农村出现了占用基本农田挖塘养鱼，村或集体兴建大型砖瓦窑场，在农田保护区内栽植林木，发展林果业；借发展农村经济之名，盲目建经济技术开发区。由此，使农村耕地面积大量减少。同时，在土地开发过程中，过度追求耕地的产量、盲目开发和过度垦殖等，造成大量水土流失，出现了土地沙化、盐碱化和荒漠化现象，导致耕地质量下降，耕地肥力退化严重。在土地耕作过程中，大量施用化肥和农药，对耕地和农业生态环境的影响非常明显，造成了农用耕地或水源污染。

3. 农用地闲置抛荒严重，土地利用效率低下

我国早期推行的家庭联产承包责任制，对激发农户土地生产的积极性曾一度发挥了积极作用，而随着经济和社会的不断发展，农业已逐渐成为一种低收入的行业，农民对土地的投入热情渐渐降低，将目光更多地投向正在高速发展中的第二、第三产业。对土地的投资减少，粗放经营乃至进城务工弃耕撂荒。现阶段，农村青壮劳动力外出务工经商的现象，已屡见不鲜，有的乡村村民甚至举家外出，丢下责任田不管，使土地长期处于粗放和低效利用的经营状态，抛荒面积不断扩大。农业用地利用现状与我国人多地少、确保粮食安全的基本国情不符。如何进行有效的土地利用规划和用途管制，实现农业用地的节约、集约利用是当前亟待解决的问题。

4. 农村基础配套设施不完善

现阶段，中国的发展呈现出明显的城乡二元结构，城市和农村的经济差距日益显著。农村经济发展缓慢的一个重要原因，在于农村建设的基础配套设施的不完善。“希望富，先修路”，这在很大程度上体现了农民对农村基础配套设施完善的强烈渴望。农村基础设施建设存在着规模小、投资分散的特点，需要依靠国家地方政府和基层组织合力去落实。而当前地方政府在考虑经济发展中仍然存在着“重城镇，轻农村”的思想，为此必须转变观念，将发展目光转向农村，增加对农村基础设施项目的政策性投入，如修筑乡村公路、架设乡村电网、建立自来水供应系统等，促进城乡和谐发展，为美丽乡村建设打下扎实基础。

5. 农村征地宜解决的问题

（1）土地征用补偿安置机制不健全。国家重大项目建设，征地是必然趋势。但土地是广大农民的生活保障，当前的征地普遍采用年产值倍数法的补偿方式，存在着补偿标准偏低的问题。基于此，现阶段国家又推出了征地区片综合地价，作为征地补偿的标准。然而，体现保障被征地农民切实利益

的养老保险、大病医疗保险和被征地农民的劳动力就业及培训等配套机制还不完善。

（2）农村征地过程中，存在着一些村干部利用职权“低征高出”、土地征用后圈而不用的现象，如何规范农村征地制度、合理利用征收土地、建立完善的征地补偿标准和方式，是美丽乡村土地利用规划需要考虑解决的深层次问题。

三、美丽乡村土地利用规划的思考与对策

1. 建立土地利用分区，合理布局

乡村土地利用规划必须从用地的合理布局入手。为避免不同功能用地之间的混杂而相互干扰，协调用地的矛盾，保护农用地，限制不当土地使用和开发行为，应进行合理的土地利用分区，将农业区与农村建设用地区有效地分隔开来，并进行相应的用途管制。

建立有效的农业分区，按照耕地保护数量，不能低于耕地总量的80%的标准来确定村内的基本农田保护区；通过农地的整理以及对相邻地块农户之间进行有效的协调、置换、合并等方案，扩大农用地的总面积，实现统一播种、统一收获；规范耕作的方法和模式，提高农业的耕作效率；通过明确农村建设用地的地域范围和边界红线，加大对农村道路等基础设施的投入，合理安排农村建设特别是农村基础设施建设用地，引导广大村民向农村居民点集中；规范引导建房朝向一致化、房屋间距最小化、房宅建设统一化等；改变农村脏、乱、差的状况，改变“空心村”的怪现象；同时，也要加强对宅基地的有效管制，将宅基地的有偿使用与土地产权制度建设和管理相结合，明确宅基地的所有权主体，以及村民的使用权年限，并引导村民合理利用宅基地，杜绝违法批用宅基地，和闲置废弃宅基地发生。

2. 保护农业用地，控制建设用地规模

（1）在国家建设和城镇化快速发展的条件下，农村土地的减少是一种趋势，但这是一个渐进的过程，为此，应合理控制农用地数量的减少和质量的下降。在土地利用规划中，应划分出不同等级的农田保护区和蔬菜地保护区；实际利用中，少占用农副产品主产基地、优良的农田和菜地；在耕地保护中，要执行“占补平衡”政策，“占一补一”。通过对未利用地的开发，以及宅基地、其他用地的土地整理，做到耕地总量的动态平衡。

（2）注重对建设用地的规模控制。具体做法：首先要在土地利用规划中，科学地预测建设用地的规模，根据国家和农村建设用地的需求量，来提供新增的建设用地量；然后，要加强土地的用途管制，加强对新增建设用地的审批，在法律上严格控制建设用地的供应量，促使农村土地使用，更具有合理性和集约性；对建设用地总量控制的同时，也要加强对农村建设用地的基础配套设施的投入。

3. 提高美丽乡村土地节约和集约利用程度

土地集约利用的基本涵义是指在土地上增加投入，能够获得最高土地报酬。一般用单位面积土地上的资本和劳动投入量（即土地利用的集约度）来衡量土地与资本、劳动的结合程度。一般来说，土地利用集约度越高，土地利用的效率和有效性也越高；反之，土地利用集约度越低，土地利用的效率和有效性也越低。在目前耕地面积不断缩小、建设用地需求矛盾加剧的形势下，土地的节约和集约利用，成为了当前土地利用规划的主题。

在乡村土地利用规划中，要对土地利用实施严格的用途管制，加大对闲置抛荒的惩罚力度。对闲置抛荒1年的土地，进行一定的经济处罚；连续两年的，对土地进行无偿回收。整治农用地闲置抛荒另一个有效途径，就是适当地提高农产品的价格，提高农民对农业生产的积极性，用市场的手段来调节供给。同时，要与旧村改造相结合，充分利用闲置的宅基地、荒杂地、空闲地，进行新土地利用和建设；结合土地整治，将已被调整的居民点和“空心村”的空闲宅基地复垦还耕，推进“退宅还田”。

4. 加强公众参与，广泛听取意见

制定美丽乡村土地利用总体规划，要转变传统的土地利用规划思维，建立土地利用规划的公众参与制度。土地利用规划的起草和编制，应建立在群众参与基础上，经村委会充分论证后确定。土地利用规划编制后，应上报县、乡主管部门，并及时公布，以接受村民的监督。公众参与对于乡村土地利用总体规划的科学性、合理性、可行性和可操作性提高，有十分重要的意义。

（1）土地利用的主体是广大村民，对土地利用存在的问题具有最直接的体验。公众参与有利于提高规划编制过程中，对土地利用问题的认识，从而实现科学合理地编制土地利用规划的目标和任务。

（2）土地利用规划编制过程中，吸收村民意见，使土地评价更加客观和符合实际，使土地利用规划方案更具可行性。

（3）美丽乡村土地利用规划编制的过程，不仅是研究和决策过程，也是土地利用科学普及和动员过程。村民参与对乡村土地利用规划的实施和管理，采取合作态度，以提高土地利用规划的权威性和有效性。

5. 加强乡村土地利用规划的技术支持和法律支撑

（1）传统的乡村土地利用规划手段存在高耗、低效，且精确度不高的问题，使规划时空信息，不能及时管理和更新。随着现代计算机、网络以及通信技术的飞速发展，以计算机技术、GIS和GPS为支撑的土地管理软件应运而生。加强乡村土地利用规划的技术支持，实行规划的信息化、科学化，可以及时了解各种土地信息的变化，如土地用途变更等，并及时进行宏观调控和管理，如严格控制非农用地审批，使规划达到实时与高效。

（2）乡村土地利用规划的执行，要做到执法必严、违法必究。对任何违反规划的人应一律惩戒、一视同仁。以保证规划在执行期间的严肃性和权威性，保证规划的法律地位，提高规划的可执行性。如果对特殊人员违反土地利用规划实施宽容政策，不仅影响规划实施，而且可能导致寻租现象的肆意发生，对土地管理系统的运行产生负面影响。因此，在美丽乡村土地利用总体规划中，必须强化执法概念，这在目前土地规划体系的法制不健全的条件下尤其显得必要。

四、美丽乡村土地利用规划的必要性

1. 美丽乡村生态建设是长期的历史性任务

美丽乡村生态建设的本质决定了其长期性和渐进性。推进美丽乡村生态建设，既要发展农村生产力，又要调整和完善农村生产关系；既要提高农民物质生活水平，又要提高其科学文化素养；既要发展经济，又要落实科技文化建设。这不是一蹴而就的问题，而是一个长期、渐进的合理规划和协调的历史性任务。

2. 土地利用规划是美丽乡村生态建设的前提和基础

美丽乡村生态建设的内涵十分丰富，它不只停留在物质性美丽乡村的建设和完善层面，同时更是精神家园的创建和提高范畴。所以，做好土地利用规划是它的一项重要的基础性工作。美丽乡村生态建设要规划先行。美丽乡村生态建设作为一项历史性任务，必须以合理规划为前提，积极稳妥地逐步推进。只有科学完整的规划体系先行，才能将美丽乡村生态建设推向良性发展的轨道，不然就会造成严重的资源浪费，有悖于美丽乡村生态建设的初衷。

五、乡村土地利用的规划技术

村级土地利用规划，是国家五级土地利用总体规划的延伸和完善，是科学确定村域用地规模与结构、用地布局与分区，村域土地组织利用与生产活动方式、经营管理模式的有效融合。也是统筹安排土地资源开发、利用和保护，协调产业发展、建设美丽乡村等各项规划的有效手段。是推进中国新型工业化、城镇化和农业现代化的重要支撑平台。在中国经济新常态、新型城镇化的大背景下，村级土地利用规划可有效促进村域内土地利用和农业产业转型，通过农村集体建设用地和农用地的转型，从而对乡村生活—生产—生态“三生”交叉混合空间进行重构，使其发挥乡村自身粮食供给充足、生态景观优美的农业生态养育功能和经济产业活力、乡土文化传承、人居环境优良、农民富足安康的社会文化调节功能，打破我国长期以来的城乡二元结构，实现城乡两者的互补平衡、协调发展。

1. 乡村土地利用规划的内涵

与城市相比，由于生产方式的不同，农村与土地的关系更为密切。在“村”这个最小单元，村级土地利用规划的内涵主要如下。

（1）村级土地利用规划是全域视角下的综合性规划。它不是简单的空间规划，而是结合农业转型和农村现代化，推动乡村规划建设从单一目标向多元目标转变，综合考虑并统筹安排基础设施建设、人居环境改善、历史文化传承、乡村产业发展及管理制度等。此外，还要考虑把土地利用规划和城乡规划整合起来，探索村域“多规合一”的实现机制，解决农村综合性系统规划问题。

（2）村级土地规划既是上下结合的规划，也是实施性规划。不能复制乡镇规划模式，应采取上下结合的方式，既充分考虑耕地保护、建设用地总量控制的国家意志，也必须满足村民居住改善、产业发展、生活质量提升的需求。此外，村级规划是针对村庄实际，以解决实际、满足需求为根本的规划，确定之后就要持之以恒地实施，要看到成效。

（3）村级土地规划虽然“个头小”，但由于每个村庄有不同特色，规划也就没有固定的模式，可以根据不同的地域文化，不同的生产发展阶段、产业特色进行布局，根据发展潜力，可区分为发展型村庄、精致型村庄、衰落型村庄；根据发展定位主导产业，可区分为生态型村庄、城乡旅游型村庄、产业型村庄等，每个村庄都应特点鲜明，形态多样。

（4）村级土地规划应是控制性规划，明确关键的约束性指标和土地用途，构筑农村生产集约高效、农民生活特色传承、生态景观山清水秀的空间格局，开辟农民生财致富的渠道。

（5）村级土地规划要适当“留白”。在规划空间中，要把想明白的先定，还没想好的留出空间。此外，为防止规划和建设脱节，村级规划还应是全过程的规划，可根据实际需求变化进行调整。

2. 乡村土地利用规划原则

（1）以人为本，农民主体。把维护农民切身利益放在首位，充分尊重农民意愿，把群众认同、群众参与、群众满意作为根本要求，切实做好新形势下依靠群众的智慧和力量建设美丽家园。

（2）城乡一体，统筹发展。建立以工促农、以城带乡的长效机制，统筹推进新型城镇化和美丽乡村建设，深化户籍制度改革，加快农民市民化步伐，加快城镇基础设施和公共服务，向农村延伸覆盖，着力构建城乡经济社会发展一体化新格局。

（3）坚持规划引领，示范带动。强化规划的引领和指导作用，科学编制美丽乡村建设规划，切实做到先规划后建设、不规划不建设。按照统一规划、集中投入、分批实施的思路，坚持试点先行、量力而为，逐村整体推进，逐步配套完善，确保建一个成一个，防止一哄而上、盲目推进。

（4）坚持生态优先，彰显特色。把农村生态建设，作为生态强省建设的重点，大力开展农村植树造林，加强以森林和湿地为主的农村生态屏障的保护和修复，实现人与自然和谐相处。规划建设要适应农民生产、生活方式，突出乡村特色，保持田园风貌，体现地域文化风格，注重农村文化传承，不能照搬城市建设模式，防止“千村一面”。

（5）坚持因地制宜，分类指导。针对各地发展基础、人口规模、资源禀赋、民俗文化等方面的差异，切实加强分类指导，注重因地制宜、因村施策。现阶段应以旧村改造和环境整治为主，不搞大拆大建，实行最严格的耕地保护制度，防止中心村建设占用基本农田。

3. 乡村土地利用规划编制要素

土地利用规划和城乡规划，对村庄用地布局和建设发展都有所安排。然而，村庄规划在我国规划体系中一直是薄弱环节，处于比较边缘的地位。土地利用规划建立了国家、省、市、县、乡五级规划体系，唯独在村这一层级缺了“脚”，导致一些地方农村土地利用管理问题突出，长期无法解决。《城市规划法》早已更名为《城乡规划法》，但城市和乡村在规划方法、技术标准、实施制度、人才支撑等存在巨大差距，各方关注重心仍在城市，城乡二元特征明显。因而，探索编制村级土地利用规划极为必要。

作为“基层最小的规划”，村级土地利用规划，既承载农民对美好生活的预期，也为国家政策在农村落地提供依据。具体到土地管理，有的村庄因传统农业产出低而耕地抛荒，有的建设用地布局散乱、土地利用粗放。破解这些制约村庄发展的难题，实现合理用地，延伸资源要素的流动半径，都是村级土地利用规划需要予以回应的。

（1）规划编制做好六个层面研究。做好六个层面研究，一是研究耕地和基本农田保护问题，二是研究土地利用的节约和集约问题，三是研究城乡用地结构和布局优化问题，四是研究区域土地合理配置问题，五是研究土地利用与生态环境建设统筹问题，六是研究完善规划管理保障措施问题。

（2）规划编制把握五大原则。

第一，可持续利用原则。要考虑今后发展趋势和村、镇布局的长远变化，突出中心村建设，不能遍地开花。对今后要撤并的边远村庄和不能成为居民集中点的地方，维护规划现状，不再进行新的基础设施设计建设和居民住宅用地规划设计。

第二，配套建设原则。在村庄规划修编时，要通盘考虑，尤其对基础设施要合理布局。应大力提倡旧农房改造，新建住房。要利用原来的宅基地，公共服务设施建设应在村庄用地内部进行，尽量做到不占耕地或少占耕地，不出现资源浪费现象。

第三，集约利用原则。规划修编要从本地实际出发，按照控制总量、盘活存量、节约挖潜，集约高效原则，重点放在内涵挖潜，优化利用，提高效率上。对新村规划，既要考虑宽敞舒适，又要尽量少占用地，特别是耕地。对农宅建设要提供具有现代气息和地方特色的图样、标本，供农民选择自建。同时，要达到人畜分离、道路硬化、绿化、美化、亮化的设计标准，实现集约、节约用地的目标。

第四，统筹兼顾原则。在村庄土地利用规划修编时，要兼顾生态环境效益，做到美丽乡村建设与保护、改造生态环境同步规划，同步实施。

第五，可操作原则。规划修编在保护耕地、基本农田的前提下，应注意坚持以人为本，要体现农村特色，方便农民生产、生活，让农民感到舒适、实用。

4. 乡村土地规划编制步骤

为保证乡村土地规划的可持续利用、配套建设、集约利用、统筹兼顾、可操作原则的执行和落实，编制村庄规划时，有必要编制供选方案，依据实施规划的不同用途和措施，按步骤编制两套供选方案。

（1）拟订各类用地调整方案。

（2）以经核实和补充调查后的规划，编绘土地利用现状图为规划底图，编制分区草图、绘制总平面图。

（3）根据规划总平面图，拟定各类用地规划图，如道路系统图、水利设施图、农用耕地及基本农田保护图等。

（4）论证供选方案。请国土、城建、规划、交通、农业、发展和改革等部门的专家开论证会，对每个供选方案进行可行性论证，评价实施后可达到的社会、经济、生态效益。

（5）提出规划推荐方案。根据可行性论证和效益评价的结论，从规划供选方案中选择一个最佳方案。

（6）意见反馈。以最佳方案提交村民代表大会讨论，并提出修改意见，最后形成正式规划方案。

六、乡村山水田林路自然布局与整体规划

美丽乡村土地利用规划的重点，在于实现村域微观尺度内人口、土地、产业的协调发展，有别于乡级、镇级土地利用总体规划。村级土地利用规划，不仅能很好组织村域各类土地利用结构、安排各类用地布局、划分用地分区，而且还能将村域土地的组织利用与生产活动的具体开展方式、经营管理模式进行有机结合，落实到图斑。对于规划区内土地利用的组织单位更精细，生产经营管理方式管控更细致、力度更强。以促进乡村转型发展为视角目标，村土地利用规划主要内容包括以下方面。

（1）土地利用结构调整与布局。在乡镇级规划中以主导用途划定的土地利用分区约束下，以人为本、可持续发展为原则，在土地利用结构调整的基础上，具体确定土地利用分区，土地利用片。以图斑为尺度的每块土地用途，即细化土地利用类型。在此基础上统计各类用地面积，并在图上确定其空间位置，做到图、数、实地三者一致，与乡镇级规划相衔接、协调。

（2）农村居民点调整与布局。根据乡级规划中城镇村体系布局要求，合理调整村庄布局，结合美丽乡村建设规划农民新村，在尊重农民意愿的基础上，确定农民新村数量、位置和用地规模。统筹安排并预留农村集体公益性建设用地，和经营性建设用地指标。对闲置散乱的农村居民点，应予拆旧复垦，以提高聚集程度，改善农民生活质量，改良村容村貌。

（3）基本农田保护区的划定。根据实地勘查，摸清耕地利用及基本农田保护现状，在乡镇级规划控制指标的约束下，尽可能地把区位条件优越、灌排设施完善、集中连片的高产稳产优质耕地划入基本农田，组建基本农田保护区，编制基本农田保护专项规划，并建立各项基本农田保护的制度。

（4）村域产业发展定位与引导。根据村域产业发展现状，在土地利用片和土地功能分区的支撑下，对本村进行合理、精确、有引导性的土地利用功能定位。针对各土地利用片和区，进行相应的经营管理指导与优化，提出相应政策建议等。

（5）生态、旅游等专项规划的整合。在相关上位专项规划及村域内旅游资源、生态环境等现状基础上，结合本村定位与产业发展，以“绿色、开放、发展”为理念，整合编制生态保护、乡村旅游等专项规划，划定村内生态保护红线，引导乡村旅游产业发展，打造美丽生态乡村。

（6）交通、水利、公共服务等设施的配套设计。包括村级交通运输设施和水利工程设施的选址与布局、道路选线和纵横断面设计、公共服务设施的规划选址及规模等。

（7）土地整理复垦和开发。对需要加大土地平整、灌溉排水设施不全、需修建对外交通道路和生产、生活道路等区域，提出具体布局、数量、标准度，有计划、有步骤地开展土地整理复垦和开发具体方案。

第二节 美丽乡村综合生态体系建设的技术

美丽乡村生态示范建设已在全国各地如火如荼的展开多年，各地区相继建成一批“环境美、建筑美、生活美、地方美”的美丽宜居示范乡村。由于我国的乡村“量大面广”，现阶段美丽乡村建设更加注重村庄环境卫生整治，包括绿化整治、道路建设、基础设施配套、民房建设等各项工程。美丽乡村的规划编制，也侧重乡村物质空间的提升，而往往忽视乡村地区的生态环境规划。由于规划编制过程中，未重视乡村生态规划内容，导致在美丽乡村建设工程中，一些村庄采取不合适的建设方式，对乡村的生态环境造成破坏。

相比于城市生态规划已演化出城市生态学学科领域，乡村生态规划设计的研究，远未达到整合成一个独立领域的地步，还停留在初期探索实践的阶段，更多的侧重于乡村生态旅游规划、生态农业规划。本专题针对乡村山水田林路居看做小流域整体生态系统，做出综合整治规划方案。

一、乡村生态环境的特征

1. 自然性突出

有异于城市生态系统是以人居生态系统为核心，以自然生态系统嵌入其间，自然系统作为其辅助的生态系统。乡村生态系统的模式，是以自然山水田林路为核心的生态系统，嵌入人居生态系统，因此，有别于城市生态体系。而乡村生态系统则是以自然生态系统、农田生态系统为主，从中嵌入人居生态系统。

2. 景观多样性

（1）自然景观。乡村生态系统中的生态要素主要有山体、农田、果园、林地、草地、水系等。乡村景观多样性，一方面，体现在乡村景观的自然属性；另一方面，也反映在人类活动对土地利用和景观格局的改变，也影响着乡村景观多样性。

（2）人文景观。乡村人文景观是人类活动长期与自然界相互作用的产物。有形的人文景观包括村宅、建筑、道路、场地、人物、生产性作物等；无形的人文景观主要指风俗习惯、宗教信仰、生活方式、生产关系等。本文涉及的人文景观要素主要有建筑、场地、生产空间等。

（3）生态易塑性。乡村建设缺乏强制性的约束措施，生态环境相较城市更容易受到人为活动的影响。但乡村自身的生态群落较为丰富，在科学合理的修复性措施指导下，乡村生态系统的修复速度，相比城市生态系统更快。

二、美丽乡村生态体系建设的内涵

美丽乡村生态工程建设，是全面、综合地统领农村建设的新思路，是美丽乡村建设的重要策略。绝不仅是为了给农村一个美丽的外壳，关键在于提升农村居民的生活水平和生活质量，切实提高农民的幸福指数。

1. 尊重自然，创造生态美

传统村落往往在特定的自然地理条件下应运而生，集山、水、田、林、路、宅于一体，看成农村整体生态体系，使农村有着良好的生态环境和秀丽的田园风光。美丽乡村生态工程建设的规划设计，应充分尊重现有的自然条件与地理环境，达到山地有山地的特色、水乡有水乡的风格、平原有平原的品位。建设过程中应注重人与自然环境的和谐共融。

2. 注重卫生整治，创造乡村环境美

在卫生整治方面要确立村庄环境卫生清洁、公共场所专人保洁、农村长效保洁机制的基本建立，实行农户生活垃圾分类收集，村集体组织专人定时定点清运，从根本上解决农村环境的脏、乱、差问题。

3. 完善住房建设与改造，创造乡村建筑美

美丽乡村建筑规划面临两个问题：一是古旧房屋的修缮改造；二是新村宅盘的统筹规划设计。建筑质量的好坏、建筑布局的合理性，直接影响村民直观空间感受，而民居风貌的优劣，也直接决定了村庄的外在形象。住房规划应与当地现状、文化相协调，能体现出地域特色。要求在了解建筑现状的基础上，有相应的导则对各建筑要素，进行详细的指导控制，保证乡村住房建设后续实施的顺利进行。

4. 合理设置产业布局，创造生活美

乡村景观是乡村生活的外在体现，而生活又离不开生产，美丽的乡村景观与合理的产业布局是互为一体、不可分割的。一旦乡村景观与经济生产相脱离，就会变成在村民眼中孤立存在的“景观”。美丽乡村生态工程建设的规划，必须立足于现实生活，通过土地流转进行土地整合，达到集约化发展集体经济的目的。

5. 宣传传统文化，创造地方人文美

近年来，国家多次强调要增加乡村文化事业投入。如果说城市运转的灵魂是一套法规制度，那么乡村运转的灵魂，就是约定俗成的民俗文化。在美丽乡村生态工程建设中应突出乡土特色，弘扬传统文化，保护传统民居建筑，尽可能使村民体会到熟悉的生活与社会交往氛围，产生心理上的满足感与归属感。

三、美丽乡村综合生态体系建设规划内容

1. 乡村规划体系

在现有城乡规划体系中，涉及乡村的规划只有“村庄规划”，但在实践过程中，不难发现乡村规划类型庞杂，编制的规划从层次、形式、内容到深度等不一致。根据实践的经验总结，已有学者提出乡村规划的体系可分为“三层次、三类型”，即县、镇域片区——村域（行政村）——村庄（自然村）三个层次，对应“乡村总体规划——村庄规划——村庄建设规划”三种规划类型，每种规划类型的内容和深度都不相同，也有不同对应的规划名称（表4-1）。

表4-1　“三层次、三类型”的乡村规划体系

层次	类型	主要内容及规划深度	对应的名称
县、镇域片区	乡村总体规划	规划区内城乡建设控制：划定生态保护边界 村庄布点：布点的数量、位置，不定边界 乡村地区发展引导：分区域确定乡村产业发展，重点区域层次基础设施与公共设施；乡村公共设施配置标准与体系；跨村域的基础设施和公共设施	乡村建设规划 镇村布局规划 村庄布点规划 美丽乡村示范区规划
村域（行政村）	村庄规划	规划区内村庄建设用地控制 村域用地布局 村庄布点：划定村庄建设用地边界 村域产业发展引导：村庄产业发展 村域基础设施与公共设施	村庄规划
村庄（自然村）	村庄建设规划	村庄建设用地边界 村庄平面布局 村庄详细设施 基础设施与公共设施布局	村庄建设规划 村庄环境整治规划 新社区详细规划设计

2. 乡村生态规划的内容

在县、镇域片区层次，乡村生态规划重点是区域生态保护与控制；村域（行政村）层次，乡村生态规划重点是村域的生态格局构建；村庄（自然村）层次的乡村生态规划，应以自然村为生态尺度，重点在村庄更新过程中，对重要空间的生态设计（表4-2）。

表4-2　乡村规划体系与乡村生态规划尺度

层次	类型	乡村生态规划的内容
县、镇域片区	乡村总体规划	区域：生态保护与控制
村域（行政村）	村庄规划	村域：生态格局构建
村庄（自然村）	村庄建设规划	村庄：生态设计

（1）区域生态保护与控制。区域乡村规划生态内容的确定，是基于所涉及生态要素的研究范围决定，例如，河流、山体等大型生态要素，在空间上涉及的范围更广，对区域内乡村的生态系统均能够产生重大影响。因此，在区域空间层次，乡村生态规划的重点，通过对影响乡村发展的大型生态要素的研究，厘清生态要素，提出保护和控制要求，构建生态系统。

（2）村域生态格局构建。村域空间较广，一般可以形成相对完整的斑块、廊道和基质的生态网络格局，村域内的乡村生态规划，需要对村域内的生态适宜性、敏感性进行评价，在评价的基础上，划分生态功能区及管制要求，同时，对斑块、廊道和基质三类生态要素提出具体的保护要求和修复措施，构建生态网络格局。

（3）村庄生态设计。由于生态要素规模和内容的特性，自然村层次无法形成完整的生态格局，这一层次需要通过在村域尺度，获得详细的生态要素特性，注重将村域层面的乡村生态单元与村庄层面的设计要素，形成有机结合的整体，在村庄内部空间进行具体的生态设计，将景观生态单元的控制要求，通过各类设计要素以乡土化的体现。

四、美丽乡村综合生态体系建设的规划技术

1. 区域乡村生态保护技术

区域层次生态系统的构建，一般在县或镇总体规划、镇村布局规划或者区域生态专项规划中，都提出明确规划要求。因此，区域层次的乡村生态规划，更多的需要落实上位规划中涉及的生态规划内容，通过对上位生态规划内容的研究，确定村庄在区域内的生态地位。

2. 村域生态保护技术

村域由于所覆盖的面积较广，一般能涵盖较多的生态要素，形成较为完整的生态格局。村域生态规划侧重于对生态网络的构建，主要分为六方面内容。

（1）厘清生态要素。对村域范围内斑块、廊道和基质所对应的生态要素进行分析评价，评估其现状状况。在村域生态规划中，对村域范围的生态要素进行分析评估，充分了解村域生态系统现状。

（2）分析生态安全格局。以全域的视角，分析影响村庄生态安全的要素，掌握村庄的生态特征。例如依山而建的村庄，四周山体环绕，山体是影响村庄生态安全和人居安全的最重要因素。在村域生态规划中，着重对山体高程、坡度、坡向及边坡稳定性进行分析，充分掌握村域范围的生态与人居安全特性。

（3）生态廊道控制。对村域的生态廊道进行控制与维护，主要包括河流和道路。划定廊道建设控制地带，跨地域的河流廊道宽度宜控制在50～60m，区域性的河流廊道宽度宜控制在30～50m，区域内的河流廊道宽度宜控制在10～30m。河流廊道控制地带以生态保育和修复为主，尽可能采用软质护坡，禁止大规模建设和砍伐植被的行为，禁止向河流内排放未经处理的废水。高速公路的廊道宽度宜控制在40～60m，一级公路的廊道宽度宜控制在30～40m，二级公路和其他道路的廊道宽度宜控制在10～30m，穿越村庄建路段，可适当降低廊道控制宽度，可控制在5～10m。道路廊道控制地带，以绿化种植和生态修复为主，禁止砍伐树木，拆除道路红线内的违法建设，严禁侵占道路红线。

（4）生态斑块设计与修复。自然村是村域内的重要生态斑块，对于村庄斑块，应根据实际情况划定斑块边界宽度，一般不应低于50m。另外，村庄斑块，应详细生态设计和建设引导。对于村域内已遭到破坏的生态斑块，如矿坑、岛屿等，应及时根据其特性，采取科学的生态修复措施，防止进一步遭到破坏，影响村域的生态安全。

（5）生态基质保育与修复。对村域内的生态基质，主要采取生态保育措施，保护山体、林地和农田，严禁破坏山体、砍伐林木和侵占农田。对于已遭到破坏的生态基质，采用合理的生态措施进行生态修复。

（6）建设强度控制。综合考虑村域内斑块、廊道和基质的控制和保护要求，合理确定村域内各

区块的开发建设强度，划定禁建区、限建区和适建区，引导和控制非生态建设行为。

3. 村庄生态设计技术

自然村的生态设计，需要在满足村域层次相关生态要素的规划要求前提下，结合各类生态要素的特性和村庄内部空间进行具体设计。根据村庄的人居环境特征，村庄的生态设计又可分为生态人居设计、生态环境设计、生态设施设计和生态产业设计四大类。

4. 生态人居设计

村庄生态人居设计是指在人居环境提升工程中，融入生态设计的理念，提升和维护村庄的生态环境，主要包括新建建筑布局、绿色旧农房改造、道路生态化改造和特色景观设计四个方面内容。新建建筑布局，应充分尊重原有建筑组群空间，延续传统的格局机理；结合村庄实际，对建筑的门窗、阳台、供水和供热系统等进行改造，实现农房“绿色化”；乡村道路生态化改造，一方面是指道路铺装的乡土化改造，在满足功能的前提下，尽可能选用乡土材料进行生态化铺装，优选拆除危旧房、旱厕等建筑，产生的废弃建材作为铺装材料，另一方面是道路两侧行道树绿化树种的补植，车行道路应实现全面绿化，绿化覆盖率不能低于90%，人行道路两侧绿化宜乡土自然，种植果树、蔬菜和乡土花卉等乡土绿化苗木，保留村庄的乡土气息；特色景观设计，主要是指利用生态的设计手法、生态材料进行景观节点和景观小品的建造，如透水技术、废弃材料利用技术和生态绿化技术等。南京市江宁区胜家桥社区美丽乡村建设规划的实践中，结合村庄生态人居设计的理念，从公共服务中心建设、绿色农房示范、游步路改造和景观标识设计四个方面进行具体设计，收到了良好的人居生态效果。

5. 生态环境设计

生态环境设计是自然村层次生态规划的重要内容，主要包括村庄地形、地貌维护，植被群落构建与保护，水岸生态保护与修复三方面内容。

美丽乡村建设过程中，多涉及村庄地形、地貌的改造，但在改造过程中应维护具有乡土代表性的地形地貌。对于原有场地的整理，应延续场地的生态特性，强化传统机理，凸显乡土景观性。

植被是村庄外部重要的生态本底。对于村庄原有植被群落应加强维护，禁止砍伐。同时，结合乡村开阔空间构建次生群落。在美丽乡村建设规划中，除了维护乡村山体现有植物生态环境，局部遭受破坏之处，进行乔灌草喷播生态补植外，还应在山体与水体间的开阔地带，种植果林，营造次生群落。次生群落的构建，有助于村庄生态缓冲带的形成，在村庄与外部道路和山体之间应种植乔灌草植被，建立生态缓冲带，宽度不应低于10m。植被群落的构建也应注重时空变化，通过对不同高度、体量的植被进行搭配，结合地形，塑造植被群落在垂直和水平方向不同的空间序列；根据植被在不同季节与年际表现出的生物学特性，进行合理的季相搭配，展现植被群落在时节上表现出的韵律美。植被群落的构建也有助于动物生存环境的形成，从而构成生物多样性生态系统。

村庄水岸生态系统由水体和驳岸构成。水岸生态系统的修复，一方面，将村庄淤塞的河塘，进行清淤和沟通，使水体流动起来；另一方面，清除自然驳岸周边的有害水生植物，补植有经济价值乡土水生植物。同时，对没有防洪要求的硬质驳岸，进行生态化改造成卵石驳岸或者木桩驳岸等景观。

6. 生态设施设计

村庄生态设施，主要为村庄雨洪管理系统的构建、污水处理设施和能源设施的建设。

（1）雨洪管理系统构建。“海绵城市”建设已在全国范围内展开，和城市相比，多数村庄处于山林田园风光，自身的“海绵体”充足，因此，只需适当引导建立雨洪管理系统，即可形成“自然积存、自然渗透、自然净化”的“海绵村庄”。在美丽乡村生态工程建设规划中，利用村内的地形、水塘、沟渠等现有设施，构建“收集—滞留—渗透”的雨洪管理系统。将屋顶雨水、路面雨水和硬质场地雨水，就近排放至滞留塘、菜地和绿地内，将原有土沟改造为生态沟渠，连接滞留塘和农田排水沟。同时，村内新建场地均采用透水材料，就地实现雨水渗透；绿地、菜地的设计标高均比周边场地低于10～15cm，便于雨水汇集与渗透。

（2）污水处理设施和能源设施。污水处理设施优选生态污水处理设施，对于干旱缺水的地区，可采用生物微动力处理设施。在美丽乡村生态工程建设规划中，采用生物与生态处理组合的新型农村生活污水处理技术，具有投资、能耗和运行成本低、管理简单等优点。同时，利用村庄的秸秆、玉米梗等农作物废弃物和人畜粪便建设生物质沼气站，充分利用生态能源。

7. 生态产业设计

生态产业的发展是影响乡村地区可持续发展的关键。乡村地区生态产业应重点发展农业，联动发展传统手工业和乡村旅游业，同时限制工业的发展。乡村地区应积极调整农业结构，构筑综合生态农业发展模式。推进高产、优质、高效的生态农业理念，实现农业生态经济良性循环。通过生态农业的发展，带动乡村旅游产业发展。在美丽乡村生态工程建设规划中，积极与外地企业合作，调整农业结构，在村庄建成区外围种植桃林、藕田、绿色果蔬等农作物，适当融入休闲旅游活动和人文景观，构建“生态农业+休闲农业+乡村文化+民俗农耕”的可持续生态产业发展模式，打造成城镇近郊高品质的特色农业观光及科普示范基地，山水田园风光休闲体验目的地。

五、乡村生态规划技术

1. 乡村整体景观规划设计

采用建筑工程与生物措施，打造美丽乡村“嘉年华”，体现“乡、野、农、趣”的乡村布局。通过多种造景手法，营造出美丽乡村意境，将体现当地文化的多种元素，通过设计融入景观之中，结合植物配置，让景观具有乡土之美、山野之韵、农耕之乐、体验之趣。坚持因地制宜原则，传承地区文化特色，显现地区特有的建筑风格，要充分显现乡村特色，需要合理规划生态茶园、苗木花卉等，将生态型美丽乡村落到实处。例一，重庆渝北古路镇田园养生社区，整体规划以“周易太极”的文化结构，展开以原生村落式布局，唤醒尘封已久的古镇记忆，地块规划构架以“龙脊”与“河谷”为界，形成“阴阳二仪”相运相升，附会“五行、八卦”传统学说，生成“一轴、三脉、六区”的总体布局，很受村民和游客喜爱。例二，四川螺湖半岛生态农庄，打造成为多功能于一体的国际精品农庄度假区，项目依托基地林、田、水的生态资源，传承区域“诗酒文化”特色，以异域气质为引领，打造集生态观光体验、乡村休闲度假、农业科学普及、运动养生养老多功能于一体的国际精品农庄度假区，四季游客爆满。

2. 乡村主体建筑设计

在美丽乡村规划设计中，要重视地标的作用，市要有市标，城有城标，乡村也应该有村标志物建筑。因此，保护好特有的乡村文化，从细节入手，调节已有建筑结构，改造低矮房屋。从地域的角度，每个地区的建筑风格各不相同，比如，闽西建筑是客家风格。就村庄而言，每个村庄有着不同的建筑特色，例如，秦宁南会属徽派田园风格，明溪县沙溪村则属欧式风格。要灵活运用当地的特色元素，有效提取该地区建筑物特有的元素，将其巧妙地应用到改造、新建建筑物中，更好地彰显该地区建筑物的整体风格。例如，重庆酉阳桃源小镇，特色的建筑文化与现代桃源生活相结合，注重对《桃花源记》的情景再现及精神回归，恢复了河东片区农田生态景观；注重对土家建筑物传统符号的利用提炼，传承土家文化，打造出更多灵活的产品业态。

3. 乡村道路和污水治理设计

（1）道路设计，必须进行合理的规划。在保留老旧公路、田间小道的特色的同时，加强乡村分级与城乡设施融合体系的建设，达到镇与镇，村与村之间交通便捷，改造完成后实现环境友好、交通安全、运行高效的目标。

（2）污水设计方面，要完善排水系统，有效防止生活用水出现积洼现象，同时，要做到水资源的合理利用。例如，重庆铜梁旧县镇污水处理厂，自主研发了适合中小城镇的人工快渗、人工湿地、竖向流曝气生物滤池、强化生物絮凝等投资，运行成本低的污水处理技术，为重庆市多条流域的60多个中小城镇污水处理工程提供了示范效益。同时，在畜禽粪便处理技术上也有新的突破。

4. 农业产业与乡村文化的规划设计

生态型美丽乡村建设必须注重产业引导，要依托该地区已有的自然资源，围绕资源特色、市场客观需求，充分发挥其具有的生态特色，彰显乡村特征。要注重深挖掘，促使传统农业逐渐向新型业态转变。例如，农村观光产品、农家乐、特色民宿的规划设计。逐步延伸该地区的农业生态旅游产业链，带领当地农民走上致富道路，促进该地区经济的持续发展。在此基础上，生态型美丽乡村规划过程中，还要不断挖掘已有的文化内涵，要注重保护当地的自然环境、传统文化、历史遗存。同时，注重村庄亮化美化、文明乡村的培育，结合本地区实际情况，制定可行的村规民约，构建可行的美丽乡村建设长效机制，更好地展现地区新貌，促使成为具备丰富文化内涵，拥有自己故事的村庄。

六、乡村旧屋改造提升规划

1. 乡村旧屋改造实际意义

目前，村民的审美意识不强，在美丽乡村建设中，对待乡村旧屋去留有不同意愿诉求，需要规划的正确引导。作为规划者，按统一风格拆旧建新，既能够体现出对村民意愿的尊重，也能够体现整体美，修缮一座老宅往往比建新房子费时费力。在这种情况下，拆除老房子似乎成了一个当然的选择。

在近35年的改革开放进程中，城市经济得到了巨大的发展，可旧有的城市格局、传统建筑却也遭受到前所未有的破坏。2013年6月，广州市诗书路金陵台、妙高台内两栋民国建筑被悄然拆除；广州市文物保护单位黄埔军校同学会旧址于2010年2月被曝光早已改造成夜总会，虽其后被责令停业，但原有格局已不复存在；位于海珠区沥窖村，拥有400多年历史的玉溪大宗祠，是广州保存最完整的明代祠堂之一，2009年4月被开发商连夜偷拆。像这样的例子不在少数。

乡村由于经济发展的相对滞后，却幸运地保留了许多传统民居建筑，守护这样一座传统文化最后宝库，防止乡村重蹈城市建设的覆辙，是每一个传统乡村规划都应秉持的理念，也是美丽乡村建设中美丽的主要彰显。将有传统价值的老旧房子拆除，等于乡村建设没有灵魂，不是美丽乡村；新房建得整齐划一，光鲜现代，只能算是新区新村，也不能算是美丽乡村。有计划对有历史意义老房子进行修缮性保护，先开展普查登记造册，发掘其文化价值，在改造中保护原有结构及外观，让后人及游客观光欣赏，这才是美丽乡村，也是本规划项目的重要意义及主要目的。

2. 旧村庄改造前现状

（1）现有道路系统不完善。我国农村经多年发展，多数村庄现有道路网系统较为完善，村道公路已经形成。但部分村庄还存在出村道路缺失、泥石路面质量差、村内主次路不通畅、雨天积水严重、宅前路狭窄，且道路没有硬化、道路附属设施不齐全、无停车场等问题，无法适应现代农民生产生活需求。

（2）村内建筑特色不突出。建筑质量与风貌参差不齐，缺乏地方特色和文化特色。建筑屋顶多人字形单一，建筑主体造型呆板，围墙和建筑色彩不统一。住宅建筑新旧混杂，古屋与现代房建交错，高低参差，风格不一。

（3）公共配套设施匮乏。公共服务设施配置不齐全，公共设施仍然较为缺乏，尤其是休闲游憩，文化活动、体育锻炼设施和通信网络等没有达到全覆盖。部分已有图书室、老人活动室等文化设施的，存在使用利用率低，缺乏专人管理等问题。

（4）基础设施不全面。主干道路已畅通，但次干道和支路配备少，公共场地照明设施少，覆盖面不能满足村民出行和村内活动需要。给水不能满足供给，无排水设施和污水处理设施。垃圾收集点无或服务半径不合理，存在住宅旁有垃圾随意堆放、无垃圾处理设施，无水冲式厕所，环境卫生较差。

（5）景观环境质量差。村庄道路扬尘严重，行道树参差不齐，绿化不成体系，村庄内基本无成片绿地，缺少村民绿色交流空间，村庄入口和沿路缺乏标识，村庄识别性差。

3. 乡村旧物改造规划原则

（1）依托现状，量力而行。充分利用已有条件及设施，坚持以现有设施的整治、改造、维护为主，尊重农民意愿、保护农民权益，严禁盲目拆建。

（2）设施配套，注重民生。优先配套和居民生产、生活密切相关的道路、照明和饮水设施，力求较短时间内有效解决突出问题，改善村庄人居环境。

（3）技术可行，务求实效。规划设计要因地制宜，不照搬城市和其他地区建设模式，技术可行，可操作性强。

（4）生态优先，绿色发展。把改善农村面貌与优化农村生态环境结合起来，实现人与自然的和谐相处，同时建设过程中尽可能采用节能、环保材料和新技术、新工艺，实现村庄建设可持续发展。

4. 乡村旧屋改造提升规划

（1）建筑风貌改造。

第一，对墙面破损、不平整屋顶漏雨等进行修复整理，对破损门窗、墙体进行修补。对朝代久远的古祠堂、古庙宇等古建筑，按原貌规划加固整修。

第二，整治危破空心房、废弃住宅、闲置宅基地及闲置用地，做到宅院物料有序堆放、房前屋后清理整齐干净、无残垣断壁。

第三，在房屋结构许可、地基承载力满足要求的前提下，鼓励改为坡屋顶、人字屋顶或加马头墙，具体形式采用半坡屋顶，延续乡村特色，屋顶颜色选用红色或灰色。不适合做屋顶的，可通过对屋顶、墙身作细部处理达到美观效果，整治后的屋顶形式应与村庄原有风貌相协调。

（2）道路平整与硬化。

第一，延续原有路网，确定横纵的主干路网结构，村村通公路。对村庄内规划道路进行硬化，对破损路面进行整修。

第二，村庄内干道宜建成水泥混凝土路面，村庄干路不小于4.5m。补植乔灌木行道树，雨污水明渠上铺盖沟板，隔离人行与车行道路，规划人行道宽度为1m，采用铺砖材质。

第三，村庄内支路可使用砖石铺砌，支路不小于3m。保留有特色的石板路、卵石路、青砖路等传统街巷道。房屋与道路间采用乔灌木搭配的花池隔离，支路面宽度规划为3.5m，人行道宽度0.5～1m，人行道采用铺砖材质。

（3）公共环境设施改造。

第一，集中开展“四清”（清垃圾、清杂物、清残垣断壁、清庭院）活动，确保村庄周边无垃圾积存，村头巷尾干净通畅，房前屋后整齐清洁。

第二，着重清理村庄内部及周围积水。保留、疏通原有冲沟、河道、排水沟渠。完善导排系统，引导雨水就近排入河道等自然水系，避免洪水倒灌。

（4）厨厕专项改造。

第一，改造所有入户厕所，户厕改造宜实现一户一厕，根据农户实际情况，采用冲水式的三格化粪池厕所、三联通沼气池式厕所、深坑式厕所等。旅游区宜建冲水式公共厕所。

第二，推广使用先进炉具、灶具，提高热效能，减少污染物排放。协调好给水、排水、电力线、燃气、排烟通风等管线，使其互不影响，布管美观大方。各种管线要尽量埋入墙体或地下，以保安全美观。

（5）村庄绿化与美化。

第一，村支路两侧可采用大叶黄杨、火棘、月季等灌木绿化，道路两侧绿化带宽度0.5m；道路两侧种植空间较小、界面较为生硬的地段采用女贞、紫藤、油麻藤等灌藤绿化的方式；宅前道路地段采用桂花、黄槐绿化。

第二，道路沿线可布置环境小品，风格应简朴亲切，以农村特色题材为主，突出地域文化民族特色。行道树选择当地适栽的小叶榕、樟木或白杨等乔木。

第三，庭院绿化，建议村民在院内种植果树，如柑橘、桃、梨等经济果木，沿墙种植爬藤类植物，也可栽植葡萄等，用于夏日遮阴和改善庭院环境。

第四，公共活动区美化，村庄重要场所应结合村庄特色，展示地方文化，体现乡土气息，突出地域文化民族特色。保留现有场地上古树等高大乔木及景观良好的成片林木、植被，保证公共活动场所的良好绿色环境。

第三节　美丽乡村建设绿地规划技术

随着美丽乡村建设大规模推进，乡村绿地的功能特性逐渐引起人们的重视，乡村绿地规划对构建农村新风貌，推进美丽乡村建设具有重要的意义。乡村绿地具有“农业、生态、景观、游憩、文化”等方面的功能，在美丽乡村发展生态旅游产业具有重要作用。所以在乡村绿地的建设中，应根据绿地景观、层次、文化原则对绿地规划宏观布局模式、中观布局模式及微观布局模式类型进行深入考究，同时，针对乡村公共绿地、道路绿地、河道绿地、宅前屋后绿地、庭院绿地等绿地构成要素的功能特征及景观特征，选择适宜的规划设计技术。

一、美丽乡村绿地功能及景观规划的重要性

1. 美丽乡村绿地功能的再认识

（1）绿地生产功能。乡村生产生活的重要物质基础就是田地、林地和河塘沟渠水域，而这些内容正是乡村绿地的构成部分。乡村绿地也是乡村在进行农业生产外延区域。由于绿地多处于城镇近郊区，有利于成为乡村第二产业和第三产业发展的空间，能够有效地吸纳就业劳动力，促进二三产业的发展。乡村绿地还能为城镇提供果蔬农副产品，在农业生产中起到重要作用。

（2）绿地生态功能。绿地可促进生态系统的不断完善，被形象称为“绿肺”。我国大部分乡镇企业的发展方式，都属于高排放、低循环、重污染类型，而绿地则有净化空气、土壤、水体的功能。在小气候变化中，绿地也发挥了重大的作用，有研究指出，绿地区域的湿度和空气质量要远远高于非绿地区域。绿地还能够起到隔离噪声的作用，对水土保持和生物多样性的维护均有显著效能。

（3）绿地景观功能。乡村绿地包含的范围很大，既有郊外大公园，大草地，又有乡村小树林，甚至河湖湿地，具有明显景观功能。近年来随着乡村旅游业的不断发展，生态旅游逐渐成为城乡居民关注的焦点和热点，越来越多的人渴望在工作闲暇之余，能体验到原生态的生活环境。而绿地的景观功能，提供了原生态生活体验，也正是因为乡村绿地景观功能的不断完善和强化，乡村旅游事业才得以不断发展。

（4）绿地游憩功能。乡村绿地作为公共活动场所，承担着重要的游憩功能。随着城乡居民对精神生活层次需求的提高，业余之外的娱乐活动，在乡村居民意识中的地位与日俱增，绿地系统的完善为居民的休闲娱乐需求提供了活动场所。一方面绿地系统的配套设施如健身器材、儿童游乐器材等为

居民放松身心、精神愉悦提供了条件；另一方面绿地系统良好的生态环境为人们享受健康生活、陶冶情操提供了重要保障。

（5）绿地文化功能。在乡村绿地发展过程中，每一处绿色地域的发展都与当地的文化背景有着密切联系。乡村绿地能够为文化的传播，提供相应的载体支持，能够为农民进行文化宣传提供场所，丰富农民的业余生活，提升百姓的文化水平。与此同时，绿地专题特色文化活动，也能够对当地居民或游览者起到一定的科普作用。

2. 绿地规划的重要性

美丽乡村建设作为推进生态文明发展和深化新农村建设的新工程、新载体，是“三农”建设实践的又一重大创新。绿地是乡村居民经常接触到的景观空间，承载着城乡村居民日常生活所需的众多功能。大面积的绿地担负着改造乡村布局、改善乡村环境、调节乡村气候的多元功能。而经过规划的绿地景观，则可展现丰富的历史文化和浓郁的地方特色，是建设优质人居环境的标志。美丽乡村绿地景观，既能体现人类的艺术特色，也能表现出大自然的生机勃勃，具有人与自然相互影响、相互交融的和谐美感。因此，绿地规划对美丽乡村的建设和发展至关重要。

二、美丽乡村绿地发展策略

1. 健全政策法规，加强宣传教育

目前，涉及乡村绿地景观规划设计的政策法规不够完善。在美丽乡村建设大发展形势下，有关部门应给予足够的重视，尽快健全相关政策法规，并完善管理机制。此外，主管部门要加强宣传教育力度，广泛宣传乡村绿地在美丽乡村建设中的重要作用，提高乡村居民的绿化意识，激发村民建设乡村绿地的热情。作为乡村绿地景观建设的受益主体，乡村居民应对乡村绿地规划设计有更高的认识。乡村绿地作为一种公众行为，不仅要求得到政府重视，也要得到乡村居民的广泛认同，才有绿地实施的价值和可能。

2. 丰富理论研究，科学规划设计

美丽乡村绿地建设正处于蓬勃发展中，丰富理论研究，形成大量行之有效的实践方法，是乡村绿地健康、有序发展的重要保证。在绿地生态理论的支持下，乡村绿地景观，应按照不同的特点、格局、类型，采用合理方法，进行科学的规划设计。在规划中，应具有统筹全局的战略眼光，促进生态稳定，追求最佳效益；同时在抓住重点的同时，兼顾局部，做到点、线、面相结合的全面发展，充分体现出乡村绿地观赏性和实用性的特质，使绿地具有更高的实用价值与实践意义。

3. 融入文化元素，突出本土特色

社会的进步和经济的发展，使乡村生态魅力与品质都得到了较大的提升。经过自然和人文的历史积淀，许多乡村都形成了独特的文化元素和本土特色。绿地设计应保留、延续、体现其地方文化特色，融入现有的自然和人文景观资源，以丰富乡村绿地景观内容，形成别具一格的地方风貌。因此，乡村绿地景观应避免千篇一律，绝不能照搬城市绿地的设计手法和建设模式，应充分结合当地文化内涵及特色景观，建设各具特色的乡村绿地生态景观。

4. 完善管护机制，服务经济发展

完善乡村绿地管理和养护机制，做好日常管护工作，是绿地建设成果得到巩固和发展的关键因素之一。加强乡村绿地工作的监察管理，坚决禁止侵占绿地、破坏绿地、滥砍滥伐现象的发生；提高养护工作的水准，积极保护当地的古树名木，防止病虫害的发生；积极培养和招揽专业人才，提高专业养护管理能力。乡村绿地的发展，要与经济发展相结合，一方面凭借乡村经济快速发展的优势吸引更多资金，加快绿地的建设步伐；另一方面利用优美乡村田园景观开发旅游产业，使乡村绿地能够更好地为乡村经济发展服务。

三、美丽乡村绿地规划技术模式

1. 美丽乡村绿地建设规划设计原则

乡村绿地具有生态性、实用性和前瞻性，因此绿地规划要以满足当地居民和游客的使用要求为前提，符合乡村的生活和生产需求，结合现状用地条件，因地制宜进行绿地布局，达到美丽乡村绿地建设的规划目标。

（1）景观环保原则。绿地布局设计可操作性，以“低能耗、低污染、高效节能、环境友好”为目标的绿地景观营造，成为建设可持续发展社会的必然选择。在绿地使用人群方面，以老年人、儿童及残疾人等弱势群体为主，以人为本地设计绿地景观，以自然、生态为基调，减少人工硬质景观，体现农村自然风貌，充分利用河道水系、湿地资源、自然植被，发挥植物的功能性，贯彻生态、环保、节能原则。

（2）景观层次的原则。绿地规划需根据农村绿地见缝插针的优势，满足可持续发展基础，适应乡村居民生活。因此，绿地规划，必须根据景观层次的原则，将公共绿地与道路绿地、宅旁绿化和庭院绿地相结合，构成点、线、面相结合的绿地结构，通过分布在规划范围内的点状组团绿地，满足居民就近健身及观赏的要求；利用道路及河道的线状绿地将点状绿地串联成绿廊，同时，根据实际道路宽度，提出不同的线状绿地宽度，以符合实际情况；以服务半径500m的要求为依据，布局中心绿地，满足绿地覆盖面的要求。

（3）景观文化的原则。景观文化是绿地规划的核心，代表特定的地域特征及时代特征，是对绿地景观的内在阐释。因此要注重对历史文化的传承与创新，将景观文化原则，作为绿地规划的指导思想。以苏南地区具有传统历史文化古村落明月湾村绿地为例，位于太湖西山岛南端的明月湾村绿地，三面环山，湖水依山环绕，风景优美，同时也是历代文人墨客游迹之地。如今明月湾古村，已经被开发成旅游景区，村中主要景点有土地庙（清风亭）、千年古樟、明月桥、黄氏宗祠（村史馆）、瞻瑞堂、裕耕堂、明月禅院（明月寺）等。景观文化的融入，促进了明月湾旅游业的发展。因此，绿地景观的社会价值不仅体现在观赏性上，更体现在人文景观上，地域文化、历史文化、民族文化通过与景观的相互融合体现出了现代文明的文化魅力。

2. 美丽乡村布局绿地系统技术模式

根据绿地的功能分区、规划原则、服务特色、应用手法等，可将美丽乡村绿地系统分为宏观布局模式、中观布局模式和微观布局模式。

（1）宏观布局模式。宏观布局模式，就是从乡村绿地系统的整体高度着手，综合考虑绿地系统的功能分区、规划原则、服务特色、应用手法等多种因素，从宏观的角度，对乡村绿地进行规划，以实现最大的社会价值和生态效益。宏观布局模式，在实践中具有系统性、连贯性，多维融合的特征，各绿地分区之间既有明确的功能担当，也在相互交融之中保持关联。由于宏观布局模式的着眼点高，规划思路统一，因此，在乡村绿地应用过程中，能提高整个绿地景观与功能适用的协调性，有利于将丰富的景观表达形式规制到统一的设计指导下，对突出乡村绿地景观的特定主体有重要作用。

（2）中观布局模式。中观乡村绿地系统布局，是指乡村环境大范围内，各类公共绿地的布局模式，可促进区域全面布局，实现生态效益最大化。中观布局模式的主要特点为：整体中观规划，可丰富多个层次的村庄公共绿地；以绿色网络构建为基础，将局部的道路和山脉、河流等布局统一。在实际乡村绿地系统规划中，公共游憩区域不同，对待自然绿地采取保护原则，对公共游憩区域采取人工建植方式，这样才能满足人们的实际需求。乡村绿地系统的中观布局是最优构建，主要通过对乡村范围内的集镇或村庄等空间，进行整体设计规划，进而形成主核唯一、层次丰富、绿色生态的中观布局模式。

（3）微观布局模式。微观乡村绿地系统布局，是指居住区范围内，或村庄各类公共游憩绿地布局模式。微观乡村绿地系统的主要特点为：对集镇区及村庄范围内公共绿地，进行细部微观布局，通过局部布点，不断延伸拓展，形成景观多、分散广的微观绿色布局模式。在微观模式中，具有中心原则，因此，微观布局在功能上，可通过辐射作用，带动周边道路绿化和河流绿化，将现有的公共绿地进行有机的联系，最终实现整体的完整性。

3. 乡村绿地构成要素及规划设计技术

乡村绿地是一个综合性场所，包含了公共绿地、道路绿地、河道绿地、宅前屋后绿地、庭院绿地等多种构成要素。几种绿地类型之间，通过有机搭配与功能互补实现对景观的塑造，对空间的满足，对历史文化的蕴含。由于不同绿地元素所承担的功能和特征不同，面积大小不同，绿地设计方法也各不相同。

（1）公共绿地。生态休闲型公共绿地。面积较大，原本是苗圃及鱼塘，结合农业生产，可建设成依托农业的农家乐主题绿地。游人可以在绿地中休憩、垂钓、野餐、体验田园生活。

观赏型公共绿地。面积3 000m^2左右的中心绿地，或1 000～2 000m^2较大的组团绿地，可依托已有的绿地进行改造，以广场活动结合绿色休闲建设，满足居民观赏游览、聚会健身要求。

游憩型公共绿地。面积小于1 000m^2的组团绿地，以健身绿地为主要建设方向，放置较多的健身器材，满足居民就近健身强体的要求。例如浙江东阳市南马镇花园村，通过重新规划整合公共绿地，形成“两心三轴四区六组团”的绿地布局结构，合理设计利用公共绿地并从产业发展、用地建设、区块增长、有机整合等角度，进行花园村域统筹规划布局，从而集约用地，提升绿地形象，在多个产业发展共同驱动下，快速推进了该村美丽乡村建设发展。

（2）道路绿地。新建及改建道路边的绿地，可用行道树和木质或瓷体箱型花坛的绿地形式为主，景观绿化要植物多样、层次分明，积极使用具有观赏性花卉草本或灌木植物，使每个村的主路形成各自的绿地风格。例如，广西桂林市阳朔县新寨村，综合村庄现状，利用独特的自然资源，通过新的路网绿地将散落在村庄各处的绿地组团连通，并结合当地的石质岩溶地貌建筑，进行合理的道路绿地规划改造，最终形成美丽而独特的山村生态景观。

（3）河道绿地。河道绿地应保护当地自然生长的野草、芦苇等植物，使河岸呈现出自然风貌，体现生物多样性，适当种植合适的水生植物，起到护土固坡、净化水体等作用。例如，广西百色市那坡县美丽乡村建设8个试点村屯，在下盖屯和那腊屯的绿地规划设计过程中，皆从大的区域尺度出发，致力于维系村落山水格局的连续性和完整性，以保障绿地生态系统的安全和健康。保护本土植物，开发利用护坡、保持水土植物，恢复被破坏的乡土植被，设计借鉴当地自然植被群落结构，选用乡土树种，重建乡土生态环境和植被群落，增加绿地植物景观异质性和连接度，构筑多样、高效、连续的绿色基质，为当地提供了舒适、宜人的生活休闲绿地空间。

（4）宅前屋后绿地。乡村居民住宅间距与道路之间的距离较窄，可作为宅前屋后的绿地规模也较小，考虑到住宅采光要求，绿地以花卉、小乔木、花灌木和花地被为主，做到黄土不裸露，减少扬尘，并与住宅围墙结合进行垂直绿化。例如，山东肥城市湖屯镇曹庄新村改造工程，对有限的宅前屋后绿地进行了立体化植物造景设计，绿地外围以瓜子黄杨、紫叶小檗围合空间，内部大量运用了樱花、紫薇、贴梗海棠、榆叶梅等本土适应性强的花灌木，同时，搭配种植生命力较强的马尼拉草皮，形成了多层次绿地景观，不仅丰富了景观视觉效果，也为底层住户创设了一定的空间私密性，同时，保证了居民的采光需求。

（5）庭院绿地。目前乡村居民庭院景观的营造模式，主要有城市休闲庭院景观模式、乡村观赏庭院景观模式、清新园艺庭院景观模式、农家乐体验庭院景观模式四种类型。不同模式下的景观风格、适用范围、特征既统一于庭院绿地规划的整体原则，也存在景观效果和功能服务的区别。在设计实践中，庭院绿化应结合住宅主人的个人审美情趣，并在个性中求共性。建议结合藤本垂直绿化，同时呼应宅前屋后绿化，以满足居民生活要求为原则，做到绿地景观美观和谐。

第四节　发展美丽乡村生态旅游产业的规划技术

随着中国工业化、城镇化进程的快速推进，加快了城乡人口流动和经济社会发展要素重组与交互作用，从而导致了农村地区社会经济形态和地域空间格局的重构，即乡村的转型发展。改革开放以来，我国乡村经历了乡村工业化驱动下的乡村转型、城镇化单项主导下的乡村转型，以及城乡统筹理念下的乡村转型三个发展阶段。农业实践证明，不论南方的稻—稻—油耕作制，还是北方麦—豆（或玉米）制，在发展到高产稳产阶段，一是再提高产量很困难，二是经济仍没搞活，农民仍很穷。因此，农业产业化转型，适度发展乡村旅游产业，是农民致富的好办法。

一、现代农业产业体系建设与营造

美丽乡村建设对于乡村赖以生存的农业，应以农业产业化建设为目标，市场为导向，生态环境保护为前提，优质产品为核心，以本土资源的独特性为发展动力，站在全局的高度上对农业进行统筹规划，完善与延伸生产——加工——销售的产业链，建设成具有地域特色、市场竞争力，和区域经济带动力的创新科技农业引领农业产业化示范区。

1. 建立高标准的农业产业化示范园区

确定高标准农业产业示范园区建设目标与总体发展方向，并加以分类布局、落实到具体区域，确定各片区的品种选择、主体技术、规模、推进措施等，进一步调整优化农业产业结构，引导各产业集中连片布局、规模经营、特色经营，整合各种要素资源集中投入建设，可以促进规划区农业产业朝着优质、高效、生态、安全方向发展，提高农业综合生产能力和农民生产生活水平。

2. 农业产业发展转型

规划以提升农村环境、升级农业产业、改善农民生活为目标，顺应发展趋势，通过合理的1.5产业发展策略，对规划区内农业合理引导，形成农业与加工业、服务业、旅游业的互动发展，提升农业的增加值，提升农民收入水平。通过延伸现有单一的农业产业链条，科学引导农业与加工业、服务业、旅游业互动形成体验农业、观光农业、休闲农业等附加值高的项目，打造若干休闲旅游农业园。

1.5产业，是指在传统的农业经营方式之外，加进了工业生产方式和各种服务的产业，包括农产品加工业，以及由此带动的产前、产中和产后服务业。因此1.5产业既是一产业向二产业的深化，以及一产与三产业的对接，又是二三产业对一产业反向渗透，是现代农业向现代工业、商贸业有机融合的必然要求。

一产和二产也应在一定程度上相结合。一产和二产的结合主要是提高农业的产业化与高效化，主要可以形成种源农业、生态农业和农业实验基地。生态农业是以保护和改善农业生态环境的前提下，运用现代先进的科学技术，实现集约化经营的农业发展模式；农业试验基地是立体农业与生态农业相结合的种养模式，应以绿色有机食品为生产要求，提高农产品的质量档次。

二、发展乡村旅游产业的阶段性

农业产业与旅游产业结合可以形成观光农业和休闲农业。观光或休闲农业是农业与旅游业相互交融形成的一种新型产业。以农事活动为基础，以农业经营为特色，把农业与旅游业结合在一起，反哺农村主体市场。以农村本身自然乡土的空间生活生产特色为主，来满足游客食、住、游、购、娱需求的产业。

（1）发展观光农业。观光农业应具有生产性、观赏性、娱乐性、参与性以及市场性的特征。观光农业具有农业生产的特点，可以提供绿色和特色农产品，满足游客物质需要。观光农业可以包含一些具有观光功能的农作物、林草、花木和饲养动物等。以农作物及动物饲养为中心，建设集娱乐、学习、参观、表演等几种功能于一体。如博览馆、游乐园等场所；同时，旅游者也是农业生产过程的参与者，可学习与农业相关的知识，并从中获取劳作的乐趣和成就感。这种观光农业涉及农业、动植物的丰富的技术、文化知识，为旅游实践增添了更有意义的内涵，乡村面对其辐射半径经营的观光农业，也考虑到相关城市的特点与喜好，如项目类型、时间季节特点等，具有针对性，以提高观光农业的吸引力及经营效益。

（2）发展休闲农业。农业产业与休闲结合可形成休闲农业，作为一种综合性的产业形式，休闲农业从本质看是以农业生产与农产品加工为载体，以乡村生产、生活元素与淳朴的田园风光相结合，形成以农家生活、农业生产为主体，为城市人群提供了一个体验乡村生活，了解乡村生产等活动的场所。

休闲农业利用了农村原有的空间与生产设施、实施劳作的场地、乡村独有的自然环境与人文资源，通过精心的统筹整合与规划设计，使得原有的生产活动与旅游业有机的结合在一起，从而增加了当地居民的收入。观光农业与休闲农业是美丽乡村生态旅游产业的雏型。

三、美丽乡村生态旅游产业发展规划技术

1. 核心建设项目带动

核心项目是增强区域吸引力的重要方式。目前，我国乡村旅游的质量，整体处于较低的水准，核心项目的带动是增强乡村影响力、提升乡村知名度的最佳方式。因此，应注重核心项目的选取，积极拓展类型，实现错位发展，通过核心项目的知名度，延伸乡村旅游的产业链。

项目类型大体可分为特色乡村、生态农业、主题娱乐、休闲度假、郊野观光等主题。其中，特色乡村应抓住民俗特点，通过挖掘地方文化，结合聚落规划，识别特色乡村，提升旅游品质；生态农业，鼓励通过旅游开发及景观营造，结合高效农业、现代农业，扩展农业产业链，通过庄园式农业旅游开发，增加农业经济效益和农民收入；策划重点突出、特点鲜明的主题娱乐园，可以迅速吸引人气；交通便利、资源丰富的乡村，是理想的休闲度假、商务会议的场所；郊野公园的规划，应结合山水保育策略，体现生态化、自然化的特点。

2. 突出特色，提升乡村生态旅游竞争力

美丽乡村旅游发展的关键是要通过挖掘地方特色，塑造鲜明的乡村意象。规划区特色乡村意象，可通过特色文化挖掘和特色景观营造来展现。

举例说明，城郊型乡村其形象塑造应避免城市化，突出乡土感，保存并挖掘原有的乡土文化，并充分利用交通优势，走与文化旅游相结合的道路。可保留具有历史遗存、且环境良好的乡村，挖掘特色文化打造特色乡村。并结合特色乡村主题，打造城郊乡村度假休闲后花园。此外，有些乡村地区原有众多工业遗产，包括矿坑、铁路等，展现了地区历史遗存。利用原有的铁路轨道和工业遗产进行旅游产品开发，不仅可以创建新颖的旅游项目吸引游客，还可恢复改造周边生态环境，营造特色的美丽乡村。

3. 构建区域景观网架

（1）乡村面貌应是多维的，有层次感的景观营造过程，因此，应以“门户节点、核心景观、旅游精品村（特色村）”这三个层面进行有针对性的塑造，从一个或几个节点入手，逐渐形成辐射效应。通过不同风貌分区，塑造别具一格的特色体验。

门户节点是进入“美丽乡村”的第一印象空间，多位于主要快速交通干道旁，快速交通进入内部旅游道路的交会处。宜通过安排公共艺术品、大型景观花卉、景观构筑物等造景的手法，整合农业大地景观来吸引游客，并形成良好的视觉体验。同时，门户应考虑安排基本的接待服务设施。

（2）以旅游精品村为重点，通过继续塑造“一村一品”，打造丰富的乡村景观体验。

（3）对景观体验的主要通道，逐步梳理水网和绿网建设，打造美丽乡村的风貌本底。包括道路林网、农田林网、水系林网为主体结构的三网绿化工程建设以及湿地景观和河廊建设。

4. 完善配套服务设施

美丽乡村生态旅游应完善“吃、住、行、游、购、娱”旅游要素，扩宽旅游市场，增加旅游酒店、乡村客栈、农家乐、旅游纪念品等，丰富旅游产品体系，延长游客逗留时间，并加强社区参与，增加村民收入及地区旅游收入。根据游客量预测，对旅游服务设施进行选址、功能配备，以及规模控制等要素控制。

四、历史文脉体系营造规划

乡村的历史文化资源主要包括两类，即物质文化遗产、非物质文化遗产。物质文化遗产主要包括历史遗迹和革命旧址；非物质文化遗产主要包括诗辞歌赋、民俗活动、特色工艺、传说典故、集市文化、历史名人等。

1. 物质文化遗产

物质文化遗产保护开发，首先应对文化遗产分类定级，之后针对不同等级设定保护标准。同时依托旅游开发，对规划区内的物质文化遗产资源，进行深入的探索与挖掘，对不同等级的历史文化资源进行分级保护。规划区内物质文化遗存中，对于已确定保护等级的资源点，按相应国家标准进行保护。对于规划区内未分类定级的资源点，分为重点保护和一般保护进行管理。旅游精品村，即重点乡村内文物为重点保护文物，过渡型乡村内文物为一般保护文物。

重点文物可以依照以下策略进行保护。首先建立类似历史文化展示站的展览场馆，陈列与该文物相关历史记录；并且定期指派专人进行修缮维护，划定文物保护范围，制定相应保护章程；依托历史文化展示站等展览场馆，集中展示乡村所发现文物、相关史迹，以及各宗族相关族谱、史迹等。一般保护文物保护方法可以相对简单，完成定期的修缮维护，依旧收集与文物相关的历史记录文献并建档。

2. 非物质文化遗产

非物质文化遗产保护开发，应遵循依托重点开发旅游的乡村，打造品牌，营造乡土风情。以发展旅游的乡村作为传承平台，村民为传承主体，鼓励村民通过民俗活动，对非物质文化遗产进行创新传承。另外，每个以旅游开发为主题的乡村，可建设乡村博物馆，对非物质文化遗产，进行收集、整理、建档等工作。

第一，民俗活动传承。鼓励通过民俗活动进行传承发展，可设立专项资金，资助民俗歌舞、舞龙队、舞狮队等表演团体，或提供相应场地、设备，以帮助村民自娱和创作；同时，建立特色手工艺名录，保证每一特色手工艺，都有相应传承人；可依托各乡村进行策划输出，增大特色工艺、民俗歌舞等的影响力，并辅助建立重点发展旅游乡村的主题式体验游。

第二，生产示范推广。对于民间特色工艺、乡土特产等资源，选取潜力源，通过策划营销，打造知名品牌，提供高品质产品，带动农业产业发展。深化产业链，促使农民由小农经济参与者，向农业产业工人转变，实现农业总体生产效率的提高。

第五节　发展乡村生态经济产业的规划技术

美丽乡村生态建设是我国当前建设美丽中国，改善“三农”结构环境，提高农民生活质量的重要举措。目前我国农村社会发展进程中，存在大量的“空心村”现象。背后的原因主要是农村缺乏多元产业，青壮年要出外打工才能维持全家生计。因而，促进农业产业经济发展，使村庄重新恢复活力，才是真正实现美丽乡村的关键。美丽乡村生态经济的核心，在于不以牺牲农业、粮食、生态和环境为代价，着眼农民，涵盖农村，实现城乡基础设施一体化和公共服务均等化，促进经济社会发展，实现农民富裕奔小康。

一、我国农业产业化发展现状及问题

1. 乡村产业结构历史发展现状

我国是农业大国，农业人口约占全国人口的70%，农业的发展直接影响我国国民经济能否持续、快速、健康的发展。农业、农村和农民问题，始终是一个影响国家安全和全面发展的根本性问题。新中国成立以来，伴随着我国国民经济的发展，乡村产业结构的变化大致可分为以下三个历史时期，即1949—1978年乡村产业结构的缓慢变动时期、1979—2000年乡村产业结构开始形成和逐步完善时期和2001年以来对乡村产业结构进行全面调整时期。

我国乡村产业结构，在第一个时期的基本特点是单一的粮食种植业结构。历史形成的农业等同于种植业，和粮食单一的乡村产业结构，基本无变化，乡村产业结构处于不合理的状态。第二、第三产业在乡村经济中所占的比重很低，只作为农业的必要补充而存在。

第二个时期形成了农、林、牧、副、渔并举，以乡镇工业为龙头，初步形成全面发展乡村产业结构新格局。以家庭承包经营为主的责任制为开端的经济体制改革，突破了单一种植业的格局，彻底改变了乡村经济的微观运行基础，调动了农民生产的积极性，促进了乡村专业化、商品化和社会化程度的提高，推动了乡村产业结构的变化。

第三个时期是我国乡村产业结构面临新挑战，而进行全面调整的时期。为适应我国经济“三步走”战略目标的实现，和世界产业结构的变化，尤其是我国加入了世界贸易组织，乡村产业结构作出了相应的调整。从产值状况来看，第一产业的比重在降低，第二、第三产业的比重在上升，尤其是第二产业产值已经成为乡村大产业。

综上所述，我国乡村产业结构自改革开放以来，已经发生巨大变化：一是乡村产业结构已经摆脱改革以前以第一产业，特别是以种植业为主的单一产业结构形态，进入“三次产业”共同发展的新历史发展阶段；二是随着乡村“三次产业”共同发展格局的形成，尤其是乡村非农产业的快速发展，乡村产业结构的发展方向必然呈现结构合理、分工明确、经济高效的特点。

2. 发展乡村产业存在问题

改革开放以来，农业产业化发展取得巨大成就，但现状乡村产业结构中，仍存在着不合理现象，需要不断调整。

（1）乡村“三次产业”之间的结构、比例不合适。在“三次产业”的共同发展过程中，各次产业的发展速度、水平不同，在劳动力分布、产值和投资等方面也存在较大差异，并没有形成乡村“三次产业”协调发展的合理格局。一是农业基础薄弱，后劲不足；二是乡村工业有了很大发展，但存在较大困难；三是乡村第三产业虽比过去有发展，但依然不能满足市场经济发展的需要。

（2）乡村第一产业内部农、林、牧、副、渔各行业比例不协调。在广义农业层次上，农业的产值比重高达53%，仍然占据第一的位置，林业、牧业和渔业发展仍显不足。在狭义农业内部，粮食生产占据第一位。由于农产品品种结构、种植结构、区域结构趋同，使供求之间形成结构性矛盾，并出

现结构性剩余，诱发了新矛盾。

（3）乡村第二产业与第一产业的关联度低。目前，我国乡村非农产业的发展，主要集中在第二产业，其中，工业又占有很大比重。主要存在三个问题：一是乡村工业和城市工业的重复率非常高，不仅造成乡村工业内部结构不合理，而且加剧了全国工业结构的不合理；二是乡村工业与农业的关联度非常低，不能充分利用乡村资源，较好地服务于乡村经济发展；三是乡村工业存在着许多自我制约因素，在经济增长方式上的粗放型经营非常突出。

（4）乡村第三产业内部结构与新兴产业发展不够健全。乡村第三产业包含的内容比较广泛，但其发展颇不平衡，主要表现在以下几个方面：一是发展了商业、服务业、交通运输业等主要传统产业，但对与之相近的部门或行业则发展不够；二是新兴的第三产业发展不足，如信息产业在许多地区依然是空白；三是产业或行业落后，有的是接收了城市退出市场的落后产业。

二、发展乡村产业的重要意义

1. 发展乡村产业，拓宽农民就业创业空间

乡村产业一般起点低，所需资本少。发展乡村产业，能够有效引导农民创业，大力兴办民营企业，并通过企业的带动，吸引乡村剩余劳动力就业，解决乡村剩余劳动力的就业出路，实现兴办乡村产业就业、创业新局面。

2. 加快城镇化进程，改善乡村地区村容村貌

发展乡村产业能有效聚集二三产业要素，吸引外地资本入驻，可有效加快乡村基础设施建设，改善乡村村容村貌，构建美丽、和谐与生态优良的乡村产业环境。

3. 改善乡村现代生活条件，提升农民生活品质

发展乡村产业能带动当地生产条件改善，加快交通、通信、电力等现代基础条件的改善，进一步拉近乡村与城市发展的距离，提高农民生活品质，增强改革成果带来的幸福感。

4. 完善乡村服务功能，满足农民生活需求

发展乡村产业能进一步完善第三产业体系，通过强化超市、医院、学校以及各类社区商业服务的设施建设，进一步满足农民生活需求，提升乡村宜居宜业发展水平。

三、美丽乡村生态产业发展对策

1. 优化乡村“三次”产业结构

发展乡村产业主要是持续稳定地发展乡村第一产业，适当地发展第二产业，积极地发展第三产业。对农村“三次产业”结构进行调整，促进其优化升级，实现产业结构的合理性。总体要求是以解决二元结构矛盾为目标，大力发展农村非农产业，由此带动农村工业化、机械化、城镇化水平的提高，最终实现农业现代化。

2. 优化乡村农业区域结构

要积极调整农业的区域结构，加强农业区域之间的分工与协作，充分发挥区域比较优势，实行区域化、规模化开发，同时，注意避免区域农业产业结构雷同，着力形成有区域特色的农业产业带和关联产业群。

3. 调整农业产业布局结构

发展小城镇是调整农村产业布局结构的关键环节。通过发展小城镇，可促使乡镇企业从分散逐步集中，彻底改变“乡乡点火、村村冒烟”的分散状况，实现连片发展。同时，小城镇建设将为乡镇企

业“第二次创业”，加快我国城市化进程，在城乡之间形成统一的产业链条，为我国经济发展提供更大的空间。

4. 优化农业产品结构

推进农业供给侧结构性改革，优化农产品结构，是目前解决乡村工业产品及我国工业结构突出矛盾重要举措。一是通过技术改造，提高传统产品的质量与性能，同时，通过规模经营和品牌竞争，继续占领和扩大市场；二是大力进行新产品开发、不断开发适销对路的名特优市场新产品；三是加大科技投入，引进与培养企业所需的各类人才，提高农业企业产品与人才市场竞争力。农村工业的产品结构调整，必须坚持市场多元化战略，要大力开发农村市场和国际市场，通过开发档次不同的系列产品，满足国内外市场不同层次的要求。

5. 发展现代农村服务业

（1）改造传统农村服务业。一是要建设好为农服务的流通网络和流通设施，建设为农服务的流通信息网络；二是要完善经济信息市场的服务体系；三是要创造条件建设信息高速公路；四是建立多层次的专业市场；五是重点发展农产品电商销售服务市场。

（2）发展现代新兴服务业。要大力发展农村信息、金融、会计、咨询、法律、旅游服务等行业，带动服务业整体水平提高。大力发展农村现代信息、咨询、法律服务业的同时，重点发展农村现代金融和旅游业。

（3）发展城乡多层次养老和幼托、幼教服务产品。完善乡村社会化服务体系，是适应我国城乡进入老龄化，农民工进城的社会关爱服务产业，市场前景广阔。

四、发展乡村生态经济产业技术途径

（1）发展乡村旅游业。加快农业旅游资源开发，引进重大旅游休闲项目，构建住宿、餐饮、休闲娱乐设施完善齐备的乡村旅游体系，促进现代农业休闲游、现代农业观光游、美丽乡村旅游等产业发展。通过产业带动就业、带动乡村农副产品销售。

（2）发展生态农业。加快生态农业发展，引进一批重大企业项目，按照绿色、环保、有机和无污染的要求，大力建设生态农业基地，形成公司化运营、现代化企业管理的运作模式，构建美丽乡村生态建设的市场管理体系。并吸纳农民就业，引领农民致富奔小康。

（3）发展绿色加工业。依托农村劳动力和农产品资源优势，引进一批现代化的农产品加工厂，运用先进的管理经验、现代化的生产设备组建标准化的农产品加工产业园。通过做响品牌、做大规模，打造典范，以工促农，并形成工业参观旅游重要载体，为发展美丽乡村增光添彩，以体现乡村生态经济产业的强大生命力。

（4）发展文化体验产业。弘扬具有历史特色的乡村文化，利用文化典故、历史故事、文化传统、遗址遗迹等切入点，引进和发展一批文化体验项目，形成周末度假，娱乐体验的好去处，并以此带动农民就业，稳步提升农民现代生活品质。

（5）完善卫生服务产业。组建专业的环境卫生服务业管理公司，加强村容村貌整治力度，着力解决乡村环境脏乱差、基础设施不完全、配套服务不完善等问题。通过专业管理公司进行乡村村容、村貌、绿化、环卫配套服务等方面的管理。并以此吸纳更多农民就业，解决农民工回流乡村，提升农村脱贫致富新水平。

（6）完善专业技能培训产业。积极发展乡村专业培训公司，从思想、技能、综合素质等方面进行农民技能素质培养，着力提升农民技能素质，为乡村就业或出外就业提供智能基础帮助。通过素质培训，提升技能，既发展了乡村智能产业，又为乡村企业培养输送了人才。

参考文献

安卫. 2014.休闲视角下的美丽乡村规划设计研究[D].南京：南京农业大学

陈鹏. 2010.基于城乡统筹的县域新农村建设规划探索[J].城市规划，34（02）：47-53.

陈胜. 2016.生态型乡村景观规划设计途径探究——以美丽乡村建设为例[J].现代园艺（06）：111.

陈有川，尹宏玲，孙博.2009.撤村并点中保留村庄选择的新思路及其应用[J].规划师，25（09）：102-105.

戴帅，陆化普，程颖. 2010.上下结合的乡村规划模式研究[J].规划师，26（01）：16-20.

丁蕾，陈思南. 2016.基于美丽乡村建设的乡村生态规划设计思考[J].江苏城市规划（10）：32-37.

范凌云，雷诚. 2010.论我国乡村规划的合法实施策略——基于《城乡规划法》的探讨[J].规划师，26（01）：5-9.

范绍磊. 2014.美丽乡村视角下的乡村空间布局研究[D].济南：山东建筑大学.

郭建敏，赵利新. 2010.旅游目的地构建术[M].长春：吉林大学出版社.

郭静. 2015.美丽乡村建设背景下村庄面貌改造提升规划——以大厂县南王庄村为例[A].中国环境科学学会（Chinese Society For Environmental Sciences）.2015年中国环境科学学会学术年会论文集（第一卷）[C].中国环境科学学会（Chinese Society For Environmental Sciences）.

贺勇，孙佩文，柴舟跃. 2012.基于“产、村、景”一体化的乡村规划实践[J].城市规划，36（10）：58-62，92.

黄郭城，刘卫东，陈佳骊. 2006.新农村建设中新一轮乡村土地利用规划的思考[J].农机化研究（12）：5-8.

黄兆成. 2016.乡村传统民居环境设计改造与保护略谈[J].创意设计源（06）：11-15.

李健. 2015.“美丽乡村”绿地景观设计研究[D].哈尔滨：东北农业大学.

李习芳. 2016.生态休闲产业（美丽乡村）规划设计理念初探[J].乡村科技（02）：92-93.

梁秋亮. 2015.乡土景观视角下对南方乡村环境设计的探讨[J].南方农村，31（04）：71-74.

吕苑鹃. 2015-06-11.让土地利用规划走进乡村[N].中国国土资源报（001）.

马璇，王红扬，冯建喜，等. 2011. 城乡统筹背景下农村居民基本诉求调查分析——以南京市江宁区为例[J].城市规划，35（03）：77-83，93.

农业部. 2014-12-02.农业部关于进一步促进休闲农业持续健康发展的通知[N].农民日报（002）.

潘铸. 2006.绘绚丽蓝图建美好家园——新农村建设村庄土地利用规划浅析[A].建设社会主义新农村土地问题研究[C].

秦天昊. 2016.促进产业经济发展的美丽乡村规划设计研究——以索河镇梅池村为例[A].中国城市规划学会、沈阳市人民政府.规划60年：成就与挑战——2016中国城市规划年会论文集（15乡村规划）[C].中国城市规划学会、沈阳市人民政府.

宋小冬，吕迪. 2010.村庄布点规划方法探讨[J].城市规划学刊（05）：65-71.

孙国伶. 2017.新型城镇化背景下的美丽乡村产业发展初探[J].河南建材（02）：172-173.

孙建国. 2011.全面提升村庄整治和农房改造建设水平扎实推进美丽乡村建设[J].中国乡镇企业（11）：46-47.

覃盟琳，吴承照. 2010.城市生态命源区特征及其保护策略探讨——以济南市南部山区保护与发展规划为例[J].规划师，26（12）：105-109.

王方. 2014.新型城镇化背景下美丽乡村的规划与建设模式研究[D].天津：天津大学.

吴琼. 2014.新型城镇化下乡村聚落的植物景观研究[D].杭州：浙江大学.

徐琴. 2007.乡村植物景观设计研究[D].株洲：中南林业科技大学.

徐勇. 2016.生态型美丽乡村规划与建设路径研究[J].住宅与房地产（33）：31.

徐忠国，华元春，倪永华. 2014.美丽乡村建设背景下村土地利用规划编制技术探索——以浙江省为例[J].上海国土资源，35（01）：55-59，63.

尹宏玲，徐腾. 2013.我国城市人口城镇化与土地城镇化失调特征及差异研究[J].城市规划学刊（02）：10-15.

张成昭.2014.美丽乡村建设背景下乡级土地利用规划编制技术[J].低碳世界（15）：176-177.

张如林，丁元.2012.基于农民视角的城乡统筹规划——从藁城农民意愿调查看农民城镇化诉求[J].城市规划，36（04）：71-76.

张宇翔. 2013.美丽乡村规划设计实践研究[J].小城镇建设（07）：48-51.
郑祖艺. 2016.基于村级土地利用规划的新型乡村转型发展研究[A].中国自然资源学会土地资源研究专业委员会、中国地理学会农业地理与乡村发展专业委员会、中国城乡发展智库联盟.2016中国新时期土地资源科学与新常态创新发展战略研讨会暨中国自然资源学会土地资源研究专业委员会30周年纪念会论文集[C].中国自然资源学会土地资源研究专业委员会、中国地理学会农业地理与乡村发展专业委员会、中国城乡发展智库联盟.
中共中央、国务院. 2015. 中共中央国务院关于加快推进生态文明建设的意见[J].中国环保产业（06）：4-10.
中华人民共和国建设部. 2008.GB50445—2008《村庄整治技术规范》［S］.北京：中国建筑工业出版社.
中华人民共和国质检总局，中华人民共和国国家标准委员会.2015.《美丽乡村建设指南》GB/T 32000—2015［S］.北京：中国标准出版社.

第五章 美丽乡村生态工程的植物选择与配置技术

21世纪是生态文明时代。近年来，随着我国社会、经济的飞速发展，城镇化的不断推进，农村人口正在不断地向城市转移，同时，随着信息时代的来临，城市的发展也给农村带来了很大的影响，农村建设的审美观正逐渐向城市靠近，生活方式也在发生着改变，使得村庄乡土景观正在慢慢发生变化，原有与村民息息相关的某些田园景观风貌如水土保持植物等，正在逐渐消退，因此，乡村出现山水田林路生态景观失调。

当前，全国各地农村在进行新农村建设和美丽乡村建设的过程中，出现了一系列的问题，如不顾条件大拆大建、推倒重来、“求新求洋”“千村一面”等问题。特别是在美丽乡土植物景观方面，出现了人工痕迹较重、植物配置手法单调生硬、植物材料单一，缺乏植物多样性等问题。这不仅造成了传统农村乡土景观特色的丧失，给传统文化的延续带来负面作用，也造成局部小环境生物链的破坏。“绿水青山就是金山银山”。因此，选择适宜的植物品种及群落配置，对于美丽乡村建设生态景观再造和环境保护具有十分重要的作用。

第一节 美丽乡村生态景观植物的选择原则与标准

当前乡村绿化建设中，植物种类缺乏乡村特色，与周边城市类同。忽视了乡村居民与植物的关系，认为国家提倡城乡一体化，绿化材料也和城市等同才能体现城乡一体化，其实这是一种肤浅的理解。诚然，城市里有些设施设备适合乡村，为乡村居民所喜欢，如通信设施、供水设施等，乡村建设可以参照城市、甚至接近城市标准。但绿化是带有乡村田园文化性的，乡村居民和植物之间有着天然的紧密关系，照搬城市，选用过多的外来种，脱离了乡村绿化的宗旨和目的，导致千村一面，缺少了乡村绿色景观的独特性。

一、城市、乡村绿化的差异性

城乡绿化因现有条件和居民的需求不同，对绿化的要求是有差别的，主要表现在以下几个方面。

1. 绿化功能需求不同

城市绿化的主要目的是环境改善和景观营造，既要重视绿化、美化等景观功能，更要注重物种的多样性，提高生态系统的稳定性，发挥更大的生态效益。而对乡村绿化来说，已有的生态系统比较稳定，绝大多数村落，已经有了几十年、甚至几百年的历史，村落周边及村庄里的植物群落，已乡土化能长期适应环境变化，生态系统比较稳定。因此，乡村的生态环境较城里好，是天然的“氧吧”，对改善生态环境的需求低，而对植物的实用性、经济性的功能要求较高，农户期望有一定的经济收入。

2. 城乡对绿化率要求不同

从生态大环境来说，农村绿化率已经很高，尤其是生长期，几乎所有土地上覆盖着庄稼，山上植物长势茂盛，而城市里硬化地面随处可见，追求植被覆盖率。所以乡村没有必要为了提高绿化率而效法城市见缝插针大面积搞绿化。

3. 城乡对珍贵树种理念的理解不同

城市绿化对道路、街道、公园、居民区等环境，有着强制性复绿的要求。其中，不少地方为提高所谓的植物绿化品质，对珍稀树种、古树名木、大规格树木情有独钟，甚至深山挖掘，长途搬运，不惜高成本栽大树，种古树。乡村村庄或山上本身是珍贵植物和珍稀树种的发源地，对珍贵、珍稀等树种理念和需求比较淡薄而满足现状。农村居民认为，对其生活、生产有用的或有纪念意义的、能带来经济效益的才是好树种，才是珍贵树种。

4. 城乡对常绿的认知不同

从生态大环境来看：城市缺少绿色，需要一年四季常绿，市民们整天生活在“抬头见高楼、低头是水泥”的环境中，因此，希望生活在多层次、多树种、林荫植物笼罩的绿色环境中。乡村居民对绿色的需求远没有市民强烈，乡村大多坐落在绿色环抱的田园环境中，生长季开门见绿，冬季休眠期枯萎是正常现象，因此，村民对“冬季常绿”这个概念，通常顺其自然。

综上所述，城市绿化的主要功能是改善生态环境和景观营造。景观功能主要是满足人们视觉需求和审美需求。乡村耕地有限，还有不少村民是靠土地生存生活，因此，乡村土地首先应该是要满足村民生存生活的需求，也就是说种植的植物首选是满足生存生活需要，产量高，经济效益好的果蔬品种。在此基础上再考虑其他如文化、药用、观赏性等功能。当前有些乡村绿化规划占据了村民的大量土地，对村民的日常生活带来了经济压力。农户在有限土地上种植果蔬、药材等，应予支持。

因此，在美丽乡村建设中，不考量田园环境、农耕文化、植物功能需求，全盘照搬城市园林的思维方式进行规划，构思，植物选择、种植施工及后期养护管理，在乡村生态建设中将会引起不良后果。

二、乡土植物的定义及优点

建设美丽乡村是个系统工程，不像种树、栽花、种草那么简单。要把美丽乡村和当地文化相结合，使绿化和文化有机融合在一起，树木可以彰显当地的文化特色，例如，以棕榈、樟树等构成的亚热带风光，榕树、椰树等构成的热带雨林景观，所以如何选择树种尤为重要。建设美丽乡村还要和经济相结合，要通过绿化来主推农民的庭院经济发展，除了种植一些有经济价值的树木外，更应该把乡村绿化和乡村旅游结合起来，特别是一些具有地域特色和文化底蕴的民族村落，更具有潜力可挖，因此在树种的选择上应尽量选择乡土树种。

乡土树种是指在一个地区特定环境条件下，稳定的植物群落。它们土生土长，千百年来在当地生长，繁衍后代，具有对当地环境最好的适应能力，有着外来树种无可比拟的生态效应，所以在农村绿化中，因地制宜栽植本地的树种。主要有以下优势。

1. 环境适应性强，繁殖方法简单

乡土树种在长期的自然环境中磨练，对于当地各种自然环境已经适应，如水资源缺乏、温度变化、光照条件、土壤肥力等，在条件十分恶劣的自然环境中，可以存活，并具有明显的原始抗逆特性，这也是在植物漫长的进化过程中对自然环境做出的选择。而外来树种作为当地环境的外来客，其对环境的适应性不确定，即使在移植初期表现出良好的生长态势，也还需要长时间自然的选择和驯化，才能判断是否适应该地的生态系统，并达到预期的效果。在繁殖上，由于乡土树种长期生长于当地，生命力顽强，一般采用扦插、嫁接、压条等技术就可繁殖。

2. 绿化成本低，养护及管理简单

乡土树种作为一种特殊的资源，其较外来树种，成本更低，更加经济实惠，其具体表现有：一是数量多。一般随处可见，种质资源十分丰富，且不需要经过复杂的移栽及运输，节省了引种成本。二是损耗少。乡土树种已经适应于当地复杂或恶劣的环境，因此易于栽培，成活率高，管理粗放，养护方便。

有些地方领导在外出考察时看到其他城市的绿化某些树种长得枝繁叶茂、郁郁葱葱，不惜巨资大量购进“优良”树种，将其移栽到本地。由于这些树种水土、气候不适，绿化效果很差。栽植本地培育出来的优良树种，具有适应性强、成活率高、生长速度快等诸多优势。乡土树种一般具有很强的病虫害抵抗能力，在养护管理中投入较少人力物力，节省管护成本。

3. 绿化效果好，地方特色明显

乡村绿化的树木品种应做到地方特色化。乡土树种已适应并融入当地的自然生态系统，成为当地自然生态的主基调，能充分体现当地的绿化与文化特色。如北京香山红叶（黄栌），层林尽染，红遍山峦。沈阳昭陵古松（油松），参天蔽日，苍劲挺拔。长白山白桦林，冰清玉洁，秀美无瑕。这些都是当地乡土树种的杰作，极富地方特色。

由此看来，乡村绿化树种的选择，要适合当地的气候和环境特点，适地适树。不同纬度，不同气候带，有不同的特征植物。我国广谱绿化植物少，例如，映山红，自南向北都能栽植，因此自然界能漫山遍野。如东北、西北农田林网可以选择毛白杨、速生榆、速生杨等树种，而北方房前屋后的庭院绿化则可选择杨、柳、榆、洋槐、国槐、桃树、李子、杏树、苹果、枣、柿子、石榴、黑枣、核桃、梨树等树种。这些树管理粗放，容易成活，而且长势相对较快，还能和北方当地旅游结合起来，搞生态采摘园，让农民在绿化家园的同时，又能享受到丰收的喜悦，还能带来经济收入，而且有些果树是花果俱佳的品种，更能够让久居都市的游客在体验乡村旅游的同时，也能置身于大自然，赏花、采摘，享受芳香的果实。

三、乡土特色植物景观营造的必要性

植物作为具有生命信息的景观要素，不仅作为观赏之用，同时，也作为乡村重要经济生产的介质，在乡村生态景观中占主导地位。除此之外，对于生态平衡的维持、生活质量的改善，植物起着重要的作用。从生态学看，植物景观也能反映一个乡村经济社会发展水平。乡村的整治与建设，由于意识上的认识差异，对较快出效果的建筑景观和基础设施较为重视，而忽视了乡土植物景观的表达，且缺乏相应的理论指导，思想上追求新、奇等心理，导致乡村初建景观差、绿地功能单一、绿地城市化等问题的出现。

乡村绿化建设有别于城市，应突出自然和野趣，以实用性和经济性为主，兼顾观赏性，努力做到贴近农民生活，为农民提供娱乐休闲场所和生态环境良好的绿化空间。通过乡土植物景观营造，能形成独具村庄原始的田园特色，同时，能丰富物种多样性，改善乡村生态风貌，缩小城乡差别，构建和谐乡村。

四、乡土植物的特点

乡土植物中的人工栽培植物，在长期的人工驯化环境中和人文环境的熏陶下，形成了鲜明的特点。主要如下。

1. 文化性

乡土植物与传统文化是密不可分的，乡土植物不仅影响传统文化的产生和形成，在一定程度上是传统文化的载体。中国是多民族、多元文化的国家，不同的地区，有着不同的地理环境，生长不同的植物，孕育出不同的乡村文化，俗语有云：“十里不同俗”。乡土植物资源在中药文化、景观文化、民俗文化、饮食文化、婚嫁文化、信仰文化等传统文化中具有重要的作用。

中药文化：利用植物防病治病是人与植物相互作用的一个重要方面，由此形成的中草药文化，是在药用乡土植物资源的认识、应用等方面发展形成的一种乡村健康文化。在中国各地，明显地存在不同风格的传统中草药医学文化等。

饮食文化：植物的种子和根是人类的主要粮食来源，叶和果实是主要的蔬菜来源，植物的花是根据各地居民的喜好进行选择。如菊花、金银花、槐花、玫瑰花、木槿花、莲花、金针花等，在不同的乡村是可供食用的，从而形成了独具特色的乡村饮食文化。

民俗文化：民俗文化的形成与当地的乡土植物有着密不可分的联系，乡土植物是民俗文化的主要载体，如端午节门框上挂艾叶、菖蒲，吃粽子；万年青、南天竹、柑橘、竹、柏、枣等在婚嫁、建房中的应用。北方一些地区更有："稠李、桃、杏、枣，不进阴阳宅"等说法。

信仰文化：如在村庄中、路边、饮用水源等地种植的乡村古老树种，被认为是"神树"的树种，是不允许伤害的。许多乡村有植物崇拜，尤其是少数民族聚集的村寨，各村寨之间可能存在不同的植物崇拜，在同一村寨，不同的家庭也有不同的崇拜神树。如在浙江等地生了小孩后，常把村落中的古樟、柏木寄作"母亲树""父亲树"，以护佑小孩平安健康成长。逢年过节，都要到古樟、古柏前祭祀。

另外，有些村庄有在村口保护和种植水口林，山中寺庙林的习俗。这些历史留存的树木是目前乡村植物重要古树资源，是高价值植物。

2. 适应性

乡土植物具有明显的区域适应性。在一定的区域范围内，其生长繁茂，长势良好，表现出良好的抗逆性，即使在极端气候条件下，也能生长、繁育。区域内的乡土植物，对本区域内的光照、温度、土壤等环境因子，经过多年的自然选择和人工栽培，能完全适应本地区的农耕环境。植物种质遗传特性稳定，可以满足农村居民的需求，在当地栽植、繁育、扩散。

3. 实用性

乡土植物的实用性主要是指其多用途性，如饮食纤维、油脂、药理、调料、色素及婚嫁用品等。在农耕时代，此类植物能够满足人类的基本生活需求。诚然，当前乡土植物的实用性功能在减弱，但其重要性仍不能替代。有些植物如水稻和小麦，在南方米饭仍然是主食，北方面粉制品也是主食。常见蔬菜，也是日常生活必不可少的。

药用主要是遇到头痛、发热、腹泻等常见病时，采摘药用植物进行及时处理治疗，有很多单方、偏方就是选用这些药用植物的。调料用植物包括做甜味剂、调味品、辛香料，如芸香科、伞形科植物等；色素用如杜鹃花科的乌饭树、马钱科的染饭花等。

4. 经济性

乡土植物具有明显的经济性，很多是当地居民的主要经济来源，有食用类植物、饮品类植物、药用类植物、民俗类植物等。常见的有茶、桑、果、药等经济价值高的植物。

5. 动态性

乡土植物中的栽培植物种类，常受诸多因素干扰而发生变化，村民常会引入一些新的种类和品种。已有的一些乡土植物，当村民需求有变化或有更优的引进植物代替时，会淡出当地乡土植物的行列。因此，乡土植物的种类，不是一成不变的，是不断更新变化，创新进步的。就田园植物而言，总是由低产到高产稳产作物品种进化的。

6. 教育性

乡土植物，特别是珍稀古木，大都蕴含一定的民俗文化底蕴，充满神奇的传说。特别是红色旅游地区，多有较强的革命教育意义，因此，有利于乡村让子孙后代、外来游客，了解当地的文化历史背景，以传承优良文化，继承传统习俗。

五、美丽乡村生态建设植物选择原则

在美丽乡村建设中，选择植物时，首先考虑乡土植物，然后根据植物的形态、生理生态特性及对当地居民的经济价值的贡献等进行综合评价，根据乡村建设乔灌草等需求进行筛选。乔木类，选择油料、果树等作为行道树，果树类或药材类树种做庭院树；灌木和藤本以经济类为主；草本植物，以当地的野生蔬菜、中药类植物为选择对象。因此，在植物选择时需要实地调查和考察，并结合地方志书籍记载，了解和掌握该区域村民对植物的禁忌和偏好。

乡村绿化也并不完全拒绝外来物种。一些能满足村民生产、生活需要的外来精品物种也可适当引入。

1. 经济性原则

（1）养护低成本。在乡土植物景观的营造中，养护成本相对较低，所选植物品种的抗逆性强，耐粗放管理，因而低养护成本常常作为基本的考量要素。

（2）植物具有相对较高的经济价值。在选择植物品种时，宜优先选择果茶树、观赏、蔬菜等经济价值较高的乡土植物。

2. 乡土性原则

乡土植物景观营造的乡土性，包括植物品种的乡土性与植物群落结构的乡土自然性。在乡土植物景观的营造中，应尽量使用适应性较好和养护成本较低的乡土植物；在植物配置方面，植物群落结构，应以该地区地带性植物群落结构为基础。

3. 特色性原则

不同的村庄，具有各自的特色。在乡土植物景观的营造上，应根据每个村庄自身的资源特质、人文历史内涵等特色要素，选择与之相应的植物，在适当的位置进行种植点缀，在植物配置层面渗透乡村文化特色。

4. 吉祥性原则

从某种意义来说，植物代表着富贵，古代就有“草木郁茂，吉气相随”“木盛则生”等说法，如果某地多有参天古树，这也说明这些地方很吉利。在现代实际生活中，植物绿化，的确具有忌邪挡风的作用。在广东客家过春节，常逛花市，买“发财树”“富贵树”，祈福来年吉利。从景观角度看，树木多的地方一般都雨水充沛、土地湿润、空气清新，甚至形成独特的小气候，宜居宜业，给人生机勃勃之感，长寿乡村之名。

第二节 美丽乡村水土保持植物选择

山水田林路居是构成乡村土地利用的基本架构，治山，保持水土是美丽乡村建设的重要环节。与生态环境的可持续发展，与社会经济发展息息相关。良好的生态系统既是人类赖以生存的根基，也是人类发展的源泉。水土保持作为我国乡村生态文明建设的重要组成部分，其发展水平与全面建成小康社会、全面深化改革、全面推进依法治国，以及城镇化、信息化、农业现代化和绿色发展等一系列新要求还不能完全适应，与广大农民对提高乡村生态环境质量的新期待还有一定差距，水土流失依然是我国美丽乡村建设面临的重大生态环境问题。

一、水土保持植物的作用

植物措施与工程措施、耕作措施是水土保持的三大关键技术措施。植物措施与其他两种措施相

比，最主要的区别在于利用种植植物，快速恢复植被的方法，减少地表径流、网络土体，从而减少泥沙流失量，达到保持水土的目的。在水土流失的预防及治理过程中，利用水土保持植物措施发挥着不可替代的作用，主要体现在以下几个方面。

一是蓄水调水。水土保持植物措施，通过对水分的吸收、蒸腾、滞流以及林地的渗透、涵蓄，对地区的水分运动产生重大影响，可以调节降水、蒸发、径流和土壤水分的增减，并进而影响其他生态系统的水分运动和陆地水系的水量、水质变化。如通过林冠层和凋落物层对降水的截留，实现对降水的再分配，从而降低雨滴动能，即减少或消灭雨滴对土壤的分散力，防止地表土壤被侵蚀。水土保持植物具有改良土壤理化性质的作用，从而使林地土壤具有较高的入渗及持水能力。基于这些作用，水土保持植物措施蓄水调水的功能也得以体现。

二是固土保肥。水土保持植物措施的固土保肥功能，是指地被物层和凋落物层截留降雨，降低雨水对土壤表层的冲刷，减少地表径流侵蚀。同时，使植物根系固定土壤，减少土壤肥力的损失，从而达到改善土壤结构的作用。水土保持植物固土保肥功能主要体现在减少土壤侵蚀、保持土壤肥力、防沙治沙、防灾减灾和改良土壤等方面。林木的根系交错，可改善土壤结构、孔隙度和通透性等物理性状，有助于土壤形成团粒结构。在养分循环过程中，可增强土壤的有机质、营养物质和土壤碳库的积累，提高土壤肥力。

三是保护生物多样性。多品种、多样化的生物资源，是地球上生命赖以生存的基础，更是人类生存的基础。生物在自然界的存在是一个复杂的斑块镶嵌体，而斑块的镶嵌在各种不同尺度下，以极其多样化的形式表现出来。在水土流失地区，生物量及生物多样性明显降低，通过水土保持植物措施，营造水土保持林或种植草被植物，由于树种选择及布设的针对性，使得水土保持造林相比一般的造林效果更好，生物多样性得以更好地保护和发展。

四是固碳释氧。森林生态系统每年的碳固定量，约占整个陆地生物碳固定量的2/3。水土保持植物措施的固碳释氧功能是指水土保持林通过植被、土壤动物和微生物固定碳素、释放氧气的功能。因此，营造水土保持林，森林在调节水土流失地区碳平衡、减缓大气中二氧化碳等温室气体浓度上升及维护局部气候等方面具有不可替代的作用。

五是净化大气。水土保持林有多方面净化空气的功能。首先，通过阻挡、过滤和吸收作用，可以降低大气中有害气体和放射性物质的浓度，并且可以分泌挥发性物质，有杀菌和抑制细菌的作用，从而减少空气中的细菌。水土流失地区由于缺少地被植物，大气中的灰尘及各种颗粒物增多，水土保持林相当于天然的吸尘器，通过滞留、附着、黏附3种途径减少大气中的粉尘和微粒（PM2.5等），对于当下易发的雾霾天气具有良好的改善作用。

森林是最丰富的物质流、能量流、信息流的资源库。水土流失的治理离不开植物措施的实施，所提供的各种直接效益（经济效益）和间接效益（生态效益和社会效益）既有稳定性，又有可变性。林业是乡村生态文明建设的关键领域和主要阵地，党的“十八大”首次提出建设美丽中国的重要目标，是对人民群众生态诉求日益增长的积极回应。乡村林业承担着保护山地森林、湿地、荒漠三大生态系统和维护生物多样性的重要载体，是美丽乡村生态建设的关键领域，是生态产品生产的主要阵地，是美丽中国构建的核心元素。水土保持植物措施既是一项生态治理措施，还是一项具有经济、社会效益的环保措施。

二、水土保持植物选择要求

水土保持物种的选择对植物种性的生长型、根系特征、枯落物形成，以及对干旱、贫瘠、水湿等生态环境适应性等方面均有一定的要求，一般要求所选植物具有根系发达、对气候土壤等自然条件要求不严等习性，同时，还要具有抗逆性强、适应性广、生长速度快、保持水土效果好、种植管理容易等特点。应根据不同开发建设项目的不同要求，选择特性等不同的植物物种。

（1）生物学特性。选取植物要合理，不要让植物的飞絮、刺等对人造成不必要的伤害，尤其应注意所选植物的植株体、花、果实、分泌物等是否含有毒素、毒碱。

（2）生态学特性。要充分考虑植物对环境的要求和耐性，喜光植物不应种植在建筑物遮挡地带，公路两侧应种植抗污性强的植物，如桧柏、黄杨、夹竹桃等。

（3）群落结构与植物种。群落结构以乔灌草相结合的复层结构为宜，植物种类也不应太过单一。

（4）色彩搭配。随着人们对生活质量和环境要求的提高，可以选用一些彩叶植物，灌木花卉，如选用红叶小蘗、紫叶矮樱、勒杜鹃等布置边坡园林，丰富视觉景观，也可做到山体绿化，三季有花，四季常青。

三、水土保持植物物种选择原则

1. 适地适树原则

在进行美丽乡村生态建设山体水土保持方案设计或者土地复垦方案设计时，在水土保持植物选择上，要依据适地适树的原则，适地适树中的“地”指的是立地条件，包括当地地形、气候、土壤、水文、生物等。也就是说适地就是要考虑气候变化、降水量及其分布，土壤的厚薄、肥瘠、干湿，地形的高低、坡度的大小等，使选择的物种特性和造林地的立地条件相适应。经过造林地适树选择的植物种能达到该立地条件下、在当前技术经济条件下，获得最大的生态、经济和社会效益。因此，确定当地适宜的水土保持植物种类或品种，是水土保持植物措施效益发挥的根本保证。

2. 树种多样性原则

在选择水土保持植物种类时，要依据植物自身的生长特性，合理配置，遵循“宜草则草、宜灌则灌、宜乔则乔、乔灌草藤相结合”的原则，强调树种和植物种的多样化，注重探讨多草种组合、草灌（林）结合的种植模式，使乔木和灌木混交并与草本植物搭配，符合自然的生长规律，形成长期稳定乡村山体生态群落。

3. 生态位原则

应充分考虑物种的生态位特征，合理选择搭配水土保持植物种类，避免种间的直接竞争，形成结构合理、功能健全、种群稳定的复层群落结构。邓嘉农等人通过研究重庆市璧山县水土保持林主要种群的生态位特征，在一定程度上揭示了璧山县次生林群落的演替系列中对资源的占有、利用情况及群落发展的趋势，为璧山县水土保持和生态修复提供了依据。

4. 景观美化原则

在水土保持植物选择上，要充分利用植物的茎、叶、花、果营造色彩斑斓的视觉景观，不仅要注重保水保土的生态效益，还要注意与周边环境协调，达到美化乡村环境的功效。

四、美丽乡村生态建设常用水土保持植物的生物学、生态学特性

1. 乔木类

（1）小叶榕（*Ficus microphylla*），桑科，榕属，常绿乔木。枝具下垂须状气生根，树冠庞大美观，枝叶茂密。喜暖热多雨气候及酸性土壤，生长快，寿命长，用播种或扦插繁殖，大枝扦插易成活。常见作公路行道树及遮阴树用，是热带和南亚热带高速公路路肩、路堤边坡绿化的重要树种。

（2）侧柏［*Platycladus orientalis*（L.）Franco］属常绿乔木。寿命很长，常有百年和数百年以上的古树。侧柏喜光，喜生于湿润肥沃排水良好的钙质土壤，幼时稍耐阴，适应性强，对土壤要求不严，在酸性、中性、石灰性和轻盐碱土壤中均可生长。侧柏耐干旱瘠薄，萌芽能力强，耐寒力中等，抗风能力较弱，能适应于冷气候。耐强太阳光照射，耐高温、耐寒、耐旱、抗盐碱力较强，含盐量

0.2%左右亦能适应生长。在平地或悬崖峭壁上都能生长；栽培、野生均有。为中国特产，除青海、新疆外，全国均有分布。常为阳坡造林树种，为中国应用最普遍的观赏树木之一。

（3）刺槐（*Robinia pseudoacacia* L.），豆科，刺槐属落叶乔木，温带树种。喜温暖湿润气候，在年平均气温8～14℃、年降水量500～900mm的地方生长良好；刺槐对土壤要求不严，适应性很强在中性土、酸性土、含盐量在0.3%以下的盐碱性土上都可以正常生长，最喜土层深厚、肥沃、疏松、湿润的壤土、沙质壤土、沙土或黏壤土。对土壤酸碱度不敏感，在底土过于黏重坚硬、排水不良的黏土、粗沙土上生长不良。不耐水湿，土壤水分过多时常发生烂根和紫纹羽病，以致整株死亡。怕风，栽植在风口处的林木生长缓慢，干形弯曲，容易发生风折、风倒、倾斜或偏冠。生长快，公认的速生树种，刺槐固氮力强，是水土保持绿化的先锋豆科树种。遍布全国，以黄河、淮河流域最为普遍。

（4）臭椿（*Ailanthus altissima*），苦木科，臭椿属，落叶乔木。它原产于中国东北部、中部和中国台湾。生长在气候温和的地带，是我国分布极为广泛的优良树种。臭椿生长迅速，可以在25年内达到15m的高度。在石灰岩地区生长良好，可作石灰岩地区的造林树种，也可作园林风景树和行道树。喜光，不耐阴。适应性强，除黏土外，各种土壤如中性、酸性及钙质土都能生长，适生于深厚、肥沃、湿润的砂质土壤。耐寒，耐旱，不耐水湿，长期积水会烂根死亡。

（5）苦楝（*Melia azedarach* L.），楝科，落叶乔木，高达10多m；产我国黄河以南各省区，较常见；生于低海拔旷野、路旁或疏林中，目前已广泛引种栽培。广布于亚洲热带和亚热带地区，温带地区也有栽培。苦楝在湿润的沃土上生长迅速，对土壤要求不严，在酸性土、中性土与石灰岩地区均能生长，是平原及低海拔丘陵区的良好造林树种，在村边路旁种植更为适宜。

（6）桑（*Morus alba* L.），桑科，桑属，落叶乔木或灌木，高可达15m。喜光，幼时稍耐阴。喜温暖湿润气候，稍耐阴，耐寒，耐干旱，耐瘠薄，耐水湿能力极强，不耐涝。对土壤的适应性强。

（7）黄槐（*Cassia surattensis*），豆科，决明属，落叶小乔木或灌木状。羽状复叶，倒卵状椭圆形，先端圆，基部稍偏斜；叶轴下部2或3对小叶之间有一棒状腺体。花大，鲜黄色，种子间有时略缢缩。几乎全年开花，但主要集中在3—12月。产亚洲热带至大洋洲。喜光，要求深厚而排水良好的土壤。

（8）台湾相思（*Acacia confusa*），豆科，金合欢属，常绿乔木，高6～15m，无毛；枝灰色或褐色，无刺，小枝纤细。苗期第一片真叶为羽状复叶，长大后小叶退化。头状花序球形，单生或2～3个簇生于叶腋。荚果扁平，干时深褐色，有光泽；花期3—10月；果期8—12月。喜暖热气候，亦耐低温，喜光，亦耐半阴，耐旱瘠土壤，亦耐短期水淹，喜酸性土。相思树的生长速度非常快，适应性也非常强，在各种环境中都能正常生长，自身具有较强的固氮特性，根部有根瘤，能把空气中的氮固定下来，形成养分，对增加土壤的肥力和对绿地的改善很有好处。长期载种该树木还能改善土壤条件。

（9）大叶紫薇（*Lagerstroemia speciosa*），千屈菜科，紫薇属，大乔木，高可达25m；树皮灰色，平滑。叶革质，矩圆状椭圆形或卵状椭圆形，稀披针形，甚大。花淡红色或紫色。蒴果球形至倒卵状矩圆形，花期5—7月，果期10—11月。阳性植物。需强光。耐热、不耐寒、耐旱、耐碱、耐风、耐半阴、耐剪、抗污染、大树较难移植。喜高温湿润气候，栽培在全日照或半日照之地均能适应，对土壤选择不严，抗风，耐干旱和耐瘠薄。

美丽乡村生态建设适宜种植的乔木植物品种见表5-1。

表5-1　美丽乡村生态建设适宜种植的乔木植物品种

植物	科名	生物学特性	生态习性	适栽地区
油松	松科	乔木，高达25m，针叶2针一束，深绿色，粗硬，长10～15cm，径约1.5mm，边缘有细锯齿，两面具气孔线；雄球花圆柱形，长1.2～1.8cm，在新枝下部聚生成穗状。球果卵形或圆卵形，长4～9cm，花期4—5月，球果翌年10月成熟	喜光、深根性树种，喜干冷气候，在土层深厚、排水良好的酸性、中性或钙质黄土上均能生长良好	为我国特有树种，产吉林南部、辽宁、河北、河南、山东、山西、内蒙古、陕西、甘肃、宁夏、青海及四川等省区

（续表）

植物	科名	生物学特性	生态习性	适栽地区
侧柏	柏科	乔木，高达20多米，叶鳞形，长1～3mm，两侧的叶船形，先端微内曲。雄球花黄色，卵圆形，长约2mm；雌球花近球形，径约2mm，蓝绿色，被白粉。球果近卵圆形，长1.5～2（2.5）cm，花期3—4月，球果10月成熟	喜光，幼时稍耐阴，适应性强，对土壤要求不严，在酸性、中性、石灰性和轻盐碱土壤中均可生长。耐干旱瘠薄，萌芽能力强，耐寒力中等，耐强太阳光照射，耐高温、浅根性，抗风能力较弱	侧柏为中国特产，除青海、新疆外，全国均有分布
旱柳	杨柳科	乔木，高达18m，胸径达80cm。树皮暗灰黑色，有裂沟；叶披针形。花序与叶同时开放；雄花序圆柱形，花期4月，果期4—5月	喜光，耐寒，湿地、旱地皆能生长，但以湿润而排水良好的土壤上生长最好；根系发达，抗风能力强，生长快，易繁殖	生长于东北、华北平原、西北黄土高原，为平原地区常见树种
刺槐	豆科	落叶乔木，高10～25m；树皮灰褐色至黑褐色。小枝灰褐色。羽状复叶，常对生，椭圆形、长椭圆形或卵形。花白色，蜜源树种，类果	温带树种。抗风性差，对水分条件很敏感，有一定的抗旱能力。喜土层深厚、肥沃、疏松、湿润的壤土、沙质壤土、沙土或黏壤土，在中性土、酸性土、含盐量在0.3%以下的盐碱性土上都可以正常生长。喜光，不耐庇阴。萌芽力和根蘖性都很强	我国华北、西北、东北南部的广大地区
白榆	榆科	落叶乔木，幼树树皮平滑，灰褐色或浅灰色，大树之皮暗灰色，不规则深纵裂，粗糙。叶椭圆状卵形等，叶面平滑无毛，叶背幼时有短柔毛，后变无毛或部分脉腋有簇生毛，叶柄面有短柔毛。花先叶开放，翅果稀倒卵状圆形。花果期3—6月（东北较晚）	阳性树种，喜光，耐旱，耐寒，耐瘠薄，不择土壤，适应性很强。根系发达，抗风力、保土力强。萌芽力强耐修剪。生长快，寿命长。能耐干冷气候及中度盐碱，但不耐水湿（能耐雨季水涝）。具抗污染性，叶面滞尘能力强。在土壤深厚、肥沃、排水良好之冲积土及黄土高原生长良好	分布于中国东北、华北、西北及西南各省区
臭椿	苦木科	落叶乔木，高可达20余米，叶为奇数羽状复叶，圆锥花序长10～30cm；花淡绿色。翅果长椭圆形，长3～4.5cm，宽1～1.2cm；种子位于翅的中间，扁圆形。花期4—5月，果期8—10月	喜光，不耐阴，耐寒，耐旱，不耐水湿，长期积水会烂根死亡，深根性。阳性树种，对土壤要求不严，但在重黏土和积水区生长不良。耐微碱，pH值的适宜范围为5.5～8.2。对氯气抗性中等，对氟化氢及二氧化硫抗性强。生长快，根系深，萌芽力强	分布于我国北部、东部及西南部，东南至中国台湾
楸树	紫葳科	小乔木，高8～12m。叶三角状卵形或卵状长圆形，叶面深绿色，叶背无毛。顶生伞房状总状花序，花萼蕾时圆球形，花冠淡红色，内面具有2黄色条纹及暗紫色斑点。种子狭长椭圆形，两端生长毛。花期5—6月，果期6—10月	喜光，较耐寒，适生长于年平均气温10～15℃，降水量700～1 200m的环境。喜深厚肥沃湿润的土壤，不耐干旱、积水，忌地下水位过高，稍耐盐碱。萌蘖性强，侧根发达。耐烟尘、抗有害气体能力强	产河北、河南、山东、山西、陕西、甘肃、江苏、浙江、湖南。在广西、贵州、云南有栽培
泡桐	玄参科	乔木高达30m，主干直，胸径可达2m，树皮灰褐色；单叶，对生，叶大，长卵状心脏形，有时为卵状心脏形。花大，淡紫色或白色，顶生圆锥花序，由多数聚伞花序复合而成，花冠管状漏斗形，白色仅背面稍带紫色或浅紫色。蒴果长圆形或长圆状椭圆形。花期3—4月，果期7—8月	喜光，较耐阴，喜温暖气候，耐寒性不强，对黏重瘠薄土壤有较强适应性。幼年生长极快，是速生树种	在中国北起辽宁南部、北京、延安一线，南至广东、广西，东起中国台湾，西至云南、贵州、四川都有分布
苦楝	楝科	落叶乔木，高达10余米；树皮灰褐色，纵裂。奇数羽状复叶，小叶对生，卵形、椭圆形至披针形。圆锥花序约与叶等长；花芳香，花瓣淡紫色，倒卵状匙形。核果球形至椭圆形，种子椭圆形。花期4—5月，果期10—12月	在湿润的沃土上生长迅速，对土壤要求不严，在酸性土、中性土与石灰岩地区均能生长，是平原及低海拔丘陵区的良好造林树种，在村边路旁种植更为适宜	产我国黄河以南各省区，较常见。广布于亚洲热带和亚热带地区，温带地区也有栽培
杜英	杜英科	常绿乔木。干通直，树冠大厚伞形。叶互生，丛集于枝端。腋生总状花序，黄白色。核果卵形，熟时呈黑紫色。常年树上长有红叶	为亚热带暖地树种，喜温暖湿润环境，最宜排水良好的酸性土壤。较耐阴、耐寒，根系发达，萌芽力强，较耐修剪，管理粗放	中国南部及贵州南部均有分布
桉树	桃金娘科	密阴大乔木，高20m；成熟叶卵状披针形。伞形花序粗大。蒴果卵状壶形，长1～1.5cm，上半部略收缩，蒴口稍扩大，果瓣3～4，深藏于萼管内。花期4—9月	适生于酸性的红壤、黄壤在土层深厚、疏松、排水好的地方生长良好。主根深，抗风力强。多数根颈有木瘤，有贮藏养分和萌芽更新的作用。一般造林后3～4年即可开花结果	在中国的福建、雷州半岛、云南和四川等地有一定数量的分布
红叶石楠	蔷薇科	常绿小乔木或灌木，乔木高6～15m，灌木高1.5～2m。叶片为革质，叶片长圆形至倒卵状，披针形。花多而密，呈顶生复伞房花序，花白色，径1～1.2cm。梨果黄红色。花期5—7月，果期9—10月成熟	喜温暖、潮湿、阳光充足的环境。耐寒性强，能耐最低温度-18℃。喜强光照，也有很强的耐阴能力。适宜各类中肥土质。耐土壤瘠薄，有一定的耐盐碱性和耐干旱能力。不耐水湿	中国华东、中南及西南地区有栽培

（续表）

植物	科名	生物学特性	生态习性	适栽地区
马尾松	松科	乔木，高达45m，胸径1m，树冠在壮年期呈狭圆锥形，老年期内侧开张如伞装；干皮红褐色，呈不规则裂片。球果长卵形。种长4～5mm，翅长1.5cm。子叶5～8。花期4月，果翌年10—12月成熟	阳性树种，不耐庇阴，喜光、喜温。适生于年均温13～22℃，年降水量800～1 800mm，绝对最低温度不到－10℃。根系发达，主根明显，有根菌。对土壤要求不严格，喜微酸性土壤，但怕水涝，不耐盐碱，在石砾土、沙质土、黏土、山脊和阳坡的冲刷薄地上，以及陡峭的石山岩缝里都能生长	分布极广，北自河南及山东南部，南至两广、中国台湾，东自沿海。西至四川中部及贵州，遍布于华中华南各地
紫叶李	蔷薇科	落叶小乔木，干皮紫灰色，小枝淡红褐色，单叶互生，叶卵圆形或长圆状披针形，花白色	喜阳光，喜温暖湿润气候，有一定的抗旱能力。对土壤适应性强，不耐干旱，较耐水湿。以沙砾土为好，黏质土亦能生长，根系较浅，萌生力较强	中国华北及其以南地区广为种植
山杏	蔷薇科	灌木或小乔木，高2～5m；树皮暗灰色；叶片卵形或近圆形。花单生，果实扁球形，黄色或橘红色，花期3—4月，果期6—7月	适应性强，喜光，根系发达，深入地下，具有耐寒、耐旱、耐瘠薄的特点	陇东、陇南等地
合欢	豆科	落叶乔木，伞形树冠。叶互生，伞房状花序，雄蕊花丝犹如缕状，半白半红	喜温暖湿润和阳光充足环境，对气候和土壤适应性强，宜在排水良好、肥沃土壤生长，但也耐瘠薄土壤和干旱气候。在沙质土壤上生长较好	分布于华东、华南、西南以及辽宁、河北、河南、陕西等省
台湾相思	含羞草科	树高20m，胸径70cm；主干弯曲，枝密柔软，树冠浓绿，花黄色有清香味，头状花序，荚果扁条形，成熟时果褐色，种子扁椭圆形，黄褐色，根发达，具根瘤；林木生长较慢。花期4—5月，果熟期7月	阳性树种，适应性强，喜高温暖湿润气候，能耐轻霜，土壤肥力要求不苛，能耐干瘠；防风固堤及保水改土性能良好	我国华南地区
栾树	无患子科	落叶乔木。树冠近圆球形，树皮灰褐色。奇数羽状复叶。小花金黄色。蒴果三角状卵形，成熟时橘红色或红褐色	阳性树种，喜光、稍耐半阴、耐寒、耐干旱和瘠薄，也耐低湿、盐碱地及短期涝害。适生性广，对土壤要求不严，在微酸及碱性土壤上都能生长，较喜欢生长于石灰质土壤中。抗风能力较强，可抗-25℃低温，对粉尘、二氧化硫和臭氧均有较强的抗性	分布在黄河流域和长江流域下游
香樟	樟科	常绿性乔木。树皮幼时绿色，平滑，老时渐变为黄褐色或灰褐色纵裂；叶互生，卵形或椭圆状卵形，纸质或薄革质，花黄绿色，春天开，果实球形成熟后为黑紫色。香樟全株具有樟脑般的气味，树干有明显的纵向龟裂	樟树喜光，稍耐阴；喜温暖湿润气候，耐寒性不强，对土壤要求不严，较耐水湿，但不耐干旱、瘠薄和盐碱土	中国南方及西南各省区，四川省宜宾地区生长面积最广

2. 灌木类

（1）紫穗槐（*Amorphafruticosa*），豆科，紫穗槐属，落叶灌木。高1～4m，丛生、枝叶繁密，可用作道路边坡和工业区绿化，常作防护林带的苗木用，是黄河和长江流域很好的水土保持植物。花小，蓝紫色，花期5—6月；在干旱的坡地上也能生长，对土壤的要求不严。我国东北、华北、西北广泛栽培。紫穗槐是多年生落叶灌木，生命力旺盛，根系粗壮发达，被誉为固坝护坡的“活钢筋”、农业生产的“铁秆绿肥”等。

（2）夹竹桃（*Nerium indicum* Mill.），夹竹桃科，夹竹桃属，常绿直立大灌木，高可达5m，花期几乎全年，花色艳丽，夏秋为最盛。喜光，喜温暖、湿润气候，不耐寒，耐旱力强，抗烟尘及有毒气体能力强，对土壤适应性强，碱性土也能正常生长。夹竹桃生命力特强，管理粗放，但不耐水湿，要求选择高燥和排水良好的地方栽植，喜光好肥，也能适应较阴的环境，但庇阴处栽植花少色淡。萌蘖力强，树体受害后容易恢复。中国各省区有栽培，尤以中国南方为多，常在公园、风景区、道路旁或河旁、湖旁周围栽培；长江以北栽培者须在温室越冬。

（3）多花木蓝（*Indigofera amblyantha*），豆科，木兰属，多年生落叶灌木，株高80～240cm，茎秆直立，枝条密被白色“丁”字形茸毛。适应性广，抗逆性强，耐热、耐干旱、耐瘠薄，较耐寒，对土壤要求不严，在pH值4.5～7.0的红壤、黄壤或紫色土上能良好的生长。在夏季良好的水、热条件下生长旺盛，日均增高1.1～1.3cm；冬季无持续霜冻情况下可保持青绿，遇重霜时则叶片脱落，呈休眠状态，但枝条仍能安全越冬。原产于我国的海南、广东、广西、中国台湾、福建和云南等热带、南亚热带地区，主要野生分布于这类地区的山坡、丘陵地带，具有抗旱、耐寒、耐瘠薄等特性，返青早、枯黄晚、绿期长，是长江流域首选的护坡植物。

（4）南天竹（*Nandina domestica*），小檗科，十大功劳属，常绿灌木。丛生而少分枝。喜半阴，最好能上午见光、中午和下午有庇阴；但在强光下亦能生长，惟叶色常发红。喜温暖气候及肥沃、湿润而排水良好土壤，耐寒性不强，对水分要求不严，生长较慢。可用播种、扦插、分株等法繁殖。茎干丛生，秋季叶色变红，更有累累红果，经久不落，实为赏叶观果佳品。

（5）黄荆（*Vitex negundo* L.），马鞭草科，牡荆属，灌木或小乔木；喜光，能耐半阴，好肥沃土壤，但亦耐干旱、耐瘠薄和寒冷，是北方低山干旱阳坡最常见的灌丛优势种。萌蘖力强，耐修剪。主要产于中国长江以南各省，北达秦岭淮河。生于山坡路旁或灌木丛中。

（6）胡枝子（*Lespedeza bicolor*），豆科，胡枝子属，灌木。茎直立、粗壮，高50～150cm，多分枝，老枝灰褐色，嫩枝黄褐色，疏生短柔毛。三出复叶互生，顶生小叶较大，倒卵形或圆卵形。总状花序，腋生，花有紫、白二色。荚果倒卵形，疏生柔毛，花冠为红紫色。花期8月，果熟期9—10月。耐寒性很强，−30℃的低温能自然越冬。耐阴、耐旱、耐瘠薄。根系发达，再生性强。

（7）山毛豆（*Tephrosia candida*），豆科，灰毛豆属，灌木状草本，高1～3.5m。茎木质化，具纵棱，与叶轴同被灰白色茸毛。奇数羽状复叶，叶面无毛，叶背密生白色平贴长柔毛；总状花序顶生或侧生，花冠色、淡黄色或淡红色，花期10—11月，果期12月。适应性强，耐酸、耐瘠、耐旱，喜阳，稍耐轻霜，适于丘陵红壤坡地种植。

（8）银合欢［*Leucaena leucocephala*（Lam.）de Wit］，豆科，银合欢属，灌木或小乔木，高2～6m；幼枝被短柔毛，老枝无毛，具褐色皮孔，无刺；托叶三角形，小。羽片4～8对。头状花序，花白色；荚果带状，顶端凸尖，基部有柄，纵裂，被微柔毛；种子卵形，褐色，扁平，光亮。花期4—7月；果期8—10月。喜温暖湿润气候，最适生长温度为20～30℃。具有很强的抗旱能力，不耐水淹，适应土壤条件范围很广，以中性至微碱性土壤最好，在酸性红壤土上仍能生长，适应pH值在5.0～8.0。

美丽乡村生态建设适宜种植的灌木植物品种见表5-2。

表5-2　美丽乡村生态建设适宜种植的灌木植物品种

植物	科名	生物学特性	生态习性	适栽地区
紫穗槐	豆科	落叶灌木。高1～4m，丛生、枝叶繁密，直伸，皮暗灰色，平滑，小枝灰褐色。叶互生，奇数羽状复叶，卵形、狭椭圆形。花蓝紫色	喜光，耐寒、耐旱、耐湿、耐盐碱、抗风沙、抗逆性较强的灌木，在荒山坡、道路旁、河岸、盐碱地均可生长	中国东北、华北、西北及山东、安徽、江苏、河南、湖北、广西、四川等省区均有栽培
沙棘	胡颓子科	落叶灌木或乔木，高1.5m。老枝灰黑色，粗糙；芽大，金黄色或锈色。果实圆球形，橙黄色或橘红色。花期4—5月，果期9—10月	阳性树种。喜光，耐寒，耐酷热，耐风沙及干旱气候。对土壤适应性强	中国黄土高原极为普遍
黄刺玫	蔷薇科	直立灌木，高2～3m；枝粗壮，密集，披散。花单生于叶腋，重瓣或半重瓣，黄色，无苞片。果近球形或倒卵圆形，紫褐色或黑褐色。花期4—6月，果期7—8月	喜光，稍耐阴，耐寒力强。对土壤要求不严，耐干旱和瘠薄，在盐碱土中也能生长，以疏松、肥沃土地为佳。不耐水涝。为落叶灌木。少病虫害	东北、华北各地习见栽培
银合欢	豆科	豆科灌木或小乔木，高2～6米；幼枝被短柔毛，老枝无毛，具褐色皮孔，无刺。羽片4～8对。头状花序，花白色；荚果带状；种子卵形，褐色，扁平，光亮。花期4—7月；果期8—10月	喜温暖湿润气候，最适生长温度为20～30℃。耐旱，不耐水淹，适应土壤条件范围很广，以中性至微碱性土壤最好，在酸性红壤土上仍能生长，适应pH值在5.0～8.0	分布于中国台湾、福建、广东、广西和云南等省区
胡枝子	豆科	落叶灌木。高达3m。分枝多、细长，常拱垂。小叶3枚。花呈紫色或黄色	喜光，稍耐阴。耐寒，对土壤要求不严，耐旱，耐贫瘠。根系发达，生长快，萌芽力强。适应能力强，最适合在15～35℃生长。是优良的水土保持改良土壤树种	分布于中国黑龙江、河北、内蒙古、山西、陕西、安徽、福建、湖南、广东等省区

（续表）

植物	科名	生物学特性	生态习性	适栽地区
火棘	蔷薇科	常绿灌木，株高约3m，侧枝短，先端成尖刺。叶多为倒卵状长圆形，花小，白色，黎果近球形，橘红或深红色。花期4—5月。果期8—12月	喜光，抗旱耐瘠，对土壤要求不严，山坡、路边、灌丛、田埂均有生长，喜湿润、疏松、肥沃的壤土	分布于中国黄河以南及广大西南地区
多花木蓝	豆科	多年生灌木，植株高2.5～4m，枝条密生。奇数羽状复叶，叶倒卵形。总状花序腋生，花桃红色，荚果条形，棕褐色，种子矩圆形，淡褐色	喜湿，耐旱，抗逆性强，但不耐水渍，低洼地不适宜种植。在pH值4.5～7.0的红壤、黄壤和紫色土上，均生长良好。夏季高温，雨量充足的地区，生长最旺。在冬季温度低，但无持久的霜冻情况下，可保持青绿	分布于中国河北、山西、江苏、浙江、广东、广西、福建、江西、四川、陕西、甘肃等省区
夹竹桃	夹竹桃科	常绿大灌木，高达5m。叶3～4枚轮生；花冠粉红至深红或白色，有特殊香气，花期为6—10月，全株具有毒性	喜光，喜温暖湿润气候，不耐寒。适生于排水良好、肥沃的中性土壤，微酸性、微碱土也能适应。夹竹桃对粉尘及有毒气体有很强吸收能力	中国各省区有栽培，尤以中国南方为多
马银花	杜鹃花科	常绿灌木或小乔木，高达4m，嫩枝疏生短柔毛。叶革质，花紫白色，花期4—5月，果熟期9—10月	生于疏林中或密林的边缘	产中国长江和珠江流域
十大功劳	小檗科	灌木，高0.5～2（4）m。叶倒卵形至倒卵状披针形。总状花序，花瓣长圆形。浆果球形，直径4～6mm，紫黑色，被白粉。花期7—9月，果期9—11月	喜温暖湿润的气候，性强健、耐阴、忌烈日曝晒，有一定的耐寒性，也比较抗干旱。极不耐碱，怕水涝。土壤要求不严，在疏松肥沃、排水良好的沙质壤土上生长最好。具有较强的分蘖和侧芽萌发能力	产于广西、四川、贵州、湖北、江西、浙江，各地有栽培
黄荆	马鞭草科	落叶灌木或小乔木，高2～5m；小枝四棱形，密生灰白色绒毛。掌状复叶。聚伞花序排成圆锥花序式，顶生。核果近球形，黑色，花期4—6月，果期7—10月	喜光，能耐半阴，好肥沃土壤，但亦耐干旱、耐瘠薄和寒冷，是北方低山干旱阳坡最常见的灌丛优势种。萌蘖力强，耐修剪	主要产中国长江以南各省，北达秦岭淮河
狼牙刺	豆科	灌木或小乔木，高1～2m，有时3～4m。羽状复叶。总状花序着生于小枝顶端，花小，荚果非典型串珠状，稍压扁；种子卵球形。花期3—8月，果期6—10月	耐旱，耐瘠薄，在以氯化物为主的含盐量0.4%以内的土壤条件下生长正常	在西北、华北、华中、西南等地均有分布
黄连木	漆树科	落叶乔木，高达20余米；树皮暗褐色，呈鳞片状剥落。奇数羽状复叶互生。花单性异株，先花后叶，圆锥花序腋生。核果倒卵状球形，略压扁，成熟时紫红色	喜光，幼时稍耐阴；喜温暖，畏严寒；耐干旱瘠薄，对土壤要求不严，微酸性、中性和微碱性的沙质、黏质土均能适应。深根性，主根发达，抗风力强；萌芽力强。对二氧化硫、氯化氢和煤烟的抗性较强	在中国分布广泛，在温带、亚热带和热带地区均能正常生长
檵木	金缕梅科	通常为灌木，稀为小乔木，高达12m，径30cm。叶革质，卵形；花瓣白色，线形。蒴果褐色，近卵形，种子长卵形。花期5月，果期8月	阳性，稍耐阴，喜温暖气候及酸性土壤，耐旱	产长江中下游及其以南、北回归线以北地区
柠条	豆科	落叶大灌木，根系极为发达，种子红色。花期5—6月。果期7月	干旱草原、荒漠草原地带的旱生灌丛。生命力很强，在-32℃的低温下也能安全越冬；又不怕热，地温达到55℃能正常生长。其抗旱性、抗热性、抗寒性和耐盐碱性都很强	中国西北、华北、东北西部水土保持和固沙造林的重要树种之一，属于优良固沙和绿化荒漠植物

3. 草本植物

（1）狗牙根（*Cynodondactylon*），又名绊根草、爬根草、百慕大草，属于禾本科，狗牙根属，多年生草本植物。植株低矮，具有根状茎和匍匐枝，须根细而坚韧。匍匐茎平铺地面或埋入土中，长10～110cm，光滑坚硬，节处向下生根，株高10～30cm。狗牙根分布广泛，我国主要分布于热带、亚热带和暖温带的广大地区，在吉林、青海、甘肃、新疆、西藏等地也有分布。狗牙根性喜温暖湿润气候，耐阴性和耐寒性较差，喜排水良好的肥沃土壤。狗牙根耐践踏，侵占能力强。狗牙根繁殖能力强，但种子不易采收，多采用分根茎法繁殖。

（2）百喜草（*Paspalumnotatum*），又名巴哈雀稗、标志雀稗、金冕草。禾本科，雀稗属，多年生草本植物。根系发达，根量多，根粗壮，主株的须根入土深度可达250cm，具有粗壮、多节的木质化匍匐茎，茎长20～30cm，节间短，长3～8mm。每个植株每年可分生10～20条紧贴地面行走的大匍匐茎。秆密丛生，高约80cm。适应性较广，抗逆性较强，适于在亚热带地区种植。对土壤要求不严，耐瘠薄，在肥沃或贫瘠的土壤上均能生长。根系发达，具有良好的耐旱性，在干旱后能快速恢复生长。较耐水淹，抗病虫害能力较强。

（3）结缕草（*Zoysia japonica*），又名锥子草、老虎皮。禾本科、结缕草属，多年生草本。具横生根茎，须根细弱，秆直立，基部常有宿存枯萎的叶鞘。结缕草喜温暖湿润气候，受海洋气候影响的近海地区对其生长最为有利。喜光，在通气良好的开旷地上生长壮实，但又有一定的耐阴性。抗旱、抗盐碱、抗病虫害能力强，耐瘠薄、耐践踏、耐一定的水湿。结缕草分布在朝鲜、日本以及中国等地，生长于海拔200～500m的地区，多生在山坡、平原和海滨草地。主要用于运动场地草坪。产于中国东北、河北、山东、江苏、安徽、浙江、福建、中国台湾；生于平原、山坡或海滨草地上。

（4）高羊茅（*Festuca arundinacea*），禾本科，羊茅属，多年生地被植物。秆成疏丛或单生，直立，高90～120cm，径2～2.5mm，具3～4节，光滑，上部伸出鞘外的部分长达30cm。性喜寒冷潮湿、温暖的气候，在肥沃、潮湿、富含有机质、pH值为4.7～8.5的细壤土中生长良好。不耐高温；喜光，耐半阴，对肥料反应敏感，抗逆性强，耐酸、耐瘠薄，抗病性强。大量应用于运动场草坪和防护草坪。作为牧草饲养牲畜。主要产于广西、四川、贵州。生于路旁、山坡和林下。

（5）黑麦草（*Lolium perenne*），禾本科，黑麦草属，多年生植物。具细弱根状茎，秆丛生，高30～90cm，具3～4节，质软，基部节上生根。叶舌长约2mm；叶片线形，长5～20cm，宽3～6mm，柔软，具微毛，有时具叶耳。黑麦草喜温凉湿润气候，不耐阴，较能耐湿，但排水不良或地下水位过高也不利黑麦草的生长。不耐旱，尤其夏季高热、干旱更为不利。对土壤要求比较严格，喜肥不耐瘠，略能耐酸，适宜的土壤pH为6～7。宜于夏季凉爽、冬季不太寒冷地区生长。10℃左右能较好生长，27℃以下为生长适宜温度，35℃生长不良。光照强、日照短、温度较低对分蘖有利。温度过高则分蘖停止或中途死亡。黑麦草耐寒耐热性均差，在风土适宜条件下可生长2年以上，国内一般仅作越年生牧草利用。世界各地普遍引种栽培的优良牧草。

（6）猪屎豆（*Crotalaria pallida*），豆科，猪屎豆属，多年生草本植物。茎枝圆柱形，具小沟纹，密被紧贴的短柔毛。托叶极细小，刚毛状，通常早落；叶三出，柄长2～4cm。喜温暖、潮湿、耐寒。是一种韧性很强的植物，可在河床地、堤岸边坡、烈日当空、多砂多砾的环境生长。因花期长，耐瘠薄又耐旱的习性，非常适合道路两旁、边坡、荒地栽培。茎叶茂盛，具有防水土冲刷的作用。分布于山东、浙江、福建、中国台湾、湖南、广东、广西、四川、云南等地。

（7）草木樨（*Melilotus officinalis*），豆科，草木樨属，一年或二年生草本植物。主根深达2m，茎直立，多分枝，高50～120cm。三出羽状复叶，小叶椭圆形或倒披针形，总状花序腋生或顶生。喜温暖湿润气候，对土壤的要求不严，从沙土到黏性土，从碱性土到酸性土，都能适应。耐寒、耐旱、耐高温、耐酸碱和耐土壤贫瘠性强。生于山坡、河岸、路旁、沙质草地及林缘，产于东北、华南、西南各地。

（8）香根草（*Vetiveria zizanioides*），禾本科，香根草属，多年丛生的草本植物。秆丛生，高1～2.5m，直径约5mm，中空。叶鞘无毛，具背脊；叶舌短，叶片线形，下部对折，与叶鞘相连而无明显的界线，长30～70cm，宽5～10mm，无毛，边缘粗糙，顶生叶片较小，花果期8—10月。具有适应能力强，生长繁殖快，根系发达，耐旱耐瘠等特性；对光照条件要求不高，在阳坡或阴坡都能生长发育。在任何类型的土壤上生长。栽培于平原、丘陵和山坡，江苏、浙江、江西、福建、中国台湾、广东、海南及四川等省区均有分布。

美丽乡村生态建设适宜种植的草本植物品种见表5-3。

表5-3 美丽乡村生态建设适宜种植的草本植物品种

植物	科名	生物学特性	生态习性	适栽地区
狗牙根	禾本科	多年生草本植物，植株低矮，具有根状茎和匍匐枝，须根细而坚韧。匍匐茎平铺地面或埋入土中，长10～110cm，光滑坚硬，节处向下生根，株高10～30cm	喜温暖湿润气候，耐阴性和耐寒性较差，喜排水良好的肥沃土壤。狗牙根耐践踏，侵占能力强。狗牙根繁殖能力强，但种子不易采收，多采用分根茎法繁殖	在吉林、青海、甘肃、新疆、西藏等地有分布，以亚热带地区为主

（续表）

植物	科名	生物学特性	生态习性	适栽地区
百喜草	禾本科	多年生草本植物。根系发达，根量多，根粗壮，主株的须根入土深度可达250cm，具有粗壮、多节的木质化匍匐茎，茎长20～30cm，节间短，长3～8mm。每个植株每年可分生10～20条紧贴地面行走的大匍匐茎。秆密丛生，高约80cm	适应性较广，抗逆性较强。对土壤要求不严，耐瘠薄，在肥沃或贫瘠的土壤上均能生长。根系发达，具有良好的耐旱性，且在干旱后能快速恢复生长。较耐水淹，抗病虫害能力强	适于在亚热带地区种植
高羊茅	禾本科	多年生。秆成疏丛或单生，直立，高90～120cm。叶片条形，长150～250mm，宽4～7mm。圆锥花序疏松开展，小穗卵形，叶片披针形，无毛，先端渐尖	性喜寒冷潮湿、温暖的气候，在富含有机质、pH值为4.7～8.5的壤土中生长良好。耐高温，喜光，耐半阴，对肥料反应敏感，抗逆性强，耐酸、耐瘠薄，抗病性强	主要分布于北方地区，我国东北三省和新疆等地区
结缕草	禾本科	多年生草坪植物。具直立茎，秆茎淡黄色。叶片革质，长3～4cm，扁平，具一定韧性，表面有疏毛。花期5—6月，总状花序。果呈绿色或略带淡紫色。须根较深，一般可入土30cm以上	抗干旱能力强，喜温暖湿润气候，喜阳光。耐高温，不耐阴。耐瘠薄，耐踩踏，并具有一定的韧度和弹性。最适生长在排水好、肥沃、pH值为6～7的土壤上	产于中国东北、河北、江苏、安徽、浙江、福建、中国台湾；生于山坡或海滨草地
白三叶	豆科	多年生草本，主根短，侧根和须根发达。茎匍匐蔓生，上部稍上升，节上生根，全株无毛。掌状三出复叶。花序球形，顶生。荚果长圆形	喜温暖湿润气候，不耐干旱和长期积水。对土壤要求不高，尤其喜欢黏土弱酸性土壤，不耐盐碱，也可在沙质土中生长	东北、华北、西北、华中、西南、华南等地
沿阶草	百合科	多年生草本，根较粗，常膨大成椭圆形或纺锤形小块根。根茎细长，茎短，叶基生成密丛，禾叶状。总状花序，花白色或淡紫色	耐阴性、耐热性、耐寒性、耐湿性、耐旱性强	除华北、东北、西北外，多数地方均可栽培
草地早熟禾	禾本科	冷季型多年生草本，具发达的匍匐根状茎。秆疏丛生，直立，高50～90cm，具2～4节。圆锥花序金字塔形或卵圆形，花期5—6月，7—9月果实成熟	喜光耐阴，喜温暖湿润，耐寒性很强、耐旱性较差，在排水良好、土壤肥沃的湿地生长良好	东北、西北、华北、西南、华中等地
多年生黑麦草	禾本科	多年生草本，根系发达，须根主要分布于15cm表土层中；分蘖多，秆扁平直立，高80～100cm。穗状花序	喜温凉湿润气候，宜夏季凉爽、冬季不严寒地区生长。不耐阴，能耐湿，不耐旱，夏季高温干旱生长不利，喜肥不耐瘠，适宜在排水良好、湿润肥沃、pH值为6～7的土壤上栽培	东北、华北、西北、西南以及华中等地
香根草	禾本科	多年丛生高大草本，须根含挥发性浓郁香气。秆丛生，高1～2.5m，直径约5mm，中空。叶片线形，直伸，扁平，下部对折，与叶鞘相连而无明显的界线，长30～70cm，宽5～10mm，无毛，边缘粗糙，顶生叶片较小。花果期8—10月	适应能力强，生长繁殖快，根系发达，耐旱耐瘠等特性；对光照条件要求不高，在任何类型的土壤上生长。香根草具有的直立茎能形成贴近地表的永久性致密绿篱	江苏、浙江、江西、福建、中国台湾、广东、海南及四川均有栽培于丘陵和山坡
草木樨	豆科	二年生或一年生草本，主根深达2m。茎直立，多分枝，高50～120cm，最高达2m以上；羽状三出复叶。小叶椭圆形或倒披针形，总状花序腋生或顶生	喜温暖湿润气候，对土壤的要求不严，从沙土到黏性土，从碱性土到酸性土，都能适应。耐寒、耐旱、耐高温、耐酸碱和耐土壤贫瘠性强	在温带、亚热带，除高寒草甸和荒漠区外，均可栽培
猪屎豆	豆科	多年生草本植物。茎直立，分枝多。叶多而大，三出复叶，倒卵圆形或倒卵圆状长圆形。高1～2m，花黄色，蝶型花冠，旗瓣上有紫红色条纹。盛花期5—7月，果期10月	喜温暖、潮湿、耐寒。是一种韧性很强的植物可在河床地、堤岸边坡、烈日当空、多砂多砾的环境生长	分布于山东、浙江、福建、中国台湾、湖南、广东、广西、四川、云南等地
假俭草	禾本科	优良暖季型草坪草，具有强壮的匍匐茎，蔓延力强而迅速，叶鞘扁平，多密集跨生于匍匐茎和秆基部，秋冬季开花抽穗，花穗多且微带紫色，远望一片棕黄色	耐阴性好，覆盖率高，青绿期长，侵占性和再生性能力强，成坪速度快，尤其以耐粗放管理和耐贫瘠而著称	中国中部以南是其起源的中心，又称“中国草坪草”
串叶松香草	菊科	多年生草本，株高2～3m，根粗壮，具根茎。叶片椭圆形。头状花序着生于假二杈分枝顶端，花杂性，边缘为舌状花，雌花黄色。瘦果扁心形，褐色，边缘具薄翅	耐高温，也极耐寒，耐水淹。喜肥沃壤土，耐酸性红壤、沙土、黏土上也能良好生长。适宜土壤的pH值为6.5～7.5，不耐瘠薄，耐旱性差，再生性强	在各省有栽培
沙打旺	豆科	多年生草本，高20～100cm。根较粗壮，暗褐色。茎多数或数个丛生，直立或斜上。羽状复叶。总状花序长圆柱状。荚果长圆形。花期6—8月，果期8—10月	抗逆性强，适应性广，具有抗旱、抗寒、抗风沙、耐瘠薄等特性，且较耐盐碱，但不耐涝	产东北、华北、西北、西南地区

（续表）

植物	科名	生物学特性	生态习性	适栽地区
紫花苜蓿	豆科	多年生草本，高30～100cm。根粗壮，深入土层，根颈发达。茎直立、丛生以至平卧。羽状三出复叶。花序总状或头状，花冠各色：淡黄、深蓝至暗紫色，种子卵形。花期5—7月，果期6—8月	喜欢温暖、半湿润的气候条件，对土壤要求不严，除太黏重的土壤、极瘠薄的沙土及过酸或过碱的土壤外都能生长，最适宜在土层深厚疏松且富含钙的壤土中生长。不宜种植在强酸、强碱土中，喜欢中性或偏碱性的土壤，以pH值7～8为宜	全国各地都有栽培或呈半野生状态。生于田边、路旁、旷野、草原、河岸及沟谷等地
马蹄金	旋花科	多年生匍匐小草本，茎细长，节上生根。叶肾形至圆形。花单生叶腋；花冠钟状，较短至稍长于萼，黄色。蒴果近球形，种子1～2，黄色至褐色，无毛	喜温暖、湿润气候，适应性强，竞争力和侵占性强，生命力旺盛，而且具有一定的耐践踏能力。其对土壤要求不是很严格，只要排水条件适中，在沙壤和黏土上均可种植。既喜光照又耐阴蔽的生长习性，抗病、抗污染能力强	我国长江以南各省及中国台湾省均有分布

4. 藤本植物

（1）爬山虎（*Parthenocissus tricuspidata*），葡萄科，地锦属，多年生落叶大藤本。表皮有皮孔，髓白色。枝条粗壮，老枝灰褐色，幼枝紫红色。枝上有卷须，卷须短，多分枝，卷须顶端及尖端有黏性吸盘，遇到物体便吸附在上面，无论是岩石、墙壁或是树木，均能吸附。适应性强，性喜阴湿环境，但不怕强光，耐寒，耐旱，耐贫瘠，气候适应性广泛，耐修剪，怕积水，对土壤要求不严，阴湿环境或向阳处，均能茁壮生长，但在阴湿、肥沃的土壤中生长最佳。它对二氧化硫和氯化氢等有害气体有较强的抗性，对空气中的灰尘有吸附能力。我国的河南、辽宁、河北、山西、陕西、山东、江苏、安徽、浙江、江西、湖南、湖北、广西、广东、四川、贵州、云南、福建都有分布。

（2）络石（*Trachelospermumjas*），夹竹桃科，常绿木质藤本。长达10m，具乳汁，茎赤褐色，圆柱形，有皮孔，幼枝被黄色柔毛长，有气生根。常攀缘在树木、岩石墙垣上生长；初夏5月开白色花，形如“万”字，芳香。喜半阴湿润的环境，耐旱也耐湿，对土壤要求不严，以排水良好的砂壤土最为适宜。具药用和观赏绿化的用途，是观花、观果、观叶的优良垂直绿化植物。扦插、压条和播种繁殖均可。

（3）常春藤（*Hederanepalensis*），五加科，常春藤属，多年生常绿攀缘藤木。气生根吸附性强，借助气生根攀缘。茎灰棕色或黑棕色，光滑，有气生根，幼枝被鳞片状柔毛，鳞片通常有10～20条辐射肋。阴性藤本植物，也能生长在全光照的环境中，在温暖湿润的气候条件下生长良好，不耐寒。对土壤要求不严，喜湿润、疏松、肥沃的土壤，不耐盐碱。常春藤的茎蔓容易生根，通常采用扦插繁殖。枝叶稠绿，四季常绿，春季后结果，适于墙面、岩面、坡坎等立体攀附成垂吊绿化。

（4）薜荔（*Ficus pumila*），桑科，榕属，攀援或匍匐灌木。叶两型，不结果枝节上生不定根，叶卵状心形，长约2.5cm，薄革质，基部稍不对称，尖端渐尖，叶柄很短；结果枝上无不定根，革质，卵状椭圆形，长5～10cm，宽2～3.5cm，瘦果近球形，有黏液。花果期5—8月。产于福建、江西、浙江、安徽、江苏、中国台湾、湖南、广东、广西、贵州、云南东南部、四川及陕西。

（5）五叶地锦（*Parthenocissus quinquefolia*），葡萄科，地锦属，木质藤本。具分枝卷须，卷须顶端有吸盘。叶变异很大，通常宽卵形，先端多3裂，基部心形，边缘有粗锯齿。聚伞花序，常生于短枝顶端两叶之间。花小，黄绿色。浆果球形，蓝黑色，被白粉。花期6—7月，果期8—10月。喜光，能稍耐阴，耐寒，对土壤和气候适应性强，但在肥沃的沙质壤土上生长更好。是垂直绿化、草坪及地被、绿化墙面、廊架、山石或老树干的好材料，也可做地被植物。分布于中国东北至华南各省区。

（6）炮仗藤（*Pyrostegiavenusta*），紫葳科，炮仗藤属，常绿蔓性藤本，小枝有6～8槽纹，小叶2～3枚组合成复叶，卷须3叉丝状顶生，小叶卵形，长10cm，先端渐尖，表皮无毛，背面有穴状腺体，叶柄有柔毛；花冠筒状，裂叶4片，二唇状，上唇1片，下唇3片，上唇有2裂，均向外反卷，边缘有白色绒毛，雄蕊4，2强，长者伸出筒外，花冠橙红色，顶生及腋生聚伞花序圆锥形，开花时布满枝条，十分耀眼；果实线形，长达30cm。本种原产南美、巴西及巴拉圭，以后引种到我国华南各地及云南南部。扦插易活，生长强壮。冬春期间花如火焰，极美。植于园林棚架、篱上极富装饰性。

（7）凌霄花（*Compsis grandiflora*），紫葳科，凌霄属，落叶攀缘藤本植物。借气生根攀附于其他物体上。叶对生，单数羽状，小叶7～9枚，卵形。花序圆锥状，顶生，花萼钟形，花冠漏斗状钟形，橘红色。蒴果长如豆荚。喜温暖湿润气候、不耐寒，稍耐阴。若光照不足，虽可以生长，但枝条细长。凌霄花可用插杆、压条和分株法繁殖。选向阳、排水良好、土层深厚、肥沃的壤土种植。

美丽乡村生态建设适宜种植的藤本植物品种见表5-4。

表5-4　美丽乡村生态建设适宜种植的藤本植物品种

植物	科名	生物学特性	生态习性	适栽地区
爬山虎	葡萄科	多年生落叶大藤本，树皮有皮孔，髓白色。枝条粗壮，卷须短，多分枝，顶端有吸盘。叶互生，浆果小球形，熟时蓝黑色	适应性强，性喜阴湿环境，耐寒，耐旱，耐贫瘠。怕积水，对土壤要求不严。它对二氧化硫等有害气体有较强的抗性	我国河南、辽宁、陕西、江苏、安徽、湖南、广西、广东、四川、云南、福建等省都有分布
葛藤	豆科	半木本的豆科藤蔓类植物，半木质的蔓藤可长达10～30m，匍匐地面可达百米	喜温暖湿润的气候，喜生于阳光充足的阳坡，土壤适应性广	华南、华东、华中、华北、西南、东北等地
蟛蜞菊	菊科	多年生草本，矮小。茎匍匐，上部近直立，基部各节生不定根。叶对生，条状披针形或倒披针形。头状花序单生于枝端或叶腋，花色鲜黄。花期3—9月	阳性植物，喜阳光高温耐旱，不耐霜冻，不耐践踏，生于田边、路旁、沟边、山谷或湿润草地上	分布于辽宁、福建、中国台湾、广东、海南、广西、贵州等地
络石	夹竹桃科	常绿木质藤本，节具气生根。叶椭圆形，花冠白色，花期3—7月	萌蘖力强，生长迅速，枝叶茂密，耐修剪，抗污染能力强，且四季常青，花洁白	黄河以南各省
五叶地锦	葡萄科	落叶木质藤本植物，具卷须，叶互生，掌状复叶，秋叶红艳	根系发达，生长速度快，萌生能力强，抗寒，对大气污染的抗性强	华北及西北地区
常春藤	五加科	常绿攀缘藤本。茎枝有气生根，幼枝被鳞片状柔毛，蔓稍部分呈螺旋状生长，能攀缘在其他物体上。叶互生，2裂，革质，深绿色，具长柄；花小，黄白色或绿白色，果圆球形，浆果状，黄色或红色。其果实、种子和叶子均有毒	喜温暖、阴蔽的环境，忌阳光直射，但喜光线充足，较耐寒，抗性强，对土壤和水分的要求不严，以中性和微酸性为最好	分布地区广
牵牛	旋花科	一年生缠绕草本，茎上被倒向的短柔毛及杂有倒向或开展的长硬毛。叶宽卵形或近圆形，花有蓝、绯红、桃红、紫等，亦有混色的，花瓣边缘的变化较多。果实卵球形，花期以夏季最盛	顺应性较强，喜阳光充足，亦可耐半遮阴。喜暖和凉快，亦可耐暑热高温，但不耐寒，怕霜冻。喜肥美疏松土堆，能耐水湿和干旱，较耐盐碱	我国除西北和东北的一些省外，大部分地区都有分布
绿萝	天南星科	大型常绿藤本，萝茎细软，绿色的叶片上有黄色的斑块，其缠绕性强，气根发达	喜温暖、潮湿环境，肥沃、排水良好	华南
铁线莲	毛茛科	木质藤本，长1～2m，茎棕色或紫红色，复叶或单叶，常对生。花期6—9月，花白色，果期夏季	喜肥沃、排水良好的碱性壤土，忌积水或夏季干旱而不能保水的土壤。耐寒性强，耐低温	广东、广西、江西、湖南
鸡血藤	豆科	木质藤本，羽状复叶；圆锥花序顶生，花冠紫色或玫瑰红色，无毛。荚果扁，线形，果瓣近木质，种子间缢缩；种子扁圆形。花果期7—10月	生于山谷林间、溪边及灌丛中	分布于我国华东、华南地区及湖北、云南等地
紫藤	豆科	紫藤属于落叶攀缘缠绕性藤本植物，树干的皮呈深灰色，不裂开。茎左向旋转，枝条比较粗壮，嫩枝表面有白色柔毛，后期秃净。花期4—5月，果熟8—9月	属暖温带植物，对环境的适应性比较强，比较耐低温，耐涝，在稀薄的土壤可生长，喜光，比较耐阴。适宜土层深厚，排水良好的土壤，向阳避风	全国各地均有栽培
地菍	野牡丹科	匍匐状小灌木，长10～30cm；幼时被糙伏毛，以后无毛；叶片坚纸质，卵形或椭圆形；聚伞花序，顶生，花瓣淡紫红色至紫红色，菱状倒卵形，花期5—7月，果期7—9月	喜生长在酸性土壤上，生活力极强，具有耐寒、耐旱、耐瘠、生长迅速等特点，甚至在石缝中亦能很好地生长开花	产于贵州、湖南、广西、广东（海南岛未发现），江西、浙江、福建
扶芳藤	卫矛科	常绿藤本灌木。高可达数米。叶椭圆形，长方椭圆形或长倒卵形，聚伞花序；小聚伞花密集，有花，分枝中央有单花，花白绿色，蒴果粉红色，果皮光滑，近球状，种子长方椭圆状，棕褐色，6月开花，10月结果	性喜温暖、湿润环境，喜阳光，亦耐阴。对土壤适应性强，酸碱及中性土壤均能正常生长，适于疏松、肥沃的沙壤土生长，适生温度为15～30℃	产于中国江苏、浙江、安徽、江西、湖北、湖南、四川、陕西等省区

（续表）

植物	科名	生物学特性	生态习性	适栽地区
凌霄花	紫葳科	落叶藤本，以气根攀缘上升。叶对生，花橙红色，花期6—10月	喜温暖，稍耐阴、耐旱、忌积水，萌蘖力强，对土壤要求不严	华南、西南
薜荔	桑科	攀援或匍匐灌木，叶两型，不结果枝节上生不定根，叶卵状心形。榕果单生叶腋，瘿花果梨形，雌花果近球形。瘦果近球形，有黏液。花果期5—8月	耐贫瘠，抗干旱，对土壤要求不严格，适应性强，幼株耐阴，不定根发达，攀缘及生存适应能，在园林绿化方面可用于垂直绿化	福建、江西、浙江、安徽、江苏、中国台湾、湖南、广东、广西、贵州、云南东南部、四川及陕西
常春油麻藤	豆科	常绿木质藤本，粗达30cm，复叶互生，花冠深紫色或紫红色	喜多湿，半阴环境，老茎开花	西南、华中
炮杖藤	紫葳科	常绿藤木，茎粗壮，花橘黄色	喜温暖湿润气候，不耐寒	海南、华南、云南南部、厦门
猫爪藤	紫葳科	常绿蔓性藤本，叶对生，二出复叶，阔披针形或长卵形。春末至夏季开花，花冠长筒铃形，黄色。花期4月，果期6月	喜沙质壤土，阳性。性喜温暖，可以在公园、林地、庭园、路边、荒坡、草地等生长，也可以在平地、山地、凹地、坡地、墙壁、屋顶等生长	原产西印度群岛及墨西哥、巴西、阿根廷。我国广东、福建均有栽培
金银花	忍冬科	半常绿缠绕藤本，花冠初开时白色，后变黄色，花期5—7月	喜光，对土壤要求不严，砂质土壤中生长较好	全国各省均有分布

第三节　美丽乡村经济植物的选择

产业是经济社会发展的基础，同样也是美丽乡村建设的基础。美丽乡村建设，初始目标是促使农民脱贫致富奔小康，改变农村贫穷落后面貌，让乡村农民也能享受到国家政策开发成果。因此美丽乡村建设，不是搞大拆大建，也不是靠涂脂抹粉。“美丽乡村，产业先行”。“美丽”不仅指乡村水清、山绿、路洁、房美，更关键的是要提高农民的素质和增加农民的收入，并在此基础上的道德之美、社会建设和民主法治之美。深入推进美丽乡村建设，根本是加快产业转型升级，以产业美带动事业美，以事业美支撑乡村美。因此，“美丽乡村”背后，必须要产业先行。随着新农村建设蓬勃发展，我国乡村环境正经历着巨大的变革。在新常态下，乡村景观建设急需寻求一条可持续发展的道路，而集生产、观赏与生态功能三位一体的生产性植物景观在美丽乡村建设中越来越凸显出它的特色与优势。

一、生产性植物景观发展概况

中国自古以来就是农业大国。肥沃田园农作物种植是人们安身立命的根本倚靠，由此产生的农耕文明也渗透着我国的政治、经济、文化，影响着社会生活的各个层面。我国传统园林艺术是人们对自然美的崇拜与欣赏，体现了天人合一的思想，模仿自然、再现自然，表现了对自然的热爱和人与自然的协调。

我国最早的生产性植物景观雏形出现在殷、周时期，主要以“囿”和“园圃”的形式存在，其中大多种植蔬菜和果木来满足人们的日常需求。20世纪五六十年代，由于连年自然灾害和物资匮乏、经济困难等问题，国家提出了“园林结合生产”的景观发展思路，全国上下出现了短暂的生产性植物景观浪潮，但很快因文化大革命而停滞不前。改革开放后，“园林结合生产”的景观发展潮流又被以模仿西方园林为主的现代景观大潮所淹没，原有的生产性植物常被观赏价值高的花卉取代，原来富有乡野风情的景观也被以大面积的广场、道路等硬质景观所取代。

随着社会生产力的不断发展，中西方造园形式、造园理念和地域文化背景的差异，生产性植物景观的营造模式也不同。西方对生产性植物景观的营造形式更加丰富，例如屋顶花园、建筑物外立面、专类园、各类园林小品等形式，已不再仅停留在作物生产上，而是向着生态、实用空间的方向看齐。

我国生产性植物景观多应用于乡村地区，主要在休闲农业园区、观光农业产业区、生态农业景观区有所体现，但营造形式和景观功能不及西方同类景观丰富。

目前我国乡村建设和村庄整治已初见成效，但在越来越多美丽乡村出炉的同时，人们也发现乡村建设中存在着一些问题。现阶段的乡村建设发展受到城市景观建设思想的影响和城市文化的冲击，面临着原有村庄特色和生态环境破坏等危机，许多乡村特色农业景观逐步被现代化景观吞噬，失去原有自然本色。因此，宜加强生产性植物的研究和景观再造的实践，对美丽乡村建设具有重要意义。

二、生产性植物景观的作用

生产性植物为主的园林最初在中国古典园林中占的比重化很大，同时具有实用性和观赏性。

生产性植物景观理论基于农业生产与景观美学相关概念而产生，它将生产、生态、审美三大功能相结合，是一种具有生态性、文化性和观赏性，能给“三农”带来经济效益的景观模式。该类景观模式的出现不仅对实现农业发展多元化具有重要的意义，还可以改善农村传统绿地系统结构，丰富景观的类型，增加景观的功能。近年来，国外已有大量生产性植物景观营造的成功案例，小到街旁绿地，大到乡村农场，在满足观赏性的同时又提供了可持续生产的可能，备受当地居民的欢迎。近年来，也有类似的生产性植物景观在我国乡村建设中出现，但在实践过程中也发现了诸多问题。因此，研究并阐明生产性植物景观在乡村景观中产生的问题和影响规律，提出科学的、富有针对性和可行性的解决方略，进而将其更好的应用于我国美丽乡村建设实践，有着巨大的现实意义。

三、生产性植物景观植物选择

下面按果茶树、瓜果蔬菜类、花卉类及水生植物等经济景观植物的生物学和生态学特性列表。

美丽乡村生态建设适宜种植的生产性景观植物品种见表5-5、表5-6、表5-7、表5-8。

表5-5　美丽乡村生态建设以果茶为主的生产性景观植物品种

植物	科名	生物学特性	生态习性	适栽地区
石榴	石榴科	落叶乔木或灌木；单叶，通常对生或簇生，无托叶。花顶生或近顶生，单生或几朵簇生或组成聚伞花序，近钟形。浆果球形，果皮厚；果熟期9—10月。外种皮肉质半透明，多汁；内种皮革质	喜温暖向阳的环境，耐旱、耐寒，也耐瘠薄，不耐涝和阴蔽。对土壤要求不严，但以排水良好的夹沙土栽培为宜	我国南北都有栽培
苹果	蔷薇科	乔木，高可达15m，多具有圆形树冠和短主干；小枝短而粗，圆柱形，老枝紫褐色，叶片椭圆形、卵形至宽椭圆形，伞房花序，果实扁球形。花期5月，果期7—10月	苹果能够适应大多数的气候。最适合pH值6.5，中性，排水良好的土壤	中国辽宁、河北、山西、山东、陕西、甘肃、四川、云南、西藏常见栽培
梨	蔷薇科	通常品种是一种落叶乔木或灌木，极少数品种为常绿。叶片多呈卵形，大小因品种不同而各异。花为白色，或略带黄色、粉红色，有五瓣。果实形状有圆形的，也有基部较细尾部较粗的，即俗称的“梨形”；不同品种的果皮颜色大相径庭，有黄色、绿色、黄中带绿、绿中带黄、黄褐色、绿褐色、红褐色、褐色，个别品种亦有紫红色；野生梨的果径较小，在1～4cm，而人工培植的品种果径可达8cm，长度可达18cm	喜光，喜温，耐寒、耐旱、耐涝、耐盐碱。对土壤的适应能力很强，不论山地、丘陵、沙荒、洼地、盐碱地和红壤，都能生长结果。但结出果实的品质稍不同。宜选择土层深厚、排水良好的缓坡山地种植，尤以沙质壤土山地为理想	河南、河北、山东、辽宁、江苏、四川、云南、新疆等。其中，安徽、河北、山东、辽宁四省是中国梨的集中产区
枇杷	蔷薇科	常绿小乔木，高可达10m；小枝粗壮，黄褐色，密生锈色或灰棕色绒毛。叶片革质，披针形、倒披针形、倒卵形或椭圆长圆形。圆锥花序顶生，花瓣白色，长圆形或卵形，果实球形或长圆形，花期10—12月，果期5—6月	喜光，稍耐阴，喜温暖气候和肥水湿润、排水良好的土壤，稍耐寒，不耐严寒，生长缓慢，对土壤要求不严，适应性较广，一般土壤均能生长结果，但以含沙或石砾较多疏松土壤生长较好	产于甘肃、陕西、河南、江苏、安徽、江西、湖北、四川、云南、广西、广东、福建、中国台湾等省区都有栽培

（续表）

植物	科名	生物学特性	生态习性	适栽地区
板栗	壳斗科	高达20m的乔木，胸径80cm，小枝灰褐色。叶椭圆至长圆形。花单性，雌雄同株。板栗总苞球形，外面生尖锐被毛的刺，内藏坚果2～3，成熟时裂为4瓣，坚果深褐色。花期4—6月，果期8—10月	板栗育苗地最好选择在地势平坦、土壤肥沃、土层深厚、质地疏松、排水良好的微酸性沙壤土，pH值5.5～6.5	除青海、宁夏、新疆、海南等少数省区外广布南北各地
杨梅	杨梅科	常绿乔木，高可达15m以上，胸径达60余厘米；树皮灰色，叶革质，无毛。花雌雄异株。核果球状，外表面具乳头状凸起，外果皮肉质，内果皮极硬，木质。4月开花，6—7月果实成熟	喜酸性土壤	主要分布在长江流域以南、海南岛以北
柑橘	芸香科	小乔木。分枝多，枝扩展或略下垂，刺较少。单身复叶，叶片披针形，椭圆形或阔卵形。花单生或2～3朵簇生。果形种种，通常扁圆形至近圆球形，花期4—5月，果期10—12月	对土壤的适应范围较广，紫色土、红黄壤、沙滩和海涂。以土壤质地疏松，结构良好，有机质含量2%～3%，pH值5.5～6.5，排水良好的土壤最适宜	产于秦岭南坡以南、伏牛山南坡诸水系及大别山区南部，向东南至中国台湾，南至海南岛，西南至西藏东南部海拔较低地区。广泛栽培
桃	蔷薇科	落叶小乔木；叶为窄椭圆形至披针形，树皮暗灰色，随年龄增长出现裂缝；花单生，从淡至深粉红或红色，有时为白色，早春开花；近球形核果，表面有毛茸，肉质可食，花期3—4月，果实成熟期因品种而异，通常为8—9月	喜光、耐旱、耐寒力强，选择排水良好、土层深厚的沙质微酸性土壤最为理想	原产中国，各省区广泛栽培
李	蔷薇科	落叶乔木，高9～12m；树冠广圆形，树皮灰褐色。叶片长圆倒卵形、长椭圆形，稀长圆卵形。花通常3朵并生；核果球形、卵球形或近圆锥形。花期4月，果期7—8月	对气候的适应性强，对土壤只要土层较深，有一定的肥力，不论何种土质都可以栽种。对空气和土壤湿度要求较高，极不耐积水	我国各省及世界各地均有栽培
乌桕	大戟科	乔木，高可达15m，树皮暗灰色。叶互生，纸质。花单性，雌雄同株。蒴果梨状球形，成熟时黑色，外被白色、蜡质的假种皮。花期4—8月	喜光，不耐阴。喜温暖环境，不甚耐寒。适生于深厚肥沃、含水丰富的土壤，对酸性、钙质土、盐碱土均能适应。主根发达，抗风力强，耐水湿	我国主要分布于黄河以南各省区，北达陕西、甘肃
茶	山茶科	灌木或小乔木，嫩枝无毛。叶革质，长圆形或椭圆形，花白色，花瓣阔卵形。蒴果3球形或1～2球形，花期10月至翌年2月	适宜生长在土质疏松、土层深厚、排水、透气好的微酸性土壤为最佳	长江以南各省的山区
柿树	柿科	落叶大乔木，通常高达10～14m，树皮深灰色至灰黑色，或者黄灰褐色至褐色，叶纸质，卵状椭圆形至倒卵形或近圆形，花雌雄异株，果形多种，有球形，扁球形，球形而略呈方形、卵形等。花期5—6月，果期9—10月	深根性树种，又是阳性树种，喜温暖气侯，充足阳光和深厚、肥沃、湿润、排水良好的土壤，适生于中性土壤，较能耐寒，但较能耐瘠薄，抗旱性强，不耐盐碱土	原产我国长江流域，现在在辽宁西部、长城一线经甘肃南部，折入四川、云南，在此线以南，东至中国台湾，各省、区多有栽培
油茶	山茶科	灌木或中乔木；嫩枝有粗毛。叶革质，椭圆形，长圆形或倒卵形，花顶生，花瓣白色。蒴果球形或卵圆形，花期冬春间	喜温暖，怕寒冷，在坡度和缓、侵蚀作用弱的地方栽植，对土壤要求不甚严格，一般适宜土层深厚的酸性土	从长江流域到华南各地广泛栽培
椰树	棕榈科	椰子树，树干挺直，高15～30m，叶羽状全裂，花序腋生，果卵球状或近球形，外果皮薄，中果皮厚纤维质，内果皮木质坚硬，花果期主要在秋季	适宜在低海拔地区生长，要求年平均温度在24～25℃，土壤pH值可为5.2～8.3，但以7.0最为适宜。具有较强的抗风能力	主要产于我国广东南部诸岛及雷州半岛、海南、中国台湾及云南南部热带地区
桑	桑科	乔木或为灌木，高3～10m或更高，树皮厚，灰色，叶卵形或广卵形，花单性，腋生或生于芽鳞腋内，聚花果卵状椭圆形。花期4—5月，果期5—8月	喜光，幼时稍耐阴。喜温暖湿润气候，耐寒。耐干旱，耐水湿能力极强	我国中部和北部，现由东北至西南各省区，西北直至新疆均有栽培
杧果	漆树科	常绿大乔木，高10～20m；树皮灰褐色，小枝褐色，无毛。叶薄革质，圆锥花序，花小，杂性，黄色或淡黄色。核果大，肾形，成熟时黄色，中果皮肉质，肥厚，鲜黄色，味甜，果核坚硬	对土壤要求不苛，在海拔600m以下的地区均可栽培芒果。但以土层深厚，地下水位低于3m以下，排水良好，微酸性的壤土或沙壤土为好	产云南、广西、广东、福建、中国台湾，生于海拔200～1 350m的山坡，河谷或旷野的林中

（续表）

植物	科名	生物学特性	生态习性	适栽地区
山楂	蔷薇科	落叶乔木，高达6m，树皮粗糙，暗灰色或灰褐色；叶片宽卵形或三角状卵形，稀菱状卵形，伞房花序具多花，花瓣倒卵形或近圆形；果实近球形或梨形。花期5—6月，果期9—10月	适应性强，喜凉爽，湿润的环境，既耐寒又耐高温，喜光也能耐阴，耐旱。对土壤要求不严格，在土层深厚、质地肥沃、疏松、排水良好的微酸性砂壤土生长良好	产于黑龙江、吉林、辽宁、内蒙古、河北、河南、山东、山西、陕西、江苏
蜡梅	蜡梅科	落叶灌木，高达4m；叶纸质至近革质，卵圆形、椭圆形、宽椭圆形至卵状椭圆形，有时长圆状披针形，花着生于第二年生枝条叶腋内，先花后叶，花期11月至翌年3月，果期4—11月	喜阳光，能耐阴、耐寒、耐旱，忌渍水，于土层深厚、肥沃、疏松、排水良好的微酸性沙质壤土上生长良好，在盐碱地上生长不良	山东、江苏、安徽、浙江、福建、江西、湖南、湖北、河南、陕西、四川、贵州、云南等省
核桃	胡桃科	乔木，高达20～25m；树皮幼时灰绿色，奇数羽状复叶，雄性葇荑花序，雌性穗状花序，果实近于球状。花期5月，果期10月	喜光，耐寒，抗旱、抗病能力强，适应多种土壤生长，喜肥沃湿润的沙质壤土	华北、西北、西南、华中、华南和华东都有栽培
杏	蔷薇科	乔木，高5～8（12）m，树皮灰褐色，叶片宽卵形或圆卵形，花单生，果实球形，稀倒卵形，花期3—4月，果期6—7月	阳性树种，适应性强，深根性，喜光，耐旱，抗寒，抗风	全国各地都有栽培

表5-6　乡村田园生产性景观植物蔬菜瓜果类品种

植物	科名	生物学特性	生态习性	适栽地区
草莓	蔷薇科	多年生草本，高10～40cm。叶三出，质地较厚，花两性；瘦果尖卵形，光滑。花期4—5月，果期6—7月	宜种植在地势稍高，地面平整，排灌方便，光照良好，有机质丰富，保水力强，通气性良好，pH值呈弱酸性或中性的肥沃土地	我国各地普遍栽培
西瓜	葫芦科	一年生蔓生藤本；叶片纸质，雌雄同株。果实大型，近于球形或椭圆形，花果期夏季	喜温暖、干燥的气候、不耐寒	我国各地普遍栽培
油菜	十字花科	一年生草本，直根系，茎直立，分枝较少，株高30～90cm。叶互生，花黄色，长角果线形，花期3—4月，果期5月	要求土层深厚，结构良好，有机质丰富，既保肥保水，又疏松通气的壤质土	我国各地普遍栽培
梨瓜	葫芦科	一年生匍匐或攀缘草本；叶片厚纸质，花单性，雌雄同株	喜温暖耐高温，以富含腐植质的沙质土壤为佳，排水需良好	我国各地普遍栽培
黄瓜	葫芦科	一年生蔓生或攀缘草本植物，叶片宽卵状心形，膜质，雌雄同株。果实长圆形或圆柱形。花果期夏季	喜温暖，不耐寒冷，喜湿而不耐涝、喜肥而不耐肥，宜选择富含有机质的肥沃土壤。一般喜欢pH值5.5～7.2的土壤，但以pH值为6.5最好	我国各地普遍栽培
茄瓜	茄科	茄瓜果实形状多似心脏形和椭圆形，成熟时果皮呈金黄色，有的带有紫色条纹，有淡雅的清香，果肉清爽多汁，风味独特	应选择阳光充足土壤含沙也较肥沃，用水排灌方便的地块	我国各地普遍栽培
豆角	豆科	一年生缠绕、草质藤本或近直立草本，总状花序腋生，荚果下垂，花期5—8月	喜光作物，能耐高温，不耐霜冻，能耐干旱。土壤的适应性广，只要排灌良好的疏松土壤，均可栽培，但以沙壤土最好	我国南北广泛栽培
西红柿	茄科	体高0.6～2m，茎易倒伏。叶羽状复叶或羽状。浆果扁球状或近球状，肉质而多汁液。花果期夏秋季	喜温性蔬菜，喜光，喜水，对土壤条件要求不太严苛，在土层深厚，排水良好，富含有机质的肥沃壤土生长良好。土壤pH值6～7为宜	我国南北广泛栽培
向日葵	菊科	一年生草本植物。高1～3.5m。叶互生，心状卵圆形或卵圆形，头状花序极大，瘦果倒卵形或卵状长圆形。花期7—9月，果期8—9月	喜温又耐寒，对土壤要求较低，在各类土壤上均能生长，从肥沃土壤到旱地、瘠薄、盐碱地均可种植。有较强的耐盐碱能力	我国南北广泛栽培

表5-7　生产性景观植物花卉类品种

植物	科名	生物学特性	生态习性	适栽地区
牡丹	芍药科	牡丹是落叶灌木。茎高达2m；分枝短而粗。叶通常为二回三出复叶，花单生枝顶，花期5月；果期6月	性喜温暖、凉爽、干燥、阳光充足的环境。也耐半阴，耐寒，耐干旱，耐弱碱，忌积水，怕热，怕烈日直射。适宜在疏松、深厚、肥沃、地势高燥、排水良好的中性沙壤土中生长。酸性或黏重土壤中生长不良	遍布于中国各省市自治区
毛地黄	玄参科	二年生或多年生草本植物，高60～120cm。茎单生或数条成丛。叶片卵圆形或卵状披针形，顶生总状花序，蒴果卵形，花期5—6月，果熟期8—10月	较耐寒、较耐干旱、忌炎热、耐瘠薄土壤。喜阳且耐阴，适宜在湿润而排水良好的土壤上生长	中国台湾各地零星栽培，如阿里山、太平山、清境农场、南天池等地

（续表）

植物	科名	生物学特性	生态习性	适栽地区
雏菊	菊科	多年生或一年生葶状草本，高10cm左右。叶基生，草质。头状花序单生，瘦果扁	性喜冷凉气候，忌炎热。喜光，又耐半阴，对栽培地土壤要求不严格	各地都有栽培
栀子	茜草科	灌木，高0.3~3m；叶对生，革质，通常单朵生于枝顶，花期3—7月，果期5月至翌年2月	性喜温暖湿润气候，好阳光但又不能经受强烈阳光照射，适宜生长在疏松、肥沃、排水良好、轻黏性酸性土壤中，抗有害气体能力强，萌芽力强，耐修剪。是典型的酸性花卉	中国南北各地均有栽培
凤仙花	凤仙花科	一年生草本，高60~100cm。茎粗壮，肉质，直立，不分枝或有分枝，无毛或幼时被疏柔毛，基部直径可达8mm，具多数纤维状根，下部节常膨大	性喜阳光，怕湿，耐热不耐寒。喜向阳的地势和疏松肥沃的土壤，在较贫瘠的土壤中也可生长	中国南北各地均有栽培
菊花	菊科	多年生草本，高60~150cm。叶互生，头状花序单生或数个集生于茎枝顶端，花期9—11月	喜光，稍耐阴。较耐干，忌积涝。喜地势高燥、土层深厚、富含腐殖质、疏松肥沃而排水良好的沙壤土	中国南北各地均有栽培
鸡冠花	苋科	一年生直立草本，高30~80cm。单叶互生，花多数，极密生，成扁平肉质鸡冠状、卷冠状或羽毛状的穗状花序。花果期7—9月	喜阳光充足、湿热，不耐霜冻。不耐瘠薄，喜疏松肥沃和排水良好的土壤	中国南北各地均有栽培
芍药	芍药科	多年生草本，花期5—6月	喜光照，耐旱	在我国分布于东北、华北、陕西及甘肃南部
百合	百合科	多年生草本球根植物，株高70~150cm。花大、多白色、漏斗形，单生于茎顶。蒴果长卵圆形，具钝棱。6月上旬现蕾，7月上旬始花，7月中旬盛花，7月下旬终花，果期7—10月	喜凉爽，较耐寒。高温地区生长不良。喜干燥，怕水涝。对土壤要求不严，黏重的土壤不宜栽培	主产于湖南、四川、河南、江苏、浙江，全国各地均有种植
美人蕉	美人蕉科	多年生草本植物，高可达1.5m，叶片卵状长圆形。总状花序，花单生或对生；蒴果，长卵形，绿色，花、果期3—12月	喜温暖和充足的阳光，不耐寒。对土壤要求不严，在疏松肥沃、排水良好的沙土壤中生长最佳，也适应于肥沃黏质土壤生长	全国各地均可栽培

表5-8　生产性景观植物水生植物品种

名称	简介
黄花鸢尾	尾科鸢尾属的植物，也称黄菖蒲，多年生挺水或湿生草本植物。黄花鸢尾耐寒性极强，在我国南方地区全年常绿，在中东部地区冬季半常绿。适宜在0.1m左右深的浅水中生长，具有较强耐旱性。叶片翠绿。剑形挺立，花色鲜艳，株高0.6~1.0m
香蒲	香蒲耐寒性强，在我国南北地区均可自然露天过冬。适宜在浅水和沼泽生长，不耐旱。在长江流域4月根茎发芽，6—9月花期，10月后进入休眠期。香蒲株型挺拔，叶片修长，花穗棒形似蜡烛，株高1.5~2.5m，是传统的水景植物，适合营造自然、野外的田园风光
菖蒲	天南星科菖蒲属。多年生挺水草本植物，在各地野外自然分布较多。菖蒲耐寒性强，在我国南北地区均可自然露天过冬。适宜在0.1m左右深的浅水中生长，可适宜短期干旱。菖蒲株型挺拔，具有香气，株高0.6~0.8m，是常用的乡土型水体景观植物之一
水葱	莎草科藨草属。多年生挺水草本植物。在我国一些地区野外偶有分布，在各地均有栽培应用。水葱耐寒性强，在我国南北地区均可自然露天过冬。适宜浅水生长，不耐旱。在长江流域3月下旬根茎发芽，6—9月花期，10月后进入休眠期
千屈菜	千屈菜科千屈菜属，多年生挺水或湿生草本植物。在我国一些地区野外偶有分布，在各地均有栽培应用。耐寒性强，在我国南北地区均可自然露天过冬。适宜浅水或湿地生长，地下茎具有木质根状，比较耐旱，可旱地栽培。花色艳丽，花期长，株高1~1.5m
美人蕉	美人蕉科美人蕉属。多年生湿生或陆生草本植物。美人蕉耐寒性一般，在我国长江流域及以南地区可自然露天过冬；在北方过冬需采用保温措施，或将球茎挖起储存。适宜湿生地环境，在生长期可浅水生长，耐旱性极强，也是陆生植物
再力花	竹芋科再力花属。多年生挺水草本植物。再力花属喜热忌寒植物，在我国长江流域及以南地区可自然露天过冬；在北方过冬采取保温措施。适宜浅水和沼泽生长，不耐旱。植株高大挺拔，株高1.5~2.5m
风车草	莎草科莎草属，多年生挺水或湿生草本植物。引入我国，得到广泛应用。风车草不耐寒，在我国长江流域及以北地区的冬季，需采取一定的保温措施才能过冬。适宜浅水和湿生生长，耐旱性较强，可旱地栽培。在长江流域5月才萌发新芽。花期7—9月，11月后进入休眠期
梭鱼草	雨久花科梭鱼草属，也称海寿花，为多年生挺水草本植物。引入我国，得到广泛应用。梭鱼草耐寒性一般，在我国长江流域及以南地区可安全过冬。适宜浅水生长，不耐旱。在长江流域3月萌芽，花期5—9月，10月后休眠。花期长，株高0.8~1.2m
灯芯草	灯芯草科灯心草属。多年生挺水或湿生草本植物。在我国各地野外均有分布。灯芯草极耐寒，在我国大部分地区的冬季为常绿或半常绿，适宜浅水或沼泽生长，不耐旱
慈姑	泽泻科慈姑属。多年生挺水草本植物。在我国南北各地野外偶有分布，各地也有栽培应用。大部分慈姑品种耐寒性强，在我国南北地区均可安全露天过冬。适宜浅水生长，不耐旱。在长江流域4月萌芽，花期6—9月，10月休眠
紫芋	天南星科芋属。多年生湿生草本植物。在我国一些地区野外少量分布，各地也有栽培应用。芋类植物除水芋等少数品种在北方可自然过冬外，大部分品种耐寒性一般。适宜湿生或浅水生长，具有一定的耐旱性
泽泻	泽泻科泽泻属，多年生挺水草本植物。在各地均有较多栽培

（续表）

名称	简介
芦竹	禾本科芦竹属。多年生挺水或湿生草本植物。在我国各地均有分布，栽培应用很广泛。芦竹耐寒性强，在南北方均可自然露天过冬。适宜湿生地或浅水生长，也可旱生。在长江流域3月萌芽，9—11月花期，11月后休眠
芦苇	禾本科芦苇属。多年生挺水或湿生草本植物。在我国各地均有分布，栽培应用很广泛。芦苇耐寒性强，在南北方均可自然露天过冬。适宜湿生地或浅水生长，也可旱生。在长江流域4月萌芽，8—10月花期，11月后休眠
苦草	水鳖科苦草属。多年生或一年生沉水草本植物。在我国各地野外均有分布。苦草耐寒性强，在我国南北各地均可生长。适宜在0.5～1.5m深的清水中生长。在长江流域4月萌芽，花期8—9月，10月后开始腐烂进入休眠期
眼子菜	眼子菜科眼子菜属，多年生沉水草本植物。在我国各地野外均有分布。为多年生沉水浮叶型的单子叶植物，喜凉爽至温暖、多光照至光照充足的环境。茎纤细，丝状，分枝性高；分枝前端经常会分化出芒状的冬眠芽
菹草	眼子菜科眼子菜属，多年生沉水草本植物。在我国各地野外均有分布。菹草耐寒性极强，在我国南北各地均可自然过冬，在长江流域及以南地区的冬季幼苗常青。适宜在0.5～2m深的水中生长
黑藻	水鳖科黑藻属。多年生沉水草本植物。在我国各地野外均有分布。黑藻耐寒性强，在我国南北各地均可生长。适宜0.5～2m深的水中生长。在长江流域4月开始萌芽，10月后开始腐烂进入休眠期
狐尾藻	小二仙科狐尾藻属，多年生粗壮沉水草本。根状茎发达，在水底泥中蔓延，节部生根。耐寒性强，在我国南北各地均可生长，适宜在0.8～3m的水深生长
粉绿狐尾藻	小二仙科狐尾藻属，多年生浮水或沉水草本植物。耐寒性强，除东北等寒冷地区外，其他地方均可安全过冬。对水位适应性强，从湿生地一直到深水区均可生长。在长江流域的冬季呈半绿状态，4月开始快速生长，11月后半枯进入休眠期
金鱼藻	金鱼藻科金鱼藻属。多年生沉水草本植物，在我国各地野外均有分布。耐寒性强，在我国南北各地均可生长，适宜在0.5～1.5m的水深生长

第四节　美丽乡村园林植物品种选择

一、耐阴植物品种的选择

近年来，随着国民经济发展和城市化进程加快，城市建筑密度迅速增加，由高层建筑、立交桥、片林等造成的阴蔽、半阴蔽土地不断增多，使许多绿地处于建筑包围中，据统计我国城市中50%以上绿地处于阴蔽环境中。高速铁路及高架桥体通行居多，桥下形成了大量阴生环境；现代办公区弱光或无光墙体绿化也正盛行等，从市场需求看，阴生环境的绿化问题日显突出。

美丽乡村生态建设中虽没有高层建筑、立交桥等阴生环境，但同样存在着阴蔽、半阴蔽土地，和植物群落间阴蔽竞争状态。如果对耐阴植物开发不足，导致许多阴生环境难以绿化或难于取得理想的绿化效果，尤其是乡村绿地不能形成乔、灌、草及阴性、阳性和中性等多种生态类型植物，相互依存的自然生态群落，植被结构不完整，物种较单一，林下大面积土地裸露，不仅景观不悦，而且产生了许多环境问题。鉴于此，利用耐阴植物品种进行阴生环境的绿化，以解决阴生环境绿化的瓶颈问题，全面提升耐阴环境的绿化水平是很有必要的。

本公司对华南地区喜阴植物开展调查后，选择了30种具有一定耐阴能力的植物品种，建立资源库。具体品种见表5-9。

表5-9　耐阴植物品种

序号	名称	学名	科名	属名
1	三羽新月蕨	*Pronephrium triphyllum*（Sw.）Holtt.	金星蕨	新月蕨
2	江南星蕨	*Microsorum fortunei*（T. Moore）Ching	水龙骨	星蕨
3	阔叶凤尾蕨	*Pteris esquirolii* Christ	凤尾蕨	凤尾蕨
4	胄叶线蕨	*Colysis hemitoma*（Hance）Ching	水龙骨	线蕨
5	铁线蕨	*Adiantum capillus-veneris*（L.）Hook.	铁线蕨	铁线蕨
6	普通针毛蕨	*Macrothelypteris torresiana*（Gaud.）Ching	金星蕨	针毛蕨
7	小翠云	*Selaginella kraussiana* A. Braun	卷柏	卷柏

（续表）

序号	名称	学名	科名	属名
8	星蕨	*Microsorum punctatum*（Linn.）Copel.	水龙骨	星蕨
9	金叶拟美花	*Pseuderanthemum carruthersii*（Seem.）Guillaumin	爵床	钩粉草
10	鸟尾花	*Crossandra infundibuliformis* Nees	爵床	十字爵床
11	叉花草	*Strobilanthes hamiltoniana*（Steud.）Bosser et Heine	爵床	疏花马兰
12	马可芦莉	*Ruellia makoyana* Closon	爵床	蓝花草
13	长叶铁角蕨	*Asplenium prolongatum* Hook.	铁角蕨	铁角蕨
14	珊瑚花	*Cyrtanthera carnea*（Lindl.）Alph.Wood	爵床	珊瑚花
15	波斯红草	*Strobilanthes dyerianus*	爵床	耳叶爵床
16	红唇花	*Justicia brasiliana* Roth	爵床	爵床
17	假杜鹃	*Barleria cristata* L.	爵床	假杜鹃
18	金脉爵床	*Sanchezia oblonga* Ruiz & Pav.	爵床	黄脉爵床
19	粉苞酸脚杆	*Medinilla magnifica* Lindl.	野牡丹	酸脚杆
20	小驳骨	*Justicia gendarussa* L. f.	爵床	洋爵床属
21	翠芦莉	*Ruellia brittoniana* Leonard	爵床	芦莉草
22	金苞花	*Pachystachys lutea* Nees	爵床	单药花
23	白苞爵床	*Justicia betonica* L.	爵床	爵床属
24	红楼花	*Odontonema strictum*（Nees）O. Kuntze	爵床	红楼花
25	马蓝	*Strobilanthes cusia*（Nees）J.B.Imlay	爵床	板蓝
26	尖萼红山茶	*Camellia edithae* Hance	山茶	山茶
27	柳叶润楠	*Mochilus salicina* Hance	樟	润楠
28	矮紫金牛	*Ardisia humilis* Vahl	紫金牛	紫金牛
29	龙翅秋海棠	*Begonia ‘Dragon Wing*	秋海棠	秋海棠
30	小兄弟秋海棠	*Begonia ‘Little Brother* Montcomery	秋海棠	秋海棠

通过对选择的30种植物品种耐阴性，进行了较为系统的研究，不仅摸清了不同光照条件下植物的生长、景观的适应性，而且从叶片结构和生理特征上探讨了耐阴的机理。主要结论如下。

（1）遮阴对园林植物的生长状况的影响十分显著。叶长、叶宽、叶面积、冠幅与遮阴度呈明显的正相关，植株的最大增量，则出现在最适宜植物生长的光照条件下。

（2）光照条件对植物的观赏效果影响非常显著。同一植物在不同光照条件下的景观质量相差很大，过强或过弱的光照条件均会降低叶色质量和植株的均一性。植物的最优观赏价值一般出现在适宜植物生长的光照条件下。

（3）光照使园林植物叶片结构发生很大变化。叶片厚度、栅栏组织厚度、海绵组织厚度及栅栏组织与海绵组织的比值均与遮阴度呈明显负相关。

（4）遮阴使植物的光合特性发生了很大变化。光饱和点、光补偿点随光照的减少而下降，呈明显的负相关。光合速率最大值和净光合作用最大值，一般出现在最适宜的遮阴条件下。

（5）遮阴对植物的生理指标产生了显著影响。叶绿体总量、叶绿素a、叶绿素b、叶片含水量与遮阴度呈明显的正相关，而叶绿素a/b则与遮阴度呈明显的负相关。

（6）将景观特征、叶片结构及生理特征相结合，从系统的角度出发，应用AHP法建立了耐阴植物综合评价指标体系，并对15种植物的耐阴性进行综合评定。大致可分为三类。

第一类有江南星蕨、胄叶线蕨、铁线蕨、阔叶凤尾蕨和长叶铁角蕨，为耐阴性很强的植物，能在85%的遮阴条件下生长良好。

第二类有小驳骨、马可芦莉和金苞花，为耐阴性较弱的植物，能在70%的遮阴条件下生长良好。

第三类为鸟尾花、叉花草、珊瑚花、红唇花、金叶拟美花、波斯红草和金脉爵床7种植物，具有一定的耐阴能力和潜力，能在60%的遮阴条件下生长良好。

二、常用园林植物的选择（表5-10）

表5-10　常用园林植物品种表

植物	科名	生物学特性	生态习性	适栽地区
油松	松科	乔木，高达25m，针叶2针一束，深绿色，粗硬，长10～15cm，径约1.5mm，边缘有细锯齿，两面具气孔线；雄球花圆柱形，长1.2～1.8cm，在新枝下部聚生成穗状。球果卵形或圆卵形，长4～9cm，花期4—5月，球果翌年10月成熟	喜光、深根性树种，喜干冷气候，在土层深厚、排水良好的酸性、中性或钙质黄土上均能生长良好	为我国特有树种，我国大部分省区都有栽培
香樟	樟科	常绿性乔木。树皮幼时绿色，平滑，老时渐变为黄褐色或灰褐色纵裂；叶互生，卵形或椭圆状卵形，纸质或薄革质，花黄绿色，春天开，果实球形成熟后为黑紫色。香樟全株具有樟脑般的气味，树干有明显的纵向龟裂	樟树喜光，稍耐阴；喜温暖湿润气候，耐寒性不强，对土壤要求不严，较耐水湿，但不耐干旱、瘠薄和盐碱土	中国南方及西南各省区，四川省宜宾地区生长面积最广
凤凰木	豆科	落叶乔木，树高20m，胸径80cm；羽状复叶，小叶长圆形；枝叶广布，树冠广伞形；总状花序，花大橙红耀眼，大型荚果微成镰形扁平，果熟黑色，种子纺锤形灰黑色；林木生长快。花期5—6月，果熟期10—12月	阳性树种，喜高温多湿，抗风抗大气污染，不耐寒；不耐干旱瘠薄，要求较好的土壤肥力	中国台湾、海南、福建、广东、广西、云南等省区有栽培
法国梧桐	悬铃木科	落叶大乔木，高达30m，树皮薄片状脱落；叶大，轮廓阔卵形。花序头状，黄绿色。多数坚果聚全叶球形，3～6球成一串，宿存花柱长，呈刺毛状，果柄长而下垂	喜光，喜湿润温暖气候，较耐寒。对土壤要求不严，但适生于微酸性或中性、排水良好的土壤，	全国各省区都有栽培。
桂花	木犀科	常绿乔木或灌木，高3～5m；树皮灰褐色。叶片革质，椭圆形、长椭圆形或椭圆状披针形。聚伞花序簇生于叶腋。果歪斜，椭圆形，长1～1.5cm，呈紫黑色。花期9月至10月上旬，果期翌年3月	喜温暖，抗逆性强，既耐高温，也较耐寒。宜栽植在通风透光的地方；喜欢洁净通风的环境，不耐烟尘危害，畏淹涝积水	全国各省区都有栽培。
木棉	木棉科	落叶大乔木，高可达25m，树皮灰白色，掌状复叶，长圆形至长圆状披针形。花生枝顶叶腋，通常红色，有时橙红色。花期3—4月，果夏季成熟。	喜温暖干燥和阳光充足环境。不耐寒，稍耐湿，忌积水。耐旱，抗污染、抗风力强，深根性，速生，萌芽力强	产于云南、四川、贵州、广西、江西、广东、福建、中国台湾等省区亚热带
玉兰	木兰科	落叶乔木，高达25m，树皮深灰色，粗糙开裂。叶纸质，倒卵形、宽倒卵形或、倒卵状椭圆形，花先叶开放，直立，芳香，白色。聚合果圆柱形，外种皮红色，内种皮黑色。花期2—3月（亦常于7—9月再开一次花），果期8—9月。	性喜光，较耐寒，可露地越冬。爱干燥，忌低湿，栽植地渍水易烂根。喜肥沃、排水良好而带微酸性的沙质土壤，在弱碱性的土壤上亦可生长	南方各省区都有栽培
含笑	木兰科	常绿灌木，高2～3m，树皮灰褐色，分枝繁密；叶革质，狭椭圆形或倒卵状椭圆形。花直立，淡黄色而边缘有时红色或紫色，具甜浓的芳香。花期3—5月，果期7—8月	性喜半阴，忌强烈阳光直射，不甚耐寒。不耐干燥瘠薄，怕积水，排水良好，肥沃的微酸性壤土为宜	广植于我国南方各地
印度紫檀	豆科	落叶大乔木，高20～25m，树皮黑褐色，树干通直而下滑。叶互生，奇数羽状复叶，革质。花金黄色，蝶形，腋生总状花序或圆锥花序，有香味。荚果，扁圆形。花期4～5个月，果期8～10个月	喜高温多湿，日照充足	分布广东、云南、海南等地
云南松	松科	乔木，高达30m，胸径1m；树皮褐灰色，针叶通常3针（稀2针）一束，柔软；球果圆锥状卵形，成熟时张开。花期4—5月，球果翌年10月成熟	喜光性强的深根性树种，适应性能强，能耐冬春干旱气候及瘠薄土壤，能生于酸性红壤、红黄壤及棕色森林土或微石灰性土壤上。以生于气侯温和、土层深厚、肥润、酸质沙质壤土、排水良好的北坡或半阴坡地带生长最好	我国西南地区
大叶榕	桑科	大乔木，高25～30m；树皮灰色，平滑。叶厚革质，广卵形至广卵状椭圆形；雄花散生榕果内壁，雌花无柄，花被片与瘿花同数。瘦果表面有瘤状凸体，花柱延长。花期3—4月，果期5—7月	阳性，喜高温多湿气候，耐干旱瘠薄，抗风，抗大气污染，生长迅速，移栽容易成活	产于海南、广西、云南（南部至中部、西北部）、四川
雪松	松科	乔木，高30m左右；树皮深灰色；叶针形，坚硬，淡绿色或深绿色；雄球花长卵圆形或椭圆状卵圆形，雌球花卵圆形，种子近三角状	喜阳光充足，也稍耐阴、在酸性土、微碱。温和凉润气候和土层深厚而排水良好的土壤为宜	广植于我国各地
云南山茶花	山茶科	常绿乔木，高8～16m，树皮灰褐色；叶互生，革质。花粉红色至深红色；蒴果扁球形	半阴性树种，深根性，主根发达，在土层深厚、有机质丰富的疏阴湿润地或沟谷两侧生长良好	分布于云南西部山地和滇中高原

（续表）

植物	科名	生物学特性	生态习性	适栽地区
大王椰	棕榈科	茎直立，乔木状，高10～20m；茎幼时基部膨大。叶羽状全裂，线状披针形，渐尖。雌雄同株，果实近球形至倒卵形，种子歪卵形；花期3—4月，果期10月	喜高温多湿的热带气候，耐短暂低温。喜充足的阳光和疏松肥沃的土壤	我国南部热区常见栽培
海南芒果	漆树科	常绿大乔木，高10～20m。树皮灰褐色，单叶互生，聚生枝顶薄革质，通常为长圆形或长圆状披针形；花小，杂性，黄色或淡黄色；核果椭圆形或肾形。花期3—4月，果期7—8月	性喜温暖，不耐寒霜，喜光，对土壤要求不苛，排水良好，微酸性的壤土或沙壤土为好	产于云南、广西、广东、福建、中国台湾，国内已广为栽培

第五节　美丽乡村生态工程建设的植物群落配置技术

目前，在我国乡村植物景观中，原封不动搬用、套用城市园林绿化配置方法，忽视了农村环境的特色，脱离农村绿化讲究“四旁”（村旁、宅旁、路旁、河旁）的特点。按照城市里的道路、公园等绿地植物配置方式进行配置，如采用高大常绿乔木作为行道树；部分公共场所使用名贵树种；在空间上，采用乔灌草搭配，显示景观的层次性，利用绿篱分隔空间，还有模纹、色块等。这些方法，在乡村绿化中并不十分合适。

丰富的植物配置形式是构成乡村景观生态效益的基石，过于简单的植物群落不利于生态系统的稳定。所以在植物配置上需要根据乡村山水田林路居结构特点，充分理解村落风貌，尊重村民需求和风俗民情，了解村民的审美情趣。

一、美丽乡村生态建设园林植物种群配置原则

乡村绿化建设植物配置的原则，应以当地居民的需要，满足其功能需求为主，同时，兼顾生态景观效果。在配置时，乡村绿化景观要考虑对原有自然景观的保护，在原有保护的基础上，进行适当的补充和丰富，不宜打破原有的景观格局，推倒一切，重新配置。同时，也要考虑对整个植被群落进行生态模拟配置，有利于防止水土流失，保留乡村特色，改善乡村生态景观。植物品种不同的配置方式和密度，直接影响到植被群落的稳定性和恢复成本。应根据绿化目的、立地条件和植物品种的特性，进行科学合理配置，按照既生态又经济的方案开展乡村生态景观建设，营建与周边生态环境相协调的稳定的目标群落。植物群落是由一定的植物种类结合在一起的一个有规律的组合。要发挥植被持续的综合生态功能，就要运用生态学原理构建一个和谐有序、稳定的植物群落，其关键又在于植物的种群配置。美丽乡村生态建设绿化植物的种群配置应遵循以下的原则。

1. 经济性原则

美丽乡村生态景观建设的基础应该是源于农民的生产生活，除了具有观赏功能和生态功能两大功能之外，还应该具有生产功能。所以对于与农民生活息息相关的乡村绿化，其植物自身的经济价值显得尤为重要，故在选择配置植物品种时，宜优先选择果树、观赏蔬菜花卉等具有相对较高的经济价值的生产性植物。

2. 特色性原则

不同的村庄，具有不同的乡村田园特色。在美丽乡村生态景观的营建上，应根据每个乡村自身的资源特质，人文历史内涵等特色要素，选择与之相应的配置植物，在适当的位置进行种植点缀，在植物配置层面渗透村庄文化特色。

3. 遵从生态位原则，优化植物配置

基于物种多样性的考虑，在利用植物进行美丽乡村生态景观建设时，采用的植物种类较多，这就要求拟定一个合理的配方。绿化植物的选配，除了要考虑它们的生态习性外，实际上还取决于生态位

的配置，也是生态防护关键的一步，它直接关系到系统生态功能的发挥和景观价值的提高。因此，在选配植物时，应充分考虑植物在群落中的生态位特征，从空间、时间和资源生态位上合理选配植物种类，使选配植物生态位尽量错开，从而避免种间的直接竞争。

4. 坚持以乔灌草结合，立体生态的原则

由于在美丽乡村生态建设中，要充分利用原有地形地貌和山、水、植物等景观要素，且在乡村植物景观营造中，养护成本预算相对较少，这就决定了配选乡村绿化植物品种应具有良好的抗旱和耐贫瘠性。通过多年的工程实践，我们认识到没有完整的乔—灌—草体系参与是不完整的乡村生态体系，是难以形成稳定的近自然的生态系统的，所以在植物配置方面，植物配置形成的乔灌草群落结构，应当以该地区地带性植物群落为基础。

5. 以地方品种为主，适应地方环境的原则

选择美丽乡村生态建设绿化植物应做到因地制宜，“适地适树”“适地适草”。适地适树是园林植物配置的基本原则，是指将植物栽在适合的环境条件下，使植物生态习性和栽植地的生态环境条件相适应。在乡村景观建设中，一方面要以乡土的乔、灌、草、藤为主，另一方面也应注意选择经多年引种驯化，证明已获得成功的外来物种。无论是本地区原有的优良绿化护坡植物，还是新引进的外来景观林草种，只要其生态适宜性符合要求，与四周环境相协调，能适应当地气候、土壤、水文等各种自然环境条件，并能健康生长的绿化植物，都应作为选配对象。美丽乡村生态建设需要考虑其乡土特色，体现当地乡村生态景观的独特性。因此，绿化植物要以地方品种为主，增强植物对乡村田园环境的适应性。

二、推行乔灌草主体模式，建立稳定、持久的乡村生态体系

乡村山水田园景观建立乔、灌、草立体生态体系，主要生态效益在于：一是多元结构生态体系，改善了社会视角景观；二是多层次立体生态，体现了植被对水光热利用的最大化；三是木本与草本深浅根系植物配置，可形成盘根错节的强大根系群，有利于水土保持，防止山坡崩塌、滑坡等次生地质灾害；四是乔灌草植物群落，可改善水分和养分内循环，并改良土壤肥力和根际微生物环境；五是防止植被退化，通过结实植物种子自然散落，发芽野生，建立多代演替的永久性植被，恢复小流域青山绿水的自然生态原貌。

三、美丽乡村生态建设不同地段植物配置模式

1. 庭院（宅旁）植物配置模式

乡村的庭院（宅旁）空间与村民的日常生产、生活息息相关，是村民脱离住宅后首先接触到的自然环境空间。庭院空间承载了村民日常活动需求的功能，是具有浓郁乡村生活气息的场所。其植物种类主要分为生产型与观赏型两类。即果—蔬配置模式，或果树—花卉模式。生产型植物以可食用植物为主，包括果树（柑橘、枇杷、石榴、柿子等）、攀缘类棚果（葡萄、猕猴桃等）、旁栽蔬菜（葱、辣椒等）等；观赏性植物包括乡土时令花卉、花灌木、小乔木等。庭院植物景观营造以庭院绿化、美化为基础，充分尊重各农户自身喜好，因地制宜，灵活安排，庭院内外可种植经济果树，林下可栽植蔬菜瓜果，屋顶和墙面可利用藤蔓类植物立体绿化。

2. 乡村公共绿地植物配置模式

当前，部分乡村存在村民公共活动空间，缺乏植被或空间植被景观性、功能性不佳等问题，导致公共空间不够人性化，利用率不高。通过植物景观整治，能达到提升公共空间景观性、利用率的目的。乡村公共空间的植物配置，主要考虑植物的观赏性，丰富植物的季相变化及植物群落的层次。以自然式乔灌草植被配置为主，公共草坪应占一定比例。选择观赏性强的植物，并根据空间文化内涵适

当点缀些寓意美好的乡土植物。如松、竹、梅、白玉兰、桂花、海棠、牡丹、腊梅、桂花、榉树、含笑、杜鹃、茶花等，以丰富公共空间的文化内涵。

3. 田园植被模式

农田是乡村的生产用地，是最为典型的农业田园景观。在乡村植物景观的营造中，农田植被景观作为景观基底，对整体乡村植物景观风貌的形成具有重要意义。其植被的种类与本地的土质环境、气候、习俗乃至经济发展有着直接的联系。农业田园植被的种植自主性较大，但在乡村的重要农田景观界面，特别是作为农田特色的景观界面，如稻—稻—油，不仅是农业经济模式，而大片油菜花是当地春天踏青休闲游的最好乡村田园风光。油菜花自南向北推进，每年3—5月，是我国城市游客观赏乡村金黄田园风光最佳季节。此外，丘陵区、旱耕梯地，多层次绿色茶园，也是农耕文化的靓丽景观。因此，应尊重当地种植传统的原则，对其田园植被种植配置予以适当引导，应用色块植物造景功能，形成能体现当地种植特色优美的田园景观，形成乡村旅游经济新模式。

4. 乡村湿地植被模式

“数家临水自成村”，南宋诗人陆游的这句诗，很好地反应了乡村与水的关系。水系的整治是美丽乡村建设的重要生态工程。乡村小溪流既是灌溉渠，也是排水沟，山洪暴发，淹没田园，甚至淹害村宅。乡村沟渠环境是典型湿地环境，长满水草，淤渍污泥，无护岸，随时可冲垮良田，是乡村生态水环境建设的重点。首先应采取工程措施与生物措施相结合，将水系改弯取直，石砌护岸，清理污泥，在沟渠两岸建造湿地植物防护带，以耐湿植物为主，建立灌木—草本—花卉植物群落模式，如柳，水杉（灌木）—香蒲、蟛蜞菊（草本）—美人蕉（花卉）等都是较成熟的湿地植物配置模式。如果是大溪流域，可建成湿地长廊公园，如桃花岛、水杉林、柿子园、芦苇荡等湿地特色景观，丰富乡村旅游景点。

5. 乡村行道树及路域植被模式

从功能上看，乡村道路主要分为行车道及人行道。村外车道常途经农田、山体边坡（上边坡或下边坡），植物群落结构：乡村行车道以乔木—灌木绿篱模式为主，如小叶榕或香樟—黄叶女贞绿篱带；人行道植物模式，以灌木（红叶石楠或夹竹桃）—灌丛绿篱（女贞、红羽球）为宜；路域边坡宜以喷混乔灌草植被模式为主，常用银合欢、胡枝子、紫穗槐、山毛豆、百喜草、狗牙根等种子喷混植生，$30g/m^2$种量，以快速恢复边坡植被，保持水土。

参考文献

陈煜初，赵勋，沈燕. 2015. 乡村植物概念的提出及其应用[J]. 园林（06）：36-40.
崔丹，陆芳春. 2007. 浅谈浙江省开发建设项目水土保持植物种的选择[J]. 浙江水利科技（02）：62-63，79.
崔花蕾. 2015. “美丽乡村”建设的路径选择[D].武汉：华中师范大学.
李永红. 2008. 水土保持植物的选择初探[J]. 中国农村水利水电（04）：103-104.
穆希华，朱国平，于占成. 2007. 生态清洁小流域建设中植物措施的作用及建议[J]. 中国水土保持（09）：19-21.
乔保军，吴红雪，李锴，等. 2015. 浅谈水土保持植物种的应用[J]. 内蒙古林业调查设计（01）：127-129.
沈正虹. 2016. 乡村景观营造中乡土植物的应用与配置模式[J]. 现代园艺（08）：118-119.
史秋萍. 2016. 乡土树种在美丽乡村建设中的应用[J]. 现代园艺（14）：131.
王浥尘. 2016. 乡村生产性植物景观营造及百合养护于田间杂草防治研究[D].杭州：浙江大学.
徐国钢，赖庆旺. 2016. 中国工程边坡生态修复技术与实践[M].北京：中国农业科学技术出版社.
薛玉剑，李光忠. 2007. 新农村绿化应凸现地域特征与田园特色—以山东省德州市为例[J].技术与市场：园林工程（7）：42-44.
赵梅. 2015. 基于乡土特色的景宁畲族村庄植物景观营造研究[D].杭州：浙江大学.

第六章　美丽乡村生态景观工程的建造技术

第一节　草坪种植技术

一、草坪的用途与分类

草坪是利用多年生低矮草坪草植物，由天然形成或人工建植后育成的比较均匀、平整的园林草地植被。草坪从用途上分游憩草坪、观赏草坪、广场草坪、运动场草坪，防护环保草坪、水土保持草坪等；从植物的组合上分纯种草坪、混合草坪、缀花草坪；按照草坪和树木的组合上分空旷草坪、稀树草坪、疏林草坪、林下草坪；从规划形式上分自然式草坪、规则式草坪；从适应的气候上分暖季型草坪（如狗牙根、金边钝叶草、结缕草、百喜草、地毯草、假俭草等）、冷季型草坪（如早熟禾、剪股颖、黑麦草、苔草等）。在我国美丽乡村生态建设中，适用建植草坪工程的有山间及道路边坡治理、文化休闲广场、乡村高尔夫球场、学校体育操场、办公及信守区环境林草配置，湿地及河渠环境治理，新公园及空旷公共绿化等草坪工程。

二、草坪施工的内涵

根据已确定的设计方案完成草坪开辟和种植过程。在施工过程中，要搞好土地整理工作，准备深厚土壤，施底肥，喷洒防治病虫害农药，平整好土地，布置好排水灌溉设施。种植方法有播种法、栽植法、铺草块和铺草卷4种方法。播种法要做好选种、种子处理工作，确定播种时间和播种方式；栽植法要确定好栽植时间、选择好草皮种源、铲草栽植；铺草块和铺草卷要经过选择草皮种源、确定草块、草卷大小规格、运输及存放、铺植等环节。不同的铺植方法都有各自的特点，在铺植草坪时，要根据实际情况，选择合适的栽植方法，使之生产出更经济更优质的乡村园林绿地草坪。

三、苗床整理与灌排设施

1. 平整基底、精细整地

栽种草坪，必须事先按设计标高整理好场地。主要操作内容包括锄松土地、基面整平、施足底肥等，必要时还要换土。对于有特殊要求的草坪如运动场、休闲广场草坪还应设置排水设施。草坪草植物的根系80%分布在40cm以上的土层中，而且50%以上是在地表以下20cm的范围内。虽然有些草本植物如百喜草能耐干旱，耐瘠薄，但若种在15cm浅薄的土层中，极易导致生长不良，越夏越冬难，应加强水肥管理。为使草坪草保持优良的质量，减少后期管理成本，应尽可能使土层厚度达到30～40cm，在小于30cm的地方应加厚土层。对于含有砖石等建筑杂质的土壤，妨碍草坪草植物生长和根系伸展，也妨碍耕作管理操作，应将杂物挖除，必要时应将30～40cm厚的表土全部过筛去杂。如果土中含有石灰等有害于草坪植物生长的物质，则应将40cm厚的表层土全部运走，另外，换上沙质壤土，以利于草坪植物的生长发育和扩繁。

综上所述，草坪草植物根系分布的深度一般在20～30cm，如果土质良好，草根群也可深入1m以上。深厚、肥沃的土壤，有利于草坪草的生长。种植草坪草的土壤，厚度不少于40厘米为宜，并须翻耕疏松，整平基底。

为提高土壤肥力，最好施优质有机肥料作基肥。一般施农家肥20～30t/hm^2，或施粪渣15～20t/hm^2，并加施过磷酸钙150～200kg/hm^2。不论施哪种肥料，都应撒施均匀并与土壤搅拌翻入土中。但不施马、牛粪，因草食动物粪便含有大量杂草种籽，会造成后期草坪野杂草丛生，降低草坪质量。为防治地下害虫，保护草坪蘖根，在施肥的同时施适量农药。均匀撒施，避免药粉成块状而影响草坪植物出苗与成活。

完成上述工作后，按设计标高将地面整平，并注意保持一定排水坡度（一般采用0.3°～0.5°的坡度）。场地易出现坑洼凹面，以免积水，最后用碾滚轻轻碾压一遍。体育场草坪对于排水的要求更高，除应注意搞好地表排水（坡度一般可采用0.5°～0.7°）外，还应设置地下排水系统。整地质量好坏是草坪建立成败的关键技术之一，必须认真做好。

2. 布置排水及灌溉系统

草坪与其他苗基地一样，需要排除地面渍水，因此，在最后平整地面时，要结合考虑地面排水体系，不能出现地面有低凹处，以造成渍水死苗。草坪多利用缓坡排水，在一定面积内修一条缓坡地沟，其底下一端可设雨水口接纳排出的地面水，并经地下管道排走。或雨沟直接与水池相连。理想的平坦草坪表面应是中部稍高，逐渐向四周或边缘倾斜。地形过于平坦的草坪或地下水位过高或聚水过多的草坪、运动场的草坪等均应设置暗管或明沟排水，最完善的排水设施是用暗管组成一个系统与自由水面或排水管网相连接。草坪灌溉系统是兴造草坪的重要项目。目前，国内外草坪大多采用喷灌法，为此，在场地最后整平前，应将喷灌管网埋设完毕。

一个完整的喷灌系统由水源、水泵、动力、管道系统、阀门、喷头和自动化系统中的控制器构成。控制器通过一个遥控阀，在预定时间打开阀门，水压使喷头高出地面并开始自动喷水；结束时，阀门关闭，喷头又缩回地下。

（1）水源。在草坪的整个生长季节，应该有充足的水源供应。井、河流、湖泊、水库、池塘和其他质量合格、数量足够的水源都可用于草坪灌溉，现在处理过的城市废水也开始用于草坪灌溉。水是否适合灌溉，取决于水中所含物质（溶解物和悬浮物）类型和浓度，许多水中含有大量盐类、颗粒、微生物及其他物质，其中的一些物质对草坪有害，具体造成危害的含量还与土壤结构有关。

硼是重要的微量营养元素，但如灌溉水中硼的含量超过1mg/kg时则会对草坪有毒害作用。生活废水中常含有的铬、镍、汞、硒等也对草坪有毒害作用。

悬浮在水源中的各种颗粒使用前必须过滤掉，以避免危害灌溉系统部件，堵塞喷头，引起喷头不转等问题。

（2）水泵。从水源抽水的泵叫系统抽水泵，如系统中出现压力不足，要在压力管道安装增压泵（管道泵），以增加压力，这两种泵一般都是离心泵，泵壳内的助推器产生压力，旋转并将水压出排水口，一般天然水体（河湖池等）为水源时，系统水泵多采用潜水泵。

（3）管道系统。包括干管、支管及各种连接管件。管道是草坪灌溉系统的基础，通过它把水输送到喷头而后喷洒到草坪上，因而管道的类型、规格和尺寸直接影响一个灌水系统的运作。管道多使用便宜、不腐蚀生锈、重量轻的塑料管材，有时总管道用水泥、石棉和硅制成。

现用于灌溉系统的两种基本塑料管材是聚氯乙烯（PVC）和聚乙烯（PE），PVC比PE管子更坚固耐用，更普及。这两种管道工作压力选择范围大，内壁光滑，水头损失小，移动安装方便，使用年限可达15年以上。

成段的PVC管很容易用溶剂融合在一起，在管端和接头处（外装塑料套管）涂抹石棉水泥，经石棉水泥的化学作用将管子很牢固地连接在一起；在寒冷的冬天，塑料管中的水可能冻裂管道，所以管道必须埋入足够深的土中，或在冬天排除管道中的水。

（4）阀门和控制系统。所有灌溉系统都有控制阀门，以调节通过本系统的水流变化，系统的遥控阀是由控制器操作的。

较小的灌溉系统只有一个控制器，而大型设施，如高尔夫球场，则有一个能编程并能控制一系列附属田间控制器的中央控制器。更高级的控制器带有附件，如传感器。在下雨或系统内压力不正常时传感器能自动关闭灌溉系统。控制器也可连接在测量土壤水分的张力计或电极探头上。

（5）喷头。草坪用喷头种类繁多，为喷灌系统的关键部分。不同喷头的工作压力、射程、流量及喷灌强度范围不同，一般在其工作压力范围内，其他几项指标随压力变化而变化，但变化范围不应很大。性能越好的喷头其变化范围应越小，这对简化设计工作及提高灌溉质量极为有利。

适合的工作压力是保证均匀喷水的关键所在，而喷头间隔是均匀的关键，常用的喷头排列方法有等边三角形和矩形两种，喷头选型及布点正确是喷灌效果好坏的关键。用于草坪的喷头可分为庭院式喷头、埋藏式喷头和摇臂式喷头几大类。

四、草坪的播种与栽植

草坪排水供水设施铺设完成，土面已经整平耙细，就可以进行草坪植物的种植施工。草坪种植方式主要有草籽播种、栽植、铺砌草块、铺草卷等。

1. 播种法（直播法）

利用播种繁殖形成草坪，其优点是施工投资小，从长远看，实生草坪植物的生命力较其他繁殖法强。缺点是杂草容易侵入，养护管理成本较高，但形成草坪的时间比其他方法快。

（1）人工播种。

一是选种。要选择优良合格的种籽，播种前应做发芽试验和催芽处理，以确定合理的播种量。播种用的草籽必须要选用正确的草种，以保证发芽率高，一般要求草籽纯度在90%以上，发芽率在70%以上。

二是种子处理。为了提高发芽率，达到苗全、苗壮的目的，在播种前可对种子加以处理。如细叶苔草的种子可用流水冲洗；结缕草种子可用0.5%氢氧化钠溶液浸泡24h，捞出后再用清水冲洗干净，最后将种子放在阴凉、干燥处晾干种皮即可播种；野牛草种子可用机械的方法搓掉硬壳。而羊胡子草籽的处理方法有两种：一种是流水冲洗96h；另一种是40～50℃的温水浸种，并随时用棍搅拌，水凉后用清水冲洗，以除去种皮外面的蜡质，晾干种皮即可播种。

三是播种。主要根据草种与气候条件来决定播种时期。播种草籽，自春季至秋季均可进行。由于各地气候条件不同，应因地制宜地选择适宜的播种时间。温暖季区，以早秋播种为最好，此时土温较高，根部发育好，耐寒力强，有利越冬。草坪在冬季越冬有困难的地区，只能采用春播。但春播苗多易直立生长，播种量应稍多些。播种方法一般采用撒播法。先在地上做3m宽的条畦，并灌水浸地，水渗透稍干后，用特制的钉耙（耙齿间距2～3cm），纵横耧沟，沟深0.5 cm，然后将处理好的草籽掺上2～3倍的细沙土，均匀撒播于沟内。最好是先纵向撒1/2，再横向撒另外1/2，然后用竹扫帚轻扫1遍，将草籽尽量扫入沟内，并用平耙耧平。

四是后期管理。播种后应及时喷水，水点要细密、均匀，从上而下慢慢浸透地面，浸透土层8～10cm。第1至第2次喷水量不宜太大，喷水后应检查，如果发现草籽被冲出时，应及时覆土埋平。2次灌水后则应加大水量，经常保持土壤潮湿，养护不间断。此外，还必须将草坪围护起来，防止人为践踏而造成出苗不齐。

（2）液压喷播。工程边坡和大面积草坪建植可采用液压喷播法，为使草籽出苗快、生长好，最好在播种的同时混施一些速效肥，可施硫酸铵250kg/hm^2、过磷酸钙500kg/hm^2、硫酸钾125kg/hm^2。

草坪液压喷播是利用液体播种原理把催芽后的草坪种子装入混有一定比例的水、纤维覆盖物、黏合剂、肥料、染色剂（根据情况的不同，也可另加保水剂、松土剂、泥炭等材料）的容器内，利用离心泵把混合浆料通过软管输送喷播到待播的土壤上，形成均匀覆盖层保护下的草种层，多余的水分渗入土表。此时，纤维、胶体形成半渗透的保湿表层，这种保湿表层上面又形成胶体薄膜，大大减少水分蒸发，给种子发芽提供水分、养分和遮阴条件，关键的是纤维胶体和土表黏合，使种子在遇风、降雨、浇水等情况下不流失，具有良好的固种保苗作用。另外，覆盖物染成绿色，喷播后很容易检查是否已播种以及漏播情况，立即显示草坪绿色。由于种子经过催芽，播种后2～3天即可生根和长出真叶，很快郁闭成坪起到快速保持水土的作用并且减少养护管理费用。液力喷播工艺是将经过催芽处理后的种子加入过筛的腐殖土、草纤维、黏合剂、保水剂、缓释复合肥等搅拌均匀后，均匀喷射到边坡表面上，喷射厚度2～3cm。

液压喷播植草施工工序。坡面修整→覆土或客土吹附→液力喷播→养护液压喷播的材料选择。

① 草种。采用狗牙根、百喜草按照7：3的比例进行施工。

② 纤维。纤维有木纤维和纸浆两种，木纤维是指天然林木的剩余物经特殊处理后的成絮状的短纤维，这种纤维经水混合后成松散状、不结块，给种子发芽提供苗床的作用。水和纤维覆盖物的重量比一般为30：1，纤维的使用量平均在675～900kg/hm^2，坡地在900～1 125kg/hm^2，根据地形情况可适当调整，坡度大时可适当加大用量。在实际喷播时为显示成坪效果和指示播种位置一般都染成绿色。

③ 保水剂。保水剂的用量根据气候不同可多可少，雨水多的地方可少放，雨水少的地方可多放，用量一般为3～5g/m^2。有时也可以用木纤维代替保水剂。

④ 黏合剂。黏合剂的用量根据坡度的大小而定，一般为3～5g/m^{2}或纤维重量的3%，坡度较大时可适当加大。黏合剂要求无毒、无害、黏接性好，能反复吸水而不失黏性。

⑤ 染色剂。是使水与纤维着色，为了提高喷播时的可见性，易于观察喷播层的厚度和均匀度，检查有无遗漏，一般为绿色，进口的木纤维本身带有绿色，无需添加着色剂，国产纤维一般需另加染色剂，用量为3g/m^2。

⑥ 肥料。肥料选用以硫酸铵为氮肥的复合肥为好，不宜用以尿素为氮肥的复合肥，因为尿素用量过少达不到施肥效果，超过一定量时前期烧种子，后期烧苗。视土壤的肥力状况，施量为30～60g/m^2。作为公路护坡一般的只要施入早期幼苗所需的肥料（N、P、K的复合肥）即可。

⑦ 泥炭土。是一种森林下层的富含有机肥料（腐殖质）的疏松壤土。主要用于挖方段堑坡改善表层结构有利于草坪的生长。

⑧ 活性钙。有利于草种发芽生长的前期土壤pH值平衡。

⑨ 水。是主要溶剂，起溶合其他材料的作用，用量为3～4L/m^2。液压喷播设备选择，进行喷播绿化的重要设备为喷播机（一般为进口机械），喷播机的性能直接影响喷播的质量和效率。

液压喷播施工中的注意事项。

① 喷播程序。一般先在罐中加水，然后依次加入种子、肥料、活性钙、保水剂、木纤维、黏合剂、染色剂等。配料加进去后充分搅拌5～10min后方可喷播，以保证均匀度。每次喷完后须在空罐中加入1/4的清水洗罐、泵和管子，对机械进行保养。

② 水和纤维的用量。水和纤维的用量是影响喷播覆盖面积的主要因素。在用水量一定的条件下，纤维过多，稠度加大，不仅浪费材料，还会给喷播带来不利影响；纤维过少，达不到相应的覆盖面积和效果，满足不了喷播的要求。研究表明，水和纤维用量的适宜重量比为30：1。另外，在将各配料投入喷罐中时，应先加水后加黏和剂、纤维、肥料及种子等，经充分搅拌形成均匀的喷浆后再喷播。

③ 坡面清理。在坡面上进行喷播，喷播前应对坡面进行处理，适当地平整坪床，清除大的石块、树根、塑料等杂物。喷播前最好能喷足底水，以保证植物生长。喷播后，应覆盖遮阳网或无纺布，以便更好地防风、遮阴和保湿。

苗期养护管理。

① 喷播后加强坪床管理，根据土壤含水量，适时适度喷水，以促其快速成坪。

② 在养护期内，根据植物生长情况施3～6次复合肥。

③ 加强病虫防治工作，发现病虫害时及灭杀。

④ 当幼苗植株高度达6～7cm或出2～3片叶时揭掉无纺布；避免无纺布腐烂不及时，以致影响小苗生长。

⑤ 根据出苗的密度，对草坪进行间苗补苗。

液压喷播较人工植草的优点。

① 机械化程度高，可大面积快速植草。液压喷播机是一种高效的现代化的植草机械，一台液压喷草机可日喷草8 000～10 000m^2。

② 适应性广，在人工难以施工的地域建植草坪。由于液压喷播机上装有可任意调节方向的高压喷料枪，其喷料扬程为30～80m，此外，还配有30多米的喷料软管。因此，液压喷播机可在人工难以施工的陡坡、高坡上建植草坪。

③ 在植物难以成活的地域建植草坪。喷料枪高速喷出的种子混合液中溶有营养物及土壤等配料，可使植物在难以生存的场所生长成坪。特别是配料中含有保水剂，这种保水剂可吸收相当于自身数十倍至数百倍的水分，而且它不仅吸水能力强，吸水后即使用力挤压水也不会流出；但将其混入土壤中，水分却能慢慢释放出来。因此，应用保水剂可改善土壤物理特性，有利于通风透气，蓄水排水，尤其可提高抗旱性。

④ 能建植高质量的草坪。液力喷植机所喷出的是事先经过催芽的草种，这样可以免去草种萌发所需的时间，再加上地表形成一层薄膜，能保温保水，因此，出苗快，生长迅速，能很快覆盖土表，而且密度均匀，郁闭度好。

⑤ 养护简单，喷播后基本不用浇水就能成坪，适合管理粗放的荒山荒坡。

⑥ 可根据具体的自然条件或按设计要求，选择几种不同的草籽进行混播，以达到覆盖度、根系、生长期、抗逆性等方面优势互补的效果。

2. 栽植法

用植株繁殖较容易，能大量节省草皮种源，一般1m^{2}的草种块可以栽成草坪5～10m^{2}或更多一些。与播种法相比，此法操作方便，费用较低，节省草源，管理容易，能迅速形成草坪。对于种子繁殖较困难的草种或匍匐茎、根状茎较发达的种类适合用此方法。

一是栽植。全年的生长季均可进行栽植。但如果种植时间过晚，当年就不能覆盖地面，最佳的栽植时间是生长季中期，暖季型草宜在5—6月、冷季型草宜在4—9月种植。

二是选择草源。草源地一般是事前建立的草圃，以保证草源充足，特别是分枝能力不强的草种。在无专用草圃的情况下，也可选择杂草少、目的草种生长健壮的草坪作草源地。草源地的土壤如果过于干燥，应在掘草前灌水，水渗入深度应在10cm以上。

三是铲草。掘取匍匐性草根，其根部最好多带一些宿土，掘后及时装车运走。草根堆放要薄，并放在阴凉之地，必要时可以搭棚存放，并经常喷水，以保持草根潮湿，一般1m^{2}草源可以栽种草坪5～10m^2。掘非匍匐性草根时应尽量保持根系完整丰满，不可掘得太浅，否则易造成伤根。掘前可将草叶剪短，掘下后可去掉草根上带的土，并将杂草挑净，装入湿蒲包或湿麻袋中及时运走。如不能立即栽植也必须铺散存放于阴凉处，并随时喷水养护，一般1m^{2}草源可栽草坪2～3m^2。

四是栽草。分条栽与穴栽。条栽法比较节省人力，用草量较少，施工速度也快，但草坪形成时间比穴栽的要慢。操作方法：先挖（刨）沟，沟深5～6cm，沟距20～25cm，将草蔓（连根带茎）每2～3根为1束，前后搭接埋入沟内，埋土盖严，碾压、灌水，之后要及时去杂除野草。穴栽法比较均匀，形成草坪迅速，但比较费工。栽草2人为1个作业组，1人分草并将杂草挑净，1人栽草，用花铲刨坑，深度和直径均为5～7cm，株距根据不同草种而有差异。呈梅花形（三角形）将草根栽入穴内，用细土埋平，用花铲拍紧，并随时顺势耧平地面，最后再碾压1次，及时喷水。

3. 铺草块

铺草块是用带土草块移植铺设草坪的方法，此法可带原土块移植，所以草坪形成很快。除土冻期外，一年四季均可施工，尤以春、秋两季为好。各草种均适用，缺点是成本高，且草坪容易衰老易退化。

一是选草源地。选择无杂草、覆盖度95%以上、草色纯正、生长势强，而且有足够面积为草源。

二是铲草块。在草源地上先灌足一次水，待水渗透后便于操作时，人工可用平铲或用带有圆盘刀的拖拉机，将草源地切成长块状，草块大小根据运输及操作方法而定，大致有以下几种：45cm × 30cm、60cm × 30cm、30cm × 12cm，切口约10cm深，然后用平锹或平铲起出草块即成。掘取草块应边缘整齐、厚度一致、紧密不散，这样才能保证草块的质量。草块带土厚度3 ~ 5cm或稍薄些。

三是运输及存放草块。草块铲好后，可放在宽20cm、长100cm、厚2cm的木板上，每块木板上放2 ~ 3层草块。装车时用木板抬，防止破碎，并码放整齐。运至铺草坪现场后，应将草块单层放置，并注意遮阴，经常喷水，保持草块潮湿，并应及时铺栽。

四是铺草块。铺草块前，应检查场地是否整平等，必须将一切现场准备工作做完后方可施工。铺草块时，必须掌握好地面标高，最好采用钉桩拉线作为掌握标高的依据。可每隔10m钉1个木桩，用仪器测好标高，做好标记，并在木桩上拉紧细线绳。铺草时，草块的土面应与线平齐，草块薄时应垫土，草块太厚则应适当削薄。铺设草块可采取密铺或间铺，密铺应使缝隙错落互相咬茬，草块边要修整齐，互相衔接不留缝，草块间填满细土，用木拍拍实，使草块与草块、草块与地面紧密连接。间铺间隙应均匀，缝的宽度为4 ~ 6cm。一定要保证铺平，否则将来低洼积水，会影响草坪生长。最后用500kg的碾滚碾压，并及时喷水养护，保持土壤湿润直至新叶开始生长，铺草时，若发现草块上带有少量杂草，应立即挑净，如杂草过多则应淘汰。

4. 铺草卷

经育苗地培育出的草像地毯一样，可以卷起来运至工地，又像地毯一样铺开，并及时喷水养护，短时间内即可恢复生机，形成草坪景观。其优点是工期短、见效快，缺点是成本略高。

一是起草搬运。地毯式草卷长宽以1m为宜，一般每卷卷起的直径为15 ~ 20cm，重约30kg（含水量25% ~ 30%），苗龄2个月即可卷起出圃。苗龄越长，根系透过无纺布数量越大，卷起时较费力，卷带床土越多，但不影响成活。搬运时可采用简易担架，应轻抬轻放避免撕裂。

二是铺设。轻抬轻放的草卷边缘较整齐，依次铺设，地边地角处可剪裁补铺，接缝处靠紧踏实并适当覆土弥合，切勿边角重叠，否则会使上层接地不实，根系悬空，下层草苗被盖坏死，全部铺完后进行滚压。

三是浇水。第1次水必须浇透，使草卷与土壤紧实，便于向下扎根。然后撒上0.3cm左右的加肥细土，再浇第2遍水，使根系间填实，有利缓苗复壮。2 ~ 3天根系代谢正常后，转入正常养护。

五、草坪的养护管理

草坪施工只是草坪建设的第一步，施工成坪后要使草坪草生长良好，呈现勃勃生机、整齐雅观，四季常绿、覆盖率高、杂草率低、无坑洼积水、无裸露地的效果，就必须对草坪进行良好的养护管理。

1. 水分管理

草坪植物一般根系较浅，对地下的深层水分不像深根乔灌木去吸收利用。故草坪的水分管理十分重要。干旱地区或旱季和湿润地区的连续晴天必须及时为草坪喷灌以补充水分。在施工前就应查明、备好水源，完善供水设施，最好有喷灌设备。新植草坪除雨季外，每周浇水2 ~ 3次，水量充足湿透表土10cm以上。夏季炎热，不在烈日当头的中午浇水，以免影响草坪植物的正常生长。生长季节若遇大旱更要浇水。

雨季要及时排除积水，巡查排水设施是否正常，随时用细土填平低洼处，以防草坪渍水死苗。

2. 施肥管理

草坪植物需要足够的土壤营养，才能生长良好。乡村土壤多数肥力较差，尽管栽草前已施基肥，但也难于长期满足草坪草生长需要，故每年应追施3～4次肥料，冬季应施经粉碎的有机质肥；生长季节施用以氮肥为主磷、钾肥相配合的复合肥或专用肥，氮：磷：钾一般以5:4:3为宜。根据草坪的实际情况确定肥料种类，施肥量和施肥方法。一般可喷施（根外追肥），也可撒施。前者是将化肥按比例加水稀释，喷洒于叶面；后者是将化肥加少量细土混匀后撒于草坪上，撒施后喷水使肥料渗入土中，水量不要过多，以免肥料流失。

3. 草坪修剪

（1）修剪目的。通过修剪可控制草坪草生长高度，使草坪植物叶质较为细小，草坪低矮，增加观赏效果；促进禾草根茎分蘖，增加草坪的密集度与平整度，一定程度上抑制、减少杂草的生长；通过多次修剪，还可以消灭某些双子叶杂草不结籽，保证草坪的纯度；入冬前修剪，可以延长暖季型草坪植物的绿色期。

（2）剪草工具。最好用剪草机修剪。剪草机有人力的、机动的和电动的，可根据需要和条件选用。小面积草坪也可以用镰刀或绿篱剪修剪，但效果不如剪草机剪的整齐。

（3）修剪时间。根据草坪植物的高度确定修剪的时间。一般原则是在目标高度的1.5倍时修剪，对植物根系的影响最小。而实际上华南地区的草坪修剪强度和频度，要根据不同草种和不同的季节而定。一天中最好在清晨草叶挺直时修剪。剪草时要按顺序进行，保持草坪的清洁整齐。

（4）修剪一定要遵循“1/3”原则，剪去草的自然高度的1/3。如果草坪因管理不善而生长过高，则应逐渐修剪到留茬高度，而不能一次修剪到标准高度，否则会导致草坪的光合器官缺失太多，光合能力减弱。同时，还会过多地失去地上部和地下部贮藏的营养物质，使草坪变黄、变弱甚至死亡。

（5）草坪草适宜的留茬高度应按照草坪草的生理、形态学特征和使用目的来确定，以不影响草坪的正常生长发育和功能发挥为原则。一般草坪草的留茬高度为4～5cm，部分遮阴和损害较严重的草坪应留茬高一些。新播草坪第一次修剪一般留茬6～7cm。

（6）在温度适宜、雨量充沛的夏季，冷季型草坪草每月可修剪两次，暖季型草坪草需要经常修剪。在其他季节，因温度较低，草坪草生长缓慢，冷季型草坪草每月修剪一次，而暖季型草坪草修剪间隔的天数也应适当增加。

（7）修剪机具的刀片一定要锋利，防止因刀片钝而使草坪刀口出现丝状现象。炎热的天气会造成丝状伤口变成白色，易感染草坪病害。

（8）同一草坪，每次修剪应避免同一方向修剪，要更换方向。防止同一处同一方向的多次重复修剪，否则草坪草将变得瘦弱，生长不平衡而逐渐退化。

（9）修剪完的草屑一定要及时清理干净，可作有机堆肥和复盖材料。在湿度稍高时更应清理干净。留下的草屑利于杂草滋生，易造成病虫害感染和流行，也易使草坪通气受阻而使草坪过早退化。

（10）修剪时间应在露水消退以后进行，通常修剪的前一天下午不宜浇水，修剪完应间隔2～3h再浇水，防止病害的传播。修剪前最好对刀片进行消毒，特别是7、8月病害多发季节。修剪时应避免在阳光直射下进行，如不应在炎热的正午修剪。

（11）注意剪草机的安全使用。

4. 清除杂草

目前，我国大部分地区都是以单一草种形成的纯种优质草坪，因此，消除杂草便成了草坪管理中重要和而繁重的工作。国外多数是用多种草种经过搭配的混种草坪，管理上用频密的修剪进行维护，几乎没有除杂草工作。我们应好好反思和比较这两种做法的优劣，通过科技创新来发展我国以地方优良草种为主的混种草坪和特色的草坪管理科学。

为害草坪的杂草有两大类，一类为单子叶植物杂草，另一类为双子叶植物杂草。杂草为害以春、夏季最为严重。杂草的防除应掌握“除早、除小、除了”的原则，即在杂草幼小时进行彻底根除，才能收到良好的效果。

目前除杂草主要靠手工操作，常人工用小刀连根挖出，但香附子等深根性的恶性杂草很难除尽。对要求特别高的优质草坪，若杂草太多，最好是清除原有草坪植物，喷除草剂后，再重新建植草坪。人力除草费工多，近年也试验化学除草，根据草坪植物种类、杂草种类和天气状况等因素选用不同专类性的化学除草剂。

采用专类性除草剂清除草坪杂草是一条重要技术途径，应小面积试验后加以推广应用。施用除莠剂的关键措施是要求撒布均匀，若不匀，药量少的地方杂草仍能发生，药量多的地方草坪植物也被伤害。为此，若用喷洒法应适当加大水量稀释，用撒施法则加大掺细土的量。

5. 草坪的管护

城乡草坪，人们喜欢在草地上娱乐和休息，加大了草坪养护管理的难度。故草坪管理首先要考虑使用该草坪的游人量，若人流量大的地方铺设草坪，应选用耐践踏的草种如大叶油草、狗牙草、百喜草等。但频繁的践踏，也会使耐践踏的草种生长不良或成片死亡，严重影响覆盖观赏度。此时，应采取分片休养方法进行维护；对受践踏影响大的草坪用网绳围护，提醒游人请勿入内，并采用栽培措施重点保养，直到草坪植物生长恢复正常才去除网绳。游人确实多的地方，以镶草砖代替草坪。

6. 草坪更新复壮

草本植物的生命周期较短，若要延长草坪使用寿命，就应注重更新复壮。现介绍几种更新复壮法。

（1）带状更新法。结缕草等具匍匐茎分节生根的草类，可每隔50cm宽留一带挖除一带，并将地面整平，经1～2年新平整地带长满新草，再挖留下的50cm。这样经3～4年就可全面更新一次。

（2）一次更新法。草坪已经衰老，可全部翻挖重新栽种。只要加强养护管理，会很快复壮。多余的草根还可作草源供扩大种植。

（3）草坪刺孔法。用特制的钉筒（钉长10cm左右），将地面扎成小洞，断其老根，洞内施入肥料，促使新根生长；也可用滚刀每隔20cm将草坪切一道垄，划断老根，然后施肥，达到更新复壮的目的。

（4）打孔机法。用草坪专用的草坪打孔机进行打孔，将孔内的土和老根清除，以增加土壤的透气性和新根的生长复壮。

（5）复沙培土法。华南地区入冬前，将草坪修剪后，用沙或肥沃的细土在草坪上覆盖3～5cm，以增加有效土层的厚度，并改良土壤的各项理化指标。这种办法不但可以复壮，也可使结缕草类草坪在冬季保持理想的绿色期。

7. 防治病虫害

草坪植物病虫害一般不多，但有时也发生地下害虫及病害。如有发现，应对症下药及时除治，避免蔓延危害。

第二节　苗木繁殖技术

苗木是造林绿化必需的物质基础，培育数量充足、质量良好的苗木是保证造林绿化成功的关键。随着城镇化发展和美丽乡村生态建设需要我国苗木市场十分活跃，推广应用苗木繁殖技术成果，生产出更多、更优质的苗木，满足市场需求，是苗圃和园林工作者的主要研发方向。

一、播种繁殖方法

播种繁殖是利用树木的有性后代——种子，对其进行一定的处理和培育，使其萌发、生长、发育，成为新的一代苗木个体。用种子播种繁殖所得的苗木称为播种苗或实生苗。园林树木的种子体积较小，采收、贮藏、运输、播种等都较简单，可以在较短的时间内，培育出大量的苗木，或嫁接繁殖用的砧木，因而在园林苗圃中生产经营占有重要地位。

1. 精细整地

整地是为了创造适合苗木生长的土壤条件和舒适环境，具有以下几点耕作学意义。

（1）深耕以打破底层，加厚土壤的耕作层，有利于苗木生长扎根。

（2）改善土壤的结构和理化性质，提高土壤的保水性和通气性，为土壤微生物的活动创造良好的环境条件，增加土壤的肥力，有利于苗木生长发育。

（3）可有效地消灭杂草和防治病虫害。

整地要根据当地的气候，苗圃地土壤和前作情况采用不同的整地方法。

（1）开垦生荒地或撂荒地作苗圃地时，应在秋季用拖拉机或锄（镐）耕翻一遍，深度为25～30cm，将杂草压在犁底部。如杂草具有根蘖和地下茎时，要用圆盘耙进行纵横的浅耕，或用锄、镐将草根斩碎。

（2）开垦采伐地或灌木林地时，首先应伐除灌木杂兜，再除净伐根和草根，进行平整土地工作，然后再用以上方法进行秋耕。如在挖树根时已将土壤挖松，可不再进行秋耕。

（3）用农作地作苗圃时，应先将农作物的残根清除干净，再进行深耕，如在秋季进行播种，深耕工作应在作床前半个月进行。

（4）原为苗圃地整地，如在秋季掘苗，要抓紧进行秋耕，如在春季掘苗，当年仍继续进行育苗时，应尽可能提前掘苗，以便及时进行春耕耙地，春耕最迟应在播种前半个月进行，以便土壤翻耕后，可充分沉实，免伤幼苗。

2. 土壤处理

土壤处理是应用化学或物理的方法，消灭土壤中残存的病原菌、地下害虫或杂草等，以减轻或避免对苗木的危害。园林苗圃中简便有效的土壤处理方法主要是采用化学药剂处理。

（1）硫酸亚铁雨天用细干土加入2%～3%的硫酸亚铁粉制成药土，每公顷施药土1 500～2 250kg。晴天可施用浓度为2%～3%的水溶液，用量为9g/m^2。硫酸亚铁除杀菌的作用外，还可以改良碱性土壤，供给苗木可溶性铁离子，因而在生产上应用较为普遍。

（2）敌克松施用量为4～6g/m^2。将药称好后与细沙土混匀做成药土，播种前将药土撒于播种沟底，厚度约1cm，把种子撒在药土上，并用药土覆盖种子。加土量以能满足上述需要为准。

（3）五氯硝基苯混合剂以五氯硝基苯为主（约占75%），加入代森锌或敌克松（约占25%）。使用方法和施用量与上述敌克松相同。

（4）辛硫磷能有效杀灭金龟子幼虫、蝼蛄等地下害虫，常用50%的辛硫磷颗粒剂，每公顷用量30～37.5kg。

（5）福尔马林用量为50ml/m^{2}加水6～12L，在播种前10～20天洒在要播种的苗圃地上，然后用塑料薄膜覆盖在床土上，在播种前7天揭开塑料薄膜，待药味全部散失后播种。福尔马林除了能消灭病原菌外，对于堆肥的肥效还有增效作用。

3. 作床和作垄

为了给种子发芽和幼苗生长发育创造良好的条件，便于苗木管理，在整地施肥的基础上，要根据育苗的不同要求把育苗地作成苗床或畦垄。

（1）作床。培育需要精细管理的苗木、珍稀苗木，特别是种子粒径较小，顶土力较弱，生长较缓慢的树种，应采用苗床育苗。用苗床培育苗木的育苗方式称为床式育苗。作床时间应与播种时间密切配合，在播种前5～6天内完成。苗床依其形式可分为高床、平床、低床三种。

高床：苗床高于地面15～30cm；床宽约100cm，优点：增加土壤通气性，提高土温，增加肥力，便于侧向灌水及排水。低床：床面低于地面15～20cm，床面宽100～200cm，优点：保水保湿。平床：适用于水分条件较好，不需要灌溉的地方或排水良好的土壤。床面比步道稍高。

（2）作垄。又称作大田式育苗，其优点是便于机械化生产和大面积进行连续操作，工作效率高，节省劳力。由于株行距大，光照通风条件好，苗木生长健壮而整齐，可降低成本提高苗木质量，但苗木产量略低。为了提高工作效率，减轻劳动强度，实现全面机械化，在面积较大的苗圃中多采用大田式育苗。高垄：规格，垄距为60～70cm，垄高20cm左右，垄顶宽度为20～25cm^2；低垄：即将苗圃地整平后，太区起沟，再直接进行播种的育苗方法。

4. 种子催芽

（1）层积催芽法。将种子与湿沙混合分层埋藏于坑中，或混沙放于木箱或花盆中埋于地下，或堆放在室内。坑中竖草把，以利通气。混沙量不少于种子的三倍，这样将种子可保持在0～1℃的低温条件下1～4个月或更长时间。层积催芽又分低温层积催芽、变温层积催芽和高温层积催芽等。低温催芽（0～5℃），变温催芽，高温催芽（10～30℃）；层积种子催芽必须创造良好的条件，便其顺利地通过萌芽前的准备阶段，其中温度、湿度、通气条件最重要。低温催芽的适宜温度，多数树种为0～5℃，极少数树种为6～10℃。温度过高，种子易霉变，效果不好。层积催芽时，要用间层物和种子混合起来（或分层放），间层物一般用湿沙、泥炭、沙子等，它们的湿度应为土壤含水量的60%，即以手用力握湿沙成团，但不滴水，手放即散为宜。层积催芽还必须有通气设备，种子数量少时，可用花盆，上面盖草袋，也可用秸秆作通气孔，种子数量多时可设专用的通气孔。层积催芽处理种子多时可在室外挖坑。一般选择地势高燥、排水良好的地方，坑的宽度以1m为好，不要太宽。坑底铺一些鹅卵石或碎石，其上铺10cm的湿河沙或直接铺10～20cm的湿河沙，干种子要浸种、消毒，然后将种子与沙按1:3的比例混合放入坑内，或者一层种子、一层沙放入坑内（注意沙的湿度要合适），当沙与种子的混合物放至距坑沿20cm左右时为止。然后盖上湿沙，并用土培成屋脊形，坑的两侧各挖一条排水沟。在坑中央直通到种子底层，放一小捆秸秆或下部带通气孔的竹制或木制通气管，以流通空气。如果种子多，种坑很长，可隔一定距离放一个通气管，以便检查种子坑的温度。

层积催芽的时间及管理。温层积催芽所需的天数随树种不同而有差异，如桧柏200天，女贞60天。一般被迫休眠的种子需处理1～2个月，生理休眠的种子需处理2～7个月。应根据具体情况来确定适宜的天数。层积期间，要定期检查种子坑的温度，当坑内温度升高较快时，发现种子霉烂，应立即取种换坑。在房前屋后层积催芽时，要经常翻倒，同时注意在湿度不足的情况下，增加水分，并注意通气条件。在播种前1～2周，检查种子催芽情况，如果发现种子未萌动或萌动得不好时，要将种子移到温暖的地方，上面加盖塑料膜，使种子尽快发芽。当有30%的种子裂嘴时即可播种。

（2）水浸种法（主要是强迫性休眠种子），可分为热水浸种、温水浸种和冷水浸种。

热水浸种。对于种皮特别坚硬、致密的种子，为使种子加快吸水，可以采用热水浸种，但水温不要太高，以免伤害种子。一般温度为70～80℃。种皮坚硬的合欢、相思树等的种子用70℃的热水浸种，浸种时，先将种子倒入容器内，边倒热水边搅拌，至水冷至室温时为止。含有“硬粒”的刺槐种子应采取逐次增温浸种的方法，首先用70℃的热水浸种，自然冷却一昼夜后，把已经膨胀的种子选出，进行催芽，然后再用80℃的热水浸剩下的“硬粒”种子，同法再进行1～2次，这样逐次增温浸种，分批催芽，既节省种子，又使出苗整齐。

温水浸种。对于种皮比较坚硬、致密的种子，如马尾松、侧柏、紫穗槐等树种子宜用温水浸种。水温40～50℃，浸种时间一昼夜，然后捞出摊放在草席上，上盖湿草帘或湿麻袋，经常浇水翻动，待种子有裂口后播种。

冷水浸种。杨、柳、泡桐、榆等小粒种子，由于种皮薄，一般用冷水浸种。也可以用沙藏层积催芽，将水浸的种子捞出混以二倍湿沙，放在温暖的地方，为了保证湿度在上面加盖草袋子或塑料布。无论采用哪种方法，在催芽过程中，都要注意温度应保持在20～25℃。保证种子有足够的水分，有较好的通气条件，经常检查种子的发芽情况，当种子有30%裂嘴时即可播种。

其他催芽方法。用微量元素的无机盐类处理种子如硫酸锰、硫酸锌等，用有机药剂和生长素处理如洒精、胡敏酸、萘乙酸、赤霉素等，以及用电离辐射处理种子，进行催芽。稀土对树木种子发芽具有较好的促进作用，可广泛推广。

（3）接种。对有些树种，播种前需要进行菌剂接种。

根瘤菌剂接种。根瘤菌能固定大气中的游离氮供给苗木生长发育所需养分，尤其是在无根瘤菌土壤中为新垦荒地，进行豆科树种或赤杨类树种育苗时，需要接种。方法是将根瘤菌剂与种子混合搅拌后，随即播种。

菌根菌剂接种。菌根能代替根毛吸收水分和养分，促进苗木生长发育，在苗木幼龄期尤为迫切，如松属、壳斗科树木，在无菌根菌地育苗时，人工接种菌根菌，能提高苗木生长质量。方法是将菌根菌剂加水拌成糊状，拌种后立即播种。

磷化菌剂接种。幼苗生长初期很需要磷，而磷在土壤中容易被固定，磷化菌可以分解土壤中的磷，将磷转化为可被植物吸收利用的磷化物，供苗木吸收利用，因此，可用磷化菌剂拌种后再播种。

5. 播种方法

播种方法因树种特性、育苗技术和自然条件等不同而异。主要有条播、点播。

（1）条播（适应于中、小粒种子）。按一定的行距将种子均匀的撒在播种沟中。播种沟宽度：3～5cm，行距10～25cm，优点：便于抚育管理及机械化作业，节约种子，受光均匀，通风良好，苗木质量高。

条播技术要点：播种行要通直；开沟深浅一致；撒种要均匀；覆土厚度要适宜；轻轻压实。大粒种子条播，一般最小行距30cm，株距不小于10～15cm。为了利于幼苗生长，种子应侧放。覆土深度为种子横径的1～3倍，在干旱地区可适当加深。

（2）点播。点播按一定的株、行距挖穴播种，或按行距开沟后再按株距将种子播于沟内。点播的株行距应根据树种特性和苗木的培育年限来决定。播种时要注意某些林木种子的出芽部位，放置方式对出苗的影响：缝线垂直、缝线水平、种尖向上、种尖向下。按种植部位方向均匀地播种于苗床或垄上的播种方法。优点：覆土均匀，苗木容易出土，分布均匀，产苗量高。缺点：抚育管理不便，如中耕、除草和追肥等；苗木密集，通风通光性差，苗木生长不好，有时会降低苗木的抗性及苗木的质量；用种量偏大。

6. 人工播种

（1）播种。为做到均匀播种、计划用种，在播种前应将种子按每床用量等量分开，进行播种。条播或点播时，先在苗床上开沟或划行，使播种行通直，便于管理；开沟的深度，要根据土壤的性质、种子的大小而定。开沟后应立即播种，不要使播种沟较长时间暴晒于阳光下。撒播时，常两人一组，分别站于相对步道上，用手均匀撒下种子；为使播种均匀，可分数次撒播。播种极小粒种子时，在播种前应对播种地进行镇压，以利种子与土壤接触。极小粒种子可用沙子或细泥土拌合后再播，以提高均匀度。播种前如果土壤过于干燥应先进行灌溉，然后再播种。

（2）覆土。用土、细砂、或腐质土等覆盖，一般厚度为种子直径的1～3倍。确定覆土厚度的依据如下。

① 树种的生物学特性。大粒种子宜厚，小粒种子宜薄；子叶出土的可厚、子叶不出土的宜薄。

② 气候条件。干旱条件宜厚、湿润条件宜薄。

③ 覆土材料。疏松的宜厚、否则宜薄。

④ 土壤条件。沙质土壤略厚、黏重土壤略薄。

⑤ 播种季节。一般春、夏播种的宜薄，北方秋播宜厚。覆土不仅厚度应适当，而且要均匀一致，否则幼苗出土参差不齐，疏密不均，影响苗木的产量和质量。覆土以后，除要适当的加以压实，对小粒种子，在比较干旱的条件下还应盖草，以保持土壤湿润，防止土壤板结。

（3）镇压。北方干旱区为使种子与土壤紧密接触，种子能顺利从土壤中吸取水分，在干旱地区或土壤疏松、土壤水分不足的情况下，覆土后要进行镇压。但对于较黏的土壤不宜镇压，以防土壤板结，不利幼苗出土。

7. 机械播种

使用机械播种，工作效率高，既节省劳力，又能使幼苗出土整齐一致，是现代乡村大规模苗圃育苗的发展趋向。采用机械播种，选用的播种机在播种时应能调节播种量，而且播下的种子在行内应均匀分布；排种器不能打碎或损伤种子；应选择开沟、播种、覆土、镇压能一次完成的机械。另外还应注意播种机的工作幅度要与育苗地管理用的机具的工作幅度相一致。

机械播种的优点如下。

（1）工作效率高、节省劳力，降低成本，能保证适时早播，不误农时。

（2）可使开沟、播种、覆土、镇压等工序同时完成，减少播种沟内水分的损失。

（3）覆土厚度适宜、种子分布均匀，出苗整齐，提高了播种质量。

二、扦插繁殖方法

植物的每一个细胞不但具有亲本的遗传特性，而且还具有发育成完整植株的能力，这种特性称为植物细胞全能性。扦插育苗就是利用这种特性进行苗木繁殖的。扦插有繁殖速度快、方法简单、操作容易等优点。扦插繁殖多用于双子叶苗木，有些单子叶苗木也可进行扦插繁殖，如百合科的天门冬属苗木、鸭跖草科苗木。在发展林果牧草业有广泛应用。

1. 扦插繁殖的机理

扦插繁殖用的插条、叶片、地下茎和根段能发芽、长叶、生根是由于苗木的生活器官具有再生能力，而且，构成苗木器官的生活细胞都具有发育成一株完整植株的潜能。当苗木的部分器官脱离母体时，只要条件适合，苗木器官的再生能力和细胞的全能性就会发生作用，在离体器官的相应部位分化出新的根、茎、叶、植株，而且，总是在苗木形态学下端生根，形态学上端长芽（离体材料的基部也可形成芽）。

不同苗木的离体器官的生根部位不同，有些苗木从下部切口的形成层先产生愈伤组织，再由愈伤组织形成根，这类苗木有桂花、银杏、红豆杉、珙桐、秤锤树等；有些苗木直接由离体器官插入基质中的皮部先产生根，插条下部的切口形成的愈伤组织也形成不定根，这类苗木扦插较易成活，如杨属苗木、柳属苗木、栀子、夹竹桃、连翘类、迎春类苗木等属于这种类型。

并不是所有的苗木的营养器官都能形成新的植株，不同苗木的再生能力不同，有些苗木很容易生根，如栀子、夹竹桃、小叶黄杨、大叶黄杨和金钟花等树种很容易生根；有些苗木很难生根，如玉兰类、珙桐和松属苗木。除此之外，母树的年龄、枝条的产生部位、生长状况等影响插条生根。而且苗木能否生根与环境条件也有很大关系。如湿度、温度等，条件适合，插条易于生根；高温、干燥条件不适合，插条不能生根，甚至死亡。因此，除插条本身的种性外，环境条件也是影响扦插成活的重要条件。

2. 扦插材料的选择

选择插条非常重要。一般来说，插条要选择生长健壮、组织充实的枝条，同一母树上的枝条，一年生枝条优于多年生枝条，侧生枝条优于顶生枝条，向阳枝条优于阴面枝条，老树基部萌发的枝条优于老枝上萌发的枝条，徒长枝生根能力弱。

为了提供优质种苗，提高产量和质量，降低成本，在进行扦插繁殖以前，首先要建立优良品种的采穗圃。现在，全国各地及较大型的苗木基地都已建立了许多优良树种如杨树、柳树、桂花、杉木、银杏、金钱松、梅花、红叶石楠、墨西哥落羽杉等良种采穗圃，成为重要的良种繁殖基地。

建立采穗圃的作用如下。

（1）保证优良品种的种性。采穗圃母树都是经过选择的，种条遗传品质好，保证能长期生产大量种条，并保持优良品种种苗的特性。

（2）提供健康一致的种苗，有利于标准化生产。采种圃的建立，有利于对母树的养护管理，使种条生长健壮一致、充实，粗细适中，发根率较高，提供规格一致的种苗。

（3）提供生产上的便利。采穗圃多设在苗木基地内，能够及时供应种条，满足苗木生产繁殖的需要，有利于扩大再生产。

3. 扦插基质的选择

扦插基质对插条生根影响很大，根据扦插基质不同而分为壤插（基质扦插）、水插和喷雾扦插（气插）。壤插又称基质扦插，是应用最广的扦插方式，其扦插基质主要有珍珠岩、泥炭、蛭石、黄沙等材料，有些园艺企业使用炉渣，也有直接扦插于土壤中，对有些苗木是适宜的，尤其是老枝扦插，既简便易行，又可降低成本。

国外苗木基地企业主要采用泥炭、珍珠岩和黄沙作为扦插材料，育苗盘作为扦插容器。根据不同苗木对基质湿度和酸碱度的要求，按不同比例配制扦插基质，酸性苗木如杜鹃、山茶等苗木泥炭的比例大，珍珠岩的比例适当减少，否则，珍珠岩的比例可大些。珍珠岩、泥炭、黄沙的比例一般为1:1:1，扦插一般植物均适合。泥炭可以保持水分，同时，泥炭中含有大量的腐殖酸，可促进苗木插条的生根。要选择半腐殖化、较粗糙的泥炭、粗沙和大颗粒的珍珠岩为好，配制的基质有利于通气和排水，有利于插条根系的形成。

水插即用水作为扦插基质，将插条基部1～2cm插入水中，水必须保持清洁，且经常更换，水插产生的不定根很脆，当插条的不定根长到2～3cm时，就可移栽或上盆。常用于水插的苗木有栀子、桃叶珊瑚、夹竹桃、石榴等。

喷雾扦插（气插）也称无基质扦插，适用于皮部生根类型的苗木，方法是把木质化或半木质化的枝条固定于插条固定架上，定时向插条上喷雾，能加速生根，提高生根率，但在高温高湿条件下易感病使枝条发霉。

4. 扦插环境条件的控制

影响扦插苗生根的环境因素主要有空气、湿度、光照和温度。

（1）湿度控制。影响扦插繁殖的湿度条件主要是空气湿度和基质湿度，一般基质湿度相对要低，而空气中湿度相对要高，这样可以降低插条叶片的水分蒸腾，又不影响基质水分过多引起插条腐烂。国内外扦插湿度控制多采用全光照喷雾扦插，尤其是嫩枝扦插，效果很好，江苏琵琶园艺公司嫩枝扦插桂花成苗率在95%以上。

湿度控制的主要方法是选择喷雾滴很细的喷头、电磁阀和湿度控制器。电磁阀的大小及数量，根据扦插面积和扦插分区（根据对湿度的要求不同而分成不同的区，便于控制，也有利于插条生根）而定；湿度控制器有几种类型，有的用时间控制器控制喷雾的次数和每次喷雾的时间，也有用一种类似于苍蝇拍子的湿度控制器，现在国内外许多园艺企业都采用计算机控制喷雾。

（2）光照控制。光照有促进苗木生根的作用。只要空气湿度和土壤湿度控制好，一般苗木都可采用全光照喷雾扦插；如果条件不允许，可根据扦插苗木对光照的要求，通过选用合适密度的遮阳网遮光，来满足苗木的需要，并且遮阳网下再扣塑料棚用以保湿，如在有外遮阳的塑料大棚内扦插效果会更好。

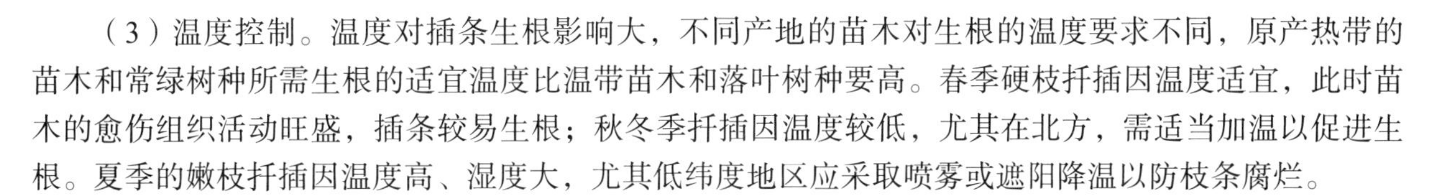

（3）温度控制。温度对插条生根影响大，不同产地的苗木对生根的温度要求不同，原产热带的苗木和常绿树种所需生根的适宜温度比温带苗木和落叶树种要高。春季硬枝扦插因温度适宜，此时苗木的愈伤组织活动旺盛，插条较易生根；秋冬季扦插因温度较低，尤其在北方，需适当加温以促进生根。夏季的嫩枝扦插因温度高、湿度大，尤其低纬度地区应采取喷雾或遮阳降温以防枝条腐烂。

5. 扦插方法及技术

扦插方式根据扦插材料把扦插分为枝插、叶插和根插。

（1）枝插（Shoot Cutting）。用苗木的枝或茎段作扦插材料，是扦插的主要方式。按扦插材料的木质程度可分为嫩枝扦插和硬枝扦插。

① 硬枝扦插（Hardwood Cutting）。一般在春季树木萌芽前进行，北方寒冷季区，也可于秋季采条，剪好后低温保湿储藏，翌年春季扦插。经过冬季储藏的枝条，生根抑制物质已经转化，营养物质含量更加丰富，枝芽已顺利通过了自然休眠期，扦插易成活。

选择粗壮、芽饱满的枝条，根据不同的苗木，剪成10～20cm长的茎段，剪条时，上切口在芽的上部0.5～1cm处剪断，下部切口和最下部芽的距离则随苗木而不同。有些树种如带一小段老枝，如果分枝条则带一小段主枝，类似马蹄，更易生根。苗木基地在插条剪好后，在插条的基部用修枝剪顺着枝条的方向，在插条上划几道伤口，增加愈伤组织的面积，以利于生根。冬季温暖季区，如江浙皖等省，也可在秋冬扦插，扣棚保暖保湿，早春即可生根。

适合硬枝扦插的苗木有墨西哥落羽杉、圆柏、落羽杉、池杉、水杉、桧柏、翠柏、匍地柏、日本花柏、金叶桧、紫杉、罗汉松、罗汉柏等松柏类苗木和柳树类、杨树类、悬铃木、结香、木香、野蔷薇、雪松、龙柏、七叶树、木兰、白杨类、木槿、石榴、无花果、棣棠、金丝桃、连翘、迎春、金钟、凌霄、山梅花、月季、锦鸡儿、木芙蓉、贴梗海棠、郁李、紫荆、紫藤等阔叶类苗木。

②嫩枝扦插（Softwood Cutting）。在苗木旺盛生长时期，嫩梢上的幼叶和新芽或顶端生长点，具有合成内源生长素的特性，代谢作用旺盛，细胞分生能力强，易产生不定根。一般在新生枝条半木质化时进行，比硬枝扦插生根快，易于成活，大部分草本花卉用嫩枝扦插。插条长度在10～15cm（也可单芽插或称叶芽插，即一叶一芽，长度在2～5cm），草本苗木还可稍短些。与硬枝扦插相比，嫩枝扦插管理较难。

适合嫩枝扦插的苗木有红叶石楠、月季、木香、绣球、蔷薇、桂花、月桂、火棘、小檗、石榴、锦鸡儿、迎春、金钟花、连翘、南天竺、十大功劳、栀子、山茶、常春藤、圆柏等苗木。

（2）叶插（Leaf Cutting）。叶插是利用一些叶脉或叶柄易形成不定根的苗木的叶片进行扦插，这类苗木有秋海棠类、景天类、虎尾兰类、百合类（鳞片插）、大岩桐和非洲紫罗兰等叶片肥厚的苗木。扦插时将整个叶片或把叶片切成小片，直插、斜插或平放在基质上，平放时也要向叶片基部覆少量的基质，和嫩枝扦插一样，加强温度和湿度管理，很快从叶脉或叶柄处长根发芽，形成新植株。

（3）根插（Root Cutting）。适用于根插的苗木主要有文冠果、猕猴桃、杨树类、无花果、北美凌霄、臭椿等植物，方法是将苗木粗度为0.5～1cm的根剪成6～15cm长，剪插根时，要将其顶端放在同一方向，以防扦插时插倒，根插有时会失去花叶性状。一般在秋末剪根条，翌年春季扦插。

根据扦插季节不同，可分为春季扦插、夏季扦插（梅雨季）、秋季扦插和冬季扦插。春季扦插、秋季扦插和冬季扦插多为硬枝扦插，夏季多为嫩枝扦插。南方常绿树种常在冬季扦插，可直接在苗木基地内进行，经过冬、春生长成苗。而北方较少冬插，但也可在温室内进行。

三、假植技术

起苗后经消毒处理过的苗木，若不能及时栽植，需要进行假植，以防根系失水，失去生活力。苗木假植就是用湿润的土壤对根系进行暂时的埋植处理，假植时，可以每排放置同种、同级、同样数量的苗木，有利于以后苗木的统计调运。

假植有临时假植和越冬假植两种。

（1）临时假植。起苗后不能及时出圃栽植，临时采取保护苗木的措施。假植时间较短，可就近选择地势较高、土壤湿润的地方，挖一条浅沟，沟一侧用土培一斜坡，将苗木沿斜坡逐个码放；树干靠在斜坡上，把根系放在沟内，将根系埋土踏实。

（2）越冬假植。秋季苗木起苗后来年春季才能出圃，需要经过一个冬季而采取的假植措施。此种假植应选择背风向阳、排水良好、土壤湿润的地方挖假植沟。沟的方向与当地冬季主风方向垂直，深度一般是苗木高度的1/2，长度视苗木多少确定。沟的一端做成斜坡，将苗木靠在斜坡上，逐个码放，码一排苗木盖一层土，盖土深度一般达苗高的1/2～2/3处，至少要将根系全部埋入土内，盖土要实，疏松的地方要踩实、压紧。另外，如冬季风大时，要用草袋覆盖假植苗的地上部分。幼苗干茎易受冻害者，可在入冬前将茎干全部埋入土内。

（3）假植的注意事项。

① 假植沟的位置。应选在背风处以防抽条；背阴处防止春季栽植前发芽，影响成活；选地势高、排水良好的地方以防冬季降水时沟内积水。

② 根系的覆土厚度。一般覆土厚度在20cm左右，太厚费工且容易受热，使根发霉腐烂；太薄则起不到保水、保温的作用。

③ 沟内的土壤湿度。以其最大持水量的60%为宜，即手握成团，松开即散。

④ 覆土中不能有夹杂物。覆盖根系的土壤中不能夹杂草、落叶等易发热的物质，以免根系受热发霉，影响苗木的成活力。

⑤ 边起苗边假植。减少根系在空气中的裸露时间，这样可最大限度地保持根系水分，提高苗木栽植的成活率。

（4）苗木的贮藏。本技术为苗木的长期供应创造了条件，贮藏是指在人工控制的环境中对苗木进行控制性贮藏，可掌握出圃栽植时间。苗木贮藏一般是低温贮藏，温度0～3℃，空气湿度80%～90%，要有通气设备。一般在冷库、冷藏室、冰窖、地下室贮藏。在条件好的场所，苗木可贮藏6个月左右。

第三节　乡村建设苗木种植技术

一、定点、放线

1. 行道树的定点、放线

道路两侧或分车带，以等距或不等距的方式栽植的树木，称为行道树。行道树要求栽植位置准确，规则式等距栽植的要求整齐划一，体现一种规则美。近年也出现自然式的配置，以自然群落为参照，追求一种自然美。两种配置方式的定点放线方法不同。规则式的定点放线相对简单：在已有道路旁定点，以路牙为依据，然后用皮尺、钢尺或测量绳定出行位，再按设计图纸的要求确定株距，每隔10株于株距中间钉一木桩（即不是钉在所挖穴的位置上），作为行线的控制标记和每株位置的依据，然后用白灰点标出单株位置。自然式配置的定点放线，可参照后面广场、公园绿地的定点放线法。

由于道路绿化与市政、交通、沿途单位、居民等关系密切，植树位置的确定，除和规划部门的配合协商外，在定点后还应请设计人员检查核对。

2. 广场、公园绿地的定点、放线

在乡村广场或公园绿地中，树木常用的两种自然式配植方式，一为孤植或群落式配置，在设计图纸上标明每株树木的位置，另一种是群植，图上只标明范围，而未标明每株树的位置。广场、公园绿地的定点、放线方法有以下3种。

（1）平板仪定点。适用范围较大，测量基点准确的绿地。即依据基点，将单株位置和片植的范围线，按设计图纸依次定出。

（2）网格法定点。适用于范围大且地势平坦的绿地。按比例在设计图上和现场分别划出等距离的方格（一般常采用20m×20m），然后按照设计图上的树位与方格的关系用皮尺定位。

（3）交会法定点。适用于范围较小、现场内建筑物或其他标记与设计图相符的绿地。以建筑物的两个特征点为依据，按图上设计的植株与两点的距离相交会定出植树位置。

不管用什么方法，定点后必须在定点的位置做出明确的标志。乔木、孤植树可钉木桩，写明树种、挖穴规格、穴号；树丛要用白灰线划出范围，线内钉上木桩写明树种、数量、穴号，然后用目测方法确定单株位置，并用灰点标明。

（4）目测定点时要注意下面三点。

① 树种、数量和分布等要符合设计图要求。

② 树丛内如有两个以上树种，注意树种的层次，宜中心高边缘低或呈由高渐低的倾斜的林冠线。

③ 布局注意自然，避免呆板，不宜用机械的几何图形或直线。

二、栽植前的准备

树木栽植过程要经过起苗、运输、定植、栽后管理四大环节。每一个环节必须进行周密的保护和及时处理，才能防止被移植的苗木失水过多。移栽的4个环节应密切配合，尽量缩短时间，最好是随起、随运、随栽，及时管理，形成流水作业。

1. 苗木准备

苗木质量的好坏直接影响栽植的质量、成活率、养护成本及绿化效果。栽植的苗（树）木来源于当地培育，或从外地购进，及本地园林绿地或野外搜集。不论哪一种来源，栽植苗（树）木的树种、年龄和规格都应根据设计要求选定。苗木挖掘前对分枝较低、枝条长而比较柔软的苗木，或冠丛直径较大的灌木应进行拢冠，以便挖苗和运输，并减少树枝的损伤和折裂。对于树干裸露、皮薄而光滑的树木，应用油漆标明方向。

为了保证栽植成活，又减轻苗木重量和操作难度，减少栽植成本，挖掘苗木的根幅（或土球直径）和深度（或土球高度）应有一个适合的范围。乔木树种的根幅（或土球直径）一般是树木胸径的6～12倍，胸径越大比例越小。深度（或土球高度）大约为根幅（或土球直径）的2/3；落叶花灌木，根部直径一般为苗高的1/3左右，分支点低的常绿苗木，土球直径一般为苗高的1/3～1/2。

应按操作规范起苗，防止伤根过多，尽量减少大根劈裂。对已经劈裂的根，应进行适当修剪补救。除肉质根树木如牡丹等应适当晾晒外，其他树种起苗后要保持根部湿润，避免风吹日晒。苗木长途运输时，应采取根部保护措施，如用湿物包裹或裸根苗蘸泥浆等。为减少常绿树枝叶水分蒸腾，可喷蒸腾抑制剂和适当疏剪枝、叶。

苗木运到施工现场如不能及时栽植，要进行假植。起苗后栽植前对苗木要进行修枝、修根、浸水、截干、埋土、贮存等处理。修枝是将苗木的枝条进行适当短截，一般对阔叶落叶树进行修枝以减少蒸腾面积，同时疏去生长位置影响树形的枝条，针叶树地上部分一般不进行修剪，对萌芽较强的树种也可将地上部分截去，移植后可发出更强的主干。主轴分枝的树种，如尖叶杜英、木棉、丽异木棉、南洋杉等应尽量保护中央领导枝的优势，不能随意修剪。修剪以少量疏枝为主，用短截方法。合轴分枝的树种，如榕树、大叶榕、羊蹄甲、非洲桃花心木等应在分枝高度上选择3～6个的优势枝条作为一级分枝和主枝，并确保主枝分布均匀和有一定的长度。一般一级分枝至地面的距离要求2.5～3m。移植修剪时，以疏枝为主，小心短截，确保树冠的完整性和美观性。并以适当的修剪量和根系的损伤对应，留叶量过多，上下不平衡使成活率降低；留叶量过少同样对成活和恢复不利，必要时可以用摘叶代替修剪。裸根苗起苗后要进行剪根，剪短过长的根系，剪去病虫根或根系受伤的部分，主根过长也应适当剪短；带土球的苗木可将土球外边露出的较大根段的伤口剪齐，过长须根也要剪短。修根后还要对枝条进行适当修剪，减少树冠，有利于地上地下的水分平衡，使移植后顺利成活，修根、修枝后马上进行栽植。不能及时栽植的苗木，裸根苗根系泡入水中或埋入土中保存，带土球苗将土球用湿草帘覆盖或将土球用土堆围住保存。栽植前可用根宝、生根粉、保水剂等化学药剂处理根系，使移植后能促根系更快成活生长，同时，苗木还要进行分级，将大小一致，树形完好的一批苗木分为一级，栽植在同一地块中。

2. 土壤准备

（1）整地。整地主要包括栽植地地形、地势的整理及土壤的改良。首先将绿化用地与其他用地分开，对有混凝土的地面要刨除。将绿地划出后，根据本地区水系排水趋势，将绿化地块适当垫高，再整理成一定坡度，以利排水。然后在种植地范围内，对土地进行整理。有时由于所选树木生活习性的特殊要求，要对土壤进行适当改良，若在建筑遗址、工程遗弃物、矿渣炉灰地修建绿地，需要清除渣土，并采取土壤改良措施，必要时换土。对于树木定植位置上的土壤改良一般在定点挖穴后进行。

（2）挖穴。树木栽植前的栽植穴准备是适地适树，协调“地”与“树”之间相互关系，创造良好的根系生长环境，提高栽植成活率，是促进树木生长的重要环节。

通过定点放线确定栽植穴的位置，株位中心撒白灰作为标记。栽植穴的规格一般比根幅（或土球直径）和深度（或土球高度）大20～40cm，甚至一倍；成片密植的小株灌木，可采用几何形大块浅坑。穴或槽周壁上下大体垂直，而不应成为“锅底”形或“V”形。在挖穴或槽时，肥沃的表土与贫瘠的底土应分开放置，清除去所有石块、瓦砾和妨碍植物生长的杂物。土壤贫瘠的应换上肥沃的表土或渗入适量的腐熟有机肥。

植物挖穴时要注意的事项：位置要正确；规格要适当；挖出的表土与底土分开堆放于穴边；穴的上下口大小应一致；在斜坡上挖穴应先将斜坡整成小平台，然后在平台上挖穴，挖穴的深度应以坡下沿口开始计算；在新填土方处挖穴，应将穴底适当踩实；土质不好的，应加大穴的规格；挖穴时发现电缆、管道等要停止操作，及时找有关部门配合解决；挖穴时如遇上障碍物，应找设计人员协商。

在土壤通透性极差的局部地带，应进行土壤改良，并采用瓦管和盲沟等排水措施。一般可在土壤中掺入沙土或适量腐殖质改良土壤结构，增强其通透性，也可加深栽植穴，填入部分砂砾，或在附近挖深于栽植穴的暗井，并在栽植穴的通道内填入树枝、落叶及石砾等混合物，加强根际区的地下排水。在积水极严重的情况下，可用粗约8cm的瓦管铺设地下排水系统。

三、栽植

（1）配苗或散苗。对行道树和绿篱苗，栽植前要再次按大小分级，使相邻的苗大小基本一致。按穴边木桩写明的树种配苗，“对号入座”，边散边栽。配苗后还要及时核对设计图，检查调整。

（2）栽植技术。园林树木栽植的深度必须适当，并注意苗木方向。栽植深度应以新土下沉后，树木基部与土面相平或稍低于土面为准。栽植过浅，根系容易失水干燥，抗旱性差；栽植过深，根系呼吸困难，树木生长不旺。主干较高的大树，栽植方向应保持原生长方向，以免冬季树皮被冻裂，或夏季受日灼伤危害。若无冻害或日灼，应把树形最好的一面朝向主要观赏面。栽植时，树木应垂直于东西、南北两条轴线。行列式栽植时，要求每隔10～20株先栽好对齐用的“标杆树”。如有弯干的苗，应弯向行内，并与“标杆树”对齐，左右相差不超过树干的一半，做到整齐美观。

① 裸根苗的栽植。大田苗根系带土少，称裸根苗。苗木经过修根、修枝、浸水或化学药剂处理后进行栽植。将苗木运到栽植地，根系没入水中或埋入土中存放、边栽边取苗。先比试根幅与穴的大小和深浅是否合适，并进行适当调整和修理。在穴底填些表土，堆成小丘状，至深浅适合时放苗入穴，使根系沿锥形土堆四周自然散开，保证根系舒展。具体栽植时，一人扶正苗木，一人填入拍碎的

湿润表土。填土约达穴深的1/2时轻提苗，使根自然向下舒展，然后用脚踩实。继续填土至满穴，再踩实一次，最后盖上一层土，使填土与原根颈痕相平或略高3～5cm。有机质含量高的土壤，能有效促进苗木的根系发育，所以在栽植苗木时，一般应施入一定量的有机肥料，将表土和一定量的农家肥混匀，施入沟底或坑底作为底肥。农家肥的用量为每株树10kg为宜。埋完土后平整地面或筑土堰，便于浇水。栽植苗木时要注意行内苗木要对齐，前后左右都对齐为好。

② 带土球苗的栽植。先测量或目测已挖树穴的深度与土球高度是否一致，对树穴作适当填挖调整，填土至深浅适宜时放苗入穴。在土球四周下部垫入少量的土，使树直立稳定，然后剪开包装材料，将不易腐烂的材料一律取出。为防止栽后灌水土塌树斜，填土一半时，用木棍将土球四周的松土捣实，填到满穴再捣实一次（注意不要将土球弄散），盖上一层土与地面相平或略高，最后把捆拢树冠的绳索等解开取下。容器苗或袋培苗必须将容器除掉后再栽植。

四、养护管理

（1）树木支撑。为防止大规格苗（如行道树苗）灌水后歪斜，或受大风影响成活，栽后应立支柱。常用木棍、竹竿作支柱，长度以能支撑树苗的1/3～1/2处即可。一般用长1.5～2m、直径5～6cm的支柱。可在种植时埋入，也可在种植后打入土20～30cm。栽后打入的，要避免打在根系上和损坏土球。树体不是很高大的带土移栽树木可不立支柱。立支柱的方式有单支式、双支式、三支式、四支式和棚架式。单支法又分立支和斜支，单支柱法是用一根木棍或竹竿等，斜立于下风方向，深埋入土30cm，支柱与树干之间用草绳隔开，并将两者捆紧。单柱斜支，应支在下风方向（面对风向）。斜支占地面积大，多用在人流稀少的地方。支柱与树干捆缚处，既要捆紧，又要防止日后摇动擦伤树干皮。因此，捆绑时树干与支柱间要用草绳隔开或用草绳包裹树干后再捆。双支柱法是用两根或两根以上的木棍（或水泥制柱）在树干两侧，分别垂直钉入土中，支柱顶部捆一横档，先用草绳或轮胎皮将树干与横档隔开，以防擦伤树皮，然后将树干与横档捆紧。

（2）铲树盘、作畦。单株树木定植后，在栽植穴的外缘用细土筑起15～20cm高的土埂，为开堰（树盘）。连片栽植的树木如绿篱、灌木丛、色块等可按片筑盘作畦。作畦时保证畦内地势水平。浇水堰应拍平、踏实，以防漏水。

（3）灌水。树木定植后应立即灌水，无风天不要超过一昼夜就应浇透头遍水，干旱或多风地区应连夜浇水。一般每隔3～5天要连灌三遍水。水量要灌透灌足。在土壤干燥、灌水困难的地区，可填入一半土时灌足水，然后填满土，保墒。浇水时应防止冲垮水堰，每次浇水渗入后，应将歪斜树苗扶正，并对塌陷处填实土壤。

（4）封堰。第三遍水渗入后，可将土堰铲去，将土堆在树干的基部封堰。为减少地表蒸发，保持土壤湿润和防止土温变化过大，提高树木栽植的成活率，可用稻草、腐殖土或沙土覆盖树盘。

五、非适宜性季节林木栽植技术

在现代建设工程施工中，由于合同施工期限和进度特殊需要，不能在适宜季节植树，有的甚至是反季节植树造林，需要采用创新技术措施突破植树非适宜季节的影响

1. 预知计划的栽植技术

由于某些因素的影响，不能适时栽植树木是预先已知的，可在适时季节起掘（挖）好苗，并运到施工现场假植养护，等待其他工程完成后立即种植和养护。多年工程实践表明，购买使用袋培树苗，是克服时令影响，提高苗木成活率的有效途径。

（1）起苗。由于种植时间是在非适合生长季，为提高成活率，应预先于早春未萌芽时带土球掘（挖）好苗木，落叶树应适当重剪树冠。所带土球的大小规格可稍大一些。包装要比一般的加厚、加密。如果是已在去年秋季掘起假植的裸根苗，应在此时另造土球（称作“假坨”），即在地上挖一个

与根系大小相应的，上大下略小的圆形底穴，将蒲包等包装材料铺于穴内，将苗根放入，使根系舒展，干正中，分层填入细润土并夯实（注意不要砸伤根系），直至与地面相平。将包裹材料收拢于树干捆好。然后挖出假坨，再用草绳打包，正常运输。

（2）假植。在距离施工现场较近、交通方便、有水源、地势较高，雨季不积水的地方进行假植。假植前为防天暖引起草包腐朽，要装筐保护。选用比球稍大、略高20～30cm的箩筐（常用竹丝、紫穗槐条和荆条所编）。土球直径超过1m的应改用木桶或木箱。先在筐底填些土，放土球于正中，四周分层填土并夯实，直至离筐沿还有10cm高时为止，并在筐边沿加土拍实做灌水堰。按每双行为一组，每组间隔6～8m作卡车道（每行内以当年生新稍互不相碰为株距），挖深为筐高1/3的假植穴。将装筐苗运来，按树种与品种、大小规格分类放入假植穴中。筐外培土至筐高1/2，并拍实，间隔数日连浇3次水，适当施肥、浇水、防治病虫、雨季排水、适当疏枝、控徒长枝、去蘖等。

（3）栽植。等到施工现场可以种植时，提前将筐外所培的土扒开，停止浇水，风干土筐；发现已腐朽的应用草绳捆缚加固。吊栽时，吊绳与筐间垫块木板，以免松散土球。入穴后，尽量取出包装物，填土夯实。经多次灌水或结合遮阴保证成活。

2. 临时需要的栽植技术

预先无计划，因特殊需要，在不适宜季节栽植树木，可按照不同类别树种采取不同措施。

（1）常绿树的栽植。应选择春梢已停，2次梢未发的树种；起苗应带较大土球。对树冠进行疏剪，或摘掉部分叶片。做到随掘、随运、随栽；及时多次灌水，叶面经常喷水，晴热天气应结合遮阴。易日灼的树干裸露苗，应用草绳进行卷干，入冬注意防寒。

（2）落叶树的栽植。最好选春梢已停长的树种，疏掉徒长枝及花、果。对萌芽力强，生长快的乔、灌木可以重剪。带土球移植；如裸根移植，应尽量保留中心部位的心土，尽量缩短起（掘）苗、运输、裁剪的时间，裸根根系要保持湿润。栽后要尽快促发新根，可灌溉一定浓度的（0.001%）生长素；晴热天气，树冠应遮阴或喷水。易日灼地区应用草绳卷干。应注意伤口防腐，剪后晚发的枝条越冬性能差，当年应注意防寒。

六、提高树木栽植成活的技术

树木栽植成活的关键是保证树体以水分代谢为主的生理平衡。在栽植过程中可根据实际情况采取技术措施，提高栽植的成活率。

（1）根系浸水保湿或沾泥浆。裸根苗栽植前当发现根系失水时，应将植物根系放入水中浸泡10～20h，充分吸收水分后再栽植，可有效提高成活率。小规格灌木，无论是否失水，栽植之前都应把根系浸入泥浆中，均匀沾上泥浆。使根系保湿，促进成活。泥浆成分通常为过磷酸钙：黄泥：水=2:18:80。

（2）使用人工生长剂促进根系生长愈合。树木起掘时，根系受到损伤，可用人工生长剂促进根系愈合、生长。如软包装移植大树时，可以用ABT-1、ABT-3号生根粉处理根部，有利于树木在移植和养护过程中迅速恢复根系的生长，促进树体的水分平衡。

（3）利用保水剂改善土壤的性状。城乡土壤随着环境的恶化，保水通气性能愈来愈差，不利于树木的成活和生长。在有条件的地方可使用保水剂改善土壤保水性能。保水剂主要有聚丙乙烯酰胺和淀粉接枝型，颗粒多为0.5～3mm粒径。在北方干旱区，可在根系分布的有效土层中掺入0.1%并拌匀后浇水；也可让保水剂吸足水形成饱水凝胶，以10%～15%掺入土层中。可节水50%～70%。

（4）树体基干裹于保湿材料增加抗性。栽植的树木通过草绳、旧麻袋等软材料包裹枝干，可在生长期内避免强光直射树体，造成灼伤，降低风吹袭而导致的树体蒸腾失水，储存补给水分，使枝干保持湿润，在冬季又起到保温作用，提高树木的抗寒能力。草绳麻袋裹干，每天早晚两次喷水，可增加树体湿度，但水量不能过多。塑料薄膜裹干有利于休眠期树体的保温保湿，但在温度上升的生长期内，因其透气性差，内部热量难以及时散发导致灼伤枝干，因此，在芽萌动后，须及时撤除。

（5）树木遮阴降温保湿。在生长季移植的树木水分蒸腾量大，易受日灼，成活率下降。因此在非适宜季节栽植的树木，条件允许可用遮阳膜搭建荫棚以减少树木水分蒸腾损失。

综上所述，树木移植的成活率关键在于是否适地适树，和树木生长环境的差异程度。在此基础上可以通过带土球移植，种植袋培苗，选择有利时机适时移植、快速运输和防风运输苗木，防止树枝和根系损伤，同时，运用切根、灌水起苗、草绳或麻布包裹树干、灌水、浇水、喷水、喷雾等措施对树木进行保水处理，能够促进移植树木根系的愈合和生长，在养护期间，对移植树木进行防病、施肥、松土等精心护理，是可以确保树木逆境移植成活。

第四节 大树移植技术

随着现代城乡对景观环境要求的不断提高，大树移植以其优化城乡绿地结构、改善城乡绿地景观等特点被广泛采用，许多重点工程或新兴城镇建设，往往需要以最短的时间和最快的速度营建绿色景观，体现其成熟性绿化效果。这些目标可通过大树移植手段得以实现；还有在建设工程无法避开树木的条件下，为保护大树将其易地移植使之继续生存。无论从美化还是从保护角度看，当前大树移植技术成为园林科技工作者面临的新课题。

树木的生态环境是一个比较综合的因素，主要是指光、气、热等小气候和土壤条件。移栽后的生长环境优于原生存环境的，移栽成功率较高。而一些在高山生长的大树移入平地，或一些酸性土壤生长的乔木，移入带碱性的地域，由于其环境差异较大，成功率则比较低。

一、大树移栽的优越性与弊端

1. 大树移栽的有利因素

在城市里由于高楼、大厦、水泥道路、汽车尾气、噪声等污染，对人们生活质量、生活空间造成很大影响。大城市可供人们居住、休憩的面积太小，以至于向高空发展，而大树在绿化时，其枝繁叶茂，叶面积大，能够进行强有力的蒸腾作用和光合作用，进而增加空气中的湿度和氧气含量。大树能够对雨水截留，从而起到水土保持作用。同时，大量的叶片能减少灰尘，吸收空气中的有害气体，碳汇效果明显。把乡村充裕的树木资源进行合理配置，科学移栽，给繁华、单一的城市建设带来生机是园林工作者的使命。研究表明，用等面积的乔、灌、草组成的植被群落其释氧固氮、蒸腾吸热、减尘滞尘、减菌杀菌及减污效果为单一草坪的4～5倍。大树移栽对于改善人居环境有着十分重要的作用。

建设现代园林城镇离不开大树，大树能有效地提高城乡绿化率、人均公共绿地面积。从而达到快速绿化、美化城乡的目的，缩短了成林时间，使城市人群快速感受树林带来的舒适方便。在景观的空间层次上，高大的树体构成绿地景观空间，如果只是依靠小树绿化，则要等到十几年甚至几十年，都很难达到目的。大树移栽具有“一次投资、长期受益”的优势，近年来，随着园林科技水平的不断提高，大树移栽技术手段得到明显提高，北方许多城镇通过大力移植油松、云杉、侧柏、刺柏、北京丁香、国槐等乡土绿化树种，达到了快速绿化、快捷见效的目标。促进了现代园林化城镇生态环境建设并融入新的活力。大树的景观效果、社会效益和生态效益，已经在城乡建设，公园建设、社区绿化等发挥了不可替代的作用。它不仅在最短的时间内缩短了城市绿化建设的周期，对于改善城市环境污染，促进人与自然和谐具有现实意义。

位于深圳市福田区泰然九路与泰然六路交叉口中国银行门口广场的木棉树就是采用了大树移植技术，在最短的时间内改变了该地段的绿化景观效果，使附近的植物群落结构更加多样性，增强了该广场绿色景观的成熟性和观赏性，使人们在工作之余愉悦身心，更加富有青春活力。

乡村及偏远山区是大树移栽最重要的种质资源库，我国自实施林业“六大生态工程”以来，乡村、林区的基本苗圃已经得到壮大，随着个体苗圃、国有苗圃日益兴起，一些起步早、懂技术的农民通过发展苗木产业，摆脱了贫困面貌。大树移植可使贫困落后的山区农民增加收入。大树在移植过程中需要大量的人力，起重机械、运输车辆、包装材料等，带动了农民的多维经济增收。

2. 大树移栽中存在的问题

大树移栽市场需求好，价格水涨船高，有一定赚钱效应，但苗木市场不同于其它商品市场，苗木投市没有严格的技术规范和统一标准，近年来由于受经济利益驱动，“跟风入市者”较多，有些苗木商贩和园林设计方，不懂技术，违背自然规律，没有严格遵照大树移栽程序和坚持“适地适树”原则，去把好挖掘、包扎、起运、移栽、养护关，直接影响树木移栽成活率。

受经济利益的诱导，加之监管不严，有些乡村和林区存在扩大采挖迹地、毁坏树木及草皮等现象，甚至有采挖一株、毁坏多株的问题，对原生长地造成破坏。

2010年以来，深圳市的行道树种植及庭院绿化等大多采用大树移植技术，虽然对改善城市环境起到了一定的作用，但也出现了成活率低下的个案。如位于福田区上海林的卓越广场，于2012年兴建，当时在秋季采用大树移植技术移栽了30余颗小叶榄仁，在次年却仅成活7颗，成活率仅为23%，其余死树均又全部重栽，浪费了大量的人力物力财力，甚至影响到周边植物群落的景观效果。

根据国家林业局2003年《关于规范树木采挖管理有关问题的通知》和2009年《关于禁止大树古树移植进城的通知》要求，胸径5cm以上树木在运输过程中要办理木材运输证，5cm以下要办理植物检疫证、质量合格证、经营许可证等相关手续，但实际运送过程中存在手续不齐等问题。

许多采挖迹地没有采取有效的补救措施，树木挖走后没有回填土坑，清理脱落枝梢，致使病害滋生，影响树木正常生长。大树移栽的利弊见表6-1。

表6-1　大树移植的利弊比较

大树移植的优越性	大树移植的弊端
在城乡生态系统中有利于绿色景观快速恢复	破坏树木原生地环境，造成部分周边群落植物死亡
拦吸空气有毒物质、减少城乡各类颗粒污染	大树移栽技术要求高，树体易死亡，工程成本高，企业风险大
有效提高城乡绿化覆盖率，层次结构多样性	国家禁止移栽古树木，交易双方违法成本更高
移栽大树可增强公园广场绿色景观的成熟性和观赏性	大树常带病虫源体传播转移
带动乡村及偏远山区开发苗木产业，增加农民收入	大树成活恢复期较长，一、二年内绿化景观效果差

3. 解决措施

移植大树必须尊重自然规律，为了保证成活率，严格规范移栽程序，土球直径一般为树干的8～10倍，避免在树木生长期进行移栽。古树名木要做到提前2～3年断根缩坨。移栽时尽量取掉土球草绳，利于新生根。保证“定根水”要一次浇到位，确保土壤与树根充分紧实。容易风摆的大树，要配备撑杆或者支架。只要从起苗、运输、养护等环节规范管理，一般移栽成活率可以达到96%。

林业主管部门对大批量大树迁移和大规模树木更新的绿化工程，组织专家进行论证，经有资质的园林绿化管理部门核准后方可实施。

林区对密度大，有森林资源后备潜力的地块，通过报批进行抚育、透光间挖，施肥、病虫害防治等一系列营林措施，一般强度不超过20%。可以为城乡提供急需的绿化树种。

成立林业执法大队，规范大树进城绿化的监管程序，严格做好移栽前、移栽中、移栽后的监管，确保各个环节在规范中运行，实行问责制。避免移栽过程中的“不管就乱，一管就死”的作法。让大树移栽技术在科学、规范、法制的环境中有效运行。

二、大树移植前的准备

1. 大树移栽的概念

大树移植一般是指胸径10～20cm的大树，且维持树木冠形完整或基本完整的大型树木移植。行业规范《城市绿化工程施工及验收规范（CJJ/T 82—99）》提出移植胸径20cm以上的落叶乔木和胸径15cm以上的常绿乔木称为"大树移植"。一般移植胸径10cm以上的大树，称为"大树移植"比较合适。

大树移植一般难度较大，技术要求较高，但因能在最短的时间内改变一个小区，甚至一座城镇的自然面貌，较快的发挥绿色景观效果；移植大树能充分地挖掘苗源，特别是利用郊区的天然林的树木，及闲散地上的大树。此外，为保留建设用地范围内的树木，也需要实施大树移植。随着园林科技的发展和机械化程度提高，大树移植将越来越易实施，也将在现代城乡绿化中更好地发挥作用。

凡事预则立，不预则废。大树移栽系一项难度较大的园林绿化工程技术，其难易程度常因树种、树龄、季节、距离、地点等的不同而异。因此，移栽前必须进行精心策划并制定完整配套的移栽方案，确保大树移栽成功。

2. 大树的选择

大树选择要根据园林绿化施工的要求和适地适树原则，选定树种及规格，应考虑到树木原生长基地，须与定植地的自然条件相适应。所谓规格，系指胸径、树高、冠幅、树形、树相、树势、分枝点高度等。选树时切莫盲目求新追大，尽可能地选用生长健壮的乡土树种。要按照"生长环境相似性原理"，从光、水、气、热等气候条件，土壤的酸碱性，海拔高度以及周边环境因子等方面进行综合考察比对，将生境差异控制在树种可适生的区间内。树种不同，其生物学特性也不同，移植地的环境条件应尽量与该树种的生物学特性和生境条件相符，例如，在近水的地方，樟树、柳树等都能生长良好，而若移植银杏，则可能会因烂根而很快死亡。依照拟定的树种、品种和规格，通过多渠道联系、实地考察和成本分析，确定树种来源并落实到位。同时，在选定的树木上在朝阳（南）方向的胸径处做好标记，顺序编号，一树一卡，挂牌登记，分类管理。

选择大树时，应选择生长健壮的树木，选择树冠圆满、没有感染病虫害和未受机械损伤的树木，选择近5年来生长在阳光充足下和根系分布正常的树木。如果根系分布不均，移植大树不仅缺乏较发达的根系系统，而且起苗操作困难、容易伤根，不易挖出完整的土球，影响大树移植的成活率。在过密的林分中，树木移植到城市后其生活环境则发生了很大变化，因缺乏森林小气候环境，难以适应，故不易成活，且树形不美观。

选树工作宜提前2～3年进行，最迟也应在移栽前的休眠期或恢复生长初期结束。

3. 大树移植前的技术处理

（1）大树处理。大树处理的主要内容包括根据树种移栽成活的难易程度，做断根处理、截冠处理和提前囤苗。

对于干径＜15cm且移栽较易成活的大树，若是带土球正常季节移栽，可不必进行断根处理。而对于干径＞20cm的大树，尤其是名优品种，移栽前的断根处理是十分必要的。亦即在移栽前2～3年的春季或秋季，以树干为中心，以胸径的6～8倍为直径画圆，先在圆形相对的两段东弧和西弧（或南弧和北弧），向外挖宽30～40cm、深50～70cm（具体深度依树种根系深浅而定）的环形沟，翌年按同样方法挖另两个方向的环形沟。注意：挖沟时遇有较粗的根，可用枝剪或手锯沿沟的内壁切断；但对粗度＞5cm的大根要保留不切，以防大树倒伏，而是在沟内壁处做环剥处理，并喷涂生根剂促发新根。沟挖毕，回填肥土并分层夯实，然后浇透水。这样，第3年时四周沟内均长满须根，即可起挖大树了。应急时，第1次断根后数月即可移栽。

为保大树移植成功，需了解大树地下根系状况，有些大树的根部因地形因素往往覆盖着厚土，导致根系生长易造成不均匀的现象。要先对根部进行试探挖掘，了解根系分布情况，以及是否适合扎土球，这决定了树木是否适合移植。有粗大直根系的大树不宜移植，生长在石块、砂砾中的大树也不宜移植，这些树木先苗圃移栽，经生长良好后，方可进行移植。

为了保证大树移植成活，需要对大树进行切根，促进树木的须根生长，切根部位应比正常土球小10～20cm为宜。切根一般在初春与秋季进行，大树切根宜分两次进行，把土球外围分成4份，于早春和秋季按对角的土球外圈处各向外挖30～40cm宽的沟，对根系用利器齐平内壁切断，伤口要平整，然后在切根外周施钙镁磷肥或过磷酸钙，之后用沃土填平、踏实，从而促进树木须根的生长。对于胸径在15cm左右的树木可以一次完成切根，但需搭防风支架以固定树木，以防树木风吹摇动，导致新根难以生长。

为保大树移植成功，在大树挖掘前2天需灌足水，使大树的根系、树干贮存足够水分，以弥补移栽造成的根系吸水不足，而且土壤吸水后容易挖掘，土球容易扎紧、在运输过程中也不易松散。

（2）移植前修剪技术。修剪的目的主要是为了保持树木地下、地上水分代谢平衡。修剪强度要看树冠越大、根部越裸、伤根越多、生根越难、季节越反，越应加大修剪强度，尽可能减小树冠的蒸腾面积。对于落叶乔木一般剪掉全冠的1/3～1/2，而对生长较快、树冠恢复容易的槐、枫、榆、柳等可去冠重剪；对常绿乔木应尽量保持树冠完整，只对枯死枝、过密枝和干裙枝做适当修剪。无论重剪抑或轻剪、缩剪，皆应考虑到树形框架，及保留枝的错落有致。剪口可用塑料薄膜、凡士林、石蜡或植物专用伤口涂补剂包封。对于裸根移栽的大树，还应对根部做必要的整理，重点剪除断根、烂根、枯根，短截无细根的主根。

实践中，由于施工成本和工期的限制，很难做到提前2～3年进行断根促根及冠部处理，比较常用有效的方法是提前囤苗。囤苗最适季节为早春树木萌发新芽前，具体方法为：按干径的6～8倍起土球并用无纺布和尼龙绳打包或起木箱苗，做适当修剪后原地假植或异地集中假植。原地假植时，保留大树向下生长的根系，待正式移栽时再切断，以提高囤苗的成功率。异地集中囤苗时，应在掘树前标记好树干的南北方向，并严格按原方向栽植，以防可能出现的夏季日灼（原阴面树皮）和冬季冻伤（原阳面干皮），提高囤苗成活率。

4. 大树适时移植技术

随着现代城市景观环境要求不断提升，在丰裕资金做保障和不破坏原有生态资源的条件下，通过大树移栽优化城镇绿地结构，迅速提升城市景观，已成为加速城乡园林绿化进程的重要手段。因此，掌握科学的大树移栽技术，提高成活率，确保资金高效利用，是园林绿化科的一个重要科研课题。

要保证树木栽植能成活，关键要做到树体上下水分等代谢平衡。根据这一原理，一般以秋季落叶后至春季萌芽前栽植为宜。在实践中，因不同地区、不同环境条件，可分为春栽、雨季栽植、秋栽、冬栽。

（1）春栽。春季是树木开始生长的大好时期，早春树液开始流动并发芽、生长，挖掘时损伤的根系容易愈合和再生，移植后经过一年的生长，树木可顺利越冬。且多数地区土壤水分充足，是我国大部分地区的主要栽植季节。在冬季严寒地区或在当地不甚耐寒的边缘树种以春栽为妥，可防寒越冬。

（2）雨季栽植。春旱，特别是秋冬也干旱的地区，以雨季栽植为好。

（3）秋栽。秋季气温逐渐下降，蒸腾量较低，土壤水分状况较稳定，树木营养较丰富，多数树木的根系生长势强，树木能充分吸收地下的水分。因此，适宜秋栽的地区较广泛，且以开始落叶即栽植为好。

（4）冬栽。在冬季土壤基本不结冰的华南、华中、华东等长江流域可进行冬栽。在冬季严寒的东北部、东北大部，由于土壤冻结较深，对当地乡土树种，可用冻土球移栽，优点是利用冬闲，省包装和运输机械。

秋、冬季移植的大树，要经过越寒冬的考验，伤口的愈合组织能否形成，能否长出新根等。对于落叶树，深秋的移植效果较好，这个期间树木虽处于休眠状态，但是地下部分尚未完全停止活动，故

移植时被切断的根系，能在这段时间进行愈合、生根，给来年春季发芽生长创造良好的条件。

春季移植的大树可较快进入生长期，对伤口的愈合、新根的生长、新芽的产生较为有利，而且树木的蒸腾还未达到最旺盛时期，因此进行带土球的移植，尽量缩短土球暴露时间，有利于大树的成活。这时候观察大树生长状况也较容易，可及时发现问题及时补救，栽植后通过精心的养护管理，也能确保大树的成活。盛夏季节，由于树木的蒸腾量大，此时移植对大树的成活不利，必须加强修剪、遮阴，尽量减少树木的蒸腾量，并加大土球，但移植成活率相对较低。所以，大树移植应尽量选择秋季落叶后至春季萌芽前栽植为宜。

三、大树移植的技术

1. 挖坑与设管方法

据移植大树规格确定坑的宽度范围和深度，一般树坑范围是移植大树胸径的8～10倍，深度达80～100cm。挖坑时将表土和生土分开堆放，并把石块及建筑垃圾捡出，先在坑底铺一层碎石，最好能盖上一层沙，然后覆盖一层土，并在坑四周各取一段塑料管，一端插入碎石层，一端露在坑上沿，固定好塑料管，以利大树的根部呼吸和积水外排，等候栽植。

2. 挖树与包干方法

目前，国内普遍采用人工挖掘，软材包装移栽法，适用于挖掘圆形土球和胸径为10～15cm的常绿乔木。用蒲包、草片或塑编材料加草绳包装（树干用浸湿的草绳缠绕至分枝点）。此外，还有木箱包装移栽法，适用于挖掘方形土台和胸径为25cm以上的常绿乔木。北方寒冷季区可采用冻土移栽法。落叶乔木一般采用休眠期树冠重剪、尽量保留较多根系的裸根移栽法，挖掘、包装相对容易。但秋季移栽的树要待翌春再行修剪，以防回缩的枝条因冬季失水枯死而无替代枝。大树移栽时要尽量保护根系，一定要尽可能加大土球，一般可按树木胸径的6～8倍挖掘圆形土球或方形土台进行包装，以尽可能多保留根系。挖到一定深度时，用利器将土球周围修整齐，树根伤口要削平，然后用草绳一圈紧挨一圈扎紧，再将树木吊起或推斜，砍断或锯断主根，做到根部土球不松不散。用草绳、麻布等材料严密包裹树干和较粗壮的分枝，减少大树在运输时损伤树干，并可贮存一定量的水分，使树干保持湿润，同时，可调节枝干温度，避免强光直射和干风吹袭，减少高温和低温对枝干的伤害，以及枝干的水分蒸发，以利于提高大树种植后的成活率。起树前还要把干基周围2～3m以内的碎石、瓦砾、灌木丛等清除干净，对大树还应准备3根支柱进行支撑，以防倒伏后造成工伤事故和损坏树木。

3. 运输与修枝方法

带大土球的植株，一般要用吊车装卸，卡车运输。但对于距离较近、数量不大的树木，可用吊车直接吊移，对距离不远的特大树木，则多采用轨道平移法。大树吊运是大树移栽的重要环节之一，直接关系到树木成活、施工质量及树形的完美等。装车时必须土球向前，树冠向后，轻轻放在车厢内。树干包上柔软材料放在木架上，用软绳扎紧，树冠也要用软绳适当缠拢。用砖头或木块将土球支稳，并用粗绳将土球捆牢于车厢，或用绳子将土球缚紧在车厢两侧，防止土球摇晃。一般一辆汽车只运载1株大树，装多株时要设法减少株间相互影响。在大树起吊、运输过程中，要尽量保护枝叶和土球，装运前应标明树干的主要观赏面，并将树冠捆拢，在装运及卸车时着重保护树木的主要观赏面。在吊运时，着绳部位和吊运方法十分重要，要防止起吊后坠落和减少震动，否则将造成土球的破损，影响移植的成活率。装运的大树在车上要安放牢固，支撑好树干，固定好防止滚动，各支撑点要包软垫物，防止树皮和枝条损伤，要对根部、树枝、叶进行防风、保湿处理，争取当天起挖，当天运达现场，减少根系水分的损失，以提高移植成活率。长途运输或非适宜季节移栽，还应注意喷洒蒸腾抑制剂抗蒸，喷水、遮阴、防风、防震等，遇大雨防止土球淋散。苗木运到施工现场后，把有编号的大树对号入座，避免重复搬运损伤树木。卸车的操作要求与装车时大体相同。卸车后，如未能立即栽植，应将苗木立直、支稳，不可斜放或平放在地。

栽植前要对劈裂、折伤的树枝和根系进行修剪，直径2cm以上的锯口要整齐。全部修去树干的向内侧生长的枝条，外侧枝条修剪则根据树种而定，如桂花、樟树需对外侧末端的枝条进行适当的修剪，修去约30cm长，而雪松、广东玉兰则不能修剪末端枝条，只能进行适当疏枝，保持原有的冠幅。然后对截枝的锯口进行涂抹或包扎处理，可采用石蜡对所有锯口进行涂抹，也可用塑料袋对4cm以上的锯口包扎，并露出外缘3～5cm，以减少水分的蒸发，提高移植成活率。

4. 消毒与栽植方法

大树移栽前要对穴土做灭菌杀虫处理，亦即用杀菌剂进行树穴杀菌和地下专用杀虫剂进行树穴虫害处理。条件允许应配制营养土备用，具体方法为：按重量比取木屑50%、草木灰30%、熟土20%，充分混匀后放置3～5天，促其高温发酵或直接树穴底部放入草炭，还可根据需要加入适量的化肥。再用多菌灵或代森锌对土球和根部进行消毒，同时，用生根粉3号溶液涂抹根系伤口，并对土球喷洒、浇灌，促进根系愈合、生根。先在穴底铺一层营养土，紧接着拆除土球上的包扎物，借助吊车把大树缓缓移入穴中，扶正大树，选好大树的角度、朝向，达到最佳姿态后，放入坑里。用表土回填树坑内，填土时要分层回填、踏实（土球四周和地表也要加铺营养土），然后在树周围施入钙镁磷肥或过磷酸钙肥料，再填土，当坑土填至一半时，用锄头或锄头柄捣紧、打实后再填，填土要使土球与坑土紧结，打实土壤，但注意不要破坏土球，不能击打土球部位，以免弄散土球、伤到根系，影响根部吸收。同时，让原先预埋的四根塑料管上口露出土面。当回填土至土球高度的2/3时，浇第1次水，并灌入适量生根液，使回填土充分吸收药液和水，再添满松土，最后在外围修一道围堰，浇第2次水，浇足浇透。浇完水后要注意观察树干周围泥土是否下沉或开裂，有则及时加土填平。

5. 搭架与灌水方法

大树移植因树冠庞大容易被风吹倒，因此在吊索松绑前应先立支撑固定，用钢丝线搭正三角形桩有利于树体稳定（钢丝线的支撑点应以树高的1/2～2/3处为宜）。固定时需加垫保护层，以防损伤树皮，同时，在树兜搭架树棍或毛竹桩、四角桩加以固定。大树栽植后应在树坑以外周围作盘修围沟树池，当天灌水，灌足灌透，并将树干上的草绳或麻布用水喷透，第2天再对树池覆盖一层松土，以防土壤板结。

四、大树移植后的养护

大树移栽后，一定要加强后期的养护管理。“三分种，七分管”，道理盖出于此。大树死亡的主要原因很重要一条就是后期管理不当，尤以第一年最为关键。因此，应把大树移栽后的精心养护，看成是确保移栽成活和林木健壮生长的重要环节，切不可小视。

1. 喷水与控水方法

大树地上部分因蒸腾作用而易失水，栽后每天必须喷水保湿，喷水要求细而均匀，要喷透草绳或麻布，并能喷及地上各部位和周围空间，为树体提供湿润外部环境。也可用“吊盐水”的方法，即在树枝上挂若干个装满清水的盐水瓶，运用医学上吊盐水的原理，让瓶内的水慢慢滴入树体上，并定期加水，这种方法既省工又省费用。一般在抽枝发芽后，才停止喷水或滴水。移植大树的根系吸水功能减弱，对土壤水分需求量较少，此时只要保持土壤湿润即可。土壤过湿反而影响土壤的透气性，进而抑制根系的呼吸，甚至会导致烂根死亡。浇水需根据天气情况、土壤质地情况而定，通常10～15天浇1次水。

2. 喷雾与遮阴方法

移植的大树在未达到正常生长时遇到高温季节，应使用全光定时喷雾，即在大树中心上方支起喷雾装置，喷头的高度和数量应以喷出的水雾能遮盖树冠80%以上范围为宜。在使用全光定时喷雾装置时要注意排水，防止种植穴积水、烂根，增强大树抗逆能力，适应不良的环境。大树移植的初期或高温季节，要搭棚遮阴，降低棚内温度，减少树体的水分蒸发。搭棚时，遮阴度应以70%左右为宜，让树体接受一定的散射光，以保证树体的光合作用，以后视树木的生长和气候变化，再逐步去掉遮阴物，以提高大树适应环境的能力，提高移植大树的成活率。

3. 地面覆盖方法

地面覆盖主要是减缓地表蒸发，防止土壤板结，以利通风透气。通常采用麦秸、稻草、锯末等覆盖树盘，但最好办法是采用“生草覆盖”，即在移栽地种植豆科绿地类植物，在覆盖地面的同时，既改良了土壤，还可抑制杂草，一举多得。

4. 树体保湿技术

主要方法包括以下几种。

（1）包裹树干。大树死亡最先是韧皮部与木质部失水分离，为保树干湿度，减少树皮水分蒸发，可用浸湿的草绳，从树干基部缠绕至顶部，再用调制好的泥浆涂糊草绳，后常向树干喷水，使草绳处于湿润状态。

（2）架设荫棚。4月中旬，天气变暖，气温回升，树体的蒸发量逐渐增加，应在树体的3个方向（留出西北方，便于进行光合作用）和顶部架设荫棚，荫棚的上方及四周与树冠保持50cm距离，既避免阳光直射和树皮灼伤，又保持了棚内的空气流动及水分、养分的供需平衡。为不影响树木的光合作用，荫棚可采用70%的遮阴网。10月后，天气逐渐转凉，可适时拆除荫棚。实践证明，在条件允许搭荫棚，是生长季节移栽大树，最有效的树体保湿和保活措施。

（3）树冠喷水。移栽后如遇晴天，可用高压喷雾器对树体实施喷水，每天喷水2～3次，1周后，每天喷水1次，连喷15天即可。对名优和特大树木，可每天早晚向树木各喷水1次，以增湿降温。为防止树体喷水造成移植穴土壤含水量过高，应在树盘上覆盖塑料薄膜。

（4）喷抑制剂。可选用于园林植物移植的蒸腾抑制剂抗蒸。

5. 抹芽与保暖技术

移植大树在发芽时，往往是整个树身全面发芽，这需要消耗大量的水分，而且生长的枝叶又短又密，不利于树木的光合作用。因此，合理抹芽可以美化树木和提高移植树木的成活率，选择定向保留的枝芽，再把多余的枝芽抹掉，减少呼吸作用，让其迅速生长，形成美观的树形和良好的光照条件，促进移植大树的复壮。在冬季移植的大树，其根系尚未恢复即进入寒冬的考验，树木易被风干脱水，因此必须对树木进行保暖，在草绳绕树杆的外围，用塑料膜将树干和树兜再包一圈，起保暖保水作用，从而促进移植大树根系的早日愈合、生长。

6. 输液促活技术

对栽后大树采用树体内部给水的输液方法，可解决移栽大树的水分供需矛盾，促其成活。具体方法为：在植株基部用手持式电钻由上向下成45° 角钻输液孔，深至木质部髓心。输液孔的数量多寡和孔径大小应与树干粗细及输液器插头相匹配，输液孔水平分布均匀，垂直分布交错。采用激活液或吊针液可使植株恢复活力，又可激发树体内原生质活力，从而促进生根萌芽，提高移栽成活率。将装有液体的瓶子悬挂在高处，并将树干注射器针头插入输液孔，拉直输液管，打开输液开关，液体即可输入树体。待液体输完后，拔出针头，用棉花团塞住输液孔（再次输液时夹出棉塞即可），不再输液时用愈伤膏封闭输液孔。输液次数及间隔时间视天气情况（干旱程度，气温高低）和植株需水要求确定。4月移栽后开始输液，9月植株完全脱离危险后结束输液，并用波尔多液涂封孔口。有冰冻的天气不宜输液，以免冻坏植株。

7. 检查与抚育方法

移植大树后要定期对大树的生长发育进行观察检查，查病虫害、闷根、积水等情况，可通过预埋的塑料管检查树木根部积水，如有积水可从塑料管中吸出，或用棉花球套在钩里从塑料管中将水排出，如根部较干则可安排浇水；如叶片衰弱则应查根系是否腐烂，如有烂根要立即截除，后用表层土重新培植，并用1%的活力素溶液浇灌。发现病虫害要立即抢救，确保大树移植成活。在大树移植初期，根系吸肥能力差，宜采用根外追肥，一般半个月用尿素、磷酸二氢钾等配制成浓度0.5%～1%的速效肥溶液，在早上或傍晚喷洒1次，做到少量多施。为保持土壤良好的透气性，有利于根系萌发，在检查中如发现土壤较黏重，则应安排松土工作，以防土壤板结，预防树木闷根，增进树木根部生长，提高移植大树成活率。

8. 调整树形技术

移栽的大树成活后，会萌出大量枝条，要根据树种特性及树形要求，及时抹除树干及主枝上不必要的萌芽。经缩剪处理的大树，可从不同的角度保留3～5个粗壮主枝，然后主枝上保留3～5个侧枝，以便形成丰满的树冠，达到理想的景观效果。

9. 施肥打药技术

移栽后的大树萌发新叶后，可结合浇水施入氮肥（最好是氮磷钾复合肥），浓度一般为0.2%～0.5%，如施尿素每株用量为0.1～0.25kg，当年施肥1～2次，9月初停止施肥。关于叶面施肥，是将1kg尿素溶入200kg水中，喷施时间要选择晴天或阴天7～9时和17～19时进行，此时树叶活力强，吸收能力好。

栽后大树因起苗、修剪造成各种伤口，加之新萌的树叶幼嫩，树体抵抗力弱，故较易感染病虫害，若不注意防范，很可能死树死苗。可用花木新姿杀菌剂、真得劲等农药混和喷施，在4月、7月、9月时段，每周喷药1次，基本能达到防治目的。例如，春季移栽大桧柏时，一定要在栽后喷药防治双条杉天牛及柏肤小蠹等。

10. 防寒抗冻技术

（1）北方的林木特别是带冻土移栽的树木，必须注意根系保护，移栽后要用泥炭土、腐殖土或树叶、秸秆、地膜等对定植穴树盘进行土面保温，早春土壤解冻时，再把保温材料撤除，以利于土壤解冻、提高地温促进根系生长。

（2）正常季节移栽的树木，要在封冻前浇足透封冻水，并进行干基培土（培土高度30～50cm）。

（3）9—10月进行树体喷施防冻剂或干基涂白，涂白高度1.0～1.5m。

（4）立冬前用草绳将树干及大枝缠绕包裹保暖，既保温又保湿。

（5）对新植的雪松等抗寒性较差的大树，移栽当年冬季必须搭防风障，进行防寒保护。新植大树的防寒抗冻措施不容忽视，尤其是南树北移的树种，更应格外注意，以防前功尽弃。

（6）遇有冰雪天气，要及时扫除穴内积雪，特别寒冷时，还可采用覆盖草木灰等办法避寒。

总之，只要严格遵循“选好，挖好，运好，栽好，管好”的原则，抢时间、抓进度，同时做到队伍专业，责任到人，技术规范，大树移栽保活是完全可以做到的。

五、大树移植的创新技术

1. 防腐促根技术

土球挖好以后，包扎之前，对切断的根系伤口施用杀菌防腐药剂，以防伤口感染腐烂。同时，施用促根激素，促进不定根的发生和生长，尽快使根系恢复正常的生理功能。防腐主要防止真菌性病害对根系伤口的感染。防腐的药剂可用一些广谱性的杀菌剂，如多菌灵、百菌清、甲基托布津、根腐灵等，按正常用量对水对土球的外侧进行喷洒。超过2cm直径的根系切口，还应用伤口涂布剂进行涂抹和封闭。除对土球进行喷洒处理外，还应对回填在土球底部和四周的土壤进行预先的杀菌消毒，种好以后还可结合浇水用杀菌药剂进行灌根，保证杀菌的持续效果。促根可用一些促进根系生长的植物激素，如用奈乙酸（NAA）50mg/kg、吲哚丁酸（IBA）100～200mg/kg或ABT生根粉等促根的激素和药剂，对土球进行喷洒处理，以促进不定根的发生和生长，使根系能以较快速度，恢复吸收水分和养分的功能，从而使整株大树恢复生机。还可用德国“活力素”100～120倍液灌注根系，以促进根系的恢复和生长。

2. 垫沙埋透气管技术

对黏性土，采取大树下垫河沙的办法，垫10～20cm厚，同时，土球放进树穴以后，不回填土而是回填河沙，在土球四周形成了一个环状的透气带，使根系的透气状况得到了改善，提高了大树的移植成活率。埋透气管也是提高成活率的好办法。沿土球的周边，均匀地放置3～4个透气管，可以用5～10cm直径PVC管，根据土球大小定直径，管长度为1m左右，在管周边打孔，然后用遮光网包扎下端和周边，防止泥土进入，并让上管口高出地面5cm。在移植大树的过程中，普遍采用透气袋技术。透气袋用塑料纱网缝制而成，直径在12～15cm，长度在1m左右，袋子里充填珍珠岩，两头用绳子扎紧。土球放进树穴定位以后，回填之前，把透气袋垂直放在土球四周。一般每株大树视胸径的大小，沿土球的周边，均匀地放置3～4个透气袋。透气袋要高出地面5cm，回填时不要把透气袋埋住。雨鸟RAINBIRD研制了塑料做的透气管，直径10cm，并在管中安置了灌溉系统，使之既可透气，也可通过灌溉系统从土球的四周进行灌水和施肥的操作。

3. 营养液滴注技术

营养液滴注技术就是在大树移植初期，在树干树皮扎一小孔，用类似打吊针的方式，向树干的韧皮部自动滴注营养液的方式。在大树根系没有恢复正常的功能的时候，利用非根系吸收的方式向大树补充一定的营养和刺激生长的物质，对大树的恢复和成活有一定的促进作用。上海、南京、成都等地都有专门生产这些滴注设备和营养液公司。

4. 使用蒸腾抑制剂

适当地抑制叶片的蒸腾作用，尽可能地保留多一点的叶片，有利于大树的恢复和成活。目前有些企业甚至采取了用蒸腾抑制剂代替修剪的整体移植技术，完全依靠喷施蒸腾抑制剂维持移植期间的水分代谢平衡，在岭南地区的多个树种的大树移植中，取得了成功。蒸腾抑制剂有很多种类，主要是一些对叶片无害的高分子化合物，喷洒叶片能暂时封闭气孔，抑制叶片的蒸腾作用，使根系损伤造成的水分代谢得到缓解。蒸腾抑制剂喷施时要注意几点：一是喷得均匀，每片叶片都要喷到；二是要重点喷到叶子的背面，因叶子的气孔主要集中在叶子背面；三是喷量要足够和适量，过少可能起不了应有的作用，过多也会产生负面影响，使叶子气孔封闭时间过长，不利于大树正常功能的恢复。这些问题都应通过严密的试验，从而得出最佳的操作方案。

第五节　发展乡村旅游设施农业（大棚栽培）

一、大棚发展历史及作用

随着高分子聚合物——聚氯乙烯、聚乙烯的产生，塑料薄膜广泛应用于农业。日本及欧美国家于20世纪50年代初期，应用温室薄膜覆盖温床获得成功，随后又覆盖小棚及温室，也获得良好效果。我国于1955年秋引进聚氯乙烯农用薄膜，首先在北京用于小棚覆盖蔬菜，获得了早熟增产的效果。大棚原是蔬菜生产的专用设备，随着生产的发展，大棚的应用越加广泛。当前大棚的主要应用范围：用于盆花及切花栽培；用于栽培葡萄、草莓、西瓜、甜瓜、桃及柑橘等果树生产；用于林木育苗、观赏树木的培养等林业生产；用于养蚕、养鸡、养牛、养猪、鱼及鱼苗等养殖业。

1957年由北京向天津、太原、沈阳及东北地区等地推广使用，受到各地的欢迎。1958年我国已能自行生产农用聚乙烯薄膜，因而小棚覆盖的蔬菜生产已很广泛。60年代中期小棚已定形为拱形，高1m左右，宽1.5～2.0m，故称为小拱棚。由于棚型矮小不适于在东北冷凉地区应用，1966年长春市郊区首先把小拱棚改建成2m高的方形棚。但因抗雪的能力差而倒塌，经过多次的改建试用，创造了高2m左右，宽15m，占地为1亩的拱形大棚。1970年向北方各地推广。1975年、1976年及1978年连续召开了三次“全国塑料大棚蔬菜生产科研协作会会议”对大棚生产的发展起了推动作用。1976年太原市郊区建造了29种不同规格的大棚，为大棚的棚型结构、建造规模提供了丰富的技术经验。1978年大棚生产已推广到南方各地，全国大棚面积已达6 666.7hm^2。到2015年前，全国大棚面积已基本在700 000hm^2。根据智研数据中心整理的1978—2014年全国设施蔬菜面积及结构类型逐年变化数据见表6-2。

表6-2　1978—2014年全国设施蔬菜面积及结构类型逐年变化　（万/hm^2）

年份	合计	小拱棚	大中棚	节能日光温室	普通日光温室	加温温室	连栋温室
1978	0.53	0.37	0.13	0	0	0.03	0
1982	1.03	0.71	0.18	0	0.11	0.05	0
1984	3.16	2.17	0.55	0.01	0.31	0.12	0
1986	7.92	5.39	1.37	0.06	0.85	0.25	0
1990	15.67	9.66	3.34	0.75	1.53	0.4	0
1996	83.81	37.57	25.59	12.53	7.16	0.97	0.01
2000	183.27	69.12	71.27	28.35	11.68	2.85	0.13
2004	257.7	98.87	106.65	39.19	10.78	1.47	0.73
2008	274.15	107.62	109.07	45.38	9.55	1.77	0.77
2010	344.33	128.67	134	66.67	11.67	1.97	1.36
2013	380.02	130.65	160.09	72.5	13.11	2.02	1.65
2014	395.5	132.72	172.5	77.05	15.65	2.32	2.02

根据全国农业机械化统计年报的数据，2008年以来中国日光温室面积日趁增加情况见图6-1、图6-2、图6-3。

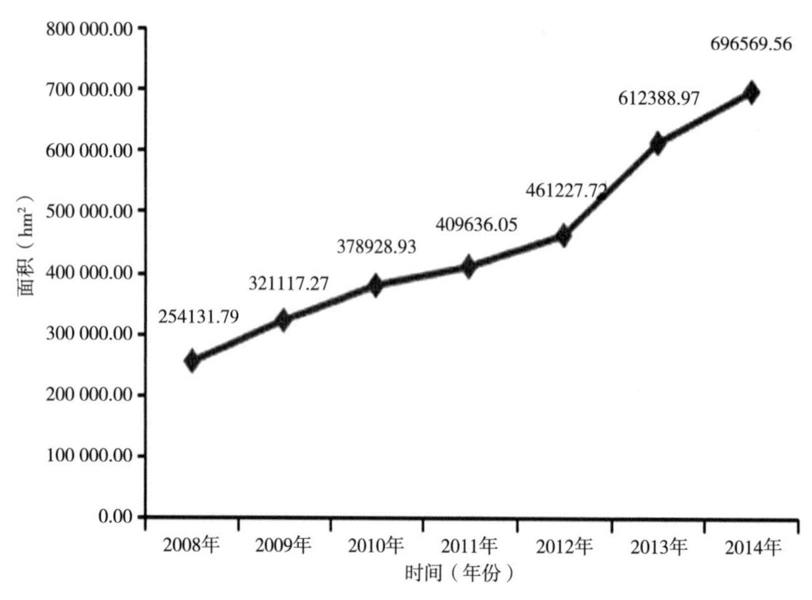

图6-1　2008—2014年中国日光温室面积趋势

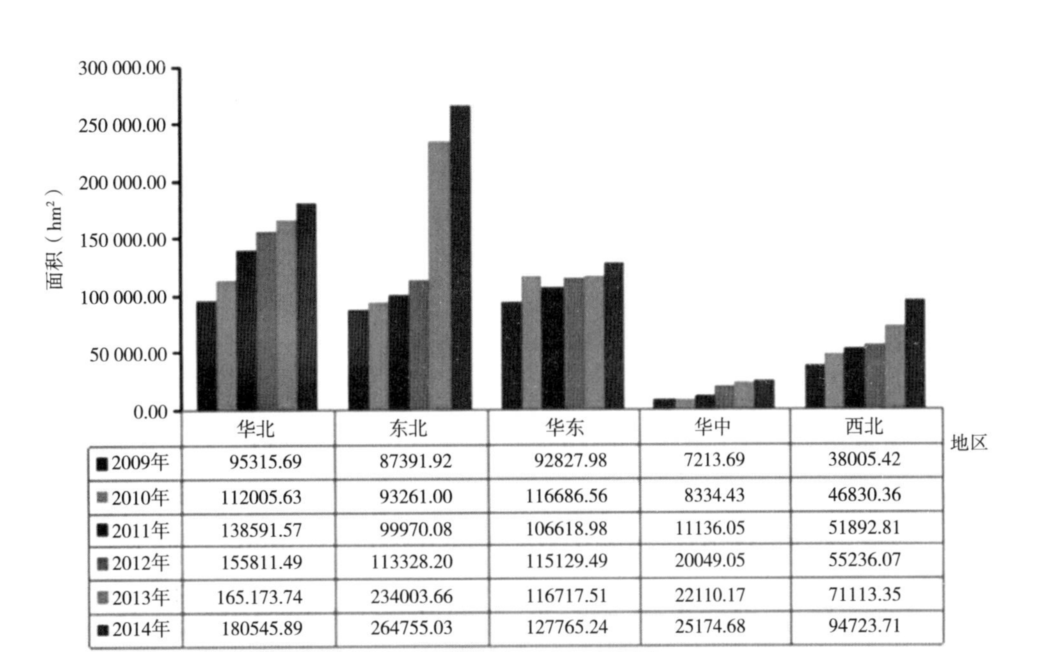

	华北	东北	华东	华中	西北
2009年	95315.69	87391.92	92827.98	7213.69	38005.42
2010年	112005.63	93261.00	116686.56	8334.43	46830.36
2011年	138591.57	99970.08	106618.98	11136.05	51892.81
2012年	155811.49	113328.20	115129.49	20049.05	55236.07
2013年	165.173.74	234003.66	116717.51	22110.17	71113.35
2014年	180545.89	264755.03	127765.24	25174.68	94723.71

图6-2　不同地区2009—2014年日光温室面积趋势

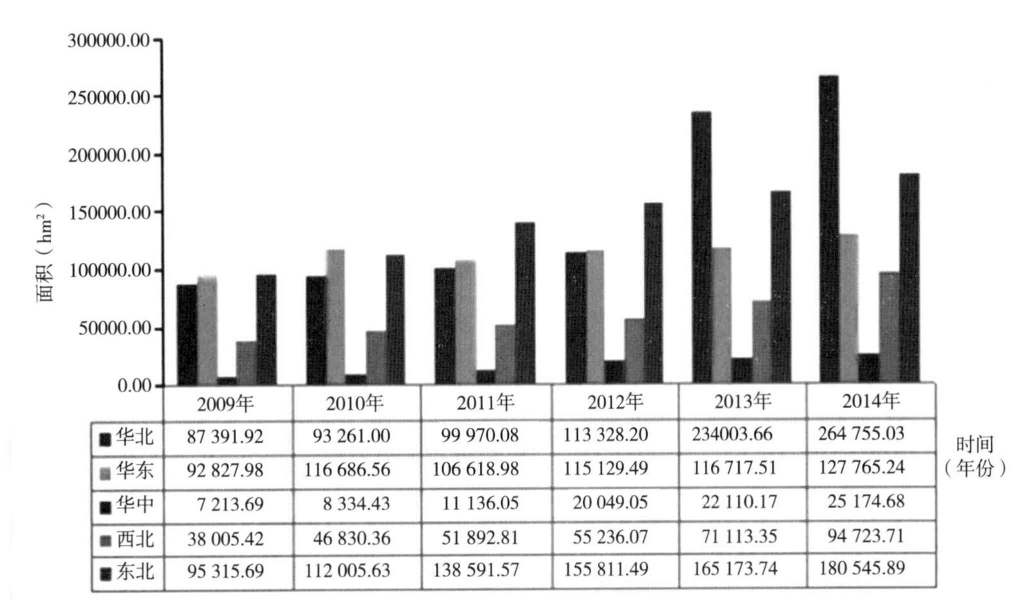

	2009年	2010年	2011年	2012年	2013年	2014年
华北	87 391.92	93 261.00	99 970.08	113 328.20	234003.66	264 755.03
华东	92 827.98	116 686.56	106 618.98	115 129.49	116 717.51	127 765.24
华中	7 213.69	8 334.43	11 136.05	20 049.05	22 110.17	25 174.68
西北	38 005.42	46 830.36	51 892.81	55 236.07	71 113.35	94 723.71
东北	95 315.69	112 005.63	138 591.57	155 811.49	165 173.74	180 545.89

图6-3　2009—2014年不同地区日光温室面积对比

大棚覆盖的材料为塑料薄膜。适于大面积覆盖，因质量轻，透光保温性能好，可塑性强，价格低廉。由于使用轻便的骨架材料，容易建造和造型，可就地取材，建筑投资较少，经济效益较高。并能抵抗自然灾害，防寒保温，抗旱、涝，提早栽培，延后栽培，延长作物的生长期，达到早熟、晚熟、增产稳产的目的，深受生产者的欢迎。因此，在我国北方旱区发展很快。

大棚的应用范围尚在开发。在高寒地区、沙荒及干旱地区为抗御低温干旱及风沙危害起着重大作用。世界各国为发展农业生产先后建成塑料大棚，日本在20世纪70年代末塑料大棚的面积为10～20hm²。西班牙的阿尔梅里利地区全部土地面积为315km²，是个旱区，为了发展蔬菜生产而覆盖了120km²的大棚，是世界最大的大棚。

二、大棚栽培性能特点

1. 温度条件

塑料薄膜具有保温性。覆盖薄膜后，大棚内的温度将随着外界气温的升高而升高，随着外界气温下降而下降。并存在着明显的季节变化和昼夜温差。越是低温期温差越大。一般在寒季大棚内日增温可达3～6℃，阴天或夜间增温能力仅1～2℃。春暖时棚内和露地的温差逐渐加大，增温可达6～15℃。外界气温升高时，棚内增温相对加大，最高可达20℃以上，因此，大棚内存在着高温及冻害，需人工调整。在高温季节棚内可产生50℃以上的高温。进行全棚通风，棚外覆盖草帘或搭成“凉棚”，可比露地气温低1～2℃。冬季晴天时，夜间最低温度可比露地高1～3℃，阴天与露地相同。因此大棚的主要生产季节为春、夏、秋季。在亚热带地区的冬季，通过保温及通风降温，可使棚温保持在15～30℃的生长适温。

2. 光照条件

新的塑料薄膜透光率可达80%～90%，但在使用期间由于灰尘污染、吸附水滴、薄膜老化等原因，而使透光率减少10%～30%。大棚内的光照条件受季节、天气状况、覆盖方式（棚形结构、方位、规模大小等）、薄膜种类及使用新旧程度不同等，而产生很大差异。大棚越高大，棚内垂直方向的辐射照度差异越大，棚内上层及地面的辐照度相差达20%～30%。在冬春季节以东西延长的大棚光照条件较好、比南北延长的大棚光照好，局部光照所差无几。但东西延长的大棚南北两侧辐照度可差10%～20%。不同棚型结构对棚内受光的影响很大，双层薄膜覆盖虽然保温性能较好，但受光条件比单层薄膜复盖的棚减少一半左右。此外，连栋大棚及采用不同的建棚材料等对受光也产生很大的影响（表6-3）。从表6-3中可看出，以单栋钢材及硬塑结构的大棚受光较好，只比露地减少透光率28%。连栋棚受光条件较差。因此，建棚采用的材料在能承受一定的荷载时，应尽量选用轻型材料并简化结构，既不能影响受光，又要保持坚固，经济实用。

表6-3　不同棚型结构的受光量

大棚类型	透光量（万lx）	透光率（%）
单栋钢材结构	7.67	6.65
单栋竹木结构	7.65	5.99
单栋硬塑结构	10.64	72
连栋钢筋水泥	62.5	71.9
露地对照	56.3	100

薄膜在覆盖期间由于灰尘污染而会大大降低透光率，新薄膜使用两天后，灰尘污染可使透光率降低14.5%。10天后会降低25%，半月后降低28%以下。一般因尘染可使透光率降低10%～20%。严重污染时，棚内受光量只有7%，而造成不能使用的程度。一般薄膜又易吸附水蒸气，在薄膜上凝聚成水滴，使薄膜的透光率减少10%～30%。因此，防止薄膜污染，防止凝聚水滴是重要的增光措施。薄膜在使用期间，由于高温、低温和受太阳光紫外线的影响，使薄膜“老化”，透光率降低20%～40%，甚至失去使用价值。因此，大棚覆盖的薄膜，应选用耐温防老化、除尘无滴水的长寿膜，以增强棚内受光、增温、延长使用期。

3. 湿度条件

薄膜的气密性较强，因此，在覆盖后棚内土壤水分蒸发和作物蒸腾造成棚内空气高温，如不进行通风，棚内相对湿度很高。当棚温升高时，相对湿度降低，棚温降低相对湿度升高。晴天、风天时，相对温度低，阴、雨（雾）天时相对温度增高。在不通风的情况下，棚内白天相对湿度可达60%～80%，夜间经常在90%，最高达100%。棚内适宜的空气相对湿度依作物种类不同而异，一般白天要求维持在50%～60%，夜间在80%～90%。为了减轻病害的危害，夜间的湿度宜控制在80%。棚内相对湿度达到饱和时，提高棚温可以降低湿度，如温度在5℃时，每提高1℃气温，约降低5%的湿度；当温度在10℃时，每提高1℃气温，湿度则降低3%～4%。提高到20℃时，相对湿度约为50%左右。由于棚内空气湿度大，土壤的蒸发量小，因此在冬春寒季要减少灌水量。但是，大棚内温度升高，或温度过高时需要通风，又会造成湿度下降，加速作物的蒸腾，致使植物体内缺水蒸腾速度下降，或造成生理失调。因此，棚内必须按作物的要求，保持适宜的湿度。

三、栽培季节水气热调节

塑料大棚的栽培以春、夏、秋季为主。冬季最低气温为-17～15℃地区，可用于耐寒作物在棚内防寒越冬。高寒地区、干旱地区可提早用大棚进行栽培。北方地区，于冬季，在温室中育苗，以便早春将幼苗提早定植于大棚内，进行早熟栽培。夏播，秋后进行延后栽培，1年种植两茬。由于春提前，秋延后而使大棚的栽培期延长两个月之久。东北、内蒙古一些冷冻地区于春季定植，秋后拉秧，全年种植一茬，黄瓜的亩产量比露地提高2～4倍。黑龙江用大棚种植西瓜获得成功。西北及内蒙古边疆风沙、干旱地区利用大棚达到全年生产，于冬季在大棚内种植耐寒性蔬菜，开创了大棚冬季种植的先例。为了提高大棚的利用率，春季提早，秋季延后栽培，往往采取在棚内临时加温，加设二层幕防寒，大棚内筑阳畦，加设小拱棚或中棚，覆盖地膜，大棚周边围盖稻草帘等防寒保温措施，以便延长生长期，增加种植茬次，增加产量。

1. 空气湿度的调控

（1）大棚空气湿度的变化规律。塑料膜封闭性强，棚内空气与外界空气交换受到阻碍，土壤蒸发和叶面蒸腾的水气难以发散，因此，棚内湿度大。白天，大棚通风情况下，棚内空气相对湿度为70%～80%。阴雨天或灌水后可达90%以上。棚内空气相对湿度随着温度的升高而降低，夜间常为100%。棚内湿空气遇冷后凝结成水膜或水滴附着于薄膜内表面或植株上。

（2）空气湿度的调控。大棚内空气湿度过大，直接影响蔬菜的光合作用和对矿质营养的吸收，且有利于病菌孢子的发芽和侵染。因此，要进行通风换气，促进棚内高湿空气与外界低湿空气相交换，可以有效地降低棚内的相对湿度。棚内地热线加温，也可降低相对湿度。采用滴灌技术，并结合地膜覆盖栽培，减少土壤水分蒸发，可以大幅度降低空气湿度20%左右。

2. 棚内空气调节

由于薄膜覆盖，棚内空气流动和交换受到限制，蔬菜植株高大、枝叶茂盛，棚内空气中的二氧化碳浓度变化剧烈。早上日出之前，由于作物呼吸和土壤释放，棚内二氧化碳浓度比棚外浓度高2—3倍（约330mg/kg）；8时以后，随着叶片光合作用的增强，可降至100mg/kg以下。因此，日出后要酌情进行通风换气，及时补充棚内二氧化碳。另外，可进行人工二氧化碳施肥，浓度为800～1 000mg/kg，在日出后至通风换气前使用。人工施用二氧化碳，在冬春季光照弱、温度低情况下，增产效果十分显著。在低温季节，大棚经常密闭保温，很容易积累有毒气体，如氨气、二氧化氮、二氧化硫、乙烯等造成危害。当大棚内氨气达5mg/kg时，植株叶片先端会产生水浸状斑点，继而变黑枯死；当二氧化氮达2.5～3mg/kg时，叶片发生不规则的绿白色斑点，严重时除叶脉外，全叶都被漂白。氨气和二氧化氮的产生，主要是由于氮肥使用不当所致。一氧化碳和二氧化硫产生，主要是用煤火加温，燃烧不完全，或煤的质量差造成的。由于薄膜老化（塑料管）可释放出乙烯，引起植株早衰，所以过量使用乙烯产品也是原因之一。为了防止棚内有害气体的积累，不能使用新鲜厩肥作基肥，也不能用尚未腐熟的粪肥作追肥；严禁使用碳酸铵作追肥，用尿素或硫酸铵作追肥时要掺水浇施或穴施后及时覆土；肥料用量要适当不能施用过量；低温季节也要适当通风，以便排除有害气体。另外，加温用煤质量要好，要充分燃烧。有条件的要用热风或热水管加温，把燃后的废气排出棚外。

3. 土壤湿度和盐分调节

大棚土壤湿度分布不均匀。靠近棚架两侧的土壤，由于棚外水分渗透较多，加上棚膜上水滴的流淌湿度较大。棚中部则比较干燥。春季大棚种植的黄瓜、茄子特别是地膜栽培的，土壤水分常因不足，而严重影响质量。最好能铺设软管滴灌带，根据实际需要随时施放肥水，是有效的增产措施。由于大棚长期覆盖，缺少雨水淋洗，盐分随地下水由下向上移动，容易引起耕作层土壤盐分过量积累，造成盐渍化。因此，要注意适当深耕，施用有机肥，避免长期施用含氯离子或硫酸根离子的肥料。追肥宜淡，最好测土施肥。每年要有一定时间不盖膜，或在夏天只盖遮阳网，进行遮阳栽培，使土壤得到雨水的溶淋。土壤盐渍化严重时，可采用淹水压盐，效果很好。另外，采用无土栽培技术是防止土壤盐渍化的根本措施。

四、大棚架构的建造技术

塑料大棚在我国始于20世纪60年代中期，到80年代初遍布全国，目前在我国保护地设施总面积中占重要比例。大棚与中棚从设施外形尺寸上很容易加以区分，一般中高≥1.8m，跨度超过7m（一般为8～12m）长度25～30m的塑料棚，都归类于塑料大棚之中。塑料大棚与日光温室和现代温室相比，具有结构简单、建造容易、造价较低、作业方便、土地利用率高等特点，因此农民容易接受。同露地栽培相比，塑料大棚能改善作物的温度、湿度环境条件，更有效地提早和延迟作物栽培时间，甚至反季节生产。所以在日光温室普及之前的20世纪七八十年代显现出巨大增产、增收效果，因此得以迅猛发展，并遍布全国各地农村和许多城镇郊区。在我国美丽乡村建设中，发展以农家乐为主的乡村旅游业，投资设施农业、发展大棚果蔬栽培更显重要。

1. 大棚优型结构应具备的特点

（1）具有良好的采光性能，同时具有光分布均匀的特点。

（2）具有良好的保温构造，保温性适当。

（3）大棚的结构尺寸规格及其规模要适当。

（4）大棚结构应具有抵抗当地较大风雪荷载的强度，能避免骨架材料过大造成的遮光。

（5）具有易于通风、排湿、降温等环境调控功能。

（6）有利于作物生育和便于人工作业的空间。

（7）应具备充分合理利用土地的特点。

2. 大棚优势结构类型

（1）按棚顶造型分类。可将塑料大棚划分为以下8种类型：圆弧形、半圆形、椭圆形、拱圆形、充气形、拱圆连栋形、三角连栋形、单坡连栋等。目前国内绝大部分采用拱圆形棚；而三角形和多边形棚因施工复杂，棱角多易损坏薄膜而少被采用。

（2）按大棚骨架结构分类。可划分为拱式结构、梁式结构、悬式结构和特殊结构塑料大棚。

一是拱架式塑料大棚。这类大棚具有拱式结构特点而得名。这种结构的特点是棚架在垂直荷载作用下，除了产生竖向直座反力外，还同时产生向内的水平支座反力。现有的塑料大棚又可被划分为拱架落地式和拱架与支柱连接式两种。通常为了既降低钢材用量又能加强拱架强度，将拱架制成用腹杆、上弦杆和下弦杆连成一体的小桁架形式（图6-4），在这种处理之后，拱式结构就转化为梁式结构，只有竖向直座反力。

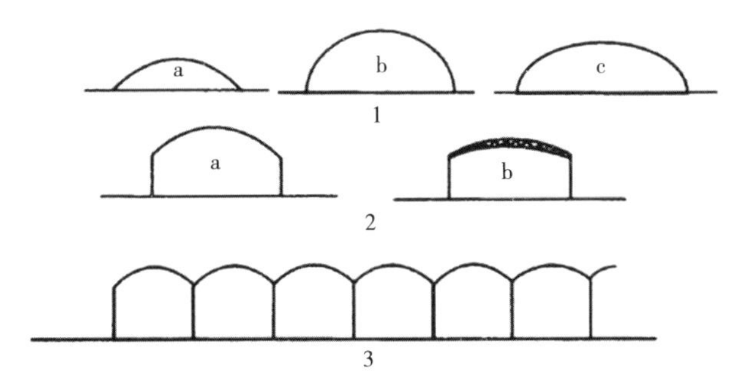

1.接地式 a弧形 b半圆形 c圆拱形；2.拱柱连接式 a无腹杆式 b桁架式；3.连栋大棚

图6-4　拱架式塑料大棚

二是梁式结构塑料大棚。梁式结构骨架的特点是在竖直荷载作用下，只产生竖向支座反立。这种大棚是在拱圆形大棚的拱架上或人字形屋架上固定一个“横梁”，使结构更加稳固，增大抵抗风雪的能力。

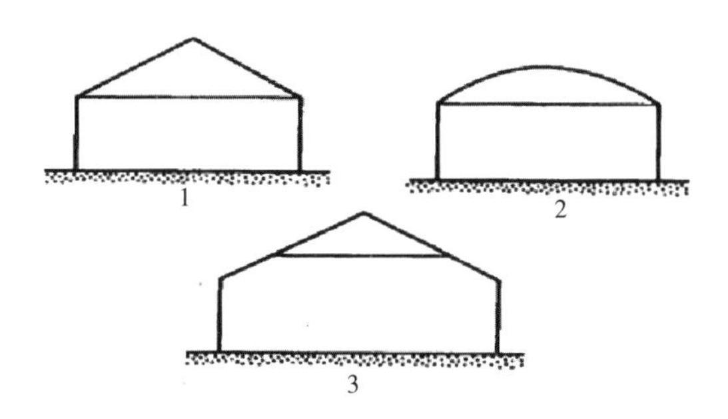

1.屋脊形；2.拱圆形；3.大型屋脊形

图6-5　横梁式大棚

图6-5中是保护地中常见的梁式结构。这是示意图，实际上从结构更合理角度出发，在拱架或人字架上（它们均称为上弦）与梁（称为下弦）之间多用竖杆和斜杆（结构力学上均叫腹杆）相连接。所谓的“横梁”是以屋架整体所构成的梁之中的下弦。

三是桁架式大棚。桁架是指以小尺寸钢材作上下弦和腹杆构成的小尺寸桁架。一种是作为大棚拱杆（架）使用，另一种作棚内纵向设置的纵梁（图中标注为“纵筋”）使用。桁架式拱杆一般为平面形，但跨度较大时，可采用横断面为三角形的拱杆（架），也可两种搭配使用，以节省钢材。这类大棚具有稳定性强、节省钢材、棚内无立柱有利于管理和作业等优点；其缺点是建造加工费和防腐处理费较高，因而工程造价偏高。但有较长使用寿命，有较好的发展前景（图6-6）。

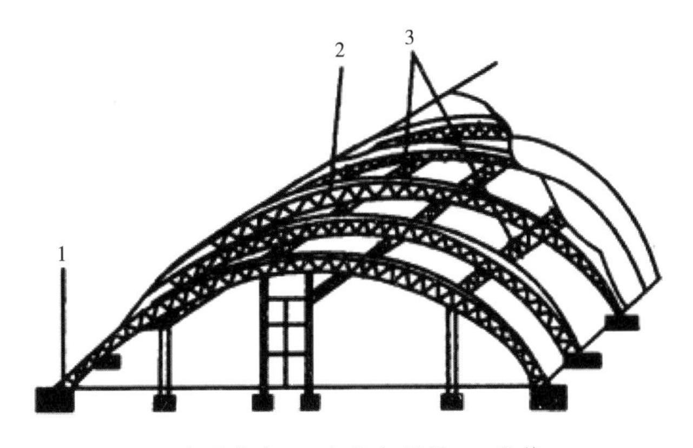

1.水泥基座；2.钢桁架拱梁；3.纵筋

图6-6　桁架式大棚

（3）按建棚的建材分类。

可划分为竹木结构、混合结构、水泥结构、钢结构、钢管装配结构大棚等。

一是普通竹木结构大棚（图6-7）。建筑材料使用农区、林区的副产品，来源方便，价格低廉，在经济贫困乡村和边远地区应用最广。在建筑尺寸上，一般跨度12～14m，矢高2.6～2.7m，拱杆多用径粗3～6cm的竹竿。每个拱以6根立柱加以支撑，拱与拱的间距为1～1.2m，立柱使用木杆或粗竹竿。棚的长度以50～60m居多，棚面积600～800m^2。拱杆上方覆盖塑料膜，两拱杆之间用铁丝或专门压膜线固定在预埋的地锚上。地锚是带有铁钩（用以固定压膜线）的预制混凝土墩，规格多为30cm×30cm×30cm，也可以用缠绕8号铁丝的大石块代替水泥墩。这类大棚造价低廉、取材方便、制作容易，所以在设施农业发展初期的20世纪70年代推行最广，直到今天它仍占有很大面积。

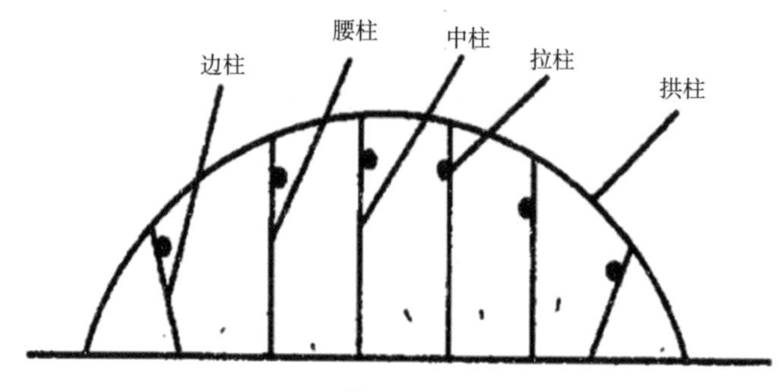

图6-7　普通竹木结构大棚

二是水泥柱钢悬梁竹拱大棚。由竹木悬梁吊柱大棚演变而来，以耐用的水泥柱代替木柱，以小型钢桁架代替木纵梁和吊柱，从而克服木材易霉腐的缺点（图6-8）。大棚布置方位，长边沿南北线布置，棚长度40～60m，棚宽（也就是跨度）一般为12～16m，矢高2.2m。大棚占地总面积在500～800m^2，总体积多在1 000～1 260m^3。大棚立柱，都是由钢筋水泥预制的，柱截面尺寸为8cm×10cm，上端制成带凹槽形状，以便于对拱杆承托和半固定。由棚一端算起，每3m安设一排共6根立柱，也就是第1、第4、第7、第10…各拱杆下均有6根立柱。柱中部两根称为“中柱”，处于拱架中心点两侧各1m处，两柱彼此相距2m。中柱两侧各2.2m处（距中柱中心）树立“腰柱”，腰柱两侧各2.2m处是“边柱”，边柱至棚边缘为0.6m，这样的布局，跨度为12m。中柱、腰柱和边柱总长依次为2.6m、2.2m和1.8m，埋人地下部分均为0.4m，因此地面以上高度依次为2.2m、1.8m和1.4m。由棚头算起的第4、第7、第10…各拱杆下的6根水泥柱均按上述尺寸埋设。连接各水泥柱的悬梁是用钢筋焊接成的小桁架（或称“花梁”）。上弦杆多用8～10mm钢筋，下弦用6～8mm钢筋，腹杆用6mm钢筋焊接而成，经防腐处理后使用。悬梁与立柱采用焊接方法相连接，悬梁焊接在预先浇铸在水泥柱上部的扁铁上。由于悬梁上弦与柱顶之间存在12～16cm的垂直距离，所以每隔1m处要焊上一个外径为6mm并被加工成顶端呈小凹卡槽的吊柱，承托和固定没有立柱支撑用竹杆或竹片制成的拱杆，然后，便可扣膜和紧固压膜线，完成全部工程。

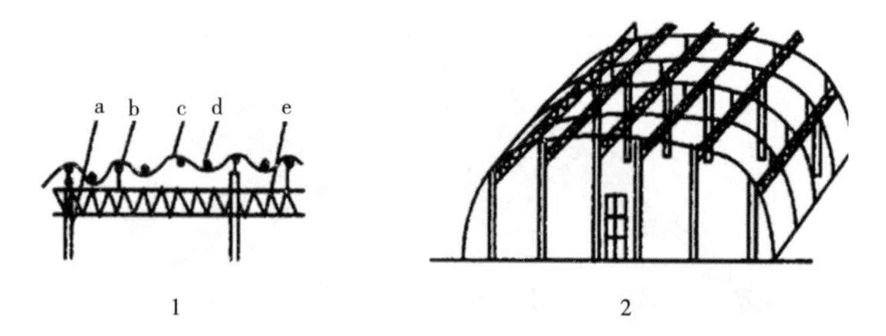

1.中柱纵横截面图a.立柱 b.小支柱 c.塑料棚膜 d.压杆 e.花梁；2.结构图

图6-8　水泥柱钢筋梁竹拱大棚

由于水泥柱钢悬梁竹拱大棚结构简单，支柱较少，使用寿命较长，采光较好，棚内空间大，蓄热量较多，作业方便，造价不高，夜间保温容易，所以颇受农民欢迎。适于园艺植物的春提前、秋延后栽培和春季育苗。

三是钢筋桁架无柱大棚。是用钢筋焊成拱形桁架，棚内无立柱，跨度一般在10～12m，棚脊高为2.4～2.7m，每隔1.0～1.2m设一拱形桁架，上弦用ф16钢筋、下弦用ф14钢筋、其间用ф12或ф10钢筋作腹杆（拉花）连接。上弦与下弦之间的距离在最高点的脊部为40cm左右，两个拱脚处逐渐缩小为15cm左右，桁架底脚最好焊接一块带孔钢板，以便与基础上的预埋螺栓相互连接。大棚横向每隔2m用一根纵向拉梁（杆）相连，在拉梁与桁架连接处，应自上弦向下弦拉梁处焊一根小的斜支柱，以防桁架扭曲变形。其结构如图6-9、图6-10。

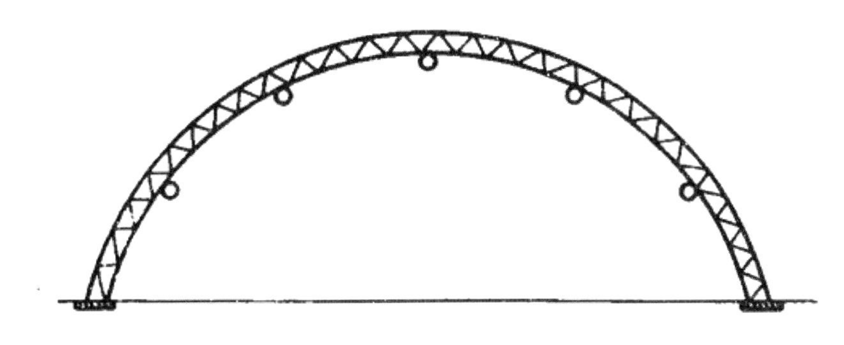

图6-9　钢架大棚横断面图

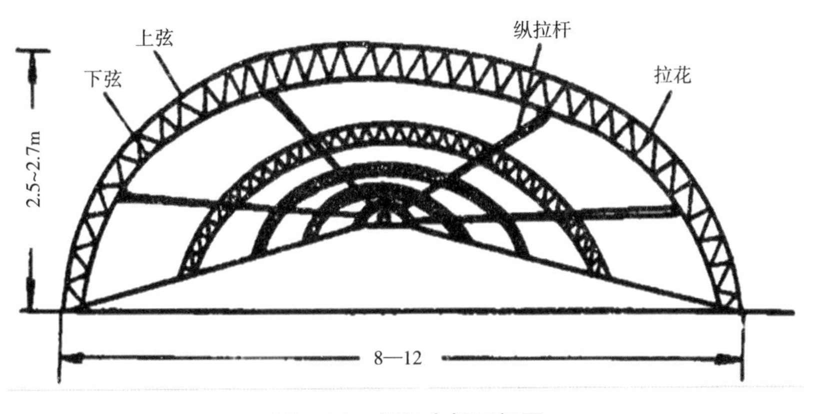

图6-10　钢架大棚透视图

这种大棚的骨架遮光面少，棚内无柱，便于作物生育和人工作业，牢固性好，可一劳永逸，但造价高，一次性投入多。

五、大棚设计和建造的关键技术

由于塑料大棚结构简单，所以根据前面的文字介绍和相应的图面材料，工程技术人员便可编制工程预算和绘制施工图，并指导施工人员建造塑料大棚。然而若存在潜在的技术问题，还会像20世纪70年代中期和80年代初期那样，由于风、雪等自然力作用，造成塑料大棚结构破坏、薄膜破损、棚架倒塌，甚至出现“棚毁果蔬亡”的恶果。为杜绝此类现象发生，必须从设计上解决有关理论和技术问题，从而使新设计的大棚结构更合理、整体更稳固，使用更安全耐用。

1. 棚型与棚的稳定性

（1）影响大棚稳定性的原因分析。棚型是指塑料大棚横断面的几何尺寸。合理的棚型应能满足农艺、抗灾、制造与使用等多方面要求。从农艺角度看，希望能适应多种作物生长，要有良好的采光和通风条件，侧壁肩高应不影响作物生长和操作要求；形体上应能发挥最佳保温性能；棚型对于风的阻力小，便于雨、雪下滑，不能因棚型不合理增加荷载。

这里的“棚型”不能局限于对大棚形态特征的感观上，而是有具体标志和量值规定（参数）。例如对塑料大棚来说，棚型就是由矢高、跨度、棚长度彼此间相互关系，以及棚横断面上采光膜曲线特征等要素所决定。而曲线特征多用曲线函数的数学模型，绘出的曲线形状加以反映。对塑料大棚威胁最大的自然力就是风。

当风速为0时，棚内外压强均相等，此时，内外压力差为0。当棚外风速加大时，棚外靠近薄膜处空气的压强变小，而棚内压强未变，于是出现了棚内外压强差。由于棚内压强大于棚外，便对塑料膜产生举力而使棚膜向上鼓起。风速越大，举力越大。有压膜线的地方鼓起较小，而压膜线之间鼓包会很大。风具有阵性，当风速大时薄膜鼓起，当风速小时在压膜线压力下，薄膜又落回原处。随风速阵性变化，薄膜不断被上下摔打而破损，甚至挣断压膜线而被刮跑，这是塑料大棚被损坏的原因之一。

减轻或杜绝这两种作用力的最有效的方法，是设计流线型棚型。理论和实践都表明，高跨比范围在0.25 ~ 0.3对大棚来说是最适宜区。低于0.25会导致棚内外压强差值过大，棚内压强对膜举力增大；高于0.3时，棚面过陡而使风荷载增大，两者均影响大棚的稳定性。

（2）棚型分类。高跨比被规定后，棚的曲线就成为影响结构的主要因素。流线型曲线（图6-11）是最理想的曲线，两侧太低会严重影响栽培操作，因此，在实践上很少被采用。既有理论依据（指高跨比在0.25 ~ 0.3最适区间），又有实践基础的棚型有以下3种：流线调整型；三圆复合拱型；一斜二折型，三者之中以前两种应用最广。

流线调整型是在流线型基础上，经局部调整而确定的棚型。调整的方法是取与横坐标1m、2m对应的两纵坐标的平均值作1m和9m处纵坐标的调整值，在图6-11中该值是（0.9+1.6）m/2=1.25m，此时先不考虑横轴上2、8两点的坐标，而将其他各坐标点连成圆滑弧线，然后由2、8两点垂直向上绘制延伸线并得到与弧线的交点，按图6-12该两交点均为1.75m。于是得到图6-12所示的“调整型棚型”，与图6-11相比它能较显著地改善棚内作业条件。

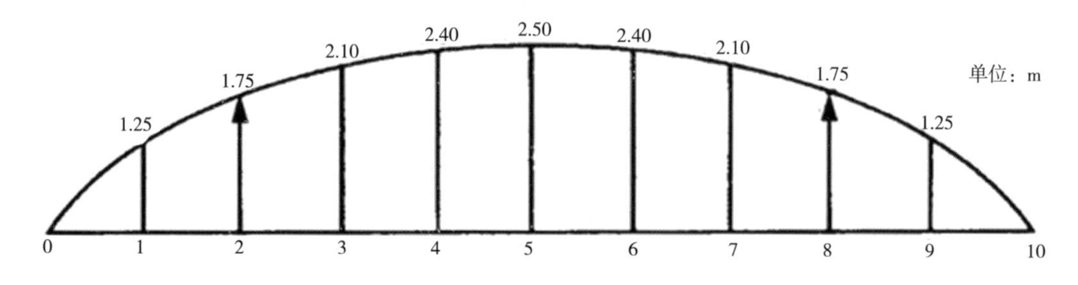

图6-11　流线调整型坐标示意图

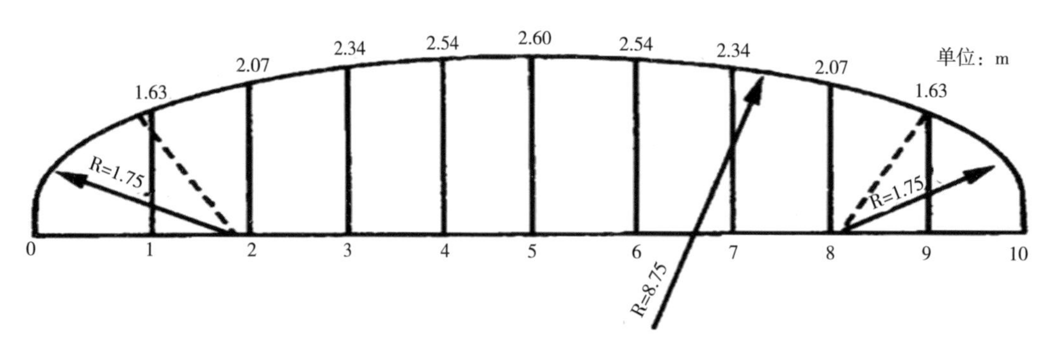

图6-12　三圆复合拱形棚示意图

三圆复合拱型大棚，棚型是由中部一个大圆弧和两侧各一个半径相等的小圆弧连接而成（图6-13）。与调整型相比，棚两侧创造了更为宽松的作业空间。图6-13的高跨比为0.26，大圆弧曲率半径为8.75m，两侧小圆半径均为1.75m。这种棚型稳定性好，造价低，空间利用率高，所用的骨架材料最好使用钢管。

（3）三圆复合拱型大棚放大样的步骤和方法（图6-13）。

① 首先确定跨度L（m），然后设定高跨比，一般取高跨比h/L=0.25。

② 绘水平线和它的垂线，两者交于C点，点C是大棚跨度的中心点。

③ 将跨度L的两个端点对称于中点C，定位在水平线上。

④ 确定高h（h=0.25L），将长度由C点向上伸延到D点（CD=h）。

⑤ 以C为圆心，以AC为半径画圆交垂直轴线于E点。

⑥ 连接AD和BD形成两条辅助线，再以D为圆心，以为DE半径作圆，与辅助线相交于F和G点。

⑦ 过AF和GB线的中点分别作垂线交EC延长线于O_1点；同时与AB线相交于O_2和O_3。

⑧ 以O_1为圆心，以O_1D为半径画弧线，分别交于O_1 O_2和O_1 O_3，延长线的H、I点。

⑨ 分别以O_1为圆心，以O_1A和O_1B为半径画弧，分别与H、I相交得到大棚基本圆拱形$AHDIB$。

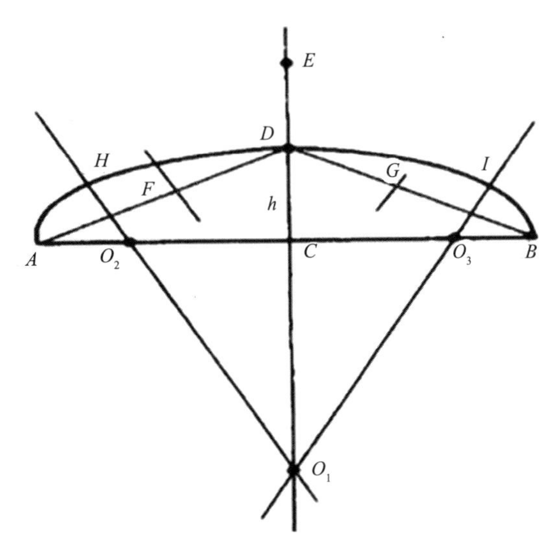

AB—基线（跨度L）；CD—弓高（脊高h）；O_1—大弧圆心（R=O_1D）；O_2O_3—小弧圆心（R=O_2H=O_2A）；C—AB的中点

图6-13　圆拱形骨架放大样方法示意图

应当说明，前面所指的0.25～0.3高跨比范围不是绝对不变的。如果设计者考虑到使用地区的三十年一遇风速，在钢结构设计中使风荷载超过风的破坏力，就可确认所设计拱棚的高跨比符合实际要求，而不必非去应合这个范围。例如中国农业工程研究院设计的GP-Y-8-1型装配式薄壁镀锌管大棚，L=8m，h=2.5m，高跨比超过0.3，但其稳定性很好，可适用于风压＜310Pa，雪压＜240Pa地区。

大棚的长宽比不但影响稳定性，还影响大棚的性能。建筑物周边越长，地下固定的部分越多，因而稳固性越好。例如，建造一栋666m^{2}的大棚，如果棚长为51.2m，则棚宽为13m，其周径长128.4m；如果跨度为8m，则周径为182.5m。大棚内两侧地温受外界冻土层影响较大，一般各有1m左右的低温带，所以跨度越小低温带越大。北方大棚跨度不应小于10m。一般，设计的单棚其长跨比以不小于5为宜。

（4）防止大棚塑料膜举力破坏的设计。第三种破坏力是外界空气，以很高速度直接涌人棚内而产生对塑料膜的举力。毫无刚性的塑料膜，只有被拔在大棚骨架上并被压膜线或铁丝压紧时才能与棚架构成一个整体，共同抵御风、雪灾害。但是在作物栽培过程中，为了调节棚内环境因子，常常需要掀开或卷起塑料膜，使棚内外空气进行交换。如果塑料大棚迎风一侧薄膜被掀开或卷起一定开度，或者棚脚处薄膜未被掩埋好而出现缝隙，当大风突然到来，则空气就会以很高速度涌入棚内，这时棚内空气压强剧增，棚内壁各处都会受到很大的压力，于是就可能导致大棚局部乃至整个大棚受到破坏。

对塑料大棚的设计要求是：当需要通风时，能方便地打开薄膜通风；遇见大风、强风时能及时处理使大棚实现密封并压紧薄膜。上海农机研究所和中国农业工程研究院设计的塑料大棚妥善地解决了这问题，即在大棚两侧肩高处安设手动卷帘机构，既方便于通风，又能妥善封闭；在棚裙部位安装了压膜线张紧机构，棚两端又设剪刀撑，这样便于随时调节压膜线张力，防止薄膜受风吹而抖动，提高大棚的抗风能力。

对于不具备上述装置的大棚，则需加强管理，建立操作人员值班制度，密切关注天气变化，一旦大风到来，立即组织人员做上述紧急处理，以确保大棚安全。

2. 妥善固定骨架中杆件，维持几何不变体系

塑料大棚属于现代设施农业中的简易设施，加上多以就地取材方式和因陋就简的习惯建造，所以很少从合理结构角度研究加强其稳定性的措施。不少地区建棚甚至以麻绳捆绑作为杆件连接的固定方式，这种情况下，风、雪荷载一旦增大，整个骨架就转化为“几何可变体系”，稳定性会受到破坏。

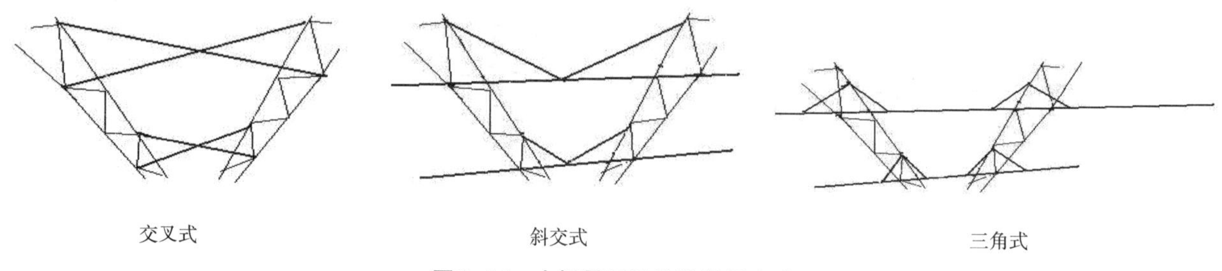

图6-14　大棚骨架间连接常见方式

因此，要求对骨架中各种杆件的连接点和节点加以妥善固定（如采用螺栓固定，焊接固定，销钉、铆钉固定，夹板固定，榫槽固定等）。对于钢筋结构大棚骨架间连接建议采用图6-14中的三种方式加固连接。可是有很多大棚忽略了这一措施，例如竹木大棚木立柱与竹拱杆，采用麻绳、尼龙绳连接，更差的是用稻草绳连接，甚至还有的只在立柱上开槽将拱杆放入槽内了事。这种只有少许风荷载便会使大棚局部或整体发生几何变形，风荷载增大则会造成整体破坏。骨架连接点、节点固定是用工不多，用料不贵，技术也简单，但关系重大。只要用户强调，施工者重视，就会建成稳定性好的塑料大棚。

3. 重视防腐，延长使用寿命

竹木结构大棚，建材易发霉和腐烂，使用寿命不长，也易形成微生物滋生蔓延的环境。为延长大棚使用寿命，可对木立柱做防腐处理，埋于地下的基部可采用沥青煮浸法处理，地上部分可用刨光刷油、刷漆、裹塑料布带并热合封口等方法处理。竹材拱杆可刨光烘烤造形后刷油以延长使用寿命。

竹拱、钢梁、水泥柱大棚，应对水泥柱上的预埋钢件与桁架焊接部位、钢制桁架，固定拱杆与水泥立柱的各种钢件，均需做防腐处理。钢件防腐处理方法：可采用镀锌法；可采用喷锌或刷铝粉方法；可采用涂防锈漆后再刷调合漆的方法。

以钢管为主建造的大棚，最好选用镀锌钢管，然后只处理焊口部分和连接部件便可，这样可以减少防腐处理费用。

4. 大棚朝向和开门部位

要使大棚多截获日光能，应按大棚的长边与当地正北线（子午线）相垂直加以布置，但这种布局使习惯上的朝南开门不一致。我国北方地区冬季的主风多为北、西北和偏西风，如果大棚长边与正北线（非磁北线）垂直，大棚的一端正好朝东，可方便在棚端开门。若某地主风以北和东北风频度最高，则朝南开门最好，此时可在开门位置设计一个风斗，使大棚朝向服从多截获日光能的大局。

在低中纬地区建棚，对截获光能量不刻意追求，此时大棚朝向可任意确定。为了开门、造门方便，以大棚长边与正北线平行为好。

六、大棚果蔬种植技术

1. 春季夏菜早熟栽培

茄瓜类蔬菜早熟栽培，是大棚栽培应用最普遍的项目。露地栽培一般在3月下旬至4月中旬定植，5月上旬至7月收获。大棚栽培可提前在1—3月定植，3月下旬至7月收获。上市早、产量更高，开花结果期延长，经济效益明显。可根据市场需要，提早播种苋菜、木耳菜、空心菜等喜温绿叶蔬菜，提早上市。

（1）品种（组合）选择。番茄早熟品种选用早丰、日本大红×矮红；中熟品种选用浙杂5号、苏抗4号、5号等，甜辣椒选用熟性早、抗病、丰产，且适销对路的优良品种。辣椒：鸡爪×吉林F1、早丰1号；甜椒：加配3号；茄子：闽茄1号、屏东长茄；黄瓜：津春2号、3号等。

（2）定植。定植前10天进行扣膜盖棚。施厩肥或腐熟垃圾肥30～40t/hm^2、人粪尿30t/hm^2、复合肥750kg/hm^2，开深沟施或全层施，翻入土中。番茄，一个大棚整4条畦，畦带沟1.5米，采用双行定植，行距75cm，株距20～30cm，每公顷栽植37.5万～4.5万株。辣椒每公顷栽植4.5万株。茄子株距40～50cm，每公顷栽植3.0万～3.6万株。黄瓜每公顷栽植3.0万～3.6万株。

（3）田间管理。

一是温度管理。定植后一周内不通风，以保温为主，特别是茄子和黄瓜，应适当保持较高的温度，以利还青苗。还苗后还要保持较高温度，番茄苗期生长适温白天20～25℃，夜间10～15℃；茄子生长适温为20～30℃，气温低于15℃时会引起授粉、受精不良；甜（辣）椒生长适温为25～28℃；黄瓜为28～30℃，夜间温度不能低于10℃，5月中下旬气温逐渐上升，可逐渐拆除裙膜，苗期揭膜通风换气时间在9～10时，15～16时后要关门盖膜。

二是肥水管理。苗定植还青后，提苗肥用稀薄人粪尿、牲畜肥或复合肥。番茄，第一果膨大期，复合肥150kg/hm^2；第2～3果膨大期，复合肥450kg/hm^2；第4至第5果膨大期，复合肥300kg/hm^2。甜（辣）椒提苗肥施后，在整个生长期间，保持田间湿润，不过干、不积水，薄肥勤施。一般每采收两次追肥一次，复合肥150kg/hm^2，盛果期增加复合肥量至300kg/hm^2。茄子追肥与辣椒相似，黄瓜每采收两次追肥一次。

三是搭架整枝。番茄、黄瓜要插竹杆扶持植株及引蔓上架，有利结果。番茄要用双杆整枝法，第一花穗以上第一个侧芽留住，以下腋芽及分枝全部摘除。茄子第一朵花、果以下第1分枝留下，其他全部摘除。甜（辣）椒开花结果很有规律，在开花结果过旺，植株生长势小，可把上部花果摘除，以利下层花果生长发育。

四是保花保果。春季气温低，番茄，第一、第二穗花需用激素保花保果，以提高前期产量，用防落素40mg/kg点花梗；茄子在开花前1～2天（喇叭形）点花或者用防落素15mg/kg喷洒；辣椒也可以用防落素喷洒。保花保果处理应在气温15℃以下进行，高于15℃以上，光照充足则不宜处理。浓度要严格控制，不要过高，以免产生副作用。

2. 夏菜秋冬延后栽培

夏菜秋冬延后栽培一般采收期在10—12月，如果通过贮藏保鲜，可延长到春节，经济效益高。栽培季节与品种的安排如下。

（1）番茄。7月上旬播种，苗龄30天，8月下旬至9月定植，10—12月收获。品种选用浙杂7号、早丰。

（2）秋番茄。9月中旬以前开的花，常因夜温过高而落花，而10月后开花，又因温度低而不易坐果。因此，均需使用10～15mg/kg的防落素喷花，或用40mg/kg浓度涂花梗，防止落花落果。

（3）黄瓜。7月底到8月中旬直播，9—11月收获。品种选津研4号、津春4号、秋黄瓜1号、夏丰等。

3. 叶菜类栽培

大棚除了瓜茄等高秆蔬菜外，还可栽培经济价值较高的叶菜类，如木耳菜、空心菜、西芹、生菜等。进行春提前、秋延后，以及越冬栽培，以达到避免冻害，促进生长，提高产量和延长供应期，以及反季节上市的目的，经济效益好。喜温耐热的叶用菜，如木耳菜、空心菜等大棚栽培可在9—10月播种，后期实行保温覆盖，提前上市，加上常规栽培，基本上达到周年供应。生菜等喜冷凉，但不耐霜冻的蔬菜，露地最适播种8月下旬至9月上旬，及春季3—4月，若在11月到翌年3月播种，通过大棚栽培，市场售价效益更高。

4. 夏季遮阳防雨育苗栽培

南方地区6月下旬至8月上旬，强光高温且有雷阵雨及台风暴雨，严重影响蔬菜生产与早秋菜上市，近年来遮阳网、无纺布的应用，促进大棚在夏季育苗和栽培上市发挥作用。

一是大棚遮阳覆盖的作用。

（1）遮光作用。遮阳网，使棚内光照强度显著降低，密度规格越大，遮阳效果越好，同样规格黑色比银灰色遮阳效果好。一般黑色的遮光率为42%～65%，银灰色为30%～42%。

（2）降温作用。棚内温度因遮阳网覆盖有所下降，特别是地表和土壤耕作层降温幅度最大，10～14时，大棚外温度高达37～40℃，而棚内盖遮阳膜后，地表植株周围温度在25～28℃，土壤温度在23～26℃，适宜作物生长。

（3）保水防暴雨。棚内蒸发减少，土壤含水量比露地高，表土湿润。由于遮阳网有一定的机械强度，且较密，能把暴雨分解成细雨，避免菜叶被暴雨打伤，且土壤不易板结，孔隙度大，通气性好，在大棚塑料膜外盖遮阳网，效果更好。

二是遮阳覆盖栽培注意事项。

（1）根据蔬菜种类，选用规格合适的遮阳网。通常夏秋绿叶菜类栽培短期复盖选用黑色遮阳网，秋冬蔬菜夏季育苗选用银灰色遮阳网，且可避蚜虫为害。茄果类留种或延后栽培，最好网膜并用。

（2）覆盖时期。一般7—8月，其他时间光照强度适宜蔬菜生长，如无大暴雨则不必遮盖。

（3）遮光管理。遮阳网不能长期盖在棚架上，特别是黑色遮阳网，只是在夏秋烈日晴天中午，其网下才会达到近饱和的光照强度，最好10～11时盖网，16～17时揭开网。揭网前3～4天，要逐渐缩短盖网时间，使秧苗、植株逐渐适应露地环境。

5. 大棚无土栽培蔬菜

比较成功的经验：无土栽培叶菜类，周年栽培生菜，一年可栽培8～9茬，年产量150t/hm^2，生长期随温度由高向低，一般在20～40天。番茄一年可栽春、夏两季，年产量可达150t/hm^2。黄瓜可以周年栽培。大棚无土栽培，经济效益很高，但管理技术也较高。

6. 作物病虫害及生理障碍的防矫治

大棚种植蔬菜，特别是冬季，给病虫害的越冬繁衍提供了适宜的场所和生存条件，使蔬菜病虫害及生理障碍日趋严重。因此，病虫害的防治和攻克作物生理障碍，是大棚栽培蔬菜成功的关键。除在不同栽培品种、时期及时防治病虫害外，不定期对大棚用百菌清熏蒸，消灭病菌。地下害虫用呋喃丹防治。

（1）大棚栽培的生理障碍及其矫治措施。

① 高温生理障碍。主要表现影响花芽分化，如黄瓜在高温长日照下雄花增多，雌花分化减少；番茄、辣椒花芽分化时遇高温，花变小，不结果、发育不良。

② 日灼烧。主要症状，初期叶片褪色后变为乳白状，最后变黄枯死。

③ 落花落果，出现畸形果。高温，尤其是夜间高温不但延迟番茄第一花序的雌花分化，而且还会影响雄蕊的正常生理机能，不能正常授粉，引起落花落果。

④ 影响正常色素形成。果实成熟期高温危害表现在着色不良。番茄成熟时，温度超过30℃，茄红素形成慢；超过35℃，茄红素难以形成，果实出现黄、红等种颜色相间的杂色果。

⑤ 防治措施。加强通风，使叶面温度下降。遮阳网覆盖，也可以用冷水喷雾，降低棚温。

（2）有毒气体生理障碍。

氨气中毒。当氨气在空气中达到0.1%～0.8%浓度时，就能为害蔬菜，如果晴天气温高，氨气挥发浓度大，1～2h即可导致黄瓜植株死亡。

防治措施。有机肥要充分腐熟施用，化肥要量少、勤施。

（3）黄瓜、番茄典型生理障碍症状及矫正措施。

① 黄瓜蔓徒长。花打顶，生长点附近节间缩短，形成雌雄杂合的花簇，瓜苗顶端不生成心叶，而呈现抱头花；黄化叶和急性萎蔫症。

发生原因：偏施氮肥，早春低温、昼夜温差大、阳光不足、根系活力差，育苗时土壤养分不足。

防治措施：适时移栽，前期加盖小拱棚提高温度。加强通风换气，合理施肥，管好水分、温度和阳光。

② 黄瓜、番茄畸形果。番茄开花期营养过剩，氮磷肥过多，特别是冬季或早春，在花芽分化前后，当遇到6～8℃的低温就会出现畸形果，用浓度过高的激素处理，或处理期间温度偏低，光照不足，空气干燥，或者是营养条件极差，本来要掉落的花经激素处理，抑制了离层，但得到的光合产物少形成了粒形果、尖形果和酸浆果。

七、大棚水气热管理技术

1. 大棚有毒气体的危害及预防

塑料大棚栽培蔬菜，常因施肥方法不当，忽视通风换气，使棚内有毒气体累积过量，为害蔬菜，而又常被误诊为病害，导致欠收甚至绝收。

一是危害。

（1）氮气。由于施用过量尿素、硫酸铵等速效化肥，或施肥方法不当，如因施用未经腐熟的有机肥，在棚内高温条件下分解产生氨气，就会为害蔬菜，使叶缘组织出现水渍状斑点，严重时整叶萎蔫枯死。常被误诊为霜老病或其他病症，对氨气敏感的蔬菜有黄瓜、番茄、西葫芦等。

（2）亚硝酸气体。一次施用铵态氮肥过多，会使某些菌体的作用降低，造成土壤局部酸性。当pH值小于5时，便产生亚硝酸气体，可使蔬菜叶片出现白色斑点，严重整叶变白枯死，常被误诊为白粉病，对亚硝酸气体敏感的蔬菜有茄子、黄瓜、西葫芦、芹菜、辣椒等。

（3）乙烯和氯气。如果农膜或地膜的质量差，或地内有地膜残留，受阳光暴晒，在棚内高温条件下，易挥发产生乙烯和氯气等有害气体。当浓度达到一定时，可使蔬菜叶缘或叶脉之间变黄，进而变白，严重时整株枯死。常被误诊为细菌性角斑病，对黄瓜的危害尤为严重。

另外，冬季取暖升温，若燃料燃烧不充分会产生有毒气体，通风不及时会使二氧化碳积累过多。影响蔬菜生产。

二是预防。

（1）合理施肥。大棚内施用的有机肥须经发酵腐热，化肥要优质，尿素应与过磷钙混施。基肥要深施20cm，追施化肥深度要达到12cm左右，施后及时浇水。

（2）通风换气。在晴暖天气，应结合调节温度进行通风换气，雨雪天气也应适当进行通风。

（3）选用安全无毒的农膜和地膜。及时清除棚内的废旧塑料品及其残留物。

2. 大棚蔬菜施用二氧化碳技术

大气中二氧化碳平均浓度一般为300～330mg/L，变幅较小。在冬春农业设施蔬菜生产中，为了保温，大棚经常处于密闭状态，缺少内外气体交换，二氧化碳浓度变幅较大，中午二氧化碳浓度下降，接近甚至低于补偿点，二氧化碳处于亏缺状态。补充二氧化碳的方法很多，常用的主要有三种。

（1）燃烧法。通过二氧化碳发生器燃烧液化石油气、丙烷气、天然气、白煤油等产生二氧化碳。当前欧美国家的设施栽培以采用燃烧天然气增施二氧化碳较普遍，而日本较多地采用燃烧白煤油增施二氧化碳。

（2）化学反应法。即用酸和碳酸盐类发生化学反应产生二氧化碳。目前较多采用稀硫酸和碳酸氢铵，在简易的气肥发生装置内产生二氧化碳气体，通过管道将其施放于大棚内。每亩标准大棚（容积约1 300m^3）使用2.5kg碳酸氢铵可使二氧化碳浓度达900mg/L左右。该法成本较低，二氧化碳浓度容易控制，目前在我国的设施农业栽培中运用较多。

（3）施用颗粒有机生物气肥法。将颗粒有机生物气肥按一定间距均匀施入植株行间，施入深度为3cm，保持穴位土壤有一定水分，使其相对湿度在80%左右，利用土壤微生物发酵产生二氧化碳。该法无需二氧化碳发生装置，使用较为简便。

3. 温室大棚蔬菜低温冷害的预防措施

一是室内加温。

（1）当外界大幅度降温时，可以临时利用柴草或煤燃烧，通过炉灶、烟道及直接散热提高室温。

（2）有条件地方，可以利用酒厂、造纸厂、冶炼厂等排出的热水、热风、蒸气作为温室的热源。

（3）增施热性有机肥料，即在种植蔬菜前，在地下10～15cm深处，埋入5～10cm厚的半腐熟的热性有机肥料，如马、驴、羊、牛粪等。

二是室外保温。

（1）在大棚周围架设防风障，以减小风速。

（2）在大棚周围培土，增加温室墙壁厚度。

（3）在大棚周围挖寒沟，沟内填炉渣、稻壳等，盖严沟顶，保持沟内干燥。

（4）增加大棚的覆盖物，加厚草帘等。

（5）做好大棚各部位的衔接和堵缝工作，以防寒风侵入。

（6）尽量争取较长的光照时间，只要能照到阳光，就应立即揭去草帘等覆盖物。

三是室内保温。

（1）可采取地膜覆盖，扣小拱棚、活动幕面等多层覆盖方法保温。

（2）在大棚周围内侧加多层草帘，既防风又保温。

（3）可在温室内装上荧光灯，每天照射10～12h灯光。

（4）在温室的一端设置作业间，进出口处挂厚门帘，以防冷风侵入。

（5）用无滴膜覆盖。

此外，及时对棚内蔬菜等作物进行叶面喷施磷酸二氢钾、稀土微肥、喷施宝等，以及增施二氧化碳，不仅能促进产量提高，而且能显著增强蔬菜对低温冷害的抵抗能力。

4. 大棚蔬菜受冻后的补救技术

（1）灌水保温。灌水能增加土壤热容量，防止地温下降，稳定近地表大气温度，有利于气温平稳上升，使受冻组织恢复机能。

（2）放风降温。棚菜受冻后，不能立即闭棚升温，只能放风降温，以使棚内温度缓慢上升，避免温度急骤上升使受冻组织坏死。

（3）人工喷水。喷水能增加棚内空气温度，稳定棚温，并抑制受冻组织脱出的水蒸发，促使组织吸水。

（4）剪除枯枝。及时剪去受冻的茎叶，以免组织发霉病变，诱发病害。

（5）设棚遮阴。在棚内搭棚遮阴，可防止受冻后的蔬菜受阳光直射，使受冻组织失水。

（6）补施肥料。受冻植株缓苗后，要追施速效肥料，用2%的尿素液或0.2%的磷酸二氢钾液叶面喷洒。

（7）防病治虫。植株受冻后，病虫易乘虚而入，应及时洒保护剂和防病治虫药剂。

5. 大棚蔬菜冬季多采光技术

实践证明，在光照时间短、强度低的冬春季节，使大棚多采集阳光，对提高蔬菜产量和品质具有重要作用。

（1）合理布局。在大棚内种植不同种类的蔬菜时，应遵循“北高南低”的原则，使植株高矮错落有序，尽量减少互相遮挡现象。同一蔬菜移栽，力求苗大小一致，使植株生长整齐，减少株间遮光。同时以南北方向做畦定植为好，使之尽量接受阳光。

（2）保持棚膜洁净。棚膜上的水滴、尘土等杂物，会使透光率下降30%左右。新薄膜在使用2天、10天、15天后，棚内光照会依次减弱14%、25%、28%。因此，要经常清扫，冲洗棚面的尘埃、污物和水滴，保持膜面洁净，以增加棚膜的透明度。下雪天还应及时扫除积雪。

（3）选用无滴薄膜。无滴薄膜在生产的配方中加入了几种表现活性剂，使水分子与薄膜间的亲合力减弱，水滴则沿薄膜面流入地面，而无水滴产生。选用无滴薄膜扣棚，可增加棚内的光照强度，提高棚温。

（4）合理揭盖草帘。在做好保温工作的前提下，适当提早揭去保温用的草帘和延迟盖帘，可延长光照时间，增加采光量。一般太阳出来后30min至1h揭帘，太阳落山前半小时再盖帘。特别是在时雨时停的阴雨天里，也要适当揭帘，以充分利用太阳的散射光。

（5）设置反光幕。用宽2m、长3m的镀铝膜反光幕，挂在大棚内北侧使之垂直地面，可使地面增光40%左右，棚温提高3～4℃。此外，在地面铺设银灰色地膜也能增加植株间的光照强度。

（6）搞好植株整理。及时进行整枝、打杈、绑蔓、打老叶等田间管理，有利于棚内通风透光条件。

参考文献

曾智海. 2016. 园林景观中大树移植的关键技术环节初探[J]. 江西建材（18）：205-206.

陈本魁. 2016. 园林工程中大树移植技术[J]. 现代园艺（02）：35-36.

陈克军. 2016. 大棚西红柿栽培技术及水肥管理[J].农技服务，33（07）：47.

洪文宁. 2015. 论园林绿化工程大树移植施工技术[J].江西建材（21）：207+180.

胡明才. 2015. 浅述北方冬季温室大棚技术[J].农技服务，32（07）：78.

江生泉，程建峰，姜自红. 2017. 禾本科草坪草种子发芽特性的变异与相关性[J].江苏农业科学，45（02）：115-118.

李会彬，赵玉靖，王丽宏，等. 2012. 氮磷配施对野牛草草坪质量的影响[J]. 安徽农业科学，40（01）：93-95.

李敏，周琳洁，杨学波，等. 2015. 广东省园林绿化项目负责人培训教材[M].广州：广东省风景园林协会.

李生辉. 2011. 草坪种植技术[J]. 现代农业科技（01）：252-253.

李树杰. 2016. 园林绿化大树移植及养护管理技术浅析[J]. 江西建材（1）：223-224.

刘丽琼. 2016. 园林施工中的大树移植技术[J]. 农技服务，33(08)：157+153.

龙天. 2016. 浅谈园林绿化工程中大树移植技术与养护管理[J]. 中国林业产业（05）：81-82.

龙文峰. 2011. 园林苗木全能性繁殖扦插技术探析[J]. 北京农业（06）：154-155.

王丹. 2016. 浅谈西红柿大棚栽培技术[J]. 农业与技术，36（14）：96.

岳晓霞，柳小妮，李毅. 2017. 草坪有害生物诊断系统的设计与构建[J]. 草原与草坪，37（01）：99-104.

张建华,张改芝. 2017. 莘县蔬菜大棚水肥一体化技术推广调研与分析[J]. 农业技术通讯（4）：239-241.

张丽香，田立新. 2016. 如何提高大树移植的成活率[J]. 现代园林（04）：43-44.

章武，刘国道，南志标，等. 2015. 4种暖季型草坪草币斑病病原菌鉴定及其生物学特性[J]. 草业学报，24（01）：124-131.

赵亚宁. 2013. 浅析“大树进城”之利弊[J]. 现代园艺（20）：231.

周文美. 2017. 反季节大棚蔬菜种植技术[J]. 乡村科技（29）：11-12.

第七章　美丽乡村田园土壤质量提升与管控技术

农田土壤质量提升是美丽乡村田园土壤保护的重要内容，关系到我国粮食安全、环境保护和农业可持续发展。土壤质量提升就是采用工程、物理、化学、生物、农艺等综合措施，推广秸秆还田、绿肥种植、增施有机肥料、酸化土壤改良、水肥一体化等培肥改土技术，有针对性地进行乡村农田基础设施建设、培肥改良土壤、协调土壤理化性状、改善土壤缓冲性能、防控农田生态环境污染，促进作物高产稳产增收，提高耕地持续生产能力和农业综合生产能力。

第一节　乡村田园土壤主要类型

一、我国土壤的分类系统

1. 我国土壤分类的三个时期简述

中国近代的土壤分类受美国学派和原苏联学派的影响较深。从20世纪30年代开始，大体可以分为三个时期。

第一时期自20世纪30年代至50年初，主要受美国学派影响。在土壤分类中首先划分出显域土、隐域土和泛域土三个土纲，土纲以下划分土类，并先后确定了2 000个土系。根据中国的实际情况划分出山东棕壤、紫棕壤及水稻土等新土类。值得指出的是，中国土壤学家早在30年代就把水稻土作为独立的土类划分出来，并明确指出水稻土的形成与灰化过程的本质区别，在当时来说，这是一项相当重要的成就。

第二时期自50年代初至70年代末，主要受原苏联学派的影响。通过学习苏联土壤地理学的理论，并结合一系列的综合考察，流域规划和荒地调查等实践，于1954年在中国土壤学会第一次代表大会上，拟订了以土类为基本单元的中国土壤分类。以后又陆续提出了一些新的土壤类型，如黄棕壤、黑土、白浆土、黑垆土等，还对红壤、砖红壤性红壤及山地草甸土等土类进行了研究。1958—1961年进行了第一次全国土壤普查，对耕作土壤有了更深入的研究，拟订了我国农业土壤分类系统。在土壤命名上，采用了以农民习用名称为主的逐级命名法，充实了基层土壤分类，改变了过去的连续命名法，避免了土壤名称过长、难以实际应用的缺点。把农业土壤的发生、分类与命名提高到应有的地位。

第三时期自70年代末开始，美国土壤系统分类开始引起中国土壤学界的重视。传统的中心概念定性分类法，在实践中日益暴露了缺点。随着土壤科学资料的积累，土壤分类的定量化、指标化逐渐成为可能。我国吸取了以土壤诊断层和诊断特性为基础的土壤分类经验，充分注意中国土壤的特色，并总结了中国土壤分类与命名的经验，力图建立具有中国特色的土壤系统分类。1985年提出了“中国土壤系统分类初拟”。

2. 我国不同气候带土壤及其分类系统

1987年我国提出了“中国土壤系统分类”。该系统根据诊断层和诊断特性进行分类。现有诊断表层6个，诊断表下层12个，诊断特性18个。该分类为多级系统分类，共分7级：土纲、亚纲、土类、亚类、土属、土种和变种。命名法采用分段命名，以土纲、亚纲作为一段，土类、亚类作为一段，以免名称过于冗长。不同气候带及干湿气候特征土壤分类系统见表7-1。

表7-1　中国土壤分类系统

	湿润	半湿润	半干旱	干旱	极端干旱
热带	砖红壤				
南亚热带	赤红壤		燥红土		
中亚热带	红壤、黄壤				
北亚热带	黄棕壤	黄褐土			
暖温带	棕壤	褐土		灰钙土	棕漠土
温带	暗棕壤、白浆土	灰色森林土、灰褐土、黑土、黑钙土	栗钙土、栗褐土、黑垆土	棕钙土	灰漠土、灰棕漠土
寒温带	棕色针叶林土、灰化土				

中国的土壤分类中，创建了一系列人为土诊断层，用以界定我国人为土；创立了低活性富铁层，作为鉴别季风亚热带的富铁土；提出了干旱表层代替干旱水分状况来定义干旱土；创立了反映青藏高原土壤原始性的诊断表层草毡表层；建立了南海诸岛土壤的富磷特性和磷磐。这些土壤类型是世界上其他地方所没有的，科学界定这些土壤类型不仅解决了我国土壤分类问题，而且对国际土壤分类有重要借鉴意义。由于中国土壤系统分类研究，充分把握了我国独特的自然条件和人文环境，经过大量的基础研究和积累，创建了一个具有鲜明特色的全新的土壤分类，从而使中国土壤分类进入了定量化的新阶段，并在国际上占有一席之地，在人为土分类方面更为世界同行所认同。

二、我国乡村土壤主要类型

1. 成土过程

在我国，人为土纲分布面积与人口集中程度有一定关系，即人为土纲的分布状况是东部多于西部、南方多于北方、江河中下游多于上游，三角洲地区尤为集中。如长江三角洲和珠江三角洲是世界上水耕熟化人为土最为集中的分布区。主导成土过程，熟化过程：在人为干预下，土壤兼受自然因素和人为因素的综合影响下进行的土壤发育过程。江南地区通常根据田地高度和排水情况形成高田旱耕、低田种稻的不同种植方式。根据农业利用特点和对土壤的形象特点，土壤熟化可分为水耕熟化和旱耕熟化。

（1）水耕熟化过程。在种植水稻或水旱轮作交替条件下的土壤熟化过程。一般水耕熟化过程包括氧化还原过程、有机质的合成和分解、复盐基和盐基淋溶及黏粒的积聚和淋失等。

（2）旱耕熟化过程。在长期种植旱作物的过程中促使土壤熟化的过程。根据旱耕熟化过程细分为四个过程。一是灌淤熟化过程：河流灌溉淤积，形成肥沃疏松的灌淤层。二是土壤熟化过程：施农家肥绿肥，形成耕性良好、肥力较高的土垫层。三是泥垫熟化过程：在高温潮湿的土壤环境下，堆积、培肥过程。四是肥力熟化过程：长期耕作，持续增施有机肥，形成了厚的腐殖质层，土壤富含磷、钾等元素。

（3）主要诊断层和诊断特征。土体剖面构型：耕作熟化层（Ap层）III.IV.，I.II.，犁底层（P层），耕作淀积层（B层）V.，母质层（C层）。耕作熟化层：厚度大、颜色较暗、团块状结构、壤质、养分含量丰富，土壤一般呈现中性或酸性，耕作熟化层中含有木炭、砖瓦碎片等。犁底层：厚度一般在25cm左右，其土壤质地细腻、紧实呈片状结构，孔隙度较小。耕作淀积层：分为两类，即水耕淀积层和旱耕淀积层。水耕淀积层呈现棕色、黄棕色，黏粒含量相对较高，土壤盐基饱和度也较高，并有暗棕色、灰棕色的铁锰结核或斑块，向下逐渐过渡至潜育层；旱耕淀积层，土壤质地相对黏重，一般呈现块状结构，结构体表面常有腐殖质与黏粒复合淀积形成的胶膜，土壤pH值及盐基饱和度均较高。

（4）人为土的分类与利用。一是防止水土流失，土壤污染；二是增施有机肥，提高土壤质量；三是发展节水、节地的资源节约型农业；四是完善土地资源保护法规，及时监测土壤环境。

隐域性土壤又称非地带性土壤，是美国及我国早期土壤分类的土纲之一。指在地区性因素（母质、地形、水文地质等）作用下，呈斑块状散布于地带性土壤之中的土壤。这种土壤既有非地带性特征，又有地带性特征。可划分为水成土壤、盐成土壤、岩成土壤和山地土壤等发生系列。

2. 农田土壤

水稻土是在长期种稻水耕熟化作用下，具有水耕熟化层、犁底层和水耕淀积层的人为耕作土壤。水稻土在长期的灌水淹育和疏水排干的水耕熟化过程中，最上部的水耕层经常干湿交替，铁、锰化合物氧化还原交替，低价铁锰随下渗水下移，或被腐殖质络合淋溶，淀积在氧化电位较高的心土中，形成黏粒、铁、锰与盐基含量较多，铁的晶化率较高的水耕淀积层。水稻土在水耕熟化过程中，酸性土的pH值增高，碱性土的pH值降低，土壤反应倾向于中性。

水稻土在我国分布广泛，从温带地区到亚热带、热带地区都有，但并非种水稻的土壤就是水稻土；水稻土主要还是在长江以南的长江中下游平原、两湖（鄱阳湖、洞庭湖）平原和其他各河流河谷平原，是我国最重要的高产稳产田。

3. 旱地土壤

旱地是指无灌溉设施，一般降水量大于250～400mm地区，而靠天然降水种植旱作物可以获得一定产量的耕地，包括没有灌溉，仅靠引洪淤灌的耕地，即常称的雨养农业的耕地。据中国土地利用现状调查，截至1996年10月31日全国有旱地7 391.984万hm^2，占耕地总面积的56.8%。中国旱地主要分布在东北、华北和西南地区，3个大区旱地面积之和占全国旱地面积的61.83%。各省旱地以黑龙江省最多，为1 070.55万hm^2，占该省耕地面积的90.9%。沿昆仑山—秦岭—淮河一线划分，以北为北方旱地，面积4 919.16万hm^2，占全国旱地总面积的66.5%；以南为南方旱地，面积2 472.98万hm^2，占全国旱地面积的33.5%。

主要土壤管理技术如下。

（1）旱地土壤集水、节水技术。包括旱地土壤农业及土壤集水、节水技术、保水剂、蒸腾抑制剂和土壤结构改良剂在旱地中的应用。

（2）旱地土壤的施肥。旱地土壤施肥有着重要的意义。包括旱地土壤施肥的关键技术、旱地土壤施肥的基本原则。

（3）旱地土壤的耕作。旱地土壤耕作的主要技术措施有深耕、深松耕、浅耕及中耕、夏季休闲、耙耱、镇压、覆盖及其他耕作技术等。

4. 果园土壤

果园土壤类型主要发育于红色黏土、红砂岩、花岗岩等母质的土壤，包括黏性土、沙性土、耕地转化果园、荒地及荒漠土壤。

果树是多年生木本植物，如柑橘、柚、杧果等树体高大，根系深且分布范围广。土壤是根系生存的环境和空间，其物理性质对果树生长发育有重要的影响。

果树根系容易到达而且集中分布的土层深度为土壤的有效深度。一般果树的吸收根集中分布多为地下10～40cm。有效土层越深，根系分布和养分、水分吸收的范围越广，固地性也越强。这可提高果树抵御暴风。雨雪逆境的能力。

在有效土层中，使根系生长良好、充分行使其吸收功能的条件，应使土壤的固相、液相和气相的构成合理。通常，保证果树生长健壮并丰产、稳产，根系分布区的三相组成比例分别为固相40%～55%，液相20%～40%，气相15%～30%。另外，在固相组成比例相同时构成固相的土壤颗粒粗细不同，也会导致土壤通透性的差异。因此，丰产果园的土壤管理十分必要。

5. 山地土壤（荒地或森林土壤）

（1）高山寒漠土。指山岳冰川或高原冰盖雪线以下，刚刚脱离冰川覆盖所形成的新成土。它的分布随雪线的高低变化而异，有时也因山南山北雪线高低不同，差异较大。

（2）山地草甸性土壤。草甸土。高原亚寒带湿润蒿草草甸植被下形成的土壤。分布在海拔2 500～5 500m的高原面，平缓谷等地区。

亚高山草甸土。是在高山草甸土分布带以下，亚高山湿润温带气候，蒿草草甸植被下，发育的具有冻土草皮的暗色草毡层，腐殖质潴育层土壤。

山地草甸土。分布高度随山地高度，山地所在地区的生物气候条件不同而变化。山地草甸土最显著形成特点是，在较凉湿的气候条件下，草甸植物的残体因分解缓慢而大量聚集积累富含腐殖质土壤。

（3）山地草原性土壤。高山草原土。是高山亚寒带半干旱稀疏草原植被条件下，发育的无草毡层、草皮层，但有浅薄的灰棕色腐殖质层，向下有不明显的钙积B层剖面构型的土壤。

亚高山草原土。高原温带干旱草原植被下形成的具有明显腐殖质表层和钙积层的土壤。

（4）山地森林土壤。我国的森林土壤绝大多数在山地，一般分布在海拔高度600m以上为山地土壤。有棕色针叶林土、暗棕壤、棕壤，南方的黄壤、红壤等都可形成森林土壤。

6. 菜园土壤

菜园土是城郊、村庄附近长期栽培蔬菜，而高度熟化的农业土壤。它具有灰黑油润而深厚酥脆的耕作层和蓄水、保水力强的心土层，具有稳水、稳肥、稳温的肥力特性，因而，是耕性良好，水、气、热协调，适种蔬菜，产量高而稳定的农业土壤。

菜园土是在长期精耕细作和种植蔬菜等园艺作物的过程中形成的。菜园地几乎一年四季都种植蔬菜，因而其耕作频繁，施肥量大，灌溉经常；这样，土壤处于高度利用和优越的培肥条件之下，随着耕种年代的增长，耕作技术不断提高，土壤水、肥，气、热状况协调，熟化程度愈高，深刻地反映了耕作栽培措施对土壤培肥的影响。从土壤熟化过程来看，不同农业气候地区的菜园土有它自己的熟化过程和特点，就是趋于同一熟化过程的菜园土，也有熟化阶段不同的差异。菜园土在熟化过程中，其物理、化学及生物特性不断在改变，土壤肥力、耕性及生产性能也就不断地改善。

菜园土有其优良的农业性状，菜农总括成五个字：厚、肥、酥、温、润，即具有熟化层深厚，速效养分含量高，土质油酥，通气、渗水、保水、感温和保温性能良好，水、气协调，稳水、稳肥、稳温，微生物活动旺盛，适种作物广以及高产稳产等特点。在建设美丽乡村现代化设施农业中，菜园土的利用途径更广。

（1）熟化土层深厚。菜园土耕作频繁，每年均施入大量的有机肥料，使熟土层随利用年代增加而增厚。其特点是熟土层往往超过耕作层一倍左右。菜园土耕作层一般在20～25cm，而熟化的土层则往往在30～50cm。同时，熟土层由于长期耕作和灌溉的影响，一部分细土粒随水肥下移，因而一般老菜园土熟化层的下部都具有良好托水、托肥作用的黏性心土层。心土层多系老耕作层，土色灰暗，并且又有黏粒下移和承受新耕作层所下渗的水分、养分。成为水足肥饱的黑土层，可供蔬菜或其他作物生长时期充足养分和水分。所以菜园土具有稳水稳肥和后劲甚足的特征。在乡村规模蔬菜生产和农家乐旅游就餐中具有特色利用价值。

（2）腐殖质和速效养分含量高。蔬菜等园艺作物的生长，要求养分足而质量高，且供应及时。因此，各地菜农总是按蔬菜生长期的要求，经常施入质量优良的肥料，致使菜园土以速效养分含量高、供肥及时为其持点。高度熟化的菜园土，表土和心土均呈灰暗色，腐殖质和速效养分的含量远比一般大田要高，而且上下土层的含量往往相差不大，而熟化旱作土壤耕作层养分含量，显著高于心土层。

菜园土的腐殖质含量，依熟化程度而异，一般是种植蔬菜的年代越长，则腐殖质含量越高。例如，北京市郊丰台区种植蔬菜历史悠久的老菜园土，熟化层腐殖质含量高达4%～6%。

第二节　不同利用方式的田园土壤特性

一、水耕与旱耕熟化土壤肥力变化

1. 荒地开垦后，旱地熟化过程的肥力变化

荒地与耕地的土壤理化特性，特别是有机质性质有很大改变，从有机质的形态看，荒地易水解部分相对含量较高，随着熟化度加深，不易水解残渣增多，说明荒地有机质活性较强，易于分解。而熟化土壤有机质稳定性提高。这一特性的产生可能是有机质与无机胶体固结的结果。随着熟化程度增强，氮素一般降低或趋于稳定，这与作物吸取带走有关。但水解氮提高较快，占全氮量百分数随熟化加深而递减，碳氮比变宽。从微生物的分布结果来看（表7–2），不仅随熟化发育而加强，特别是以无机氮为营养的硝化细菌、纤维分解菌在荒地与基本熟化地几乎没有，而强度熟化地则骤增。

表7–2　土壤微生物群落变化状况　　单位：千个/1g干土

	荒地			基本熟化地			强度熟化地		
	表土层	心土层	底土层	耕作层	心土层	底土层	耕作层	心土层	底土层
好养性细菌	0.28	0.11	0.04	2.2	0.50	0.04	104.85	2.13	0.71
氨化菌	31.75	0.70	1.52	143.0	31.25	1.61	8 470.0	784.0	73.00
硝化菌	0	0	0	27.5	0	0	847.00	22.4	16.25
纤维分解菌	0	0	0	0	0	0	302.50	67.0	0
有机磷细菌	0	0	0	14.3	8.75	3.10	84.70	28.0	3.13

至于磷钾养分的变化，从表7–3看，钾的提高较显著（与当地施用灰肥有关），而全磷的变化并不规律，但有效磷中速效磷提高较显著，有机磷反而降低，这就说明磷肥及其有效度的高低，仍然与有机质的含量有关。因此，我们认为有机质与氮素积累及其有效性，是红壤熟化最重要的指标。

2. 水耕熟化（旱地改水田）土壤肥力演变

旱改水8年的0～20cm土层内含N 0.132%，72～92cm土层内含N 0.081 0%，相差0.049 2%。8年0～20cm土层内含P 0.155 7%，72～92cm土层内含0.037 8%，相差0.117 9%（表7–3）。

表7–3　在旱改水过程中红壤酸度、有机质和营养元素的变化

土壤	深度（cm）	层次	pH值	有机质（%）	全N（%）	全P（%）	速效P（mg/kg）	全K（%）	代换K（mg当量/100g土）
红壤性老水稻田	0～21	耕作层	6.2	2.311	0.172 7	0.156 2	73.78	0.796 9	0.226
	21～38	犁底层	6.8	0.547	0.081 6	0.053 0	6.76	0.830 8	0.087
	38～82	潴育层	6.7	0.444	0.082 6	0.068 9	9.80	0.803 3	0.089
	>82	潜育层	5.5	1.369	0.103 7	0.057 4	21.28	1.462 2	0.090
旱改水八年红壤	0～20	耕作层	6.2	1.826	0.130 2	0.155 7	12.60	1.082 2	0.363
	20～37	犁底层	6.0	0.984	0.099 5	0.054 7	6.11	1.310 3	0.271
	37～72	潴育层	4.9	0.631	0.074 4	0.040 5	6.28	1.272 8	0.298
	72～92	不太明显	4.8	0.647	0.081 0	0.037 8	5.47	1.029 4	0.191

（续表）

土壤	深度（cm）	层次	pH值	有机质（%）	全N（%）	全P（%）	速效P（mg/kg）	全K（%）	代换K（mg当量/100g土）
旱改水五年红壤	0~15	耕作层	6.3	1.180	0.114 8	0.096 4	11.15	0.832 0	0.248
	15~20	犁底层	6.3	1.165	0.090 1	0.072 8	10.15	0.846 8	0.228
	20~37		4.9	0.769	0.087 0	0.044 6	8.75	0.972 4	0.214
	37~65		4.7	0.954	0.081 0	0.039 0	5.68	0.816 3	0.089
旱改水二年红壤	0~17	耕作层	5.7	0.799	0.089 1	0.085 4	6.60	1.544 9	0.177
	17~22	不明显	5.5	0.602	0.080 6	0.060 9	7.57	1.732 8	0.149
	22~65		5.4	0.467	0.072 9	0.049 3	8.85	1.769 3	0.149
	65~103		5.2	0.333	0.074 6	0.060 1	7.10	1.521 0	0.090
红壤旱地	0~15	耕作层	5.4	1.405	0.116 3	0.109 2	26.75	1.612 8	0.177
	15~30		5.2	1.374	0.119 2	0.082 9	14.29	1.448 7	0.274

旱改水年限增长肥力增加的原因之一是，由于犁底层的形成，养分渗漏减少，保肥能力增强。同时，在旱改水过程中，必须施足肥料，特别是有机肥，增加土壤有机质，只有这样，旱改水后红壤的化学性质才能朝着肥力提高的方向发展。

旱改水后代换性能加强，主要是水热条件比旱地相对稳定，有利于有机质的积累，改善了红壤胶体质量的结果。

表7-4所示老水稻田犁底层出现代换量低于盐基，可能与有机质不足时施用过多石灰而引起土壤物理性质恶化有关。

表7-4　在旱改水过程中红壤代换性能的变化

土壤	深度（cm）	层次	有机质（%）	pH值	代换量（mg当量/100g土）	代换性盐基含量 mg当量/100g土			盐基饱和度（%）		
						Ca^{2+}	Mg^{2+}	K^{+}	Ca^{2+}	Mg^{2+}	K^{+}
红壤性老水稻田	0~21	耕作层	2.311	6.2	7.84	5.34	0.78	0.226	68.1	9.9	2.9
	21~38	犁底层	0.547	6.8	4.81	4.54	0.84	0.087	94.4	17.4	1.8
	38~82	潴育层	0.444	6.7	7.60	4.31	0.86	0.089	56.7	11.3	1.2
	>82	潜育层	1.369	5.5	13.06	2.20	0.51	0.090	16.9	3.9	0.7
旱改水八年红壤	0~20	耕作层	1.826	6.2	9.92	7.53	1.39	0.363	75.8	14.0	3.7
	20~37	犁底层	0.984	6.0	9.36	3.68	0.68	0.271	39.3	7.3	2.9
	37~72	潴育层	0.631	4.9	7.78	1.09	0.15	0.298	14.0	1.9	3.8
	72~92	不太明显	0.647	4.8	8.48	1.04	0.08	0.191	12.3	0.9	2.3
旱改水五年红壤	0~15	耕作层	1.180	6.3	6.93	4.85	0.78	0.248	70.0	11.3	3.6
	15~20	犁底层	1.165	6.3	6.85	4.68	0.97	0.228	68.3	14.2	3.3
	20~37		0.769	4.9	7.68	1.56	0.24	0.214	20.3	3.1	2.8
	37~65		0.954	4.7	8.54	1.49	0.20	0.089	17.4	2.3	1.0
旱改水二年红壤	0~17	耕作层	0.799	5.7	8.57	4.03	0.57	0.177	47.0	6.7	2.1
	17~22	不明显	0.612	5.5	8.00	1.64	0.25	0.149	20.5	3.1	1.9
	22~65		0.467	5.4	7.94	0.85	0.17	0.149	10.7	2.1	1.9
	65~103		0.333	5.2	8.00	1.07	0.18	0.190	13.9	2.3	1.1
红壤旱地	0~15	耕作层	1.405	5.4	9.90	3.05	0.92	0.177	30.9	9.3	1.8
	15~30		1.374	5.2		2.22	0.56	0.274			

二、果茶园土壤的理化特性及熟化途径

1. 土壤理化特性

土壤中应含有果树所需的、并且能够利用的各种元素。土壤所含的营养元素是否能被果树吸收利用，与土壤中所含元素的数量、其相互关系是否平衡，以及土壤结构、pH值等状况有关。也就是说，只有在土壤中的营养元素处于可供状态时，才能被果树吸收和利用。不同年龄茶园土壤肥力变化见表7-5。

表7-5　茶树不同年龄茶园土壤（表土0～30cm）肥力情况

	前作	茶树侧根分布（cm）		从播种行至茶行中间土壤肥力（水平距离：cm）							
		水平	垂直	有机质（%）		全N（%）		全P（%）		速效K（mg/100g土）	
				0～30	30～75	0～30	30～75	0～30	30～75	0～30	30～75
一龄	桃树	16.3	5～18	1.080 9	1.047 6	0.099 2	0.061 3	0.058 8	0.053 9	3.4	4.6
二龄	桃树	49.8	7～25	1.310 9	1.174 6	0.127 1	0.126 9	0.051 8	0.055 6	7.1	10.0
三龄	桃树	77.5	7～26	0.832 6	0.644 8	0.101 0	0.105 8	0.059 0	0.057 5	17.7	6.0
成龄	荒地	相邻两茶行根系交错		1.082 2	1.519 2	0.115 8	0.116 7	0.077 3	0.055 7	6.5	2.2

说明：二龄、三龄茶园每年种两季绿肥，一龄和成龄茶园未间作

土壤有机质含量对于土壤物理、化学性质的改善具有极其重要的作用。土壤有机质只有被土壤微生物分解后，才能成为根系可吸收利用的营养物质。此外，几乎所有的果树，其根系均有菌根的存在。菌根的菌丝与根系共生，一方面从根系上获取有机养分，另一方面也扩大了果树根系的吸收范围。

2. 果园土壤深翻改良

我国果园土壤肥力状况，存在着很大的差异。主要表现：一是不同果茶品种土壤肥力差异显著；二是根际与行间土壤肥力也差异大。有的果园在建园时只是挖洞穴栽而没有行间全面翻耕改土，有的虽经行间翻耕，但行间仍存在没有熟化土壤。因此，应根据果园土壤状况，采取相应的土壤改良措施。

（1）深翻熟化的作用。在有效土层浅的果园，对土壤进行深翻改良非常重要。深翻可改善根系伸展分布层土壤的通透性和保水性，且对于改善根系生长和吸收环境，促进地上部生长，提高果树产量和品质都有明显的作用。

（2）结合施有机肥。在深翻的同时，行间播种冬、夏绿肥以增施有机肥，促使土壤改良效果更明显。有机肥的分解不仅能增加土壤养分的含量，更重要的是能促进土壤团粒结构的形成，使土壤的物理性质得到改善。有机肥的种类不仅是翻沤绿肥，也包括家畜粪便、秸秆、草皮、生活垃圾堆积物。最好是将有机肥预先腐熟后再施入土壤，因为未腐熟的肥料和粗大有机物不仅肥效慢，而且还可能含有病虫等有害物。

（3）土壤深翻时期。土壤深翻在一年四季都可以进行，但通常以秋季深翻的效果最好。春、夏季深翻可以促发新根，但可能会影响果树地上部的生长发育和产量形成。秋季深翻时，由于地上部生长已趋于缓慢，果实已采收，养分开始回流，因此，对树体生长影响不大。由于秋季正值根系生长的第三次高峰，伤根易于愈合，促发新根的效果明显。

秋季深翻一般结合秋施基肥进行。而且，深翻后如果立即灌水，还有助于有机物的分解和根系的吸收。但在秋季少雨的地方，若灌溉困难，改在其他时期进行深翻。春季深翻应在萌芽前进行，以利于新根萌发和伤口愈合；夏季深翻应在新梢停长和根系生长高峰之后进行；冬季深翻的适期较长，有冻害地区应在入冬前完成。

深翻的深度应略深于果树根系分布区。行间未耕翻的果园一般深翻的深度要达到80cm左右。山地、黏性土壤、土层浅的果园宜深；沙质土壤、土层厚的果园宜浅。穴栽果园随树冠外沿挖环形沟扩穴。

（4）土壤深翻方式。根据树龄、栽培方式等应采取不同的深翻方式。通常采用的土壤深翻方式有两种：一是深翻扩穴。多用于幼树、稀植树和庭院果树。幼树定植后沿树冠外围逐年向外深翻扩穴，直至树冠下方和株间全部深翻完为止。二是隔行深翻。用于成行栽植、密植和等高梯田式果园。每年沿树冠外围隔行成条逐年向外深翻，直至行间全部翻完为止。这种深翻方式的优点是，当年只伤及果树一侧的根系，以后逐年轮换进行，对树体生长发育的影响较小。等高梯田果园一般先浅翻外侧，隔年再深翻内侧，并将土压在外侧，可结合梯田的修整方式进行。

3. 不同类型果园的土壤改良

（1）黏性土果园。此类土壤的物理性状差，土壤孔隙度小，通透性差。施用作物秸秆、糠壳等有机肥，或培土掺沙。注意排水沟渠的建设。

（2）沙性土。保水保肥性能差，有机质和无机养分含量低，表层土壤温度和湿度变化剧烈。改良重点是增加土壤有机质，改善保水和保肥能力。通常采用填淤结合增施秸秆等有机肥。以及掺入塘泥、河泥、牲畜粪便等，近年来，土壤改良剂也有应用，在土壤中施入一些人工合成的高分子化合物（保水剂、团粒结构剂），促进保水和土壤结构形成效果好。

（3）水田转化果园。这类果园的土壤排水性能差、空气含量少，而且土壤板结，耕作层浅，通常只有30cm左右。但水田转化果园（水改旱）土壤的有机质和矿质营养含量通常较高。在进行土壤改良时，深翻、深沟排水、客土，以及抬高栽植位，通常可以取得预期的效果。

（4）盐碱地。在盐碱地上种植果树，除了对果树树种和砧木加以耐盐碱选择外，更要对土壤进行改良。采用引淡水排碱洗盐后，再加强地面维护覆盖的方法，可防止土壤水分过分蒸发而引起返碱。具体做法是，在果园内开排水沟，降低地下水位，并定期灌溉，通过渗漏将盐碱排至耕作层之外。此外，客土换穴栽植，并配合其他措施，如中耕（以切断土壤表面的毛细管）、地表覆盖、增施有机肥、种植绿肥作物、施用酸性肥料等，以减少地面的过度蒸发、防止盐碱上升，或中和土壤碱性。

（5）沙荒及荒漠地。我国黄河故道地区和西北地区有大面积的沙漠地和荒漠化土壤，其中，有些地区是我国主要的果品生产基地。这些地域土壤构成主要是沙粒，有机质极为缺乏、有效矿质营养元素奇缺，温度、湿度变化大、无保水保肥能力。黄河中下游的沙荒地域有些是碱地，应按盐咸地治理。其他沙荒和荒漠应按沙性土壤对待，采取培土填淤、增施有机肥等措施进行治理。对于大面积的沙荒与荒漠地来说，防风固沙、发掘灌溉水源、设置防风林网、地表种植绿肥作物，加强覆盖等措施，是土壤改良的基础。

三、林地土壤的特征及土壤侵蚀特点

1. 山地土壤的垂直地带性

（1）山体所在的地理位置对土壤垂直带谱影响。一般海拔高度600m以上属山地，气温与湿度随海拔而变异，在不同的地理纬度与经度地区的变幅不一。中纬度的半湿润地，海拔上升100m，气温下降0.5～0.6℃，降水量增加20～30mm，且当海拔高度达到2 500m以上时，地形对降雨影响大。

（2）山体的高度，大小及形状对土壤垂直带谱的影响。山体越高，垂直带谱的结构越复杂，越完整。

（3）山体的坡向对土壤垂直带谱的影响。阳坡与阴坡在气温与土壤湿度上有差异，山体的迎风面与背风面的气候也有差异，这些差异影响土壤垂直带谱的结构。

（4）高原下切河谷的“下垂带谱”。在高原地区，河谷深切。在谷坡面上产生土壤的垂直带分异，这种垂直带的基带位于最上端，犹如垂帘，故称为下垂谱带。在我国青藏高原和云南高原有分布。

（5）垂直带倒置现象。主要发生于一些河谷下切较深而地形又比较闭塞的高原河谷，高原下沉的冷空气，往往一段时间停滞于河谷，因而在这种下切的河谷的两侧山坡上，其最暖带不在最低的谷底，而是在谷底稍上的地区。在云南元江及金沙江河谷常见。

2. 山地土壤侵蚀特点

由于山地有一定的坡度，山高坡陡，土壤侵蚀极易产生。侵蚀的强度与植被覆盖度有关。植被一旦遭到破坏，土壤失去保护层，土壤侵蚀必然加剧。土壤侵蚀有三种类型：流水侵蚀，重力侵蚀，冻融侵蚀，其中以流水侵蚀为主。

四、南方不同母质的土壤肥力特性比较

1. 不同母质稻田土壤

（1）土壤母质作为土壤形成的物质基础，对于稻田土壤肥力状况的高低具有重要的作用，特别对土壤速效养分的影响较大。

（2）不同土壤母质形成的稻田土壤养分有很大的差异。研究表明，表层土壤养分，第四纪红土发育的稻田土壤养分质量分数均高于其他类型母质发育的稻田土壤；稻田土壤肥力综合评价结果，也表明第四纪红土发育的稻田土壤肥力水平高于其他类型母质发育土壤。见表7-6、表7-7。

表7-6　不同类型母质发育土壤的全量养分质量分数比较　单位：g/kg

土壤类型	母质类型	有机质	全N	全P	全K
清夹泥	第四纪红土	32.04	2.12	0.51	14.53
清隔黄泥	第四纪红土	36.94	2.36	0.49	12.15
清砂泥	红砂岩冲积土	30.01	1.92	0.34	10.08
红砂泥	紫色沙页岩冲击物	29.33	1.91	0.37	14.29

表7-7　不同类型母质发育土壤的速效养分质量分数比较　单位：mg/kg

土壤类型	母质类型	碱解氮	速效磷	速效钾	pH值
清夹泥	第四纪红土	172.42	10.85	113.00	5.09
清隔黄泥	第四纪红土	197.16	7.97	85.15	4.92
清砂泥	红砂岩冲积土	165.99	7.85	58.90	4.84
红砂泥	紫色沙页岩冲击物	158.23	7.25	46.79	5.21

2. 不同母质旱地土壤

由红色黏土、红砂岩及石灰岩母质发育的红壤，不同熟化程度旱地土壤肥力见表7-8。

表7-8　不同母质红壤类型肥力演变状况

土壤类型		pH值	有机质（%）	全N（%）	C/N 总量	Ca	Mg	K		活性 Alme/100g土	全P（%）	速效P mg/kg
红色黏土母质	荒地	5.0	0.99	0.077	7.48	1.47	1.25	0.20	0.28	1.48	0.007 1	0.1
	基本熟化地	5.8	1.39	0.091	8.84	8.31	8.13	0.84	0.30	0.03	0.055 4	0.4
	强度熟化地	6.4	1.69	0.104	9.41	11.39	9.38	1.83	0.42	0.02	0.079 9	1.8
红砂岩母质	荒地	5.5	0.38	0.026	8.40	2.68	2.50	0.90	0.28	0.79	0.024 0	10.0
	基本熟化地	5.7	0.48	0.039	7.08	3.49	3.13	1.15	0.43	0.59	0.024 6	微量
	强度熟化地	5.8	0.76	0.052	8.45	4.29	3.75	—	0.10	0.02	0.032 7	11.6

（续表）

土壤类型		pH值	有机质（%）	全N（%）	C/N 总量	Ca	Mg	K		活性 Alme/100g土	全P（%）	速效P mg/kg
石灰岩母质	荒地	7.1	2.45	0.104	13.66	8.31	7.50	0.26	0.08	0.03	0.028 8	极微
	基本熟化地	5.8	2.14	0.158	7.85	6.70	6.25	0.25	0.04	0.03	0.054 2	0.4
	强度熟化地	7.5	2.94	0.181	0.18	11.39	10.63	0.54	0.10	0.01	0.083 4	3.0

海南热带地区不同母质发育的香蕉园，土壤有机质和氮磷钾等养分及酶活性存在一定的差异，表现在含量及变化规律上有较大差异。

（1）玄武岩母质发育的香蕉园土壤全K含量比冲积土的低88.2%，有机质、全N和全P含量均比冲积土的分别高86.1%，42.1%和153.7%（表7-9）。

表7-9 热带不同母质香蕉园土壤全量养分比较

单位：g/kg

取样地点	成土母质	有机质			全N			全P			全K		
		变幅	平均值	对比（%）	变幅	平均值	对比（%）	变幅	平均值	对比（%）	变幅	平均值	对比（%）
澄迈	玄武岩	10.80～25.43	17.34	+86.1	0.350～0.696	0.479	+42.1	0.377～1.166	0.827	+153.7	0.824～6.731	3.11	−88.2
乐东	冲积土	6.36～11.76	9.32		0.269～0.378	0.337		0.210～0.477	0.326		11.02～48.00	26.35	
对照	玄武岩	15.23～20.52	18.09	+28.7	0.399～0.588	0.493	+34.0	0.435～0.527	0.494	+277.1	2.27～3.11	2.75	−74.3
	冲积土	10.12～16.45	14.06		0.32～0.406	0.368		0.118～0.139	0.131		8.27～13.18	10.69	

注：香蕉园土样本数为8个，对照土为3个；增减百分率均为玄武岩比冲积土

（2）热带地区不同母质香蕉园土壤有机质和全N含量除冲积土发育的比对照土壤下降33.7%外，其他下降不明显；而两种母质发育的香蕉园土壤全P和全K量富集明显。尤其是冲积土发育的土壤，分别提高了148.9%和146.5%。

（3）玄武岩发育的香蕉园，土壤碱解N和速效K含量比冲积土分别提高了124.5%和48.0%（表7-10）。

表7-10 热带不同母质香蕉园土壤的速效养分比较

单位：g/kg

取样地点	成土母质	碱解N			速效P			速效K			酸碱度（水）		
		变幅	平均值	对比（%）	变幅	平均值	对比（%）	变幅	平均值	对比（%）	变幅	平均值	对比（%）
澄迈	玄武岩	53.1～131.1	81.5	+124.5	14.3～105.8	64.9	−32.1	18.3～330.5	167.0	+48.0	5.75～6.7	6.1	−9.0
乐东	冲积土	24.8～53.1	36.3		21.9～155.7	95.6		63.5～173.7	112.8		5.87～6.98	6.7	
对照	玄武岩	81.5～109.8	93.3	+14.5	4.1～6.8	5.3	−61.0	23.0～35.1	27.7	−16.1	5.5～5.7	5.6	−11.1
	冲积土	67.3～95.6	81.5		11.4～15.8	13.6		25.0～39.1	33.0		6.1～6.5	6.3	

（4）热带香蕉园土壤速效P和速效K的含量出现明显富集现象，玄武岩和冲积土发育形成的香蕉园土壤速效P分别比对照土壤提高了1 124%和602.9%；土壤速效K含量分别比对照土壤提高了502.9%和255.8%。

（5）玄武岩发育形成的土壤脲酶、酸性磷酸酶、蔗糖酶和过氧化氢酶活性比冲积土分别提高了20.3%、121.0%、122.2%和11.9%（表7-11）。

表7-11　热带不同母质香蕉园土壤的酶活性比较

取样地点	成土母质	脲酶［NH_3—N，mg/<g•d>］			酸性磷酸酶（酚，mg/<g•H>）			蔗糖酶（葡萄糖，mg/<g•d>）			过氧化氢酶（0.1mol/l$KMnO_4$ml/<g•h>）		
		变幅	平均值	对比（%）	变幅	平均值	对比（%）	变幅	平均值	对比（%）	变幅	平均值	对比（%）
澄迈	玄武岩	0.091～0.513	0.243	+20.3	0.694～2.233	1.231	+121.0	0.684～1.809	1.316	+122.2	2.510～5.497	4.177	+11.9
乐东	冲积土	0.126～0.295	0.202		0.362～0.780	0.557		0.262～1.155	0.592		2.271～5.378	3.734	
对照	玄武岩	0.163～0.192	0.179	+14.0	2.316～2.88	2.582	+130.7	1.007～1.809	1.352	+149.0	3.705～4.183	4.183	+40.0
	冲积土	0.130～0.185	0.157		0.947～1.297	1.119		0.388～0.677	0.543		2.271～3.466	2.988	

3. 不同母质果园土壤

海南荔枝园土壤的成土母质主要有花岗岩、玄武岩和沙页岩。玄武岩和沙页岩发育的荔枝园土壤有机质、全N及全P含量较高，而花岗岩发育的土壤全K含量较高（表7-12）。果园土壤速效养分含量，不同母质之间除了速效K含量差异较显著外，其他养分含量差异不大（表7-13）。据此，对不同土壤采取不同施肥措施，方能取得荔枝增产效果。

表7-12　不同母质荔枝园土壤全量养分比较

母质	有机质			全N			全P			全K		
	变幅（g/kg）	平均值（g/kg）	增减（%）	变幅（g/kg）	平均值（g/kg）	增减（%）	变幅（g/kg）	平均值（g/kg）	增减（%）	变幅（g/kg）	平均值（g/kg）	增减（%）
玄武岩	11.0～22.9	15.7	+59.1	0.91～1.71	1.17	+44.5	0.05～0.92	0.38	+177	1.1～1.8	1.4	−94.9
花岗岩	7.4～14.2	9.8	—	0.67～1.14	0.81	—	0.05～0.27	0.14	—	14.0～46.0	27.5	—
沙页岩	10.9～25.3	19.1	+93.6	0.74～1.30	1.09	+35.1	0.05～0.30	0.18	+33.1	10.0～20.0	13.1	−52.4

表7-13　不同母质荔枝园土壤速效养分含量比较

母质	碱解N			速效P			速效K			pH值（H_2O）	
	变幅（mg/kg）	平均值（mg/kg）	增减（%）	变幅m（g/kg）	平均值m（g/kg）	增减（%）	变幅（mg/kg）	平均值（mg/kg）	增减（%）	变幅	平均值
玄武岩	98.0～165	118.0	+20.8	0.23～1.30	0.83	+5.1	8.0～18.0	12.6	−41.6	4.5～5.0	4.8
花岗岩	86.8～116	97.4	—	0.23～2.30	0.79	—	10.5～30.0	21.6	—	4.5～5.3	5.0
沙页岩	57.1～197	95.8	−1.68	0.13～2.25	0.97	+22.8	36.0～60.0	47.4	+120	4.5～5.0	4.7

第三节　田园土壤改良的基本原理

一、土壤有机质是土壤肥力的主要评价指标

1. 田园土壤有机质的基本概念

土壤有机质是土壤的重要组成成分，是衡量土壤肥力的重要指标。经过多年大量研究，对土壤有机质的认识逐步完善，土壤有机质的概念定义为，土壤中包括原状的，或处于任何不同分解阶段的所有有机物质。尽管其分组上有化学分组法和物理分组法，但较为实用的方法是，根据不同的有机碳库对微生物代谢的敏感性进行的分类。通常将其分为3类不同的组分。第1类为活性的土壤有机质，

其成分包括活的生物体、称为颗粒有机质的细小微粒、大多数的多糖及其他一些非腐殖质物质。活性组分可通过施入动植物残体而获得，但易被减少施肥和增加耕作而失去。这一组分占土壤总有机质的10%～20%。第2类为惰性组分，包括在土中存在古老的非常稳定的物质，如以黏粒—腐殖质复合体形式存在的腐殖质、所有的胡敏素和大多数胡敏酸。惰性组分占土壤总有机质的60%～90%，且其增减均缓慢。惰性组分和土壤腐殖质的胶体特性密切相关，并对土壤的CEC和田间持水量起决定作用。介于活性和惰性之间的第3类为慢性组分。可能包括非常细小的植物组织、大量的木质素和其他分解缓慢，化学上较稳定的成分。慢性组分是矿化氮和其他养分的重要来源，并为土壤微生物提供充足的养料。在物理分组上，根据其粒级和相对密度进行分组。按照密度分组法，土壤有机质可分为轻组有机质和重组有机质。按照土壤的颗粒大小，土壤有机质可分为颗粒态有机质（POM＞53μm）和结合态有机质（IOM）。

2. 田园土壤有机质在土壤肥力上的重要作用

过去的一个多世纪，土壤学家在土壤有机质对土壤肥力和作物生长的直接作用和间接作用方面，已经做了大量的工作。

研究证明土壤有机质对于植物生长的直接作用是，一些可溶性的有机化合物的含氮和磷的部分，可以被高等植物直接吸收利用。土壤有机质含有大量的植物生长所必需的大量元素和微量元素。除了化肥之外，土壤有机质是大量元素的最大的库，提供了有机质中的超过95%的氮和硫、20%～70%的磷。其中的慢性组分的分解是矿化氮和其他养分的重要来源，并为土壤微生物提供充足的养料。而且化肥氮磷钾，不可能单独承担保持土壤肥力的持续供应，必须结合有机肥施用。

另一直接作用是，土壤有机质分解时，释放生长促进物质如维生素、氨基酸、植物激素如赤霉素等，可以刺激植物及微生物的生长。试验表明，腐殖物质具有促进植物生长的作用。

研究证明，土壤在水培、沙培的条件下仍然可以完成其生命周期。土壤有机质对土壤生产力的作用，更重要的是间接作用，即对土壤属性的影响。土壤有机质对土壤结构和功能的作用，主要表现在3个方面，即物理、化学和生物作用。但这3个方面的作用又相互影响。

物理作用主要表现在降低土壤密度、增加土壤持水力，并有效地增强土壤团聚体的稳定性。

化学作用主要表现在其对阳离子交换量、缓冲容量、pH值以及土壤吸附作用的影响上。

在生物作用方面，主要有3个作用。其一是作为能量来源，其二是作为营养源，其三是作为生态修复能力。

土壤有机质是泛指以各种形态存在于土壤中的各种含碳有机化合物，包括动植物残体、微生物和这些生物残体的不同分解阶段的产物，以及由分解产物合成的腐殖质。

土壤有机质是土壤肥力的重要物质基础，它直接影响着土壤的理、化性质和生物活性，是反映土壤肥力状况和供肥特征的决定性因素。目前，反映土壤有机质状况的指标多种多样，包括有机质数量、活性和腐殖质品质指标等。这些指标之间大多存在着显著的相关关系，所反映有关土壤有机质方面的信息大部分发生重叠。

3. 亚热带地区土壤有机质与作物产量相关性

作物产量是土壤物理、化学及生物过程的综合反映。而土壤有机质含量对农作物产量的影响极大。据统计（图7-1，图中数据均为亩产量）水稻公顷产量6 000kg上下的红壤性水稻土，其有机质含量与水稻产量成正相关（r=0.9363**，n=54），随着土壤有机质的上升，产量稳定上升，其土壤有机质含量指标在23.0g/kg左右；水稻公顷产量在6 000～7 500kg/hm^{2}的水平，产量亦随土壤有机质的上升而提高；水稻公顷产量在7 500kg/hm^{2}以上时，土壤有机质与产量的关系变幅较大，这与土壤其他因素以及耕作施肥管理水平有关，但产量仍随土壤有机质上升而趋于上升，其所要求的稻田土壤有机质含量指标达25.0g/kg以上。红壤旱地试验表明，大豆产量与土壤有机质含量也呈显著相关（r= 0.720 5**），且产品品质好。由此说明土壤有机质是评价红壤综合肥力的主要指标，也是红壤丘陵区发展农业，建设高产稳产农田的关键所在。

4. 亚热带地区红壤腐殖质组成及其光学特性

红壤腐殖质含量及组成蹈循土壤地带性规律。表7-14说明荒地及低度熟化红壤的腐殖质组成以富里酸为主，胡敏酸与富里酸的比值小于1，而胡敏酸中的活性胡敏酸占优势。富里酸分子量较胡敏酸小，芳构化度低，解离度大，因而它的活动性也较大。红壤腐殖质的光学特性为颜色较浅，胡敏酸光密度小，△logk值大。但同一区域不同土壤母质、植被类型、利用方式及土壤熟化程度有较大差异。红壤旱地和水稻土腐殖质、胡敏酸总量及E.H/T.H值随利用年限的增长而迅速提高，H.A/F.A值在高度熟化的红壤及水稻土达0.9～1.4，中度熟化为0.5，荒地及初度熟化的仅为0.2～0.4。从图7-2看出红壤旱地胡敏酸光密度大于水田的，说明旱地胡敏酸比水田的缩合度高。干湿交替形成的腐殖质对土壤肥力意义更大。

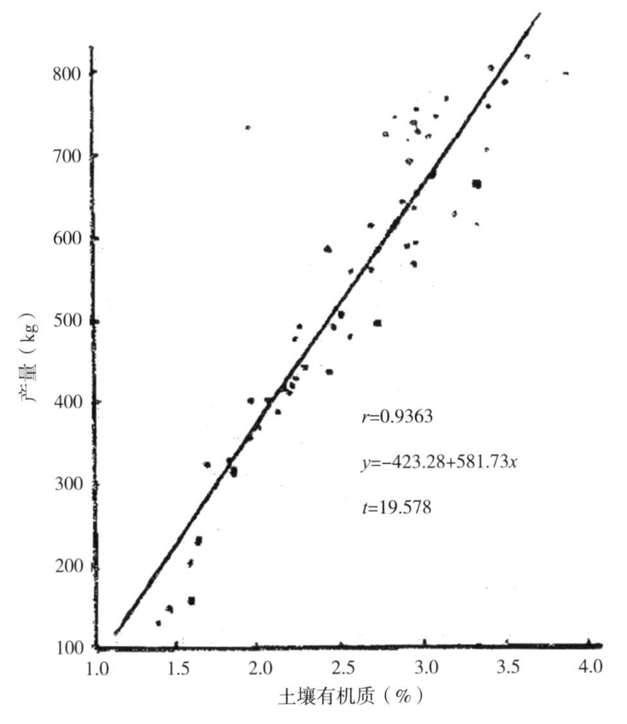

图7-1　红壤性水稻土有机质与水稻产量的关系

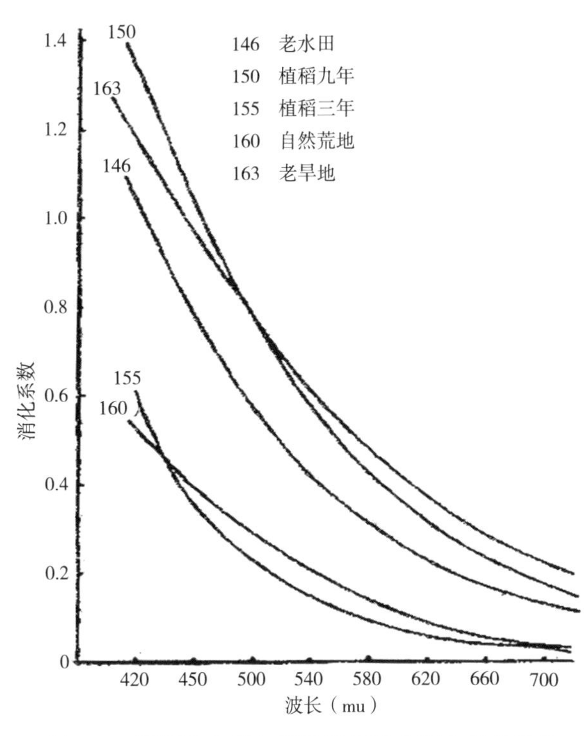

图7-2　不同熟化度红壤及红壤性水稻土胡敏酸的光密度（荒地为表土层，农田为耕作层）

表7-14　红壤及红壤性水稻土腐殖质组成（占全碳%）和光学特性

土壤	开垦年限（年）	深度（cm）	苯-醇提取物	脱钙提取物	胡敏酸			富里酸			胡敏酸/富里酸	残渣	总腐殖质T.H.	被提取腐殖质E.H.	E.H/T.H（%）	△logk*	颜色
					I	II	总量	I	II	总量							
水稻土	>50	0～17	3.3	1.5	15.2	5.0	20.2	11.9	2.5	14.4	1.4	58.6	1.73	0.601	34.7	0.531 2	黑色
		17～28	7.4	1.8	4.7	2.7	7.4	15.2	2.1	17.3	0.4	52.1	0.48	0.119	24.7		
		28～83	—	1.5	14.9	4.4	19.3	9.5	6.1	15.6	1.2	55.5	0.32	0.111	34.7		
	9	0～17	7.8	1.5	7.2	4.7	11.9	17.9	4.8	22.7	0.5	49.1	0.68	0.236	34.7	0.566 3	棕色
		17～30	9.2	0.8	5.0	2.7	7.7	23.5	2.5	26.0	0.3	54.4	0.34	0.114	33.5		
		30～58	—	1.9	15.1	4.2	19.3	29.5	0.6	30.1	0.7	49.0	0.32	0.112	35.0		
	3	0～17	6.5	1.3	2.4	1.4	3.8	12.7	3.8	16.5	0.2	68.4	0.67	0.136	20.3	0.857 3	浅黄色
		17～28	7.8	1.5	0.5	0.2	0.7	12.5	0.9	13.4	0.1	64.5	0.43	0.060	14.0		
		28～67	—	2.2	4.5	0.1	4.6	7.0	1.1	8.1	0.6	70.5	0.25	0.043	17.2		

（续表）

土壤	开垦年限（年）	深度（cm）	苯-醇提取物	脱钙提取物	胡敏酸			富里酸			胡敏酸/富里酸	残渣	总腐殖质T.H.	被提取腐殖质E.H.	E.H/T.H（%）	△logk*	颜色
					I	II	总量	I	II	总量							
旱地	>50	0～15	4.7	1.3	13.6	6.3	19.9	17.4	4.6	22.0	0.9	48.4	0.77	0.324	42.1	0.475 7	黑褐色
		15～56	7.5	2.3	2.2	0.5	2.7	24.7	2.4	27.1	0.1	55.8	0.43	0.129	30.0		
	9	0～20	5.2	—	11.3	0.6	11.9	21.5	2.5	24.0	0.5	56.7	0.59	0.210	35.6		棕黄色
		20～50	5.3	—	1.5	0.6	2.1	22.0	1.9	23.9	0.1	69.5	0.29	0.076	26.2		
	3	0～15	3.5	—	5.9	0.6	6.5	17.5	1.9	19.4	0.3	64.9	0.43	0.168	37.6		浅黄色
		15～39	3.6	—	2.5		2.5	19.6	—	19.6	0.1	70.4	0.28	0.062	22.1		
		39～60	3.4	—	—	—	—	—	—	—	—	78.0	0.22	—	—		
荒地	未垦	0～12	6.2	—	9.3	0.8	10.1	20.3	3.5	23.8	0.4	51.3	0.92	0.313	34.0	0.650 8	棕色
		12～34	4.7	—	2.8	1.0	3.8	19.1	2.6	21.7	0.2	64.9	0.35	0.089	25.3		
		34～60	6.9	—	—	—	—	—	—	—	—	84.7	0.18	—	—		

注：E.H/T.H 为被提取的腐殖质对总腐殖质的百分比例。*胡敏酸的△logk=logk400–logk600

二、田园土壤有机质的类型、成分和来源

1. 土壤有机质类型

（1）未分解的动植物残体。包括完整的和不完整的残体，仍保留着原来的形态，不管是来自施肥，还是自然残留，都不能直接被作物吸收利用，只有进一步转化后，才能发挥作用。

（2）半分解的有机质。是前一类在缺氧条件下，经微生物作用后，分解转化成的黑褐色物质。和第一类相比，已腐烂分解。沼泽地的泥炭就属此类。

（3）腐殖质。是由动植物残体的分解产物新合成的复杂有机物，呈黑色或黑褐色。它是胶体物质，有黏着性，与土壤矿物质紧密结合，现在还没办法从土壤中分离出来。和前两者相比，外表不一，且性质不同，在土壤有机质的所有类型中，它对土壤肥力贡献最大。

（4）简单的有机化合物。如糖类、氨基酸、脂肪酸等。除一些活的有机体（如植物的根系、土壤微生物）可以分解外，某些动植物残体也会带来。这类有机质在土壤中很少。

这几类土壤有机质之间，不断进行由复杂到简单的转化。在转化过程中，一些简单中间产物，也能重新合成新的复杂化合物。

2. 土壤有机质成分

土壤有机质的原始来源是动植物残体。动植物体内含有碳水化合物、木质素、蛋白质、脂类、蜡等几类物质，这些物质又都是由某些元素组合而成的。碳水化合物、木质素主要是碳、氢、氧和含氮化合物组成；蛋白质除碳、氢、氧外，还有氮，或有硫；脂肪、蜡也是由碳、氢、氧构成。有机质还含有磷、钾、钠、钙、镁、铁、硅、铝和一些微量元素。这些元素都是作物生长所必需的。

3. 土壤有机质来源

农田土壤有机质的来源主要有三方面。

（1）农家肥。如秸秆肥、人粪尿、家畜家禽粪等，来自作物的茎叶、籽粒，含有丰富的有机质，据测定，高温堆制的秸秆肥含有机质24.1%～41.8%，绿肥含15%左右，人粪含20%左右，鲜羊粪含31.4%。在现阶段，这一来源对土壤有机质的含量起着主要作用。

（2）动植物自然残留和压绿肥等。如庄稼收获之后，在田间残留大量的根、茎、叶和田间杂草。压绿肥能显著提高土壤中有机质的数量，每公顷农田施入紫云英、苕子等绿肥75 000kg，土壤耕层中有机质含量可增加0.15%。

（3）土壤微生物。土壤微生物是土壤中活的有机体，1g土中可达几千万到几十亿个，1亩肥沃土

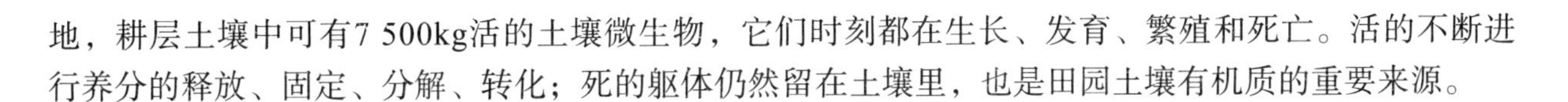

地，耕层土壤中可有7 500kg活的土壤微生物，它们时刻都在生长、发育、繁殖和死亡。活的不断进行养分的释放、固定、分解、转化；死的躯体仍然留在土壤里，也是田园土壤有机质的重要来源。

三、土壤有机质的转化

耕作土壤由于土壤微生物的存在，加之人类和自然因素的干预，水、肥、气、热诸因素处于动态平衡中。土壤有机质向两个相反方向转化，即矿质化和腐殖质化。

1. 矿质化过程

矿质化是土壤有机质由有机化合物分解为无机化合物的过程，释放出可供作物直接吸收的养分，也为合成腐殖质提供原料。矿质化过程是在通气良好、水分、温度适宜的条件下，在好气性微生物作用下进行。在这一过程中，土壤有机质的大分子（纤维素、蛋白质、含磷有机物、含硫有机物等）逐渐分解为小分子的无机化合物，分解过程如下。

（1）纤维素、淀粉→葡萄糖、果糖→二氧化碳、水。

（2）蛋白质→氨基酸→铵盐→硝酸态氮。

（3）含磷有机物→磷酸。

（4）含硫有机物→硫酸。

分解产物绝大部分都是可被作物吸收利用的。二氧化碳可用于作物光合作用，也可溶于水变成碳酸，利于土壤矿质养分的溶解和转化；铵盐、硝酸态氮、磷酸都是可被作物直接吸收的速效养分；硫酸能和土壤中的盐基物质作用，生成硫酸盐，也可被作物吸收利用。所以，土壤有机质的矿质化过程，是作物营养的重要来源。

影响土壤有机质矿质化的因素很多，但水分、温度和良好的通气条件最为重要，在0～40℃的范围内，温度越高，矿质化过程越快。土壤水分含量，以土壤相对含水量达60%为宜。在生产上，当作物需要大量养分时，可通过中耕、排水等措施，促进矿质化过程，加速养分的释放。

2. 腐殖质化过程

土壤有机质的腐殖质化不进行养分释放，而主要是养分的保存和累积。在腐殖质化过程中，土壤有机质首先分解转化为简单的化合物，再合成新的、更为复杂而且较稳定的有机化合物，即腐殖质。腐殖质是一种有机胶体，又可分为胡敏酸和富里酸两大组，有利于土壤良好理化性状的形成，含有大量的作物所需要的养分。腐殖质在好气条件下也进行分解，在分解过程中释放养分，但分解缓慢，供应养分的特点是“细水长流”。

关于腐殖质的形成，有研究认为不是土壤有机质的直接分解产物，而是分解后又重新合成的，在通气不强、水分较多和温度较低的情况下，在嫌气性微生物作用下形成的。生产上在作物不需要养分时，保存有机肥肥力，可采取不利于矿质化过程的措施，以促进腐殖质化过程，如减少中耕等。

四、田园作物养分平衡及去向的示踪研究

1. 田园土壤有机肥（紫云英）^{15}N当季及残留利用的示踪研究

^{15}N示踪研究表明，水稻植株吸N总量及吸收肥料N百分比（NDFF），有机肥紫云英显著高于尿素化肥区。早稻当季N素利用率^{15}N紫云英超出^{15}N尿素23.47%，晚稻残效利用率也高出3.02%，肥料两季迭加利用率化肥^{15}N仅为14.10%，有机^{15}N却高达40.59%，充分显示了有机肥在红壤改良中的优势地位。

经过早、晚稻两季作物种植，^{15}N紫云英在0～15cm耕层土壤的残留率达17.0%，并有向犁底层移动积累的趋向；^{15}N尿素的耕层残留率仅为3.07%，与无标记尿素差减法的N素残留率基本相近，下层15～50cm土层淋移积累仅为0.06%，基本上无渗漏淋移的动向。这与化肥N素移动迅速的常规认识有

所矛盾，有待深入研究。

在等量N素条件下，^{15}N回收率以^{15}N紫云英＞^{15}N尿素。两种肥料N的去向，以气态损失＞作物吸收利用＞土壤残留＞渗漏淋移。^{15}N紫云英分别占施N量的41.91%、40.59%、17.00%及0.5%；^{15}N尿素则占投N量的82.76%、14.11%、3.07%、及0.06%。两种肥料的气溢亏缺率相差悬殊，似与施肥初期突遇干热气候，增加了化肥N的挥发损失有关。

考虑到化肥供N快，对产量贡献率高，有机肥供N缓慢，对地力贡献大的特性，在施肥中，应继续提倡以有机肥为主，有机肥无机肥配合的施肥原则，以有利于红壤地区农业的持续发展（表7-15至表7-17）。

表7-15　紫云英N素来源分析*

处理	无肥不接根瘤菌	无肥接根瘤菌	^{15}N尿素不接根瘤菌	^{15}N尿素接根瘤菌
植株总N量（mg/pot）	111.32	326.86	262.73	456.12
肥料供N量（mg）	—	—	151.41	129.26
占N量（%）	—	—	57.63	28.34
根瘤固N量（mg）	—	215.54	—	193.40
占N量（%）	—	65.94	—	42.40
土壤供N量（mg）	111.32	111.32	111.32	133.46
占N量（%）	100	34.06	42.37	29.26

* 计算方法采用差值法；盆栽用土为新区稻田土

表7-16　有机无机^{15}N示踪法与差减法肥料利用率比较　单位：%

处理		^{15}N尿素	尿素	^{15}N紫云英
早稻	差减法	37.27	35.79	38.76
	示踪法	13.26	—	36.73
晚稻	差减法	11.43	9.45	13.80
	示踪法	0.84	—	3.86
累计	差减法	48.70	45.24	52.56
	示踪法	14.10	—	40.59

表7-17　绿肥^{15}N回收率及去向跟踪　mg/盆

处理	^{15}N回收	^{15}N去向									
	投入	回收	回收率（%）	植株吸收	利用率（%）	土壤残留	残留率（%）	渗漏淋移	淋移率（%）	气逸损失	气损率（%）
N尿素	460	79.0	17.17	64.9	14.11	14.1	3.07	0.3	0.06	380.7	82.76
N紫云英	460	264.9	57.59	186.7	40.59	78.2	17.00	2.3	0.50	192.8	41.91

2. 田园土壤（玉米）^{32}P当季残留利用的示踪研究

示踪实验表明，植株吸收肥料中磷占总吸磷量的百分值（PDFF）趋于^{32}P＞$N^{32}P$＞$N^{32}PK$及有机无机肥区，而土壤供磷（PDFS）则相反。有研究指出，酸性红壤磷素吸附过程远比解吸过程速度快。磷肥被土壤吸附固定后，随时间的延长，再次配位交换转化成双核结构或桥接复合体而降低肥效。在根际环境磷素浓度下降的同时，土壤磷素的解吸过程也在加强，以保持土壤磷素的动态平衡。NPK区加大了从土壤中吸磷比例似乎与此有关。肥料吸收量仍随植株吸P_2O_5总量的增加而上升，即$N^{32}PK+PM$＞$N^{32}PK$＞$N^{32}P$＞^{32}P，分别比单施磷增加153.83%、43.66%和11.28%。

磷肥利用率是作物磷素营养及磷肥有效性的综合反映。研究指出，磷肥利用率呈现有机无机配施高于化肥区，三元配施高于二元配施及单施。各处理间磷肥利用率差幅甚大，在21.44%～54.43%，说明红壤在磷肥的有效利用技术上，还蕴藏着较大的潜在优势。有机无机配施比化肥区磷肥利用率净增23.62%～32.99%，且有机肥供磷亦达7.23%，充分体现有机肥料不单是维持土壤有机碳素平衡的基础物质，而且土壤有机质可以“封闭”红壤氧化铁、铝表面磷的吸附位，从而减少磷的吸附固定，改善了土壤磷素化学行为的微观环境，提高了磷肥的有效性和经济利用前景（表7-18至表7-20）。

表7-18 植株体^{32}P浓度及其分布

项目	苗期			幼穗分化期			成熟期				
	根	茎	叶	根	茎	叶	根	茎	叶	鞘	籽实
^{32}P强度（CPM/100mg）	8 462.2	16 474.4	14 891.1	3 471.5	8 937.0	8 727.4	150.6	433.0	297.3	249.9	625.3
生物产量（mg/pot）	2 047	3 163	5 169	3 812.5	9 040.5	7 431.5	5 405	10 805	626 5	4 930	12 730
从肥料中吸收^{32}P（PDFF）%	18.58	35.63	33.12	8.71	22.69	23.17	9.41	22.86	20.92	16.08	32.37
植物吸收P_2O_5总量（mg/pot）	8.61	13.19	21.62	16.65	39.31	31.81	10.94	61.95	25.67	19.15	88.32
吸^{32}P量（mg/pot）	1.60	4.70	7.16	1.45	8.92	7.37	1.03	14.16	5.37	3.08	28.59
占全株吸^{32}P量%	11.89	34.92	53.19	8.17	50.28	41.55	1.97	27.11	10.28	5.90	54.74

表7-19 不同施肥措施对玉米子实体^{32}P浓度影响

项目	CK	^{32}P	N^{32}P	N^{32}PK	N^{32}PK+PM	NPK+PM
^{32}P放射强度（CPM/100mg）	23.31	1 120.28	649.98	340.09	486.83	25.96
PDFF%		72.06	41.17	20.81	30.27	
^{32}P吸收量（mg/pot）		21.52	25.43	25.94	41.47	
P_2O_5总量（mg/pot）	24.86	29.86	61.77	124.64	136.99	108.14

表7-20 磷肥效应及当季利用率

处理	生物产量（g/pot）		植株吸磷（P_2O_5）		肥料供磷（$^{32}P_2O_5$）		磷肥利用率%
	总产量	籽实产量	植株含量%	吸收总量（mg/pot）	PDFF%	^{32}P吸收量（mg/pot）	
CK	13.23	3.34	0.369 8	48.92			
^{32}P	16.60	4.05	0.412 0	68.40	50.16	34.31	21.44
N^{32}P	32.23**	11.05**	0.376 0	121.17	31.51	38.18	23.89
N^{32}PK	55.18**	17.23**	0.553 4	305.34	16.14	49.29	30.81
N^{32}PK+PM	56.54**	18.60**	0.582 1	329.14	26.46	87.09	54.43
NPK+PM	61.65**	18.38**	0.481 9	297.12			

*L.S.D.总生物量0.01为5.157 8，0.05为3.801 7；籽实产量0.01为1.922 7，0.05为1.417 2

第四节 有机农业土壤培肥技术途径

一、扩大有机肥源，加大有机肥料投入的主要途径

1. 有机肥料的优越性

（1）提供成分完全、平衡协调的养分。有机肥料是一种完全肥料，可为作物生长提供必需的营养元素和有益元素，有机肥主要营养元素量的比例均匀，有利于作物吸收利用。因此，不会因多施有机肥造成某些营养元素大量增加，使作物营养比例失调、破坏土壤营养平衡，而产生降低肥力或作物营养过旺而减产等负效应。相反，适度内有机肥料施得多，土壤有机碳积累多，肥力提高，土壤营养元素趋平衡方向发展，越有利于作物对养分吸收和利用。

（2）加强土壤微生物繁殖，促进作物吸收利用。有机肥料腐解后，可为土壤微生物的生命活动提供能量和养料，进而促进土壤微生物的繁殖。微生物通过活动，加速有机质的分解，丰富土壤中的养分。有机肥料的有机物在腐熟过程中还能产生各种酚、维生素、酶、生长素，以及类激素等物质，

促进作物根系生长和对养分的吸收。

（3）增加土壤代换量，土壤保肥能力得到有效提升。所有的有机肥料都会有较强的阳离子代换能力存在，能够对更多的钾、钙、镁、铵、锌等营养元素进行吸收，减少淋失，使土壤保肥能力得到有效提升，特别是对于腐殖质类有机肥而言，有更为显著的应用效果。有机肥料还有较强的缓冲能力，能避免长期施用化肥导致酸度变化，对作物生长造成不良影响，使土壤自身的抗逆性得到提升，确保作物有良好的土壤生态环境。

（4）减少养分固定，提高养分的有效性。有机肥料含有有机酸、腐殖质酸和其他羟基类物质，具有很强的螯合能力，能与许多金属元素螯合形成螯合物，可防止土壤对这些营养元素的固定而失效。如有机肥与磷肥混合施用，有机肥中的有机酸等螯合剂能将土壤中活性很强的铝离子螯合，防止铝与磷结合，形成作物难以吸收的闭蓄态磷，提高了土壤有效态磷含量。

（5）加速土壤团聚体的形成，改善土壤物理性质。土壤施用有机肥料后，在其分解过程中的有机胶体物质能与土壤无机胶体结合形成不同粒径的有机与无机团聚体。有机与无机团聚体是土壤的重要指标，含量越多，土壤物理性质越好，保土、保水、保肥能力越强，通气性能越好，作物根系也就越发达，从而提高作物产量。

（6）提高化肥利用率，降低化肥用量。有机肥中的有机质分解时产生的有机酸，能促进土壤和化肥中的矿物质养分溶解，有利于农作物的吸收和利用，相应降低了化肥用量，从而降低施肥成本。

2. 有机农业开辟肥源的途径

（1）扩大有机肥源，加大有机肥料的投入量。近年来，我国对于有机肥投入量呈现下降趋势。化肥的使用已经占据了农业施肥一定份额，对有机肥有所淡化，忽视了有机肥的投入。另外大量秸秆外用，使得有机肥来源不足。有机农业是以有机肥为基础的农业，有机肥的来源对于有机农业的发展至关重要。因此，必须扩充有机肥源。

（2）扩大绿肥种植面积，提高单位面积生产量。绿肥是养分完全的生物肥源。种植绿肥是增辟肥源的有效方法，对改土也有作用。由于绿肥有冬季绿肥和夏季绿肥，种类多、易栽培，要合理选择不同的绿肥品种，充分发挥绿肥的多重生物功能，并提高单位面积生产量。

（3）动植物性肥源。作物的秸秆在使用前，要与动物粪便结合，堆沤使其充分腐熟；人粪尿含氮高，是速效有机肥，适用于追肥，但人粪尿中含有盐分，并且含有少量的有机成分，所以使用前，应充分的与植物性秸秆充分混合，用来提高有机肥养分含量。

（4）矿物肥源。有机农业不同作物对于矿物质的需求也不同。有的需要磷钾多，有的需要氮多。因此，不能单纯通过有机肥源来调节，还要通过矿物质肥源来进行施肥。矿物肥的来源有天然未经过处理的氮、磷、钾等各种原料。在使用过程中，可根据作物的需要进行合理的施肥。

（5）微生物肥源。生物肥料是以微生物的生命活动，导致作物得到特定肥料效应的一种制品。它的种类主要有两种，一种是以微生物为原料制成制剂来作为肥料，另一种是以微生物降解的产物为原料，制成制剂作为肥料。微生物肥源不会对环境造成污染，并且能促进有机肥的有效分解，促进作物的生长，提高作物的生产效率。

（6）蚯蚓培肥。在耕地中适量的增加蚯蚓的数量，蚯蚓以土壤中的动植物碎屑为食，经常在地下活动，把土壤翻得疏松，吸附水分和肥料，从而提高土壤的肥力。并且蚯蚓能促进有机质分解，死亡蚯蚓也是含氮丰富的动物蛋白，分解后为作物提供丰富的氮源，促进作物的生长。

3. 长期施有机肥水稻产量的变化

定位研究（图7-3）指出，与CK处理相比，在30年间，M1（早稻紫云英）、M2（早稻2倍紫云英）、M3（早稻紫云英+猪粪）、M4（早稻紫云英+晚稻猪粪）、M5（早稻紫云英+晚稻猪粪+秸秆冬季覆盖）、M6（早稻紫云英+秸秆夏季还田）、M7（早稻紫云英+秸秆冬季覆盖）处理的产量分别提高了48.6%、55.1%、67.0%、66.6%、70.9%、54.3%和55.4%。

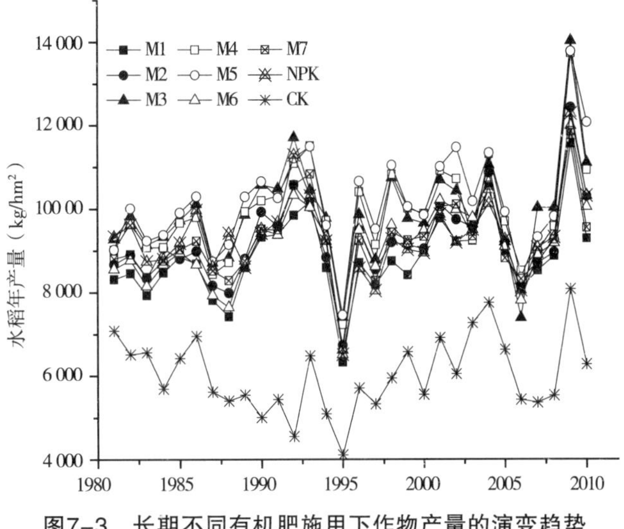

图7-3　长期不同有机肥施用下作物产量的演变趋势

紫云英还田是一种传统的培肥措施。图7-4显示，当用量增加1倍时，水稻年产量略有提高，30年间，M2的水稻年产量比M1平均增加了4.4%。说明，单独增加紫云英的用量对水稻年产量影响不大。反映有机肥施用方法有着良好的增产潜力。

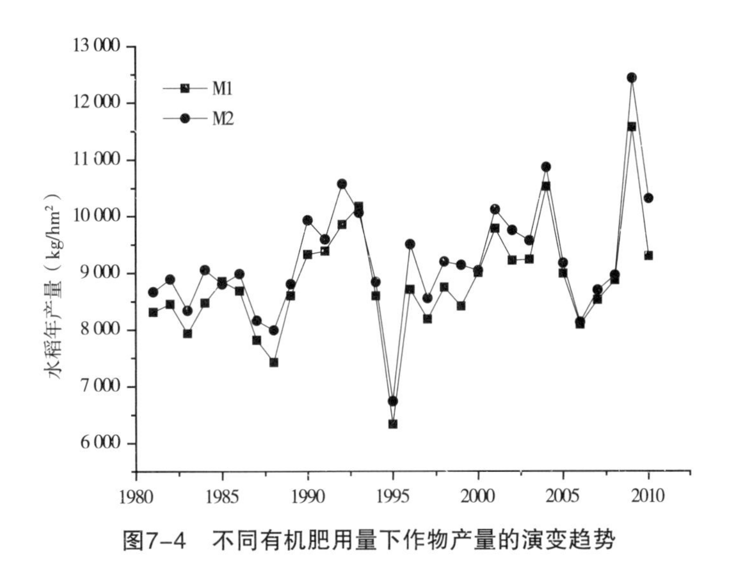

图7-4　不同有机肥用量下作物产量的演变趋势

二、间作套种绿肥，提高绿肥产量

在现代农业发展中，土地利用率高，挤压了冬季和夏季两季绿肥种植，干扰了农业土壤的休养生息。种植绿肥可增加土壤有机质含量，改善土壤团粒结构和理化性状，提高土壤自身调节水、肥、气、热的能力，形成良好的作物生长环境。推广绿肥种植技术，主要利用秋闲田和冬闲田进行绿肥与粮食作物轮作或间作，初建果园行间种植夏季绿肥，通过绿肥翻压还地，使土壤地力得到维持和提高。

绿肥增产增效情况：既培肥了地力，又增加了产量，还保护了环境。直播绿肥可产鲜草45 000kg/hm^2，折合干草7 500kg/hm^2。据测算，翻压30 000kg/hm^{2}鲜草，小麦多增产450kg/hm^2，玉米多增产1 050kg/hm^2。

1. 轮作绿肥还田技术

绿肥品种以豆科植物为主，如南方紫云英、苕草。还有苜蓿、三叶草、豌豆、蚕豆、田菁、沙打旺、草木樨、黄豆、绿豆等豆科绿肥，十字花科绿肥主要有肥田萝卜、油菜等。播种前应晒种1～2天，之后用10%的食盐水进行选种，捞去上浮的秕粒、菌核和杂质后，立即用清水冲洗晾干待播。绿肥种皮较硬，可用手工搓伤种皮，大量种子则用碾米机碾伤种皮，促其播后良好出苗。前茬以小麦、玉米为主，南方稻区播种紫云英。即早稻—晚稻—紫云英（第一年），早稻—晚稻—油菜（第二年）轮作制。一般在10cm土壤温度≥10℃即可播种，播种量草木樨处理后的种子30kg/hm^2，苜蓿15kg/hm^2，紫云英45kg/hm^2。播种方式可采用撒播、条播、机播等。播种深度1～2cm。绿肥施尿素150kg/hm^2，磷酸二铵225kg/hm^2。随着灌水次数增加，收割次数也相应增加，一般全生育期灌水3～4次。直播绿肥由于生长时间长，全生育期可收割2～3次，不同绿肥品种其生物产量也有所不同，一般全年收获22 500kg/hm^2干草。收获时，用农机具进行统一收割，收割时应留茬20cm，保证下茬生长。

2. 间作绿肥还田技术

间作的绿肥品种以豆科植物为主，豆科绿肥具有生物固氮作用，可以适当减少下茬作物的氮肥用量。非豆科绿肥由于生长期较长，效益不很明显，并且由于植株高大不利于间作，目前推广较多的是玉米间作黄豆、棉花套种绿豆、油葵套种豇豆（四季豆），果树行间套种绿豆、猪屎豆等。密植条播作物（如小麦）套种绿肥，一般以宽窄行方式进行，高秆穴播作物（如玉米）套种绿肥一般以隔行间作方式进行，或将高秆作物作为豆科作物的藤架。播种量无论是主栽作物还是间种作物，都应小于不间作（单播）播种量。间作绿肥不同于播绿肥，是充分利用主栽作物的播种空间和主栽作物收获后的时间，主栽作物收获后，间作绿肥处于苗期，由于消除了田间郁闭，浇水后绿肥大量生长，缩短了绿肥的生育时期，获得了较高的生物产量。一般一年收获1次（个别地区2次），收获时用农机具进行统一翻压，翻压深度一般10～20cm。要保证枝叶不外露为好，翻压时由于枝叶茂盛，可采用先镇压、后切碎、再翻压的步骤。翻压后应及时浇水，配合尿素及秸秆腐熟剂的施入，促进绿肥腐熟。

3. 油菜绿肥还田技术

油菜是喜凉作物，对热量要求不高，酸、碱、中性土壤均能种植。因此，油菜具有地区广泛分布的可能性。北方油菜绿肥一般在7月下旬至8月上旬在雨量充足（一次降雨在50mm以上）时撒播，充分利用雨季土壤墒情较好的特点，在充足降雨后，立即撒播，防止表土水分较低而影响出苗。在玉米田、谷子田、棉田等地撒播油菜籽，因地制宜选用适于本地栽培的优质、高产、抗（耐）病品种。每公顷撒播22.5kg油菜种子，油菜播种后干旱无雨时，有条件要进行灌水，以保证全苗。油菜压青处理方式有3种，一是在春季3月下旬翻压油菜青体做棉田春播绿肥，二是在夏季5月中下旬翻压油菜根做玉米绿肥；三是秋季9月下旬直接翻压油菜青体做秋播绿肥。油菜收籽收割要力争做到“一高、四轻”，即“高留茬、轻割、轻放、轻捆、轻运”，不宜在田间堆放、晾晒，以防裂角落粒。在苗期注意防治食叶性的菜青虫、菜白蝶、小菜蛾、油菜潜叶蝇等害虫。

第五节　有机农业作物营养与施肥

一、合理施肥对农作物产量及农产品品质的影响

随着人民生活水平的提高，农产品品质、安全等问题已日益被关注，人们对食品的要求不仅是吃得饱、吃得好，还要求吃得健康，绿色食品越来越受到欢迎。但由于目前有关绿色食品生产的关键技

术，如品种改良技术、病虫防治技术、土壤生态培肥技术等还未能获得突破，化肥、农药的高投入，在农业生产中仍占主导地位。科学合理地使用肥料，可提高土壤肥力，改善土壤理化性状，为作物生长提供充足养分，还能提高农产品的数量和质量。

1. 施肥对农产品品质的影响

（1）肥料使用现状。农产品品质既受农作物品种遗传因素的影响，也受生态环境和栽培技术的影响，而养分是影响农产品品质的重要生态因素之一。化学肥料的出现，为作物产量的剧增起到了重大作用，但也带来了土壤理化性状下降，及农产品品质下降问题。目前农产品污染形势严峻，有些农产品中硝酸盐、农药、重金属等含量超标，有些江河湖泊与地下水质受到严重污染，不仅制约着农业持续发展，还威胁到居民身体健康和安全。同时化肥施用量居高不下，从20世纪90年代开始出现了片面施肥现象，导致化肥利用率降低，目前我国化肥利用率低于发达国家10%～15%，每年约有千万吨的化肥氮素流失而污染环境，直接经济损失300多亿元。从化肥使用结构上看，目前以使用单质氮素为主，缺乏氮、磷、钾的合理配比以及微量元素的使用，致使各元素投入比例失调，造成作物营养吸收不平衡。以水稻生产为例，在现有水稻单产水平下，氮肥投入量明显偏高，一般每公顷施纯氮达270～330kg，高产田块达375kg以上，比生理耗氮量高40%左右，造成氮素利用率和产量均较低，其产投比仅为（1：35）～（1：25）。

（2）施肥与农产品品质的关系。我国农业由于受传统栽培观念的影响，加之缺乏对生产无公害优质产品重要性的认识，只重视“数量”型栽培，忽视“质量”型栽培，重高产轻优质。许多学者对施肥量、施肥方式和施肥时间，对农作物产品质量的影响，进行了大量研究。指出，定量、定时施用氮肥有利于优质农产品的形成，而过量施用氮肥导致农产品硝酸盐含量超标、食味变差、耐贮性能降低及环境污染等。据胡曙均等研究表明，增加氮肥施用量，能提高稻米出糙率、精米率、整精米率和蛋白质含量。垩白粒率、垩白大小、垩白度和直链淀粉含量却随施氮量的上升而下降。木庄一雄（1979年）和周瑞庆等研究表明，水稻生育后期追施氮肥，有缩小米粒垩白、改善外观品质的作用，不同生育期对籽粒蛋白质含量的影响依次为：抽穗期>减数分裂期>枝梗分化期>分蘖期，与对稻米直链淀粉含量的影响恰好相反。不少试验还表明，氮、磷、钾肥平衡施用和多施用中微量元素及有机肥，有利于改善品质，如施用磷肥能提高植株的抗性能力，施用钾肥可提高蛋白质、糖、脂肪酸含量和质量，又能减少某些病害或增强其抗逆能力，从而提高农产品品质。中量元素肥料，如硅肥被公认为禾本科作物，特别是水稻生产所必需的元素；钙与果实风味呈正相关，适量增施钙肥，能提高水果品质，增强抗病能力，还能提高水果的耐贮性；镁能提供植株叶片的叶绿素，增加光合作用。微量元素与营养物质合成有密切关系，在植物体内一般多为酶和辅助酸的组成成分，对植物的干物质积累起着主要作用，同时微量元素对人体也有益。有机肥的营养成分较丰富、全面，能改善土壤理化性状，促进微生物活动，为作物优良品质的形成创造良好生长环境，在农作物生产中的作用是不可替代。增施有机肥，实行有机肥与无机肥配合施用，有利于降低农产品中有害物质的含量，可为作物优良品质的形成创造良好的生长环境，实现无公害生产。

据江西红壤所研究分析表7-21指出，作物施钾后，17种氨基酸总量水稻比对照提高6.48%～16.53%；玉米提高3.31%～11.20%。且以对谷氨酸和精氨酸影响最大，水稻分别提高4.61%～18.27%及46.85%～61.21%；玉米提高2.16%～9.08%及93.19%～128.47%。禾谷类作物子实体氨基酸组分中以谷氨酸为主体，占氨基酸总量的17.25%～18.22%。施钾后，作为氨基供体的谷氨酸，通过转氨基作用，致使精氨酸、组氨酸的合成显著提高，甚至成倍增长。由于作物种间特性的差异，钾素对强化氨基化和转氨基作用也有差别。钾对水稻氨基酸合成具有广谱性，对丙酮酸族、丝氨酸族、天冬氨族、谷氨酸族、芳香族及含硫氨基酸族等，除赖氨酸外，其他16种氨基酸的合成均有效，显效率达94.1%。单施钾区氨基酸比对照增值幅度>5%以上者有12种，依次为精氨酸（46.85%）>苏氨酸（13.33%）>组氨酸（11.74%）>天冬氨酸（9.27%）>丝氨酸（8.33%）>脯氨酸（7.85%）>胱氨酸（7.48%）>蛋氨酸（7.03%）>谷氨酸（6.59%）>丙氨酸（6.30%）>胳氨酸（5.86%）>亮氨酸（5.79%）。钾对玉米子实体氨基酸组分的影响较窄，仅为四种有效，显效率占23.5%。并对精氨酸和组氨酸的合成显示出特殊功效，增值幅度比对照分别提高93.19%及40.92%。试验还表明，钾与氮、磷或有机肥配合施，更能促进氨基酸的生物合成及其广谱性，从而提高农产品的内涵品质。

表7-21　长期施肥对水稻和玉米氨基酸种类的影响（1987晚稻，晚玉米）

指标	水稻				玉米			
	K	NK	NPK	CK	K	NPK	NPKM	CK
天冬氨酸	0.672	0.691	0.634	0.616	0.443	0.479	0.444	0.462
谷氨酸	1.132	1.256	1.111	1.062	1.182	1.282	1.169	1.157
脯氨酸	0.357	0.38	0.345	0.331	0.602	0.647	0.642	0.635
甘氨酸	0.31	0.347	0.316	0.308	0.255	0.26	0.261	0.27
丙氨酸	0.422	0.443	0.401	0.397	0.447	0.478	0.463	0.472
胱氨酸	0.116	0.122	0.12	0.107	微量	0.056	微量	0.118
组氨酸	0.257	0.279	0.265	0.23	0.783	0.378	0.363	0.325
精氨酸	0.583	0.64	0.601	0.397	0.794	0.939	0.843	0.411
蛋氨酸	0.198	0.214	0.191	0.185	0.183	0.173	0.199	0.19
酪氨酸	0.307	0.337	0.307	0.29	0.26	0.281	0.256	0.27
苏氨酸	0.255	0.254	0.233	0.225	0.235	0.255	0.241	0.248
丝氨酸	0.338	0.349	0.319	0.312	0.312	0.336	0.312	0.307
缬氨酸	0.401	0.438	0.39	0.385	0.317	0.326	0.319	0.328
异亮氨酸	0.275	0.293	0.265	0.267	0.213	0.229	0.201	0.217
亮氨酸	0.566	0.594	0.547	0.535	0.745	0.821	0.725	0.78
苯丙氨酸	0.339	0.365	0.337	0.327	0.284	0.309	0.283	0.3
赖氨酸	0.298	0.314	0.303	0.305	0.232	0.229	0.218	0.237
总量	6.825	7.316	6.685	6.278	7.287	7.458	6.929	6.707

从表7-22可看出，长期施肥对水稻和玉米子实体中淀粉的积累有积极作用。钾素无论是单施或是配合氮、磷施，淀粉含量，水稻提高3.25%~4.61%，玉米增加3.66%~6.44%。淀粉物的组分与作物种类及品种有关。晚稻大米支链淀粉占粗淀粉总量65.3%~67.5%，晚玉米占72.1%~74.1%。施氮、磷、钾或有机肥，促进了支链淀粉合成酶Q-酶的活性，把直链淀粉转化成支链淀粉，致使枝/直比提高，从而使玉米和大米的软、润、黏、韧等适口性变佳。

表7-22　长期施肥对水稻和玉米淀粉的影响（1987晚稻，晚玉米）

指标	水稻				玉米			
	K	NK	NPK	CK	K	NPK	NPKM	CK
粗淀粉%	74.85	75.58	74.8	72.25	63.93	63.3	62.26	60.08
直链淀粉%	25.44	25.74	25.83	25.01	17.46	16.6	16.15	16.73
支链淀粉%	49.21	49.84	48.77	47.24	46.47	47.2	46.11	43.33
支/直	1.93	1.94	1.89	1.89	2.66	2.84	2.85	2.59
粗脂肪%	2.64	2.35	2.7	2.66	3.16	3.3	3.54	3.23
蛋白质%	6.78	7.17	7.36	6.44	7.06	7.62	8.91	6.85

表7-22指出，粮食作物脂肪含量很低，钾只有与氮磷配合施用，对稻米和玉米子实体的脂肪积累才有积极意义。水稻以NPK处理的脂肪量略高，玉米则以NPKM处理含脂肪最高，比CK高出9.60%。说明K在作物活体中，仅是酶的活化剂，而磷却是合成脂肪酸和脂肪的基础物质。稻米中蛋白质含量以NPK>NK>K>CK，分别比对照提高14.29%、11.34%及6.28%。

2. 提高农产品品质的对策与措施

（1）实施优质栽培，保护农业生态环境与生产无公害。绿色农产品是我国农业生产史上又一次重大变革。为适应这一新形势的要求，需加快步伐，推进农产品栽培标准化、生产优质化。在选用优质高产品种的前提下，以贯彻质量栽培标准为核心，科学处理好优质与高产的关系，以高产为基础、优质为目标，实现施肥与优质栽培的协调统一，减少施肥对优质栽培的负面影响，提升农产品优质栽培水平与品质等级。

（2）全面提高优质栽培质量，提倡合理施肥。在氮肥施用量上，大力提倡测土配方，推广施用复（混）合肥，适当补施硅、硫、镁、锰等微量元素。提高优化质量栽培技术规程操作水平，抓好彼此间的系统关系，以完整应用于实际，避免技术环节人为对立和分割。

（3）科学调优肥料结构、强化施肥规程标准。在施肥规程标准中，优质栽培与高产栽培，既密切相关又明显区别。优质栽培是在应用优质品种的基础上，重视施肥数量和肥料结构，不仅注重产量，更注重品质；而高产栽培往往只注重最终实际产量。因此，要改变传统栽培观念，由“数量”型栽培向“质量”型栽培转变，优质栽培要求控氮、增磷、补钾，配施硅、锌、铁、微肥，增施有机肥，适当控制或减少作物后期用肥量，提高肥料的使用利用率。

（4）减少无机化学肥料的使用、强化高新有机肥料的开发利用。研究结果表明，增施有机肥，实行有机肥与无机肥配合施用，有利于降低农产品中有害物质的含量，实现无公害生产。应大力开展科技创新，加速开发具有高新科技含量的有机肥料、生物肥料和有机无机复合肥料，改进施肥结构和施肥方法，既为农产品标准化优质栽培，提供科学施肥条件，也给无公害农产品生产和农业标准化实施，奠定科学施肥物质基础。

3. 施肥对草莓产量及某些品质的影响

适宜的N供应水平是保证作物正常生长和产量形成的关键因子。通常，当介质中氮浓度超过10mmol/L时植物生长会变慢。因此，该浓度常被认为是许多植物氮毒害的临界浓度。施用纯有机氮肥（OFA和OB）能显著提高草莓的果实产量，施用尿素（UN）及有机无机复配肥（OIF），果实产量反而下降。这说明草莓产量与土壤有效氮含量有密切关系，而土壤有效氮含量受施用的氮肥品种调控。露地草莓在花序现蕾期之前，土壤矿质氮含量（铵态氮与硝态氮之和）大于60mg/kg，草莓植株生长会受到严重阻碍。有机肥B处理较对照增产幅度最大，产量差异极显著，有机肥A处理比对照增产显著，而对照、有机无机复配肥和尿素三者之间的差异不显著。试验结果进一步说明了有机肥在草莓生产中起着举足轻重的作用（图7-5）。

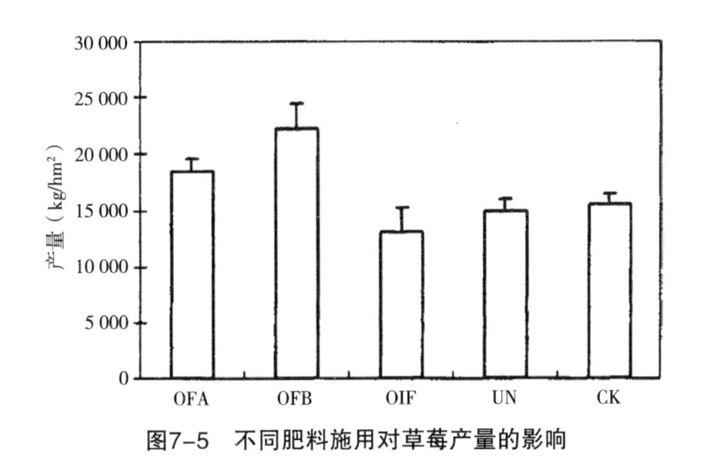

图7-5　不同肥料施用对草莓产量的影响

在草莓果实收获高峰阶段适逢天气灾害，连日阴雨，造成烂果较厉害，OIF、OFB、OFA、UN和CK的烂果鲜重分别为好果的19.2%、21.6%、19.2%、17.5%和24.8%（表7-23）。

表7-23 不同肥料施用条件下草莓果实的优劣性状

处理	小区平均产量（kg）	比对照增产（%）	商品果		烂果及劣果	
			重量（kg）	商品果率（%）	重量（kg）	烂果率（%）
OFA	25.1a	19.7	21.0	83.9ab	4.0	16.1bc
OFB	30.0a	43.4	24.7	82.2b	5.3	17.8b
OIF	17.6b	−16.0	14.8	83.9ab	2.8	16.1bc
UN	20.1b	−4.0	17.1	85.1a	3.0	14.9c
CK	20.9b		16.8	80.1c	4.2	19.9a

注：相同字母表示各列处理间无显著性差异（P<0.05）

肥料对草莓果实中维生素C含量的提高作用显著，与对照相比，提高幅度为10.9%～13.1%（图7-6）。

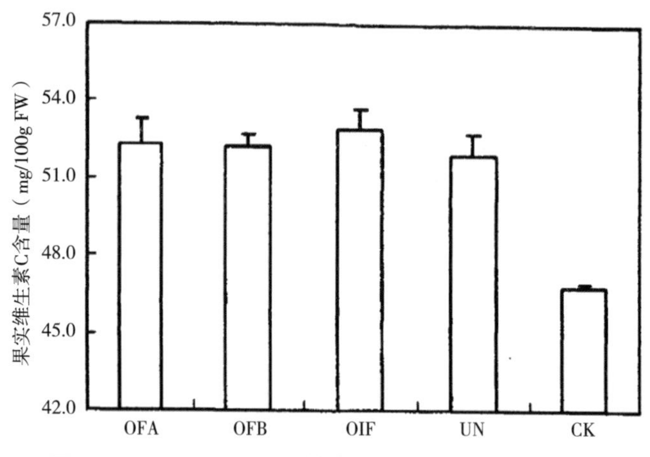

图7-6 不同肥料施用对草莓果实维生素C含量的影响

二、合理施肥的基本原则

（1）必需元素不可替代律。营养元素作用专一，不可替代。作物需要的营养元素有16种，即碳、氢、氧、氮、磷、钾、钙、钠、镁、硫、铁、锰、锌、硼、铜、钼。大量元素中氮、磷、钾为肥料三要素。这16种元素对作物生长发育同等重要，而且作用专一，相互间是不可代替的，即元素同等重要不可代替规律。

（2）养分归还学说。农作物生长发育需要土壤提供各种营养元素，每年作物收获后就从土壤中带走一定量元素。造成这些元素在土壤中贫乏，如不补充会造成土壤中养分衰竭。因此，及时、足量补充养分是保持土壤肥力的主要途径，只有将有机肥与无机肥配合施用才能达到养分平衡。

（3）最小养分定律。作物生长发育需要吸收各种养分，但是决定作物产量的却是土壤中相对含量最小的有效养分。产量随最小养分的增减而变化。在施肥实践中应掌握：一是最小养分是指土壤中相对含量最少，而不是土壤中绝对含量最少的养分；二是最小养分不能用其他养分代替，即使其他养分增加再多，也不能提高产量；三是最小养分是动态变化的，随作物产量水平和化肥供应数量而变；四是最小养分不是单一作用，与改善影响作物生育的其他营养元素共同作用。

（4）报酬递减律。在一定土地或土壤中投入劳力和资金后，单位投资、投劳所得到的报酬随着投入劳力和投资数量的增加而递减。即随着投入量增加而报酬增加，达到一定值后，其继续增加的投资不再增加报酬，反而减少报酬，这就是报酬递减律。因此，施肥量不是越多越好，应适量。不能单一求高产量而求高效益，需在施肥技术上求得相对最高产量，而绝对最高效益。

三、依据有机肥无机肥的特性合理施肥

1. 农业施肥的重要性

肥料是植物的粮食，在美丽乡村建设发展高产、优质、高效农业中，肥料占有重要的地位，根据肥料、土壤、作物三者的特性，制定经济合理施肥方法。能有效地发挥肥料最大经济效益。同时，有机肥和无机肥配合施用，能培肥地力，改善农田生态环境，不断提高作物产量和品质，达到用地、养地相结合的目的。

2. 肥料施用条件与方法

目前，肥料的种类较多，各种肥料的成分和性质不同，施用方法也各异。农家有机肥是一种完全肥料，富含各种元素，含有大量有机质，肥效长，但分解缓慢，适宜作基肥。无机化学肥料，养分含量高，肥效快，宜分期施用，一般用作追肥，深施盖土，可以减少养分挥发损失。优质绿肥肥效好，能增加土壤有机质，特别是豆科绿肥有固氮和积累有机质的双重作用，既可提高土壤肥力，改良土壤，又兼有农家有机肥的功能和化肥的作用，腐熟分解快，宜作底肥翻压利用。对于酸性强的土壤，可以施用石灰、钙镁磷肥等碱性肥料中和土壤酸度；反之，碱性土壤施用石膏、硝石等酸性肥料，可以改良土壤，同时，可以补给土壤硫、钙元素的不足。沙土和黏土应结合增施农家有机肥，改善土壤不良的理化性状，种植绿肥也可提高土壤肥力；沙土在施用化肥时，应少量多次。氨水、碳氨等铵态氮肥，在水稻、小麦上施用效果好；尿素在玉米大喇叭口期、小麦拔节期施用增产效果显著。氯化铵、氯化钾肥料含有氯离子，对忌氯作物如烟草、甘蔗、茶树、马铃薯等不宜施用，对其产量和品质均有不良的影响。

四、依据作物品种特性和生长规律科学施肥

1. 植物营养规律

植物营养规律是指作物在不同生育期，对养分吸收利用和施肥的特点。作物养分吸收，随生长时间的变化是一个“S”形曲线，苗期养分吸收量较少，一般还不到全部吸收量的10%，而旺盛生长期，特别是在营养生长与生殖生长并进时期，吸收量较大，一般不少于全部吸收量的30%，在成熟期养分吸收量又趋于减少直至停止吸收。植物营养有两个关键期，一是营养临界期，多出现在幼苗期；另是营养最大效率期，多出现在作物生长盛期。

2. 植物营养临界期与最大效率期的特点

植物营养临界期的特点是养分需求量少，但很敏感，对肥料的质量要求较高。此时如果养分缺乏而不及时供应，其损失难以弥补。“临界期”多发生在养分需求转折时。其中磷的营养临界期，多在种子养分刚用完时。以玉米为例，在3叶期之前靠种子养分存活，3叶期之后种子养分耗尽，如果不能从土壤或肥料获得磷素，幼苗就会缺磷，表现为叶子颜色浓绿而发紫。因此，需要通过合理施用基肥和种肥防止磷的缺乏。氮的营养临界期多发生在作物营养生长向生殖生长转变时期，例如冬小麦的返青至拔节前期。生产上要因地制宜，通过合理控制群体密度和适宜的水肥管理来解决。

最大效率期多出现在作物生长旺盛时期，例如，小麦的拔节孕穗期，玉米的喇叭口期，大豆的花荚期，棉花的蕾铃期，薯类作物的薯块膨大期等。该时期营养生长和生殖生长并进，对肥料的需求量大，利用效率较高，是追肥特别是追施氮肥的关键期。

3. 作物施肥误区及对策

当前作物施肥上存在的主要问题是农民存有认识误区，认为苗绿长得好看就好，或者怕后期植株高大，下地劳作辛苦。因此，水稻、小麦、玉米、棉花等大田作物的氮肥施用时期偏早、施用量偏大。由于违背了作物对养分吸收利用的“前轻后重”规律，虽然前期幼苗长得好看，但后期很容易

发生倒伏和滋生病虫害，造成减产。例如，水稻苗期在秧田里度过，要求施氮量基肥不超过总量的一半，追肥量分蘖期和孕穗期大致相当。但不少稻田，基肥加分蘖肥的施氮量超过90%；冬小麦苗期虽然跨越秋冬两季，但需氮量较少，追肥主要在起身拔节期，但不少麦田，基肥和冬前追肥的施氮量高达80%以上（干旱地区除外），致使麦苗群体过大、过旺，造成中后期倒伏、脱肥和发生病虫害；玉米追肥主要在大喇叭口期，但不少农民提前在拔节期，致使植株旺长，导致后期脱肥。在雨涝年份或遇到大风，还容易发生倒伏；棉花基肥和苗期往往过量偏施氮肥，不但加重了蕾铃脱落，感染病虫害，还会造成植株徒长，导致硼等元素的缺乏。作物施肥，特别是氮肥，要前轻后重，将重心适当后移。

五、根据土壤性质“看土”施肥

1. 土壤类型与施肥

土壤的物理性质，如土壤比重、土壤紧实度、通气性以及水热特性等，均受土壤质地和结构的影响。沙性土壤质地疏松，通气性好，温度较高，湿度较低，属于“热土”，宜用猪粪、牛粪等冷性肥料，施肥宜深不宜浅。为了延长肥效时间，可用半腐熟的有机肥或腐殖酸类肥料等。黏性土壤质地紧密，通气性较差，温度低，而湿度小，属于“冷土”，宜选用马粪、羊粪等热性肥料，施肥深度宜浅不宜深，而且使用的有机肥必须充分腐熟。沙土含黏粒少，所以它的吸收容量小，黏土含黏粒多，吸收容量大，壤土的性质介于二者之间，保肥能力中等。凡是保肥能力强的土壤，其缓冲能力也强，即在一定范围内施入较多的化肥，也不使土壤浓度和pH值急剧变化，而产生“烧根”的恶果。保肥能力弱的土壤则相反。所以在施用化肥时，沙土的施肥量每次宜小，黏土的施肥量每次可适当加大。同样的用量，沙土应分多次追肥，黏土可减少次数和加大每次施肥量。

2. 土壤结构、质地与施肥

土壤的结构性也与施肥有关。因作物生长受土壤中水、肥、气、热状况制约，在一定条件下，合理施肥大都能产生好的效果。但土壤结构不良，土壤中的水、气失调，必然影响施肥的效果。因此，对这种土壤，要考虑施用大量有机肥，种植绿肥或施用结构改良剂，以改良其物理性质。实践证明，大量施用厩肥、堆肥和绿肥，都可增加土壤的有机质，改良土壤物理结构，而种植绿肥的效果则更显著。

土壤质地黏质土有机质比较丰富，这种耕地保水保肥性能较好，但通透性较差，施肥后效果比较缓慢。因此，在施用有机肥时必须充分腐熟，追肥应适当提前，适当减少施肥次数，尽量在需肥的关键时期集中多施，切忌过量施用氮肥，以防作物后期出现贪青徒长，引发晚熟倒伏现象。氮肥作基肥施用时，用量可以相对增加，适当减少追肥次数。沙性土壤的土质松散，水肥易流失，保水保肥能力较差，且土中沙粒含量大，养分含量低，作物生长所需的氮、磷、钾、钙、镁、铁等比较贫乏，大多是土壤中有机质不足，易使作物出现早衰现象，必须重视增施有机肥。由于施肥后见效快，追肥时应提倡“少吃多餐”，适当增加施肥的次数，但每次施肥量不宜过多，防止造成流失浪费。在作物生长后期应及时补充氮肥，避免作物脱肥早衰。壤土质地介于黏质土与沙质土之间，兼有二者的优点，在施肥时，应结合当地种植作物产量要求及长势情况，适时适量施用肥料。

3. 土壤酸碱度与施肥

酸性土壤可选择碱性肥料或生理碱性肥料及中性肥料，如氨水、碳酸氢铵、尿素、硝酸钙等。施用这些肥料可降低土壤酸度或不引起土壤酸度提高，而且有利于硝态氮的吸收。碱性土壤上可以选择酸性肥料或生理酸性肥料，如硫酸铵能中和土壤碱度，有利于作物对铵态氮的吸收。同时，碱性土壤不宜施用氯化铵和硝酸钠肥料，避免土壤中盐分的积累，引起土壤盐碱化。另外，pH值为7～8的偏碱土壤速效氮的含量较高，施用铵态氮如碳铵等，应注意深施，防止其挥发造成损失。pH值为6以下的偏酸性土壤，钾、钙元素容易被氢离子置换而随水流失。磷的有效性更容易受土壤酸碱度的影响，其pH值为6～7.5时，其有效性较高。在施用肥料时应全面考虑，以免造成损失。

4. 因土施肥技术要点

根据土壤的性质采用不同的施肥方法这就是因土施肥，因土施肥可使肥料利用最大化，且对土壤有益处，因土施肥，最基本的有效方法如下。

（1）土壤的保肥能力和供肥特点，对施肥效果影响很大，凡是土壤较黏重，有机质含量较多，保肥力较强，即使一次施肥较多，养分也不至于流失。反之，土壤属沙性，有机质含量较少，则保肥能力较弱，在这种土壤上施肥，每次用量不宜过多，应采用少量多次，以免养分流失而造成浪费。但土壤的供肥特点也各有不同，有的肥劲长而稳，这种土壤是饱得饿不得，一次施肥可多些，次数可少些，有前劲而后劲不足的早发田，应注意作物的后期施肥，有后劲而前劲不足的晚发田，应注意作物的前期施肥。

（2）土壤中养分状况，是决定施肥种类、施肥量的主要根据。土壤中的养分状况，不仅与土壤成土母质有关，还与前茬作物有着直接或间接关系。如前茬是豆科作物或绿肥，土壤氮较多，应增施磷、钾肥，如前茬是禾本科作物（水稻、小麦等），则土壤中养分消耗较多，应增施氮、磷、钾，尤其是氮肥。

（3）土壤的酸碱性可影响施肥效果，而施用化学肥料影响土壤的酸碱性。酸性土壤应选择碱性肥料，如碳酸氢铵，钙镁磷肥等，碱性土壤应选择酸性肥料，如过磷酸钙、硫酸铵等，可避免土壤变得过酸或过碱，有利于作物对养分的吸收利用。

（4）土壤“冷热”。在生产上常把沙质土壤称为热性土，黏质土称为冷性土，壤土称为暖性土等。热性土的沙质土壤，宜施用属于冷性的有机肥料如牛粪，如混入钙镁磷肥或磷矿粉，肥料质量更高。黏质土壤提倡施用热性有机肥，如马粪、免粪、禽粪等，可作为黏性土壤的改良剂，且一般作为追肥用。另外，还有猪粪、羊粪等有机肥，称为温性肥料，可以适合上述几种土壤，可作基肥或使土壤降温，因此，切忌在黏质的冷性土壤中施用。

六、合理间作、套作，提高土壤自身的培肥能力

1. 间套作体系基本概念

间作是在同一块田地上在同一生长期内，分行或相间种植两种或两种以上作物的种植方式；套作是在前茬作物的生长后期，于行内或行间播种或移栽后茬作物的种植方式，统称为间套作。间套作体系中涉及作物的播种或收获，未必同时进行，但二者存在共同生长的时期，即共生期。共生期的长短依赖于不同的作物配置模式，一般间作种植的共生期要比套作的长。例如甘肃西北地区种植的小麦/玉米间作共生期长达80天。黄淮海平原的冬小麦/棉花套作共生期为50天。豆科与禾本科作物的间套作是国内外农业生产实践中，常见的作物种间配置方式。

2. 间套作物的增产效果

在农田中，间套作增加体系生产力。例如，在中国西北，针对热量资源“一季有余，两季不足”的特点，间套作被广泛种植。在甘肃试验蚕豆/玉米间作，相对于单作，间作玉米和蚕豆的平均籽粒产量分别增加了43%、26%。在另一试验中，间作蚕豆籽粒和生物产量分别增加61%和37%，间作玉米分别增加12%和6%，体系土地当量比为1.30。在小麦/玉米间作、小麦/大豆间作中，玉米和大豆为劣势种；小麦为优势种，具有明显的边行养分竞争优势，间作小麦籽粒产量分别增加40%～70%、28%～30%。当优势作物收获后，共同生长期处于劣势的作物具有明显的营养吸收和生长恢复过程。小麦收获后，玉米单独生长期，干物质积累速率快速增加，高达59～70g/m^2·d，显著高于单作玉米的23～52g/m^2·d。国内学者对间作产量优势有众多研究，国际也有相关报道。在北欧，豌豆/大麦间

作体系，籽粒产量高达4.6t/hm²，要显著高于单作豌豆的2.6t/hm²，和单作大麦的3.9t/hm²，基于地上部生物量的LER为1.25～1.29。在非洲成功实践“推拉”间作技术控制钻心虫、寄生杂草独脚金，增加动物饲料，提高土壤肥力，从初步尝试到田间试验，直到最后的大面积推广，这种“推拉”间作策略，产生了持续作用。在印度，水稻与花生或木豆间作，水稻的产量均要优于单作，与花生间作（4:2）的水稻产量最大，为2 815kg/hm²。大豆/高粱间作中，间作高粱的产量比单作增加100%，间作大豆比单作增加2.2%。

3. 间套作研究新进展和新认识

物种间补偿和选择效应作为多样性增加生产力潜在作用机制的假说，在生态学家中引起巨大的争议。补偿效应理论认为，不同物种的资源利用方式存在差异，多样性的增加使群落中物种功能特性的多样化增加，从而实现对有限资源在不同的时间、空间，以不同的方式进行利用，使资源的总体利用率提高，或者促进作用增加资源有效性，降低竞争，导致系统生产力提高。补偿效应包括生态位互补或种间促进作用，认为欧洲草地实验中的选择效应平均为0，总体上互补效应为正，说明植物多样性，通过生态位分离或种间促进作用，对欧洲草地的初级生产力产生了重要影响。

相邻竞争植物间的养分吸收动态与系统生产力密切相关。不同的植物吸收利用土壤养分资源的策略也不尽相同，多样性高的群落往往增加了物种之间的时空生态位分异。这种时空生态位分异，能更高效的吸收利用整个土壤空间的养分资源。

农田生态系统中，间套作种植能够活化土壤中难溶性养分，增加体系养分累积量，提高养分资源利用效率。

有机磷是土壤磷库的重要组成部分，占总磷库的30%～70%，这部分磷很难被作物利用，必须通过微生物或作物根系释放的磷酸酶水解为无机磷才能被作物利用。间作体系中，一种作物改善另一种作物磷营养的现象具有一定的普遍性。间套作促进作物对大量元素吸收和利用的同时，还能够促进作物对微量元素的吸收。在灰钙土上，花生/玉米间作增加花生地上部新叶中铁和锌的浓度，改善花生铁锌营养，缓解了花生缺铁黄化的现象。

农田生态系统的间作体系中，将作物特性与农艺措施结合，可以降低病虫害发病率，抑制杂草，增强系统的抵抗力，并提高体系的产量稳定性。

参考文献

曹立耘. 2015-01-06. 根据土壤性质合理施肥[N].湖南科技报（007）.

陈明智，孔令伟，王亚弟，等. 2007. 热带不同母质香蕉园土壤理化性状比较研究[J].中国农学通报（02）：414-417.

陈明智，苏林啸，李雯，等. 2001. 不同母质荔枝园土壤养分比较研究[J].中国南方果树（03）：31-32.

韩广轩，周广胜，许振柱. 2008. 中国农田生态系统土壤呼吸作用研究与展望[J].植物生态学报（03）：719-733.

黄庆海. 2014. 长期施肥红壤农田地力演变特征[M]. 北京：中国农业科学技术出版社.

吉明光，孔祥森，郑树生. 2006. 土壤有机质评价指标的主成分分析[J].黑龙江八一农垦大学学报（03）：46-48.

赖庆旺，黄庆海，李茶苟，等. 1991. 无机肥连施对红壤性水稻土有机质消长的影响[J].土壤肥料（01）：4-7.

赖庆旺，赖涛，李茶苟，等. 1994. 红壤旱地玉米施磷的示踪研究[J].江西农业学报（01）：19-24.

赖庆旺，李茶苟，黄庆海. 1989. 红壤性水稻土无机肥连施生物效应与肥力特性的研究[J].江西农业学报（02）：38-45.

赖庆旺，李茶苟，黄庆海. 1992. 红壤性水稻土无机肥连施与土壤结构特性的研究[J].土壤学报（02）：168-174.

赖庆旺，李茶苟. 1986. 红壤性水稻土供钾潜力的研究[J].中国农业科学（03）：45-50.

赖庆旺，刘勋，丁贤茂. 1979. 红壤性水稻土有机质周年消长及调节技术[J].中国农业科学（03）：65-73.

赖庆旺，刘勋，黄庆海. 1989. 鄱阳湖地区水稻土潜育化的发生及其改良对策[J].中国农业科学（04）：65-74.

赖涛，韩仁道，李茶苟，等. 1996. 过磷酸钙的不同施用方式对提高肥效的作用研究[J].江西农业科技（03）：27-29.
赖涛，李茶苟，黄庆海，等. 2002. 红壤性水稻土紫云英有机氮素形成特征的研究[J].江西农业学报（02）：14-18.
赖涛，李茶苟，李清平，等. 1995. 红壤旱地氮素平衡及去向研究[J].植物营养与肥料学报（01）：85-89.
赖涛，沈其荣，褚冰倩，等. 2005. 新型有机肥的氮素在土壤中的转化及其对草莓生长和品质的影响[J].土壤通报（06）：77-81.
赖涛，熊春贵，李茶苟. 1991. 不同施肥措施对红壤性水稻土有机无机复合体的影响[J].江西农业科技（02）：30-32.
李江涛，张斌，彭新华，等. 2004. 施肥对红壤性水稻土颗粒有机物形成及团聚体稳定性的影响[J].土壤学报（06）：912-917.
李小飞. 2017. 长期间套作下作物生产力、稳定性和土壤肥力研究[D]. 北京：中国农业大学.
李忠武，罗霄，黄金权，等.2009. 红壤丘陵区不同成土母质发育稻田土壤的肥力特性[J].湖南大学学报（自然科学版）（09）：73-77.
林明海，赖庆旺. 1982. 不同熟化度红壤及红壤性水稻土的腐殖质组成及其特性[J].土壤学报（03）：237-247.
刘勋，赖庆旺，黄欠如. 1999. 江西红壤地区土壤有机质循环及农业调控研究[J].江西农业学报，11增刊：14-23.
刘勋，赖庆旺. 1987. 江西红壤研究（第二集）[M].南昌：江西科技出版社.
绿云. 2015. 绿肥种植还田技术[J].农村新技术（12）：53-54.
彭春瑞，陈先茂，林洪鑫. 2012. 江西红壤旱地花生测土施氮参数研究[J].中国油料作物学报（03）：280-285.
宋春雨，张兴义，刘晓冰，等. 2008. 土壤有机质对土壤肥力与作物生产力的影响[J].农业系统科学与综合研究（03）：357-362.
谈留雄. 1991. 无机肥连施对红壤性水稻土有机质消长的影响[J].化肥工业（04）：38.
汪庆兵，张建锋，陈光才. 2013. 基于——（15）N示踪技术的植物——土壤系统氮循环研究进展[J].热带亚热带植物学报（05）：479-488.
王隆. 1983. 土壤有机质及其与土壤肥力的关系[J].山西农业科学（11）：46-48.
王明珠. 1986. 浅谈江西土壤资源的开发利用[J].农业现代化研究（04）：38-40.
席莹莹. 2014. 绿肥种类和种植方式对水稻产量、养分吸收及土壤肥力的影响[D]. 武汉：华中农业大学.
肖德清. 1995. 根据肥料性质合理施肥[J].云南农业（12）：16.
熊海忠. 2011. 合理施肥的基本原则及其技术[J].现代农业科技（07）：310，312.
赵安，赵小敏. 1998. 江西1978土壤分类系统与FAO1990土壤分类系统的衔接研究[J].江西农业大学学报（04）：113-119.
赵华. 2013. 浅谈如何培肥地力提高土壤有机质含量[J].农业开发与装备（03）：112-113.
朱安繁，邵华，张龙华. 2014. 江西省耕地土壤酸化现状与改良措施[J].江西农业学报（04）：43-45+49.
朱文斌. 2011. 浅析施肥对农产品品质的影响[J].上海农业科技（01）：83，85.

第八章　美丽乡村水源保护与利用技术（以粤赣东江源为例）

美丽乡村建设示范村项目区，一般都是有好山好水，或是青山绿水，水源清澈透亮，水中有鱼有虾，水生物活跃。但乡村建设过程中，特别乡村休闲旅游区，也成了生活垃圾污染高危区。主要是地表水和地下水源受污染，沟渠塘库水体富营养化突出。饮用水质下降，水资源环境保护成为美丽乡村建设的关键问题。本章主要以我国著名粤赣东江源保护与利用为例，从东江源头水资源保护，东江水源存在的主要问题，深圳水源林营造与节水技术途径，肯定东江上中下游水源保护与利用的技术成果，为我国美丽乡村建设提供可借鉴的水资源技术管理经验。

第一节　从东江源的历史贡献看美丽乡村水源保护的重大意义

一、东江水资源对珠江三角洲改革开放的贡献

东江是珠江三大水系之一，是香港和珠江三角洲的主要饮用水源，发源于江西省寻邬源区包括寻乌、安远和定南3县，上游称寻乌县桠髻钵山水，在广东省的龙川县合河坝与安远水汇合后称东江。干流全长为562km，广东省境内为435km，流域总面积为35 340km^2，其中，广东省境内为31 840km^2。流域年内降水及径流分配不均，且年际变化大。东江直接肩负着河源、惠州、东莞、广州、深圳以及香港近4 000万人口的生产、生活、生态用水。东江流域5市人口约占广东省总人口的5成，GDP约2万亿元，占全省GDP总量的七成，在全省政治、社会、经济中具有举足轻重的地位。东江流域是一个关联度高、整体性强的区域，东江水资源已成为香港和东江流域地区的政治之水、生命之水、经济之水。在社会生存发展中需要不断地有效管理、利用、保护水资源。就东江水资源的可持续发展来看，由改革开放初期的洪水威胁，逐渐向人口快速增长和经济社会高速发展，导致水资源供需矛盾的转变，也是近年来东江流域各相关地区面临的最大用水问题。随着社会的发展、人类的进步、城市化进程的加快和工农业生产的不断推进，对水资源的要求量与日俱增，以致出现了淡水资源紧缺、用水危机的局面，严重影响了人们生活和社会的发展，用水形势十分严峻，这就要求进一步完善水资源管理体制。继续完善流域管理与行政区域管理相结合的水资源管理体系，加强流域水资源统一规划、统一配置、统一调度，以落实流域取水总量控制监管为重点，加强水量分配方案实施的监督管理，已是十分必要。

二、东江水系构成及供水的稳定性

1. 河流源区

东江源区位于江西、广东两省接壤的边陲，介于东经114°47′36″至115°52′36″，北纬24°20′30″至25°12′18″，东西宽110km，南北长95.5km，流域近似扇形，面积为5 093.832km^2，占东江流域面积35 300km^{2}的14.4%；江西境内东江源区流域面积3 500km^2，占东江流域面积的9.9%。因此，该区域属

于东江流域的源河地区，简称东江源区。根据2004年6月27日江西省科技厅“东江源头科学考察评审会议”最新公布的数据显示，东江源区流域面积的具体分布见表8-1。

表8-1　东江源区流域面积及分布（km^2）

地区	寻乌水	贝岭（定南水）	合计
寻乌县	1 868.401	77.645	1 946.046
安远县	—	618.485	618.485
定南县	—	926.634	926.634

2. 上游段

在龙川县梅树塘村西3km处的枫树坝水库以上为东江上游，称寻乌水（寻邬水）。河长138km，河道平均坡降2.21‰，处于山丘地带，河谷呈“V”字形，水浅河窄。主要流经江西省及广东省龙川县。主要支流有贝岭水。

3. 中游段

从龙川县枫树坝水库中的原合河坝村至博罗县观音阁为东江中游，河长232km，河道平均坡降0.31‰。主要流经广东省龙川县、河源市、紫金县、惠阳县、博罗县。龙川以下地势逐渐降低，在观音阁上游东江右岸出现平原，左岸仍为丘陵区。

4. 下游段

从博罗县观音阁至东莞市石龙为东江下游段，河长150km，河道平均坡降0.173‰。处平原区，河宽增大，流速减慢，河道中多沙洲，每经一次洪水，沙洲位置即发生变化，设有堤围，河岸较稳定。主要支流有公庄河、西枝江和石马河等。

5. 东江流域水资源丰富，调蓄功能稳定

东江流域属亚热带和南亚热带季风湿润气候区，具有明显的干湿季节，流域内多年平均雨量为1 500～2 400mm，平均值为1 746mm。多年平均蒸发量为1 000～1 400mm，平均约为1 200mm。多年平均气温为20～22℃。多年平均径流量（博罗站）为235亿m^3，最大年径流量为1983年的413亿m^3，最小年径流量为1963年的89.2亿m^3。根据1956—2005年径流流量系列分析，东江流域年平均水资源总量是331.1亿m^3。2005年石龙镇以上水资源总量约为260亿m^3，东江流域广东省境内约为291亿m^3。东江流域中上游已建成的大型水库有3座，分别为位于支流的新丰江水库、位于贝岭水和寻邬水汇合口下游的枫树坝水库和位于支流西枝江的白盆珠水库，3大水库总蓄积库容为82.3亿m^3，控制面积为11 736km^2，占石龙以上流域面积的42.8%。东江水资源及调蓄能力可以满足沿江五大城市和香港用水之需。

三、保障了城市和重点企业的生产、生活和生态用水，促进了经济社会的快速发展

东江流域内提水、引水工程有2万余处，截至2007年7月，在东江取水的较大取水户主要有：广东粤港供水有限公司（最大取水流量为100m^3/s，年规模为24.2亿m^3/年）、深圳市东江水源工程管理处（最大取水流量为26m^3/s，年规模为7.2亿m^3/年）、广州市自来水公司（最大取水流量为12.08m^3/s，年规模为3.8亿m^3/年）等。2005年流域内各主要城市的用水量为：广州为83.7亿m^3、深圳为16.8亿m^3、河源为16.6亿m^3、惠州为21.4亿m^3、东莞为20.2亿m^3。2008年以来，东江流域实行了枯水期水量调度，在枯水季节对东江水资源综合统一调度，利用东江枫树坝、新丰江、白盆珠3大水库的库容，在汛期进行蓄丰补枯，缓解了下游地区的枯季水资源紧缺状况，改善了东江流域的生态环境，为东江流域市民经济的发展做出了巨大贡献。

由于东江源水量稳定、水质好，一直是东江源区和深圳及香港饮用水的重要水源地。加强东江流

域的生态环境保护和建设，直接关系到国家投资百亿元的东深供水工程的正常运行，直接关系到珠江三角洲和香港700万同胞的饮用水源的清洁、安全，关系到香港的繁荣、稳定和发展，国家“一国两制”“港人治港、高度自治”大政方针的实施。2002年国家环保总局组织专家进行实地考察，将该区域确立为以水源涵养为主导功能的国家级生态功能保护区建设试点区，实施重点保护。全力保护东江流域的生态环境，加快综合治理，是江西省和广东省生态环境建设工作中刻不容缓的大事，是珠江流域生态环境综合治理工程的重要组成部分，是推进泛珠三角区域合作的重大战略举措。

第二节　东江水源存在的主要问题

一、水资源供需矛盾日益突出

随着社会的发展和流域内各用水部门用水量的增加，东江水资源的开发利用已经达到其可利用量的极限，东江水资源的供需矛盾日益尖锐。

首先是人均水资源量少，但供水压力大，流域耗水比例高。东江水资源除满足流域内工农业生产、生活用水外，还担负着向流域外供水的任务，是4 000余万人口的水源地，按受水区人口计算人均水资源量约为1 100m^3/年，远远低于国际公认的1 700m^3/年人均用水紧张线。随着流域内外各用水部门用水量的增加，东江水资源的开发利用已经达到其可利用量的极限。2005年广东省东江流域年供水量为89.85亿m^3，占多年平均径流量的27.5%，超过国际上湿润地区河道外用水的适宜比例25%，地区间用水竞争矛盾日益突出。在东江总供水量中，有近1/3属于调水，这部分用水量大部分直排入海，无法回归至东江流域，一般都计入流域耗水量。经统计，2005年广东省东江流域河道外总供水为89.95亿m^3，耗水总量为64.07亿m^3，综合耗水率高达71.31%。

其次是流域内产业结构调整加速，高保证率的供水需求增加。据调查，1980年流域供水中农业和非农业的用水比例为77.4%：22.6%，而2005年这一比例为34.4%：65.6%，高保证率的工业和生活用水需求明显增加。特别是经济发达的东莞、深圳两市工业和生活用水比例超过90%。

二、水体污染日趋严重，水质变差

1. 城市污染严重

马蹄河的寻乌县城段、下历河定南县城段等东江源区的主要河流，经过县城或乡镇。城市生活污水，生产废水污染水体较严重。特别是工业园区的工业废水的排放，加重了水体污染，致使该河段的水质为Ⅳ、V类水。现在两县城的污水处理厂已投入使用，两县城区段河流的污水排放得到了初步控制。但仍未得到根本治理，而区内乡镇，村民居住区的垃圾和生活污水没能有效处理，水质仍呈变差趋势。

2. 矿区污染严重

寻乌、定南两县在源区内原有分布大小上百处的稀土采矿点，废弃矿区面积约9.28km^2。现在多数的矿区被废弃，残留在地下的有害矿物质，仍随水土流失至河道，造成水体污染。

3. 农业面源污染严重

农业污染主要是农业、果业生产活动中氮素、磷素、农药和其他有机或无机污染物，随地表或地下渗流，进入河道水体，污染水质。尤其雨季洪水期污染更加严重。其中，寻乌水农业污染物COD和氨氮的入河量为165.6t/年和130.8t/年；定南为169.9t/年和132.1t/年。

随着工业和城市的发展，大量污水未经处理，就直接排入河道；农业施用大量化肥、农药造成了大面积的水污染。根据2008年广东省水资源公报6统计，干流惠州城区以上至枫树坝水库以下河段水质全年保持Ⅱ、Ⅵ、Ⅶ、Ⅷ、Ⅸ、Ⅹ类；惠州城区以下至东莞桥头河段水质以Ⅲ类为主；桥头以下河段水质多以Ⅳ-Ⅴ类为主。支流秋香江、俐江水质为Ⅱ类；西枝江平山以上河段为Ⅱ-Ⅲ类，平山以下河段基本为类Ⅳ-劣Ⅴ类；淡水河、龙岗河水质污染严重，常年为劣Ⅴ类。

三、水土流失严重，加剧河道淤积

总体而言，尽管东江源头总体上植被茂盛，生态环境较好，但因当地居民生计和社区经济发展的需要，生态环境面临“被索取”的挑战，存在一些不容忽视的问题，东江源区涵盖的寻乌、安远、定南、龙南四个县水土流失面积近1 000km^2，而且每年还以400多万t的土壤流失量递增，一些地方水量减少、水质下降、土壤酸化。另外，由于东江水源区内开矿、采石等人为破坏因素，致使大部分的废弃矿区植被受到严重破坏，水土流失也十分严重，开矿采石水土流失面积达598.39km^2，导致河道与水库淤积，影响了河道防洪和水库蓄水能力，给东江源区的水资源保护带来较大的影响。

四、源区森林资源结构不合理，林分质量下降，生态与自然环境退化

根据1999年森林资源分类区划调查结果，东江源头寻乌县林业用地面积184 300hm^2，占全县国土面积的79.7%，其中，森林面积174 520hm^2（含毛竹林0.44万hm^2）；全县活立木蓄积量446万m^3，活立竹1 016.4万株，森林覆盖率78%。由于近年来采伐强度过大，现有蓄积中，绝大多数为近10年封育的中幼龄林，且纯针叶林居多，林木蓄积量仅为7.9万m^3，林相参差不齐，森林的生态功能低下。

长期以来，特别是南方集体林区木材经营放开后，受林业“三定”政策的影响，全县一直把林业当作经济产业来抓。出于经济建设的需要和管理的局限，只注重木材生产、增加收入，而忽视了对森林生态效益的重视，消耗了大量的森林资源，造成目前森林可伐资源濒临枯竭，林种、树种、龄组结构比例失调，在森林面积中，针叶林、阔叶林、针阔混交林、毛竹分别占51.47%、31.59%、14.42%、2.52%，森林质量持续下降，单位面积蓄积量仅为25.48m^3/hm^2，森林涵养水源、保持水土、调节气候等生态功能被削弱，森林生态质量存在很多不稳定因素。

总之，源区内开矿办工业园、采伐树木、果业开发等人为活动的因素，对东江源区内的自然生态，森林植被，水生物种等都造成严重影响，从而减少了山林涵养水源的能力和降低了河流的自净能力。

五、保护资源与发展经济存在矛盾，保护措施乏力

东江源头寻乌县有近30万人口，80%生活在农村、山区，采伐林木、出售木材获得收入是山区农民的主要经济来源，靠山吃山的观念一时难以改变。由于工业企业少，生活门路不广，为了解决基本生活费用，当地不时发生滥伐林木和超限额采伐林木的现象，对于山高坡陡、土层浅薄的东江源头来说，不啻为一场灾难。森林资源保护和经济发展的矛盾至少表现在三个方面：一是当前国家实施的生态公益林保护政策与山区林农经济利益之间存在矛盾；二是林地、林木资源保护与蓬勃兴起的果业开发热潮存在矛盾；三是资源保护政策与森工企业及相关产业生产之间存在矛盾。同时，流域管理与行政管理之间客观上存在矛盾，东江源头寻乌三县是江西省南端县，行政上隶属江西省，而三县又是东江源头所在地，流域上属珠江水利委员会管理，流域管理与行政管理之间客观上存在矛盾，对东江源头森林资源保护和水资源综合治理的规范管理及申报项目带来了很大影响。

目前，东江源区的相关保护措施相对缺乏，力度不足。一是对源区保护的法规不健全和不完善，仅有江西省人大颁发的《关于东江源区生态环境保护和建设的决定》，缺乏相应的基层地方的保护法规和政策等；二是组织机构不健全，职责不明确，源区内的生态环境保护，现由农业、林业、水利、

矿管、环保等多部门分行业管理，缺乏强有力的协调机制，难于合成齐抓共管的合力；三是资金投入严重不足，因目前尚未建立有效的国家对保护区的经济补偿机制，导致源区管理经费和保护经费都无固定的资金渠道，难于适应源区保护与生态修复的需要，致使源区内环境呈日益劣化的趋势。

第三节　水源保护林建设及林分类型结构

深圳是国内7个严重缺水城市之一。水资源主要来源于地表径流，市域年平均降水量1 837mm，多年平均水资源总量为18.72亿m³。按2005年常住人口597万人计算，人均水资源量为313m³，为全国平均的1/6；按实际用水人口1 071万人计算，人均水资源量为175m³，不到全国平均的1/10。且境内河流水源补给属雨源型，降雨多集中于4—9月，使得径流年内分布极不均匀。另外，由于半岛型城市特点，境内没有大江大河大库，现有工程条件，蓄水滞洪能力极差，70%以上的径流汇入了东江或大海，可利用的本地水资源量不到总用水量的25%。水资源的短缺已成为制约深圳发展的“四个难以为继”之一。

因此，加快建设水源保护林，改造城市水源地林相结构，不仅对增加森林蓄水、涵养水源、减少水土流失、延长水库使用寿命等有着重要作用，而且对建设高标准的绿色生态屏障，改善水库水质和生态环境，促进经济社会的可持续发展，实现人与自然和谐具有重要意义。

一、深圳市水源保护区基本情况和土地利用现状

1. 项目水源保护区的划分及其基本情况

深圳市共有大小河流310条，其中流域面积大于100km²的仅5条，即深圳河、观澜河、茅洲河、龙岗河和坪山河。境内水库每年可提供利用的水量为3.5亿～5.0亿m³，水源保护区划分范围涉及市域重要生活饮用水源地32个，划分水源保护区27个，总面积595.51km²，占市陆域面积的30.5%。在保护区内有中型水库10个，小（一）型19个，小（二）型1个，水库集水总面积为367.01km²，正常蓄水位库容30 612万m³，可供水量13 916万m³（表8-2）。

表8-2　水源保护区水库现状统计表

水库名称	类型	所在地	所在河流	集水面积（km²）	正常库容（万m³）	可供水量（97%）（万m³）	现状功能
深圳	中型	罗湖	沙湾河	60.50	3 479		调蓄、供水、防洪
西丽	中型	南山	大沙河	29.00	2 650	1 242	调蓄、供水、防洪
铁岗	中型	西乡	西乡河	64.00	4 900	2 790	调蓄、供水、防洪
石岩	中型	石岩	茅洲河	44.00	1 690	1 860	调蓄、供水、防洪
罗田	中型	松岗	茅洲河	20.00	2 050	862	供水、防洪
清林径	中型	龙岗	龙岗河	23.00	1 850	1 149	调蓄、供水、防洪
赤坳	中型	坪山	坪山河	14.60	1 475	842	供水、防洪
松子坑	中型	坑梓	龙岗河	3.46	2 449	172	调蓄、供水、防洪
梅林	中型	福田	新洲河	4.26	1 251	201	调蓄、供水、防洪
茜坑	中型	观澜	观澜河	3.90	792	154.9	供水、防洪
长岭陂	小（一）型	南山	大沙河	7.80	551.3	304	供水、防洪
三洲田	小（一）型	盐田	坪山河	8.32	770	459.4	供水、防洪
红花岭上	小（一）型	坪山	坪山河	4.57	303.5	239	供水、防洪
红花岭下	小（一）型	坪山	坪山河	3.03	212	414.7	发电、供水、防洪
大山陂	小（一）型	坪山	坪山河	1.25	330	49.4	供水、防洪
矿山	小（一）型	坪山	坪山河	5.30	96	200.2	供水、防洪
枫木浪	小（一）型	南澳	海湾水系	5.43	440	282.9	供水、防洪

（续表）

水库名称	类型	所在地	所在河流	集水面积（km^2）	正常库容（万m^3）	可供水量（97%）（万m^3）	现状功能
径心	小（一）型	葵涌	海湾水系	9.84	732	420.9	供水、防洪
白石塘	小（一）型	坪地	龙岗河	1.59	97	85	供水、防洪
黄竹坑	小（一）型	坪地	龙岗河	3.38	315	155.1	供水、防洪
炳坑	小（一）型	龙岗	龙岗河	2.42	209.2	118.8	工业供水、防洪
黄龙湖	小（一）型	龙岗	龙岗河	5.20	708	245	供水、防洪
龙口	小（一）型	横岗	龙岗河	1.93	924.3	71.4	调蓄、供水、防洪
铜锣径	小（一）型	横岗	龙岗河	5.80	576	292.2	供水、防洪
甘坑	小（一）型	平湖	观澜河	6.70	260	240.9	供水、防洪
打马坜	小（一）型	大鹏	海湾水系	4.12	288	146.6	供水、防洪
鹅颈	小（一）型	光明	茅洲河	5.70	451	217	景观、供水、防洪
罗屋田	小（一）型	葵涌	海湾水系	7.86	250	353.4	供水、防洪
长流陂	小（一）型	沙井	茅洲河	8.80	512.6	347.5	供水、防洪
岗头	小（二）型	布吉	观澜河	1.25			供水、防洪
合计				367.01	30 612	13 916	

水源保护区地形地貌复杂多变，低山占8.2%，丘陵占46.5%，台地占26.4%，阶地占9.8%，平地占2.2%，水域占6.9%。出露地层岩性以花岗岩为主，约占80%。土壤类型主要有黄壤、红壤和赤红壤3种。植被属南亚热带季雨林，原始林已破坏殆尽，林地大部分经过人工补植。根据2004年遥感调查与人工普查，水源保护区平均林地覆盖率为53.2%，其中果园覆盖率为15.7%；水土流失面积为33.4km^2，主要分布在开发建设、坡地种果和采石取土区域，分别占总流失面积的51.5%、29.6%和10.3%。

2. 水源保护区的土地利用及水土流失现状

深圳市水源保护区土地利用现状是：林地占53.2%，其中果树地占15.66%，菜地占4.86%，草地占1.83%，裸露地占4.34%，水域占6.81%，城镇、工矿占地28.95%（表8-3）。根据不完全统计，在土地利用现状中，郊野公园和旅游区占地25.52km^2，农、林场占地22.15km^2，高尔夫球场占地2.62km^2。

表8-3　深圳市水源保护区土地利用现状表

水源保护区名称	土地利用现状（km^2）								备注
	针叶林阔叶林	疏林	果林	稀树灌丛	菜地	草地	其他用地	小计	
白石塘水库	0.00	0.03	0.21	0.96		0.01	0.13	1.34	其他用地中包括：工矿居民用地141.38km^2，水域40.97km^2，沙地0.30km^2，其他50.66km^2
炳坑水库	0.98	0.00	0.38	0.15	0.01	0.08	0.44	2.04	
长岭皮水库	2.11	0.00	3.70	0.15	0.32		1.03	7.32	
长流陂水库	2.01	0.00	2.47	0.34	0.69	0.13	2.58	8.22	
赤坳水库	8.52	0.01	2.32	3.99		0.01	1.79	16.65	
打马坜水库	2.90	0.00	0.18	0.60	0.00	0.01	0.61	4.30	
大山陂水库	1.51	0.00	1.54	2.18	0.00	0.08	1.20	6.51	
鹅颈水库	2.46	0.00	2.06	0.01		0.02	1.16	5.72	
枫木浪水库	4.22	0.01	0.66	1.02		0.30	0.71	6.91	
甘坑水库	2.21	0.88	0.83		0.68	0.05	1.75	6.42	
岗头水库	0.56	0.07	0.44				0.18	1.26	
观澜河流域	42.67	1.50	19.95	4.78	10.53	5.04	111.61	196.08	
红花岭水库	2.42	0.00	0.16	4.96		0.17	1.06	8.78	
黄竹坑水库	2.65	0.00	0.00	0.00		0.04	0.48	3.17	
径心水库	3.56	0.00	1.49	4.31			0.70	10.07	

（续表）

水源保护区名称	土地利用现状（km^2）								备注
	针叶林阔叶林	疏林	果林	稀树灌丛	菜地	草地	其他用地	小计	
龙口水库	1.02	0.00	0.01	0.05	0.01	0.03	0.72	1.83	
罗田水库	2.27	0.00	0.48	0.14	3.75	0.06	2.18	8.89	
罗屋田水库	7.54	0.00	0.03	0.03	0.06	0.16	0.35	8.17	
梅林水库	3.81	0.00	0.00			0.01	0.53	4.35	
茜坑水库	0.95	0.01	1.80		0.05	0.01	1.02	3.84	其他用地中包括：工矿居民用地141.38km^2，水域40.97km^2，沙地0.30km^2，其他50.66km^2
清林径水库—黄龙湖水库	13.09	0.01	6.24	2.05	0.02	0.10	2.83	24.33	
三洲田水库	2.13	0.01	0.13	7.74			1.19	11.21	
深圳水库—东深供水渠	30.38	2.62	6.88	5.57	7.59	1.55	48.58	103.18	
松子坑水库	0.88	0.01	0.12	0.82		0.00	1.60	3.44	
铁岗水库—石岩水库	26.09	0.08	31.05	1.28	4.36	2.63	41.89	107.37	
铜锣径水库	1.70	0.00	0.01	2.13		0.02	0.54	4.40	
西丽水库	7.72	0.02	10.14	3.48	0.88	0.38	6.46	29.08	
合计	176.38	5.26	93.29	46.76	28.97	10.90	233.31	594.85	

水源保护区水土流失总面积为33.39km^2，主要分布在毁林种果区域、开发建设项目区域和山体缺口分布区域。其中，坡地种果流失面积为987.47hm^2，占总流失面积的29.57%；裸露山体缺口291个，流失面积344.54hm^2，占总流失面积的10.32%；正在施工的场平工程203个，水土流失面积1 676.10hm^2，占总流失面积的50.19%；线型工程28处（路段），水土流失面积168.38hm^2，占总流失面积的5.04%；弃土弃渣场33处，水土流失面积43.49hm^2，占总流失面积的1.30%；自然山地流失面积119.34hm^2，占总流失面积的3.57%。

二、水源保护林植被类型及其格局

1. 水源保护区植被现状

深圳市植被属南亚热带季雨林，自然植被分常绿季雨林、常绿阔叶林、红树林、竹林、稀树灌丛、灌草丛、刺灌丛、草丛等。总的来看，在水源保护区丘陵山地植被以散生马尾松、灌丛和灌草丛为主，还有部分人工林。按群落类型分主要有：低山山顶中草群落，主要分布在海拔550～600m的山顶上，以茅草、鹧鸪草为主，覆盖率在80%左右。低山丘陵松树—灌丛—芒萁群落，主要分布在低山600m以下的山坡和高丘陵区，以马尾松、桃金娘、岗松、鸭脚木、芒萁为主，多种灌丛生长较好，覆盖度一般为80%～100%。荒丘台地稀马尾松—稀灌丛—矮草群落，主要分布在村镇附近的丘陵台地，生长着稀疏马尾松，在灌丛间混杂着茅草、芒草等矮草以及芒萁，植被覆盖度低。林地大部分经过人工补植，人工补植的树种主要有尾叶桉、赤桉、马占相思、台湾相思和少量的木荷等，丘陵台地大部分开垦为果园，种植的果树品种绝大部分为荔枝，其次有龙眼、杧果、黄皮、木瓜、杨桃、香蕉、芭蕉等热带果木。

2. 水源保护林原状林分结构及其类型

深圳市水源保护林类型结构现状为：针叶林（马尾松）占4.2%，针阔混交林占12.5%，阔叶林（主要为马占相思、桉树人工纯林）占38.6%，果林（坡地果园）占29.4%，稀树灌丛占14.5%，疏林占0.8%。以上林分类型除低质针阔混交林，和部分不宜栽植乔木的石质灌木林地，可通过封山育林实现生态自我修复外，其他均需采取引进目的树种的技术途径，改造成混交林；调整后的林分类型结构为：阔叶型混交林占80%，针阔混交林占16%，灌木林占4%。

深圳市水源保护区主要为饮用水源，根据具体情况，按照其距水源地的海拔高程，合理确定与之相适应林分类型结构可划分为以下类型。

（1）涨落带。指水体低水位与正常高水位之间的岸带。土壤类型主要为淤积土、厚层土或母质层。由于受水位涨落的影响周边植被分布极其稀少，甚至无植被生长，但该地带内分布有少量的湿地对水库水质起到了一定的净化作用。零星植被树种主要有落羽杉、水松、水翁、水蒲桃、白千层、红花树（红树林的一种，可淡水栽植）、水榕等；草本植物可选择香根草、李氏禾。

（2）海拔高程<50m的缓坡或平坡带。土壤类型主要为赤红壤或母质层；受人为因素的影响，除个别地块残存有小面积植被外，基本无植被。植被树种主要有火力楠、乐昌含笑、深山含笑、观光木、山桂花、灰木莲、绿楠、西南桦、米锥、红锥、黎蒴、肖蒲桃、红磷蒲桃、越南盾柱木、双翼豆、孔雀豆、腊肠树、粉花山扁豆、雄黄豆、凤凰木、蓝花楹、格木、仪花、降真香、铁冬青、木棉、石梓、海南石梓、石栗、尖叶杜英、小叶杜英、高山望、海南杜英、毛苦梓、樟树、黄樟、阴香、红楠、浙江楠、槁树、复羽叶栾树、蝴蝶果、麻楝、铁力木、风铃木、青榄、海南红豆、喜树、竹柏、米老排、阿丁枫、非洲桃花心木等。辅助树种有南洋楹。

（3）海拔高程50～150m的缓坡至陡坡带。土壤类型主要为赤红壤。由于该段分布在村镇附近的低丘台地，覆盖度低，现已成为严重影响水库水质和水库景观的地带。主要分布有马尾松—稀灌—矮草群落，植被树种主要有红椎、稠木红鳞蒲桃、红荷木、红胶木、红千层、大叶紫葳、越南盾柱木、蓝花楹、大头茶、枫香、翻白叶、耶拉瓦拉火焰、复羽叶栾树、雨树、格木、红楠、五列木、千年桐、楝叶吴茱萸、杨梅、潺槁树、山乌桕。辅助树种为大花相思、绢毛相思。

（4）海拔高程>150m的斜坡至险坡带。其中，海拔600m以上为黄壤，300～600m为红壤，300m以下为赤红壤，海拔550～600m为低山山顶中草群落，覆盖度80%，600m以下为低山丘陵松树—稀树灌丛—芒萁群落，覆盖度80%～100%。植被树种主要有木荷、红荷木、枫香、麻栎、秀丽青冈、稠木、旱毛栎、大头茶。辅助树种为肯氏相思、台湾相思等。

三、水源保护林高效空间配置与稳定林分结构设计

1. 水源保护林体系的概念

从深圳市水源保护林现状及其水文生态功能研究中可以看出，其主体地位尚未确立，主要原因在于：一是水源保护林的面积过小，分布范围有限，格局也不尽合理，从景观生态学的角度上讲，没有具备景观本底功能，且从本底的连通性方面亦表现不足，不能形成完整的防护体系，难以发挥群体防护效益和对地区景观宏观控制作用。二是需要改造的陡坡种果地、低质人工林地、疏林地、稀树灌丛的面积比例较大，因而今后的植树造林、低质林改造任务还很重。但应当充分注重现有稀树灌木林地，对于水源保护的作用。三是水源保护林树种、林种单一化问题十分突出。

针对上述问题，我们在实施水源保护林工程建设时，应当具备的发展理念：从林种格局上讲，应当树立水源保护林体系的概念，即以提高水源保护林效益为主。就深圳水源保护区而言，主要是水源涵养林、水土保持林、库岸防护林、生态风景林。在水源保护区内不宜发展经济林（种果），应逐步将现有经济林（果树）改造为水源保护林。从林分结构上讲，水源保护林应是低密度、空间镶嵌式分布、异龄混交结构。这一理念从水源保护林规划设计就应建立，并应贯穿于对现有水源保护林的营造与经营中。从多树种的格局上讲，重点解决现有水源保护林树种单一化问题，应从选择乡土树种、低耗水树种入手，适当引进一些优良外来种。在今后的造林中，应大胆采用已经生产实践证明的优良树种，逐步淘汰劣质品种。

2. 水源保护林的适宜林种结构

按照水源保护林的内涵与外延，它是一个综合防护林体系。林种结构优劣直接影响防护林体系的整体效益，优化的林种结构也会为防护林体系的经营管理提供理论指导。余新晓、李志民等运用层次分析法，参照北京密云水库集水区水源保护林，对最优林种结构进行了分析，且结合实际情况进行了

适当的人为调整，结果表明该区水源保护林最优林种结构为：针叶林为18.9%，阔叶林为29.3%，混交林为23.9%，灌草地为20%，经济林为7.9%。

深圳市水源保护区主要为饮用水源，应根据自身特点，合理确定与之相适应的林种结构。首先，为防止水质污染和水土流失，一、二级水源保护区要严禁种果，已种果树要退果还生态林，准保护区的经济林地也必须实施生态林业。第二，混交林与纯林相比，保持水土涵养水源的能力较强，但造林成本比较高。前面已分析，深圳市社会经济条件比较优越，因此应尽量营造混交林和逐步改造现有纯林（主要为桉树和相思树及果树纯林）为多树种异龄混交林，使水源保护区的混交林所占面积达到80%左右。第三，对于一些土层薄和土石质的林业用地（多为陡坡和急坡），如不适合乔木林生长，可进行封山育灌育草（生态修复），保留适当比例的优质稀树灌木林地。此外，深圳水源保护区对针叶林马尾松不能全盘否定，有改造价值或可实行生态修复的，也应予以保留。调整后的水源保护林区林种结构大致为：针叶林5%，混交林（阔叶林）为80%，灌木林为15%，但最优林种结构的确定，是今后需要研究的重要课题。

3. 水源保护林林分适宜郁闭度的确定

郁闭度是指森林中乔木树冠彼此相接而遮盖地面的程度（以十分数表示）。郁闭度和林下植被盖度（林下植株冠层或叶面在地面上的垂直投影面积，占该林下植株标准地面积的比例）之间存在密切关系。当郁闭度增大到一定程度时，因林下光照条件差，植被生长受到抑制，植株逐渐减少；当郁闭度达到1时，即林分完全郁闭时，林下将只有少量耐阴湿的植物可以生长，植物多度为SP级。

据四川胡贵泉等对水源林郁闭度的研究表明，当乔木层郁闭度较小时，草本层覆盖度最大，郁闭度增加到0.7时，草本层盖度仍可达到90%高峰值。但随着郁闭度的继续增大，草本层盖度急剧下降，呈现开口向下的二次抛物线。可见，郁闭度过大，不利于林下灌草植物的生长，从而也不利于水源保护林保持水土、涵养水源功能的发挥。

根据深圳市水源保护区内水源保护林的特殊防护目的，分析国内外成果，本研究认为乔木林的林冠郁闭度以大于0.4小于0.6为宜。这样既可形成良好的林下灌草层（如水源保护区内的马占相思，因郁闭度较小，林冠下灌草生长较茂盛），又可防止由于乔木过密而引起的水分不足，生长不良、形成小老树的一系列问题，并且可形成良好的林分结构，从而达到良好的防护与保护目的。

4. 水源保护区的适宜森林覆盖率

（1）最佳森林覆盖率的理性认识。某一区域森林覆盖率究竟多少合适，目前尚无定论，不过一般认为森林覆盖率达30%以上，且分布均匀，结构合理，能发挥最大的生态、经济、社会效益，是合理森林覆盖率的标志。但这只对通常的防护林体系而言，而对于赋有特定任务的水源保护林来说，其适宜的森林覆盖率还另当别论，30%的森林覆盖率显然偏低。本研究综合提出了水源保护林确定最佳森林覆盖率的理论与方法。现介绍如下。

在自然状态下，森林防护效益高低，从理论上分析应与森林自身属性即森林面积数量、森林内涵质量（如森林类型、层次、结构等）的空间分布格局相关，亦受气候、地质、地貌和土壤等环境因素的深刻影响。在森林自身属性和环境因素中，前者具有相对可变性，易于人工调控；而后者则具有相对稳定性，人力难以干涉。其实，环境类因素对森林生态系统防护功能的影响，在很大程度上，已经通过不同森林防护功能的差异得到了综合反映。据此，在特定的区域内确定最佳防护效益森林覆盖率时，应着重考虑森林的自身属性，使其与环境因素达到最佳耦合状态，以充分发挥水保林的生态屏障作用。

从深圳水源保护区森林自身属性来看，一是面积小，二是树种单一，三是林分结构简单，四是空间分布格局不合理，集中于低山、高丘区域。因此，应从上述方面进行改善，其防护功能必将显著提高。水源林面积数量、内涵质量和空间分布的防护能力迭加效应，在防护林建设实践中已得到验证，如一些自然、社会及人口等条件基本相似的地区，森林覆盖率很接近，但土壤侵蚀模数相差甚大，甚至出现了森林覆盖率低的地区，其土壤侵蚀模数反而比森林覆盖率高的地区小，这在很大程度上反映了森林量、质及分布状态对森林生态系统防护功能的综合影响。

深圳市水源保护区的土壤侵蚀类型主要是水力侵蚀和工程侵蚀（开发建设），其次有局部地段的重力侵蚀（滑坡、泥石流等），产生这三种侵蚀的原动力是降雨因子。深圳市侵蚀性降雨多，且多大雨和暴雨，而高强度的土壤侵蚀也正是大雨、暴雨所引发的。因此，确定深圳市水源保护区最佳防护效益森林覆盖率时，应以本区历年一日出现频率较大的暴雨量为基础，来求算能抵抗暴雨侵蚀危害的森林覆盖率。已有研究表明，森林保持水土及涵养水源的功能，主要是通过增强和维持林下渗透能力、缓减地表径流为主的提高防护功能来实现的。据此认为，森林土壤饱和蓄水能力，是森林自身属性及地质、地貌等因子，对森林生态系统在保持水土、涵养水源诸方面能力迭加影响的综合体现。

（2）最佳森林覆盖率的计算方法。

设$S_{总}$为区域总面积，P为历年一日出现频率较大的暴雨量，S_1为防护面积=$S_{总}$-S_2（工矿、居民点、道路、农田、水面等），W为森林土壤饱和蓄水量（W值因林分不同而不同），即本区域抵御P量级降雨侵蚀（不产生或极少产生地表径流）所需的森林面积为：

$$S_{森}=\frac{P\times S_1}{W}$$

相应的森林覆盖率：

$$F\ (\%)=\frac{S_{森}}{S_{总}}\times 100=\frac{P\times S_1}{W\times S_{总}}\times 100$$

根据上述研究理论与方法，余新晓、于志民等以北京市密云水库流域几百块标准地和实测资料，对森林土壤饱和蓄水能力按面积进行加权处理得出不同林分内涵质量的W值（表8-4）。

表8-4　不同暴雨强度不同林地土壤饱和蓄水量下的相应最佳森林覆盖率

24h最大暴雨量（mm）	200	200	200	220	220	220	240	240	240
最佳森林覆盖率（%）	92.45	61.48	46.68	101.69	67.63	51.34	110.00	73.78	56.01
土地饱和蓄水量（mm）	165.20	248.40	327.20	165.20	248.40	327.20	165.20	248.40	327.20
林分生长状况	一般	良好	优良	一般	良好	良好	一般	良好	良好

从表中可看出，当林分生长状况一般，森林内涵质量很差时，即使森林覆盖率达到100%，也不能起到最佳的防护效益；而在林分生长优良的状况下，50%左右的森林覆盖率，就能起到最佳防护效益。可见，提高森林的内涵质量，从而提高防护能力，应是今后水源保护林建设的重要方向。

将森林土壤饱和蓄水能力作为森林防护能力的指标，具有较强的实用性和可操作性的优点，可借鉴尽快确定深圳市水源保护区的最佳森林覆盖率，这对搞好水源保护林工程建设、合理利用土地具有重要指导意义。

5. 水源保护林的高效空间配置

水源保护林的空间配置，包括水平配置与立体配置。水平配置是指水源保护林体系内的各林种，在流域范围内的规划和平面布置。一般应以中、小流域为单元，按山系、水系、主要道路网络的分布，以土地利用规划为基础，根据流域水土流失的特点、涵养水源、保持水土和改善各种生产、建设用地水土条件的需要等，进行水源保护林体系中各个林种的合理布局和配置。在规划布局时，要坚持“因地制宜，因害设防”“生物措施与工程措施相结合”的原则；同时，林业用地的总体布局，应考虑在流域内的均匀分布和达到一定的林地覆盖率。

水源保护林林种的立体配置，是指某一林种内组成的植物种的选择，使之形成立体结构。立体配置是生态林业的重要内容，也是创建系统多样性的根本途径，多样性是生态林业中一项重要原则。在适宜的条件下，多种类组成的复层结构的系统，由于对能量和物质从空间和时间上增加了利用效率，因而比单一种类或单层结构具有更高的生产力，和更多的物种间相生相克与互补替代关系，从而能形成完善的负反馈机制和自我调控能力，能流、物流通畅的网格化程度高，互补和修复能力强，因而具有更高的抗干扰能力，即较大的弹性和稳定性。如大面积针叶林或阔叶纯林，由于缺乏负反馈机制，经常出现某种病、虫的猖獗为害，如荔枝林的病虫害，马尾松林的松毛虫为害，非人力防治无法挽救。但在混交林中基本不出现单一群落超常发生的为害，即使发生，通过负反馈机制的自我调节，很快会自消自灭。本次调查中观察到的马尾松纯林，枯落物分解困难，酸性增高，引起土壤理化性质恶化，林分生产力下降，植株生长不良。多层次、多渠道利用能量和物质，不仅能实现生物自肥，增加产量和产品品种，而且节省了系统外能量、物质的输入，能有效减少化肥、农药的使用，清除环境污染，从更大范围保证了能源和环境的稳定性，达到加强水源保护林体系的涵养水源、保持水土、改善水质的功能，同时也创造了持续、稳定、高效的林业生态经济功能。

另外，从景观格局的分析可知，高效的空间配置就是增加景观的多样性，降低景观优势，提高景观的均匀度；降低景观的分离度，提高景观的分维数；降低景观被分割的破碎程度和破碎化指数。这对深圳市的生态环境建设均具有重要意义。

从前面对深圳市水源保护区林种结构的分析可知，必须对现有林种嵌块体的面积比例进行调整，主要是大幅度减少经济林（种果）面积，实行退果还生态林。其次是将现有单层林相的人工阔叶林和灌木林地逐步改造成多树种、多层次、多功能的混交林，以达到最优林种结构时的空间配置，使之建设成为一个大尺度的水源保护林体系。

6. 水源保护林稳定林分结构设计

所谓林分结构是指包括林分直径、树高、林龄、树种组成、林分密度与林分层次等多元因素。其中，树种组成、林分密度（单位面积立木株数）、与林分层次（乔、灌、草和枯层）是水源保护林结构中起主导作用的因素。

深圳市植物资源相对丰富，深圳市生态建设树种可供选择的树种较多。在造林树种的选择上，要拓宽选择的范围，体现生物多样性的原则。主要思路是立足于乡土树种，引进一些必要的外来树种。具体而言，要选择生长迅速、根系发达、抗旱能力强、抗病虫害、低耗水、具有较高水源保护效益的树种造林。

确定合理的林分密度，应依据林木供水耗水量平衡原理，在一定的降水资源供给条件下，无灌溉经营林分密度应遵循以下水量平衡方程，即从水量平衡来讲，林分耗水应小于或等于林地可供水量。

林分密度公式为：$(P\text{-}E\text{-}R)A \times 10^{-3} \geqslant T \times N$

式中，P为降水量（mm）；R为径流量（mm）；

E为降雨蒸发量（mm）；A为林分面积（m^2）；

T为单株林木蒸腾需水量（m^3）；N为立木数量。

每公顷林木株数为：$N \leqslant 10 \times (P\text{-}E\text{-}R)/T$

由于不同林龄阶段的林分，应有不同林分密度的标准。因此，利用上述公式确定林分密度很困难。在既无可供利用的数学模型，又无实验资料的情况下，除考虑一般确定林分密度的原则之外，还要注意林分将要防护灾害的需要，所应用树种和植物种的特性。可使用类比法，或积累的实践经验，确定不同林龄阶段的合理林分密度，并通过适当的人工调控，如进行卫生伐、间伐等，来控制林分密度，以期达到适宜的密度标准。根据宝安区铁岗水库水源保护林工程建设的经验，带状形阔叶混交林，包括护岸林带、景观林带，栽植密度为2 500株/hm^2，片状阔叶混交林，包括坡面水源涵养林、陡坡薄地水土保持林，栽植密度为2 000株/hm^2。

林分的多层次立体结构是生态林业的主要内容之一。已有研究表明，异龄、复层、混交林的水源保护功能最好。因此，水源保护林稳定林分结构设计的目标，就是尽量使林分形成异龄、复层、混交

林。但要达到目的，也须辅以适当的人工调控，纯靠自然调整，林分适宜层结构很难达到终极目标。

7. 深圳市水源保护区造林立地分类

立地分类的目的在于为适地适树服务。其价值不仅在于预测生产力，主要还在于对树种选择、造林技术、间伐、森林保护、林地改良做出决策。

目前，国内外划分立地所采取的手段有很大区别。大致有林木生长效果途径，如确定地位级和立地指数等、物理环境途径、指示植物途径、综合途径等。按照气候，土壤和地貌条件来划分立地类型的物理环境途径，在我国应用很普遍，这因我国很多地区缺乏原始植被，历史上受到人为反复破坏的荒山、荒地以及次生林，植被和立地的关系很复杂，因而常直接按物理环境条件来划分立地条件类型。

深圳市水源保护区地貌类型较复杂，大的水源保护区，如观澜河流域、深圳水库的东深供水渠流域和铁岗水库、石岩水库流域三个水源保护区内，包括有低山、高丘陵、低丘陵、高台地、低台地、阶地、平原等。其中以前4种地貌类型所占面积最大，是主要的水源保护林工程建设用地；后3种地貌占地面积较小，地面坡度一般在12°以下，是良好的建设用地，现已成为城市化工业区和违法开发的失控区。深圳市水源保护区的地貌类型虽然较复杂，但海拔高程相差不大，除深圳水库东深供水渠流域水源保护区内，东侧的梧桐山海拔高程达944m外，其他各个水源保护区的海拔高程大都在600m以下，少数几个（三洲田水库、径心水库、罗屋田水库3个水源保护区）稍超过600m。由于海拔高程差别不大，各个水源保护区内的植被与土壤类型及分布也都基本相似。

根据上述情况，在调查中选择了地貌类型划分为低山—高丘陵、低丘—高台地、低台地—阶地—平原、库边滩涂—谷底水湿地4组地貌；坡位则分低山—高丘组坡位分上、中、下部，低丘—高台组分上、下部，其他两地貌组不考虑坡位；土层厚度分薄层0～15cm、中层15～30cm、厚层30～45cm，土层厚度为A层与B层之和。这三个因素对水源保护林建设的林分布设、树种选择和林木生长影响很大，特别是土层厚度关系林木生长的持久性。

根据以上因素，共划分了19个立地类型（表8-5）。

表8-5　深圳市水源保护区立地类型划分与水源林、水保林及风景林定位表

立地类型		适宜林种	立地条件		
序号	类型		地形	土壤	植被
1	低山—高丘坡上部薄层土	山脊防火林带 水土保持林	海拔高程＞150m，坡度从斜坡至险坡（水保标准）	海拔600m以上为黄壤，300～600m为红壤，300m以下为赤红壤	海拔550m～600m为低山山顶中草群落，覆盖度80%，600米以下为低山丘陵松树—稀树灌丛—芒萁群落，覆盖度80%～100%
2	低山—高丘坡上部中层土	山脊防火林带 水土保持林			
3	低山—高丘坡上部厚层土	山脊防火林带 水源涵养林			
4	低山—高丘坡中部薄层土	水土保持林			
5	低山—高丘坡中部中层土	水源涵养林			
6	低山—高丘坡中部厚层土	水源涵养林			
7	低山—高丘坡下部薄层土	水土保持林			
8	低山—高丘坡下部中层土	水源涵养林			
9	低山—高丘坡下部厚层土	水源涵养林			
10	低丘—高台坡中上部薄层土	水土保持林	海拔高程50～150m，坡度从缓坡至陡坡（水保标准）	赤红壤	荒丘台地带马尾松—稀灌—矮草群落，主要分布在村镇附近的低丘台地，覆盖度低
11	低丘—高台坡中上部中层土	水源涵养林			
12	低丘—高台坡中上部厚层土	水源涵养林			
13	低丘—高台坡中下部薄层土	水土保持林			
14	低丘—高台坡中下部中层土	水源涵养林			
15	低丘—高台坡中下部厚层土	水源涵养林			

（续表）

立地类型		适宜林种	立地条件		
序号	类型		地形	土壤	植被
16	低台—阶地—平原薄层土	水土保持林		赤红壤或母质层	除个别地块残存有小面积植被外，基本无植被
17	低台—阶地—平原中层土	风景生态林			
18	低台—阶地—平原厚层土	风景生态林			
19	库边、库内滩涂、谷底水湿地	风景生态林 库（沟）岸防护林沟底防冲林	最高水位线以下2m，以上20m	淤积土、厚层土或母质层	无植被或有植被

8. 不同立地类型造林树种的选择与配置

根据现状调查，深圳市水源保护林建设适生植物种类较多，共有138种可供选择的乔、灌、草、藤植物。其中落叶乔木树种21个，常绿乔木树种81个，灌木植物13种，草本植物12种，藤本植物11种。

水源保护林与陡坡退果还生态林造林树（草）种选择，必须根据不同林种的防护目标，特别是不同生态功能与景观特色要求，坚持“适地适树”的原则。对侵蚀劣地、母质裸露的迹地、石质或风化岩边坡的生态恢复与重建，还应坚持“改地造树”原则，如喷混植生、喷播绿化、植生槽、植生盆、挂笼砖、客土造林等生态工程技术。

山丘地立地条件，由于水肥再分配，造成山顶、山脊、山坡上中下部、山麓、山谷等肥力条件差异性。在缺乏具体的土壤肥力调查分析资料下，基本上可根据划分的19种立地类型的不同部位选择与之相适应的造林树种；有一些特殊的立地条件，如水库边消落区及库尾地等，应选择相应耐水湿或水浸的湿地树种。

（1）山顶、山脊和山坡上部造林树种。目的树种为木荷、红荷木、枫香、麻栎、青冈、稠木、旱毛栎、大头茶。辅助树种为肯氏相思、台湾相思等。

（2）山坡中部造林树种。目的树种为红椎、稠木、红鳞蒲桃、红荷木、红胶木、红千层、大叶紫薇、越南盾柱木、蓝花楹、大头茶、枫香、翻白叶、火焰、复羽叶栾树、雨树、格木、红楠、五列木、千年桐、楝树、吴茱萸、杨梅、潺槁树、山乌桕。辅助树种为大花相思、绢毛相思。

（3）山坡下部造林树种。目的树种为火力楠、乐昌含笑、深山含笑、观光木、山桂花、灰木莲、绿楠、西南桦、米锥、红锥、黎蒴、肖蒲桃、红磷蒲桃、越南盾柱木、双翼豆、孔雀豆、腊肠树、粉花山扁豆、雄黄豆、凤凰木、蓝花楹、格木、仪花、降沉香、铁冬青、木棉、海南石梓、石栗、杜英、高山望、海南杜英、毛苦梓、樟树、黄樟、阴香、红楠、浙江楠、槁树、复羽叶栾树、蝴蝶果、麻楝、铁力木、风铃木、青榄、海南红豆、喜树、竹柏、米老排、阿丁枫、非洲桃花心木等。辅助树种为南洋楹。

（4）山谷溪旁造林树种。目的树种为绿楠、深山含笑、乐昌含笑、海南蒲桃、水蒲桃、水翁、火焰花、仪花、非洲桃花心木、格木、青皮、坡垒、竹柏、铁力木、石梓、柚木、幌伞枫、鸭脚木等。辅助树种为南洋楹。

（5）水库滩涂及谷底水湿地、库边消落区造林树种。落羽杉、水松、水翁、水蒲桃、澳洲白千层、红花树（红树林的一种，在淡水可栽植）等。

（6）林缘道旁配景树种。红苞木、火焰木、木棉、鱼木、红木、红枫、红花继木、红千层、凤凰木、朱缨花、粉花夹竹桃、肖黄栌、红花油茶、刺桐、黄槐、复羽叶栾树、密花相思、夏雪白千层等。

四、水源保护林的理水防蚀功能分析

深圳市水源保护区的主要植被类型，除稀树灌丛为原生、次生植被外，常绿阔叶林和针阔混交林是经人工补植而形成的林地。

1. 植被冠层的截留防蚀作用

（1）首先是水源保护区内稀树灌丛的截留作用。深圳市水源保护区稀树灌丛植物种类繁多，生长茂密，在无人为因素破坏的情况下，平均株高1～2m，覆盖度一般为80%～100%，冠层郁闭度高达0.7以上，类比同郁闭度灌木的同项研究成果，其冠层截流率可达20%～25%。

（2）人工补植形成的常绿阔叶林与针阔混交林的截留作用。主要乔木树种为桉树和马占相思，树种单一，均为单层林相，林分结构简单，林冠层截留量较小。如桉树，分枝力弱，树冠散乱不整，冠幅也不大，冠形近似同龄级白皮柳；马占相思虽叶大分枝较多，但冠幅狭窄，冠形呈长圆柱状，近似同龄级俄罗斯杨。类比其截留率，桉树为10%～15%，马占相思15%～20%。经人工补植而形成的常绿阔叶林，其林冠下灌草覆盖度均较高，一般为>70%或更高，因此植被冠层综合截留率可达30%。

（3）植被冠层截留雨量功能的研究结果。以多种方式影响到达地表土壤的有效雨量，与许多水文现象研究密切相关（Dunkerle，2000），是森林水文研究的热点之一。植被冠层截流容量具有随着雨滴直径的减小而增大的特性（Calder et al 1996）。刘世荣等（1996）对我国气候带森林植被类型林冠截留特性的分析表明：我国主要森林生态系统的林冠截留量平均值变动在134.0～627.7mm，变动系数为14.27%～40.53%；截留率的平均值变动在11.40%～34.34%，变动系数为6.86%～55.05%。由于林冠具有较大的截流容量，减少了林地的有效降水量，延长产流历时，避免雨滴直接打击地表，从而能有效控制土壤侵蚀的发生（Bormannand Likens，1979）。植被覆盖度越大，拦截降雨的效果就越好，尤以茂密的乔灌混交林最为显著。由生态系统理论可知，其结构越复杂则稳定性越强，否则其生态功能表现脆弱（李凤，吴长文，1995）。

2. 林地枯落物层的吸水防蚀作用

深圳市水源保护区内稀树灌丛与常绿阔叶林两种植被的枯落物层比较丰厚，平均厚度3～5cm，其中未分解层为2～3cm，半分解和已分解层为1～2cm。根据对桉树林、马占相思林、台湾相思林和稀树灌丛地表枯落物测验的结果，四种植被类型其枯落层平均储量为17.38t/hm^2（风干重），最大持水率为131.3%～200.6%，最大持水量为2.10～3.61mm。从最大持水量来看，马占相思>桉树>台湾相思>稀树灌丛（表8-6）。

表8-6　不同植被枯落物层的数量与水文特征表

树种	林地植被盖度（%）	冠层郁闭度（十分数）	枯落物平均厚（cm）	枯落物量（风干重）（t/hm^2）	最大持水率（%）	最大持水量（mm）
桉树	73	0.5	3.7	17.5	132.4	2.45
马占相思	80	0.7	4.4	18.0	200.6	3.61
台湾相思	76	0.6	3.5	17.0	135.3	2.30
稀树灌丛	85	0.5	5.3	16.0	131.3	2.10
平均				17.38	149.9	2.62

枯枝落叶层是森林结构中重要的组成部分，是森林地表的一个重要覆盖面和保护层，它能为林木持续生长提供大部分养分（Elliot et al，1999）。其水文生态作用表现的形式和内容较多，除了与植株冠层一样能截持降水外，更有吸收和阻延地表径流，减少径流速度，抑制土壤蒸发，改善土壤性质，增加降水入渗，防止土壤侵蚀，增加土壤抗冲能力和蓄水减沙等功能（Dunne；吴钦孝等）；在影响林地土壤营养元素循环、热量和通气状况，以及林地生物群的类型和数量等方面也具有重要作用。

枯落物层的吸水量（水容量）与各枯落物成分的贮水能力有关，与林地单位面积的枯落物量成正比（Putuhena及Miller 1996）。研究表明，森林植被和枯落物层都可以贮存1～3kg/m^{2}的降水。各种森林枯落物的最大持水率平均为自身干重的309.54%，变动系数23.80%；林地枯落物的最大持水量平均为4.18mm，变动系数47.21%（刘世荣等，1996）。因此，从国内研究成果来看，深圳市水源保护区林地枯落物的质量及其理水功能还有待提高。关于枯落物层的防蚀作用，吴钦孝等在宜川进行的抗冲刷试验表明，土壤的冲刷量随枯落物的厚度增加而减少，1cm厚的枯落物可抵御2.7mm/min的雨强的冲刷，比无覆盖的裸地减少冲刷量约80%；有2cm厚的枯落物覆盖，即可消除侵蚀产沙层。吴长文、吴钦孝、赵鸿雁等通过枯落物去留的对比研究枯落物对土壤侵蚀的作用，并给出了枯落物最佳积蓄量与侵蚀速率的方程式，他们认为包括枯落物在内的地表覆盖，可以有效地增加地表糙率，减少地表径流速度，提高土壤的抗蚀、抗冲性能，从而可大大减少土壤流失量。这次调查也看到，覆盖度>70%的林地，由于枯落物层厚，基本无水土流失。

3. 林地根际土壤层的理水防蚀作用

在深圳市水源保护区，黄壤、红壤和赤红壤是主要的林地土壤，其成土母质主要是花岗岩，土壤质地较轻，表层黏粒含量约11.9%。由于地表生长的灌丛和常绿阔叶林覆盖度高，植物种类繁多，生长茂密，因此，土壤中含根量较丰富，使得根际土壤层具有较好的渗水和贮水性能。

土壤含根层的理水防蚀作用主要体现在透水和贮水性能，它对森林集雨区径流形成机制具有重要的意义。一般而言，森林土壤具有比其他土地利用类型高的入渗率，良好的森林土壤稳定入渗率可达80mm/h以上（Dunne，1978），水力传导率可达15mm/h以上，而侵蚀率通常小于0.1t/hm^2·年（Elliet et al，1999）。大量研究结果表明，林地土壤具有较大的毛管和非毛管孔隙度，从而增大了林地的土壤入渗率和入渗量（何东宁等，1991）。土壤入渗能力随着森林植被覆盖率的增加呈指数增加（Thornes，1990），林地内入渗率具有很大的空间变异性，距离树干越远，渗透能力越小（Dunne et al，1991）。目前，国内一般采用林地土壤非毛管孔隙饱和含水量，计算林地的贮水能力，进而评价森林植被的水源涵养作用。刘昌明对林地土壤水分动态及产流关系的研究，确定了林地产流影响深度达50cm，相应的降雨最大初损量为250mm。吴长文采用双环入渗试验与人工模拟降雨入渗试验两种方法，对不同林分土壤的贮水性能与入渗特性进行了较为深入的研究，并用试验所获得的大量数据，通过计算机的统计分类和内插处理，得出了不同林分在几个含水量下的入渗系数值。目前，关于林地入渗的研究工作，逐渐从定性的描述走向定量化研究。

4. 森林植被的缓洪蓄洪作用分析

森林虽然不能消灭洪水，但可以有效地减小灾害的程度。国内外一些学者在长期观察研究后的结论是：美国弗吉尼亚大学礼查德·李认为，森林覆盖率与洪峰模数（洪峰流速除以流域面积以m^3/s·km^{2}表示）呈显著负相关；我国四川林科所黄礼隆认为，森林覆盖率高地区流域洪峰径流系数（洪峰的总流量除以总降水量）就小。

关于森林对削减洪峰的最大作用，前苏联学者结论是：在森林全面覆盖条件下，森林减少洪峰模数的最大程度为0.4；另一学者利用罗马尼亚的实验资料，认为削减50%左右；我国学者研究表明，森林的拦蓄和阻滞，可使林地比荒坡洪水减少一半。

从森林吸收、积蓄和下渗降水角度，王礼先等研究，包括林冠截留、枯枝落叶层蓄水和林地土壤蓄水共可吸收70~270mm降水。中野秀章指出，森林土壤在0.1m深度内最大可拦蓄降水260~315mm。日本水源涵养林建设得比较好，日本学者计算，东京的水源涵养林，其土壤吸收降雨能力是裸地的20倍，能容纳每小时100~200mm的暴雨降水量。长江规划办公室凯江径流控制站实测，在一场678.5mm/81小时的大暴雨中，通过森林拦截与吸收66.3%，有力地减缓了洪水灾害。联合国最近一次研究报告强调，河流流经地区，凡是植树造林的，只有总雨量的1%~3%泻入河流；但是林木被砍伐的地区，则97%~99%的雨水排入河流。

与森林相关的是土壤下渗滞洪，指降水渗入林地，再进入地下水，通过地下径流进入江河。据美国哈劳特试验，林地土壤渗透率为每小时250mm，日本北海道试验的林地终期渗透强度为每小时

414mm，四川省林业科学研究所结果，林下土壤渗水速度为每小时300mm，世界上最强的降雨也达不到这样的速率。

洪峰模数降低，水势趋于平稳，必然增加干枯水量。据祁连山水源涵养研究所长期观察，森林覆被高的流域，枯水年径流模数也高。

通过上述分析可以看出，实施水源保护林工程，提高森林覆盖率，应是减缓山洪灾害的一项治本措施。但是，由于流域范围内不可能全部是森林，地形起伏必然形成汇流，同时有集中暴雨时间空间的不同，因此，需要有必要的水利工程设施相辅相成。

五、水源保护林建设存在的问题及其对策

1. 水源林建设存在的问题

（1）水源保护林覆盖率低，未形成生态景观本底功能。深圳市是一个城中有山，市中有林，城市山林融为一体的大都市。水源保护林工程建设，应是市域生态建设与林业发展的主体。但目前水源保护区林地覆盖率只有53.21%，如坡地种果不包括在内，则林地覆盖率仅37.55%。水源保护林面积偏小，分布范围有限。从景观生态学角度上看，没有具备景观本底功能，且从本底的连通性方面亦表现不足，不能形成完整的防护体系，难以发挥群体防护效益和对地区景观宏观控制作用。

（2）林分结构简单，林相多为单层林，树种单一化问题突出。在现有水源保护林中，混交林占比例很小，绝大部分为生态脆弱的残留果林、人工阔叶纯林、针叶林、疏林和稀树灌丛，生物多样性无从体现。尤为严重的是，近些年来水源保护区内仍有坡地毁林种果现象，加上水库周边山地原有采石、取土，山体破坏部分未修复，不仅导致水源保护区内森林调节水量、涵养水源、改善水质和防止水土流失的功能下降，更是破坏了城市的景观效益。

（3）森林整体功能比较脆弱，涵养水源能力低。从水源保护林建设与城市林业发展情况看，虽然2003年全市森林覆盖率已达到47.6%，建成区绿化率达43.2%，人均公共绿地面积达15.1m^2，但林业发展规划相对滞后，依法治林、依法管林的力度有待进一步加强，毁林种果、毁林开道现象屡禁不止，林业建设投入偏小，征占林地补偿政策亟待调整，林业行政管理机构和管理力量还不适应林业建设发展需要。城市森林的整体功能比较脆弱，涵养水源的能力低，森林生态状况不适应经济社会的持续、健康、协调发展。应指出，本次全市水源林调查及规划，时间较早，许多问题，通过政府水务和水土保持管理处的多年不懈努力，已取得了很大进步，27个水库水源林建设卓有成效。

2. 技术对策

深圳水资源具有显著的半岛城市特点，因此，作为以保护水源为主要目的的水源保护林，在美丽乡村建设中，必须根据自身所处生态区域的地位，确定合理的开发方向，制定正确的水源林生态建设规划，以维护社会与自然环境之间平衡，这是水源保护林工程建设应当具备的发展思路。

深圳市水源保护区主要为饮用水源，应根据具体情况合理确定与之相适应的林分类型结构。首先，为防止水质污染和水土流失，水源保护区内的果树必须全部退果，逐步改造成混交类型水源保护林。第二，深圳市很少有纯灌木林，大部分为稀疏灌丛，采用人工轻抚的方式引进建群树种，即可形成优质异龄混交林。第三，现有针叶林生态功能较低，但马尾松不可全盘否定，可引进阔叶树种改造成针阔混交林。第四，现有阔叶林林下灌木覆盖度较高，实际上是一种乔灌混交林。但树种单一，主要为桉树与马占相思纯林，需进行林相改造，可保留少部分桉树或马占相思作为辅助树种，引进建群树种，使之形成优质异龄阔叶型混交林。第五，对于一些土层薄的石质山地，如不适合乔木林生长，可进行封山育灌育草（生态自我修复），培育成优质灌木林。按照以上调整途径，优化后的水源保护林林分类型结构是：针阔混交林占16%，阔林型乔灌混交林占80%，灌木林占4%。

深圳市属于半岛城市，水资源紧缺，全面启动水源保护林建设工程，对缓解水源危机、实现水土资源可持续利用和生态环境可持续维护具有重要战略意义。

水源保护林建设中，应体现因地制宜、“适地适树”与生物多样性原则，树种的配置宜采用群落混交方式。要坚持全面规划、统筹兼顾、突出重点的原则，以达到水资源林与自然环境的融洽，人类社会的和谐共存。同时，应与生态风景林建设紧密结合起来，形成“点、线、面”交错的城市绿化网络，充分发挥其保护水源、改善生态环境和美化城市的多元作用。

第四节　水源保护与利用及其效益分析

一、水源生态保护的作用

从深圳市水源保护区分布的景观格局（或称之为景观结构）来看，它是景观空间的格局，即大小和形状不一的景观嵌块体（水源保护区）在景观空间的排列，各个嵌块体的生态系统与包围它的生态系统（城、乡镇）截然不同。由于具有上述景观格局的特点，因此保护区内的植被对城乡生态环境的改善起着重要作用。

1. 净化水质

调查中看到，由于森林的荫蔽作用，从水源林区流出的水是清凉的，且溶解氧丰富。森林中的溪流受到污染的机会少，因水温低、流动，因而水质纯净，病原体较少。同时，降水通过水源林区变为溪流时，经过林冠层、枯落物层和土壤层的过滤、截留作用，可以减少大气降水中有害有机化合物的种类与浓度。

前苏联学者在莫斯科市、高尔基省的联合集水区进行森林净化径流作用实验表明，在农田集水区下部的森林，有助于从本质上净化流水，排除污染成分和固体径流。滞留效果最好的是磷肥的残留物，可滞留58.5%～80%；其次是氨的化合物，可滞留22%～78%；另外，还可有效地滞留固体径流21%～45%。只要林分面积占大田面积的0.6%～5.3%，就可以完全净化径流中的磷。许多研究表明，经过森林地区的水，细菌指标比流经裸地的水细菌指标低得多。刘世荣研究指出，流经松树林的每升水的细菌含量，是流经农田水的2%，流经橡树、榆树林的水是其含量的1%，流经相思树林的水细菌含量是其含量的10%。

2. 净化空气

走进市域莲花山公园、仙湖植物园或其他树林茂密的地方，顿感空气特别新鲜，这反映植物对净化空气有独特的作用。树木的叶面积总数很大，据统计，森林叶面积的总和为森林占地面积的数十倍，因此，吸滞空气烟尘和粉尘的能力很强大。据研究，我国对一般工业区空气中的飘尘浓度测定，有绿化地区较非绿化地区少10%～50%。可见，树木是空气的天然过滤器。

另外，很多树木可以吸收有害气体，如氟化氢、二氧化硫等。如1hm^{2}的柳杉每月可吸收二氧化硫60kg；上海地区对一些常见的绿化植物进行了吸硫测定，发现臭椿和夹竹桃不仅抗二氧化硫的能力强，而且吸收二氧化硫的能力也很强。臭椿在二氧化硫污染情况下，叶中含硫量可达正常含硫量的29.8倍，夹竹桃可达8倍。树林还能吸收氨、铅、及其他有害气体等，故有“有害气体净化场”的美称。树木吸收二氧化碳放出氧气，通常1hm^{2}的阔叶树林在生长季节每天可吸收1t二氧化碳，放出570kg氧气。由此可见，树木对调节新鲜空气有着重要作用。

3. 调节气候

树木具有吸热、遮阴和增加空气湿度的作用。树木生长过程中，要形成1kg的干物质，需要蒸腾300～400kg水，所以森林中空气的湿度比城市高38%。1hm^{2}阔叶林在夏季能蒸腾2 500t水，比同等面积的土地蒸发量高20倍。由于树木的蒸腾作用，水汽增多，空气湿润，使绿化区内湿度比非绿化区高

10%～20%。

此外，树木的遮阴作用可减少阳光对地面的直射，能消耗很多热量用于蒸腾从根部吸收来的水分；尤其在夏季绿地内的气温较非绿地低3～5℃，而较建筑物地段低10℃左右，森林公园或浓密成荫的行道树下效果更为显著。城市周围大面积的绿色植被，降低了本区域的气温，通过空气的对流作用，可使市区热岛效应的气温也有所下降，从而为城乡创造了凉爽、舒适的气候环境。同时，美丽乡村森林区也是城市居民夏季防暑降温短程旅游的优良休闲场所。

4、减弱噪声

茂密的树木能吸收和隔挡噪声。据测定，40m宽的林带，可以降低噪声10～15分贝；成片的森林可以降低噪声26～43分贝；3kg的三硝苯炸药爆炸，声音在空气中可传播4km，而在森林中则只能传播400多米。由此可见，镶嵌在市域的水源保护区内的森林植被，对减轻城市工厂、道路车辆、建筑工地以及各种机器马达所产生的噪声，具有重要的作用。此外，树木还具有杀死细菌、监测环境、防火防震和增加收益等多方面的作用。

二、乡村森林生态效益价值核算

1. 替代花费法

某些环境效益和服务，虽然没有直接的市场交易，但具有这些效益或服务的替代品的市场和价格，用估算的替代品花费，代替某些环境效益或服务的价值，即以使用技术手段，获得与乡村林地生态系统功能相同的结果，所需的生产费用为依据，来评估水源林生态功能价值。

例如，某些生产费用可以是为获得与一片森林所产生的相同数量的氧气，而建立制氧厂所需的费用；如林木每生长1m^3，可释放1.62t O_2，采用造林成本价240.03元/m^3来估算产生氧气的价值。

为获得因水土流失而丧失的氮、磷、钾养分生产等量化肥的费用，如每平方千米森林可减少土壤流失量相当于减少土壤废弃面积0.001 017km^2，然后应用林区土地租金37 500元/km^2，从而核算森林减少土壤损失量，再根据每平方千米减少土壤有机质N、P、K的损失量分别为每年10.07t/km^2、0.637 6t/km^2、0.268 4t/km^2，结合N、P、K价格核算出森林减少土壤损失的价值。

此方法的缺点在于乡村林地生态系统的许多功能是无法用技术手段代替的，如森林的美学价值、视觉景观价值等是无法替代的。

另外，对林地生态系统的许多功能难以准确计量，如一片森林到底涵养多少水源，放出多少氧气等，还值得生态学家的深入探索。

2. 影子工程法

此方法是恢复费用技术的一种特殊形式，它是在生态环境破坏以后，人工建造一个工程来代替原来的环境功能。例如，一片森林被毁坏，使涵养水源的功能丧失或造成荒漠化，就需要建设一个水库或防风沙工程等；一个旅游海湾被污染，则需另建一个海湾公园来替代等。其资源价值损失就是替代工程的投资费用。如通过建成一个水库影子工程费用成本5.714元/m^3来估算森林涵养水源的价值。

3. 森林涵养水源和净化水质价值

$B_{水}=B_{水1}+B_{水2}=VC_1+VC_2=V(C_1+C_2)$

式中，$B_{水}$为森林涵养水源和净化水质价值；$B_{水1}$为森林涵养水源价值；$B_{水2}$为森林净化水质价值，V为森林蓄水总量；$V=Sh$（1～60%）；S为森林面积；h为降水量（mm）；C_1为水库影子工程费用成本价格；C_2为净化水质成本价格。

涵养水源价值$B_{水1}$。当地降水量等于森林涵养水源总量、地表径流量和林区蒸散量之和。我国林区（包括中国台湾）降水量为1.21×10^{12}t，长江流域林区降水量为3.60×10^{11}t。根据我国对森林蒸散量的研究，我国森林年蒸散量占全年总降水量的30.0%～80.0%，全国平均蒸散量为56.0%。

例如，河源市年均降水量为1 600mm，林地面积为114.25万hm^2，假设河源市年降水量的60%通过蒸散消耗掉，则河源市森林涵养水源量为68.55亿t。通过水库影子工程费用成本5.714元/m³，来估算森林涵养水源的价值为139.69亿元/年。

净化水质价值$B_{水2}$。根据北京林业大学资料，水源涵养保护的，水质达到生活用水标准，水源涵养林净化水质的价格取2.0元/m³。可以设定，林区拦蓄的降水除60%用于树木蒸散外，其余均变为地下径流。因此，森林净化水质的价值为137.1亿元/年。

$B_{水1}+B_{水2}=B_{水}$

得到河源市森林涵养水源和净化水质的价值为528.79亿元/年，占2012年河源市GDP615.26亿元的85.95%。

第五节　东江水源保护区饮用水质量现状及评价

一、东江污染的来源及保护东江水质的战略意义

东江流域地表水是主要的供水来源。1994年地表水供水量为38.17亿m³，占总供水量的96.4%，而地下水供水量仅占3.6%。因此，保护东江地表水资源非常重要。依据上述分析，东江水质的污染可分为点源污染和面源污染。点源污染主要集中在城市附近的河段，如河源市内的河水中EC值的突增，另外，惠州市的工业污染水排放也相当严重。面源污染主要表现为农田化肥和农药用量的激增引起水质的恶化。据此，从以下方面阐述东江污染的来源和控制措施。

虽然东江本身的稀释作用对弱化污染起到了重要的作用，但点源污水排放引起的河水污染仍很明显。根据东江流域多年污染源统计资料和水污染特征，流域内排污口的类型，主要为明渠和涵管，多为全年排放，而且工业废水的比例呈逐年增加趋势。根据珠江水利网的水资源报，2004年东江流域污水排放量达到10.48亿t，其中工业及建筑业废水排放量为6.65亿t，城镇居民生活污水排放量为3.07亿t，第三产业废水排放量为0.76亿t。这些废水中有7.68亿t排入东江。另外，东江流域内城市生活污水的处理率严重不足，许多城镇无生活污水处理厂，居民用水均直用直排，造成河水水质的污染日趋严重。因此，加快流域内各城市污水处理厂的建设，增加污水处理能力，是今后流域内水污染控制的重点之一。此外，鉴于工业污水排放量比例的增加，做好环保监督机制，保证各工厂主要污染物的达标排放也不容忽视。

东江流域内的农业依然占主要地位，据1997年统计，流域内农业人口412.51万人，占总人口的55.7%；农业耕地面积298.44万hm²，人均耕地0.72hm²。农药和化肥平均用量达30.9kg/hm²，是河水的主要面污染源。面源污染对东江流域水质所造成的危害主要发生在汛期，伴随着降雨径流，流域地表的污染物如农田里的农药、化肥、城镇垃圾废弃物等被冲入河中，污染物在河流中释放、溶解，使水体遭受污染。面源污染具有分布范围广，难控制的特点，通过剧毒农药的更新换代，加强化肥施用的环境安全管理等措施，可达到控制污染的效果。

从1960年开始，东江成为香港的主要饮用水源，目前担负着700万人的生活用水供应。香港供水的汲水口处于东江下游（Ⅲ段），属于城市经济高速发展的地区，也是上述点源和面源影响最为明显的地区。因此，必须在局部流域采取有效的保护水质措施。另外，根据河水来源的分析，此段河水直接来源于北部象头山和罗浮山的地下水，说明香港饮用水与北部山区的地下水密切相关。因此，为保护香港的饮用水安全，从长远的意义来看，应建立两个山脉地区地下水保护的有效机制。

二、深圳境外东江水源水质监测

1. 水质主要监测项目

根据2006—2010年深圳东部引水工程东江取水口的水质监测，年均浓度值超过地表水Ⅲ类标准限

值的项目，有总氮和铁两个项目，总氮的超标幅度约为0.4倍，且呈逐年增加趋势。铁除2009年年均浓度低于标准限值0.3g/ml外，其他年份均超过标准限值，超限幅度在0.1～0.7倍。其他监测项目如高锰酸盐指数、总磷和氨氮等年均值均小于地表水Ⅲ类标准限值（表8-7）。

表8-7　2006—2010年水质主要监测项目年均浓度值

项目	Ⅲ类水标准	年份				
		2006	2007	2008	2009	2010
pH值	6～9	7.29	7.19	7.19	7.20	7.12
溶解氧	≥5	8.34	7.48	7.31	6.50	7.83
高锰酸盐指数	≤6	1.54	1.74	1.64	1.62	1.60
五日生化需氧量	≤4	1.00	2.17	1.11	2.35	1.90
总磷	≤0.2	0.03	0.02	0.03	0.03	0.03
氨氮	≤1.0	0.13	0.17	0.06	0.09	0.05
总氮	≤1.0	1.18	1.40	1.30	1.40	1.58
硝酸盐氮	≤10	0.71	1.09	1.14	1.02	1.18
铁	≤0.3	0.50	0.50	0.31	0.22	0.32
砷	≤0.05	0.000 7	0.000 7	0.000 8	0.001 2	0.000 7
汞	≤0.000 1	0.000 02	0.000 02	0.000 08	0.000 01	0.000 03
铬（六价）	≤0.05	0.007	0.002	0.001	0.008	0.002
氰化物	≤0.02	0.000 5	0.000 5	0.000 5	0.001 3	0.000 5
硫酸盐	≤250	4.44	5.60	6.22	6.94	7.84
氯化物	≤250	2.94	4.18	4.63	4.81	5.75
氟化物	≤1.0	0.15	0.20	0.20	0.22	0.21

注：除pH值外，其他项目单位均为mg/L

2. 水质总体评价

水质指数法。水质指数法是由水利部水环境监测中心研制的，用来描述和比较水资源质量用途的一种新的水质评价方法，该方法中的水质指数值体现了水质的污染程度。评价标准以国家《地面水环境质量标准》（GB 3838—88）为基础，并以国家《生活饮用水卫生标准》（GB 5749—85）为依据，参照水利部《地表水资源质量标准》（SL 63—94）来制定的，比较符合供水水源地的现实需要和客观实际。

水质指数法将评价项目分为三类：第一类为饮用水中毒性项目；第二类为饮用水一般化学指标；第三类为水源地易污染项目。评价时首先按上述三个项目分类，先计算各类中单项分指数值IL，并确定其相应分级指数；然后再作综合评价。综评时，从三大类中选取分级指数值为最高者，作为最终该水源地的评价结果。用WQI=（IL）max公式表示。把水质评价最终的指数值对照评价等级表，得出水质评价等级，即为评价结果。评价等级表见表8-8。

表8-8　水质指数值（WQI）及相应评价

WQI	≤20	21～40	21～40	41～60	61～80	>100
评价	优	良	尚好	较差	差	极差

表8-9　2006—2010年水质指数评价结果

年份	水质指数	水质评价	主要污染物
2006	18	优	总氮
2007	19	优	总氮
2008	40	良	汞
2009	22	良	BOD_5
2010	17	优	总氮

在表8-9中，2006、2007和2010三个年份的水质指数均小于20，水质优，水体中的主要污染物是评价方法中第三类项目中的总氮，2008年水质指数是40，水质良，水体中的主要污染物是评价方法中第一类项目中的汞，2009年水质指数是22，水质良，水体中的主要污染物是评价方法中第二类项目中的BOD_5。

综上所述，深圳境外东江水源水质总体优良，但是总氮含量较高，表明水体长期受到一定程度农业生产和人类生活的污染，另外个别年份受工业生产污染明显。

有机污染指数综合评价法。

$$A=\frac{BOD_i}{BOD_5}+\frac{COD_i}{COD_5}+\frac{NH_3-N_i}{NH_3-N_5}-\frac{DO_i}{DO_5}$$

BOD_i、COD_i、NH_3-N_i和DO_i为实测值；BOD_5、COD_5、NH_3-N_5和DO_5，为标准值。各项标准值按照《地表水环境质量标准》（GB 3838—2002）m类标准规定如下：BOD_5为4mg/L；COD_5为6mg/L；NH_3-N_5为1mg/L；DO_5为5mg/L。

评价标准为：$A<0$为良好水体；$0<A<2$为一般水体；$2<A<3$为轻度污染水体；$3<A<4$为中度污染水体；$A>4$为严重污染水体。根据表8-10中污染物年平均浓度，按照上述公式计算，得出每年份有机污染综合评价值A均小于0，因此，属于良好水体，水体遭受有机物污染不明显（表8-10）。

表8-10　2006—2010年有机污染综合评价结果

年份	有机污染综合评价值	评价结果
2006	−1.41	良好水体
2007	−0.85	良好水体
2008	−1.22	良好水体
2009	−0.69	良好水体
2010	−1.16	良好水体

深圳境外水源水质变化清况，所有项目表现趋势不一。pH值呈现明显逐年降低趋势，2006年pH值年均值为7.29，2010年pH值年均值为7.12，中间几乎没有波动，稳定下降。这可能是受降雨影响，随着东江流域工业不断发展，东江由上游往下，逐渐进入酸雨区，并有继续加重的趋势，导致东江水质pH值逐年降低；氨氮年均含量逐年降低，总氮年均含量逐年升高。表明水体在上游受氮的污染不断加大；总磷、高锰酸盐指数、BOD_5等项目没有明显变化趋势，每年年均含量在合理范围波动；氟化物、硫酸盐和氯化物年均含量呈稳定上升趋势，表明水体受工业污染在加剧；铁含量从2008年开始年均值降幅明显，年均值由以前0.5mg/L降低至0.3mg/L，这主要是由于水体浑浊度降低，水体中含铁颗粒减少，铁含量降低。

深圳是缺水城市，需引入外地水源，以保证城市用水安全。综上所述，深圳境外东江水源水质是优良、安全的，可以放心引入。深圳市饮用水和香港居民用水，是通过东江水源引入深圳30个大小水库，加之接纳天然降水补充，保持了正常库容，在正常年份，可以保障深圳和香港用水需要，饮用水质是安全的。深圳无大河大江，但有许多小河或支流，深圳市民生活污水，原先都流入小河流，再排放大海，例如福田河，茅洲河等，曾出现臭、黑、差，影响市容和居民生活。近些年经政府和市水务部门的得力整治，河体水环境有显著改善，逐渐趋向与绿色生态城市、园林城市、宜居宜业城市相匹配。但从深圳现代化发展角度看，保洁清污的水环境建设与管理，仍然任重道远。

深圳是经30多年，由一个小城镇发展起来的新城市，本文对粤赣东江源水环境整治为例，总结经验，分析问题，指出对策。可供我国美丽乡村生态建设水资源保护专题借鉴，少走弯路，节省投资，使乡村环境建设得更美。

参考文献：

陈绘绚. 2011.东江水资源存在的问题及保障措施[J].广东水利水电（06）：30-32.
陈礼耕. 1986.不同植被冠层持雨率研究[C].哈尔滨：黑龙江水土保持科学研究所.
广东省林业勘测设计院. 2000.宝安区铁岗水库水源涵养林二期工程施工设计说明书[S].
国务院办公厅秘书局. 1998.全国生态环境建设规划[S].
李凤，吴长文. 1995.水源保护林理水功能研究[J].南昌水专学报（S1）：30-36.
李景文. 2001.森林生态学[M]. 第2版.北京：中国林业出版社.
李炎香. 2000. 南亚热带生态风景林营造技术[R].深圳市宝安区绿化委员会办公室.
刘振，等. 2003.水土保持监测技术[M].北京：水利部水土保持监测中心.
罗振. 2004.深圳市陡坡毁林种果的危害分析与对策[C].南方水土保持研究会年会暨学术讨论会.
深圳市规划与国土资源办公室. 2004.关于我市毁林种果有关情况的报告[S].
深圳市人民政府办公厅.2000.深圳市生活饮用水地表水源保持区划分[S].
深圳市人民政府办公厅.2004.深圳市水土保持生态建设规划[S].
深圳市人民政府办公厅.2004.提请审议关于加大执法力度保护我市生态环境议案办理方案的函[S].
深圳市水土保持办公室.2001.深圳市水土流失遥感监测动态变化分析报告[R].
深圳市水务局，深圳市水土保持办公室. 1999.水土保持法规文件汇编[C].
深圳市水务局，珠江水资源保护科研所. 2003.深圳市水源保护规划修编报告[R].
深圳市水务志编纂委员会. 2001.深圳市水务志[M].深圳：海天出版社.
孙向阳. 2005.土壤学[M].北京：中国林业出版社.
王好芳，窦实，郭乐. 2009.东江流域水资源承载能力评价[J].水资源保护，25（01）：40-43.
王礼先. 2000.水土保持学[M].北京：中国林业出版社.
王小平，甘敬，薛康，等. 2004.密云水库水源保护区可持续发展战略研究[M].北京：中国林业出版社.
吴长文，王礼先. 1995.水源保护林保持水土效益的小区试验分析[J].南昌工程学院学报（S1）：45-49.
吴长文. 1994.密云水库水源保护林水土保持效益的研究[D].北京：北京林业大学.
刑福武，余明恩. 2000.深圳野生植物[M].北京：中国林业出版社.
徐化成. 1995.景观生态学[M].北京：中国林业出版社.
杨修祖. 2012.关于东江源区水资源保护与治理的几点思考[J].江西水利科技，38（01）：48-50.
余新晓，于志民，等. 2001.水源保护林培育经营管理评价[M].北京：中国林业出版社.
中共深圳市委办公厅，中共深圳市委市人民政府.2004.中共深圳市委办公厅，中共深圳市委市人民政府关于加快城市林业发展的决定[S].
周衍平，陈会英. 1992.农业生态经济系统评价指标体系研究[J].生态经济（02）：14-20.

第九章　受损山体的生态修复技术

第一节　受损山体类型及特点

我国城镇化发展建设很快，由于采矿取石需要，城乡结合部分布了大批岩石陡峭的边坡群；同时，乡村道路建设与国家路网干线交错重叠，组成了新的城乡路域边坡群网。破坏了乡林山体综合景观。因此，边坡生态修复是我国美丽乡村建设的一项重要任务。本文就道路边坡与采石场边坡工程学特征，边坡稳定性测定，生态修复原则与对策，并公司通过市场招标途径，获取了三亚市崖州区H-6号花岗岩矿生态修复工程、三亚市吉阳区南新一队H-40号花岗岩矿生态修复工程、天涯区H-5号花岗岩矿生态修复工程等项目的规划设计技术依托权益。现对海南、三亚三个岩石边坡生态修复工程的规划设计技术的典型示范效果，作系统报道以期将我国美丽乡村建设中受损山体的快速生态修复，提供创新技术和成熟范例。

一、路堑边坡特征

路堑，即全部由地面开挖出的路基，分为全路堑、半路堑。其主要作用为缓和道路纵坡或越岭线穿越岭口控制标高。路堑通过的地层，在长期的生成和演变过程中，一般具有复杂的地质结构。路堑边坡处于地壳表层，开挖暴露后，受各种条件与自然因素的作用，容易发生变形和破坏，应慎重对待。路堑按通过的地层一般分为土质路堑和石质路堑（图9-1）。

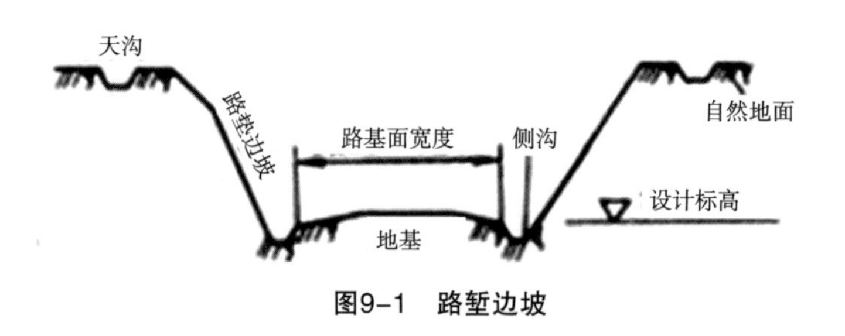

图9-1　路堑边坡

路堑边坡通常是路域环境中影响因子复杂、植被恢复难度大、水土流失严重的地带，故历来也是国内外学者重视的研究领域。其路堑边坡工程学特征如下。

1. 线性工程

我国高速公路和高速铁路占地长宽分布呈窄条形，道路长度起点和终端按工程项目设计而定，一般前期主干线路长>200km，后期道路连网线路长>1 000km。如京沪高铁总长1 313km，沪昆高铁总长2 242km，高速公路南北大通道，大广高速公路总里程3 429km，京九高速总里程2 372km。高速公路宽度小，路基占地仅30～70m，两侧边坡占地，挖方上边坡40～60m，填方下边坡30～40m，高速公路边坡占全路工程量50%～70%，高速铁路边坡占全路工程量30%～50%。

2. 经纬度跨越大

道路工程线路跨度大，有的道路纬度和经度跨越多个生物气候带。例如，多纬度工程。大广高速公路，总长3 429km，从纬度N46°44′41″（大庆）至N23°21′6″（广州），跨越纬度23°23 ′35″。地经寒温带—温带—亚热带—南亚热带等多个气候带。京珠高速粤北段有50多千米，呈高寒山地立体气候特征，每年冬天冻雨行车事故多发，成为京珠高速治阻瓶颈之一。又如高海拔工程。昆玉—玉元—元磨高速公路，是昆明至西双版纳交通旅游主干线，总长539.6km，海拔高度1 895m（昆明）至786m（磨黑）；从纬度25°02′N（昆明）至23°20′N（磨黑），经度102°42′E（昆明）至101°80′E（磨黑）。生物气候带由亚热带—干热河谷带—热带，高山峻岭，地形复杂，气候多变，土壤生态修复难度大。

因此，路堑边坡生态修复应围绕复杂的生物气候特点，从植物选择、种群配置、喷播方式、后养护、水肥管理等方面，采取相应的技术措施，方能快速修复边坡生态系统。经过多年考察，上述两路段所代表的不同气候带边坡生态修复工程效果显著，已融入了当地植被生态景观。

3. 施工期长，边坡裸露，土壤侵蚀量高

路建工程破坏了原生土壤植被，使山体边坡地表裸露，导致坡体土层失稳，以及人工形成的微地形自然安息角较大，水力作用敏感性增强，水土流失加剧，并趋于坡体愈高，坡度愈陡，裸露面愈大，水土流失愈严重。据在深圳南坪路定点观测，每年新开挖60° 山体边坡水土流失量达8 500～15 000t/km²，远超国家标准500t/km²公允值。道路边坡无论是挖方边坡或是填方边坡，均有间隔1～2年裸露期，待路基工程整好后，才进入生态修复工程施工，在此裸露期间遇暴雨大量泥砂冲刷，更威胁下游农田安全，填塞沟渠。因此，防治水土流失是边坡生态修复主要技术途径。

4. 边坡土体构型

道路工程建设致使岩土层受到移动、变形，原有土体或山体自然结构改变，形成各种裸露坡面。垂直断面深厚，土壤剖面特征完整：有机质层（*O*）、表土层（*A*）、淋溶淀积层（*B*）、母质层（*C*），以及介于发生层之间兼有两者特征的过渡层（*AB*、*BC*），两基本发生层交错的指间层（*A*/*B*、*E*/*B*）等，纵横向层次均清晰可见，但层次间质地、结构、紧实度、水光热条件差异大。*A*层和*B*层以及林地覆盖的*O*层，共同构成植被生长的土体层。土层及风化层厚度与母岩有关，花岗岩发育的表土层达3～5m；而风化层高达10～20m。*C*层以下的R层（基岩或母岩），非土壤发生层，却是道路创伤边坡的主要组成部分，缺乏植物生长的基本要素。宜通过土壤回填与肥力调节，方能修复坡面整体生态。

5. 边坡地质稳定性缺陷

工程施工一般需要3～5年，边坡长期裸露，加剧了土壤侵蚀过程。道路边坡稳定性和安全性，不仅受坡体深度和岩土性质影响，还受地质构造特征、岩石的风化和破碎程度、土层的成因类型等影响。线型工程强烈的区域性差异，即便同样的土质或岩石，在不同地区具体指标也有差距。因此，边坡设计应全面考虑多元影响因素，详细掌握地勘资料，根据边坡岩土物理力学性质，综合确定合理参数，选择合适的坡率和边坡形式。工程实践中，路域边坡安全坡度多控制在50° 以下，或坡比（1:1）～（1:0.75）。同时，控制挖方边坡高度，一般坡长在60m以下。要从路域边坡的基本要素设计，保证挖方边坡和填方边坡的稳定性，为保障人、车、路、居安全基本功能打下基础。

二、采石场岩体边坡特征

从边坡的成型特征看，城乡结合部形成的采石场岩石边坡主要有“爆破成型、坡体高陡、岩面凹凸、稳定性差，环形分布”等特点。

1. 岩体高陡，石壁宕口呈半环形

城市建设中需用大量石料耗材，考虑运输成本，以就地取材为主的采石场，大多以城市中央为轴心，散乱分布在城市近郊或城乡结合部，地势较陡峭、岩体外露的高丘或山地上。采石场石壁、山体宕口，为减少投入而采用垂直开采方式，自上而下挖掘，机械与人工结合环形开挖，石壁坡面凹凸不平。边坡坡度在80°～90°，形成巨大的高低不平的断崖层面，甚至倒坡，岩体相对高度多在80～130m。为方便石材、石料运输，废弃采石场多呈半环形边坡。坡面受炸药爆炸力作用，局部多有裂痕或节理，坡面可能存在影响植被稳定的孤石碎石等。

2. 爆破成型，坡面岩体稳定性差

采石场岩石边坡往往较高，采用爆破成型，其山体边坡稳定性问题是采矿安全等领域面临的重大的技术难题。采石场生态恢复工程往往是以边坡稳定为前提的。爆破开挖不可避免地对边坡的稳定性造成一定影响，如果对这一问题认识不足或者重视不够，就有可能导致边坡失稳坍滑，造成严重的后果。在生产实践中，边坡失稳坍塌的现象时有发生：如攀钢巴关河石灰石矿1980年11月18日在1 388m水平进行药量为3t的10孔齐发爆破，当晚便发生了$2.6\times10^4m^3$的滑坡；白银公司露天矿1983年7月9日和20日发生总方量为$100\times10^4m^3$的滑坡体均与此前爆破有关。

爆破震动力学过程对岩质高陡边坡稳定性的影响主要表现如下：一是“弱化”作用，即爆破震动荷载的反复作用，导致岩体结构面抗剪强度参数降低；二是“附加荷载”作用，即爆破震动惯性力的作用，使坡体整体下滑力增大，可能导致边坡的动力失稳；三是爆破震动荷载，使岩石中的剪应力增加，使原生结构面和构造结构面扩展，并产生次生结构面（爆破裂隙），从而影响边坡的整体稳定性；四是爆破震动荷载，还使得地下水状态发生改变，使夹层或潜在滑面处介质的含水量、瞬时水压力（渗透压力）及其寄水性发生改变，它直接或间接地影响到滑面处的阻滑能力。

3. 岩石边坡缺乏植物基本生存条件

采石场边坡往往立地条件恶劣，不是深坑、石壁，就是坚硬的地表，高陡石壁坡面缺少平台或平台窄小，残存土壤极少，原生植被破坏，缺乏植被赖以生存的土壤；环形开采的微地形环境，造成石宕内小气候差异性，形成阴阳坡，坡面温度、蒸发量、辐射热等差异显著，石壁阳坡夏季温度可达50℃以上，阴坡低5～10℃。由于缺少表土的覆盖，岩石坡面的温差增大，极易形成极端温度，侵蚀和地表径流增强，保水能力差，缺土、干旱是岩石坡面植物定居的主要限制因子。

岩石斜坡养分含量很低，养分可利用性与干旱的相互作用限制了植物的生长。失去表土的采石场废弃地，极端的土壤条件和小气候限制了植被恢复，导致采石场废弃地的人工恢复往往需要大量的土壤或替代基质。在回填土的基础上，施肥也能够迅速补充植物所需要的矿物营养元素，短期内促进植物的生长，积累较多的生物量，是植被重建初期常见的基质改良措施。有关学者报道，施肥提高了养分缺乏的原生演替立地的养分可利用性，短期内改善植物在坡面上的生长，提高生物量，增加了植被覆盖和生物量的积累，增加地面植被的物种丰富度和生物多样性。

第二节　受损山体生态修复工程指导原则

一、受损山体地质的稳定性原则

受损山体的稳定性是进行生态恢复的必要条件，在进行坡面生态修复时，首先应分析判断工程边坡是否稳定。一般情况下边坡的深层失稳，会造成坡面植被较大范围的破坏，浅层失稳造成的破坏相对较小。

受损山体生态修复，必须围绕保证受损山体地质稳定性做文章，工程措施与生物措施相结合，防止边坡坍塌、滑坡甚至泥石流等次生地质灾害。例如，石质边坡“V”形槽的设计，钢筋入基岩深度、钢筋型号、排位、槽板厚度等，都要进行载荷与卸荷物理力学计算，以确保边坡的地质稳定性。

坚持“先稳固，后治理”的修复原则，确保受损山体稳定、安全的前提下，再生态建植与修复施工。

二、受损山体植被的可持续性原则

受损山体生态脆弱性主要表现两个方面，一是山体原生植被遭到彻底铲除；二是边坡剖面表土层浅薄，多为淀积层、网纹层或弱风化母质层，生态重建无生存土壤基础，种植和养护困难。因此，必须结合喷混、回填客土、喷施有机基质、使用保水剂、黏结剂等，采取节水滴灌，为生态植被重建提供养分和水分的土壤环境，以保证植被常绿，多代演替。

三、植物选择与配置的多样性原则

受损山体生态修复与园林传统技术有质的差别，不能将园林草坪草等技术简单搬入受损山体生态治理设计使用。实践表明，草本植物生长快，易成坪，但2～3年后死亡。因此，边坡植物选择宜以灌木为主，以豆科植物为主，并选择耐干热、抗倒伏、树型美观的地方优良品种，多科属，多品种搭配，乔灌草藤多样性配置，恢复边坡自然生态体系。追求生物多样性、植物群落和谐相处，是受损山体生态修复的关键。

四、受损山体生态景观的协调性原则

生态景观是自然气候与生物技术组合的综合反映。高速公路和铁路建设是线性工程，经纬度跨度大，平面气候与立体气候交错，不同气候带自然生态景观各异。所以工程边坡生态景观再造的设计，必须适宜当地气候特点，选择地方性优良驯化植物物种为主基调，路域边坡建立常绿乔灌花草群落，城市岩石边坡则营造乔灌藤草生态景观，使受损山体生态景观更趋于自然协调，接近周边原生态景观。从生态景观学角度，近期效果和远期效果相结合；调节灌草比例、豆科与其他科属种性关系，使新建植物群落趋同自然植被。

五、生物质积累最大化是边坡生态修复设计的总目标

生物质积累是边坡生态修复效果的主要评价指标。我国南方的水光热条件优越，生物循环旺盛，有利于群落植物的生物质积累。边坡植被是一个动态变化的植物群落，两极分化本质时刻发生。单位面积内生物累积最大化，横向比是边坡生态修复技术资源的最优化组合，充分利用了当地土壤和水肥气热等环境资源；竖向比则是随着时间的推移，植被干物质积累量越多，说明生态修复技术是可持续发展的。

第三节　受损山体生态修复技术

我国生态修复工程学的发展，为受损山体生态修复施工技术的实践创新，打下了扎实基础。总结我国近20年边坡生态修复施工技术和施工模式的进步，可概括为：人工播种技术→液压喷播技术→挂网（三维网、平面网、土工格栅）+液压喷播→客土喷播技术→挂塑网+客土喷播→空压喷混植生技术→挂铁丝网+喷混植生→“V”型槽植生带技术。

一、低矮土质边坡可采用液压喷播植草技术

液压喷播技术是我国最早引进的高速公路边坡绿化技术。早在20世纪60年代初，美国、西欧、日本等国家采用液压喷播植草技术绿化坡面，70年代末韩国、新加坡、中国香港也开始应用推广该技术。90年代开始，我国在高速公路边坡上广泛应用了液压喷播施工技术，取得了良好的植生效果。

它是利用液压喷播机，以水为载体将草籽、灌木种子、黏结剂、保水剂、纸浆、色素、肥料及土壤改良剂等材料混合搅拌均匀后，直接将混合物喷射到已平整好的边坡种植面的方法。这种方法具有保温、保湿的作用，灌草籽萌芽生长速度快，在较短的时间内能覆盖创伤边坡面，达到快速生态绿化的效果。该方法成本低，工效高，适于工程边坡生态修复规模化作业。但只适用10～30m中低矮土质边坡生态植被恢复和重建，不适用于少土或无土的淀积层、风化层边坡绿化。

二、土质及风化层高边坡可采用挂三维网客土喷播植草技术

挂三维网植草是一种含林草种、黏结剂、肥料、保水剂、纤维素等有机质和水配制而成的黏性泥浆，直接喷射到灌满富含有机质泥浆，或铺满疏松有机质土的三维网坡面上的边坡绿化方法。

三维网是由多层塑料凸凹网和双向拉伸平面网组成，并在交接点处经热熔后黏结，而形成一种稳定的立体网结构，是一种植物护坡的辅助专用土工合成材料。面层外观凸凹不平，材质疏松柔韧，留有90%以上的空间可填充土壤及沙壤土，植物根系可穿透其间网层。底层双向拉伸平面网，具有延伸率低、强度高的特性，起着防止坡体下滑的作用。一般在无防护网的条件下，在植物生长初期，由于单株植物形成的根系只是松散地交结在一起，没有发达的根系结构，易与土层分离，起不到保护作用，而三维网的应用正是从增强三方面的作用效果来实现更彻底的边坡浅层保护。

该方法适用于所有开挖后的土质高边坡及风化层边坡的生态防护绿化，特别是植物生长条件比较恶劣的环境，如风化岩、砂质土、石砾土等缺土风化层边坡均有较明显的效果。

三、弱风化层或岩石边坡可采用挂铁丝网喷混植生技术

边坡挂镀锌铁丝网喷混植生技术，是我国创新发展的新型喷播绿化方式。我国从90年代通过喷混机械装备的改进和革新，开始应用该项技术，在2000年后应用推广较普遍，目前该技术已经成熟，在边坡上应用的生态效果较好。

挂镀锌铁丝网喷混植生绿化防护的特点，石质边坡喷射有机基材绿化技术，是通过在岩石坡面上，喷射适合于植物生长的绿化基质，并与客土混合的基底喷混层10～15cm，克服了风化岩或碎岩边坡欠缺土壤，植物不能生长的困局。表层再喷2～3cm厚加入适宜于本地区生长的植物种子的林草喷混层，以恢复边坡植被生态的新型护坡技术，成功地将工程防护与生态防护有机结合，是石质边坡恢复生态植被的良好施工方法。工程采用喷射绿化基质的植被，具有抗侵蚀性和整体稳定性，生态效益好，能控制水土流失，是工程风化岩边坡生态防护的创新技术。

有机基质喷混植生护坡技术，是在稳定石质边坡上用风钻锚杆、铺挂镀锌铁丝网后，采用专用空压喷射机，将搅拌混合均匀后的有机基材、营养土和种子喷射到边坡坡面上，植物依靠喷混层基材生长发育，形成植物护坡的施工技术，可达到恢复植被、改善景观、保护环境的目的。它具有防护边坡、恢复植被的双重作用，可以取代传统的喷锚防护、片石护坡等工程措施。该技术利用的有机基材含有：种植土、有机质、黏接剂、肥料、混合草灌种子、保水剂和水等组成，其中，有机基材的配方是成功的关键，良好的配方能够达到快速生态防护的效果。该技术可在边坡陡于1:0.75的岩质边坡上应用，既具备一定的强度保护坡面，又能抵抗雨水冲刷，并具有足够的回填土空间和土壤肥力，以保证植物生长。

四、高陡岩体边坡可推行“V”型槽植生带技术

高陡岩体边坡“V”型槽植生带+挂网锚杆喷混植生施工技术，是工程防护措施与生物技术的紧密结合，针对高陡岩体边坡的特点，“V”型槽边坡生态绿化施工过程主要分两步进行。

（1）采用工程防护措施进行加固处理，即在对坡面清理的基础上，进行挂铁丝网、锚杆固定、浇筑混凝土“V”型槽，防止水土流失和崩塌等次生地质灾害。

（2）采用生态防护措施对裸露岩石坡面进行生态景观恢复，即在“V”型槽内回填土壤、种植灌木及藤本植物；再在已挂铁丝网喷混植生，将有机基材和营养土喷射在石壁坡面上，增强边坡绿化景观效果，从而实现高陡岩体边坡的生态稳定性。

此方法针对性较强，生态护坡效果好，能在短时间内完成边坡生态植被的覆盖，达到快速绿化的效果。但由于高空作业成本高，只适于有需要的城市采石场，或高速道路高陡边坡局部岩石坡面的生态景观恢复的市场项目。

第四节　三亚三个岩体边坡生态修复工程共性设计

一、项目由来

生态建设是建设小康社会、富民强国的重大举措。在国家工业化、城镇化和农业现代化发展进程中，开石采矿等活动中遗留了大量的岩石边坡，破坏了原有生态植被。2015年6月，住建部下发文件，正式将三亚确定为“生态修复、城市修补”（“双修”）、“海绵城市和综合管廊建设城市”（“双城”）综合试点城市。三亚市计划用5年时间，完成以山、河、海为重点的生态修复。2015年重点围绕一湾、两河、三路和高速公路沿线地带开展生态治理。全面实施三亚湾原生植被保护与生态恢复工程。

矿山采用露天开采方式，矿山建设与采矿活动使得原有的地形条件和地貌生态特征发生了改变，造成了山体破损、表土流失、岩石裸露、植被破坏等现象，对原生地形地貌景观产生了严重破坏，同时对三亚市整体市容景观造成了影响，特别是对三亚绕城高速公路沿线、西线高速公路、迎宾路、安游路等主干道的视觉景观影响严重。矿山开采形成的裸露岩石边坡对三亚整体城市景观造成了重要影响。

由于地质构造的特殊性，成片采石开矿，石材石料利用，曾为城市发展作出过贡献，但山体受损，生态破坏，形成了较集中的岩体峭壁陡坡群，分布广、面积大、植被修复难度大，是三亚市受损山体边坡生态治理的重点区域。

通过市场招标程序，本公司获得了三亚市吉阳区南新一队H-40号花岗岩矿生态修复工程、崖州区H-6号花岗岩矿生态修复工程、天涯区H-5号花岗岩矿生态修复工程设计示范依托单位。

二、三亚市基本概况

1. 地理区位与气候特征

三亚市地处海南岛南端，位于北纬18°09′34″～18°37′27″、东经108°56′30″～109°48′28″。三亚属热带海洋性季风气候区，三亚台风频繁，干湿交替明显，终年无霜，冬短夏长。据1955—2002年三亚历年气象观测，三亚地区多年平均日照时数2 532.8h，年均降水量1 263mm，年均蒸发量2 273.0mm，年均气温25.7℃，极端低温为5.1℃，极端高温为37.5℃。从每年2月中旬至12月上旬为夏季，12月中旬至翌年2月上旬为春秋季，湿度72%～90%。5—11月为雨季，降水量约占全年的90%，其中，8—9月降雨量最大；11月至翌年4月为旱季，降水量仅占全年降水量的10%。极端降水量为640.9mm。多年平均风速2.7m/s，全年风向多东风，次为东北风。台风累年平均影响个数4.3个，累年最高影响个数10个。三亚市台风季节一般从每年的6月开始，10月结束，个别年份延长到11月终止。三亚热带气候有利于边坡生态恢复，更有利于发展冬季农业，并为全国冬季及春节供应上新鲜蔬菜瓜果作出了历史性贡献。素有“天然温室”之称。

2. 当地经济、社会、文化发展状况

据统计，2015年全年三亚市实现生产总值（GDP）435.02亿元（含农垦），按可比价格计算，比上年增长8.1%。其中，第一产业增加值59.66亿元，增长5.4%；第二产业增加值89.53亿元，增长6.5%；第三产业增加值285.83亿元，增长9.2%。按常住人口计算，人均生产总值58 361元，比上年增长6.9%。三种产业结构为13.7∶20.6∶65.7，第三产业拉动经济增长6.0个百分点，对经济增长的贡献为73.8%。

全市固定资产投资705.97亿元，比上年增长12.1%。其中，房地产开发投资466.65亿元，增长22.8%；其他投资239.32亿元，下降1.1%。从构成看，建筑工程投资452.69亿元，增长4.6%；安装工程投资42.39亿元，增长2.6%；设备工器具购置投资5.37亿元，下降2.0%；其他费用投资205.52亿元，增长37.0%。从投资结构看，第一产业完成投资5.94亿元，下降32.6%；第二产业完成投资16.43亿元，下降2.4%；第三产业完成投资683.60亿元，增长15.4%，占总投资的96.8%。

三、设计依据、标准及设计原则

1. 设计依据

（1）《地质灾害防治条例》中华人民共和国国务院令第394号。

（2）《国土资源部关于加强矿山生态环境保护工作的通知》国土资发〔1999〕36号。

（3）《海南省矿山地质环境保护与治理暂行规定》（琼土环资储字〔2007〕12号）。

（4）海南省政府办公厅《2016年度海南省生态文明建设工作要点的通知）》琼府〔2014〕101号文件。

（5）各项目地质勘察报告及测量地形图和相关图纸。

（6）《矿山地质环境保护与治理恢复方案编制规范》（DZ/T 0223—2011）。

（7）《滑坡防治工程设计与施工技术规范》（DZ/T 0219—2006）。

（8）《建筑边坡工程技术规范》（GB 50330—2013）。

（9）《建筑地基基础设计规范》（GB 50007—2011）。

（10）《砌体结构设计规范》（GB 5003—2011）。

（11）《建筑结构荷载规范》（GB 50009—2012）。

（12）《建筑抗震设计规范》（GB 50011—2010，2016年局部修订版）。

（13）《中国地震动参数区划图》（GB 18306—2015）。

（14）《室外排水设计规范》（GB 50014—2006）。

（15）《崩塌、滑坡、泥石流监测规程》（DT/T 0223—2004）。

（16）《滑坡防治工程勘察规范》（DZ/T 0218—2006）。

（17）《岩土工程勘察规范》（GB 500021—2001）（2009年版）。

（18）《混凝土结构设计规范》（GB 50010—2010）。

（19）《园林绿化工程施工及验收规范》（CJJ 82—2012）。

（20）《水土保持综合治理技术规范》（GB/T 16453—1996）。

（21）《水土保持综合治理验收规范》（GB/T 15773—1995）。

（22）《水土保持监测技术规范》（SI 277—2002）。

（23）《水利水电工程制图标准水土保持图》（SL 73.6—2001）。

（24）其他相关行业工程设计规范标准。

2. 设计标准

（1）降水量参数。50年一遇暴雨量252.3L/S·hm^2。

（2）“V”型槽生物技术。做到当年施工，当年复绿；三季有花，四季常青。

四、生态修复技术措施选用原则

（1）岩石坡面，且坡度较陡。采取“V”型槽+挂网喷混植生。

（2）强风化表层且坡度较缓（<45°）。采用直接挂网喷混植生。

（3）土质边坡及平台。采用穴植乔灌木及直接喷灌草。

五、“V”型槽种植带技术

1. 施工要点

（1）充分利用边坡微地形，如边坡凹陷处及小平台等。

（2）保证“V”型槽角度与坡面成45°，并底部完全密封。

（3）满足“V”型槽体的回填土容积。

2. 施工工艺（图9-2）

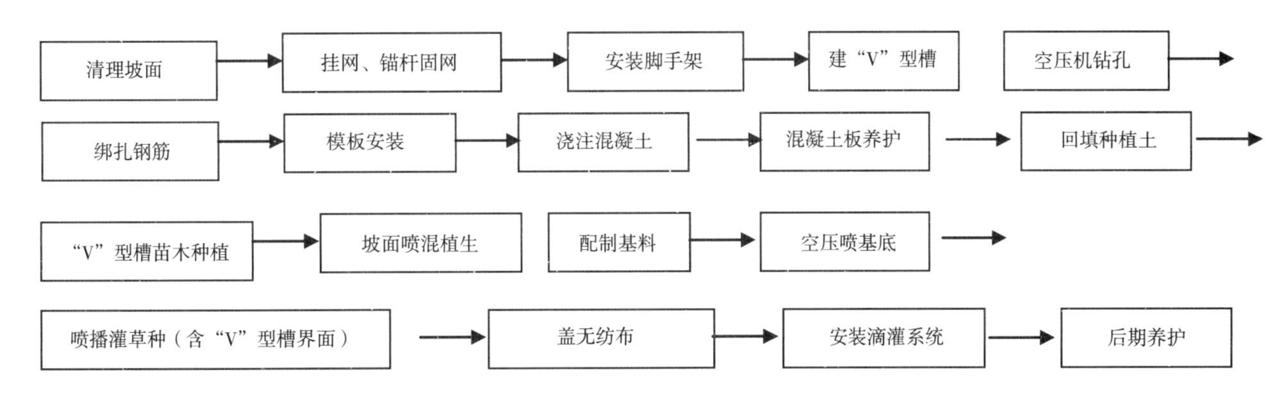

图9-2　“V”型槽种植带施工程序

（1）在边坡全面挂网基础上进行。

（2）沿等高线定点放线。

（3）风钻锚孔。选用风钻在山体上沿等高水平方向（密度30cm/根）以45°角度钻入山体基岩约64cm深。

（4）制作“V”型植生槽钢筋构架。将锚杆（螺纹钢φ=22mm，L=144cm，与水平方向成45°）插入锚孔，然后用水泥灌入锚孔并将锚杆固定，待水泥干后，用小钢筋（φ=10mm，@150mm）与锚杆垂直方向交接电焊或绑扎固定，形成“V”型槽钢筋构架。

（5）现浇“V”型槽体。在“V”型槽钢筋构架下垫好预制板，进行现浇制作混凝土“V”型槽，其厚度8～10cm（内厚外薄）。要求现浇“V”型槽必须与坡面完全封闭，并按8～10m距离预留排水孔。

（6）回填种植土。将适合种植的营养土回填入“V”型槽内，不要填满，预留约1cm即可，沉实后约5cm。

（7）栽种苗木。乔木：在槽中间按株距2.0m/株种植小叶榕（φ=3～4cm，H=150～200cm）；灌木：两株小叶榕之间种植勒杜鹃（D×H=35cm×35cm），2株/m；藤本：槽外侧间种葛藤（L=35cm），4株/m；槽内侧间种爬墙虎（L=35cm），4株/m。苗木选用袋培苗，以提高成活率。

（8）“V”型槽界面喷播灌草种（与坡面喷混同时进行）。

六、挂网喷混植生

该技术是利用特制喷混机械将土壤有机质、肥料、保水剂、植物种子、黏合剂等混合干料搅拌均匀后，加水喷射到岩面上，形成一层既保障植物生长发育而种植基质又不被冲刷的多孔稳定结构层，从而达到快速恢复植被，改善生态环境的目的。

1. 喷混植生施工程序

清理坡面（片石、碎石和杂物）→挂包塑铁丝网→风钻锚孔→灌浆固定锚杆→锚杆固网→土料混合（土、水泥、锯木屑、保水剂、有机复合肥混合）→高压机械喷底土→混合料与种拌合→高压机械喷种→盖无纺布→喷灌透水（无水土流失）前中后期养护。

2. 喷混植生施工技术

（1）坡面清理。岩石边坡多为爆炸成型坡面，石面凹凸不平，间隙松动，物料堆积，坡面清理十分重要。主要清理片石、碎石、污淤泥和杂物，刷清坡面，为平铺铁丝网打好基础。坡面采用小修大不修原则，保持坡面整体性，造成自然景观与周边生态环境相融合。

（2）挂包塑铁丝网。铺挂包塑铁丝网：孔径规格：50mm×50mm，镀锌铁线：ϕ=2.2～3.0mm。将铁丝网沿坡面顺势铺下，铺设时应拉紧网，铺平顺后用长锚杆和短锚杆自上至下固定，铁丝网与坡面保持平顺。铁丝网之间搭接不少于100mm。在坡顶处，铁丝网应伸出坡顶30cm，用锚杆砸紧埋于土下。在坡底，应有20cm的铁丝网埋置于马道平台填土中。用机具在坡面上打孔，然后用锚杆将铁丝网固定。

（3）风钻锚杆孔。岩石边坡硬度大，必须采用风钻锚孔，孔向与坡面基本垂直。锚孔穴布设，以网左右边缘每隔1.5m1穴，可对应打孔。

（4）沙浆固锚杆。锚杆用罗纹钢，埋入锚孔内，然后用水泥沙浆灌注穴孔，以固牢锚杆。

（5）锚杆固网。锚杆ϕ=18mm，长锚杆L=0.5～0.6m，短锚杆L=0.3～0.4m，长锚杆与短锚杆交错排列，纵横向间距约为1m。锚杆具有护坡及固网的双重作用，因此，在布置长短锚杆时应根据坡面具体情况，在预先不能清除的危石处及节理裂隙较发育处，应适当加密锚杆的数量，而在坡面平整、岩体稳定处可用短锚杆代替长锚杆，间距可适当调整。

（6）乔灌草种选择。草种选择及要体现以豆科为主，以灌木为主，乔灌草藤结合。一般以适应热带海洋性季风气候为主的草种与常绿乔灌木种子进行组合配置。

（7）土料过筛。喷混基质中的土壤选定好后，进行筛制，筛网孔径以1～2cm为宜，把土壤中的杂物和石块筛去，大土块打碎过筛。

（8）土与物料混合。地表种植土70%，营养基质30%，充分混合后待用。

（9）高压机械喷土播种。通过湿喷机将混和料均匀喷射到坡面上，分二层（次）喷射。第一次喷射平均厚度8～10cm作为基质（最薄处要求60mm以上），覆盖住镀锌网；第二次喷射用混有草种和灌木种子的混合基质材料2～3cm，平均厚度大于10cm。

（10）滴灌系统安装。水源勘测—打深水井—建抽水机房—主次水管分区排列—滴管带安装。

（11）养护管理。喷播盖膜后，进行喷水，这次水宜喷透，但不宜有水分流失和发生径流，防止基底材料冲垮。养护管理阶段，主要抓好安装使用滴灌系统，做好水分与养分供应管理、追施肥料、防治病虫害及缺陷补救等养护管理工作。工程养护期为36个月。

七、栽植工程

根据对象地段的地形地貌、气候、立地条件，生态修复力求增加山地的自然感和自然观赏性，兼顾绿化景观效果，增强绿地的色彩感，丰富层次。本设计绿化植物选择适应性强、耐旱的乡土植物进行乔灌草立体配置，注意常绿与落叶结合，浅根与深根结合。选择植物如小叶榕［*Ficus concinna*（*Miq.*）*Miq.*］、勒杜鹃（*Bougainvillea spectabilis*）、爬山虎（*Parthenocissus tricuspidata*）、葛藤［*Argyreia seguinii*（Levl.）Van. ex Levl］等。

1. 种植区域可划分为三类

一类：坡顶种植，土层较好。选用树形优美，树体矮小，抗风力强的品种。如夹竹桃。

二类：平台及缓冲带种植，土层较好。选用树形高，冠幅大、易成活、树形优美的树种。如大叶榕、木棉、琼崖海棠。

三类：坡面种植。“V”型槽及喷混植生适合种植根系发达、易成活、耐干旱贫瘠的树种。如小叶榕、勒杜鹃、爬山虎、葛藤、山毛豆、银合欢、胡枝子、大翼豆等。

2. 适宜三亚种植的常用树种及生态学特性

夹竹桃：夹竹桃原产于印度、伊朗和尼泊尔，中国各省区有栽培，尤以中国南方为多，常在公园、风景区、道路旁或河旁、湖旁周围栽培。夹竹桃的叶片如柳似竹，红花灼灼，胜似桃花，花冠粉红至深红或白色，有特殊香气，花期为6—10月，是有名的观赏花卉。夹竹桃有抗烟雾、抗灰尘、抗毒物和净化空气、保护环境的能力。夹竹桃即使全身落满了灰尘，仍能旺盛生长，被人们称为“环保卫士”。

小叶榕：小叶榕属于阳性植物，喜欢温暖、高湿、长日照、土壤肥沃的生长环境，耐瘠、耐风、抗污染、耐剪、易移植、寿命长。小叶榕原产于中国南方和东南亚地区，树姿优美和具有较强的适应性，在中国广东雷州半岛和海南岛北部台地及丘陵地带，常与小叶白颜树、割舌树、胭脂、海南菜豆树等，组成半常绿热带季雨林群落景观。

木棉：喜温暖干燥和阳光充足环境。不耐寒，稍耐湿，忌积水。耐旱，抗污染、抗风力强，深根性，速生，萌芽力强。木棉外观多变化：春天一树橙红；夏天绿叶成荫；秋天枝叶萧瑟；冬天秃枝寒树，四季展现不同的景象。木棉花橘红色，3—4月开花，先开花后长叶，树形具阳刚之美。木棉的花大而美，树姿巍峨，可植为园庭观赏树，行道树。

琼崖海棠：藤黄科红厚壳属植物，在南亚、东南亚、南太平洋和我国台湾、海南地区均有栽培。乔木，高5～12m，花期3—6月，果期9—11月。“龙珠果”盆栽植物，原名就是“琼崖海棠”，中国台湾只有屏东恒春、兰屿等地能看到，是平地少见的圆滚核果的植物。是较耐旱的海边植物，培养为种子盆栽之后，不用多浇水。

勒杜鹃：三角梅，又名叶子花、簕杜鹃、勒杜鹃、九重葛、宝巾。紫茉莉科，叶子花属。原产于南美巴西、秘鲁、阿根廷；常绿木质大藤本植物，枝条常拱形下垂。花多数为3朵聚生一处。其花色多样：有淡红、大红、紫红、淡黄、乳白、一株多色；也有单瓣与复瓣之分。容器栽培，可以裸根移植，成活率高，故能远途托运。华南及西南暖地多植于庭园、宅旁，常设立棚架或让其攀缘山石、园墙、廊柱而上。

爬山虎：又称捆石龙、枫藤、小虫儿卧草、红丝草、红葛、趴山虎、红葡萄藤、巴山虎，葡萄科植物，常见攀缘在墙壁岩石上。爬山虎属多年生大型落叶木质藤本植物，其形态与野葡萄藤相似。藤茎可长达18m（约60英尺）。夏季开花，花小，成簇不显，黄绿色。浆果紫黑色，与叶对生。花期6月，果期在9—10月。爬山虎适应性强，性喜阴湿环境，但不怕强光，耐寒，耐旱，耐贫瘠，气候适应性广泛，在暖温带以南冬季也可以保持半常绿或常绿状态。耐修剪，怕积水，对土壤要求不严，阴湿环境或向阳处，均能茁壮生长，但在阴湿、肥沃的土壤中生长最佳。爬山虎生性随和，占地少、生长快，绿化覆盖面积大。

葛藤：生于丘陵地区的坡地上或疏林中，分布海拔高度300～1 500m处。葛藤喜温暖湿润的气候，喜生于阳光充足的阳坡。常生长在草坡灌丛、疏林地及林缘等处，攀附于灌木或树上的生长最为茂盛。对土壤适应性广，除排水不良的黏土外，山坡、荒谷、砾石地、石缝都可生长，而以湿润和排水通畅的土壤为宜。耐酸性强，土壤pH值4.5左右时仍能生长。耐旱，年降水量500mm以上的地区可以生长。

山毛豆：总状花序顶生或腋生，长15～20cm；花冠长约2cm。荚果长7～10cm，宽约8mm，密生褐色平贴丝毛，有种子10～15粒。每千克种子约5万粒。奇数羽状复叶；小叶11～25枚，长椭圆形，长3～6.5cm，宽0.8～1.0cm，先端锐形。花白色，荚果长6～10cm，宽7～9mm。每千克种子约5万粒。栽培于云南、广西、广东、福建等地。适应性强，耐酸、耐瘠、耐旱，喜阳，稍耐轻霜，适于丘陵红壤坡地种植。以种子繁殖为主。采用底泥微生物原位生态修复、河岸生态护坡等进行立体生态修复技术，收到固土护坡，恢复生态的作用。也可以用作绿肥和饲料。

银合欢：豆科灌木或小乔木，高2～6m。花期4—7月；果期8—10月。产中国台湾、福建、广东、广西和云南。生于低海拔的荒地或疏林中。银合欢耐旱力强，适为荒山造林树种。银合欢喜温暖湿润气候，最适生长温度为20～30℃；气温高于35℃，仍能维持生长。

胡枝子：又名萩、胡枝条、扫皮、随军茶等，属蔷薇目，豆科胡枝子属直立灌木，高1～3m，分枝多、卵状叶片，花冠为红紫色。荚果斜卵形。花期7—8月，果熟期9—10月。胡枝子耐旱、耐瘠薄、耐酸性、耐盐碱、耐刈割。对土壤适应性强，在瘠薄的新开垦地上可以生长，胡技子枝叶茂盛，根系发达，可有效地保持水土，减少地表径流和改善土壤结构。在坡耕地种植胡枝子3～5年后，使土壤的理化性状得到显著的改善。土壤的孔隙结构合理，有机质含量大大增加。在种植2年生的胡枝子坡耕地，可增加地面植被覆盖率62%以上，并可减少地表径流18.2%。减少流失土壤32.4%。

大翼豆：一年生或二年生直立草本，高0.6～1.5m，有时蔓生或缠绕，花期7—8月，果期9—11月。大翼豆为喜温、喜光的短日照植物，生长最快的温度为25～30℃，在日照较长的情况下为22～27℃。耐旱性很强，喜土层深厚而排水良好的土壤，受水渍会延缓生长。

草种选择主要体现以豆科为主，以灌木为主，乔灌草藤结合。一般以适应热带海洋性季风气候为主，草种与常绿乔灌木种子进行组合配置。

八、灌溉系统工程

1. 工程布置

由于绿化坡面较陡，“V”型槽植物采用普通方法灌溉效果很难达到要求，故本工程对灌溉系统进行了专门设计。灌溉系统采用区域灌溉模式，边坡灌溉范围不大，由加压泵从坡底蓄水池加压至坡顶给水管，再由给水管通入凿孔滴灌管，利用水泵加压并利用地势高差，通过重力流进行节水滴灌。

（1）水源地接水处理措施。物探后选点打井，通过管道接入项目场地内的坡底蓄水池中。

（2）场地内供水处理措施。利用各对应水泵送上坡顶的给水管中，经坡顶给水管接出连接凿孔滴灌管，最后灌入植物根部土层中。

（3）灌溉水源接水处理措施。

2. 设备和材料

采用80CQF-50离水泵抽水，“水砂分离器+筛网过滤器”过滤，电动机功率与水泵配套，配备压力表、空气阀、闸阀、水表等设备和仪表。灌溉系统输配水管道、管材详见相关图纸。

3. 附属建构筑物设计

九、水土保持措施设计与进度安排

水土保持方案设计，是每个正规项目拟报建的必备材料，是取得政府许可程序的强制性水保方案设计的一项重要技术工作。

1. 截排水、拦砂工程措施设计

（1）工程等级标准。防山洪标准采用50年或100年一遇，一般截洪标准采用30年一遇；场区排水标准采用10～20年一遇，沉砂池设计标准采用≥5年一遇，施工期排水标准采用5年一遇。

（2）集流分区及流量计算、校核划分汇流区域，列表计算分区汇流面积（附汇流分区地形图）

及流量；校核排水出口排洪能力，道路线型工程对每处涵管或桥的过流能力都要校核。流量公式：对于集水面积<10hm^{2}的，采用水利部提出的推理公式：Q=0.278KIF；对于集水面积>10hm^{2}的，采用南方经验公式：$Qm=C\times H24\times F0.84$。

（3）截排、拦砂工程设计。设计断面形式、结构、尺寸。

2. 边坡防护（含挡土墙）设计

（1）边坡安全稳定性说明和有关设计参数。对高差超过30m的高边坡，存在稳定性问题的边坡，要提出避免大挖大填、实施生态防护的具体改进措施（包括降低边坡高度、线状工程改为隧道方案等建议），说明是否进行地勘或地质灾害评估报告。

（2）边坡防护挡土墙工程措施设计。对主体工程设计中已有挡土墙，要列出主要设计内容和参数；对主体工程没有挡土墙设计的，应进行补充设计。

（3）边坡生态防护措施设计。在保证边坡稳定性的前提下，坚持乔灌草结合、乔灌优先的立体绿化防护设计理念，实现全面绿化覆盖；树种选择应体现乡土化和多样化，乔灌栽植密度要适中，并附典型生态绿化防护的投影平面布置、剖面设计图。

3. 施工期临时措施

（1）进场临时道路。

（2）临时排水、沉沙措施。进行临时排水、沉沙系统总体布置及拦沙措施设计，并附施工图。

（3）其他临时措施（覆盖、拦挡措施等）。

（4）弃土场、场地临时绿化设计。

十、高空作业的安全防控措施

坡面高陡且潜在的松动土石滑落，给坡面治理带来难度。从防止高空落物伤人和防止高空作业人员坠落两方面，进行高空作业的安全防控措施设计。

1. 防止高空落物伤人安全措施

（1）清坡及挂网均采用由上而下的施工顺序。

（2）对于高空材料及设备防腐措施与安全措施，有专人负责，统一批示，配置专职安全人员监护。

（3）各个承重临时平台要进行专门预设并核算其承载力，焊接时由专业焊工施焊，并经检查合格后才允许使用。

（4）从事高空作业时必须佩工具袋，大件工具要绑上保险绳。

（5）加强高空作业场所及脚手架上小件物品清理、存放办理，做好物件防坠措施。

（6）上下传递物件时要用绳传递，不得上下抛掷，传递小规模工件、工具时，使用工具袋。

（7）尽量制止交叉作业，拆架或起重作业时，作业区域设警戒区，严禁无关人员进入。

（8）割切物件材料时，应有防坠落措施。

2. 防止高空作业人员坠落伤害的安全防控措施

（1）如果安全绳的长度超过了3m，一定要加装缓冲器，以保证高空作业人员的安全。两个人不能同时使用一条安全绳。在进行高危险作业的时候，为了使高空作业人员在移动中更加安全，在系好安全带的同时，要挂在安全绳上。高空作业场所禁止非施工人员进入。

（2）脚手架钢管或毛竹搭设符合规程要求，并经常检查维修，作业前先检查稳定性。

（3）高空作业人员应衣着轻便，穿软底鞋。

（4）患有精神病、癫痫病、高血压、心脏病及酒后、精神不振者严禁从事高空作业。

（5）高空作业地点必须有安全通道，通道不得堆放过多物件，垃圾和废料及时清理运走。

（6）距地面1.5m及1.5m以上高处作业必须系好安全带，将安全带挂在上方牢固处，高度不低于腰部。

（7）遇有六级以上大风及恶劣天气时，应停止高空作业。

（8）严禁人随吊物一起上落，吊物未放稳时不得攀爬。

（9）高空行走、攀爬时，严禁手持物件。

（10）垂直作业时，必须使用差速保护器和垂直自锁保险绳。

（11）及时清理脚手架上的工件和零散物品。

第五节　三亚不同岩体边坡生态修复工程的施工图设计及实施效果示范

一、三亚市吉阳区南新一队H-40号花岗岩矿生态修复工程

1. 工程范围及标段概述

本次设计的治理范围包括边坡及其影响范围面积约7 684.4m^2。

项目区原始地貌属丘陵山地地貌，四周植被发育，现状坡度80°～90°，近似垂直，采坑高度80～90m，边坡延展长度62m。矿山开采使山体破损严重，开采区普遍形成了较高的采坑边坡，岩石裸露、植被破坏严重。坡面未设置排水、泄水孔，坡顶未见截水沟，坡脚排水沟尺寸过小，易出现排水不畅。

2. 受损山体稳定性计算及评价

（1）执行规范及参考依据。《三亚市吉阳区南新一队H-40号花岗岩矿生态修复工程项目工程地质勘察报告》，武汉地质工程勘察院，2016年10月。

中华人民共和国国家标准《建筑边坡工程技术规范》GB 50330—2013。

（2）场地地层物理力学性质指标取值（表9-1）。

表9-1　H-40岩石边坡地层物理力学性质

岩土层序号及名称	天然容重kN/m^3	不考虑强降水及地震力作用下	
		黏聚力C（kpa）	内摩擦角Φ（o）
①层砂质黏性土	19.3	46.2	16.4
②层强风化花岗岩	（23.0）	[45]	
③层中风化花岗岩	（26.0）	[71]	
注：[ ]等效内摩擦角			

（3）剖面分析计算。

① 1-1地质剖面稳定性计算（图9-3、表9-2、表9-3）。

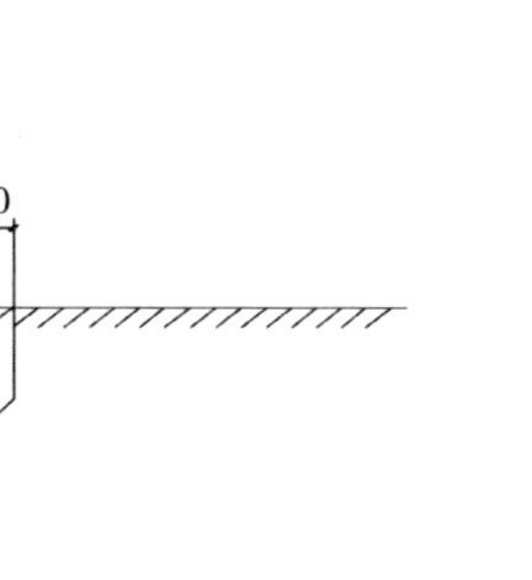

图9-3　H-40坡1-1地质剖面稳定性计算简图

表9-2　H-40坡1-1地质剖面稳定性计算条件

[基本参数]			
计算方法：			极限平衡法
计算目标：			计算安全系数
边坡高度：			32.000（m）
结构面倾角：			50.0（°）
结构面黏聚力：			0.0（kPa）
结构面内摩擦角：			71.0（°）
张裂隙离坡顶点的距离：			3.700（m）
[坡线参数]			
坡线段数		1	
序号	水平投影（m）	竖向投影（m）	倾角（°）
1	18.475	32.000	60.0
[岩层参数]			
层数		1	
序号	控制点Y坐标（m）	容重（kN/m^3）	
1	-1.000	23.0	

表9-3　H-40坡1-1地质剖面稳定性计算结果

岩体重量：	2 782.7（kN）
水平外荷载：	0.0
竖向外荷载：	0.0
侧面裂隙水压力：	0.0
底面裂隙水压力：	0.0
结构面上正压力：	1 788.7
总下滑力：	2 131.7
总抗滑力：	5 194.7
安全系数：	2.437

结论：1-1剖面处于稳定状态

② 2-2地质剖面稳定性计算（图9-4、表9-4、表9-5）。

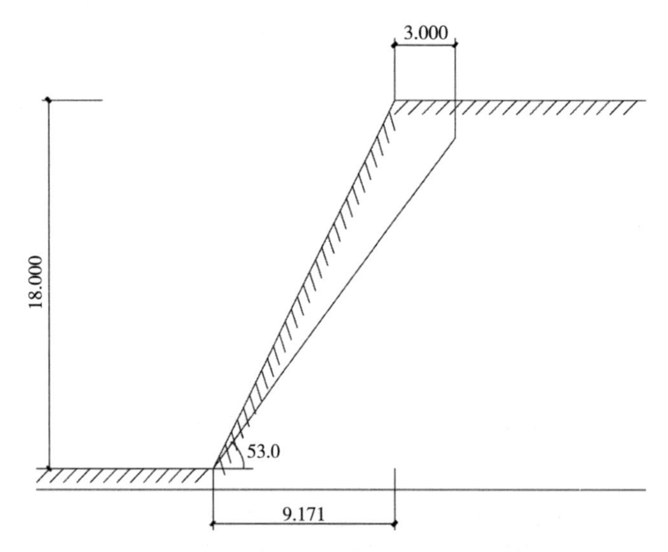

图9-4　H-40坡2-2地质剖面稳定性计算简图

表9-4　H-40坡2-2地质剖面稳定性计算条件

[基本参数]				
计算方法:				极限平衡法
计算目标:				计算安全系数
边坡高度:				17.000（m）
结构面倾角:				53.0（°）
结构面黏聚力:				0.0（kPa）
结构面内摩擦角:				71.0（°）
张裂隙离坡顶点的距离:				3. 0 00（m）
[坡线参数]				
坡线段数		1		
序号	水平投影（m）	竖向投影（m）	倾角（°）	
1	9.171	18.000	63.0	
[岩层参数]				
层数		1		
序号	控制点Y坐标（m）	容重（kN/m^3）		
1	-1.000	23.0		

表9-5　H-40坡2-2地质剖面稳定性计算结果

岩体重量:	879.7（kN）
水平外荷载:	0.0
竖向外荷载:	0.0
侧面裂隙水压力:	0.0
底面裂隙水压力:	0.0
结构面上正压力:	529.4
总下滑力:	702.5
总抗滑力:	1 537.5
安全系数:	2.188

结论：2-2剖面处于稳定状态

3. 生态治理分区设计

（1）治理分区，对整体治理面积进行划分，坡顶、坡脚、岩石坡面、平台。具体详见分区平面图。

（2）治理措施设计。

① 坡顶。距离岩石边坡外侧5m处，沿边坡开挖修建截水沟；沟外侧修建3m宽施工便道。对裸露地面穴植乔、灌木+直接喷灌草。

② 坡脚缓冲区。可视岩体边坡底层“V”型槽与坡脚（或平台）之间每10m设一根钢筋混凝土支护桩。坡脚5m处设1.2m高的浆砌石挡土墙，内填1.1m种植土；外设排洪渠。

③ A区边坡。岩石坡面，且坡度较陡。采取“V”型槽+挂网喷混植生技术。

④ B区边坡。强风化表层，且坡度较缓。采用直接挂网喷混植生。

⑤ C区平台。采用穴植乔、灌木+直接喷灌草；植物疏密结合，形成自然的生态群落。

⑥ 坡面植被养护期间采用固定安装节水滴灌系统。

4. 刷方清危工程

（1）施工前，测量人员应用全站仪进行施工放线，每10m一个点位，按照设计图纸要求，上下、倾斜方向全部用线绳拉好。

（2）刷方清危工程应自上而下、分段跳槽方式施工，每段长度不应大于10m，严禁通长大断面开挖，并保持两侧边坡的稳定。

（3）开挖的土石方全部运到提前商定好位置的堆场，不得堆弃在陡处，以免造成土石方的下滑，形成危害。

（4）坡面土方开挖为了减少超挖及对危岩体的扰动，使用机械开挖应预留0.5～1.0m的保护层，人工开挖至设计位置。

（5）刷方清危工程在雨季施工时应做好水的排导和防护工作。

5. 截排水沟工程

截排水沟断面均为方形，宽0.4m，高0.4m。截排水沟基底以砂质黏性土及其以下地层为持力层。截排水沟土石方开挖量按平均开挖断面积乘总长度计。

截排水沟材料采用M7.5水泥砂浆加MU30（或以上）毛石砌筑，沟顶及内侧用1:3水泥砂浆抹面，厚20mm。每隔10m设一道伸缩缝，缝宽20mm，油浸麻丝填缝。沟底均采用毛石砌筑。

6. 栽植工程

（1）坡脚。

坡脚砌挡墙，回填土，穴植乔灌木+直接喷灌草。

种植琼崖海棠两排，株距×行距为3m×2m；勒杜鹃两排，株距1m；沿坡壁内侧种植爬墙虎，4株/m；内侧种植葛藤，4株/m。

（2）A区边坡。

“V”型槽+挂网喷混植生。

依“V”型槽外侧、中间和内侧分别布置葛藤+小叶榕与勒杜鹃+爬墙虎。小叶榕2m/株；勒杜鹃1m/株；爬墙虎，4株/m；葛藤，4株/m。

（3）B区边坡。挂网喷混植生。

（4）坡顶。种植红花夹竹桃+混播灌草，红花夹竹桃3株一组。

（5）C区平台。小叶榕与木棉片植+混播灌草。

7. 主要技术参数及工程数量表

（1）施工设计主要技术参数（表9-6）。

表9-6　H-40边坡施工设计主要技术参数

项目名称	具体内容	主要技术参数
治理面积	边坡面积	3 333.4m²
	平台面积	4 351m²
	治理总面积	7 684.4m²
“V”型槽	总长度	1 132m
“V”型槽	钻孔深度	入基岩64cm，与水平成45° 角
	主钢筋	螺纹钢ф=22mm，L=144cm，@300mm
	横钢筋	螺纹钢ф=10mm，@150mm
	混凝土槽板	板厚100mm，C30混凝土
挂网	铁丝网	包塑铁丝网，网孔5cm×5cm
	锚固钢筋	ф=18mm，长锚杆L=0.5～0.6m，短锚杆L=0.3～0.4m
	网搭接	100mm
“V”型槽种植	回填种植土配制	红黏土75%，泥炭土15%，有机物料5%，腐熟鸡粪3%，无机肥2%
	填土高度	H=700mm
	种植苗木规格	小叶榕ф=3～4cm，H=150cm，@2 000mm。间种勒杜鹃D×H=35cm×35cm，@1 000mm藤本L=35cm，@100mm
挂网喷混植生	用种量	种子总量36g/m²
	灌草配比	矮生百慕大3g/m²；柱花草2g/m²；海南含羞草1g/m²；银合欢7g/m²；山毛豆5g/m²；美国刺5g/m²；多花木兰3g/m²；胡枝子5g/m²；大翼豆5g/m²
	基料配制	红黏土75%，泥炭土14%，蘑菇肥5%，腐熟鸡粪类3%，黏结剂1.5%，保水剂1.5%
平台种植	生物群落结构	乔灌草藤品种15个以上
	乔木	ф=10cm，株行距300cm×200cm
养护	灌溉方式	滴灌系统，每0.4m布设分支管
	后期养护	6个月
	施肥	一年2次（春、秋肥），复合肥30g/m²
生态效果	植被覆盖率	6个月覆盖70%；1年100%全覆盖；3～5年趋同周边生态环境

（2）主要工程量（表9-7）。

表9-7　H-40边坡施工设计主要工程量统计

分区	分部分项	单位	数量	备注
治理面积	A区边坡	m²	2 458.6	
	B区边坡	m²	874.8	
	坡顶	m²	1 190	
	C区平台	m²	2 471	
	缓冲带	m²	690	
	治理总面积	m²	7 684.4	
A区边坡	“V”型槽	m	1 132	
	回填种植土	m³	283	
	小叶榕	株	566	Ф=3～4cm，H=150cm
	勒杜鹃	株	1 132	W×H=35cm×35cm
	爬山虎	株	4 528	L=35cm
	葛藤	株	4 528	L=35cm
	挂网喷混植生	m²	2 458.6	

（续表）

分区	分部分项	单位	数量	备注
B区边坡	挂网喷混植生	m^2	874.8	
坡脚缓冲区	砌挡土墙	m	138	
	回填种植土	m^3	759	
	勒杜鹃	株	284	W×H=80m×80m
	琼崖海棠	株	95	Φ=8～10cm，H=350～400cm
	爬山虎	株	592	L=35cm
	直接喷灌草	m^2	690	
C区平台绿化	小叶榕	株	60	Φ=10～12cm，H=350～400cm
	木棉	株	57	Φ=10～12cm，H=500～550cm
	直接喷灌草	m^2	2 471	
	修建排洪渠	m	142	
	沉沙池	个	2	
	水塘	m^2	62.3	
坡顶绿化	红花夹竹桃	株	195	H=150cm
	葛藤	株	784	L=35cm
	直接喷灌草	m^2	1 190	
	修建截水沟	m	268	
给水系统	XFS-06-18滴灌管	m	1 800	
	DN25景观设计给水管	m	200	
	DN32景观设计给水管	m	290	
	DN40景观设计给水管	m	300	
	DN50景观设计给水管	m	400	
	DN65景观设计给水管	m	80	
	DN80景观设计给水管	m	160	
	DN100景观设计给水管	m	200	
	水表井，详大样		1座	
	散射喷头		57个	射程3.0m，流量0.31m^3/h

8. 工程预算总造价

生态修复工程预算造价约为685万元（分项预算略）。

9. 施工图设计（图9-5至图9-12）

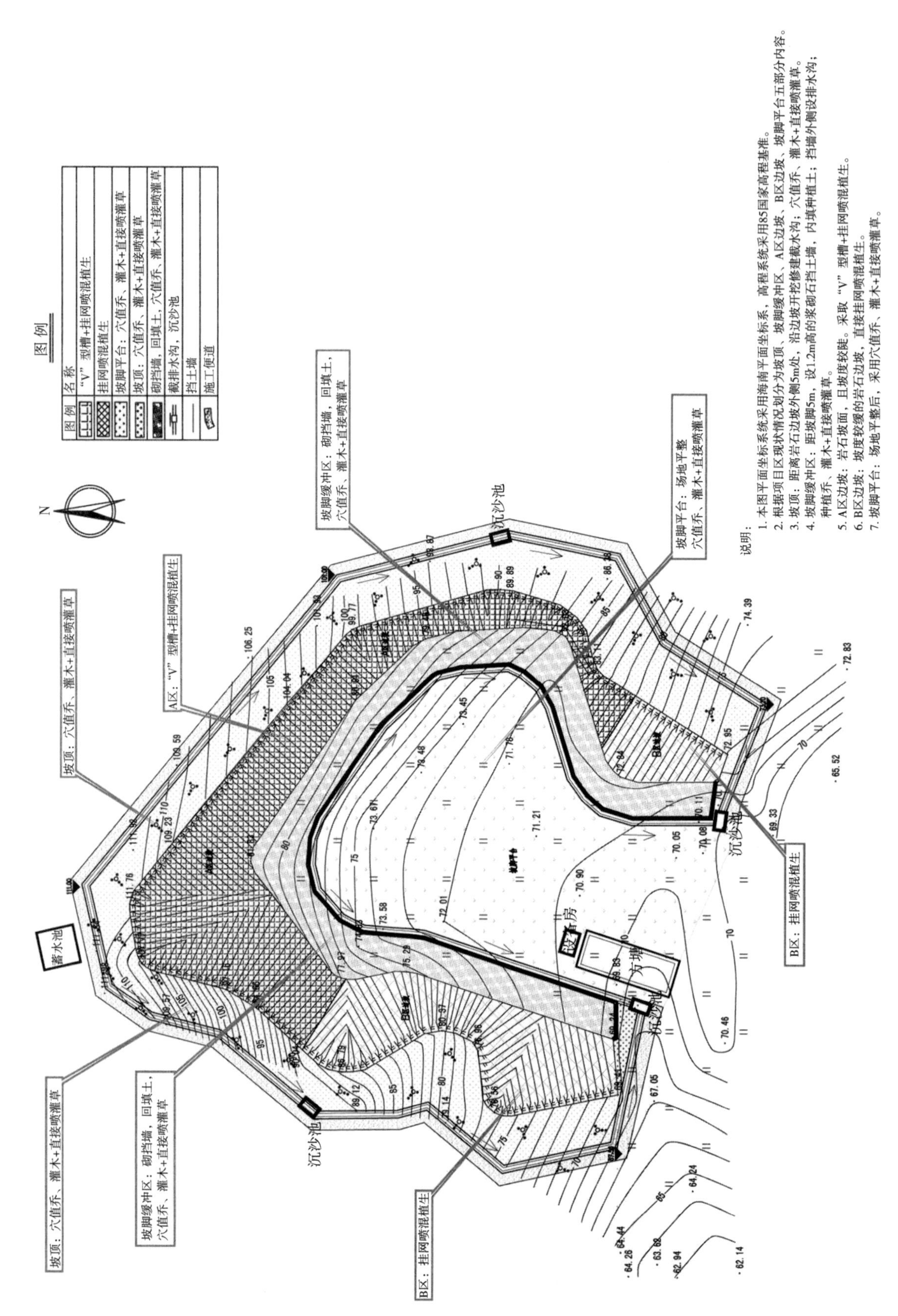

图9-5 治理分区平面图

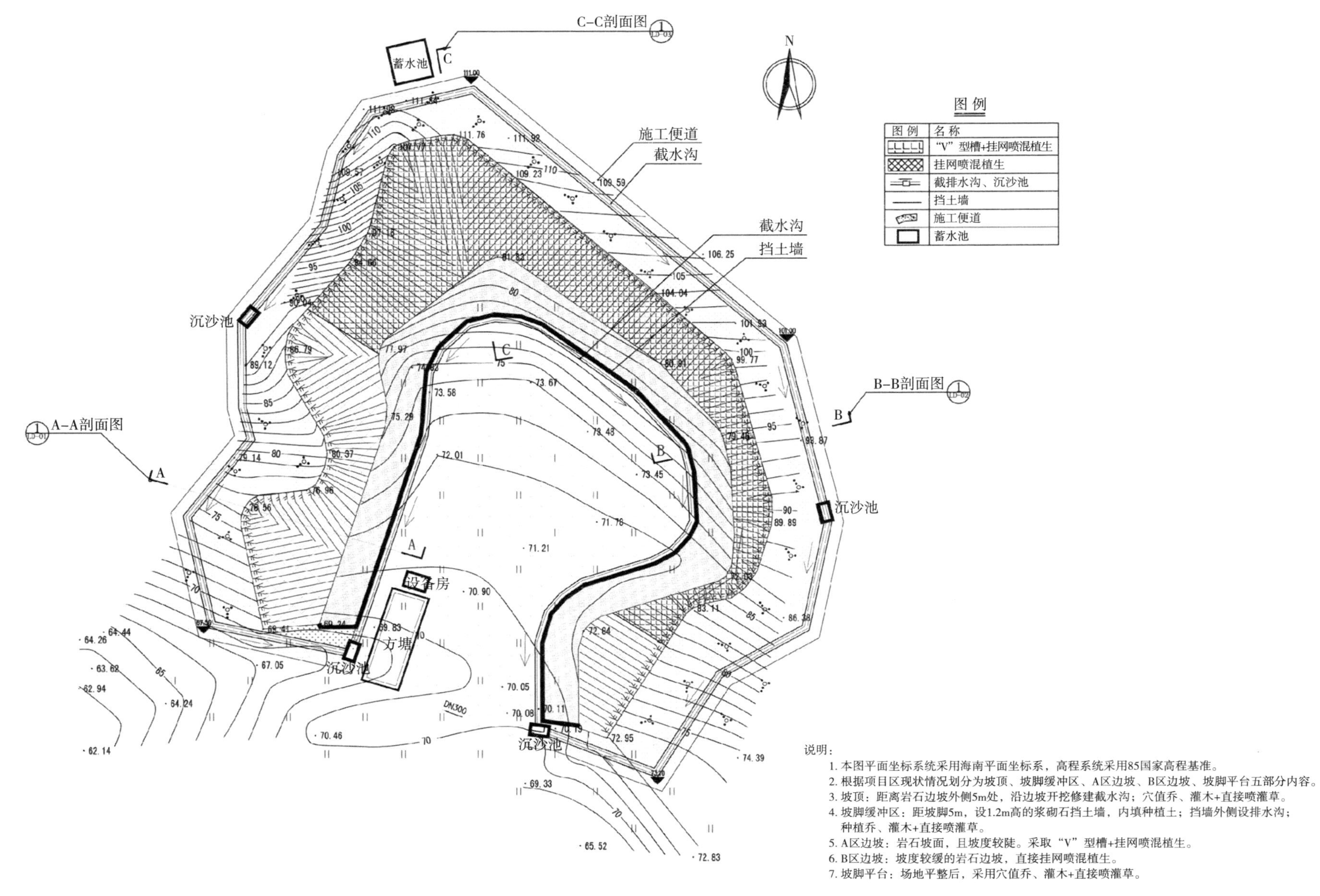
C–C剖面图
蓄水池
N
图例
图例　名称
"V"型槽+挂网喷混植生
挂网喷混植生
截排水沟、沉沙池
挡土墙
施工便道
蓄水池
施工便道
截水沟
截水沟
挡土墙
沉沙池
B–B剖面图
A–A剖面图
设备房
方塘
沉沙池
沉沙池
DN300
说明：
1. 本图平面坐标系统采用海南平面坐标系，高程系统采用85国家高程基准。
2. 根据项目区现状情况划分为坡顶、坡脚缓冲区、A区边坡、B区边坡、坡脚平台五部分内容。
3. 坡顶：距离岩石边坡外侧5m处，沿边坡开挖修建截水沟；穴值乔、灌木+直接喷灌草。
4. 坡脚缓冲区：距坡脚5m，设1.2m高的浆砌石挡土墙，内填种植土；挡墙外侧设排水沟；种植乔、灌木+直接喷灌草。
5. A区边坡：岩石坡面，且坡度较陡。采取"V"型槽+挂网喷混植生。
6. B区边坡：坡度较缓的岩石边坡，直接挂网喷混植生。
7. 坡脚平台：场地平整后，采用穴值乔、灌木+直接喷灌草。

图9–6　工程措施平面图

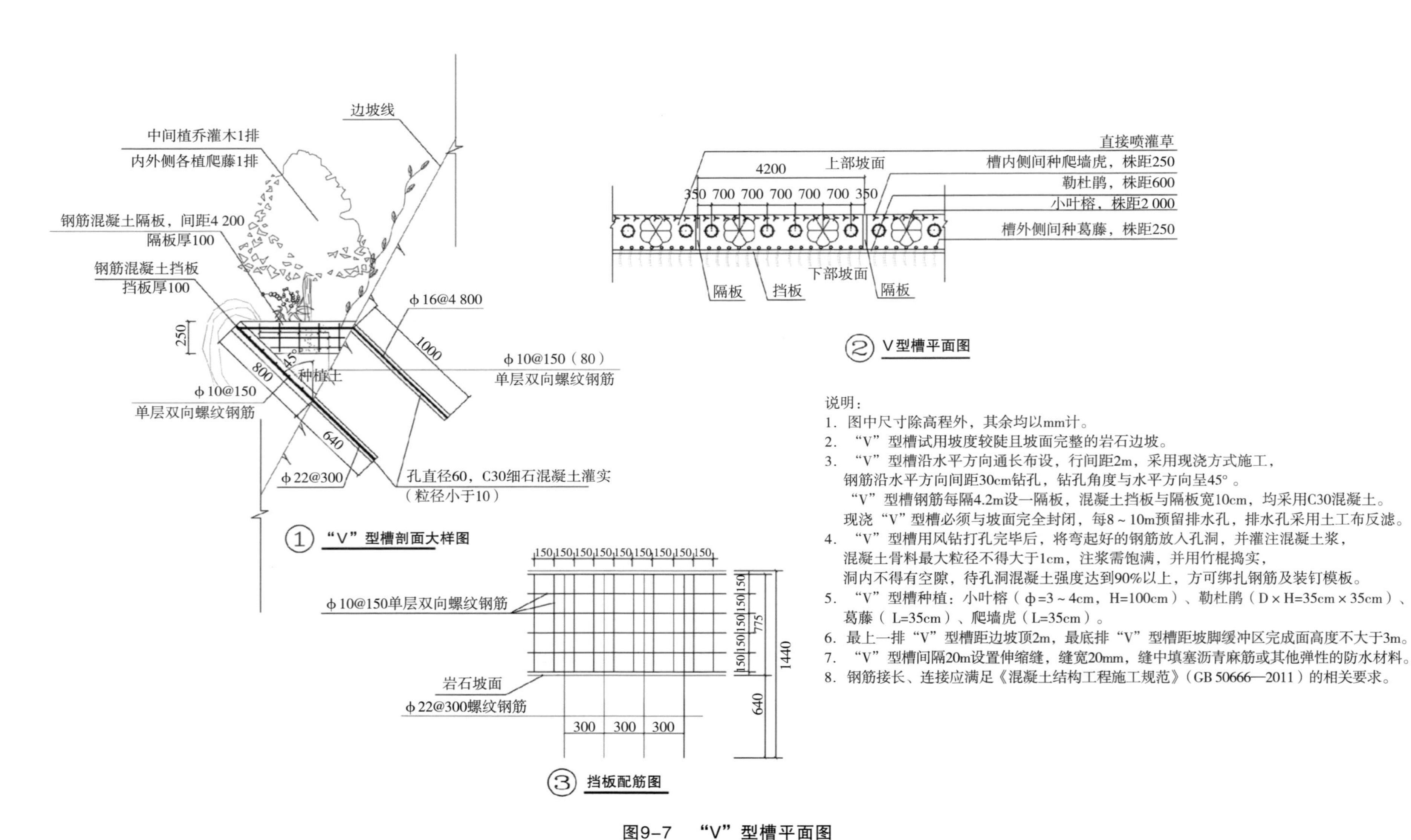

说明：

1. 图中尺寸除高程外，其余均以mm计。
2. “V”型槽试用坡度较陡且坡面完整的岩石边坡。
3. “V”型槽沿水平方向通长布设，行间距2m，采用现浇方式施工，
   钢筋沿水平方向间距30cm钻孔，钻孔角度与水平方向呈45°。
   “V”型槽钢筋每隔4.2m设一隔板，混凝土挡板与隔板宽10cm，均采用C30混凝土。
   现浇“V”型槽必须与坡面完全封闭，每8～10m预留排水孔，排水孔采用土工布反滤。
4. “V”型槽用风钻打孔完毕后，将弯起好的钢筋放入孔洞，并灌注混凝土浆，
   混凝土骨料最大粒径不得大于1cm，注浆需饱满，并用竹棍捣实，
   洞内不得有空隙，待孔洞混凝土强度达到90%以上，方可绑扎钢筋及装钉模板。
5. “V”型槽种植：小叶榕（ϕ=3～4cm，H=100cm）、勒杜鹃（D×H=35cm×35cm）、
   葛藤（L=35cm）、爬墙虎（L=35cm）。
6. 最上一排“V”型槽距边坡顶2m，最底排“V”型槽距坡脚缓冲区完成面高度不大于3m。
7. “V”型槽间隔20m设置伸缩缝，缝宽20mm，缝中填塞沥青麻筋或其他弹性的防水材料。
8. 钢筋接长、连接应满足《混凝土结构工程施工规范》（GB 50666—2011）的相关要求。

图9-7 “V”型槽平面图

1000
300 400 300
400 700
300
30mm厚1：3水泥砂浆抹面
采用M7.5水泥砂浆砌MU30毛石
素土夯实，密实度≥90%

① 截水沟大样图

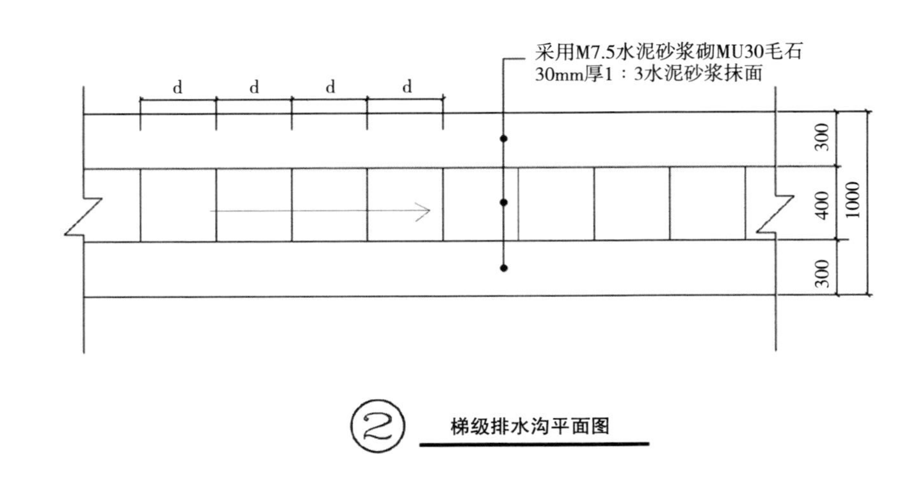

② 梯级排水沟平面图

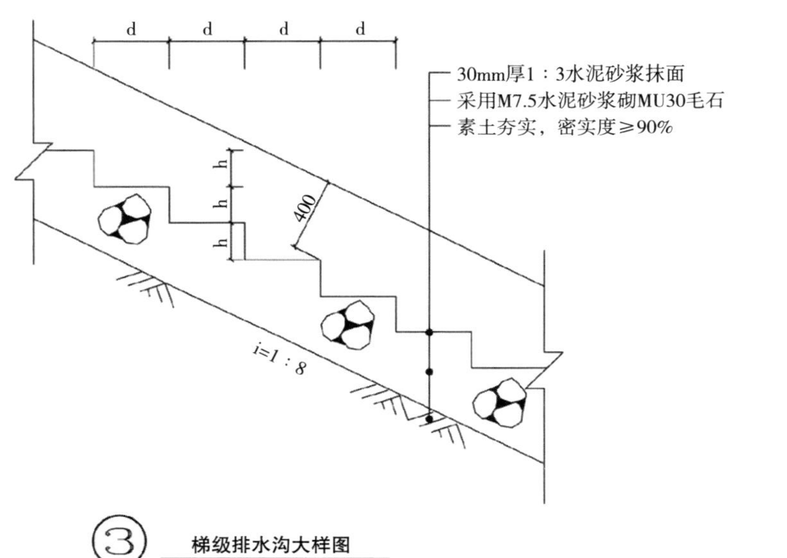

③ 梯级排水沟大样图

说明：

1. 水沟沟底纵坡i>1：8，按梯级4排水沟施工。
2. 采用素土夯实，密实度≥90%，M7.5水泥砂浆，
   MU30（或以上）毛石砌筑，30mm厚1：3水泥砂浆抹面。
3. 挡墙应设伸缩沉降缝，间距为12～20m，缝宽20mm，
   内用沥青麻丝沿内外顶三方填塞，深度不小于150mm。
4. 其他未注明事宜可参见中国建筑标准设计研究院的《挡土墙》J008-1-3。

图9-8　梯级排水沟平面图及大样图

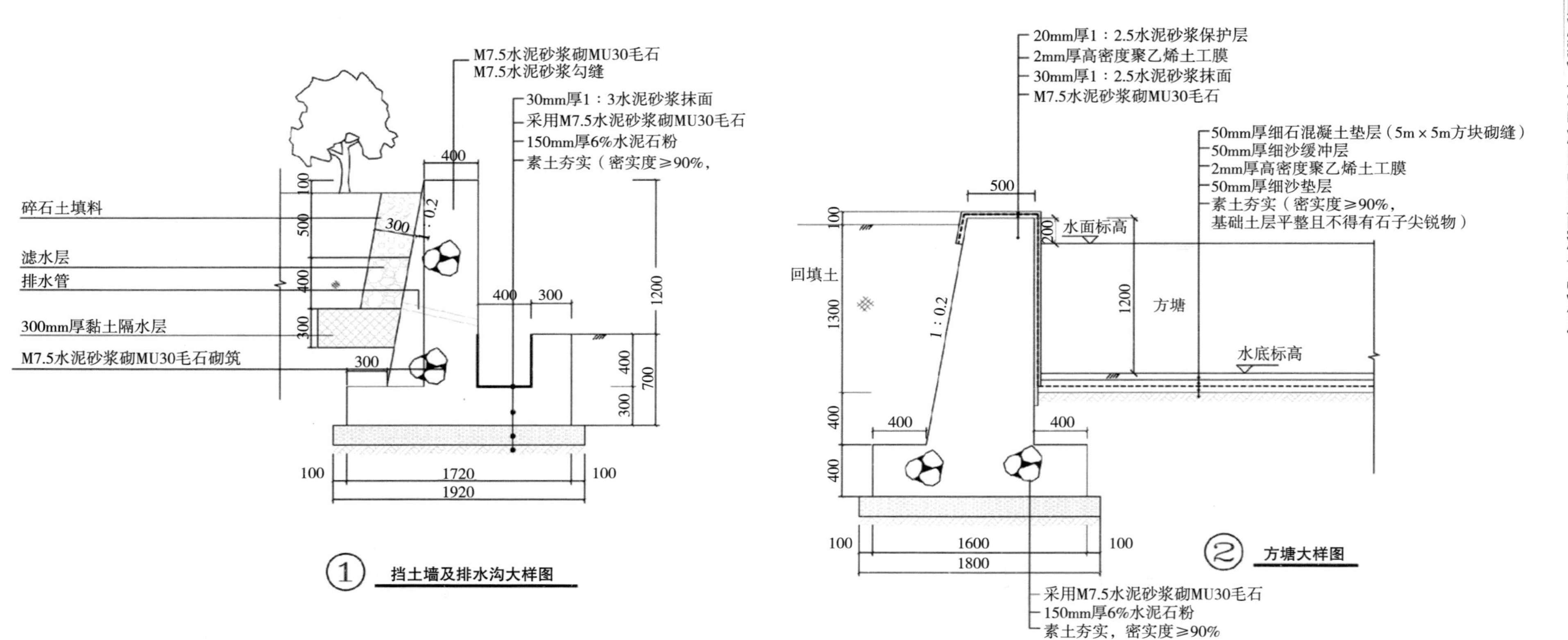

说明：

1. 本挡土墙假定计算条件为：填料内摩擦角为30°，填料容重19kn/m³，挡墙容重22kn/m³，地基承载力120Kpa，施工时需符合以上条件。
2. 挡墙采用M7.5水泥砂浆加 MU30（或以上）毛石砌筑。
3. 挡墙应设伸缩沉降缝，间距为12～20m，缝宽20mm，内用沥青麻丝沿内外顶三方填塞，深度不小于150mm。
4. 排水孔孔径100mm，间距为2～3m。
5. 当墙身施工超出地面后，基坑必须及时回填夯实，并做成不小于5%的向外流水坡，以免积水下渗，影响墙身稳定。
6. 碎石土必须用好土作为填料。
7. 施工前后应搞好排水工作。
8. 其他未注明事宜可参见中国建筑标准设计研究院的《挡土墙》J008-1-3。
9. 方塘设DN300溢水管、排空阀与就近河道相接。

图9-9　挡土墙及排水沟大样图

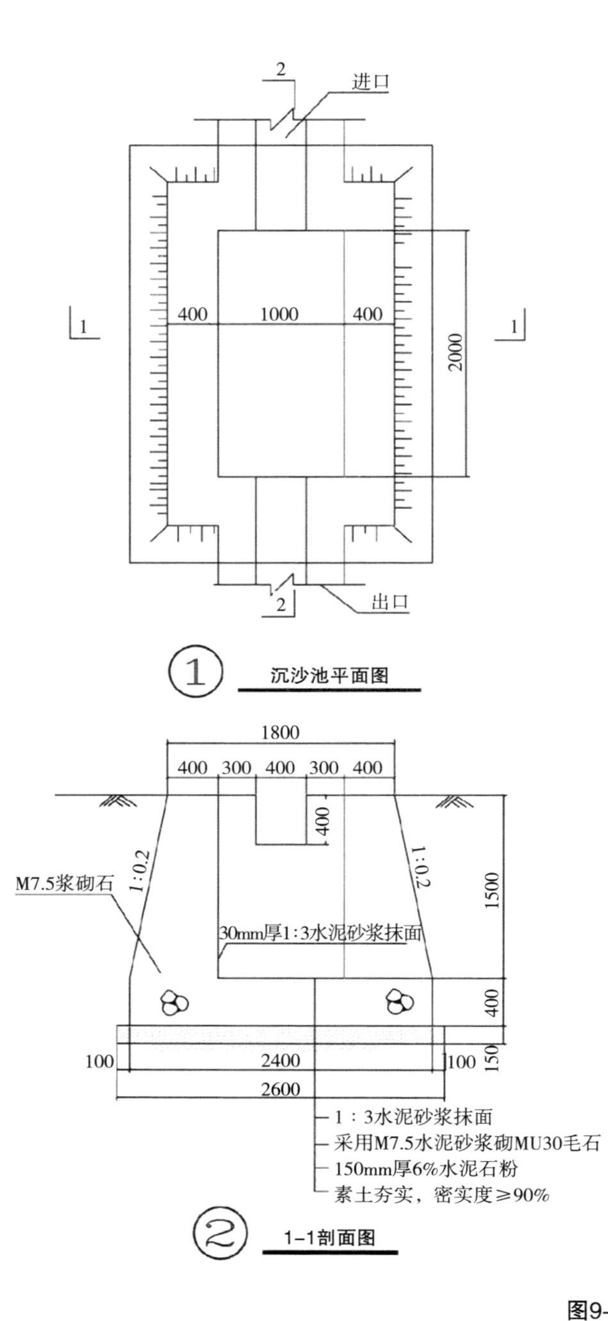

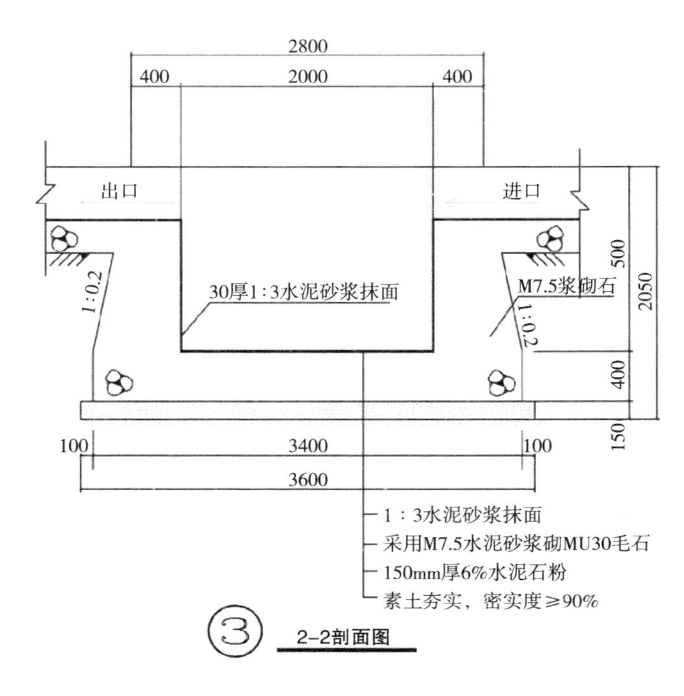

说明：

1. 采用M7.5水泥砂浆，MU30（或以上）毛石砌筑，30mm厚1：3水泥砂浆抹面
2. 其他未注明事宜可参见中国建筑标准设计研究院的《挡土墙》J008-1-3。

图9-10　沉砂池平面图及1-1,2-2剖面图

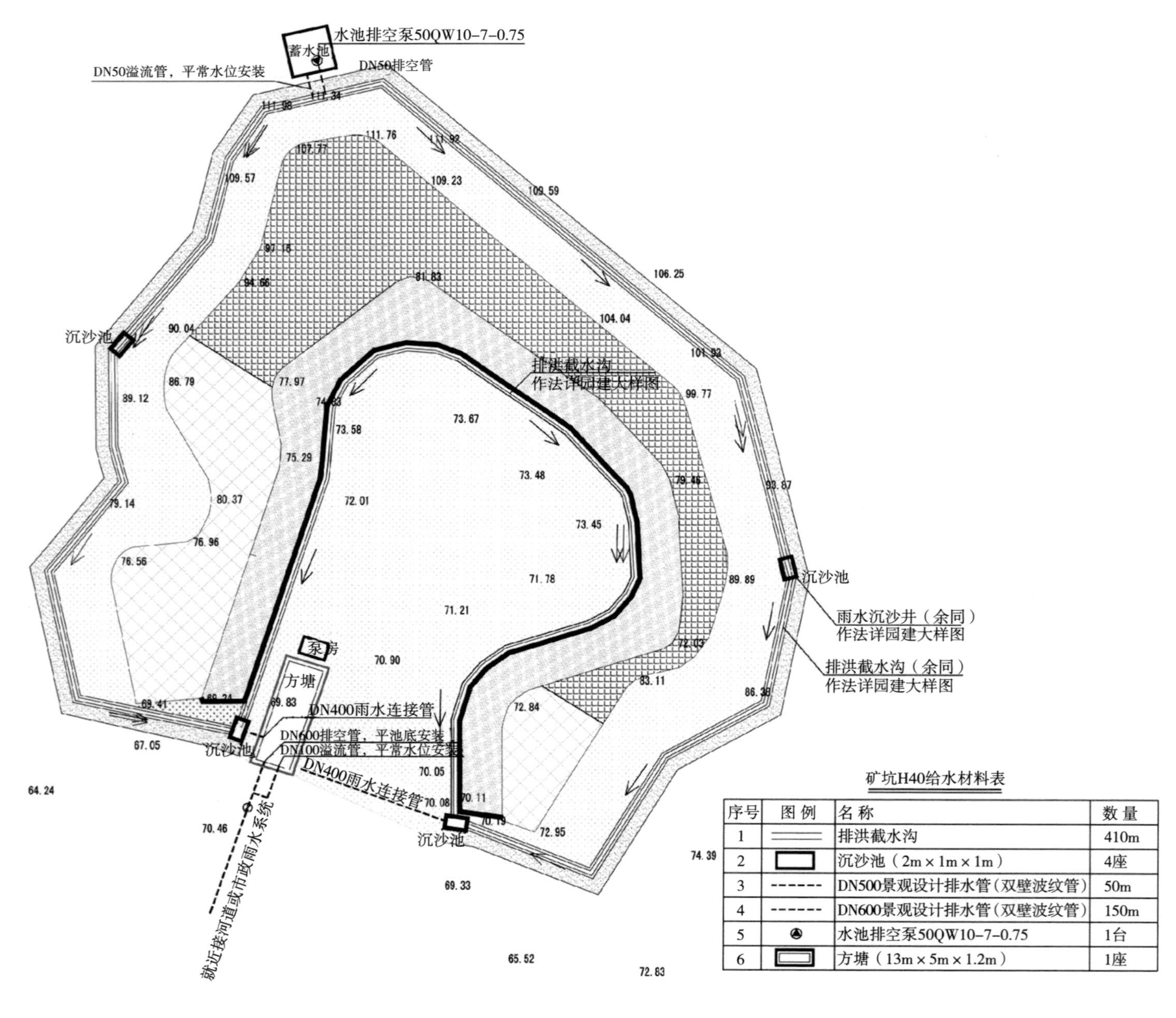

矿坑H40给水材料表

序号	图例	名称	数量
1		排洪截水沟	410m
2		沉沙池（2m×1m×1m）	4座
3		DN500景观设计排水管（双壁波纹管）	50m
4		DN600景观设计排水管（双壁波纹管）	150m
5		水池排空泵50QW10-7-0.75	1台
6		方塘（13m×5m×1.2m）	1座

图9-11 排水平面图

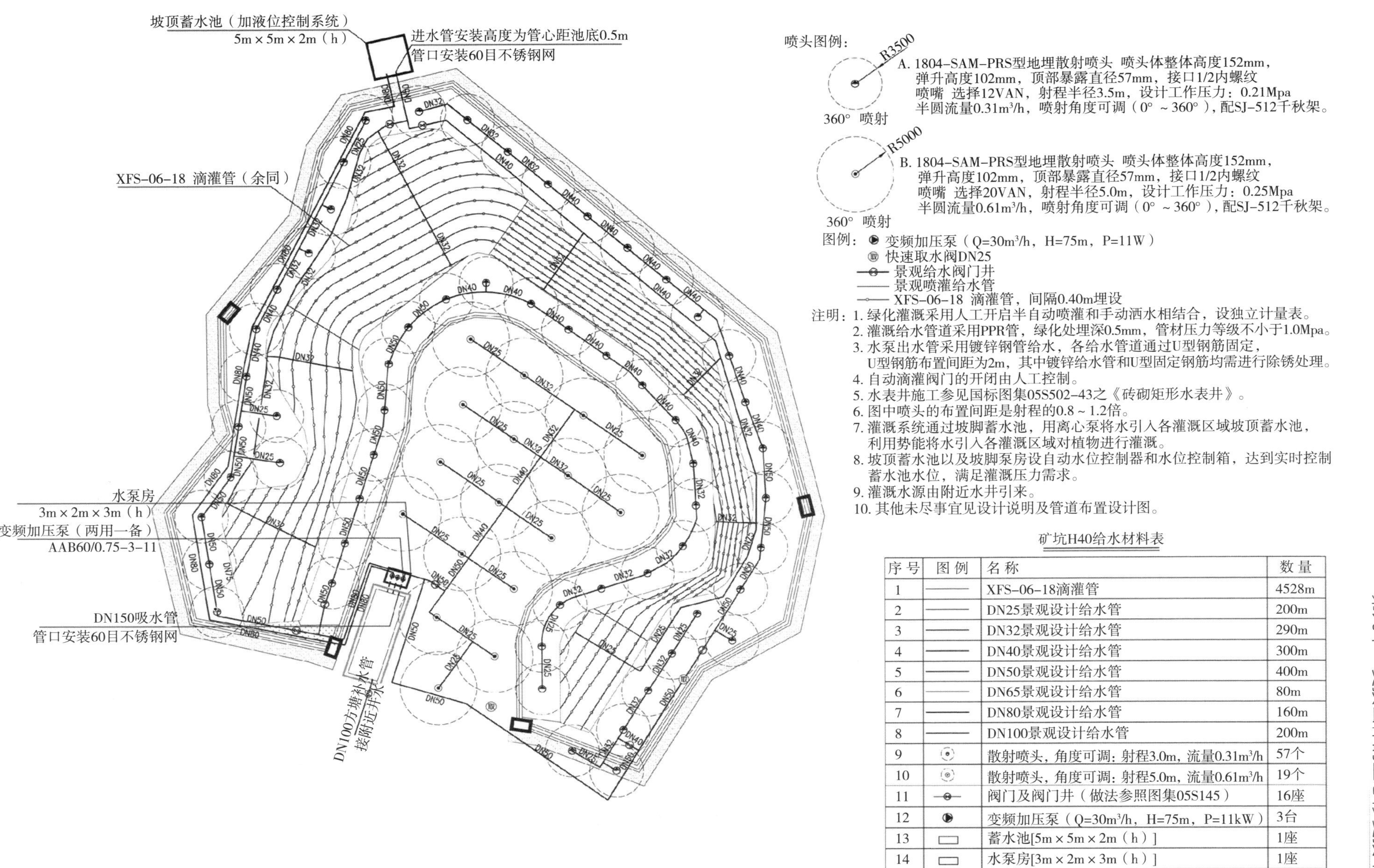

矿坑H40给水材料表

序号	图例	名称	数量
1	——	XFS-06-18滴灌管	4528m
2	——	DN25景观设计给水管	200m
3	——	DN32景观设计给水管	290m
4	——	DN40景观设计给水管	300m
5	——	DN50景观设计给水管	400m
6	——	DN65景观设计给水管	80m
7	——	DN80景观设计给水管	160m
8	——	DN100景观设计给水管	200m
9	⊙	散射喷头，角度可调：射程3.0m，流量0.31m³/h	57个
10	⊙	散射喷头，角度可调：射程5.0m，流量0.61m³/h	19个
11	—⊖—	阀门及阀门井（做法参照图集05S145）	16座
12	●	变频加压泵（Q=30m³/h，H=75m，P=11kW）	3台
13	▭	蓄水池[5m × 5m × 2m（h）]	1座
14	▭	水泵房[3m × 2m × 3m（h）]	1座
15	⊛	快速取水阀DN25	2个

图9-12 灌溉给水平面图

二、三亚市崖州区H-6号花岗岩矿生态修复工程

1. 工程范围及标段概述

本次设计边坡治理范围包括边坡及其影响范围面积约13 420m²。

项目区原始地貌属丘陵山地地貌，四周植被发育，现状边坡度75°～80°，采坑高度70～75m，边坡延展长度92m。坡面未设置排水、泄水孔，坡顶未见截水沟。周边生态链情况、植被现状、乔灌草科属类型等，现场周边植物生长良好，生态层次较丰富。

2. 受损山体稳定性计算及评价

（1）执行规范及参考依据。《三亚市崖州区H-6号花岗岩矿生态修复工程项目工程地质勘察报告》，武汉地质工程勘察院，2016年10月；中华人民共和国国家标准《建筑边坡工程技术规范》GB 50330—2013。

（2）场地地层物理力学性质指标取值（表9-8）。

表9-8　地层物理力学性质指标

岩土层序号及名称	天然容重（kN/m³）	不考虑强降水及地震力作用下	
		黏聚力C（kpa）	内摩擦角Φ（o）
①层砂质黏性土	19.3	46.2	16.4
②层强风化花岗岩	（23.0）	[45]	
③层中风化花岗岩	（26.0）	[71]	

注：[ ]等效内摩擦角

（3）剖面分析计算。

① 1-1地质剖面稳定性计算（图9-13、表9-9、表9-10）。

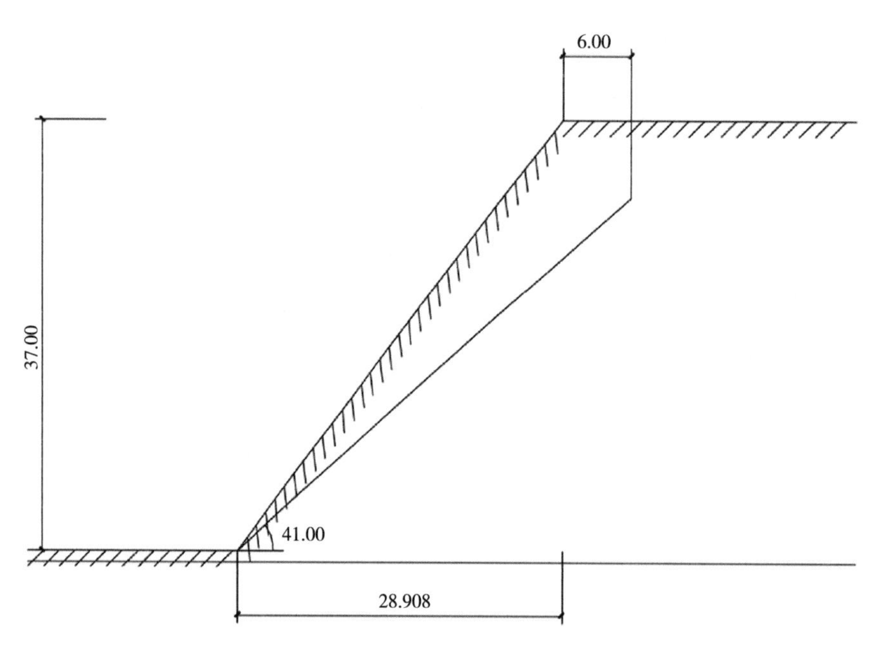

图9-13　1-1地质剖面稳定性计算简图

表9--9　1-1地质剖面稳定性计算条件

[基本参数]				
计算方法：				极限平衡法
计算目标：				计算安全系数
边坡高度：				37.000（m）
结构面倾角：				41.0（°）
结构面黏聚力：				0.0（kPa）
结构面内摩擦角：				45.0（°）
张裂隙离坡顶点的距离：				6.000（m）
[坡线参数]				
坡线段数		1		
序号	水平投影（m）	竖向投影（m）	倾角（°）	
1	28.908	37.000	52.0	
[岩层参数]				
层数		1		
序号	控制点Y坐标（m）	容重（kN/m^3）		
1	-1.000	23.0		

表9-10　1-1地质剖面稳定性计算结果

岩体重量：	5 224.7（kN）
水平外荷载：	0.0
竖向外荷载：	0.0
侧面裂隙水压力：	0.0
底面裂隙水压力：	0.0
结构面上正压力：	3 943.1
总下滑力：	3 427.7
总抗滑力：	3 943.1
安全系数：	1.150

结论：1-1边坡是处相对稳定状态（临界稳定）

② 2-2地质剖面稳定性计算（图9-14、表9-11、表9-12）。

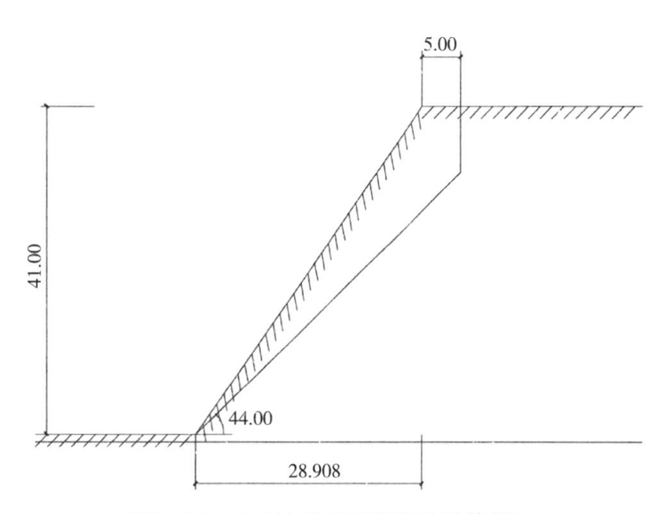

图9-14　2-2地质剖面稳定性计算简图

表9-11　2-2地质剖面稳定性计算条件

[基本参数]			
计算方法：			极限平衡法
计算目标：			计算安全系数
边坡高度：			41.000（m）
结构面倾角：			44.0（°）
结构面黏聚力：			0.0（kPa）
结构面内摩擦角：			45.0（°）
张裂隙离坡顶点的距离：			5.000（m）
[坡线参数]			
坡线段数		1	
序号	水平投影（m）	竖向投影（m）	倾角（°）
1	28.908	41.000	54.8
[岩层参数]			
层数		1	
序号	控制点Y坐标（m）	容重（kN/m^3）	锚杆和岩石黏结强度frb（kPa）
1	−1.000	23.0	80.0

表9-12　2-2地质剖面稳定性计算结果

岩体重量：	5 576.8（kN）
水平外荷载：	0.0
竖向外荷载：	0.0
侧面裂隙水压力：	0.0
底面裂隙水压力：	0.0
结构面上正压力：	4 011.6
总下滑力：	3 878.9
总抗滑力：	4 011.6
安全系数：	1.036

结论：2-2边坡是处相对稳定状态（临界稳定）

③ 3-3地质剖面稳定性计算（图9-15、表9-13、表9-14）。

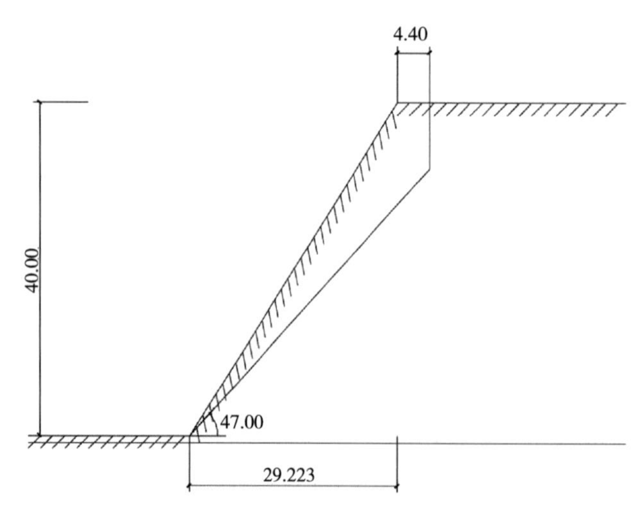

图9-15　3-3地质剖面稳定性计算简图

表9-13　3-3地质剖面稳定性计算条件

[基本参数]				
计算方法:				极限平衡法
计算目标:				计算安全系数
边坡高度:				45.000（m）
结构面倾角:				47.0（°）
结构面黏聚力:				0.0（kPa）
结构面内摩擦角:				45.0（°）
张裂隙离坡顶点的距离:				4.400（m）
[坡线参数]				
坡线段数		1		
序号	水平投影（m）	竖向投影（m）	倾角（°）	
1	29.223	45.000	57.0	
[岩层参数]				
层数		1		
序号	控制点Y坐标（m）	容重（kN/m^3）		
1	-1.000	23.0		

表9-14　3-3地质剖面稳定性计算结果

岩体重量:	5 735.1（kN）
水平外荷载:	0.0
竖向外荷载:	0.0
侧面裂隙水压力:	0.0
底面裂隙水压力:	0.0
结构面上正压力:	3 911.3
总下滑力:	4 194.4
总抗滑力:	3 702.3
安全系数:	1.133

结论：3-3边坡是处相对稳定状态（临界稳定）

④ 4-4地质剖面稳定性计算（图9-16、表9-15、表9-16）。

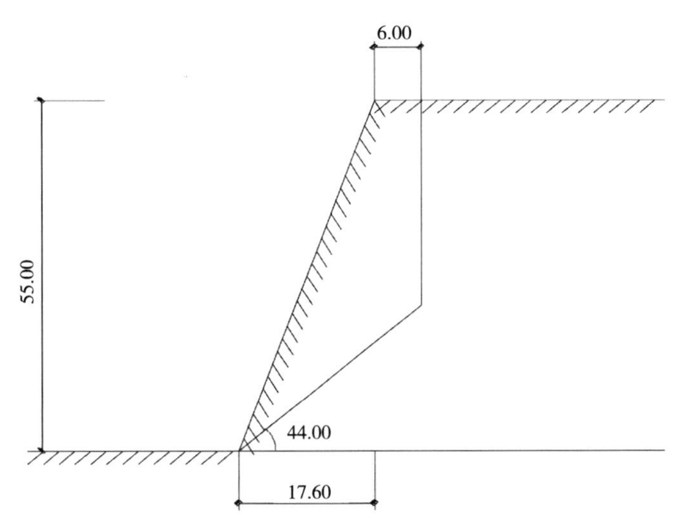

图9-16　4-4地质剖面稳定性计算简图

表9-15 4-4地质剖面稳定性计算条件

[基本参数]			
计算方法：			极限平衡法
计算目标：			计算安全系数
边坡高度：			55.000（m）
结构面倾角：			44.0（°）
结构面黏聚力：			0.0（kPa）
结构面内摩擦角：			45.0（°）
张裂隙离坡顶点的距离：			6.000（m）
[坡线参数]			
坡线段数		1	
序号	水平投影（m）	竖向投影（m）	倾角（°）
1	31.754	55.000	60.0
[岩层参数]			
层数		1	
序号	控制点Y坐标（m）	容重（kN/m^3）	锚杆和岩石黏结强度frb（kPa）
1	-1.000	23.0	80.0

表9-16 4-4地质剖面稳定性计算结果

岩体重量：	11 845.1（kN）
水平外荷载：	0.0
竖向外荷载：	0.0
侧面裂隙水压力：	0.0
底面裂隙水压力：	0.0
结构面上正压力：	8 520.6
总下滑力：	8 228.3
总抗滑力：	8 520.6
安全系数：	1.036

结论：4-4边坡是处相对稳定状态（临界稳定）

3. 生态治理分区设计

治理分区：对H-6整体治理面积进行划分，坡顶、坡脚、岩石坡面、平台。具体详见分区平面图。

治理措施设计，根据项目区现状情况划分为坡顶、坡脚、A区边坡、B区、坡脚平台五部分。

（1）坡顶。距离岩石边坡外侧5m处，沿边坡开挖修建截水沟；沟外侧修建1.5m宽施工便道。对裸露地面穴植乔、灌木+直接喷灌草。

（2）坡脚缓冲带。距坡脚2m，设1.2m高的浆砌石挡土墙，内填种植土；挡墙外侧设排洪渠，防坡体土层下滑，填塞坡脚迹地；种植乔、灌木+直接喷灌草。

（3）A区边坡。岩石坡面，且坡度较陡。采取“V”型槽+挂网喷混植生。

（4）B区边坡。强风化表层且坡度较缓。采用直接挂网喷混植生。

（5）坡脚平台。采用穴植乔、灌木+直接喷灌草；植物疏密结合，形成自然的生态群落。

（6）坡面植被养护期，采用固定安装滴灌系统。

4. 刷方清危工程

（1）施工前，测量人员应用全站仪进行施工放线，每10m一个点位，按照设计图纸要求，上下、倾斜方向全部用线绳拉好。

（2）刷方清危工程应自上而下、分段跳槽方施工，每段长度不应大于10m，严禁通长大断面开挖，并保持两侧边坡的稳定。

（3）开挖的土石方全部运到提前商定好位置的堆场，不得堆弃在陡处，以免造成土石方的下滑，形成安全危害。

（4）坡面土方开挖，为了减少超挖及对危岩体的扰动，使用机械开挖应预留0.5～1.0m的保护层，人工开挖至设计位置。

（5）刷方清危工程，在雨季施工时，应做好水的排导和防护工作。

5. 截排水沟工程

截排水沟断面均为方形，宽0.4m，高0.4m。截排水沟基底以砂质黏性土及其以下地层为持力层。截排水沟土石方开挖量，按平均开挖断面积乘总长度计。

截排水沟材料采用M7.5水泥砂浆加MU30（或以上）毛石砌筑，沟顶及内侧用1:3水泥沙浆抹面，厚20mm。每隔10m设一道伸缩缝，缝宽20mm，油浸麻丝填缝。沟底均采用毛石砌筑。

6. 栽植工程

（1）坡脚缓冲区。坡脚砌挡墙，回填土，穴植乔灌木+直接喷灌草。

种植琼崖海棠一排，株距3m/株；勒杜鹃一排，株距1m/株；沿坡壁内侧种植爬墙虎，4株/m；内侧种植葛藤，4株/m。

（2）A区边坡。“V”型槽+挂网喷混植生；依“V”型槽外侧、中间和内侧分别布置葛藤+小叶榕与勒杜鹃+爬墙虎。小叶榕2m/株；勒杜鹃1m/株；爬墙虎，4株/m；葛藤，4株/m。

（3）B区边坡。挂网喷混植生。

（4）坡顶。种植红花夹竹桃+混播灌草，红花夹竹桃3株一组。

（5）坡脚平台区。小叶榕与木棉片植+混播灌草

7. 主要技术参数及工程数量表

（1）施工设计主要技术参数（表9-17）。

表9-17　H-6边坡施工设计主要技术参数

项目名称	具体内容	主要技术参数
治理面积	边坡面积	10 675m²
	平台面积	2 745m²
	治理总面积	13 420m²
“V”型槽	总长度	3 021m
“V”型槽	钻孔深度	入基岩64cm，与水平呈45°角
	主钢筋	螺纹钢ф=22mm，L=144cm，@300mm
	横钢筋	螺纹钢ф=10mm，@150mm
	混凝土槽板	板厚100mm，C30混凝土
挂网	铁丝网	包塑铁丝网，网孔5cm×5cm
	锚固钢筋	ф=18mm，长锚杆L=0.5~0.6m，短锚杆L=0.3~0.4m
	网搭接	100mm
“V”型槽种植	回填种植土配制	红黏土75%，泥炭土15%，有机物料5%，腐熟鸡粪3%，无机肥2%
	填土高度	H=700mm
	种植苗木规格	小叶榕Φ=3～4cm，H=150cm，@2 000mm 间种勒杜鹃D×H=35cm×35cm，@1 000mm 藤本 L=35cm，@100mm

（续表）

项目名称	具体内容	主要技术参数
挂网喷混植生	用种量	种子总量36g/m²
	灌草配比	矮生百慕大3g/m²；柱花草2g/m²；海南含羞草1g/m²；；银合欢7g/m²；山毛豆5g/m²；美国刺5g/m²；多花木兰3g/m²；胡枝子5g/m²；大翼豆5g/m²。
	基料配制	红黏土75%，泥炭土14%，蘑菇肥5%，腐熟鸡粪类3%，黏结剂1.5%，保水剂1.5%。
平台种植	生物群落结构	乔灌草藤品种15个以上。
	乔木	ф=10cm，株行距300cm×200cm
养护	灌溉方式	滴灌系统，每0.4m布设分支管
	后期养护	6个月
	施肥	一年2次（春、秋肥），复合肥30g/m²
生态效果	植被覆盖率	6个月覆盖70%；1年100%全覆盖； 3～5年趋同周边生态环境

（2）主要工程量（表9-18）。

表9-18　H-6边坡施工设计主要工程量统计

分区	分部分项	单位	数量	备注
治理面积	A区边坡	m²	9 848	
	B区边坡	m²	827	
	坡顶	m²	1 655	
	坡脚平台	m²	832	
	坡脚缓冲带	m²	258	
	治理总面积	m²	13 420	
A区边坡	“V”型槽	m	3 021	
	回填种植土	m³	755.25	
	小叶榕	株	1 511	Φ=3～4cm，H=150cm
	勒杜鹃	株	3 021	W×H=35cm×35cm
	爬山虎	株	12 084	L=35cm
	葛藤	株	12 084	L=35cm
	挂网喷混植生	m²	9 848	
B区边坡	挂网喷混植生	m²	827	
坡脚缓冲带	砌挡土墙	m	127	
	回填种植土	m³	283.8	
	勒杜鹃	株	128	W×H=80m×80m
	琼崖海棠	株	44	Φ=8～10cm，H=350～400cm
	爬山虎	株	540	L=35cm
	直接喷灌草	m²	258	
坡脚平台绿化	小叶榕	株	44	Φ=10～12cm，H=350～400cm
	木棉	株	34	Φ=10～12cm，H=500～550cm
	直接喷灌草	m²	832	
	修建排洪渠	m	126	
	沉砂池	个	4	

（续表）

分区	分部分项	单位	数量	备注
坡顶绿化	红花夹竹桃	株	257	H=150cm
	葛藤	株	1 144	L=35cm
	直接喷灌草	m^2	1 655	
	修建截水沟	m	395	
	沉沙池	个	2	
给水系统	XFS-06-18滴灌管	m	4 200	
	DN25景观设计给水管	m	200	
	DN32景观设计给水管	m	560	
	DN40景观设计给水管	m	210	
	DN50景观设计给水管	m	180	
	DN65景观设计给水管	m	80	
	DN80景观设计给水管	m	200	
	DN100景观设计给水管	m	200	
	水表井，详大样	座	1	
	散射喷头，角度可调	个	46	射程3.0m，流量0.31m^3/h
	散射喷头，角度可调	个	12	射程5.0m，流量0.61m^3/h
	阀门及阀门井	座	16	
	变频加压泵	台	3	Q=30m^3，H=90m，P=15kw
	蓄水池	座	2	5m×5m×2m（h）
	水泵房	座	1	3m×2m×3m（h）
排水系统	快速取水阀DN25	个	2	
	截水沟	m	570	
	沉沙池	座	6	2m×1m×1m
	DN600景观设计排水管	m	300	双壁波纹管

8. 工程预算总造价

生态修复工程预算造价约为1 278万元（分项预算略）。

9. 施工图设计（图9-17至图9-20）

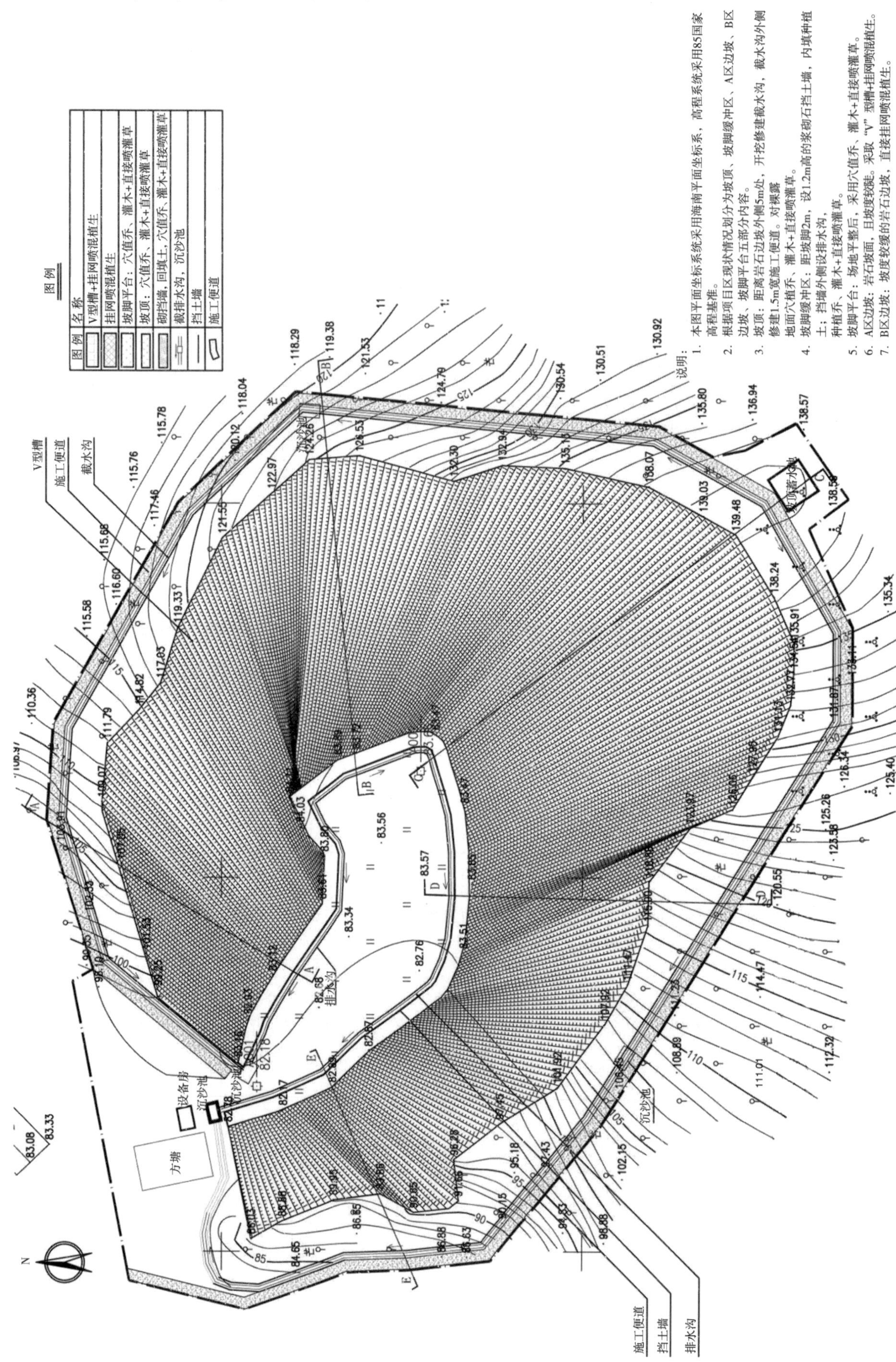

图9-17　H-6边坡工程措施平面图

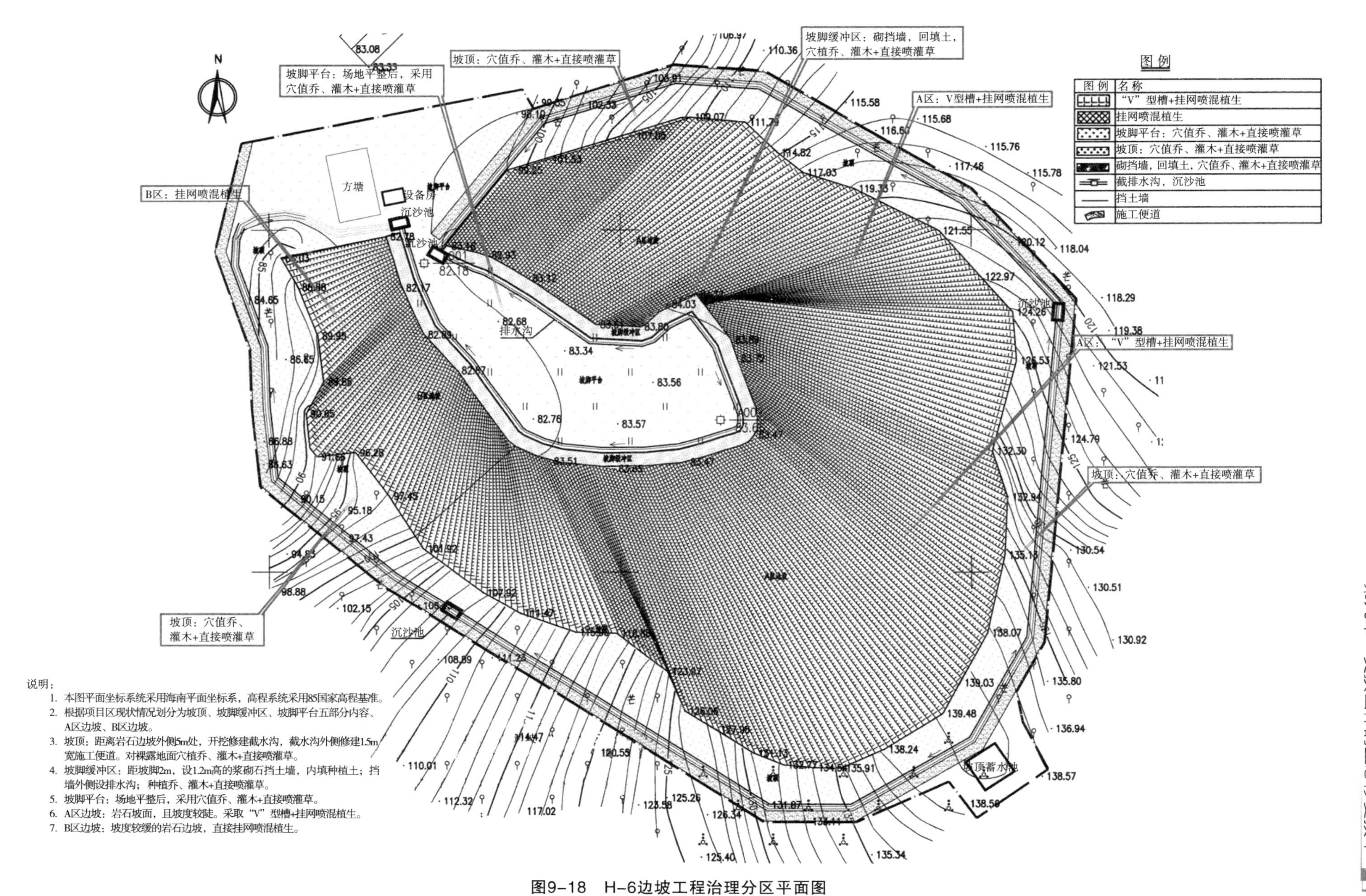

图9-18　H-6边坡工程治理分区平面图

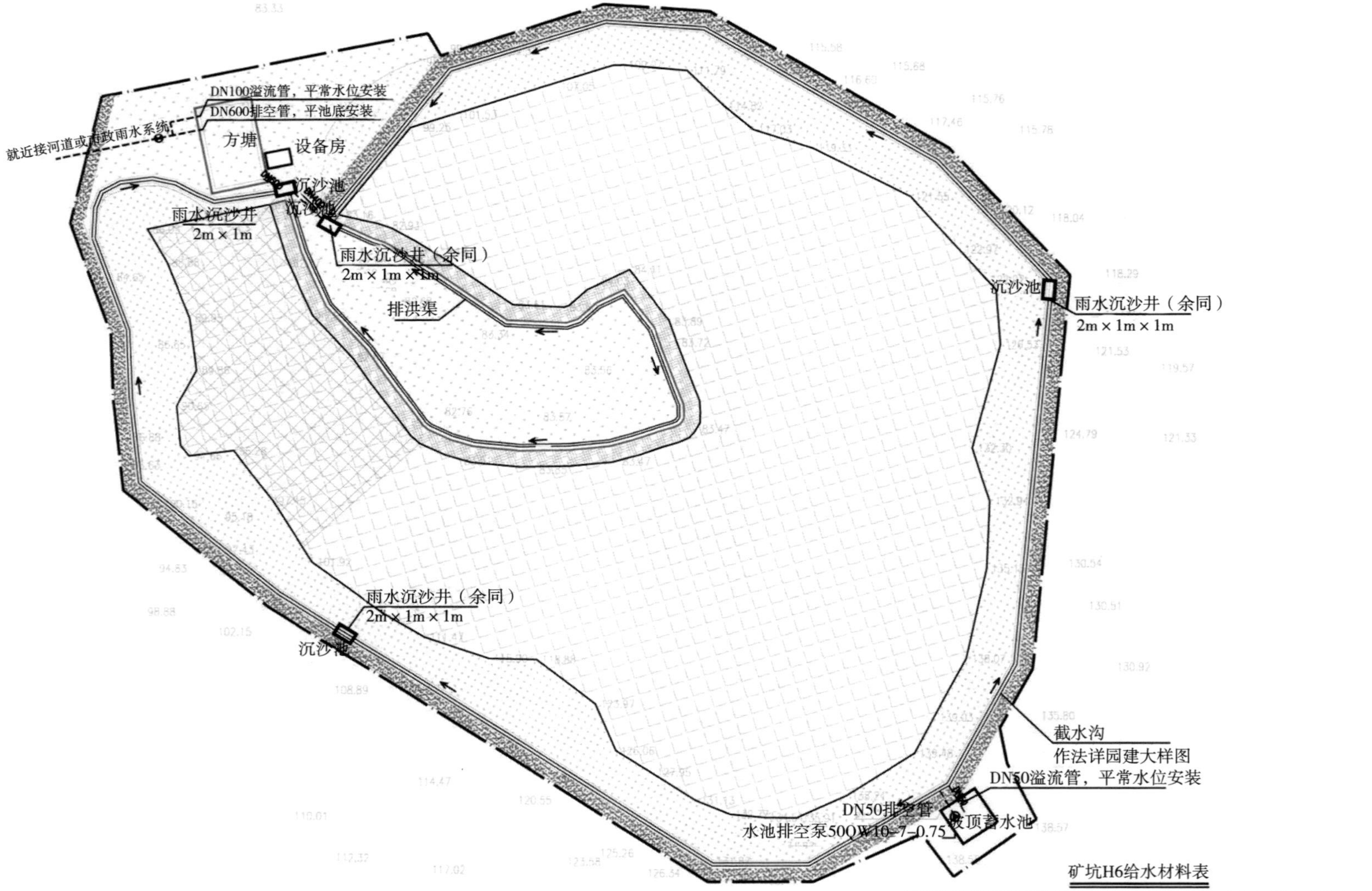

矿坑H6给水材料表

序号	图 例	名 称	数 量
1	═══	截水沟	534m
2	▭	沉沙池（2m×1m×1m）	4座
3	------	DN600景观设计排水管（双壁波纹管）	300m
4	⊗	水池排空泵50QW10-7-0.75	1台
5	▣	方塘（11m×7m×1.2m）	1座

图9-19　H-6边坡排水平面图

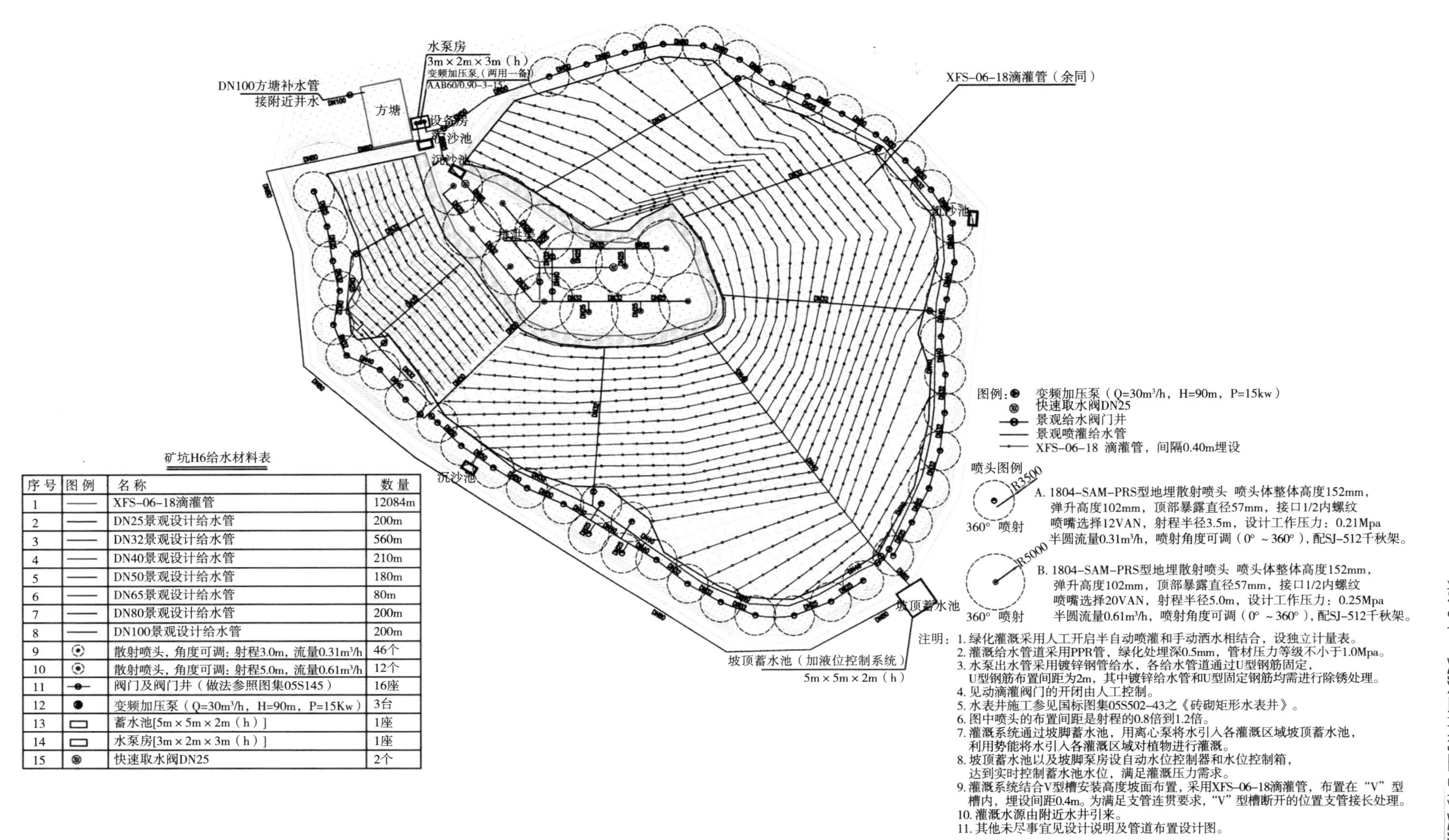

矿坑H6给水材料表

序号	图例	名称	数量
1	——	XFS-06-18滴灌管	12084m
2	——	DN25景观设计给水管	200m
3	——	DN32景观设计给水管	560m
4	——	DN40景观设计给水管	210m
5	——	DN50景观设计给水管	180m
6	——	DN65景观设计给水管	80m
7	——	DN80景观设计给水管	200m
8	——	DN100景观设计给水管	200m
9	⊙	散射喷头，角度可调：射程3.0m，流量0.31m³/h	46个
10	⊙	散射喷头，角度可调：射程5.0m，流量0.61m³/h	12个
11	—●—	阀门及阀门井（做法参照图集05S145）	16座
12	●	变频加压泵（Q=30m³/h，H=90m，P=15Kw）	3台
13	▭	蓄水池[5m×5m×2m（h）]	1座
14	▭	水泵房[3m×2m×3m（h）]	1座
15	⊗	快速取水阀DN25	2个

图9-20　H-6边坡灌溉给水平面图

三、三亚市天涯区H-5号花岗岩矿生态修复工程

1. 工程范围及标段概述

H-5边坡治理范围包括边坡及其影响范围面积约84 957m²。

项目区原始地貌属丘陵山地地貌，矿山采用露天开采方式，形成了四级采矿岩质坡面：坡面1采坑高度10～13m，坡度为41°～57°；坡面2采坑高度16～21m，坡度为30°～36°；坡面3采坑高度28～31m，坡度为30°～57°；坡面4采坑高度18～56m，坡度为43°～62°；坡面5采坑高度48～75m，坡度为36°～42°；坡面6采坑高度16～56m，坡度为30°～69°；四周植被发育。其中坡面5局部崩塌，沉积土层较厚，有零星植被。总治理面积是84 957m²，其中边坡面积56 254m²、坡顶面积5 712m²、坡脚平台面积7 480m²、平台及缓冲带面积15 511m²。开采使山体破损严重，开采区普遍形成了较高的采坑边坡，岩石裸露、植被破坏严重。坡面未设置排水、泄水孔，坡顶未见截水沟，冲刷严重。坡脚排水沟尺寸过小，容易出现排水不畅。

2. 受损山体稳定性计算及评价

（1）执行规范及参考依据。《三亚市天涯区H-5号花岗岩矿生态修复工程项目工程地质勘察报告》，武汉地质工程勘察院，2016年10月；中华人民共和国国家标准《建筑边坡工程技术规范》GB 50330—2013。

（2）场地地层物理力学性质指标取值（表9-19）。

表9-19　H-5边坡地层物理力学性质指标

岩土层序号及名称	天然容重kN/m³	不考虑强降水及地震力作用下	
		黏聚力C（kpa）	内摩擦角Φ（o）
①层砂质黏性土	19.3	46.2	16.4
②层强风化花岗岩	（23.0）	[45]	
③层中风化花岗岩	（26.0）	[71]	

注：[ ]等效内摩擦角

（3）剖面分析计算。

① 1-1地质剖面稳定性计算（图9-21、表9-20、表9-21）。

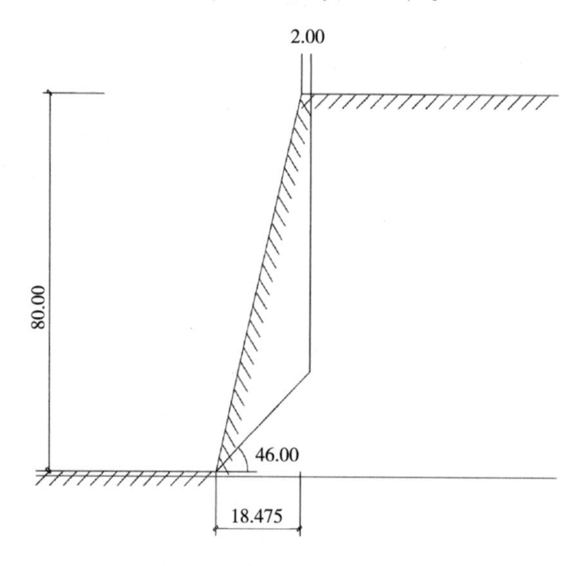

图9-21　1-1地质剖面稳定性计算简图

表9-20　1-1地质剖面稳定性计算条件

[基本参数]				
计算方法：				极限平衡法
计算目标：				计算安全系数
边坡高度：				80.000（m）
结构面倾角：				46.0（°）
结构面黏聚力：				0.0（kPa）
结构面内摩擦角：				71.0（°）
张裂隙离坡顶点的距离：				2.000（m）
[坡线参数]				
坡线段数		1		
序号	水平投影（m）	竖向投影（m）	倾角（°）	
1	18.475	80.000	77.0	
[岩层参数]				
层数		1		
序号	控制点Y坐标（m）	容重（kN/m^3）		
1	−1.000	23.0		

表9-21　1-1地质剖面稳定性计算结果

岩体重量：	15 684.7（kN）
水平外荷载：	0.0
竖向外荷载：	0.0
侧面裂隙水压力：	0.0
底面裂隙水压力：	0.0
结构面上正压力：	10 895.5
总下滑力：	11 282.6
总抗滑力：	31 642.9
安全系数：	2.805

结论：1-1剖面处于稳定状态

② 2-2地质剖面稳定性计算（图9-22、表9-22、表9-23）。

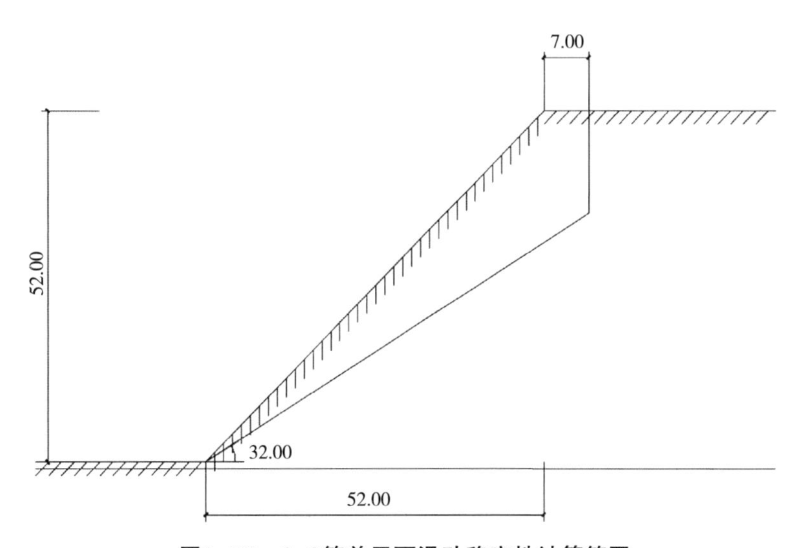

图9-22　2-2简单平面滑动稳定性计算简图

表9-22　2-2简单平面滑动稳定性计算条件

[基本参数]			
计算方法：			极限平衡法
计算目标：			计算安全系数
边坡高度：			52.000（m）
结构面倾角：			32.0（°）
结构面黏聚力：			0.0（kPa）
结构面内摩擦角：			45.0（°）
张裂隙离坡顶点的距离：			7.000（m）
[坡线参数]			
坡线段数		1	
序号	水平投影（m）	竖向投影（m）	倾角（°）
1	52.000	52.000	45.0
[岩层参数]			
层数		1	
序号	控制点Y坐标（m）	容重（kN/m^3）	
1	-1.000	23.0	

表9-23　2-2地质剖面稳定性计算结果

岩体重量：	14 453.5（kN）
水平外荷载：	0.0
竖向外荷载：	0.0
侧面裂隙水压力：	0.0
底面裂隙水压力：	0.0
结构面上正压力：	12 257.3
总下滑力：	7 659.2
总抗滑力：	12 257.3
安全系数：	1.600

结论：2-2剖面处于稳定状态

3. 生态治理分区设计

治理分区：对整体治理面积进行划分，坡顶、坡脚、岩石坡面、平台。具体详见分区平面图。

治理措施设计根据项目区现状情况划分为坡脚平台、坡脚缓冲区、一级平台、一级平台缓冲区、二级平台、二级平台缓冲区、三级平台、三级平台缓冲区、坡顶、A区边坡、B区边坡十一部分内容。

（1）坡脚缓冲区。距坡脚5m，设1.2m高的浆砌石挡土墙，内填种植土；挡墙外侧设排洪渠，防坡体土层下滑，填塞坡脚迹地；种植乔、灌木+直接喷灌草。

（2）一级平台缓冲区、二级平台缓冲区、三级平台缓冲区，距边坡2m，设1.2m高的浆砌石挡土墙，内填种植土；挡墙外侧设排水沟；穴植乔灌木+直接喷灌草。

（3）坡脚平台、一级平台、二级平台、三级平台。场地平整，穴植乔灌木+直接喷灌草。

（4）A区坡面。岩石坡面，且坡度较陡。采取“V”型槽+挂网喷混植生。

（5）B区坡面。坡度较缓的强风化岩石边坡，直接挂网喷混植生。

（6）坡顶距离岩石边坡外侧5m处，沿边坡开挖修建截水沟；穴植乔、灌木+直接喷灌草。

（7）坡面植被养护，采用固定安装滴灌系统。

4. 刷方清危工程

（1）施工前，测量人员应用全站仪进行施工放线，每10m一个点位，按照设计图纸要求，上下、倾斜方向全部用线绳拉好。

（2）刷方清危工程应自上而下、分段跳槽方式施工，每段长度不应大于10m，严禁通长大断面开挖，并保持两侧边坡的稳定。

（3）开挖的土石方全部运到提前商定好位置的堆场，不得堆弃在陡处，以免造成土石方的下滑，形成安全危害。

（4）坡面土方开挖为了减少超挖及对危岩体的扰动，使用机械开挖应预留0.5～1.0m的保护层，人工开挖至设计位置。

（5）刷方清危工程在雨季施工时应做好水的排导和防护工作。

5. 截排水沟工程

截排水沟断面均为方形，宽0.6m，高0.6m。截排水沟基底以砂质黏性土及其以下地层为持力层。截排水沟土石方开挖量，按平均开挖断面积乘总长度计。

截排水沟材料采用M7.5水泥砂浆，加MU30（或以上）毛石砌筑，沟顶及内侧用1：3水泥砂浆抹面，厚20mm。每隔10m设一道伸缩缝，缝宽20mm，油浸麻丝填缝。沟底均采用毛石砌筑。

6. 栽植工程

（1）坡脚缓冲区。距坡脚5m，设1.2m高的浆砌石挡土墙，内填种植土；挡墙外侧设排洪渠，防坡体土层下滑，填塞坡脚迹地；种植乔、灌木+直接喷灌草。种植琼崖海棠两排，株距×行距为3m×2m；勒杜鹃两排，株距1m；沿坡壁内侧种植爬墙虎，4株/m；外侧种植葛藤，4株/m。

（2）一级平台缓冲区、二级平台缓冲区、三级平台缓冲区：距边坡2m，设1.2m高的浆砌石挡土墙，内填种植土；挡墙外侧设排水沟；穴植乔灌木+直接喷灌草。种植琼崖海棠一排，株距3m/株；勒杜鹃一排，株距1m；沿坡壁内侧种植爬墙虎，4株/m；外侧种植葛藤，4株/m。

（3）坡脚平台、一级平台、二级平台、三级平台。场地平整，穴植乔灌木+直接喷灌草；小叶榕与木棉片植+混播灌草。

（4）A区坡面。岩石坡面，且坡度较陡。采取“V”型槽+挂网喷混植生；依“V”型槽外侧、中间和内侧分别布置葛藤+小叶榕与勒杜鹃+爬墙虎。小叶榕2m/株，勒杜鹃1m/株；爬墙虎，4株/m；葛藤，4株/m。

（5）B区坡面。坡度较缓的强风化岩石边坡，直接挂网喷混植生。

（6）坡顶距离岩石边坡外侧5m处，沿边坡开挖修建截水沟；穴植乔、灌木+直接喷灌草；种植红花夹竹桃，3株一组+混播灌草。

7. 主要技术参数及工程数量汇总

（1）施工设计主要技术参数（表9-24）。

表9-24　H-5边坡施工设计主要技术参数

项目名称	具体内容	主要技术参数
治理面积	边坡面积	56 254m²
	平台面积	28 703m²
	治理总面积	84 957m²
“V”型槽	总长度	9 271m
	钻孔深度	入基岩64cm，与水平呈45°角
	主钢筋	螺纹钢ф=22mm，L=144cm，@300mm
	横钢筋	螺纹钢ф=10mm，@150mm

（续表）

项目名称	具体内容	主要技术参数
"V"型槽	混凝土槽板	板厚100mm，C30混凝土
挂网	铁丝网	包塑铁丝网，网孔5cm×5cm
	锚固钢筋	ϕ=18mm，长锚杆L=0.5～0.6m，短锚杆L=0.3～0.4m
	网搭接	100mm
"V"型槽种植	回填种植土配制	红黏土75%，泥炭土15%，有机物料5%，腐熟鸡粪3%，无机肥2%
	填土高度	H=700mm
	种植苗木规格	小叶榕Φ=3～4cm，H=150cm，@2 000mm间种勒杜鹃D×H=35cm×35cm，@1 000mm 藤本 L=35cm，@250mm
挂网喷混植生	用种量	种子总量36g/m²
	灌草配比	矮生百慕大3g/m²；柱花草2g/m²；海南含羞草1g/m²；；银合欢7g/m²；山毛豆5g/m²；美国刺5g/m²；多花木兰3g/m²；胡枝子5g/m²；大翼豆5g/m²
	基料配制	红黏土75%，泥炭土14%，蘑菇肥5%，腐熟鸡粪类3%，黏结剂1.5%，保水剂1.5%。
平台种植	生物群落结构	乔灌草藤品种15个以上
	乔木	ϕ=10cm，株行距300cm×200cm
养护	灌溉方式	滴灌系统，每0.4m布设分支管
	后期养护	6个月
	施肥	一年2次（春、秋肥），复合肥30g/m²
生态效果	植被覆盖率	6个月覆盖70% 1年100%全覆盖；3～5年趋同周边生态环境

（2）主要工程量（表9-25）。

表9-25　H-5边坡主要工程量统计

分区	分部分项	单位	数量	备注
治理面积	A区边坡	m²	35 164	
	B区边坡	m²	21 090	
	坡顶	m²	5 712	
	坡脚平台	m²	7 480	
	一级平台	m²	2 116	
	二级平台	m²	859	
	三级平台	m²	8 116	
	坡脚及平台缓冲区	m²	4 420	
	治理总面积	m²	84 957	
A区边坡	"V"型槽	m	9 271	
	回填种植土	m³	2 317.75	
	小叶榕	株	4 636	Φ=3～4cm，H=150cm
	勒杜鹃	株	9 271	W×H=35cm×35cm
	爬山虎	株	37 084	L=35cm
	葛藤	株	37 084	L=35cm
	挂网喷混植生	m²	35 164	
B区边坡	挂网喷混植生	m²	21 090	
坡脚及平台缓冲区	砌挡土墙	m	813	其中，坡脚缓冲区挡墙长261m；一级、二级、三级平台缓冲区挡墙长552m
	回填种植土	m³	4 862	
	勒杜鹃	株	1 288	W×H=80cm×80cm
	琼崖海棠	株	756	Φ=8～10cm，H=350～400cm

（续表）

分区	分部分项	单位	数量	备注
坡脚平台绿化	爬山虎	株	3 844	L=35cm
	直接喷灌草	m²	4 420	
	小叶榕	株	920	Φ=10～12cm，H=350～400cm
	木棉	株	975	Φ=10～12cm，H=500～550cm
坡顶绿化	直接喷灌草	m²	7 480	
	红花夹竹桃	株	1 414	H=150cm
	葛藤	株	5 600	L=35cm
	直接喷灌草	m²	1 655	
给水系统	XFS-06-18滴灌管	m	28 740	
	DN25景观设计给水管	m	450	
	DN32景观设计给水管	m	820	
	DN40景观设计给水管	m	730	
	DN50景观设计给水管	m	480	
	DN65景观设计给水管	m	340	
	DN80景观设计给水管	m	520	
	DN100景观设计给水管	m	165	
	DN125景观设计给水管	m	300	
	水表井，详大样管		1座	
	散射喷头，角度可调；		23个	射程3.0m，流量0.31m³/h
	散射喷头，角度可调；		36个	射程5.0m，流量0.61m³/h
	阀门及阀门井		38座	
	变频加压泵		3台	（Q=50m³/h，H=150m，P=30Kw）
	蓄水池		4座	5m×5m×2m（h）
	蓄水池		2座	3m×3m×2m（h）
	水泵房		1座	6m×4m×3m（h）
排水系统	坡顶截水沟	m	1 197.28	600x600
	坡底排洪渠	m	360	600x600
	梯级排水沟	m	337	详施工图
	一级平台排水沟	m	165	400x400
	二级平台排水沟	m	175	400x400
	三级平台排水沟	m	642	400x400
	沉沙池		23座	2m×1m×1m
	DN500景观设计排水管	m	100	双壁波纹管
	DN600景观设计排水管	m	50	双壁波纹管
	DN800景观设计排水管	m	150	双壁波纹管

8. 工程预算总造价

H-5边坡生态修复工程预算造价约为5 120万元（分项预算略）。

9. 施工图（图9-23至图9-26）。

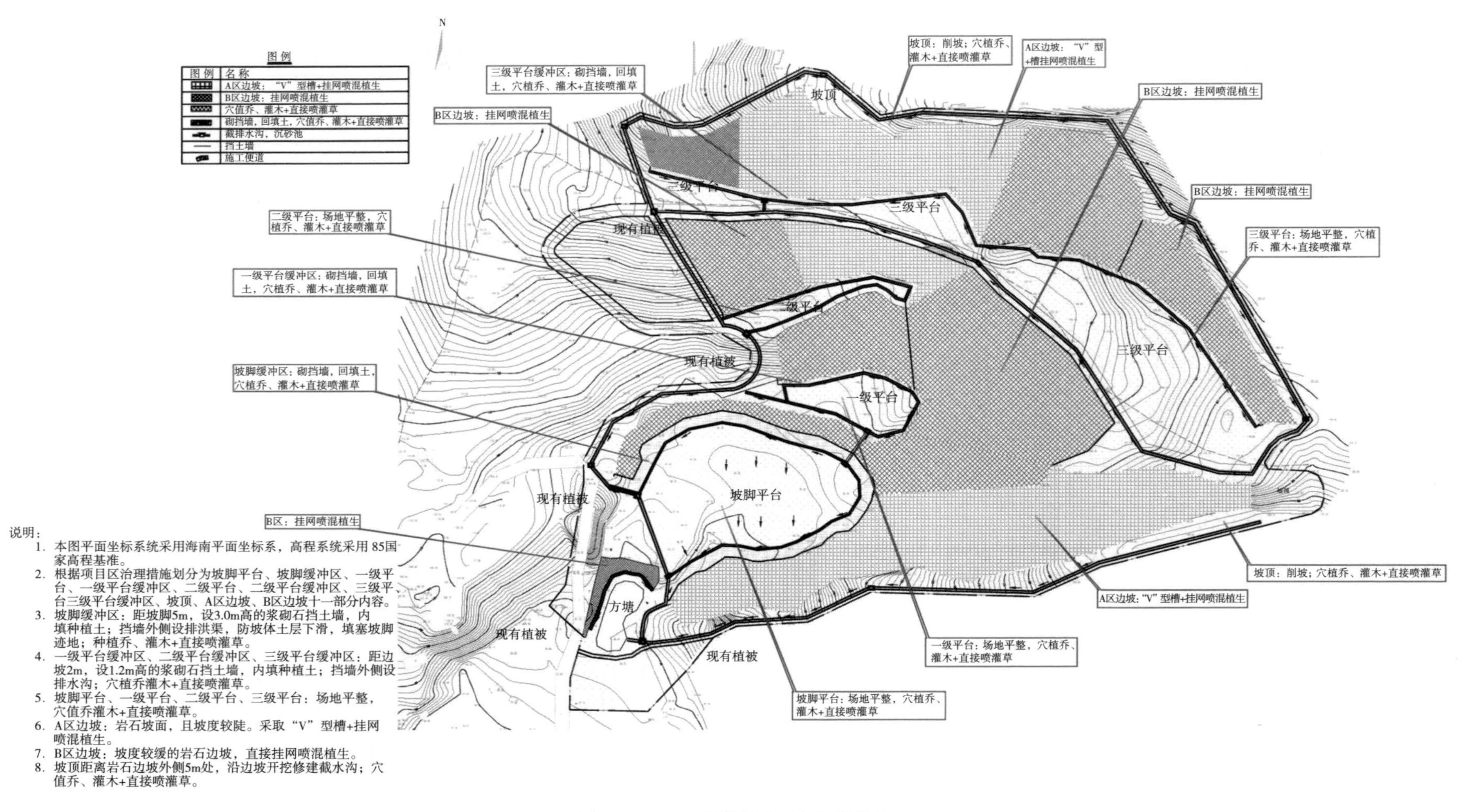

图9-23 H-5边坡治理分区平面图

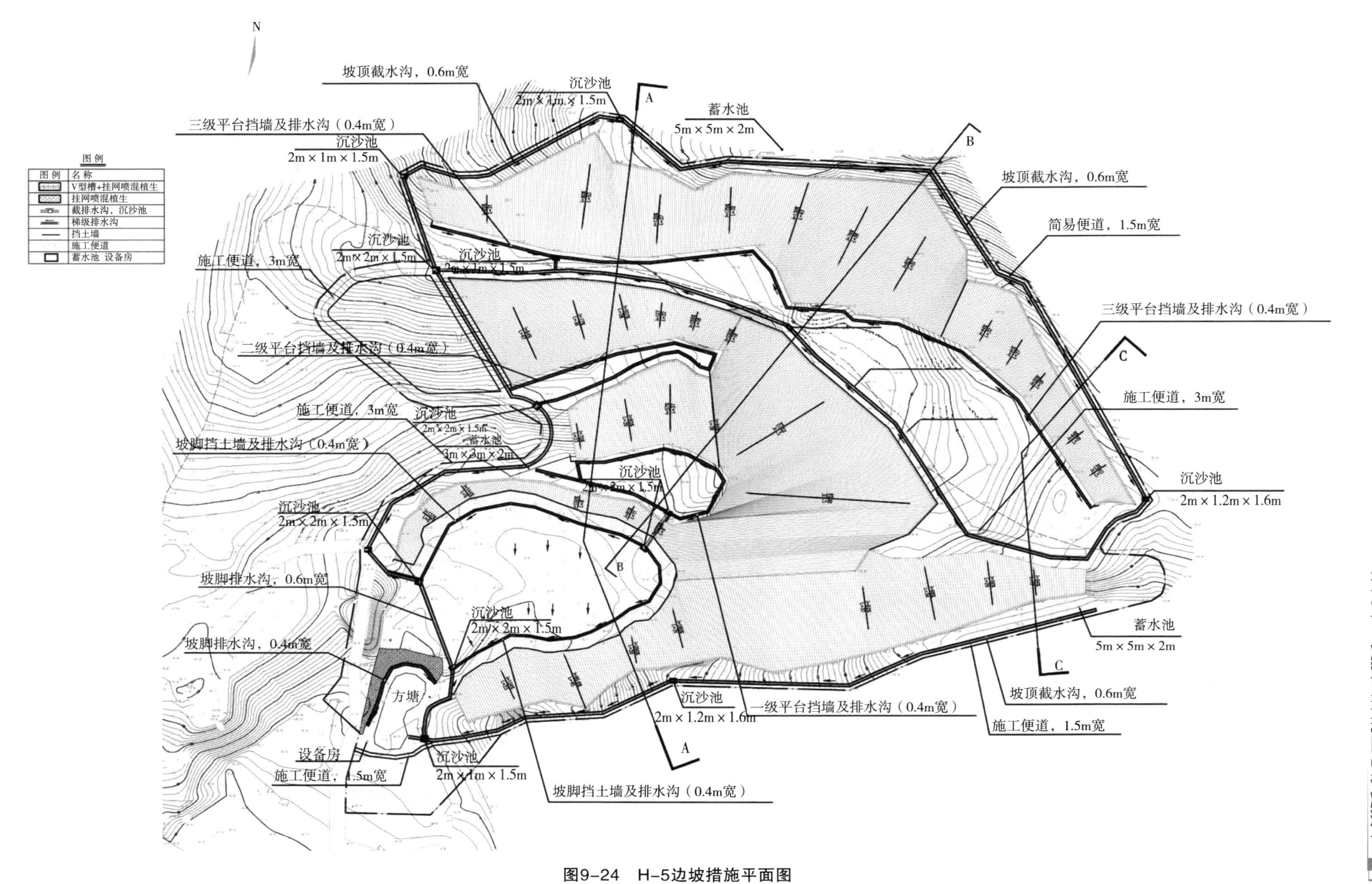

图9-24　H-5边坡措施平面图

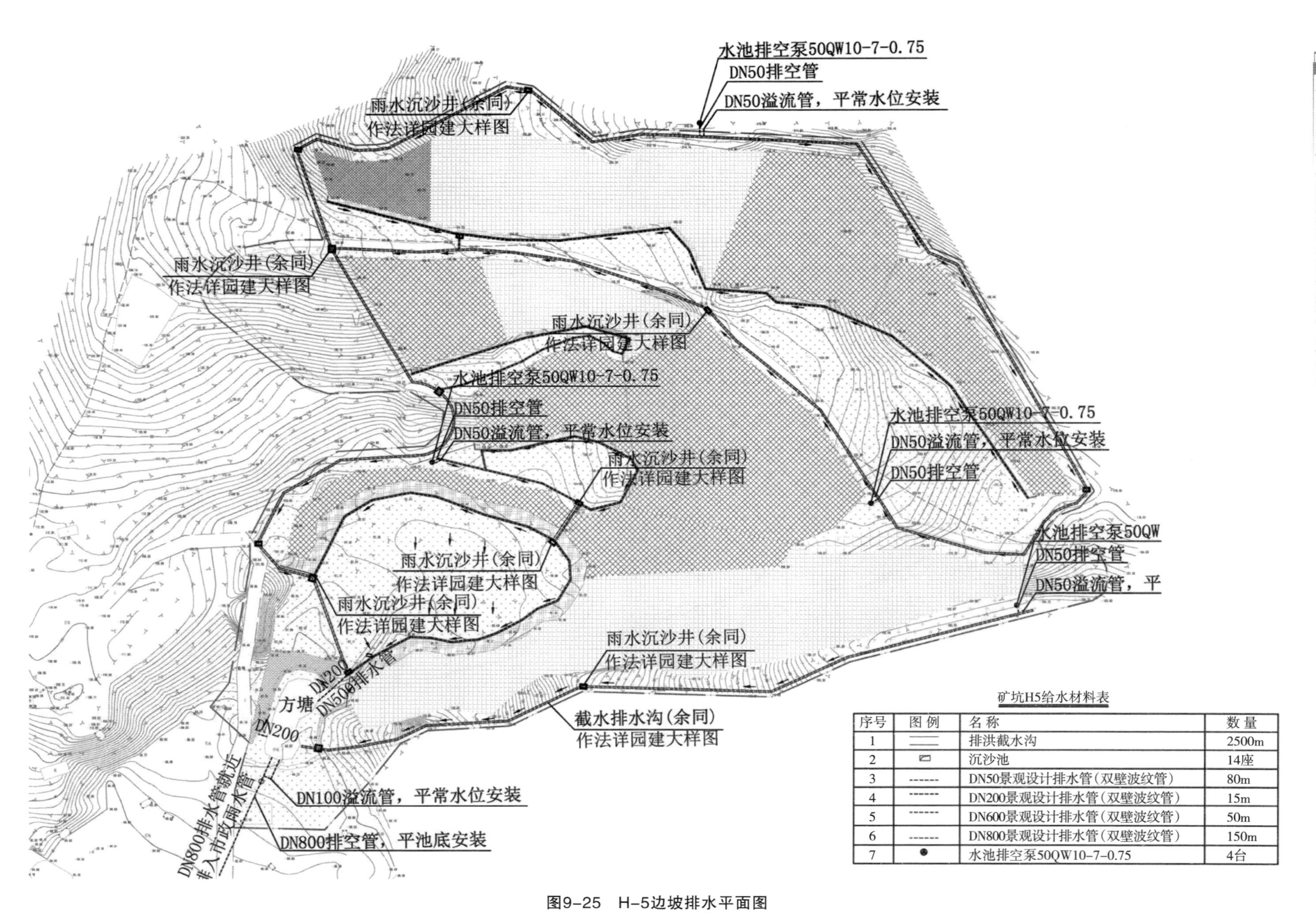

序号	图例	名称	数量
1	═══	排洪截水沟	2500m
2	▭	沉沙池	14座
3	------	DN50景观设计排水管（双壁波纹管）	80m
4	------	DN200景观设计排水管（双壁波纹管）	15m
5	------	DN600景观设计排水管（双壁波纹管）	50m
6	------	DN800景观设计排水管（双壁波纹管）	150m
7	●	水池排空泵50QW10-7-0.75	4台

图9-25　H-5边坡排水平面图

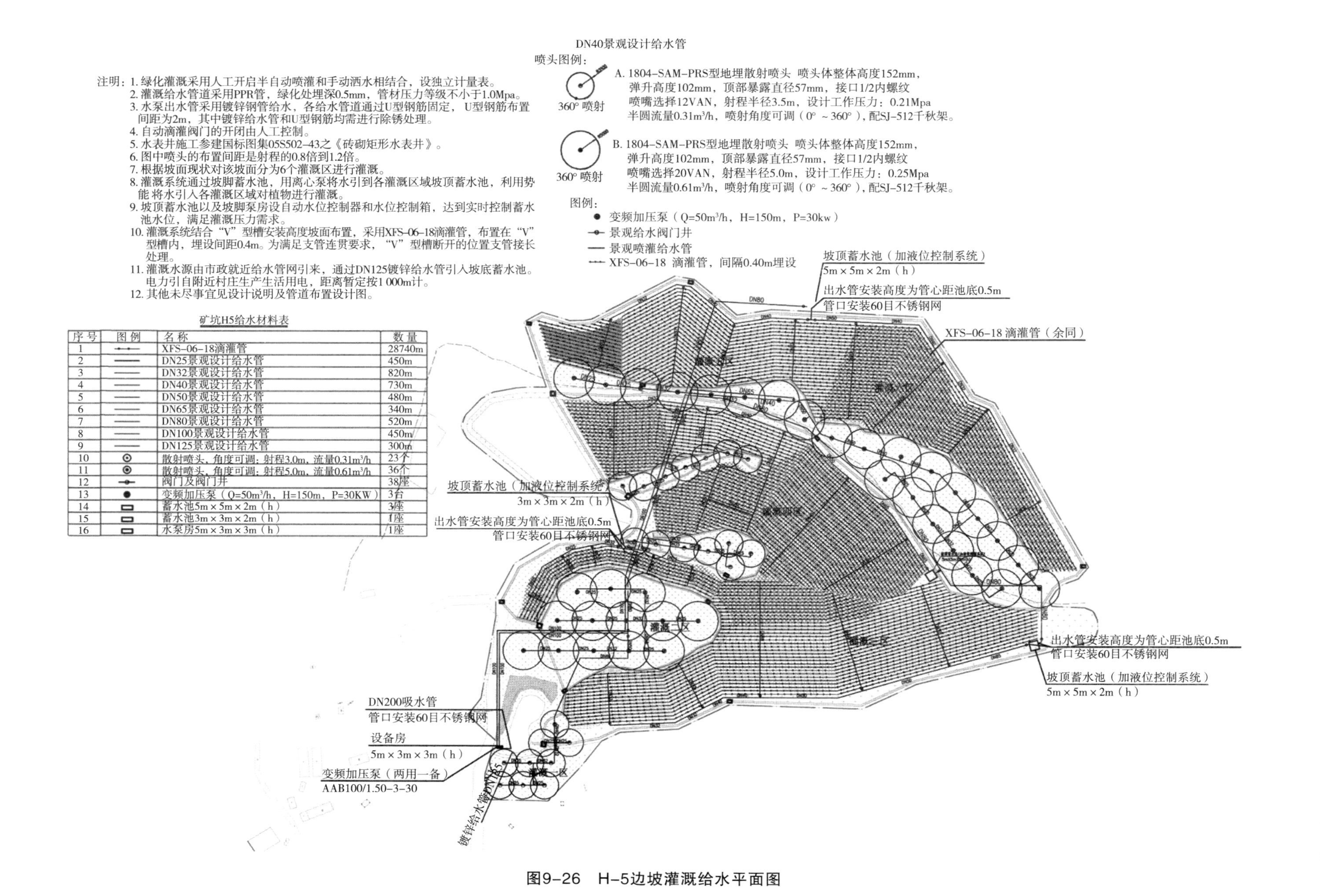

矿坑H5给水材料表

序号	图例	名称	数量
1		XFS-06-18滴灌管	28740m
2		DN25景观设计给水管	450m
3		DN32景观设计给水管	820m
4		DN40景观设计给水管	730m
5		DN50景观设计给水管	480m
6		DN65景观设计给水管	340m
7		DN80景观设计给水管	520m
8		DN100景观设计给水管	450m
9		DN125景观设计给水管	300m
10		散射喷头，角度可调：射程3.0m，流量0.31m³/h	23个
11		散射喷头，角度可调：射程5.0m，流量0.61m³/h	36个
12		阀门及阀门井	38座
13		变频加压泵（Q=50m³/h，H=150m，P=30KW）	3台
14		蓄水池5m×5m×2m（h）	3座
15		蓄水池3m×3m×2m（h）	1座
16		水泵房5m×3m×3m（h）	1座

图9-26　H-5边坡灌溉给水平面图

四、三亚荔枝沟等三个岩石边坡生态修复工程的施工示范效果

本公司于2011年通过市场招投标程序，获取了三亚东环铁路隧道口及抱坡岭受损山体植被恢复项目，包括Ⅰ号边坡、荔枝沟Ⅲ号和Ⅴ号岩石边坡生态修复工程，并于2011年10月与业主三亚市林业局签订了施工合同，工程总造价分别为500万元（Ⅰ号边坡，约14 578m²），1 059万元（Ⅲ号边坡，约32 465m²），711万元（Ⅴ号边坡，约21 826m²），总合同金额2 270万元，复绿面积合计68 869m²。其生态修复工程总体效果如下。

（1）从照片拍摄日程验证了当年施工，当年复绿，一年内林草植被全覆盖。

（2）以豆科植物为主，银合欢、大叶胡枝子、山毛豆、小叶榕、勒杜鹃等十几种组成了多科属植物群落，适应了三亚热带气候，种间协调，多层交互，乔灌草藤生长茂盛，四季常青，使三亚地质受损山体的绿色景观得到全面修复。

（3）新建植物群落的生物演替过程得到正常发展，与周边环境相融，已成为岩石边坡持久性植被。

（4）经多年现场考量，“V”型槽种植带+坡面挂网喷混植生技术，是快速修复岩石边坡生态景观的特效模式。为三亚市全面开展治理岩石边坡生态环境作出了示范样板。

（5）附不同生长阶段的现场彩色照片多幅。

参考文献

黄锦辉，李群，刘晓丽. 2002. 河南周口至省界段高速公路建设对生态环境的影响[J].生态学杂志，21（1）：74-79.

刘龙，邵社刚，焦宇. 2003. 西北高寒地区公路建设对生态环境的影响[J].交通环保，24（6）：18-20.

毛文永. 1998. 生态环境影响评价概论[M]. 北京：中国环境科学出版社.

彭昆生. 2007. 江西生态[M].南昌：江西人民出版社.

孙乔宝，甄晓云. 2000. 高速公路建设对生态环境的影响及恢复[J]. 昆明理工大学学报，25（2）：68-71.

王玉太，王维平，刁希全. 1999. 浅谈公路建设的水土流失原因及其防治措施[J]. 水土保持通报，19（1）：61-62.

项卫东，郭建，魏勇，等. 2003. 高速公路建设对区域生物多样性影响的分析[J]. 南京林业大学学报，27（6）：43-47.

徐国钢，赖庆旺. 2016. 中国工程边坡生态修复技术与实践[M]. 北京：中国农业科学技术出版社.

周德培，张俊云. 2003. 植被护坡工程技术[M]. 北京：人民交通出版社.

川端勇作. 1979. 緑化工技術の歩み[J].緑化工技術，6（2）：7.

大森荣二，尾崎健一郎，横塚享. 1996. 景観に配慮した法面緑化[J]. 土と基礎，44（6）：25-27.

横塚享，瀬川進. 1994. 新しいのり面緑化工法－テタソル•グリーン工法による緑化[J].土木技術，49（2）：83-88.

菊地洋司，山田守，堀江直树. 1996. 景觀を配慮した最近の斜面対策工[J].土と基礎，44（6）：21-24.

堀家茂一，高安朝之，片山功三. 1990. 連续長繊維による補強土擁壁の設計•施工－テタソル工法[J].土木技術，45（2）：118-124.

堀江直树，山尾和弘. 1999. ファイバーソイル緑化ステップ工法にとる環境の維持•形成[J]. 基礎工，27（5）：66-68.

青木和夫，林田秀典. 1982. ファイバーソイル緑化工法における波形-階段状の植物生育基盤の侵食特性[J].土木技術，37（2）：121-126.

山田守，菊地洋司，堀江直树. 2000. 斜面緑地の緑化工法[J].基礎工，28（5）：22-25.

笹原則之，田口睦. 1999. 高次团粒 SF 緑化システムによる法面の施工事例[J].基礎工，27（5）：46-49.

笹原則之. 1996-01-23. 土壌繊維を用いた補強土及び植生工法並ひに土壌繊維からなる補強土用資材及び植生基盤素材[P]. JP8019330.

笹原則之. 1996-09-03. 太さの異なった繊維を用いた補強土工法[P]. JP8226127.

桃井信行，飯塚康雄，田中隆. 1996. のり面緑化技術の变轤[J].土木技術資料，38（11）：44-49.

樋口貴也，坂本佳一，安井敏明. 1995. 早期の緑化による周边環境との調和を目的とした斜面安定工[J]. 土と基礎，43（1）：30-32.

星子隆. 1996. 土工と緑化の新しい課題[J].土と基礎，44（6）：1-4.

野口陽一. 1980. 治山技術の見直しと展望[J].山林（1159）：4-19.

羽田忠彦. 1980. 擁壁工，土留工の施工例（6）—植生の施工例[J].土木技術，35（6）：93-100.

中山觉博，高安朝之，片山功三，等. 1990. 連续長繊維を用いた補強土の施工[J].土木施工，31（4）：49-58.

佐丸雄治，中野裕司. 1996. 新しいのり面緑化工法—主よして纤维による補強[J].土木技術，51（2）：56-64.

Lee，Ivan W. 1985. Y.Areview of vegetative slope stabilization[J] Hong Kong Engineering，13（7）：9-21.

Sasahara. 1995-02-21. Process for preparing vegetation bedrock and muddy borrow soil base material blasting nozzle usedtherefor[P]. CA1334486.

Tsuguo Kobayashi. 1981-12-08. Slope protection method for planting[P]. US4304069.

第十章　中国不同生态区域美丽乡村典型模式

第一节　中国不同生态区域类型分布及主要特点

一、生态区域类型划分的内涵

1. 生态区域的内涵

生态区域是以某一特定的生态区域系统功能为前提，区域内系统的功能、结构和特征具有区别于其他生态系统的完整性和差异性的特定区域，往往与行政区域不同，存在一定的区域跨界，也就是以生态系统功能为前提对区域的划分，而生态功能分区是依据区域生态环境敏感性、生态服务功能重要性以及生态环境特征的相似性和差异性而进行的地理空间分区。

由于生态环境问题形成原因的复杂性和地域上的差异性，使得不同区域存在的生态环境问题有所不同，导致的结果也可能存在较大的差别。这就要求在充分认识客观自然条件的基础上，依据区域生态环境主要生态过程、服务功能特点和人类活动规律，进行区域的划分和合并，最终确定不同的区域单元，明确对人类的生态服务功能和生态敏感性大小，有针对性地进行生态区域划分、建设政策的制订和合理地环境整治。

生态分区，即生态区域类型划分，应包括对每个分区的区域特征进行描述，其主要内容有自然地理条件和气候特征，典型的生态系统类型；存在的或潜在的主要生态环境问题，引起环境问题的驱动力和原因，未来的发展方向；生态功能区的生态环境敏感性及可能发生的主要问题，该区域如何适应生态环境的变化；生态功能区的生态服务功能类型和重要性；生态功能区的生态保护目标、保护模式，以及生态环境建设与发展方向。

2. 农业生态区域类型主要影响因素

（1）农业生态影响因素。我国幅员辽阔，南北跨度5 500km，东西距离5 200km。从地形地貌看，从东至西地势逐步提高，自南向北逐渐倾斜，从低纬度向高纬度转变。从生物气象学角度看，影响我国农业生态区域的主要因素有三。一是经纬度，南起N3°52′（南沙群岛曾母暗沙）北达N53°33′（漠河以北黑龙江主航道）南北纬度相差接近50°，经度从最东端E135°5′（黑龙江与乌苏里江交汇处）最西端E73°40′（帕米尔高原乌兹别克山口），东西经度相差接近60°；二是海拔高度，从东黄海海拔0m至喜马拉雅山脉8 000多米，东南低西北高，形成了我国几个著名高原区，即青藏高原、云贵高原和西北黄土高原；三是生物气候带，我国农业气候资源十分丰富，农业生态深受水平气候带与垂直气候带交错的影响，从南到北，分布着热带、亚热带、温带、寒温带多种生物气候。所以，农业气候也受海拔和纬（经）度的深刻影响。

（2）我国农业生态类型及产业模式开发。农业生态受地域分布影响，对水、气、热环境反应更敏感（表10-1）。

表10-1　我国不同农业生态区生物气候特征

地点	经度（E）	纬度（N）	海拔（m）	降水量（mm）	积温（≥10℃，d）	死霜期（d）	平均温度（℃）	生物气候带
哈尔滨	126° 63′	45° 75′	171.7	569	2 757	142	3.5	东北高纬度寒温带生物气候区
满洲里	117° 56′	49° 48′	643.0	300	1 900	102	0.7	
兰州	103° 73′	36° 03′	1 517.2	327	3 242	160	10.3	西北内陆干旱半干旱生态区
西安	108° 95′	34° 27′	396.9	698	4 351	226	13.7	
拉萨	91° 11′	29° 27′	3 658	355	2 116	110	7.2	青藏高原高寒生态区
西宁	101° 77′	36° 62′	2 275	380	2 120	150	7.6	
济南	117°	36° 65′	51.6	68.5	4 760	178	13.8	中原（黄河下游）温带生物气候区
郑州	113° 65′	34° 76′	110.4	641	4 673	235	14.2	
贵阳	106° 50′	26° 60′	1 059	1 129	4 637	265	15.3	云贵高原亚热带生物气候区
昆明	102° 73′	25° 04′	1 891	1 035	4 490	240	20.6	
南昌	115° 89′	28° 69′	46.7	1 610	5 569	270	17.5	东部季风湿润半湿润气候区
长沙	113° 60′	28° 21′	23.3	1 362	5 457	275	17.2	
三亚	109° 51′	18° 23′	7.0	1 347	9 033	365	25.7	热带生物气候区
西双版纳	100° 23′	21° 07′	360	1 670	7 320	365	23.0	

列出的7组数据模块，反映了我国主要农业生态区域的生物气候特征。其中以南昌、长沙为代表的东部季风湿润生态大区，以兰州、西安为代表的西北内陆干旱半干旱生态大区，以拉萨、西宁为代表的青藏高原高寒生态大区，概括了我国生态区域划分的专家公允三大生态大区。但从农业生态学角度看，表中列举的海南热带生物气候区、云贵高原亚热带生物气候、中原（黄河下游）温带生物气候区、东北高纬度寒温带生物气候区等类型划分，对农业生态产业发开模式更具有现实性意义。例如，陕西白鹿原地区，利用地处黄土高原，土层深厚，阳光足，温差大的特点，在美丽乡村建设中，发展樱桃种植业，建立了狄寨镇、塬下东里，坡地三个樱桃园等，总面积2 533km^2，种植了红灯、黄玉、大紫、富尼、美早、布鲁克斯等20个优良品种，现樱桃总产量25 000t，市场价26～50元/kg（看质论价），年产值7.5亿元。通过电商、订货、批发等销售全国。西北黄土高原发展机构产业模式，为自然条件恶劣欠发达地区农民脱贫致富做出了示范样板。

二、中国生态区域的划分

1. 生态区域划分的性质和意义

（1）生态区域划分的基本性质。目前，有些研究有意或无意地将生态区域划分与植被区划等同。事实上，基于生态系统概念的生态区划体系并不意味着将植被作为中心，而是重视系统的整体特征，将注意力放在具有相似生物潜力、相似结构特征、相似生态危机的那些生态系统单元上，只是利用植被作为相似程度的一种指示。否则，生态区划将很容易地就流于植被区划。当然，基于生态系统的生态区划体系，亦不同于单项自然要素的区划。前者侧重于生态系统及其结构的功能特征，可认为后者即以生物为主要区划标志，是单项自然要素区划的综合。就区划的体系而言，基于生态系统的生态区划，亦不同于综合自然区划。生态区划突出生态过渡区，特殊地面组成物质区的独立，如海陆交接带、季风与非季风交接带、湿地等区域。同时，生态区划注意生态系统在空间场景上的同源性和相互联系性，如重视同一流域的上下游、盆地和周围的山地之间的关系。

（2）人工生态系统的地位。基于上述对生态区划性质的理解，在进行生态区域划分时，应注意到突出人工生态系统的地位，在相同的背景条件下，将农田生态系统、城乡农业与自然生态系统平列于第三级。在排列上以自然生态系统类型排列在先，人工生态系统在后；注意突出特殊生态系统的作用，例如将喀斯特生态区单独划分出来，以表现水分条件的特殊性；将湿地与农业生态系统列于第三级，前者表现出水分的丰盈，后者则表现出人类活动对自然环境的改造；注意突出盆地及其周围山地在发生上的同源性，存在于两者间的能量流、物质流的输送和交换，及相互制约作用。例如，西藏拉萨附近，从山地上部到河谷湿地可以划分为侵蚀带、均夷带和堆积带。山体的侵蚀、搬运与堆积过程是一个整体。其中，山体中部的均夷带生态最脆弱，容易遭破坏，又不易恢复。生态区域划分，应注意这种高地和低地的关系。高地和低地之间土地利用可能存在很大的差别，但是，相互制约和相互影响仍然极为明显。为了建立、恢复良好的生态系统，必须从自然环境的结构出发，把两者联系起来，统筹考虑。

（3）生态区域划分的应用学意义。生态区域划分是在总结最近几十年新增大量资料，对中国自然环境各要素的生态地理关系，进行综合分析研究基础上进行的。它将在指导自然资源的合理利用、土地退化防治、生物多样性保护等诸多方面得到广泛利用，还可以为研究全球环境变化与中国陆地生态系统的关系、遥感与地理信息系统技术的应用、定位试验站的选定与观测资料的分析等提供宏观区域框架。亦是进一步开展生态资源区划、生态胁迫过程区划、生态敏感性区划和生态环境综合区划的重要基础。

2. 生态区域划分原则和方法

（1）生态区域划分的客体特征。生态区域划分的原则和方法，是由所面对客体的特性所决定的。生态区域划分所面对的客体特征可简单地概括为：整体性、开放性、相对稳定性和时空层次性。

整体性。所谓整体性，就是生态系统各组成要素和各组分之间的内在联系性。它们相互联系、相互制约，并耦合构成一个整体。某一要素或部分影响另外的要素和部分。生态系统任何个别组成部分的孤立作用与在整体中所起的协同增益作用有本质的不同。整体性越强，组分越复杂多样，结构越严密，各组分的性能发挥得越充分，抗干扰能力越强，越具有较好的稳定性。在一定区域内生态系统特性及其生存环境具有相对一致性。这是生态区域逐级划分和合并的前提条件。

开放性。生态系统是一个复杂的开放系统，与外界既有物质又有能量交换，处于动态平衡之中。系统内的成分和它们之间的相互关系可进行调节。但是，这种调节超过一定限度，系统的动态平衡就被破坏。

相对稳定性。生态系统具有相对稳定性。尽管人类活动的加剧已经引起广泛的关注，但外界因素的相对稳定，使生态系统与外界的物质、能量交换亦处于一种相对稳定的水平，并导致生态系统的空间结构、成分、质量、能量收支、运动方式和规律也处于相对稳定状态。

时空层次性。尽管生态系统各层次之间互相渗透、彼此叠合，但是生态系统及其复合体的空间层次分明。也就是说，具有可识别和可区分性，存在着进行划分的客观基础。由于生态系统之间在空间上存在某种共生和消长联系，要求在进行地域划分时，必须考虑系统间的毗连和耦合关系。在时间尺度上，生态系统也具有层次性，且一般是较长周期制约着较短周期。任何生态系统都在随时间演进，现时生态系统的结构和组分都是其自身发生、演化的产物，生态区域划分要用历史和动态的观点看待区域的划分与合并。

（2）生态区域划分的原则。根据上述生态系统的整体性、开放性、相对稳定性和时空层次性的特征，生态区域划分所采用的原则，应包括：区域等级层次原则、区域的相对一致性原则、区域发生学原则和区域共轭原则。

此外，从生态区域划分的功能出发，还应考虑地域主导生态系统类型、生态稳定程度、生态演替方向，以及所划分出的区域的主要生态环境问题、生态危机的轻重程度、空间分布特征、生态整治方向和对策措施的相似性或差异性。

（3）生态分区的方法。同其他综合或单项区域划分一样，分区的方法论也是困扰生态区域划分的问题之一。早期的区域划分多是专家集成的定性工作。这类区划方法在充分认识地域分异规律、正确构建宏观分区框架和指导生产实践上，具有其他方法不可比拟的优势，但同时也存在着不够精确、主观性强的弱点。近年来的区划工作出现了另一种倾向，即单纯模式定量化。这种区划方法虽然在避免主观随意性，提高分区精确性方面有所进步，但分区界线与实际出入较大，选取指标的地理意义难以诠释等缺陷限制了其广泛应用。

在进行中国生态区域划分时，采用了专家集成与模型定量相结合的方法。具体做法是：高级分区单位的划定采用专家集成的方式，考虑到中国自然地理环境三大分区已被广泛接受，因而新的中国生态区域划分方案，以三大区作为控制下层分区单位的宏观框架。中级分区单位采用定量与定性相结合的方法，以定量为主。首先选取温度和水分等指标进行定量分区，然后用植被分布界线对其修订。低级分区单位采用以定性为主，辅以定量的方法。

3. 划分的依据

根据上述三级分区法，等级命名为：0级——大区；1级——生态区；2级——生态地区。划分依据分别是，大区：一是现代地势轮廓及生态系统景观差异，二是季风气候影响程度及水分差异，全国分为3个生态大区。

生态区：一是生态系统类型及其组合特征。二是植物赖以生存的土壤和水分条件。三是农作物种类及种植制度所反映的温度和水分状况，全国分为16个生态区。

生态地区：一是地质地貌特征，二是人类开发利用状况，全国分为52个生态地区。

当然，还存在对中国自然地理要素与生态地理区域的关系，进行了综合分析，采用全国地形、土壤、气候、植被及遥感植被指数等数据，综合分析中国生态地理区域的分异规律，制订了生态地理分区的初步方案，并建立了相应的地理信息系统。基于Holdridge模型和CCA分析划分中国生态地理分区，建立了分区的指标体系，得到中国生态分区的大致界线，初步指出了各生态地理分区的地形、植被、气候等综合自然地理特征，完成对中国区域生态地理分区的划分。

三、中国生态区域的分布

杨勤业等研究指出，将中国生态地域区等级系统，划分为东部季风湿润半湿润生态大区、西北内陆干旱半干旱生态大区和青藏高原高寒生态大区3个大区。其中包括16个不同的生态区。具体如下：湿润寒温性生态区；湿润中温性生态区；半湿润中温性生态区；湿润温性生态区；半湿润温性生态区；湿润温性—亚热性生态区；湿润亚热性生态区；旱性喀斯特性生态区；湿润亚热性—热性生态区；湿润热性生态区；半干旱温性生态区；干旱—半干旱温性生态区；干旱温性生态区；湿润、半湿润—半干旱寒冷高原生态区；半湿润—半干旱寒冷高原生态区；干旱寒冷高原生态区。

通过对全国482个样方的4个物种变量和30个环境因子为原始数据作的CCA排序图，从而划分18个我国不同的生态区域，具有一定的代表性和规律性，其分布见图10-1。

而中国在进行不同生态区域美丽乡村建设时，更多的是考虑了区域的物种、环境因子、地理区位、地势和人文、自然环境等因素，同时还融入了地区的人类活动和经济行为等。因此，从美丽乡村建设的类型上看，两者分类具有一定的一致性，但都离不开该区域的生态服务功能。

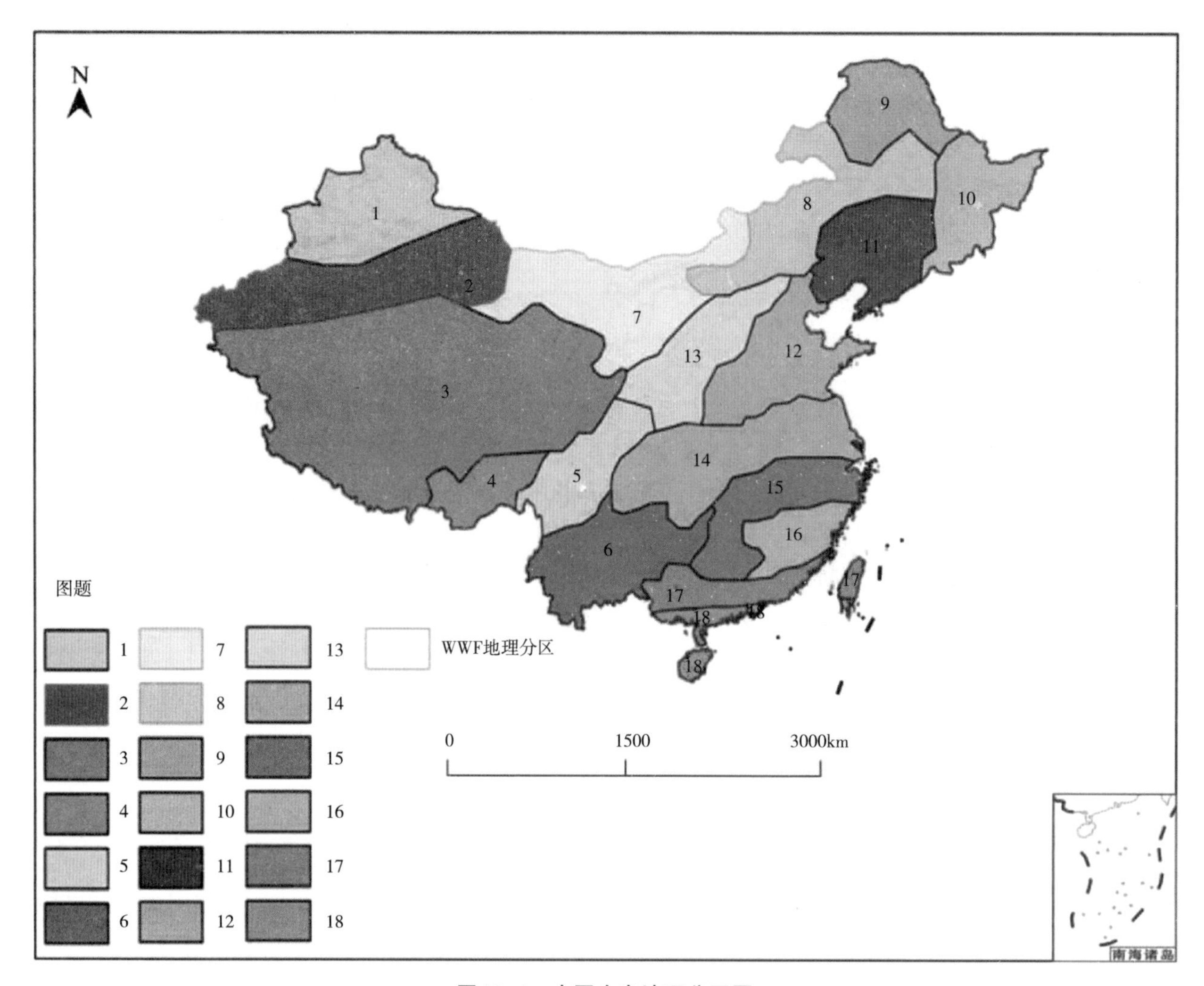

图10-1　中国生态地理分区图

注：图例1代表天山北麓温带大陆性气候带；图例2代表天山南麓温带大陆性气候带；图例3代表青藏高原高原山地气候和亚热带季风气候带；图例4代表西藏东南部热带山地季风湿润气候带；图例5代表四川盆地亚热带湿润气候带；图例6代表云贵高原亚热带湿润区带；图例7代表甘蒙温带半干旱半湿润季风带；图例8代表东北西北温带草原气候带；图例9代表黑龙江大陆性季风气候带；图例10代表吉林温带季风气候带；图例11代表辽宁温带季风气候带；图例12代表山东河北温带季风气候带；图例13代表陕甘宁温带大陆性气候带；图例14代表中部平原地带；图例15代表长江流域地带；图例16代表中部丘陵地带；图例17代表东部沿海地带；图例18代表海峡岛屿地带

四、中国不同生态区域的分类及主要特点

我国生态功能区域划分，主要分成三大区域，下面简要分析其主要特点。

1. 水源涵养区域

我国重要水源涵养区域主要包括大兴安岭、长白山区、辽河源区域、京津冀北部地区、太行山区、大别山地区、天目山—怀玉山区、罗霄山脉、闽南山地、南岭山地、云开大山、西江上游地区、大娄山区、川西北地区、甘南山地区、三江源头地区、祁连山地区、天山山脉地区、阿尔泰山地和帕米尔—喀喇昆仑山地20个地区。

水源涵养区域的主要功能是水源涵养的保护，多以山地植被和江河源头的保护为主，主要分三类：首先是东北山地型。该区域地貌类型复杂，丘陵、山地、台地和谷地相间分布，植被以落叶针叶林、红松—落叶阔叶混交林、落叶阔叶林、针叶林和暖温带落叶阔叶林为主，山间植被不同组合形成了片状形式，区内山地面积大，降雨丰富，多台风、暴雨，水土流失敏感性程度极高；其次是西南地貌类型。区内以中亚热带季风气候为主，南部地区偏向热带季风气候，热量丰富，雨水丰沛以常绿阔叶林为主。同时，该区域喀斯特地貌类型发育，生态脆弱，水土流失敏感程度高；最后是江河源头型地区。该区位于青藏高原腹地，包含3个功能区：黄河源水源涵养功能区、长江源水源涵养功能区和澜沧江源水源涵养功能区，该区是长江、黄河、澜沧江的源头区，具有重要的水源涵养功能，被誉为“中华水塔”。

2. 生物多样性保护重要区

该区域主要包括小兴安岭生物多样性保护重要区、三江平原湿地区、松嫩平原区、辽河三角洲湿地区、黄河三角洲湿地区、苏北滨海湿地区、浙闽山地区、武夷山—戴云山等区域。

该区多是众多支流的发源地、平原沼泽区、河流湿地和滩涂湿地等，湿地植被类型繁多，生物多样性较为丰富，该区地处我国亚热带与暖温带的过渡带，发育了以北亚热带为基带（南部）和暖温带为基带（北部）的垂直自然带谱，是我国乃至东南亚地区暖温带与北亚热带地区生物多样性最丰富的地区之一，是我国生物多样性重点保护区域。同时部分区域山地陡坡面积大，加之降雨丰富，多台风、暴雨，水土流失敏感性程度极高。

3. 土壤保持重要区

土壤保持重要区主要包括黄土高原区、鲁中山区、三峡库区、西南喀斯特区、川滇干热河谷区等地区。黄土高原区地处半湿润—半干旱季风气候区，主要植被类型有落叶阔叶林、针叶林、典型草原与荒漠草原等；鲁中山区土壤保持重要区，地貌类型属中低山丘陵，地带性植被以落叶阔叶林为主，该区属于温带大陆性半湿润季风气候区，春季干燥多风，夏季炎热多雨，水热条件较好，水土流失敏感，是土壤保持重要区域；三峡库区土壤保持重要区，地处中亚热带季风湿润气候区，山高坡陡、降雨强度大，森林植被破坏较严重，水源涵养能力较低，库区周边点源和面源污染严重；同时，水土流失量和入库泥沙量大，地质灾害频发；西南喀斯特土壤保持重要区，地处中亚热带季风湿润气候区，发育了以岩溶环境为背景的特殊生态系统。该区生态极其脆弱，水土流失敏感性程度高，土壤一旦流失，生态恢复重建难度极大；川滇干热河谷土壤保持重要区，受地形影响，发育了以干热河谷稀树灌草丛为基带的山地生态系统。河谷区生态脆弱，水土流失敏感性程度高。河谷区植被破坏严重，生态系统、保水保土功能弱，地表干旱缺水问题突出，土壤坡面侵蚀和沟蚀严重，崩塌、滑坡及泥石流灾害频发、侵蚀产沙量大。

第二节　中国不同生态区域美丽乡村主要示范模式及分布

美丽乡村建设是在社会主义新农村建设的基础上，结合中国各生态区域的生物、气候资源，打造美丽乡村生态工程的具体实践模式，也是各地新农村建设的精彩之作。充分展现了“科学规划布局美、创业增收生活美、村容整洁环境美、乡风文明素质美、管理民主和谐美”。全国各地以美丽乡村建设为切入点，多层次、多角度地探讨、分析和建设美丽乡村生态示范区。下面就我国美丽乡村建设的几个成功模式、分布及生态工程技术经验进行分析。

我国美丽乡村建设模式众多，特色各异，但归类总结起来主要有山村风貌型、田园风光型、水乡风情型、产业带动型、旅游服务型、文化保护型等类型。以下以我国典型的美丽乡村建设模式进行简要介绍。

一、美丽乡村建设浙江“安吉”模式

美丽乡村建设“安吉”模式主要从其乡村生态建设、实践路径和发展成效3个方面给予评价

分析。

1. 美丽乡村县生态建设过程

安吉县，地处浙江西北部，湖州市辖县之一，北靠天目山，面向沪宁杭，位于E119°14′～119°53′和N30°23′～30°53′，属亚热带季风性湿润气候。建县于公元185年，县名出自《诗经》“安且吉兮”之意。全县总面积1 886km^2，常住人口46万，下辖8镇3乡4街道，1个省级经济开发区和1个省级旅游度假区。安吉县区域条件优越，地处长三角经济圈的几何中心，是杭州都市经济圈重要的西北节点，属于两大经济圈交汇的紧密型城市，是长三角最具投资价值县之一。

安吉凭着得天独厚的地理优势，气候条件，享有中国第一竹乡、中国白茶之乡、中国椅业之乡、中国竹地板之都美誉，还被评为全国文明县城、全国卫生县城、美丽中国最美城镇。这里还是中国大陆首个世界著名品牌乐园凯蒂猫家园、亚洲最大的水上乐园欢乐风暴、旅游综合体项目“大年初一”风景小镇相继开业，美丽乡村旅游产业蓬勃兴起。

安吉还成功创建全国旅游标准化示范县、国家乡村旅游度假实验区和全国首个乡域AAAA级景区，独具特色，在旅游界独领风骚。这里是旅游者的理想之地，有着安城城墙、独松关和古驿道、灵峰寺、凯蒂猫家园，中南百草原，中国大竹海，江南天池，臧龙百瀑、浙北大峡谷等旅游景点。

安吉县生态环境优美宜居，境内“七山一水二分田”，层峦叠嶂、翠竹绵延，被誉为气净、水净、土净的“三净之地”，植被覆盖率75%，森林覆盖率71%，是国家首个生态县、全国生态文明建设试点县、全国文明县城、国家卫生县城、国家园林县城和国家可持续发展实验区，是全国联合国人居奖唯一获得县。

2. 安吉美丽乡村建设实践路径

安吉的“中国美丽乡村”生态建设主要围绕以下四方面展开。

第一，坚持城乡统筹发展，走上了一条又快又好的美丽乡村建设之路。在农村建设和环境整治方面，安吉按照“城乡规划一张图、城乡建设一盘棋”的原则进行村庄规划，将要素和资源向农村倾斜，进行城乡一体化建设，农村基本上完成了人畜饮水卫生改建、道路硬化、村庄绿化、村庄亮化、垃圾与生活污水处理以及危房改造等基础建设工作，使乡村生产和生活条件全面改善，城乡基础设施方面的差距明显缩小。

在产业发展战略方面，依托山区绿色资源，大力发展相关第二产业和第三产业，加强城乡产业合作，走三次产业联动协调发展之路。该发展模式从根本上巩固了农业的基础地位，促进了农村发展、农民增收，缩小了城乡收入差距。安吉把农业放到第二、第三产业发展的大背景中，通过拓展山区多种功能，深挖农业纵横两个方面的附加值，依托第一产业推动第二产业发展和第三产业发展，进而促进三者协调、联动发展，从根本上消除了制约农业和农村发展的障碍，建立了农业增效、农民增收、农村发展的长效机制。

在社会保障方面，安吉不断改革和完善社会保险制度，建立覆盖城乡居民社会保障体系。出台了《安吉县城乡居民社会养老保险实施办法》，努力实现人人享有老有所养。在公共服务方面，安吉投资1 200万元建立了全县劳动保障一体化信息系统，在187个村建有全县联网的大屏幕信息系统，实时显示用工、就业培训信息，农民不出村就能了解相关的信息。目前，在安吉全县“市民”和“农民”的概念正在淡化，农村和城市的居住环境、生活方式越来越接近，城乡差别正在不断缩小。

第二，坚持生态立县，走山区跨越式发展之路。安吉在建设“中国美丽乡村”过程中，始终坚持生态立县、工业强县的发展理念，围绕发展提速、经济提质和产业提升，在经济发展与生态文明建设两者之间寻找结合点和突破口。

一是在发展战略上，安吉依据山区生态环境的正外部效应不断拓展山区的多种功能，依托农业和山区资源优势，谋划制订“无烟”发展。安吉通过特色农业的观赏休闲作用，结合当地人文景点、风景名胜等大力发展休闲产业，不断拓展山区的美食、观赏、休闲、娱乐、文化、养生等多种功能，将山区的农业和生态资源转化为资本，成功实现了“一产跨二进三”的跨越发展。

二是在产业发展布局上，安吉按照集中布局、集聚产业和集约发展的原则，优化县域功能布局，打造不同的生态精品实体产业区块，加快传统产业高新化、新兴产业集群化发展。

三是在具体项目选择上，安吉按照“高技术、高成长、高税收”和“低污染、低能耗、低成本”的“三高三低”的产业发展原则，大力发展生态农业、休闲观光、生物医药、生命养老等绿色产业，放弃了经济效益好而生态效益差的项目，全力推进经济转型升级，实现了经济发展的能级跃迁和高位起跳。

总体看，安吉通过不断拓展山区的多种功能，全面坚持全新的绿色发展道路，将绿色资源和生态优势转化为发展的资本，成功实现了跨越式发展。

第三，在农村内部大力发展第二、第三产业，走城乡均衡发展之路。通过完善农村基础设施，全面开展环境整治，提升创业人居品味，在农村大力发展依托第一产业的第二产业加工业与第三产业休闲业，立足生态资源及时捕捉并引领社会绿色消费动向，积极发展休闲生态经济，满足城市居民日益增长的绿色消费需求，从而促进了农村产业的发展壮大、经济增长和农民增收。安吉的实践，既不同于乡村剩余劳动力大量流向城市，并最终转化为市民的传统城市化路径，也不同于集中精力，首先发展条件较好的中心城镇，并依此向外围辐射的增长极战略。

安吉通过拓展山区农业、生态、文化的多种功能，向休闲养生、观光旅游和环保等新型绿色产业方面转移，实现山区农村产业发展的良性循环，促进农村劳动力就地创业、就地就业。通过城乡一体化建设，使农民不离开自己的故土就可以安居乐业、丰衣足食，并享受和城市一样的现代文明。安吉的发展路径，为新形势下我国欠发达山区，由传统经济向现代绿色经济转型提供了一种创新思路。即立足山区绿色资源优势，发展相关第二产业使农民就地就业，发展休闲旅游为代表的第三产业帮助农民创业，不但能在农村内部实现各产业间的协调发展，而且能在城乡间实现经济社会的均衡发展。从多数发达国家的经验来看，城市化是一种不可逆的趋势，而安吉的发展不是等中心城市的发展壮大，来吸纳剩余农村劳动力向城市转移，走被动城市化道路。

在安吉这样一些特殊山区，当城市化带动经济发展起飞的条件尚不成熟时，可主动通过拓展山区多功能性，将山区资源转化为发展的资本，进而实现城乡经济的均衡发展。这种农村人口就地向非农产业转移、农村产业重心向第二、第三产业看齐，但人口、资源不向城市集聚的发展模式是对城市化战略理论的丰富和发展。

第四，坚持绿色发展，走低碳发展之路。安吉的“中国美丽乡村”建设多方位地展示了一条低碳发展之路，主要体现在三大方面：首先，安吉重视支柱产业的选择和培育，并严格控制污染物总量的目标要求，提高企业污染物处理率和达标排放率，着力实现企业低碳化发展。其次，在推进环境整治中，安吉重点整治村庄建筑乱搭乱建，杂物乱堆乱放，垃圾乱丢乱倒，污水乱泼乱排等问题。积极开展改路、改水、改厕和改塘建设，并不断完善村民参与监督机制，逐步实现村庄环境的自我管理，着力实现生活低碳化。第三，在农业生产中，大力发展循环经济和清洁化生产技术。重点推广再生能源利用，土地资源节约利用，农业生产节水节肥节能新技术，着力实现农业生产低碳化。同时，由于毛竹的固碳功能超群，安吉持续发展碳汇竹业，开展毛竹现代科技园区，竹子速丰林建设，竹子良种基地和林区作业道路建设四大工程，将全县的竹林面积扩大到100万亩左右，不断增强全县竹林的生态功能，形成区域小气候，强化农村的固碳功能。安吉“中国美丽乡村”建设中的发展策略和措施，体现了农村是重要的固碳空间，是我国发展低碳经济的重要基地。在城市工业经济还没全面转型升级的阶段，通过美丽乡村建设的契机，大力推动低碳经济及碳汇林业的发展，倡导低碳生活，能有效地降低我国整体碳排放量。

3. 安吉美丽乡村建设成效

经过10多年的大力建设，作为中国首个国家生态县的安吉县，也是中国美丽乡村国家级标准化示范县、全国首个县级“中国人居环境奖”，是中国最适宜创业与人居的区域之一，形成了“科学规划布局美，村容整洁环境美，创业增收生活美，乡风文明素质美”的“安吉四美”，誉为中国美丽乡村生态建设“安吉模式”。

二、美丽乡村建设“景村融合”福建东壁山利模式

1. 原乡村现状

东壁岛在福建省福清市东部，福清湾南部，距大陆最近地点640m，属龙田镇。位于N25°18′～25°52′，E119°03′～119°42′，属亚热带季风气候。因位于东营村东，故名。南北长3.88km，最宽1km多，面积2.64km^2。为燕山期花岗岩构成的丘陵。最高海拔85.7m，岸线长12.38km。山利村位于东壁岛的中部，东西临海，与著名的旅游景点黄官岛一衣带水，南与厝场村接壤，北与茶腰村毗邻，距东壁岛滨海旅游度假村只有咫尺之遥。

有简易公路通各村，客轮通福清市东营。东壁岛旅游度假区是集休闲度假、海上运动、民俗体验、海景美食、沙滩浴场等功能于一体的滨海旅游度假区，可游览不老泉、巨石阵等景点，参与水上运动等游乐项目，富有滨海旅游的特色和乐趣。

东壁岛上的落日、海滩、岩礁、怪石、海堤，都是独一无二的。明代抗倭英雄戚继光视其为海疆东面的壁垒屏障，故称“东壁”。东壁岛北望马祖岛，东接平潭岛，岛上基本保持着原有的自然生态，有着丰富、独特的人文景观，风光秀丽，气候宜人，海滩宽阔，海沙温柔，海水清澈。

山利村位于龙田镇东壁岛，其南为厝场村，其北为茶腰村，东西皆临海，耕地面积为21.4km^2，海面积40km^2，总人口为1 045人，6个村民小组，村财政收入每年12万元左右，村民主要收入来源靠讨小海，示范前渔村生活贫穷。

2. 美丽乡村建设实践路径

美丽乡村建设的重点在于实现村庄生产、生活与生态的和谐发展，而乡村旅游业发展主要体现经济、社会、文化和环境四大功能。“景村融合”将景区与乡村看作一个生态系统，通过系统内利益协调和资源优化配置，达到乡村经济、社会和环境的协调发展。“景村融合”的核心是构建空间互应、资源共享、要素互补和利益互显的共同体（图10-2）：一是空间互应。依托村庄本体，对国土空间进行开发利用，使景区和乡村在空间上相互叠合。二是资源共享。对乡村的自然景观和文化遗存等旅游资源进行开发，使资源为村民与游客共享。三是要素互补。以路、水、电、文、教、卫等为核心的乡村生活服务设施，与吃、住、行、游、购、娱等为核心的旅游服务设施既有所叠合，又有较强互补作用。四是利益互显。在“景村融合”发展中，满足村民与游客等主体利益诉求的同时，保持乡村持续、和谐发展。

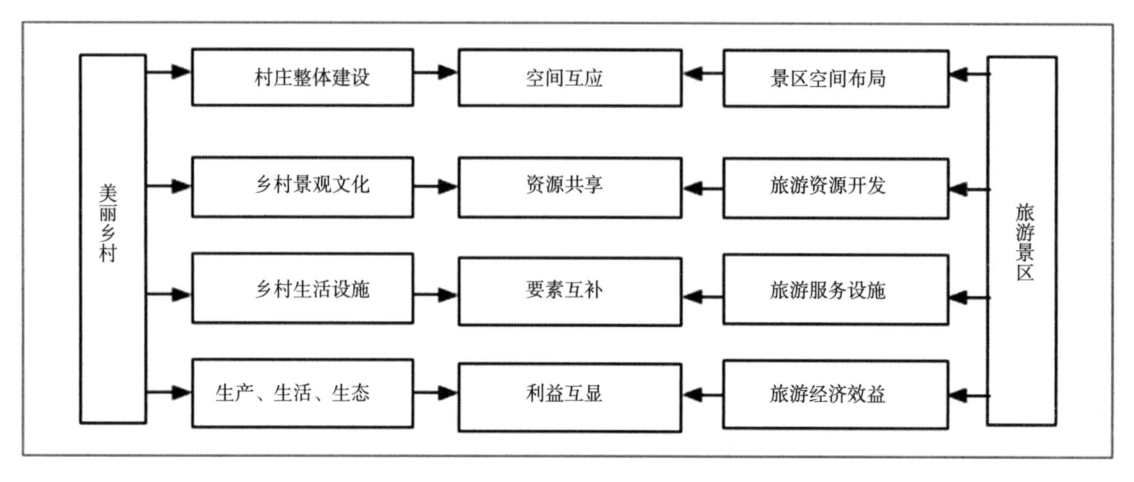

图10-2 “景村融合”模式发展示意图

基于“景村融合”的美丽乡村建设，需充分协调居民与游客的利益诉求，寻求乡村现代化与旅游乡土性、乡村景观保护与旅游产品创新、乡村生活服务设施均等化，与旅游服务设施体验的平衡。这就要求美丽乡村建设与旅游景区建设同步规划、同步建设及同步管理，优化公共景观及基础服务设施，形成“以景带村、以村实景、景村互动”的发展模式。

“景村融合”的主要路径如下：一是通过总体功能定位，明确乡村旅游发展定位与目标，推动景村互动发展；二是通过优化村庄空间布局，界定生活、生产和生态等发展边界，实现景村一体化发展；三是通过明确景区与乡村的主题形象，塑造文化特色和营建核心旅游吸引物，以景带村发展；四是基于资源禀赋和景区的市场需求，创新旅游产品，推进农业与旅游业互兴发展；五是完善景区与乡村公共服务设施，满足村民与游客的生活与休闲需求，达到主客共享服务设施的目的。

3. 美丽乡村建设成效

在深入挖掘渔村文化内涵、修缮民居建筑、开发滨海旅游产品和优化农业景观结构的基础上，结合东壁岛旅游度假区总体布局，规划将山利村打造成集渔村文化体验、滨海休闲度假和生态农业休闲等多功能于一体的宜居、宜业及宜游的复合型旅游新村。根据总体功能定位，遵循分期开发、滚动发展的原则，规划近期主要依托现有自然景观、耕地农田、古民居、海产资源、民俗文化和美食资源，以渔村文化为特色，以渔家乐为核心，打造幸福渔村、美丽乡村；中远期主要通过挖掘东壁岛的海洋文化内涵，整合东壁岛、黄官岛等景区的休闲度假资源，将山利村建设成为东壁岛旅游度假区的核心板块，福建省美丽乡村建设的典范，以及中国最美渔村和国际渔村乡村旅游景点。

现已形成一个多功能湿地经济生态系统，并形成独特的休闲度假旅游区，具有海滨4“S”（阳光、沙滩、大海、海鲜）旅游资源，集疗养健身、艺术鉴赏、海上运动、民俗体验、海景美食、沙滩浴场等功能于一体。目前，东壁岛已获评国家AAA级旅游景区、福州市十佳景区、福建省休闲渔业示范基地、中国最美渔村等称号。历史上，有人美称东壁岛为“海上仙山”，并与山东的蓬莱岛并称为“瀛州”。随着旅游景点和休闲度假项目的进一步开发建设，村民富裕，村景更美，东壁岛更富有诱惑力。

三、美丽乡村建设“生态养生”浙江武义模式

1. 武义县概况

武义县隶属浙江省金华市。位于浙江省中部，位于N28°31′~29°03′，E119°27′~119°58′，属亚热带季风气候。2015年，武义县面积1 577km^2，人口33.74万，辖3个街道、15个乡镇，计15个社区居民委员会，546个村民委员会。唐天授二年（公元691年），析永康西境始置武义县，隶婺州。传武则天执政时新设郡县均冠以“武”字，因县东有百义山，故以武义名县。

武义山川秀美，物华天宝。萤石储量居全国之首，温泉资源“华东第一、全国一流”，素有“萤石之乡、温泉之城”的美誉。武义“宣莲”是中国三大名莲之一。有机茶颁证面积和产量居全国之冠，是“中国有机茶之乡”。武义是新文化运动先驱、湖畔诗人潘漠华、著名经济学家千家驹、著名工笔画大师潘洁兹的故乡。其中，郭洞古生态村位于距武义县城10km的群山幽岭之间，因山环如郭、幽邃如洞而得名。约5km^{2}的景区内，层峦叠嶂，竹木苍翠，静雅宜人。“郭外风光凌北斗，洞中锦秀映南山”，这是古人对郭洞风景区的贴切描绘。

2. 美丽乡村建设实践路径

武义县模式在美丽乡村生态建设过程中，关键把握了以下五点。

第一，抓住优势、突出特色、错位发展。寻找各个乡村的特色及优势，包括山水美景、种植景观、村落建筑、传统特色村落美食、瓜果蔬菜及少数民族特色村落，形成村村有特色、处处有精彩的格局。并按照不同层次的消费群体制定了各档次休闲生态养生产品。

第二，政策引导支持、市场运作。政府主导、加大村落建设的扶持力度，农业、旅游、生态养生产业共同协作发展，政府、企业、村落及社区居民共同推进建设（图10-3）。由政府组织对外宣传，将打包组合后的旅游产品逐一推向市场，需要保证全域各点的宣传促销，同时，政府需要强调旅游发展中生态文明的建设。旅游相关企业与社区共同打造网络平台及营销渠道，共享客源市场及信息。

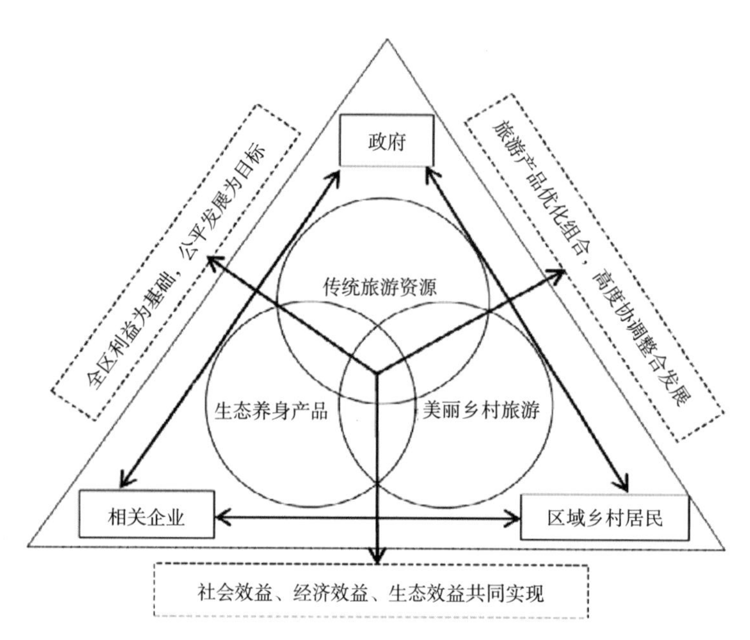

图10-3　全域化生态养生与美丽乡村旅游共建路径图

第三，全域化资源整合、精品带动。田园风光、温泉养生、历史人文景观、自然风景区整合开发，实现生态、养身、乡村三大核心，静心养生、休闲娱乐、康体理疗三大主题的资源整合开发。全域化整合包括两种途径，一是区域打包整合。通过知名景区的带动来整合周围美丽乡村及生态养生旅游，开发系列旅游产品。全力打造区域总体形象及各村落形象，做到不冲突、不遮蔽、共发展；二是主题线路打造。通过主题，将距离较远的资源整合打造，沿线由美丽乡村相连，做到点线结合、主题突出、交叉运用。针对高端的游客，建议在相对边远及进入条件不佳的美丽乡村建设养生会所或养生酒店，以均衡区域发展，避开大众游客。私人定制式的生态养生产品，配合康体治疗师、心理咨询师、营养师，通过吃（生态食谱、国药），行（村落行走和农事劳动、农事采摘），听（养生讲坛、自然之音），养（养身、养心），疗（药疗、食疗、温泉水疗）来实现。

第四，形象打造、主题开发。生态田园生活、温泉理疗养生、身心净化洗涤、全域规划推进，凸显各个村落文化所表现出来的“精”“气”“神”。结合美丽村庄四季风光，打造四季不同特色的生态养生产品——春天的山谷、夏日的清荷、秋收的田园、冬日的温泉。同时，结合村落民间民俗活动（迎佛、接仙、庙会、昆曲），以及众多的可以追忆感悟的名人名事，打造静养心灵的养身类产品。

第五，保护优先、整体提升、持续发展。通过保护生态环境，保护温泉资源、保护村落质朴民风，保持田园休闲生活，靠产品质量负责任生态旅游模式，打造武义“全域化”生态养生旅游与美丽乡村共建新景象。

3. 美丽乡村建设成效

武义以“彰显人文特色，健全长效机制，形成村点出彩、沿线美丽、面上洁净的美丽乡村格局，提升农民生活质量和生态环境质量，推进城乡经济社会发展一体化为目标。紧紧依托“中国温泉之城”“萤石之乡”“中国有机茶之乡”等品牌，委托浙江工业大学编制了《武义县美丽乡村建设总体规划》，明确了美丽乡村精品创建的总体要求和目标管控，建立了特色村、重点村、精品村、精品线的梯次培育体系。

在全县实施15个精品村，打造5条精品旅游线路，着力建设若干美丽乡村精品村，从而带动农家乐休闲旅游产业发展，增加农民收入，推进全县生态景区全域化。规划了五条美丽乡村精品线：一是以湿地公园、太极星象农业观光园、千亩桃园、陶渊明后裔聚居地等为建设主题的“武义历史文化和农耕文化精品线”；二是以温泉度假区为建设主题的“温泉文化精品线”；三是以古茶场、茶文化产业园为建设主题的“茶文化精品线”；四是以萤石开采历史风貌展示为建设主题的“萤石文化精品线”；五是以现代工业文明为建设主题的“五金工业文化精品线”。5条精品线串联各精品村，将每个精品村打造成一个景点，将每条精品线打造成一个景区。

四、美丽乡村建设“特色种养”产业型吉林吉乐发展模式

1. 吉林吉乐乡复兴村概况

吉林省梅河口市吉乐乡位于吉林省梅河口市西南部，地处鸡冠山脚下，位于N42°08′～43°02′，E125°15′～126°03′，属中北温带大陆性季风气候。全乡10个行政村，24个自然屯，共有2 456户，总人口9 630人，幅员面积96.9km^2。耕地面积13.36km^2，其中旱田9km^2，水田4.36km^2，森林面积50km^2，其中，成林35km^2，幼林15km^2。水域面积0.74km^2，有小（一）型水库1座，小（二）型水库1座，塘坝13座。乡政府距有“小奉天”之称的山城镇15km，距梅河口市46km，向西通往辽宁省清源县。全乡自然资源丰富，开发利用的潜力大。交通便利，水泥路与周围乡镇联通。复兴村坐落在鸡冠山脚下，全村共128户788人。

2. 美丽乡村建设实践路径

以前的复兴村，耕地不平坦，交通不便利，种种阻碍令复兴村的经济状况得不到改善。复兴村的森林面积有5.73km^2，是天然的林业资源宝库。村委会找到了经济发展的突破口，那就是发展林下经济、中草药种植和养殖业。立足当地资源优势，发展产业项目，复兴村走上了华丽的“变身”之路。

村委会带领村民成立中药材种植专业合作社，发展54户种植林下参和中药材，种植总面积达0.33km^2，农户人均增收1 000元。成立黑木耳种植合作社，发展社员71户，种植35万袋，农民人均增加收入1 500元。实行土地流转0.05km^2，发展高丽参种植，让村里的剩余劳动力都有活干。成立养殖专业合作社，发展养鸡大户10户，年出栏肉鸡100万只，年增加村民收入150万元。依托山区适宜的气候，栽植山梨、李子、果松等经济林木，围绕鸡冠山国家级森林公园，发展生态旅游业，壮大集体经济，增加村民收入。

3. 美丽乡村建设成效

短短数年间，该村先后被评为省级新农村建设示范村、市级标兵村和精神文明先进村，2015年被评为吉林省美丽乡村。2015年，复兴村集体收入达20多万元，人均纯收入13 930元。集体经济的壮大，为村里的基础设施建设和环境整治打下了基础。他们投入600多万元，建起了巷路围墙，安装了路灯，进行了边沟硬化，栽植绿化树木、灌木和彩色花卉，使村里村外绿树成荫、花红草绿。先后被评为省级新农村建设示范村、市级标兵村和精神文明先进村，2015年被评为吉林省美丽乡村。

五、美丽乡村建设“北方山区”河北涉县模式

1. 河北涉县概况

河北省邯郸市涉县位于太行山东麓、河北省西南部，位于N36°21′～44′，E114°03′～40′，属于暖温带半湿润大陆性季风气候。素有“秦晋之要冲，燕赵之名邑”美称，是一个有着悠久历史和灿烂文化的千年古县，也是一个有光荣传统的革命老区、红色圣地。涉县是沟通冀南、晋南、豫北的重要枢纽，有良好的区位优势。涉县共有17个乡镇、308个行政村。涉县域面积1 509km^2，其中耕地面积273km^2，总人口约40万人，总产值263亿元，人均收入6.6万元。

2. 美丽乡村建设实践路径

（1）建设思路。涉县以“山青、水秀、田韵、绿脉、文魂、村美”为美丽乡村建设主题，彰显“山、水、红、古、田、庄、遗”地方特色，全力实施“一带三区多节点”工程。一带，即清漳河鱼米乡景观带，以清漳河为纽带，贯穿娲皇宫景区，129师司令部景区，工业遗址，生态谷国家农业公园以及传统村落。三区，即娲皇宫历史人文区、129师司令部红色旅游区和国家生态农业公园片区。多节点，即打造赤岸烽火、娲皇圣迹、五指禅山、山水连泉、寨上崖居、上温竹韵、常乐葡萄等多个主要村庄和景观节点。

（2）建设原则。

第一，政府主导优化布局引领“整体美”。针对个别地方还存在重建设轻维护、重改造轻传承、重物质轻文化等情况，涉县通过分层次、分区域、分重点，建立和完善美丽乡村建设的整体规划，引领“整体美”。特别是着眼于京津冀协同发展和旅游一体化，围绕“山景、水韵、绿脉、文魂”，坚持“望得见山、看得见水、记得住乡愁”原则，细化分解，抢时间节点，高效推进“一路、两带、十节点”建设。“一路”即：连泉桥路；“两带”：东山采摘观光带、清漳河鱼米乡景观带；“十节点”：突出寨上村东山农家休闲体验、连泉村古村古巷古院落、石岗村休闲观光、庄上村水上漂游、赤岸村红色文化游等十个节点打造，明确具体色调，传承生态乡愁。充分做到规划合理，建设有数，思路明晰，未来可期的美丽乡村新图景。

第二，精准定位优势，提升发挥“资源美”。美丽乡村建设离不开当地的县情、乡镇情、村情，离不开自身的优势。涉县在美丽乡村建设中，立足农村、立足山区，挖掘传承特色文化。依托旅游资源优势，转变经济发展方式，成为涉县建设美丽乡村成功的经验。在挖掘自身优势方面：一是突出“红”。依托129师司令部旧址，按照“再塑传统村落风貌，提升红色文化品牌”思路，发挥革命老区的红色资源优势。二是突出“古”。传承和弘扬当地的优秀传统文化，依托悠久的村庄历史，特别是众多的古寺庙宇等，保护和开发古文化，提升乡村文化内涵，既留住“乡愁”，又增加时代特色。

第三，绿色发展转型，升级打造“产业美”。产业强则乡村富、美丽久。建设美丽乡村，产业是根基，富民是核心，否则村庄再美也会缺乏生机，甚至成为新一轮“空心村”。涉县紧紧围绕加快转型升级、绿色发展的目标，以大力发展旅游业和康养业为抓手，在美丽乡村建设中，注重村级财富积累机制，挖掘各种产业资源，引导产业集聚，发展新型农业经营主体，激发村庄经济活力。不仅解决了贫穷山区乡村建设不扎实、底子虚的问题，同时通过“造血”“输血”，真正打通了美丽乡村建设的“任督二脉”。

第四，提升素养道德风尚，指引“心灵美”。建设美丽乡村，村民是主体，村民思想觉悟和文明素质的提高是关键。富而思洁、富而思美。通过广泛宣传教育，营造良好的环境氛围，让村民在耳濡目染中自觉养成文明健康的生活习惯。同时，注重提升农村科教素养，培树农民道德风尚，实现农民增智，引导家庭、邻里和睦，促进乡风文明。通过创新形式，围绕春节、消夏、农闲时节，打造了“魅力涉县·和谐之春”“红歌会”等农民文化活动品牌栏目。不仅塑造了美丽乡村建设的内核，也为实现农村社会的发展提供了最坚实的基础。

3. 美丽乡村建设成效

涉县发挥优势、建设“中国太行红河谷”，是近几年我国建设美丽乡村创新成果的集中展现，是北方山区经济社会发展模式方法上的创新。近年来，涉县在美丽乡村建设中，立足特色，挖掘内涵，强力推进环境整治，不断壮大乡村产业，村庄处处发生着“美丽蝶变”。美丽乡村建设中，挖掘了本地独有的自然生态、特色农业和红色文化等资源，提出了“太行山水、漳河画廊”的总体构思，以清漳河为轴线，着力建设清漳河谷美丽乡村，打造“中国太行红河谷”，让每村每户亮在其中，乐在其中，富在其中”。

涉县始终挖掘自身的优势资源，融美丽乡村建设于旅游示范区建设之中，形成“太行山水、漳河画廊与革命传统相结合”的美丽乡村片区经验，逐渐叫响了“中国太行红河谷”的旅游品牌；融美丽乡村建设于特色农业建设之中，从根本上激发了动力，走出了一条“留村致富”的美丽乡村之路；融美丽乡村建设于乡村结构的改造之中，改善村民的生活条件，提高村民的生活质量，成为涉县美丽乡村建设的主要目标。涉县美丽乡村建设以发挥自身优势资源为基础，以发挥村民的主动性为依托，为北方山区贫困区域的农村建设提供了鲜活的样本，从战术层面找到了推进美丽乡村建设的突破口。

力争在全省当标杆、争一流。用2～3年的时间，将这一片区打造成全国闻名的红色旅游示范区。京津冀美丽乡村示范区，京津冀健康养生养老基地，太行山生态谷国家级农业公园。

六、美丽乡村建设“少数民族地区”湘西模式

1. 湘西凤凰县基本概况

在全国155个民族自治地方中，有5个自治区、27个自治州、83个自治县（旗），分布在西部地区的贵州、云南、四川、青海、宁夏、甘肃、陕西、广西、内蒙古、西藏、新疆、重庆等12个省、自治区和直辖市。

凤凰县位于湖南省西部的湘西土家族苗族自治州，位于E109°18′～109°48′，N27°44′～28°19′，属于中亚热带季风湿润性气候。全县国土总面积1 745km²，辖17个乡镇、340个行政村、7个社区9个居委会。总人口42.3万，由苗、汉、土家族等28个民族组成，其中少数民族31.13万人，占总人口的73%，是典型的少数民族聚居区。凤凰，国家历史文化名城，首批中国旅游强县，国家AAAA级景区，湖南省湘西土家族苗族自治州所辖八县市之一。东与泸溪县交界，南与麻阳县相连，西同贵州省铜仁市、松桃苗族自治县接壤，北和吉首市、花垣县毗邻，史称“西托云贵，东控辰沅，北制川鄂，南扼桂边”。

2. 美丽乡村建设实践路径

少数民族地区美丽乡村建设的实现程度需要从以下几方面来考量。

第一，科学规划指导的基本遵循。少数民族地区美丽乡村建设在规划方面蕴含着科学规划指导。科学规划体现了美丽乡村整体布局、房屋设计建设、公共基础设施统筹等问题，既要考虑少数民族群众传统观念、风俗习惯等，又要考虑人口、环境的综合承载能力。规划编制要满足当前和今后少数民族地区发展的需要，避免走弯路。规划指导强调先规划后建设，不规划不建设，规划是建设的必要条件，盲目的建设只会导致适得其返的效果。在少数民族地区美丽乡村建设总体规划上，要遵行高起点、高标准规划建设的理念，按照“人口集中、产业聚集、要素集约、功能集成”的要求，以农村社区化为方向，确定中心村和需保留的特色村。在少数民族地区美丽乡村建设规划的具体实施上，以村庄环境提升和民居建设为突破口，按照功能齐全、设施配套、产业培植、长短结合的原则，以及科学合理，美观实用，经济可靠的目标，编制各个中心村和特色村的实施方案。不管是总体规划还是建设规划，重点在于抓落实，通过长期坚持，严格执行，直到完成少数民族地区美丽乡村的规划建设任务。

第二，民族文化传承的地域特征。少数民族在发展的历史进程中形成了本民族特有的传统文化，各民族的特征普遍存在于生活、生产之中。民族文化的传承，是维护中华民族整体性，保护民族文化现代化转型和持续发展的最有效途径，也是美丽乡村建设的重点。少数民族地区民族文化传承，既是传统文化自觉的体现，又能使美丽乡村建设推陈出新，接受时尚元素，事实上少数民族地区不是“落后”的代名词，而是“时尚”的引领者。民族文化传承需要载体和平台，美丽乡村建设就是文化传承拓展和深化过程，在这一过程中，文化产业的培植具有时代性意义。少数民族地区，有着丰富的自然资源和文化资源，如何有效合理开发和保护，关键在于各级管理者用科学正确的政绩观，来衡量经济发展与美丽乡村建设的合理性，让少数民族地区美丽乡村建设不违背其宗旨，发挥出富民惠民、改善民生的效益。

第三，统筹协调推进的思维导向。统筹协调需克服少数民族地区美丽乡村建设就是硬化几条村间道路、粉刷几栋房子等简单化认知。创新破解美丽乡村建设过程中公益基础设施、民族民居、产业扶持等方面的难题。统筹协调推进的重点是整合资源，集中投入。通过调查发现，美丽乡村建设项目资金整合的实质是部门权力和利益的调整。整合资金的难点在于现行体制下，如何集中部门项目资金服从美丽乡村建设工作的“一盘棋”，其目的是摒弃各吹各打、各自为政的低效率本位主义思想，打破权力与利益的束缚，把公共财政补助资金发挥好，起到“四两拨千斤”的作用。同时要积极创建少数民族地区“三农”金融服务平台，全面推进抵押融资为重点的农村金融改革，为少数民族地区美丽乡村建设增添新的动力。

第四，追求和谐共治的价值取向。在传统的公共行政体制下，政府制定和实施政策的权力方式是自上而下，民众处于被动接受的地位，无法充分表达自已的意愿与要求。少数民族地区美丽乡村建设不应该是政府大包大揽，而是协同合作、良性互动和共同参与，形成政府主导、群众主体、社会协同这样一种齐抓共建的良好状态。这种观点蕴含着少数民族地区美丽乡村建设从管理向治理转变，强调群众认同和共识，这就决定了美丽乡村建设是上下互动的过程。“天地交，而后能成化育之功；上下交，而后能成和同之治。”少数民族地区美丽乡村建设的主体是群众，群众是美丽乡村的建设者、选择者和受益者。必须充分尊重少数民族群众的主体地位，发挥群众的主观能动性。在实施过程中，既要广泛征求少数民族群众对美丽乡村建设规划的意见，充分考虑他们的合理诉求，也要用创新的办法，引导群众参与美丽乡村建设，有力出力，有钱出钱，这是让人民群众共享发展成果的内在要求。从传统习俗约束中寻求思想更新，增加民族地区群众受教育的机会，提高少数民族地区美丽乡村的社会治理科学化水平。

3. 美丽乡村建设成效

凤凰县先后获得“中国十佳优秀旅游城市”“中国最佳休闲小城”“中国最宜居城镇”等荣誉称号，被评为湖南全省“经济发展快进县”“特色县域经济重点县”。

七、美丽乡村建设江西婺源模式

1. 江西婺源概况

婺源县，古徽州一府六县之一，今属江西省上饶市下辖县。位于江西省东北部，赣、浙、皖三省交界处。属于亚热带季风气候。全县土地面积2 947.51km^2，耕地面积32万亩，2016年常年总产值91.27亿元，其中旅游收入占8.2%，全县总人口36.2万人，人均收入26 672元。婺源东邻国家历史文化名城衢州市，西毗瓷都景德镇市，北枕国家级旅游胜地黄山市和古徽州首府、国家历史文化名城歙县，南接江南第一仙山三清山，铜都德兴市。婺源代表文化是徽文化，素有“书乡”“茶乡”之称，是全国著名的文化与生态旅游县，被外界誉为“中国最美的乡村”。

2. 美丽乡村建设实践路径

美丽乡村建设婺源模式，反映了婺源旅游的兴盛，并带动县域经济社会、环境、文化的全面发展，是一种社会化发展的模式。在旅游产业发展带动，在政府主导下，企业、个人和外部资本等各种社会力量的主体参与下，充分利用社会资源，全面进行社会化运作，从而积淀丰厚社会资本的发展过程。这一社会化发展模式的运行机制可以表述为：以多样化的社会资源进行科学的社会化运作，以科学的社会化运作积淀丰厚的社会资本，以丰厚的社会资本打造一流的旅游目的地，以一流的旅游目的地构造综合性社会产业，以综合性社会产业带动县域经济的跨越式发展，最终实现美丽乡村建设及实现社会经济、环境、文化的全面发展。

在美丽乡村建设过程中，婺源十分注重发展的参与性与收益的分享性，从而驱动目的地内部持续运营。在婺源旅游经济发展的各个阶段，“政府主导、放手民营”一直是主线和准则，在政策规范引导下，政府、企业、居民各利益主体共同参与发展建设，共同分担发展风险、共同分享发展收益，推动目的地产品质量提高和品牌形象提升。

另外，十分注重品牌的质量打造、特色塑造和形象推广，逐渐得到社会关注和认可，并进一步反馈强化了品牌形象和社会影响。婺源旅游发展始终坚持以规划指导开发，以保护永续发展，以目的地整体营造为目标，高起点、高规格、高水平打造品牌质量，同时，依托优良生态，深挖地方文化，紧抓乡村旅游，逐步形成了独特的"中国最美的乡村"品牌特色，如思溪延、洪村、江湾，黟县西递、宏村等村文化底蕴深厚，江湾村的官文化，西递村的徽商文化等，都历经几百年乃至上千年的沉积，各种徽派建筑保护较好，石雕、木雕、竹雕、砖雕虽年代久远，但都栩栩如生，通过深入挖掘古村的徽商文化、官文化、徽派建筑等元素结合当地良好的生态环境，大力发展旅游产业，这些村现已成为众多游客流连忘返的旅游圣地。在此基础上，大力开发国外内市场，强化品牌营销和形象推广，逐渐引起媒体关注和跟踪，被社会广泛接受和认可，并得到国外游客发现和认知，是一个极具学术研究价值、值得全国广泛推广的美丽乡村建设发展模式。

3. 美丽乡村建设成效

婺源旅游经济发展的社会化模式，在逐步推动旅游业从观光流量型向休闲度假型，从过境地向目的地转变的同时，县域经济也逐步实现了从传统农业向现代服务业、从单一产业向综合性产业体系的转变，成为国内乡村生态旅游的翘楚和县域经济跨越式发展的典范。同时，让传统文化、古村落和生态乡村环境成为"特色竞争力"，为美丽乡村创建积累了宝贵经验。

八、美丽乡村建设浙江"长兴水口"模式

1. 浙江长兴县水口乡概况

水口乡位于浙江省长兴县西北部，地处N30°43′~31°11′，E119°33′~120°06′，属于亚热带海洋性季风气候，处在长三角经济前沿圈，与上海、杭州、南京、苏州等大中型城市相距200km之内，可在2h内到达。乡域面积80km^2，其中核心旅游区面积16.8km^2，户籍人口1.8万，历来以唐代贡品——紫笋茶、金沙泉而闻名，有"茶文化圣地、生态旅游乡"之美誉。

2. 美丽乡村建设实践路径

长兴县美丽乡村建设从最初的环境整治开始，按照"城镇精致化，农村社区化"的要求，推进农村整体环境的功能优化、道路硬化、村庄绿化、卫生洁化、路灯亮化、庭院美化和河道净化，把农村的环境变得更优美。长兴县美丽乡村发展模式主要包括以下几个方面。

（1）在整治环境的基础上，推动农村产业发展。大力发展现代农业，加快土地流转，促进农业特色产业规模化发展，加强农业特色产业强镇强村建设；大力发展现代家庭工业，重点培育发展有一定规模、带动辐射能力较强的特色经济强村；大力发展乡村休闲旅游产业，引导农户科学利用农业、渔业、林业等自然资源和产业基础，发掘乡村特色人文资源，充分利用新农村建设成果，引导农民兴办融科普性、体验性、娱乐性于一体的农村休闲精品项目，形成农村经济发展和农民增收新增长点。

（2）在乡村层面上，按"全面覆盖、基础惠及、提升水平"的要求，长兴县每年确定10~15个符合条件的行政村创建美丽乡村。并开展特色村创建，着力建设一批文化特色型、产业发展型、自然生态型、田园风光型、水乡风情型等不同类型的美丽乡村示范点；进行精品村打造，鼓励有条件的行政村，在彰显自身特色的基础上，进一步拓展村庄建设的内涵和外延，建设成为文化主题鲜明、产业特色突出、村域景色怡人、乡村旅游发达，具有明显示范和引领作用的美丽乡村精品村；推动中心村培育，按照"引导农村人口集聚、优化农村要素配置、促进城乡统筹发展"的要求，稳步推进中心村建设，把中心村培育成为美丽乡村的又一重要节点。

（3）在全县范围内，按"串点成线、连线成片、整体推进"的要求，以特色村、精品村、中心

村为节点，以实验示范带为轴线，从传统人文、自然资源、特色产业等角度来谋划片区发展，重点推进和实施“555”工程，构筑“点优、线美、片亮”新格局，带动农村面貌整体提升。“555”工程主要指“5区5带50个点”，“5区”是指环太湖旅游度假区，合溪水库生态保护区，顾渚茶文化旅游度假区，泗安生态旅游度假区，城南现代农业休闲区；“5带”是指北线“江南茶乡”实验示范带，西线“芥里人家”实验示范带，东线“太湖风情”实验示范带，南线“希望田野”实验示范带和中线“农园新景”实验示范带；“50个点”，是指30个重点中心村和20个精品村。在建设过程中的主要具体内容如下。

第一，完善配套加快旅游基础设施建设。旅游业是由行、住、吃、游、购、娱六大要素组成的综合性行业。拥有良好的基础设施，为旅游者提供高质量的服务，才能增加经济效益，促进旅游产业发展。近年来，水口乡非常重视加大硬件设施投入。为解决交通集散问题，2014年引入社会资本2 000万元投资建设乡村旅游游客中心，旅游大巴集中停放游客中心停车场，游客再由电瓶车进行分流，解决了集聚区交通拥堵和游客集散的问题。加快通景道路建设，投资8 500万元建成夹水公路，使景区连接环太湖滨湖度假区，推进全域旅游建设，实现乡村旅游产品与滨湖度假产品的友好衔接。

2014年以来，按照“水、电、路、气、人、车”六字原则和景观大提升的要求，委托专业的设计单位，开展景区主要道路拓宽、水系治理、污水纳管、一体化供水、绿化、亮化、旅游厕所和景观改造等基础建设；结合“三改一拆”开展农户违章建筑整治，将一户多宅、少批多建、各类违法建筑和有碍观瞻的构筑物进行拆除，腾出空间，美化环境；开展农家乐立面改造，委托设计单位结合每户实际，设计改造提升方案，鼓励业主结合公共建设开展小环境提升，政府承担改造提升方案设计费，同时对农户按照设计方案改造实际投入的10%进行奖励。通过综合整治，景区环境焕然一新，提高了游客的舒适度。

2014年以来，水口乡结合自身开放式旅游景区的特点，量身定做了一套智慧旅游系统，该系统包括景区监控系统、车（人）流量监测系统、电子票务系统、车辆管理系统、农家乐档案管理系统、全景区无线WIFI覆盖、全景区广播系统、微信公众号、旅游网站等，通过视频监控、手机信号、门禁等方式，对重点区域游客进行实时流量监测和现场掌控。

第二，打破常规，积极探索景区建设新模式。要建设管理好景区，让旅游业更好发展，提供更优美、更舒适的旅游服务，必须有科学管理制度提供保障。近年来，水口乡突破旧的体制机制，完善管理体系，积极探索、建立一套既有利于资源保护又有利于景区管理体制适应旅游业发展的科学经营机制，通过体制、机制等改革，创新景区管理模式。

多层次参与景区管理。开展乡、村两级管理网络体系建设，建设行业协会服务与自律体系，开展网格化管理体系建设，基本实现了“责任全覆盖、管理无缝隙”。

多模式实现景区盈利。开放式景区的发展，面临的普遍难题是政府对景区基础设施投入大，但政府自身的经济效益很难实现。为破解这一难题，水口乡先后组建景区旅行社、成立专业化洗涤公司和设立电子票务系统，通过加强提升景区配套服务来壮大乡集体经济收入。

多渠道争创特色小镇。今年以来，政府积极顺应形势，自加压力，开展乡村民宿特色小镇创建工作。以“生产、生活、生态”融合为基础，以推进项目建设为抓手，通过合资、合作、PPP等多种方式，形成合力，共同推进大景区建设，进一步丰富景区旅游业态。

按照“全域旅游”发展理念，水口乡将以生态做环境、以产业做架构、以文化为内容、以旅游为市场，统筹全乡资源，深入实施“景区+农户”的旅游发展模式，全面加快美丽乡村提升、景区标准提升、沿线景观提升、乡村功能提升、生态环境提升、居民素质提升，全面推进“美丽水口”建设，全力打造乡域大景区，实现美丽乡村向美丽景区转变，将水口打造成为长三角地区乡村度假首选目的地，和全国乡村旅游集聚示范区。

第三，提升品质，推进旅游产业转型升级。水口乡积造培育特色民宿，结合县旅委提出的《长兴县特色民宿星级评定办法》，积极引导农家乐提档升级，鼓励业主申报特色民宿星级评定，争取10万至100万元政策奖励。探索开展乡村民宿创智大赛，邀请有创意的设计师设计精品民宿产品，并进行评比，择优推进落地。今年在参加县旅委组织的“中国台湾·长兴”海峡两岸民宿文化高峰论坛基础上，举办第三届民宿文化节暨“上海村”过大年活动，邀请民宿行业专家、学者来水口开展与民宿经营业主结对活动，采取“以术换宿”的方式，定期邀请他们开展讲座、艺术指导，以中国台湾先进民宿的培育和管理理念，促进民宿业主理念和贴心服务的提升。

3. 美丽乡村建设成效

水口乡坚持“生态立乡，旅游兴乡”战略，以富民强乡为目标，以“建设大景区，优化大生态，促进大提升”为统揽，创新业态、优化服务，将“绿水青山”的生态优势转化为发展乡村旅游的产业优势，逐步探索实践一条从“农家乐”到“乡村旅游”，再到“乡村度假”，并向“乡村生活”转型的乡村旅游发展之路。先后获得了“全国环境优美乡”“中华宝钢环境优秀奖”“省级旅游强乡”“省级生态示范乡”“长三角十佳乡村旅游景区”“浙江省老年养生旅游示范基地”“长三角十佳乡村旅游目的地”、全省首批全乡域开放式国家AAAA旅游景区等荣誉称号。

第三节　依靠生态区位资源开发美丽乡村建设模式的成功经验

根据上述8类美丽乡村建设的模式分析，虽然各种美丽乡村模式建设各异，但都是结合自身生态区位资源优势、环境优势、政策、资金和人才优势，以城乡统筹发展为契机，以新农村建设为平台，发展美丽乡村旅游产业并取得显著成效，为在我国美丽乡村生态建设提供了经验，做出了示范。

一、城乡统筹发展规划先行

统筹城乡发展，是一种新的战略思想和发展思路，改变了原来重城市、轻农村的“城乡分治”的观念和做法，把城市和农村经济，社会发展，作为整体进行统一规划，以城乡统筹发展为契机，以新农村建设为着落点进行了美丽乡村建设。具体经验如下。

（1）建立城镇化和农村新社区建设联动机制。即以“新农村建设与新型城镇化联动推进、协调发展”的思路，以中心镇、中心村建设为重点，统筹城乡规划、建设与管理，有序地提高农村城镇化水平和农民居住相对集中率，有效地避免了仓促建设、随意建设带来的“后遗症”。

（2）农村新民居建设不搞“一刀切”。而是采取因地制宜、因史制宜的办法，充分考虑村镇不同的地理风貌、历史文化和民族风俗，加强对历史文化名镇和名村的保护，最大程度地将美丽乡村建设与村镇的历史、文化、民族特色有机地结合。例如，对待名镇和名村具有古代特色的乡村建设，尽量采取修旧如旧的方法，保存其历史原貌特征。

（3）在城乡统筹规划下，合理利用农村土地。一方面，通过土地整理和开发以及推进农地依法有序有偿流转，扩大农业经营规模，为发展现代农业创造条件，以提高农业生产效率和经济效益；另一方面，将新增建设用地用于发展工业，特别是农产品加工业和服务业，吸纳从小规模农业生产中转移出来的富余劳动力，以保证农村劳动力就业转换有序、稳步推进。

二、生态文明构建美丽乡村

生态农业是现代农业发展的趋势，生态环境是美丽乡村建设的重要内容。全国各地拥有历史源远流长、自然景色怡人的地域众多，有的还具有自然风光和人文历史的双重积淀。因此，根据近现代历史，结合当地农业生态环境和历史价值的文物，精心设计美丽乡村建设。

（1）在充分利用自然风光和人文历史的基础上，重点建设一批“美丽乡村示范村”。其中最有代表性的村庄是有着诗情画意般山色湖光景色的乡村，可造成山水交融、水木清华的著名生态村。

（2）大力开展植树造林，形成山青水秀的生态环境。这已成为各地的共识和自觉行动。要求除了水面、公路和建筑以外，绝大部分山地和耕地都有茂盛植被覆盖。

（3）重视实施农村环境综合整治，重点是“道路硬化、垃圾收集、污水处理、卫生改厕”。将农村垃圾收集已经常态化，即形成了“农户集、村庄收、乡镇运、区县处理”的运行机制，解决目前中国农村普遍存在的生活垃圾无法处理的脏乱差顽症，较好地实现“村容整洁”，为建设美丽乡村提供清洁环境基础。

三、产业发展丰富旅游市场

农业多功能性理论指出，农业除了具有生产食物和纤维等主要功能以外，还具有社会发展、环境保护、粮食安全、人文教育、观光休闲等其他多种功能。这表明农业可进一步开发，农村资源要素可以重新配置，丰富和促进农村经济、社会发展。不仅注重粮食生产和农产品深度开发，而且利用开发青山绿水等自然资源，大力发展休闲农业和乡村旅游产业。美丽乡村的最终目标就是经营乡村，即用高水平的乡村建设夯实乡村经营的基础，用高效益的乡村经营实现乡村建设发展的可持续性。乡村休闲旅游，就是乡村经营的一个“重头戏”，即通过乡村休闲旅游，带动农村产业的全面发展和提升。在发展休闲农业中，注重和兼顾农业的经济、生态、教育、文化等层次发展，主要做法如下。

（1）编制《休闲产业与乡村旅游发展规划》，做到布局科学、产业联动。各级农业管理部门要精心组织安排，严格按照创建条件和程序进行创建和申报，农业部将通过材料筛查、专家综合评审、随机现场核查、网上公示等环节，认定示范县（市、区），并对其实行动态监测和管理。各地要以示范创建工作为契机，完善扶持政策、认真总结宣传、加强指导监督，不断提升社会影响力，引领休闲农业和乡村旅游业持续健康发展。

（2）注重旅游产品和精品线路的开发，尤其是农业题材、特色主题、节庆活动等新型旅游项目。运用农业创意文化或创意农业的思想，进行产品开发和设计，从而实现乡村旅游产品创新和提档升级，才是乡村旅游发展的王牌。

（3）抓好农业园区建设，将现代农业与农业旅游融为一体。依照园区发展总体规划，积极拓展现代农业的多元化服务功能，将休闲观光农业作为新兴产业加以大力开发和培育，积极培植休闲观光农业资源优势，为休闲观光农业发展提供了良好平台。

（4）提升“农家乐”的文化内涵和服务水平。首先，深入拓展农家饭的文化内涵。农家饭固然以其山野特色，而具有很强的吸引力，但是吃的次数多了，也会让人无感。这就需要挖掘农家饭背后的文化内涵。如一位农家乐的老板不但给游客做山豆腐吃，还建起了山豆腐文化博物馆，让农家饭的文化味越来越浓。其次，拓展农家乐的民俗文化内涵，要让游客不仅愿意来，而且留得住。每个地方都有自己独特的民风民俗、民间文化，这些根植于山村、散落在山野民间的文化遗产，都是可以利用的农家乐文化元素，要挖掘历史民俗价值，转变成农家乐的文化优势。最后，农家乐需差异化经营，避免同质化，不然最终会失去游客。跟标准化酒店相比，农家乐的独特在于“山野味”，庭院和生态味浓厚，自然情境突出，没自然简朴的“农家”特色，失去“农”字就没人去了，卫生环境应提升，农家味道不能消失，将农家特色发扬光大才是农家乐的发展前景。

（5）抓好休闲农业经营管理人才的培养。围绕休闲农业产业发展要求，依托专业机构、职业院校、行业协会和产业基地，分类、分层开展休闲农业管理和服务人员培训，提高从业人员素质。对休闲农业管理人员重点开展政策法规、宏观管理、发展理念、农业创意、信贷融资、生产安全、综合服务等知识培训。对一线员工开展专业知识、服务技能和服务礼仪培训，重点培训职业道德、作业内容、操作规程、工作方法、产品知识、安全生产等知识，增强服务意识，提升管理水平。

四、以人为本创建和谐社会

美丽乡村建设的根本目的，是提高农民生活水平。值得借鉴的经验如下。

（1）注意保护农民利益。在美丽乡村建设中，特别注意“三个集中”与“三个提高”的关系，即在农业资源集中、农村工业园区集中、农村新社区集中的过程中，强调提高现代农业发展水平，提高农民收入水平，提高农村公共服务水平，以保证农民享受改革发展的成果。

（2）促进乡镇特色产业发展和经济转型升级。将中心镇建设成为区域农民就业转移、创业增收的重要平台。同时，为帮助农村劳动力更快地适应新的工作岗位，兴办农民学院、农村社区学院并开展农民职业教育、远程教育和技术培训。

（3）推进社会保障制度创新。加大城乡居民社会养老保险的力度，提高适龄人员参加率，完善被征地农民基本生活保障制度，逐步完善农村居民最低收入保障制度。

五、与社会力量合作，推动农业、农村发展

美丽乡村建设的一个重要目标是“生产发展”。通过现代农业技术，实现农村和农业发展，是最理想途径，诸多现代产业元素的形成必须借助于外部力量，走出了一条产学研相结合的成功之路。

（1）依托大学、科研院所其雄厚的科研实力，为美丽乡村建设做出了贡献。包括农作物种植、水产品和畜禽新品种培育、农产品深加工、农村基础设施建设、农产品质量安全监管、农村工业技术推广、人才教育培训等多个方面，形成了一个多层次、复合型的农村发展技术支撑体系。其中，有的先进技术，带来了农业生产方式的重大变革，如植物气雾立体栽培技术。

（2）建立新型农业技术创新和推广体系。以高校、科研院所为主导，以县级农业技术推广体系为核心单元，将高等院校与地方农业技术人员、农业企业和农民有机地组合起来，形成了“1+1+n”的产业分联盟，即一个教授团队、一个本地农业技术推广小组和几个农业经营主体的组合，这不仅改变了原来农业技术推广体系功能失效问题，而且探索了教学、科研与社会实践紧密结合，高校在参与美丽乡村建设中实现自身价值的有效途径。

六、政府引领美丽乡村建设

美丽乡村建设是国家和政府带领亿万农民实现小康社会目标的历史任务，地方政府担负着本地区美丽乡村建设的重大责任。

可借鉴的经验有：一是认真搞好科学规划，杜绝盲目建设和瞎指挥，做到没有规划不设计，没有计划不施工；二是注重农村调研，认真听取农民意见，做到政策制定为了农民利益，政策内容符合农民需要，政策实施得到农民支持，政策结果实现农民满意；三是站在历史的高度把握未来的发展，善于发现、集中、总结和升华农村集体智慧，充分调动农民积极性，并将其转化为美丽乡村建设的具体实践行动；四是把握好经济发展与社会发展、工业发展与生态环境、城镇发展与农村发展、近期发展与远期发展的相互关系；五是注重基层和专业队伍建设、制度创新和人才培养，特别是农村基层建设，通过加强民主管理、民主决策，妥善处理经济社会发展中的各种利益关系。实施村民事务代办制，为美丽乡村建设提供制度保障和人才保障。

第四节 美丽乡村生态工程典型施工模式剖析

近些年来，本企业在美丽乡村生态建设工程做了大量施工实践，完成了有关美丽乡村生态建设工程135项，工程总面积达561.74万m^2。有的工程是PPP运作模式项目，现将有关典型工程模式简介如下。

一、典型施工工程模式一：三亚市海棠区湾坡村美丽乡村工程

1. 三亚海棠湾概况

海棠区是海南省三亚市4个市辖区之一，辖区原为海棠湾镇，因境内有国家海岸海棠湾而得名，位于N18°09′～18°37′，E108°56′～109°48′，属热带海洋性气候。2015年1月撤销海棠湾镇设立海棠区。海棠区直辖3个社区、19个行政村，总面积384.2km^2。地区生产总值27.5亿元，总人口53 168人。海棠区位于海南岛南端、三亚市东部，是三亚市的东大门，距市区28km，距三亚凤凰国际机场45km，境内的海棠湾与三亚市的亚龙湾、大东海、三亚湾、崖州湾并称“三亚五大名湾”。

2. 美丽乡村建设工程简介

（1）工程规模。本工程主要是对湾坡村完善基础设施、市政管网改造和环境景观的综合整治，并结合“亲子游”产业设置配套儿童体验、健身、娱乐设备。

（2）主要建设内容。湾坡村美丽乡村工程主要由青塘村二期工程、湾应村改造工程和岭山脚村改造工程三部分组成。

① 青塘村工程建设内容。包括电力工程（强电、弱点、照明）；给排水工程（给水、污水、雨水）；DIY自然教育活动用房内改造；改造公厕、淋浴用房；景观小品升级设计及改造（含景观照明）；配套建设监控设施设备，水塘、栈道、垃圾收集点、喷绘、标识等相关设施工程。

② 湾应村工程建设内容。雨水沟工程、污水工程、给水工程、微生物滤床污水处理池、村委会外立面改造、垃圾收集点、景观改造等相关设施工程。

③ 岭山脚村工程建设内容。雨水沟工程、污水工程、给水工程、微生物滤床污水处理池、村委会外立面改造、垃圾收集点、景观改造的相关设施工程。

3. 美丽乡村建设工程实施方案

建设规划的核心思路是通过旅游开发与新农村建设相结合，既保留乡村传统地域特色，以美丽乡村建设为重点，通过空间和建筑的有机更新，延续乡村传统风貌，美化村庄环境，完善公共服务设施。

通过基础项目的建设对村庄机理和空间重新梳理，综合考虑未来旅游和居住的功能需求，通过村落公共空间（尤其是对排污管道方面）的更新设计，考虑旅游休闲、景观营造、应急停车、消防等需要，整理街巷空间。对村庄公共排污空间进行景观设计，增加绿化，完善垃圾站点、休憩设施、景观小品等内容。

4. 美丽乡村建设工程实施效果

在美丽乡村开发建设中，青塘村主打亲子游，铺设了弯曲的村道，墙体装饰了彩绘，增加了吊床、秋千和教育、拓展项目设施。设计建设制作指向清晰、有热带滨海特色、有乡土风情、轻松活泼的多语种标识系统，对照国际标准，做出了国际品位。

青塘村是海南首个主打亲子游的美丽乡村，集亲子互动、文化教育、休闲娱乐、户外体验于一体，综合民俗文化、生态科普、户外拓展、牧场养殖、手工益智DIY、发现海南、野外生存体验七大主题。

海棠区湾坡村青塘美丽乡村建设，是在利用“政府+企业+农户”的合作模式基础上，各负其责，全力推进。美丽乡村项目的建设拓展了三亚旅游空间、发展了全域旅游，带动了村民增收，助力了地方经济发展。

二、典型施工工程模式二：贵州贵阳白云区牛场布依族乡村建设

1. 白云区牛场布依族乡概况

牛场布依族乡地处贵阳市北郊，白云区东北部，北邻修文县扎佐镇，东抵乌当区水田镇，南接本区都拉乡，西面与沙文镇接壤，位于N106°45′～106°47′，E26°48′～26°51′，属亚热带气候。乡政府所在地牛场村距市中心金阳新区20km，距区行政中心所在地南湖新区17km。全乡辖13个行政村，67个村民组，有农户2 733户，11 525人。乡内主要居住着汉、布依、苗、彝等民族，有少数民族人口3 688人，占总人口的32%，其中，布依族人口占少数民族人口的60%。辖区总面积为66.5km^2，耕地面积为753.5hm^2，其中，水田440hm^2，旱地313.5hm^2；林地面积为3 994.9hm^2，森林覆盖率为61.48%。

全乡经济以农业为主，二三产业为辅。近年来，牛场乡坚持以经济建设为中心，抢抓西部大开发，建设大贵阳，金阳建新区，建设生态白云等发展机遇，紧密结合乡情实际，狠抓招商引资实施异地办厂战略。大力调整农业产业结构，努力推进小集镇建设，全乡基础设施不断改善。目前，在乡内初步建成了二元（三元）杂交猪养殖基地、经果林种植基地、无公害特色蔬菜种植基地，全面完成了集镇建设“五个一”工程；完成了阴牛公路、龙阿公路、牛尖公路、环乡公路硬化，实现了自来水、电、客车、广播、有线电视、程控电话、移动电话网络七项村村通。

2. 美丽乡村建设工程简介

项目主要围绕提升完善荷塘寨立面整治、游客服务中心、廊道、民俗文化广场、荷花品种、多功能湿地展览馆、荷塘人家、湿地水上游乐园、采莲体验区、荷文化展示长廊、垂钓区、诗人之约、浪漫花海、登山道、自行车道、周边山体景观及配套设施等。

3. 美丽乡村建设工程实施方案

通过牛场布依族美丽乡村示范项目系统的建设，全面、准确地了解和掌握规划指标的完成情况、规划项目的进展情况。从而为科学指导各市州旅游工作的顺利开展，实现旅游指标和项目的动态跟踪和常态化管理。

旅游产业和特色农业发展，已经成为牛场布依族乡省级发展战略，正在全力落实全省旅游规划工作，投资助力白云区牛场布依族乡“国家级公园”建设，为全省旅游行业智慧旅游建设蓬勃开展提供示范。

为了更好地促进牛场布依族乡旅游经济的发展，加强旅游规划项目信息化管理，以及旅游环境改善，牛场布依族乡与公司合作编制了《贵州省牛场布依族乡智慧旅游总体规划》，并在总体规划指导下，开始实施一系列智慧旅游建设工程施工管理。主要如下。

（1）旅游规划管理平台。着重对规划目标的分解、跟踪、评估以及为实现规划目标采取的保障管理措施；着重对规划项目、项目的招商引资和实施跟踪进行管理，加强规划项目的落地与考核。

（2）项目管理。根据《贵州生态文化旅游创新区产业发展规划——项目库专项规划》要求，对白云区牛场布依族乡进行管理，包括对项目列表、项目信息、项目地图、项目批文、项目评分、项目级别调整、项目分期、项目信息的查询以及景区信息进行管理，确保项目的顺利实施。

（3）项目跟踪。对项目的建设进度、达成率进行管理，包括项目里程碑的定义、里程碑的完成情况进行跟踪，对风险项目以及项目的建设进度进行汇总分析，以便及早发现项目风险，采取应对措施。

通过系统的建设，全面、及时、准确地了解和掌握规划指标的完成情况、规划项目的进展情况，从而科学指导白云区牛场布依族乡工作的顺利开展，实现旅游指标和项目的动态跟踪和常态化管理。同时，系统将为白云区牛场布依族乡项目申报省和国家级旅游专项资金提供依据和信息支撑，为白云区牛场布依族乡的企业提供资金支持，实现最低成本的旅游招商和旅游资源共享。

4. 美丽乡村建设工程实施效果与经验

（1）项目实施效果。牛场布依族乡将以产业转型升级，助推全域旅游发展为路径，借助作为白云区唯一纯农业乡镇，牛场乡对各村产业、土地、农民收入等进行再摸底分析，结合实际拟定了《关于加快农业产业转型促进“大扶贫”战略纵深推进工作实施办法（试行）》，将在继续提升蓬莱仙界景区基础上，延长和丰富白云区牛场布依族乡产业链，着力打造万亩旅游示范带，打造牛场独特品牌，形成了集产业发展、环境宜居、休闲观光为一体的生态农业乡村旅游发展格局，推进“大扶贫”战略。

（2）项目实施成功经验。一是注重顶层设计，典型助推以点带面。牛场布依族乡，加快推动基础设施向村以下延伸，切实改善农村生产、生活条件。始终坚持规划先行、示范带动，对牛场布依族乡相对集中的自然村寨进行总体规划，确保美丽乡村建设科学有序、特色鲜明。按照聚散相宜、错落有致布局新居，着力打造“依山傍水、村庄城镇、自然村寨”三种模式，使黔北民居与自然景观相得益彰。

二是做大做强特色产业，多抓手带动农民致富。坚持美丽乡村建设到位，农业产业结构调整、农村特色产业培育就跟到位，让农业强起来、农村美起来、农民富起来。实施“一村一品、一乡一特”扶持计划，打造一批特色种养业基地。

三是大力发展乡村旅游。牛场布依族乡，始终注重发展美丽乡村旅游，推动村景共建，重点把传统村落、民族村寨打造成精品旅游景点，把著名景区周边乡村，打造成配套旅游景点。通过项目设计，结合自身的资源禀赋，围绕名胜古迹、民俗特色、文化积淀、山水风光、生态农业等，突出地域特色，打造出一批有特点的“精品”村落。

三、典型施工工程模式三：厦门市翔安区马巷镇美丽乡村建设工程

1. 翔安区马巷镇概况

马巷镇隶属于福建省厦门市翔安区，位于厦门市翔安区中西部。区位N24°39′35.95″，E118°14′46.40″，海拔946.1m，属南亚热带海洋性季风气候。东与内厝镇毗邻，西临东咀港，南连新店镇，北与洪塘镇相连，是“闽南四大古镇”之一。马巷镇面积66.87km^2，辖34个社区，有常住人口近20万人，马巷镇财政总收入22 577万元。马巷镇有朱熹谶言、元威殿、城隍庙等旅游景点。

马巷镇水陆交通发达，在厦门、泉州、漳州三市交通咽喉，泉厦高速公路、国道324线和翔安大道穿镇而过，镇中心距厦门市33km，至泉州55km。辖有27个行政村、99个自然村和7个社区居委会。是闽南重要的侨乡和台胞祖籍地之一。现有耕地面积2 266.7hm^2，滩涂面积966.7hm^2，水产养殖面积2 000hm^2，海岸线长11.4km。琼头港为商渔港口。

2. 乡村建设工程简介

本工程主要包括土建、水电、污水管网等配套设施。简要描述如下：开槽施工段管径<500mm采用硬聚氯乙烯（PVC-U）缠绕管，PVC-U管采用橡胶圈密封连接，长度2 011m；管径≥500mm采用聚乙烯（PE）缠绕B型结构管材，聚乙烯（PE）缠绕B型结构管材采用承插口电热熔连接，DN500mm长度，1 009m，DN600mm长度1 330m；顶管规格ф1 000mm，采用Ⅲ级钢筋混凝土专用管，F型钢制承口，Q胶圈密封，长2 380米；过河埋管采用钢管，D500mm长度48m，D800mm长度17m。污水检查井68个，矩形直线检查井3个，矩形顶管工作井9个，方形顶管工作井1个，顶管接收井11个，跌水井1个，道路修复面积19 968m^2（按4m宽）。

3. 建设工程实施方案

本工程包括2016年翔安区马巷镇曾林、舫阳、市头、朱坑、沈井5个社区生活污水治理工程污水管沟敷设和（电表箱）表前接线建设。主要包括以下几项内容。

（1）翔安区马巷镇曾林社区生活污水治理工程。该项目涉及曾林社区下属路山头（分散式）、后垵新村（纳管）、后垵（纳管）、曾林（纳管）4个自然村，设计污水处理站点1个，新建管网长度约7 330m。建设内容包括土建、水电、污水处理设备、污水提升泵站、污水管道等。

（2）翔安区马巷镇舫阳社区生活污水治理工程。该项目涉及舫阳社区下属溪上、坪边、古垵3个自然村，采用纳管处理方案，新建管网长度约2 510m，现状排水沟加设盖板3 230m。建设内容包括现状排水沟加设盖板、新建污水管沟等。

（3）翔安区马巷镇市头社区生活污水治理工程。该项目涉及市头社区下属市头、孙厝2个自然村，采用纳管处理方案，新建管沟长度1 650m，现状排水沟加设盖板3 450m。

（4）翔安区马巷镇朱坑社区生活污水治理工程。该项目涉及朱坑社区下属根岭、造店、朱坑3个自然村，采用分散式处理方案。建设内容包括土建、水电、污水处理设备、污水管道等。

（5）翔安区马巷镇沈井社区生活污水治理工程。该项目沈井社区下属长生洋1个自然村，采用分散式处理方案。建设内容包括土建、水电、污水处理设备、污水管道等。

4. 美丽乡村建设工程措施

（1）坚持城镇污水管网建设优先。城镇污水处理工程是包括城镇污水的收集、处理和排放设施的综合系统工程。城镇生活污水和工业废水都要通过市政管网输送到城镇污水处理厂，只建成污水处理厂不建相应的配套管网，会造成污水处理厂因无污水来源，或来水量不足，不能正常运行。因此，污水处理工程建设要厂网并举、管网优先，不断提高城镇污水收集的能力和污水处理设施的运行效率。应综合考核污水处理系统，收集率、处理率和收费率（长效机制）应满足污水处理目标的要求。因此，应当有计划地建设城镇污水集中处理和污泥无害化处置设施，确保污水管网建设与污水处理设施同步建设。根据城镇规划和水污染防治条例，组织编制城镇污水处理设施规划。要按照污水处理规划，组织建设城镇污水集中处理设施及配套管网，并加强对城镇污水集中处理设施运营的监督管理。

（2）坚持城镇统筹和协调发展。城镇规划法把城镇统筹以法律形式固定下来，使城镇支持农村、工业反哺农业、建设美丽乡村更有法律保证。城乡统筹兼顾是缩小每一个城镇建成区和非建成区之间的差距，城镇污水处理设施应尽量向农村延伸，对城乡周边地区、城镇结合部、城中村等区域，城镇污水处理设施应统筹规划，共建共享。要按照精简和效能的原则，因地制宜推进城镇污水处理工程管理体制、运行机制的改革和建设。

（3）完善城镇污水专业规划。城镇污水专业规划指导城镇污水设计工作，能够有效地解决污水设计中遇到的区域之间、近远期之间的矛盾。本公司污水设计，依据城镇污水专业规划，达到规定的深度，满足收集输送污水的要求。

（4）加快了污水管网建设步伐。配合新一轮的城镇基础建设，尤其是小街小巷改造，加大污水管密度，沟通断头管，完善污水收集系统，从根本上解决污水收集问题。随着城镇污水管网系统的逐步完善，开发区、工业园区、单位居民区，内部雨、污分流工作，也必须同时跟上，并有相应强制手段推动法规的执行，将原排向城镇雨水管中的污水分流到城镇污水管网。

（5）加强污水管网系统的养护维修管理。三分建设，七分管理，养护维修管理是一项长期的工作，由人工养护方式为主，改变为以机械化作业方式，提高了管理系统的养护维修质量。本公司根据要求建立了污水泵站监控系统、污水管网地理信息系统，及时发现、解决了管网系统运行中出现的问题。

（6）建设标准规范的排污管网。将民房化粪池、公厕化粪池、沼气池，通过排污管集中于村外，并汇入城市污水处理系统，其中部分污水可让村民用于农作物或园林施肥。

参考文献

吉林省新农村建设工作办公室. 2015. 坚持不懈推进新农村建设 开创美丽乡村建设新篇章[J].吉林农业（03）：30-31.

吉林省新农村建设办. 2016. 2016年吉林省创建美丽乡村工作方案[J].吉林农业（05）：24-30.
吉林省新农村建设办. 2016. 2016年吉林省打造美丽乡村文化品牌工作方案[J].吉林农业（05）：21-23.
本刊评论员. 2014. 美丽乡村，农民幸福宜居的家园[J].中国财政（19）：1-2.
陈云松. 2016. 看“赤贫”梅山村如何发展全域旅游[J].宁波通讯（24）：36-39.
董国权. 2016. 深入推进美丽乡村建设 开启幸福美好新生活[J].吉林农业（17）：26-30.
段友文，王禾奕. 2014. 论古村落传统文化资源与创意产业的深度融合—以山西省万荣县阎景村为例[J].山西大学学报（哲学社会科学版）（01）：131-140.
樊亚明，刘慧. 2016. “景村融合”理念下的美丽乡村规划设计路径[J].规划师（04）：97-100.
郭世松. 2015. 大力推进美丽乡村文化生态建设[J].领导科学论坛（07）：11-13.
韩斌. 2014. 西部民族地区美丽乡村建设的意义与实践路径[J].贵州民族研究（04）：104-107.
何俊有. 2015. 武义：着力推进美丽乡村精品线建设[J].政策瞭望（09）：39-40.
贺勇，孙佩文，柴舟跃. 2012. 基于“产、村、景”一体化的乡村规划实践[J]. 城市规划（10）：58-62，92.
胡婧. 2013. 浅谈中国美丽乡村建设下吉林乡村旅游发展[J].现代交际（06）：138.
蒋学望. 2016. 武义县美丽乡村精品线建设的思考[J].新农村（01）：15-16.
柯福艳，张社梅，徐红玳. 2011. 生态立县背景下山区跨越式新农村建设路径研究—以安吉“中国美丽乡村”建设为例[J].生态经济（05）：113-116.
孔艳，江洪，张秀英，等. 2013. 基于Holdridge和CCA分析的中国生态地理分区的比较[J].生态学报（12）：3825-3836.
李登峰. 2016. 河北尚义：美丽农村带火乡村游[J].中国财政（11）：55-57.
刘阳. 2017. 景村融合理念下旅游精准扶贫路径探索—以花山岩画核心区耀达村为例[J]. 产业与科技论坛（05）：259-260.
罗腾玉. 2013. 学习最美乡村经验 推进美丽乡村建设—赴婺源等地考察学习心得体会[J].老区建设（09）：48-49.
罗伊玲，周玲强，刘亚彬. 2016. “全域化”生态新农村建设路径研究—以武义生态养生旅游与美丽乡村共建为例[J].生态经济（02）：139-142，176.
毛峰. 2016. 生态文明视角下乡村旅游转型升级的路径与对策[J].农业经济（04）：30-32.
青连斌. 2016. 在独特资源优势上做文章[J].人民论坛（34）：111.
石培华，冯凌，唐晓云，等. 2008. 建设中国美丽乡村 世界生态文化公园—解读“婺源之路”[J].今日国土（12）：39-42.
苏四清. 2017. 湖南凤凰县美丽乡村建设的调查与思考[J]. 湖南行政学院学报（01）：90-93.
陶建群，艾秀廷，焦杨，等. 2016. “四美”乡村建设的涉县探索[J].人民论坛（34）：108-110.
王明初，韦震. 2015. 生态文明建设：民族地区跨越式发展的新契机[J].探索（06）：178-181.
王雪梅，王学嘉. 2016. “记住乡愁”与古村落文化传播—以河北省井陉县古村落为例[J].青年记者（23）：152-153.
王郁君. 2009. 南传上座部佛教和原始宗教的有机融合—芒景村布朗族桑刊、茶祖节活动一瞥[J].思茅师范高等专科学校学报（05）：9-14.
翁鸣. 2011. 社会主义新农村建设实践和创新的典范—“湖州•中国美丽乡村建设（湖州模式）研讨会”综述[J].中国农村经济（02）：93-96.
肖应明. 2014. 少数民族地区美丽乡村多维构建途径[J].生态经济（09）：158-161.
徐光耀，麻福芳，戴天放. 2015. 美丽乡村建设背景下江西休闲农业发展研究[J].南方农业（18）：111-112.
徐克勤，尚光菊. 2016. 湖南民族地区村级组织带头人队伍建设调研报告[J].民族论坛（01）：61-64.
杨发祥，罗兴奇. 2016. 乡村调查与郑杭生农村社会学思想研究—基于理论自觉的视角[J].甘肃社会科学（05）：13-18.
杨勤业，李双成. 1999. 中国生态地域划分的若干问题[J].生态学报（05）：8-13.

杨晓蔚. 2012. 安吉县“中国美丽乡村”建设的实践与启示[J].政策瞭望（09）：42-45.

尧水根. 2014. 婺源上晓起的茶缘与旅游开发[J].农业考古（02）：302-306.

佚名. 2016. 通化市东昌区三产互促 城乡互惠全域跨越[J].吉林农业（22）：16.

佚名. 美丽的渔村—龙田镇东壁岛山利村 [EB/OL]. http：//www.china-7.net/view-440697.html

周鸿. 2014. 安吉：中国美丽乡村建设示范样本—评《中国美丽乡村调查》[J].科技导报（18）：84-85.

第十一章　美丽乡村产业发展途径及效益评价

第一节　美丽乡村产业发展状况

一、美丽乡村产业概述

1. “乡村产业”的概念

目前，社会学界对“乡村”的理解比较泛化。一种理解是“乡村”即“乡”和“村”，“乡”是指乡镇，即小城镇，“村”是指周边村庄。基于这种理解，乡村建设是城镇化和新农村建设的结合体。另一理解是“乡村”即“农村”，指的是以农业生产为主体的地域，从事农业生产的人就是农民，以农业生产为主的劳动者聚居的场所，就是农村聚落。从这定义出发，农业产业是作为乡村赖以存在、发展的前提，没有农业产业的存在，农村就不成为农村，农民就不成为农民。乡村产业即是以农业产业为基本特征，以农林牧副渔为主要载体，种养加结合，农贸工一体的产业体系。主要目标是保障国家的粮食和农产品安全。

目前，我国开展的美丽乡村产业建设，是基于乡村农业产业的发展、延伸。随着我国农村经济的发展，村办企业、商业在农村经济中的比重越来越大，但农业产业仍是我国农村基本主导产业。我国农业大国的现实，决定了农业产业，在中国建设现代化强国的历史性、基础性和不可替代地位。“国无农不稳，民无粮不安”，保障国家粮食安全是一个永恒的课题，要坚持以我为主，立足国内、确保产能、适度进口、科技支撑的国家粮食安全战略。城镇化要带动新农村建设，而不能取代新农村建设。以农村和农业为基础开展美丽乡村建设，聚焦在村庄和周边农业产区，与城镇化建设形成了显著区别，符合我国农村实际情况和区域管理的特点，更能体现农村特色，留住“乡愁”，避免农村和城市、城镇同质化。乡村是居民以农业产业作为经济活动基本内容的聚落总称，又称为非城市化地区。是社会生产力发展阶段产生相对独立，具有特定的经济、社会和自然景观特点的田园综合体，体现出农业、农村和农民的人文生态特征。

2. 美丽乡村产业的概念及认知过程

目前，尚未有美丽乡村产业的准确定义。美丽乡村产业通常理解为我国农村发展的愿景和追求，对乡村产业发展未来的感性认识，充满理想色彩。例如，古有：“夹岸数百步，中无杂树，芳草鲜美，落英缤纷”“土地平旷，屋舍俨然，有良田美池桑竹之属”的描述，现代人追求田园风光，健康食品，休闲劳作等。这些乡村发展愿景缺乏理性，追求自给自足生活。

在现代经济高速发展，农民生活水平逐步提高，农村环境压力加大情况下，我国农村发展是社会管理者和研究人员思考的问题，需要以理性思维，综合考量农民、农业和农村的发展需求，深思农村发展方向和目标。

2005年国家提出的社会主义新农村建设目标是“生产发展、生活宽裕、乡风文明、村容整洁、管理民主”。随着城乡差距逐步缩小，农民改善自身生活质量的诉求增强，对农村产业发展模式、生产生活条件和农村管理方式要求提高。新农村建设需要提质、升级，是提出美丽乡村概念的大前提。

2007年浙江省在《安吉县建设“中国美丽乡村”行动纲要》中提出把安吉所有的乡村都打造成为“村村优美、家家创业、处处和谐、人人幸福”的“中国美丽乡村”。

有研究提出“四个美”简洁概括美丽乡村：就是产业美、环境美、生活美、人文美。

因此，美丽乡村产业是在我国传统乡村产业发展面临“从业人员老龄化、农产品结构性矛盾凸显、农业种植效益低下、农民增收难度增加、农业生产面源污染严重、农产品质量安全风险管控艰难、农村空心化”等瓶颈压制下的新探索。是补齐全面小康发展中农业农村“短板”的重要抓手。以建立新机制、输入新动能、培育新主体、发展新业态为路径，对农业产业经营体制机制改革创新，传统农业产业进行提质增效、升级发展，整合农村生产要素、资源要素与现代技术元素的无缝对接，一二三产业有机融合，让农村变成创新创业的舞台，让农民变成体面的职业，让乡村变成美丽的家园。

3. “美丽乡村产业”内涵与实质

（1）美丽乡村建设的内涵。目前，我国美丽乡村建设主要基于我国现行管理体制设计，在条块分割的前提下讲究协作，便于操作和考核。这种基于实用主义的内涵虽然带来了实际操作层面的好处，但由于各个模块独立性太强，系统性不足，导致美丽乡村模式设计时缺乏整体感。特别是没有考虑不同模块之间的拮抗和协同作用，最终形成的模式实际运行效率不高。例如，农村生活方式和农业生产方式的转变，会改变乡村环境状况，也能促进民风民俗的进化；基层管理机制的完善，会促进生产和生活提质、减少乡村污染发生，同时还起到移风易俗作用。

我们认为，可将美丽乡村建设内涵衍生：充分利用当地自然和社会资源，因地制宜开展规划利用；以农民为主体开展美丽乡村建设；加快农村产业发展，促进农村生活和农业生产方式转变；农业和农村并重，农业是农村发展基础；加强农村基础条件建设，改善农村环境，提升农村管理水平。最终实现农业产业转型升级，农民生活质量提升，农村经济环境、社会环境和生态环境协调发展。

（2）美丽乡村产业与美丽乡村建设的关联性。从实质上来讲，美丽乡村建设是一个系统工程，是农村、农业和农民的同步发展，是经济、政策、环境和文化举措的复合性作用和“四位一体”的具体体现。从发展的眼光看，美丽乡村产业发展是一个长期持续推进的过程，在外延上要不断丰富和拓展功能，在内涵上不断提质增效，不断优化农村生产力和生产关系，最终符合社会发展需求和农村自身发展要求。因此，可以将美丽乡村预设成我国乡村发展的终极目标，那么需要对这个终极目标进行科学设计、合理评估，判别是否符合社会发展需求和乡村产业发展的要求。

而美丽乡村产业是为了实现美丽乡村建设这个终极目标采取的财富行动方案，是一种乡村产业发展模式的寻优过程，规避了乡村的无效和无序发展方式，以图最小的资源损耗，短期内达到美丽乡村目标，实现乡村发展增效提速。

美丽乡村建设具体方案是否合理，可利用美丽乡村的要求进行评估，判别建设方案和模式合理性，以达到美丽乡村建设的成功几率等。基于这个逻辑，可理解为：“美丽乡村建设”是一种模式和行动方案，美丽乡村产业是一种评估标准和方法。目前，国家有建设美丽乡村的要求，但如何建立美丽乡村评估标准和方法，有效开展美丽乡村产业建设模式和方案设计，以及评判模式和方案能在资源和时间成本最低条件下，达到美丽乡村，是亟待研究的技术问题。

美丽乡村代表了我国未来乡村产业的发展形态，是将乡村作为一个集农业生态系统、自然系统和经济社会系统相结合的复合生态系统来考虑，在生态文明、可持续发展理论指导下，实现生产、生活、生态的高度统一。美丽乡村“美”，不仅在自然层面，更要体现在乡村产业发展的支撑。社会发展的进步层面：一是指生态良好、环境优美、布局合理、设施完善；二是指产业发展、农民富裕、特色鲜明、社会和谐。美丽乡村产业建设，就是在保证农村生态环境良性循环前提下，推动农业产业升级、农民生产、生活方式与农业资源环境协调发展，人与自然、人与人之间和谐共生，推进我国农村生态文明建设。

（3）国家和地方政府重视美丽乡村产业发展。2007年10月中央提出要统筹城乡发展，全面推进社会主义新农村建设的战略要求。到2020年要把我国建设成为生态环境良好的国家。各省区纷纷出台美丽乡村的建设纲领与行动方案。如2008年，浙江省安吉县正式提出“中国美丽乡村”计划，出台《建设“中国美丽乡村”行动纲要》；浙江、广东、海南、福建等省也明确提出推进“美丽乡村”工程，产业发展均是重要的支撑。

2012年10月，“十八大”提出，要大力推进生态文明建设，努力建设美丽中国，实现中华民族永续发展；要推动城乡发展一体化，形成以工促农、以城带乡、工农互惠、城乡一体的新型工农、城乡关系。突出相互之间的产业发展关系，协调各方资源推动美丽乡村的产业发展。2013年1月，十八届三中全会提出要建设美丽中国、形成人与自然和谐相处的新格局，解决农村基础设施薄弱和生态环境脆弱问题。同年中央一号文件《关于加快发展现代农业进一步增强农村发展活力的若干意见》提出：加强农村生态建设、环境保护和综合整治，努力建设美丽乡村。2014年中央一号文件提出要大力整治农村居住环境。《国家新型城镇化规划》明确指出：要建设特色的美丽乡村。强调乡村建设不仅要宜居，更要宜业。

“十八大”第一次提出了“美丽中国”的全新概念，强调必须树立尊重自然、顺应自然、保护自然的生态文明理念，提出包括生态文明建设在内的“五位一体”社会主义建设总布局。要实现美丽中国的目标，美丽乡村产业建设是不可或缺的重要支撑。必须加快美丽乡村产业建设的步伐，加快农村地区基础设施建设，加大环境治理和保护力度，营造良好的生态环境，厚植农业产业基础，大力挖掘农村地区的产业发展资源，培育产业发展新业态，推动农村社会经济可持续发展。统筹做好城乡协调发展、同步发展，以工补农，以城带乡，向乡村发展输入新动能，切实提高广大农村地区群众的幸福感和满意度。建设生态文明，是关系人民福祉、关乎民族未来的长远大计。要把生态文明建设放在突出位置，牢固树立“绿水青山就是金山银山”“环境就是民生，青山就是美丽，蓝天也是幸福”的发展理念，把“生态”当产业来建设，当产业来经营，融入经济建设、社会建设、文化建设各方面和全过程，努力做好美丽中国建设乡村板块，实现中华民族永续发展。建设美丽中国重点和难点在乡村，因此，美丽乡村产业建设，既是美丽中国建设的基础和前提，也是推进生态文明建设和提升新农村建设的新工程、新载体。

（4）美丽乡村产业发展的内涵。

首先，美丽乡村的自然内涵。美丽乡村的美丽关键在于要“美”得像乡村，具备农村的自然风貌。能看得见田野、山林，却又能明显区分人造的园林景观，具备大自然演绎的美，不需要任何的雕饰。

其次，美丽乡村的产业发展内涵。美丽乡村建设要把农村的特色产业从产业设置、基础配套设施、生活设施等切实抓好。通过美丽乡村建设，带动农村产业的发展，不仅可为当地农民及城市居民提供“采摘、观赏、旅游、休闲、娱乐、健身”的新型生态生活功能区，也可通过发展生产把现代农业所需先进科学技术和管理经验引入农村，合理实现产业的转型升级。

第三，美丽乡村的文化内涵。美丽乡村要注重内在美，注重农业文明的保护和传承。文化是美丽乡村的内涵，每个乡村都有独特的“灵魂”，以传承开拓新境界，农耕文化将迎来自我更新。中国是世界上唯一不曾中断的文明古国，也是世界上农业起源最早的国家之一。中华文明源自农耕，农业文明对中华民族的生产方式、价值观念和文化传统都产生了深刻的影响。例如农业的二十四节气、民谣农谚、农民艺术、传统手工绝活是农业文明，民俗活动、有地方特色的农事礼仪、农业文化遗产是农业文明，宗族遗风、祖训家规、古貌村镇也是农业文明。它们记载着农耕年代的辉煌，也见证着乡村的没落与寂寞。现代文明给人们带来了高效便捷的生活，乡村文化的涵养和保护，可回归到生活，植根于乡村，并与现代文明有机融合，既对乡村文化保护和传承，又用现代文明融合和发展。乡村既宜居舒适，又有乡愁乡音。

（5）美丽乡村建设的实质内涵。美丽乡村，顾名思义是要有良好生态、宜居生活和愿意留在这片土地上的人。农村公共基础设施完善、布局合理、功能配套，乡村景观设计科学，村容村貌整洁有序，河塘沟渠得到综合治理，生产生活实现分区，主要道路硬化，人畜饮水设施完善、安全达标；生活垃圾、污水处理利用设施完善，处理利用率达标。

美丽乡村简言之就是指美丽的村庄，“美丽”不仅仅是指村容整洁，还包括乡村产业的发展：村庄特色鲜美、村庄生态优美、村庄乡风和谐、村民生活富裕、生活甜美。

美丽乡村要做到规划科学布局美、村容整洁环境美、创业增收生活美、乡风文明身心美、社会和谐服务美等“五美”。美丽乡村建设本质内涵，也相应地体现在生态环境提升、生态人居建设、生态经济推动、生态服务优化及生态文化培育五个方面。一是生态环境的提升。要突出重点、连线成片、健全机制；具体的通过改道路、改水系、改厕所、污水处理、垃圾处理和村庄绿化等一系列工程，落实“千村示范，万村整治”逐步扩大建设面，构建优美的农村生态环境体系。二是生态人居的建设。通过中心村的培育，推进农村人口集聚，优化农村人口布设；对农村土地综合治理，农村住房综合改造，从而使农民的居住条件逐步提升，形成舒适的农村生态人居系统。三是生态经济的推动。通过编制乡村产业发展规划，推进农村产业集聚升级，发展乡村生态农业、乡村生态旅游业、乡村低耗、低排放工业等新兴产业，鼓励农民创新、创业，开创农村就业新模式，构建良好农村生态产业体系，推动生态经济的进步。四是生态服务的优化。政府相关职能部门要紧紧围绕生态环保的目标，突出生态区建设，制定相应的监督机制，加大对农民生活的整体服务力度，优化服务质量，扎实推进农村生态文明建设。五是生态文化的培育。主要普及生态文明教育，逐步提高农民自身文化修养，形成良好的乡风，同时，建立农村生态文化体系，倡导健康文明的生产、生活方式，促进农村可持续发展。

二、美丽乡村产业发展历程

1. 乡村建设研究在国内具有丰富的历史。

20世纪早期，有学者对乡村建设展开研究，指出：乡村是中国社会发展的基础，人类几乎所有的文化大都从乡村的发展延伸而来。中国的根本问题在于乡村，应该从乡村入手，使经济、政治重心植入乡村，构筑一个全新的社会。有研究认为：进行乡村建设的重要点是要先“农民化”再“化农民”，实施生计、公民、卫生、文艺等教育，并采用家庭、学校、社会等方式进行乡村建设。

从历史文献来看，早在20世纪解放初就提出社会主义新农村的建设概念。提出建设合作化的新农村，鼓励农民为建设社会主义的新农村而奋斗。这阶段的乡村建设更多是基于政治与所有制关系上的研究，也一直延续到城市知识青年上山下乡运动。改革开放以后，中发〔1981〕13号文件，提出“建设一个农、林、牧、副、渔全面发展，农工商综合经营，环境优美，生活富裕，文化发达的新农村。”对乡村产业发展指明了方向和道路。后来在1984年中央一号文件都提到过建设社会主义新农村的相关问题。对乡村产业发展产生重要的推动作用。

20世纪末，中国出现产能过剩的问题，解决这个问题要靠农村消费市场的启动，因此，提出“新农村运动”，以乡村产业发展推动农村社会经济发展，扩大内需，拉动消费。

2003年有学者在河北翟城组织农民进行职业技术培训，目标是使农民有能力建设自己的本乡本土，大力发展乡村产业，从而就地解决剩余劳动力。有研究指出，乡村建设是一种综合性实验，政府在政策和资金上宏观把握，以便于农村经济市场实现自由化，更好发挥农民在振兴农业产业、推动乡村建设中的主体作用。

十六届五中全会提出了建设社会主义新农村的重大历史任务，并提出了“生产发展、生活宽裕、乡风文明、村容整洁、管理民主”的具体要求。

“十二五”期间，受安吉县“中国美丽乡村”建设的成功影响，浙江省制定了《美丽乡村建设行动计划（2011—2015）》，广东省增城、花都、从化等市县从2011年开始也启动美丽乡村建设，2012

年海南省也明确提出将以推进“美丽乡村”工程为抓手，加快推进全省农村危房改造建设和乡村产业发展步伐。

“美丽乡村”建设已成为中国社会主义新农村建设的代名词，全国各地掀起了美丽乡村建设的新热潮。“十八大”报告提出：推进城乡发展一体化是解决“三农”问题的根本途径，并首次提出“美丽中国”的概念，“美丽中国”建设难点在美丽乡村建设，通过城乡联动发展，推进新农村与城市的双轮驱动。

2. 农耕文化的研究进展

中国以农耕文明为主的传统，导致“乡村建设”一词在中国屡见不鲜，乡村建设在封建社会时期，碍于历史的局限性而无进展。近代由于西方先进文明的冲击，中国的农村建设依然停滞不前。

在新中国成立初期提出了农村产业建设的过渡时期总路线，开始了农村向社会主义社会的过渡时期。但文化大革命又使中国的乡村建设再次进入一个迷茫时期，乡村建设一直滞后，直到十一届三中全会旳召开，中国的乡村产业发展开始步入正轨。改革开放以来，中国农村改革全面启动，中央先后出台了多个“一号文件”，指导农村改革事业，推动了中国乡村产业的发展。党中央提出“建设社会主义新农村”，中国的乡村产业发展越来越受到重视，乡村经济建设进入一个全新的发展时期。

乡村建设的研究在这个时期也是如火如荼，社会学者发表了大量关于社会主义新农村建设的文章。有学者认为，农村存在文化层面发展缓慢的问题，严重影响农村社会整体发展，应该综合分析并采取相应措施予以解决。还有研究认为：农村需要文化韵味，农民需要精神富裕，乡村建设的重要任务是要推进乡村文化建设，使农民在丰富多彩的文化实践活动中，提高自身的精神境界。有著作提出：民族自觉与乡村建设相互促进，有着相辅相成的关系，民族自觉促进新乡村建设；反过来新农村建设推动民族自觉。应该加强农民的思想教育、培育新型农民、建立新型机制、处理好政府与农民的关系。有学者强调注重农村文化产业结构的优化、农村文化建设的发展和农民素质的提高。有研究指出实现社会主义新农村建设总体目标是通过农业机械化、产业化达到农村经济持续繁荣和农民富裕文明，并制定相应的制度以保证这个总体目标的实现。积极发挥文化部门基础职能，依托当地特色资源的优势，通过多种渠道切实整合文化资源，加强民间地域特色文化资源的开发。

3. 美丽乡村产业发展主要研究成果

党的“十八大”第一次提出了“美丽中国”的全新概念，是社会主义新农村建设的升级版。国内学者对美丽乡村建设的研究尚在起步阶段，而对社会主义新农村建设的研究成果已是硕果累累。

现根据国内现有研究，从以下几个方面可了解美丽乡村产业建设取得的丰硕成果，明确了美丽乡村建设是当前“三农”建设的方向和目标。

（1）美丽乡村产业建设是推进新农村建设的内在要求。随着农民收入的快速增长、城乡发展的不断融合，农民对村庄整治建设和农房改造需要，已经从过去希望有宽敞的个人住房、洁净的村庄环境，提升为希望有优质的公共服务、良好的人居环境和品质生活。研究指出，建设美丽乡村就是要按照促进人与自然和谐相处的要求和宜建则建，宜扩则扩，宜留则留，宜迁则迁的原则，科学合理地推进村庄的改造、撤并和建设，为提高村庄整治、农房改造和生态环境建设层次提供正确导向。研究还指出无论是有形的建筑文物，还是无形的民俗文化，都要在科学规划的指导下进行，做到科学规划与依规建设的统一。要实现这些目标，离不开经济的支撑，产业的发展。

（2）美丽乡村产业建设是推进农村经济发展方式转变的必由之路。建设美丽乡村作为农村生态文明建设的重要载体，其实质是在农村建设资源节约型和环境友好型社会，促进节约能源资源和保护生态环境的发展方式在农村的确立。美丽乡村建设有利于推进农村产业转型升级和乡村经济可持续发展，有利于转变农业农村的生产方式和农民的生活消费方式，有利于提升农村人居环境和农民生活质量，有利于节约集约利用各类资源要素，促进人口资源环境相互协调。应把加快建设美丽乡村，作为农村转变经济发展方式的重要举措，并切实抓好。

三、美丽乡村产业建设必须顺应城乡一体化的历史趋势

城乡一体化是人类社会发展的必然趋势，是社会现代化进程中不可逾越的历史过程。目前，国内发达地区基本上进入了工业化中后期，信息化与工业化开始深度融合互动，中国的小农经济正在走向历史的重点。城乡一体化也是解决“三农”问题的根本途径。有学者指出，美丽乡村建设不能“一刀切”，要根据社会形势发展，因地制宜，充分体现时代的气息和自身的特色。在城乡一体化快速发展的宏观背景下，美丽乡村不可再是“世外桃源”，更要顾及城乡统筹时代要求，实现城乡多元素融合，将城市的资金、人才等导流向乡村，探索适合乡村产业发展可持续投入模式，向乡村产业发展输入新动能。

四、探索了对推进美丽乡村建设的创新建议

众多学者研究指出，规划在美丽乡村建设中处于龙头引领地位，创建美丽乡村离不开科学规划指导。美丽乡村要围绕“美在布局”，加快各类规划编制实施，提高规划执行力。要把美丽乡村建设规划与当地乡村建设规划、休闲旅游规划等体系融合，将美丽乡村、企业、景点等优势支点串成线、连网成片，扩大规模，发挥集聚效应，形成发展品牌。美丽乡村建设要培育具有鲜明个性的精品村，突出“一村一品”“一村一景”“一村一韵”，坚持现代村居与传统文化、当前建设与长效管理、美化环境与促进增收等统一。这些研究建议，在美丽乡村产业发展中，得到了肯定和推广，产生了较好的社会效应。

从美丽乡村建设的个案研究看，实证研究具有很强的实践性，进行实证研究的学者，往往是参与美丽乡村建设的实际工作者，或实际深入某地区进行个案研究。

一是对安吉“中国美丽乡村”建设的研究。安吉是国家级生态示范区，首个“国家生态县”，获得“联合国人居奖”。从2008年开始，安吉率先提出在全县开展以“中国美丽乡村”建设为总抓手的新农村建设推进工程，拉开了美丽乡村建设的帷幕。有学者在对安吉县“中国美丽乡村”建设情况调查后指出，安吉县“中国美丽乡村”建设行动，走出了一条新农村建设与生态文明建设互相促进，城镇与乡村统筹推进，一二三产业相互融合的科学发展之路，是浙江省新农村建设科学发展、统筹发展、和谐发展的一个成功范例。有评价说安吉“中国美丽乡村”建设形成了“生态为本、农业为根、产业联动、三化同步、乡村美丽、农民幸福”安吉发展模式。

二是对安吉“中国美丽乡村”建设的延伸探索。安吉“中国美丽乡村”建设的成功，已经成为浙江省新农村建设的示范工程，并被农业部当作山区新农村建设的样板之一推向全国。有学者指出了生态立县背景下，山区跨越式新农村建设的路径，安吉模式可以为我国众多地区，特别是欠发达山区县市新农村建设，提供重要指导，可以帮助拓展生态山区的多种功能，从而引导农村转变经济发展重点，实现跨越发展。有学者总结了安吉模式成功的七条经验，对全国其他山区的新农村建设具有较好的示范引领作用。诸多学者指出，安吉“中国美丽乡村”的实践成功，关键在于有一整套标准、规范、操作性强的制度体系。

三是对不同典型“美丽乡村”建设的研究。美丽乡村建设随着安吉经验的推广，越来越多的县市开始开展美丽乡村建设。有学者对仙居县美丽乡村建设进行了探讨。仙居县美丽乡村建设试行以来，以“人间仙居 美丽乡村”为主题，通过强化机制保障、坚持规划引领、突出工作重点、注重统筹推进、坚持多措并举等形式，成为浙江省首批美丽乡村创建先进县。有学者对丽水市莲都区仙渡乡美丽乡村建设进行了个案研究，指出仙渡乡围绕桃产业做好“桃美”文章，并对下一步仙渡乡的发展提出了建议。对湖州市美丽乡村建设进行了研究，指出美丽建设要处理好多方面的关系，同时必须上下联动、整合资源、加大力度，形成整体合力。对磐安县美丽乡村建设研究中指出，磐安县走出了一条“生态美、生活美、田园美”的欠发达地区秀美乡村建设之路。

第二节　美丽乡村产业产品链及其构成

一、产业链的定义

产业链是指在各类经济活动过程中，从事某种产业经济活动，根据不同的实际区域、不同的特殊地形、不同的农产品产业之间，或者是彼此之间有关联的行业，组成一定的具有链条胶合能力的各类经济组织关系；同时在产业的链条过程中，某一个具体的产业结点，其中包括中断或是缺失，都会对产业配套能力和整个产业的发展有着巨大的影响。

（1）产业链的理论。所谓产业链即通过存在着一定内在关联的产业所共同形成的产业整体，其通过以一定的服务作为核心，满足特殊的需求，亦或是开展一定的商品生产活动，并带来相应服务，从而实现迈入整体积极发展的产业结构。就广义层面而言，其实际上是契合于特殊需要，或实施产品生产过程中各企业的综合体；从狭义层面而言，产业链仅牵涉直接顺应于对应需求的产业的集合体。其中各个对应环节的特征主要为：形成产业链的所有产业彼此间是联动的，彼此间制约和依存的重要整体。同时，处在相同的技术平台之中，通过多样的连接形式，而彼此构成一定的关联；产业链中的一系列环节，因技术背景的变动和发展战略的变化，从而边线处聚散并存的基本格局；由于产业特征和发育等因素的影响，各个产业不论是产业技术层面、增值能力，亦或是盈利能力均存在着一定的差别。而在产业的战略定位各个环节，也必须按照对应的需求，实施相应的调节，也势必会导致整个产业结构内部发生改变。产业链即指利用诸多有关的产品或服务，从而探究对应产品的需要，由原料供应方面出发，直至市场的销售等一系列内容，涵盖了前后顺序关系、横向延伸、有序经济行为等一系列成分。从实质而言，即用来标会具有内在关联的企业群体构造，事实上是一个较为宏观的理念，具有二维性的特征，也就是兼备结构和价值两方面的属性。产业链中还牵涉大规模的上下游关系和价值交换活动，前者为后者输送产品和各种服务，而后者反过来为前者带来反馈信息。

（2）农业产业链的理论。所谓农业产业链，即指和农业初产品有着密切联系的一系列产业群所形成的网络结构，涵盖了为有关的生产工作进行准备的科研、农资等一系列的前期生产部门。同时，还涉及农作物种植、畜禽养殖等多方面的中间产业。将农产品作为原材料的加工、贮存、运输和销售等一系列的后期产业部门，事实上是多种农产品链所共同构成的集合。本质上即为：从实质上反映的是产业彼此间的联系，分析其中的关联性，并探究相互作用的方法和实际情况，同样涉及增值和价值构成等内容。就国际层面而言，当前产业链管理的分析，业已上升到了全新的高度，然而，此领域探究尚不到位。不仅如此，农业身为和国民生产紧密相连的重要产业部门，实施这一管理模式之后，政府理应通过何种方式落实宏观调控的有关研究，同样较为有限。

二、美丽乡村产业建设基础理论分析

美丽乡村建设涉及农村产业发展、农村人居环境改善、农村生态环境整治、农村管理水平提高，以及农村文化传承等多方面，建设过程中面临的诸多技术组装问题、政策选择、管理体系构建等都需要科学依据和内在逻辑支持，迫切需要进行美丽乡村建设理论的梳理和归纳，明确美丽乡村建设主导思路和方法体系，避免美丽乡村建设变成了“筐”，什么都可往里装，主导产业不明显，经济带动能力不强。美丽乡村产业发展必须立足于农村、农业和农民。

三、乡村复合生态系统的理论

1. 复合生态系统理论

复合生态系统理论是我国著名生态学家马世骏教授于1981年提出的。指出，当今人类赖以生存的社会、经济、自然是一个复合大系统的整体。以人的活动为主体的系统，如农村、城市或区域，实质

都是由人活动的社会属性，以及自然过程的相互关系，构成的自然—经济—社会复合生态系统。复合生态系统中，社会是经济的上层建筑；经济是社会的基本，又是社会联系自然的中介；自然则是整个社会、经济的基础，是整个复合生态系统的基础。文化和“非使用”价值已纳入生态系统服务类别，具备生态系统服务功能，具备不同的文化群落、文化圈、文化链并不断地演变，可定义为文化生态系统。有学者认为文化子系统，应归于社会子系统中，基于我国美丽乡村建设内容匹配和便利研究分析，可将社会子系统中的文化要素和关系剥离，构建独立的文化子系统。

复合生态系统是一个复杂自组织系统。社会、经济、自然和文化子系统之间相互联系又相互独立，既相互支持又相互制约，这种非线性关系构成了一个耗散结构。同时，复合生态系统是一个开放系统，可以利用外界引入负熵，充分发挥系统内部以及系统和外部环境的协同作用，可以保证系统的稳定性和可持续发展。

2. 乡村复合生态系统特征

乡村具有明显的复合生态系统特征，由农村社会子系统、农村经济子系统、农村环境子系统和农村文化子系统，构成“农村社会—农村经济—农村环境—农村文化”乡村复合生态系统。其中，农村社会子系统相对复杂、要素众多，可从不同角度作出不同描述。为研究方便，可以对该系统进行简化，将农村生活方式当作农村社会子系统。这种描述，也符合国家提出的促进农业生产、农村生活方式转变的思路，便于美丽乡村建设模式研究和设计。农村经济子系统，主要用于描述农村产业结构和模式，包括农业、村办企业以及商业，可以拆分为农业产业和工商业等小系统。农村环境子系统，包括乡村属地范围内的能源、资源和环境基本条件，既有生物质资源，又有自然环境要素。农民文化素养、人文精神、价值观念、风俗习惯、伦理道德、宗教信仰等要素组成的农村社交圈和活动圈，构成农村文化子系统。

乡村复合生态系统可简化描述为“农村生活—农业生产—农村环境—农村文化”四位一体的复合生态系统。四个子系统是相互作用、相互影响的，其中，农村生活和农业生产子系统占主导地位，影响着农村环境，也创造了农村特有的乡土文化。总体来说，农村环境是乡村发展的前提条件，农业生产是农村生活发展的基础，农村生活方式的改变又能对农业生产产生影响，农村文化是农村生活和农业生产的表现，同时，也可以维系和促进农村生产、生活方式和农村环境的改善。

3. 美丽乡村复合生态系统理论的应用

乡村复合生态系统理论主要用于美丽乡村建设模式的规划和设计。一个稳健的、可持续的乡村发展模式，必须要突出系统的稳定性和自我调节性。而这两个特性复合了美丽乡村复合生态系统的复杂自组织性，可以通过增加系统的复杂性、合理利用系统的开放性，以及提高系统的协同性来实现。

第一，适度增加系统的复杂性，合理设计农业生产、农村生活、农村环境和农村文化结构。美丽乡村复合生态系统的复杂性，是指系统内部结构单元和耦合关系复杂，以及系统内部及外部之间的物质流、能量流和信息流交互的复杂。一般认为，生态系统复杂性和稳定性呈正相关，一定程度的系统复杂性可以提高系统的稳定性。例如，农业种植制度过于单一，导致乡村经济抵御风险能力弱，农村生物多样性减少，导致农业病虫害增加等。而适度延长农业产业链，提高美丽乡村生态系统复杂度，可以消纳和促进农业废弃物循环利用，避免农业污染导致生态系统退化，从而促进了系统的稳定性提高。

第二，合理利用系统的开放性，有效利用外部资源。乡村复合生态系统是一个耗散结构系统，根据耗散结构理论，一个孤立系统是个熵增的过程，系统不断从有序走向无序，混乱度增加。正是因美丽乡村复合生态系统的开放性，使其不断与外界进行着物质、能量和信息等熵交换，外界引入的负熵多，可以抵消系统内部熵增加，维持系统有序。如果外界引入的正熵多，会加速系统向无序转化。因此，要合理利用外部环境提供的各种有利资源，包括物质、资金和政策输入等，同时，要防范外部不利要素对美丽乡村发展的影响，促进乡村健康发展。例如，外界引入资金和技术，提高乡村发展速度；防范城市“三废”进入乡村；防御城市高耗能企业向乡村搬迁。以减少乡村承受的环境压力。当然，这种“借力”过程要适度而不能盲目，避免外界过度支持，而导致资源浪费和弱化美丽乡村自我发展能力，要充分发挥美丽乡村复合生态系统内部的协同性，增加系统内部消化能力。

第三，充分发挥系统的协同性，建立农村发展协调机制。主要是建立美丽乡村和外界环境的协同机制，美丽乡村内部生产、生活、环境和文化子系统之间，以及子系统内部各要素之间的协同机制，减少消极效应，提升相互之间的适应程度。这种协同机制，可以是管理机制，也可以是技术措施，目的是实现系统内部合理衔接，物质、能量和信息流动通畅，提高系统内部资源的利用效率，将问题消化在系统内部，从而提高美丽乡村的抗风险能力和自我发展能力，同时避免美丽乡村复合生态系统对外界环境的影响。

美丽乡村复合生态系统理论，主要用于美丽乡村建设的规划和框架设计，根据外界环境和社会发展阶段、农村实际情况，合理规划设计美丽乡村经济、社会、环境和文化的结构与布局，增加美丽乡村建设内容的适应性、系统性，以及与当地社会、经济发展条件的融合度。

四、农业产业和农村生活的多功能性理论应用

农业产业多功能性是指农业具有经济、生态、社会和文化等多方面的功能。一是农业的经济功能：是指可以提供农产品供给，也可以提供工业原材料，是农业的基本性功能；二是农业的生态功能：是指农业可以保护和改善农村环境，保持生物多样性，防范自然灾害，维护二三产业的正常运行，并分解消化其排放产物的外部负效应；三是农业的社会功能：是指提供就业和社会保障，维护社会稳定；四是农业的文化功能：是指提供休闲、审美和教育服务，培育、保护和传承农村文化多样性等。

可以看出，农业产业多功能性对美丽乡村复合生态系统的每个子系统均有支持作用，充分发挥农业产业多功能性，可以促进乡村复合生态系统的稳定和提质。提升农业产业的多功能性，重点在于拓展农业生产模式和完善生产条件。拓展农业生产模式，主要体现在采取先进生产技术，发展农业多样化经营，延伸农业产业链，构建循环农业和生产农业模式，减少农业生产污染排放，提高资源利用效率和农业产出效率。完善生产条件，主要体现在改造农田基本设施，开展农田功能性景观建设，实行农业机械化和农业自动化耕作，开展耕地污染减排与修复。如田间沟渠设施既能排涝，又能消减面源污染，田间篱埂可以增加田间生物多样性，又能生物防虫，同时，具备景观功能等。

五、美丽乡村旅游产业链

1. 美丽乡村旅游产业链内涵及发展

美丽乡村旅游产业是指以乡村地区为活动场所，利用美丽乡村独特的自然环境、田园景观、生产经营形态、民俗文化风情、农耕文化、农舍村落等资源，为城市游客提供观光、休闲、体验、健身、娱乐、购物、度假的一种新的旅游经营活动。美丽乡村旅游，包括乡村观光农业旅游、乡村民俗文化风情旅游、乡村休闲度假旅游和乡村自然生态旅游，是具有区域性和综合性的新型旅游业。

美丽乡村旅游使农业的劳作方式、农田风光、农产品加工制作等原本属于农业范畴的事物和行为，成为可依托发展旅游活动的内容。这种转换，有效地拓展了旅游业可依托资源的类型，丰富了旅游活动的内容，迎合了旅游者、观光客多种多样、求新、求变的旅游需求，推动了我国旅游业更快、更好地发展。

近几年，我国美丽乡村旅游发展迅速，全国已建成两万多个乡村旅游景区（点），2016年接待游客达到21亿人次，乡村旅游总收入达5 700亿元。三大黄金周期间，全国城市居民出游中选择乡村旅游的约占70%，每个黄金周，形成大约6 000万人次规模的乡村旅游市场，呈现出良好的发展势头。

旅游产业链包括：旅游资源的开发产业、旅游要素产业（食、住、行、游、购、娱等直接为旅游

者提供产品和服务的行业）以及营造良好旅游环境的关联产业。它们彼此相互联系，共同围绕旅游资源产业形成一系列的旅游产业链条。

从产业关联度的角度分析，旅游产业是一个高度复合型的产业，其不仅涉及食、住、行、游、购、娱等旅游内部的核心行业，同时还与交通运输、信息服务、娱乐、金融业、邮电通信业、房地产业、会展业、环保等产业相互依托，共存共荣。

2. 乡村旅游产业链发展存在问题

乡村旅游产业链由于其旅游资源的乡土性、及与农村经济的紧密联系，使其产业关联性更强。目前，我国乡村旅游产业链的发展主要存在以下问题。

（1）旅游产品开发的深度和广度不够，乡村旅游产业链过窄过短。我国乡村旅游刚刚起步不久，乡村旅游产品单一、还未形成系列，乡村各种资源未能充分有效的利用。目前除"农家乐""民宿"旅游产品较为成熟外，其它乡村旅游产品，如国家级农业旅游示范点、农业产业基地等在产品规划、设计、包装、宣传等方面还有较大差距。许多乡村旅游活动只是吃农家饭、干农家活、住农家房，产品雷同、品位不高，不能满足游客多层次、多样化和高文化品位的旅游需求。许多乡村旅游产品，只是在原有生产基础上稍加改动和表层开发，缺乏创新设计和深度加工，文化品位较低、特色不明显，难以让游客感受和体验乡村旅游地的形象。旅游商品开发研究也严重不足，特色商品少、品种雷同、品位低、质量差，缺乏吸引力。由于乡村旅游与农业的紧密联系，使得乡村旅游具有带动农村一二三产业发展的功能。但我国乡村旅游的发展，目前，在带动相关产业发展方面做得还不够，对农业经济的拉动作用还不明显。

（2）乡村旅游产业链在区域内的交流与合作还不够。旅游产业是一个行业和地域综合性极强的产业，更需要和其他行业之间开展合作交流。一些与乡村旅游活动关联程度较弱的行业，本身不具有降低自身利益，来配合乡村旅游业发展的义务，暂时也没有获得利益补偿的可能，而客观上又严重制约了乡村旅游产品和旅游目的地整体档次或形象的提升，影响了乡村旅游的发展。比如运输业与旅游景点之间缺乏协调，给旅游活动的策划、组织和实施带来了一定的滞后效果。我国很多地区都把乡村旅游作为新的产业经济增长点，但各地区在发展旅游产业过程中，是以区域发展观为导向，偏重于旅游产业基地和旅游产业区的建设，而不是以产业链发展观为依据，相对忽视区域内及区域间旅游产业链之间的联系，漠视构建基于价值链上的旅游产业链条和旅游企业分工协作网络。而且，乡村旅游与区域内的城市旅游之间的联系还比较少，乡村与城市之间的信息网、客源网还不健全，不能实现城乡之间的资源共享。

（3）核心经营主体作用没有得到充分发挥。形成产业链的一个重要条件就是有一个竞争力很强的经营主体——龙头带动，在产业链中起到核心作用，带动产业链内其他产业的发展。一般的旅游产业链的核心经营主体是旅游景区，但我国乡村旅游产业起步较晚，乡村旅游产业的发展还远未形成规模，产业链内的经营主体规模普遍较小，竞争力不强，甚至有很多还是农户互作式的经营，使得一部分乡村旅游产业经营者在产业链内难以找到核心经营主体，或者由于核心经营主体规模小而难以发挥其引领和带动作用，导致乡村旅游产业链的整体竞争力下降，影响了其快速和可持续发展。

第三节　美丽乡村产业发展水平及试点管理经验

一、我国发展美丽乡村产业试点与示范状况

在总结浙江省美丽乡村建设经验基础上，中央财政依托一事一议财政奖补政策平台，启动了美丽乡村建设试点，选择浙江、贵州、安徽、福建、广西、重庆、海南7省市作为首批重点推进省份。

“十三五”期间全国推广6 000个示范村，每个村由中央财政奖补150万元。

早在2008年，浙江省安吉县实施以“双十村示范、双百村整治”为内容的“两双工程”的基础上，立足县情提出“中国美丽乡村建设”，计划用10年左右时间，把安吉建设成为“村村优美、家家创业、处处和谐、人人幸福”的现代化新农村样板，构建全国新农村建设的“安吉模式”，被学者誉为“社会主义新农村建设实践和创新的典范”。

2010年6月，浙江省全面推广安吉经验，把美丽乡村建设升级为省级战略。近年来，浙江美丽乡村建设成绩斐然，成为全国美丽乡村建设的排头兵。如今，安徽、广东、江苏、贵州等省也在积极探索本地特色的美丽乡村建设稳步发展模式。

2013年7月，财政部采取一事一议奖补方式在全国启动美丽乡村建设试点，进一步推进了美丽乡村建设进程。7个重点推进省份积极启动试点前期准备工作，统筹美丽乡村建设，与一事一议财政奖补工作，认真谋划试点方案，各级财政预计投入30亿元，确定在130个县（市、区）、295个乡镇开展美丽乡村建设试点，占7省县、乡数的比重分别为25.7%、3.7%，1 146个美丽乡村正在有序建设之中。

二、美丽乡村示范建设的主要经验与效果

1. 加强组织领导，明确牵头部门

浙江、安徽、广西等省区都将美丽乡村建设作为“一把手”工程，试点县市成立了主要领导任组长，相关部门共同参与，美丽乡村建设领导小组及办事机构。福建省将美丽乡村建设纳入干部考核，和乡村目标管理考评，作为评价领导班子政绩和干部选拔任用的重要依据。

2. 加大投入整合力度，引导社会资金多元投入

7省市积极调整支出结构，统筹存量、盘活增量，努力增加美丽乡村建设试点专项预算安排。安徽省从2013年起，省级每年安排10亿元美丽乡村建设专项资金，要求市级每年安排不少于5 000万元、县级不少于1 000万元，主要用于中心村建设和其他自然村治理。福建省在各级投入3.28亿元试点资金的基础上，又追加4亿元美丽乡村建设资金。贵州省对专项资金，连续两年结转的无条件转向支持美丽乡村建设，2015年已整合农业产业化发展资金、生态移民建设补助、农民健身工程补助、农民文化家园补助等1.75亿元用于美丽乡村建设。重庆市整合农村公益性基础设施补助、农村文化建设补助、村卫生室医疗设备及网络维护补助等资金，专项用于美丽乡村建设项目的运行管护。福建省永春县投入5 000万元，推行“金佛手—美丽乡村贷”，撬动信贷资金近3亿元。安徽省7个市设立了美好乡村建设投融资公司，融资12.3亿元。宣城市、铜陵市引导各类企业投入资金1亿多元。

3. 因地制宜，探索美丽乡村建设模式

从试点看，主要包括4种类型。

（1）聚集发展型。对明确作为中心村的，完善水、电、路、气、房和公共服务等配套建设。浙江省永嘉县将楠溪江沿岸的岩头镇等3个乡镇15个村进行整体规划，将地域相近、人缘相亲、经济相融的村庄成片组团，引导农民向中心村和新社区适度集中，建立新型农村社区管理机制。

（2）旧村改造型。通过村内道路硬化、路灯亮化、绿化美化、休闲场地等设施建设，促进村庄整体建筑、布局与当地自然景观协调。

（3）古村保护型。对自然和文化遗产保留完好、原有古村落景观特征明显，保护开发价值较高的古村落，以保护性修缮为主。安徽省黄山区在对永丰、饶村、郭村等几处古村落的传统街巷格局与形态、地貌遗迹、古文化遗址、古建筑、石刻等文化遗存，进行重点调查的基础上，积极完善村庄道路、水系、基础设施和配套设施，按照修旧如旧的原则，提升村庄人居品味。

（4）景区园区带动型。贵州省安顺市西秀区围绕建设屯堡维护及田园风光旅游乡村，在七眼桥

镇本寨村、大西桥镇鲍屯村发展旅游业，加快推进景区沿线创建点的巩固提升，把景区沿线打造成文明秀美的人文景观通道。安徽省当涂县依托现代农业示范区建设，建设了松塘社区，探索出“旧宅变新房、村庄变社区、村民变居民、农民变工人”的美丽乡村建设之路。

4. 注重规划实效，探索美丽乡村建设标准化体系

浙江省尝试以村级为主体编制试点规划，切实尊重村级组织和村民的主体地位，将规划费用补助下达到村，在政府引导、专家论证的基础上，美丽乡村建设规划由村民会议决策，避免出现“规划连村长都看不懂”的问题。安吉县采取“专家设计、公开征询、群众讨论”的办法，将全县行政村进行差异化规划，2014年10月25日安吉县通过了全国首个美丽乡村标准化示范区验收。重庆市通过梳理市级涉农项目建设情况，明确了87项建设管护标准，并计划用1年时间建成标准体系，为美丽乡村建设标准化提供借鉴。海南省以澄迈县为基础，制定全省美丽乡村建设试点标准。

5. 加强制度建设，促进专项资金规范管理

安徽省制定了《财政支持美好乡村建设专项资金使用管理办法》《财政引导社会资金参与美好乡村建设的意见》和《整合涉农资金支持美好乡村建设的意见》，省财政厅还会同有关部门，对部门掌握的可整合资金，拟定了20项具体办法，初步构建了“资金分配规范、适用范围清晰、管理监督严格、职责效能统一”的管理制度体系。重庆市修订了一事一议财政奖补项目资金管理办法，专门制定了美丽乡村试点资金管理和申报文本。福建省明确美丽乡村建设试点资金，严格遵守一事一议财政奖补相关规定，实行专户专账管理，并通过信息监管系统，实现实时在线监控。

第四节　美丽乡村产业要素及效益评价标准

美丽乡村产业效益评价，需从村庄规划、村庄建设、生态环境、经济发展、公共服务、乡风文明、基层组织、长效机制8个方面的指标，进行综合评价。

一、美丽乡村产业发展规划的四项原则和九个要素

1. 美丽乡村产业发展规划的四项原则

（1）因地制宜原则。根据乡村资源禀赋，因地制宜编制村庄规划，注重传统文化保护和传承，维护乡村风貌，突出地域特色。村庄规模较大、情况较复杂时，宜编制产业经济可行性村庄整治等专项规划。历史文化名村和传统村落，应编制历史文化名村保护规划和传统村落保护发展规划。

（2）村民参与原则。乡村产业发展规划编制，一是应深入农户实地调查，充分征求意见，并宣讲规划意图和规划内容。二是应经村民会议或村民代表会议讨论通过，规划总平面图及相关内容应在村庄显著位置公示，经批准后公布、实施。

（3）合理布局原则。乡村产业规划，一应符合土地利用总体规划，产业基础和资源条件，做好与镇域规划、经济社会发展规划和各项专业规划的协调衔接，科学区分生产、生活区域，功能布局合理、安全、宜居、美观、和谐，配套完善。二应结合地形地貌、山体、水系等自然环境条件，科学布局，处理好山形、水体、道路、建筑的关系。

（4）节约用地原则。村庄规划一应科学、合理、统筹配置土地，依法使用土地，不得占用基本农田，慎用山坡地。二应公共活动场所的规划与布局，应充分利用闲置土地、现有建筑及设施。

2. 美丽乡村产业发展规划的九个要素

一是要以需求和问题为导向，综合评价村庄的发展条件，提出村庄建设与治理、产业发展和村庄

管理的总体要求。

二是要统筹村民建房、村庄整治改造，并进行规划设计，包含建筑物平面改造和立面整饰。

三是要确定村民活动、文体教育、医疗卫生、社会福利等公共服务和管理设施的用地布局和建设要求。

四是要确定村域道路、供水、排水、供电、通信等各项基础设施配置和建设要求，包括布局、管线走向、铺设方式等。

五是要确定农业产业及其他产业生产经营设施用地。

六是要确定生态环境保护目标、要求和措施，确定垃圾、污水收集处理设施和公厕等环境卫生设施的配置和建设要求。

七是要确定村庄防灾减灾的要求，做好村级避灾场所建设规划；对处于山体滑坡、崩塌、地陷、地裂、泥石流、山洪冲沟等地质隐患地段的农村居民点，应经相关程序确定搬迁方案。

八是要确定村庄传统民居、历史建筑物与构筑物、古树名木等人文景观的保护与利用措施。

九是规划图文表达应简明扼要、平实直观。

二、乡村产业发展三个建设标准

1. 基本建筑建设标准

乡村产业发展基本建筑建设应按规划执行；新建、改建、扩建住房与建筑物整治应符合建筑卫生、安全要求，注重与环境协调，宜选择具有乡村特色和地域风格的建筑图样；倡导建设绿色农房；保持和延续传统格局和历史风貌，维护历史文化遗产的完整性、真实性、延续性和原始性；整治影响景观的棚舍、残破或倒塌的墙体，清除临时搭建，美化影响村庄空间外观视觉的外墙、屋顶、窗户、栏杆等，规范太阳能热水器、屋顶空调等设施的安装；逐步实施危旧房的改造、整治。

2. 生活设施建设标准

道路的标准是：村主干道建设应进出畅通、路面硬化率达100%；村内道路应以现有道路为基础，顺应现有村庄格局，尽量保留原始形态走向，就地取材；村主干道应按照GB 5768.1和GB 568.2的要求设置道路交通标志，村口应设村民标识；历史文化名村、传统村落、特色景观、旅游景点应设置指示牌；利用道路周边、空余场地，适当规划公共停车场（泊位）。桥梁的标准是：安全美观，与周围环境相协调，体现地域风格，提倡使用本地天然材料；保护古桥，维护、改造可采用加固基础、新铺桥面、增加护栏等措施，并设置安全设施和警示标志。饮水的标准是：应根据村庄分布特点、生活水平和区域水资源等条件，合理确定用水量指标、供水水源和水压要求；应加强水源地保护、保障农村饮水安全，生活饮用水的水质应符合GB 5749的要求。供电的标准是：农村电力网建设与改造的规划设计应符合DL/T 5118的要求，电压等级应符合GB/T 156的要求，供电应能满足村民基本生产、生活需要；电线杆应排列整齐，安全美观，无私拉乱接电线、电缆现象；合理配置照明路灯，宜使用节能灯具。通信的标准是：广播、电视、电话、网络、邮政、快递等公共通信服务设施齐全、信号通畅，线路架设规范、安全有序；有条件的村庄可采用管道地下铺设。

3. 农业产业设施建设标准

要结合实际开展土地整治和生态保护；适合高标准农田建设的重点区域，按GB/T 30600的要求进行规范建设。开展农田水利设施治理建设；防洪、排涝和灌溉保证率等达到GB 50201和GB 50288的要求；注重抗旱、防风等防灾基础设施的建设和配备。要结合产业发展配备先进、适用的现代化农业产业生产设施，引入现代通信、“物联网”等高科技元素。

三、乡村产业发展要符合生态环境建设四个方面要求

1. 环境质量方面

一是大气、声、土壤环境质量应分别达到GB 3095、GB 3096、GB 5618中，与当地环境功能区，相对应的要求。二是村域内主要河流、湖泊、水库等地表水体水质，沿海村庄的近岸海域海水水质，应分别达到GB 3838、GB 3097中。与当地环境功能区相对应的要求。

2. 污染防治方面

一是农业污染防治，推广植物病虫害统防统治，采用农业、物理、生物、化学等综合防治措施，不得使用明令禁止的高毒高残留农药，按照GB 4285、GB/T 8321的要求合理使用农药。推广测土配方施肥技术，施用有机肥、缓释肥；肥料施用符合NY/T 486的要求。农业固体废物污染控制和资源综合利用，可按HI 588的要求进行；农药瓶、废弃塑料薄膜、育秧盘等农业生产废弃物及时处理；农膜回收率≥80%；农作物秸秆综合利用率≥70%。畜禽养殖场（小区）污染物排放应符合GB 18596的要求，畜禽粪便综合利用率≥80%；病死畜禽无害化处理率达100%；水产养殖废水应达标排放。二是工业污染防治，村域内工业企业生产过程中产生的废水、废气、噪声、固体废物等污染物达标排放，工业污染源达标排放率达100%。三是生活污染防治，生活垃圾处理应建立生活垃圾收运处置体系，生活垃圾无害化处理率≥80%，应合理配置垃圾收集点、建筑垃圾堆放点、垃圾箱、垃圾清运工具等，并保持干净整洁、不破损、不外溢，推行生活垃圾分类处理和资源化利用；垃圾应及时清运，防止二次污染。生活污水处理应以粪污分流、雨污分流为原则，综合人口分布、污水水量、经济发展水平、环境特点、气候条件、地理状况，以及现有的排水体制、排水管网等确定生活污水收集模式，应根据村落和农户的分布，可采用集中处理或分散处理，或集中与分散处理相结合的方式，建设污水处理系统并定期维护，生活污水处理农户覆盖率≥70%。清洁能源应科学使用，并逐步减少木、草、秸秆、竹等传统燃料的直接使用，推广使用电能、太阳能、风能、沼气、天然气等清洁能源，使用清洁能源的农户数比例≥70%。

3. 生态保护与治理方面

对村庄山体、森林、湿地、水体、植被等自然资源进行生态保育，保持原生态自然环境。开展水土流失综合治理，治理技术按GB/T 16459的要求执行；防止人为破坏造成新的水土流失。开展荒漠化治理，实施退耕还林还草，规范采沙、取水、取土、取石行为。按GB 50445的要求对村庄内坑塘、河道进行整治，保持水质清洁和水流通畅，保护原生植被。岸边宜种植适生植物，绿化配置合理、养护到位。改善土壤环境，提高农田质量，对污染土壤按HJ 25.4的要求进行修复。实施增殖放流和水产养殖生态环境修复。外来物种引种应符合相关规定，防止外来生物入侵。

4. 村容整治方面

第一村容维护。一是村域内不应有露天焚烧垃圾和秸秆现象，水体清洁、无黑臭异味。二是道路路面平整，无坑洼、积水等现象；道路及路边、河道岸坡、绿化带、花坛、公共活动场地等可视范围内，无明显垃圾。三是房前屋后整洁，无污水溢流，无散落垃圾；建材、柴火等生产、生活用品集中有序存放。四是按规划在公共通道两侧，划定一定范围的公用空间红线，不得违章占道和占用红线。五是宣传栏、广告牌等设置规范，整洁有序；村庄内无乱贴乱画乱刻现象。六是划定畜禽养殖区域，人畜分离；农家庭院畜禽圈养，保持圈舍卫生，不影响周边生活环境。七是规范殡葬管理，尊重少数民族的丧葬习俗，倡导生态安葬。

第二环境绿化。一要村庄绿化宜采用本地果树、林木、花草品种，兼顾生态、经济和景观效果，与当地的地形地貌相协调；林草覆盖率山区≥80%，丘陵≥50%，平原≥20%。二要庭院、屋顶和围墙提倡立体绿化和美化，适度发展庭院经济。三要古树名木采取设置围护栏或砌石等方法进行保护，

并设标志牌。

第三厕所改造。一是实施农村户用厕所改造，户用卫生厕所普及率≥80%，卫生应符合GB 19379的要求。二是合理配置村庄内卫生公厕，不应低于1座/600户，按GB 7959的要求，进行粪便无害化处理；卫生公厕有冲水设施，有专人管理，定期进行卫生消毒，保持干净整洁。三是村内无露天粪坑和简易茅厕。

第四病媒生物综合防治。要按照GB/T 27774的要求，组织进行鼠、蝇、蚊、蟑螂等病媒生物综合防治。

四、美丽乡村产业经济发展基本结构布局和一二三产业融合发展

1. 美丽乡村产业经济发展基本结构布局要合理

一是制定产业发展规划，三种产业结构合理、融合发展，注重培育惠及面广、效益高、有特色的主导产业。

二是创新产业发展模式，培育特色村、专业村，带动经济发展，促进农民增收致富。

三是村级集体经济有稳定收入来源，能够满足开展村务活动和自身发展的需要。

2. 美丽乡村产业经济发展基本业态要一二三产业融合

首先是第一产业，农业产业。发展种养大户、家庭农场、农民专业合作社等新型经营主体。发展现代农业，积极推广适合当地农业生产的新品种、新技术、新机具及新种养模式，促进农业科技成果转化；鼓励精细化、集约化、标准化生产，培育农业产业特色品牌。发展现代林业，提倡种植高效生态的特色经济林果和花卉苗木；推广先进适用的林下经济模式，促进集约化、生态化生产。发展现代畜牧业，推广畜禽生态化、规模化养殖。沿海或水资源丰富的村庄发展现代渔业，推广生态养殖、水产良种和渔业科技，落实休渔制度，促进捕捞业可持续发展。

第二是第二产业，加工产业。结合产业发展规划，发展农副产品加工、林产品加工、手工制作等产业，提高农产品的附加值。引导加工业、物流业等经营主体进入产业园区，防止化工、印染、电镀等高污染、高能耗、高排放企业向农村转移。

第三是第三产业，服务业。依托乡村自然资源、人文禀赋、乡土风情及产业特色，发展形式多样、特色鲜明的乡村传统文化、餐饮、旅游休闲产业，配备适当的基础设施。发展家政、商贸、美容美发、养老托幼等生活性服务业。鼓励发展农技推广、动植物疫病防控、农资供应、农业信息化、农业机械化、农产品流通、农业金融、保险服务等农业社会化服务业。同时，加快信息化产业发展步伐，电子商务、“物联网”等引进和推广。

五、发展美丽乡村公共服务业

在医疗卫生、公共教育、文体活动和社会保障、劳动就业、公共安全和便民服务7个方面齐全到位。各自评价标准分别叙述如下。

1. 医疗卫生方面

建有符合国家相关规定、建筑面积≥60m^{2}的村卫生室；人口较少的村可合并设立，社区卫生服务中心或乡镇卫生院所在地的村可不设。建立统一、规范的村民健康档案，提供计划免疫、传染病防治及儿童、孕产妇、老年人保健等基本公共卫生服务。

2. 公共教育方面

村庄幼儿园和中小学建设，应符合教育部门布点规划要求。村庄幼儿园、中小学学校建设应分别符合GB/T 29315、建标109的要求，并符合国家卫生标准与安全标准。普及学前教育和九年义务教育。学前一年入园率≥85%；九年义务教育目标人群覆盖率达100%，巩固率≥93%。通过宣传栏、广

播等渠道加强村民普法、科普宣传教育。

3. 文体活动方面

文化体育的基础设施建设，具有娱乐、广播、阅读、科普等功能的文化活动场所。建设篮球场、乒乓球台等体育活动设施。少数民族村，能提供本民族语言文字出版的书刊、电子音像制品。定期组织开展民俗文化活动、文艺演出、演讲展览、电影放映、体育比赛等群众性文化活动。文化保护与传承，即发掘古村落、古建筑、古文物等乡村物质文化，进行整修和保护。收集民间民族表演艺术、传统戏剧和曲艺、传统手工技艺、传统医药、民族服饰、民俗活动、农业文化、口头语言等乡村非物质文化，进行传承和保护。历史文化遗存村庄，应挖掘并宣传古民俗风情、历史沿革、典故传说、名人文化、祖训家规等乡村特色文化。建立乡村传统文化管护制度，编制历史文化遗存资源名单，落实管护责任单位和责任人，形成传统文化保护与传承体系。

4. 社会保障方面

村民普遍享有城乡居民基本养老保险，基本实现全覆盖。鼓励建设农村养老机构、老人日托中心、居家养老照料中心等，实现农村基本养老服务。家庭经济困难，且生活难以自理的失能、半失能65岁及以上村民，基本养老服务补贴覆盖率≥50%。农村五保供养目标人群覆盖率达100%，集中供养能力≥50%。村民享有城乡居民基本医疗保险参保率≥90%。被征地村民按相关规定享有相应的社会保障。

5. 劳动就业方面

加强村民的素质教育和技能培训，培养新型职业农民。协助开展劳动关系协调、劳动人事争议调解、维权等权益保护活动。收集并发布就业信息，提供就业政策咨询、职业指导和职业介绍等服务；为就业困难人员、零就业家庭和残疾人提供就业援助。

6. 公共安全方面

根据不同自然灾害类型建立相应防灾和避灾场所，并按有关要求管理。制订和完善自然灾害救助应急预案，组织应急演练。农村消防安全符合GB 50039的要求，农村用电安全符合DL 493的要求。有健全的治安管理制度，配齐村级综治管理人员，应急响应迅速有效，有条件的可在人口集中居住区和重要地段安装社会治安动态视频监控系统。

7. 便民服务方面

建有综合服务功能的村便民服务机构，提供代办、计划生育、信访接待等服务，每一事项应编制服务指南，推行标准化服务。村庄有客运站点，村民出行方便。按照生产、生活需求，建立商贸服务网点，鼓励有条件地区，推行电子商务。

六、乡风文明有作为

有常态性组织开展爱国主义、精神文明、社会主义核心价值观、道德、法治、刑事政策等宣传教育。制定并实施村规民约，倡导崇善向上、勤劳致富、邻里和睦、尊老爱幼、诚信友善等文明乡风。开展移风易俗活动，引导村民摒弃陋习，培养健康、文明、生态的生活方式和行为习惯。

七、基层组织规范达标

一是组织建设应依法设立村级基层建设，包括村党组织、村民委员会、村务监督机构、村集体经济组织、村民兵连及其他民间组织。二是工作要求必须遵循民主决策、民主管理、民主选举、民主监督。必须制定村民自治章程、村民议事规则、村务公开、重大事项决策、财务管理等制度，并有效实施。必须具备协调解决纠纷和应急的能力。必须建立并规范各项工作的档案记录。

八、长效管理机制建立健全

具体体现是公众参与情况。通过健全村民自治机制等方式，保障村民参与建设和日常监督管理，充分发挥村民主体作用。村民可通过村务公开栏、网络、广播、电视等收集信息，了解美丽乡村建设动态、农事、村务、旅游、商务、防控、民生等信息，参与并监督美丽乡村建设。鼓励开展第三方村民满意度调查，及时公开调查结果。保障与监督情况。建立健全村庄建设、运行管理、服务等制度，落实资金保障措施，明确责任主体、实施主体，鼓励有条件的村庄，采用市场化运作模式。建立并实施公共卫生保洁、园林绿化养护、基础设施维护等管护机制，配备与村级人口相适应的管护人员，比例不低于常住人口的2‰。综合运用检查、考核、奖惩等方式，对美丽乡村的建设与运行实施动态监督和管理。

第五节　美丽乡村产业经营模式

一、国外乡村产业发展趋势与启示

（1）美国。乡村发展模式，主要是城市化带动农村产业发展。对于一个移民工业化国家，如果要解决农村问题，最佳方式就是选择以城市化带动农村发展。借助工业化的发展，利用扩散效应带动城市周边的农村发展。同时，统一规划建设国内城乡道路、水利设施、能源设施等一系列城乡公用的基础设施。在20世纪90年代，美国已经建成了全国高速公路网络和铁路网络，高速公路路面宽度及快速铁路里程，都体现出高度的现代化，在国内河流上修建水电，用以满足全国用电需求，政府发挥服务职能，通过融资的方式，完成各项基础设施的建设，乡村拥有了与城市一样的基础设施条件，对于促进城乡一体化快速发展意义重大。

（2）日本。第二次世界大战后主要依靠农协来组织和推动农村产业发展。农协是一种中介组织，主要包括农业生产专业技术协会、农产品经销协会，农协主要为组织内成员，提供农业生产技术服务、农产品供销信息服务和农村资金信贷等服务，协助成员解决农业生产经营过程所遇到的困难。通过这种形式，农协内部成员之间逐步建立起一种良好的合作、互助、信任关系，进而促进农协组织健康发展。同时，日本政府在一定程度上，支持农协组织开展各种农业服务活动，并制定相应法律、法规保护农协组织的合法权益，促进农村产业不断发展。在农业生产和农业贸易过程中，政府给予农民自主生产、自主经营、自主受益的权利。可见，日本乡村产业的发展，政府既不干预农民经营，也不为农民提供资金，而是靠农协实现乡村的持续发展。

（3）韩国。20世纪70年代初，以政府投入促进农业产业发展。推行新村运动，整个“新村运动”由政府组织，直接参与并投入大量的资源支持新村运动。在整个运动中，政府首先确定一些开发项目，然后在征求民意后，按轻重缓急的次序开展实施，在实施过程中，政府提供物资支持。韩国的新村运动，以提高农业产业发展和农民生活质量为出发点，先易后难逐步推进乡村建设。经过多年的发展，目前韩国的乡村人均收入达到约1.4万美元，城乡居民在收入上基本持平，农业产业得到快速发展，农村的物质生活条件得到改善，实现了城乡经济协调一体化发展。韩国的新村运动，重在推动农村基础设施的建设，和产业水平的提升，成为推动韩国城乡协调发展的主要动力。

（4）欧洲国家。在乡村产业发展方面依靠资源禀赋，注重回归自然。德国在乡村产业发展最大特点是：把城市或近邻区之间的农地规划成小地块出租给市民，让市民体会亲自耕种、亲自采摘的感觉，还把农庄建在森林区，为市民提供休闲旅游的场所。英国的乡村产业发展特点，同样注重让市民去亲身体验田园生活，促使农业旅游产业的发展。法国的乡村产业发展，注重艺术元素的融入，例如普罗旺斯从蒙顿梓檬节一直延续到亚维农艺术节，每个月份都会组织开展不同的艺术活动，让每个来此体验的游客离开时，都会有一种流连忘返的感觉，使农村成为艺术交流的场所，让市民在这里享受宁静美好的艺术韵味。

（5）国外乡村产业发展经验及警示。通过对美国、日本、韩国、欧洲国家等地区的乡村产业发展模式实践分析，可以看出，国外的乡村产业发展主要是靠政府带动，或社会组织推动的方式，政府发挥了乡村产业建设中的服务职能。同时，依靠当地农村自身力量，壮大了村庄自主参与的能力，对村庄后续经营十分有利，从而实现了城乡一体化融合发展。

因此，我国在美丽乡村产业发展中，应积极发挥政府的服务职能，为乡村产业的进一步提升，提供政策上和物资上的援助，鼓励村庄自身积极参与到产业发展和乡村建设中。乡村产业的发展达到一定水平后，城市居民及农村居民在生活要求逐步提高的基础上，又对人居环境提出更高的要求。如德国、英国、法国的乡村发展，这三个欧洲国家美丽乡村建设体现出一个共性，就是乡村的建设在为城市服务，无论是把乡村建设成为旅游地，还是把乡村建设成艺术天堂，都是为城市市民提供一个回归自然、亲临自然场所的体验。这种建设模式的优点有两个：第一，摆脱了乡村产业发展的单一性，使乡村建设不是单纯意义上的农业农村发展，建设的目的是解决高速城市化所带来的城市市民脱离乡村、脱离自然的心理需求，必然促使城市市民返璞归真、回归自然来感受乡村的自然气息，对于乡村产业的持续经营有良好的效果；第二，乡村产业建设，为城市市民需求而开展，无论物质层面还是精神层面，都会得到城市居民的大力支持。城市市民把乡村当做自己休闲、娱乐的后花园，城市市民的支持为乡村产业后续的建设及维护，提供了可持续发展的动能。另外，法国乡村产业建设中，突出艺术的重要性。启示可将我国传统艺术底蕴，融合到美丽乡村产业发展中。我国有着五千年的历史，传统底蕴深厚，不仅要注重当前经济的发展，也要注重传统历史文化的回顾，挖掘乡村历史文化遗产，做到历史底蕴与当前经济完美结合、相得益彰，从而建设出有文脉传承的美丽乡村。

国外的乡村产业建设，体现出乡村产业发展不仅是乡村农民生存的需求，而是包括市民在内的全民性共同发展的要求。乡村产业的建设，不能与城市的发展相互分离，而是解决城市化中市民物质和精神需求，更好为了城市发展服务。城市的发展又为促进乡村产业的建设增添新动能，真正做到了城市、乡村协调一体化共融发展。为我国开展美丽乡村产业建设，提供了可借鉴经验，是实现我国乡村产业“协调”发展的重要途径。由于不同地区在自然资源禀赋、社会经济发展水平、乡村产业发展特点及民俗文化传承等存在差异，因此，美丽乡村产业的建设应坚持因地制宜、分类指导的原则下，要因村施策、各有侧重、突出重点、整体推进。

二、中国美丽乡村产业经营模式

美丽乡村产业主导型模式分类及其特点

随着美丽乡村建设正在全国示范开展，乡村产业发展模式也向多样化、优型化、效益化发展。例如浙江背靠上海乡村旅游客源大市场，着力融合美丽乡村建设的治村、治水、治山，立足乡村资源，开发农业相关联产业。杭州坚持“深化联乡结村”的思路，以基础设施、特色产业等为重点，陆续开发了“临安美丽乡村示范区”“外桐坞艺术旅游第一村”“美丽余杭”等系列项目。嘉兴在美丽乡村建设中，依托当地浓厚的文化和产业特色，打造北、中、南三条精品旅游线路，取得显著成效。台州在美丽乡村建设中明确“四美三宜”的标准，对建设资金短缺、环境整治不完善、农家乐开发不合理等问题都采取相应对策进行解决。丽水加快村庄转型升级，加大清理河道、清洁乡村的“双清”工作，使美丽乡村建设优化、提升，营造出整洁的村庄旅游人居环境等。展示了浙江乡村产业的新业态、新动力、新主体蓬勃呈现，乡村产业经济活力再添异彩。

目前，依据美丽乡村在各地的建设要求和建设重点，主要可以分为五种乡村产业经营模式，即产业主导型模式、旅游主导型模式、生态主导型模式、文化主导型模式和环境主导型模式。具体模式的应用选择要视村庄特征而定。对于整个区域的美丽乡村建设，可针对区域内村庄的差异性，选择多种模式进行建设，一个村庄的产业建设也可以选择一种主导模式。同时，其他模式适合本村发展思路方法适当融合进来。总之，在建设中灵活把握，不断调整，才能取得实效。

（1）产业主导型模式。主要适用于在我国东部沿海地区，这些地区经济相对较发达，各种产业发展优势突出，中小型企业数量多，且发展基础好，地区产业化水平较高，乡镇、村庄产业发展格局鲜明，可实现农业生产聚集、农业规模经营。同时，农业产业链条不断延伸，产业带动效果明显。

（2）旅游主导型模式。适合发展乡村旅游的地区采用，该地区特色资源丰富、自然环境优美、住宿、餐饮、休闲娱乐等基础设施建设完备齐全、交通便捷通达性高，村域地理位置距离周边城市较近，非常适合休闲度假，发展乡村旅游业的潜力较大。

（3）生态主导型模式。主要适用于生态优美、环境污染少地区，该地区一般自然条件优越，水资源和森林资源丰富，拥有较为典型的乡村特色和优美的田园风光，生态环境优势明显。因此，把当地的生态优势转变为经济优势，是该地区开展美丽乡村建设的主要任务。生态优势转变为经济优势的最佳方式是发展生态旅游业。

（4）文化主导型模式。主要是利用当地浓厚的历史文化传承优势，该地区一般具有特殊人文景观，例如，古村落、古建筑、古民居、非物质文化遗产等。该地区开展美丽乡村建设，主要就是挖掘当地乡村文化资源、民俗文化资源以及非物质文化资源，激发当地文化展示和文化传承的潜力。

（5）环境主导型模式。主要适用于那些脏、乱、差等问题严重突出农村地区，该地区环境基础设施建设相对滞后，环境污染问题较为严重，加之当地农民群众对环境整治要求比较强烈，在这些地区开展美丽乡村建设，首先要改变农村整体面貌，为农民和游客提供相对舒适、整洁的居住环境，然后再考虑村庄后续的进一步提升建设。

三、美丽乡村典型产业模式案例分析

1. 美丽乡村典型产业主导型模式

以高淳产业模式为例。江苏省南京市高淳区美丽乡村建设以打造“长江之滨最美丽乡村”为目标，以“村强民富生活美、村容整洁环境美、村风文明和谐美”为主要建设内容。一是鼓励发展农村特色产业，达到村强民富生活美的目标。高淳县将“一村一品、一村一业、一村一景”定位为乡村产业发展思路，形成古村保护型、生态田园型、山水风光型、休闲旅游型等多特色、多形态的美丽乡村建设，基本上实现村庄公园化。同时，通过跨区域联合开发、整合土地资源、以股份制合作开发等方式，实施深加工联营、产供销共建、种养植一体等产业化项目；深入开展村企结对，建设一批高效农业、商贸服务业、特色旅游业项目，让农民就地就近创业就业。二是改善农村环境面貌，以“绿色、生态、人文、宜居”为基调，集中开展“靓村、清水、丰田、畅路、绿林”五位一体的美丽乡村建设。扎实开展动迁拆违治乱整破专项行动，城乡环境面貌得到优化。三是完善农村公共服务体系，深入推进农村社区服务中心和综合用房建设，健全以公共服务设施为主体、以专项服务设施为配套、以服务站点为补充的服务设施网络，加快农村通信、宽带覆盖和信息综合服务平台建设。开展形式多样的乡风文明创建活动，推动农民生活方式向科学、文明、健康方向持续提升。高淳区以“打造都市美丽乡村、建设居民幸福家园”为主轴，积极探索生态与产业、环境与民生互动并进绿色崛起、幸福赶超之路，实现环境保护与生态文明相得益彰、与转变方式相互促进、与建设幸福城市相互融合的美丽乡村建设，形成独特的美丽乡村产业模式。

湖州产业模式，以“美丽乡村、和谐民生”为特色品牌，通过实施产业发展等八大工程，湖州美丽乡村建设形成了“以科学促进发展，以市场激活发展，以合作带动发展，以统筹保障发展，以制度持续发展”的“五位一体”的发展模式，其目标是把湖州农村建设成科学规划布局美、创业增收生活美、村容整洁环境美、乡风文明素质美、管理民主和谐美的魅力农村、幸福农村、和美农村。湖州模式是“三集中三提高”，推动农村产业发展，根本目的是提升农民生活水平。

2. 美丽乡村产业旅游主导型模式

例一，江宁旅游产业模式。江宁区为南京近郊，探索大都市近郊区特色农村现代化之路。该区从2011年开始打造金花村（生态旅游村），通过1年多时间建设，五朵金花全面绽放，取得了良好的经济社会效益。2012年，五朵金花实现经营收入突破1亿元，农家乐经营户月收入约4万元，户均月利润约为1.5万元，并带动劳动力近千人就业，人均收入2.5万元，周村被评为中国最美乡村。江宁区结合区情实际，提出了“三化五美”的奋斗目标，即农民生活方式城市化、农业生产方式现代化、农村生态环境田园化；山青水碧生态美、科学规划形态美、乡风文明素质美、村强民富生活美、管理民主和谐美，把建设重点放在农村地区，通过加快推进土地综合整治、以现代农业和都市生态休闲旅游农业为主攻方向，以“核心产业集聚发展工程、公共服务完善并轨工程、生态环境改善巩固工程、土地综合整治利用工程、基础设施优化提升工程、农村综合改革深化工程、农村社会管理创新工程”等七大工程为抓手，推进美丽乡村产业建设。以江宁交建平台和街道为主，实现乡村间串珠成链、无缝对接。强化美丽乡村产业建设资金保障，整合涉农项目资金，集中向美丽乡村倾斜，涉农项目安排用于美丽乡村示范区和创建对象。除区街两级和村社区投资外，对一些重大基础设施和单体投资额较大的项目采取国企主导、街道配合的建设路径，鼓励街道吸引社会资本进入，适合农民自主建设项目，积极引导农民参与建设。目前，示范区道路框架全部成形，重点景观节点建设逐步推进，黄龙岘、大塘金、大福村等生态旅游村及特色村建设初具雏形。

江宁区美丽乡村产业建设的主要特色是积极鼓励交建集团等国企参与美丽乡村建设，以市场化机制开发乡村生态资源，吸引社会资本打造乡村生态休闲旅游，形成都市休闲型美丽乡村建设模式。

例二，成都锦江区三圣花乡都市休闲旅游产业模式。成都市三圣花乡的江家堰村、驸马村、幸福村、红砂村、万福村五个村庄在美丽乡村建设中，五村共建，加强村域关联性，是当地美丽乡村建设的典范，锦江区以“三进四化三不失”的发展思路，依托三圣花乡毗邻大城市的地缘优势，将文化因素和产业因素贯穿于村庄的建设中，因地制宜，创造性地打造出“江家堰村——江家菜地、谢马村——东篱菊园、幸福村——幸福梅林、红砂村——花乡农居、万福村——荷塘月色”这“五朵金花”乡村产业休闲旅游群。

3. 美丽乡村典型生态主导型模式

安吉县报福镇石岭村是美丽乡村建设典型生态主导型产业模式的成功例子。2003年安吉正式提出建设生态县，明确了因地制宜、扬长避短、错位发展、走有安吉特色的发展思路，提出“大力扶持发展生态工业”“加快发展生态农业”“着力培育生态旅游”“加快建设生态城镇”四大任务。报福镇提出“经营山水村镇、打造休闲报福”的“生态立镇”目标，全镇打“生态牌”，向生态环境要效益。石岭村结合村地理位置、土地资源、道路设施等实际，经过连续几年的努力，培育生态公益林20 117亩，小竹山抚育200亩，逐渐恢复了山上的植被系统；基于石岭经济林主要为竹林的现实，从生物多样性角度出发，村决定不再扩大竹林面积，重点进行低产竹林改造，同时加快发展山核桃、小笋干、茶叶等土特产等林下经济。制定“深挖传统林业潜力，大力发展生态旅游”的村庄规划，高效利用林业资源，将着眼点集中放在发展乡村生态旅游产业上。我国的乡村旅游“农家乐”始于20世纪80年代，“农家乐”贵在“农”，就是乡村地区独具特色的生活方式和民俗文化。目前，已形成以“住农家屋、吃农家饭、干农家活、享农家乐”为内容的民俗风情旅游、以收获农产品为主的务农采摘旅游、以民间传统节庆活动为内容的乡村节庆旅游三种类型。报福镇石岭村作为浙江省农家乐的发祥地之一，为了满足游客的民俗体验需求，村民利用传统的农业生产方式和农技工艺如推磨、踏水库、舂年糕、剪窗花等，让游客亲身参与其中，融休闲、健康、怀旧、审美、娱乐和美食于一体，使得石岭村乡村生态旅游渐成气候，吸引天南海北的游客慕名而至。石岭村乡村旅游的道路越走越敞亮。目前石岭村山地森林覆盖率达99%，初步实现了集旅游观光、休闲度假、科普教育为一体的生态旅游村建设目标。从2002年起创办首家“农家乐”，第二年增加到10多家，到目前为止已发展到43

家，床位1 300余张，2011年接待游客超过10万人，形成了一条集餐饮、住宿、观光、娱乐、特色产品营销等环节于一体的产业链。2006年，石岭村获得了省级农家乐示范村。现报福镇农产品品种十分丰富，年产冬笋380万t，产笋干100万t，山核桃年产量约90t，白茶年产量约60t，每年还有5万羽报福土鸡出栏、5万羽肉鸽上市，还有芝麻浇切片、竹工艺品、报福手工刀具等特产，这些特色农产品每年约产生2 000万元的产值。为推销报福镇的“土特产”让更多的山农获益，报福镇乡村旅游休闲服务公司成功注册“报福农家”作为报福镇农产品的“母品牌”。安吉县竹产业产品涉及板材、编织、竹纤维、工艺品、医药食品、生物制品、竹工机械等八大系列3 000余个品种。产品销往港台、东南亚、欧美等30多个国家和地区。竹材深加工业产值从1996年的7.1亿元，发展到近年的135亿元；竹加工量由1 500万株，增加到1.5亿株，增长了10倍，年加工值居全国十大竹乡榜首。走出了一条“生态”“高效”“节能”“低碳”“循环”的乡村产业持续发展道路。

4. 美丽乡村典型文化主导型模式

永嘉文化产业模式。永嘉县以“环境综合整治、产业转型升级、文化旅游开发、机制体制创新”为主要内容开展美丽乡村产业建设。以产业转型升级支撑美丽乡村产业建设。以都市农业理念引领农业业态转型升级，大力发展生态农业、效益农业、休闲农业、观光农业、体验农业等“六次产业”，实现农业功能多元化和农业现代化。同时，着力提升旅游产业品质，引导农户保护景区和利用旅游资源，尤其是古村落保护和利用，围绕“吃住行游购娱”需求，引导发展民宿业，延伸旅游产业链，强化旅游服务，丰富旅游产品，提升旅游收入。

以文化旅游基因，植入美丽乡村建设，永嘉的文化就是温州的文化，许多冠以永嘉名字的文化，其实都是温州文化。永嘉也就承担了温州文化建设的相当部分责任。目前，永嘉县正筹备年申报世界双遗产，将为楠溪江文旅融合实现跨越发展。搭建文旅产业平台，打造楠溪江文化园。把楠溪江文化创意园建设成集古村落保护、非物质文化资源传承、二代产业创意研究等为一体的“文化创意产业园”。永嘉县通过以生态旅游开发为主线，扎实推进农村产业发展，精心打造美丽乡村生态旅游，加快农村产业发展。永嘉县美丽乡村建设的主要特点是通过人文资源开发，促进城乡要素自由流动，实现城乡资源、人口和土地的最优化配置和利用。

5. 美丽乡村典型环境主导型模式

例一，衢州模式，四级联创衢州市在美丽乡村建设，特别是在村庄整治方面形成了独特的“衢州模式”——“四级联创”。实施这一模式有利于调动各级干部积极性，发挥农民群众的主体作用，形成上下联动推进的互动氛围，彰显衢州“浙江绿源”的生态特色，促进农民收入的持续增长。在村庄整治和农房改造建设方面，衢州以改善农村基础设施为重点，以推进中心村建设为平台，以实施农村清洁工程为基础，以提高农民文明素质为根本，积极改进方式、提升品位、推进后续管理和强化动力支持。

例二，临安模式，绿色家园、富丽山村。临安市在美丽乡村生态建设实践中，形成了独特的模式。这一模式兼顾了农村从生产到生活、从基础设施到文化文明、从生态保护到社会管理等各方面的需求，其建设目标是通过十年的努力，逐步把临安市农村建设成生态环境优美、村风民风和谐、产业模式多样、社会保障健全、乡土文化深厚、农民生活安康的美好家园。按照“村点出彩、串点成线、板块打造、面上洁净”的思路，设计了“整治村”“特色村”“精品村”三种类型，逐渐建设成了环境优美、经济富裕、内涵丰富、领先全国的“美丽乡村”品牌。

例三，宁国模式，五位一体。安徽省宁国市从2010年起在全省率先启动“美丽和谐乡村建设”工作，在“大生态、大循环、大和谐”的科学理念指导下，形成了经济高效、环境优美、文化开放、政治协同、社会和谐“五位一体”美丽乡村建设“宁国模式”。这一模式具有把握生态文明主线、坚持因地制宜原则、引导社会力量参入、创新农村社会管理和服务四个重要的实践特色，建设类型包括自然山水生产发展型、城郊结合生活富裕型、依托重大项目安置型、试点改革整村推进型、功能拓展文化旅游型和创意农业生态观光型六类。而农业部农村发展中心，则把宁国市美丽和谐乡村建设的主要类型概括为景区带动型、旧村改造型、项目支撑型、生态依托型和城郊结合型五类。

四、美丽乡村典型模式的经验启示

从国内外美丽乡村典型模式经验中获得三个启示。

一是美丽乡村建设必须走城乡一体化的道路，采取一二三产业统筹发展的模式，统一规划，全面推进，统筹发展。“三农”问题的解决，并非只有依靠工业化和城市化。从“安吉模式”我们可以看到，安吉通过开发内源改变了农业弱质本性，使农民可不离开自己的故土，也能做到安居乐业，生活在清新的自然风光中，享受着城市的现代文明，这不能不说是一种具有创新意义的“三农”解决方案。

二是美丽乡村建设没有统一的模式可循，但必须有统一的发展思路。每个地方都有自己不同的区位条件、地缘优势、产业优势，应该准确定位，科学决策，选择符合自身特点的发展道路。农业资源可以转化为农业资本，山区的生态、环境和文化作为重要的乡村资源，同样可以转化为资本。只有着力拓展生态、文化的功能，向休闲、观光、旅游、环保等方面转移，才能实现农村的良性循环，才能拓展农业的多功能性。永嘉县的实践告诉我们，山区县的资源在山水，潜力在山水，山区县的发展完全可以摒弃常规模式，走出一条通过优化生态环境，带动乡村产业经济发展的全新道路。

三是美丽乡村建设必须统筹经济和社会的全面发展，包含环境建设、节能减排、传承农耕文化、发展休闲农业等丰富内容。农民幸福感并不一定与经济增长成正比，在人们解决了温饱问题，生活水平达到小康后，生产环境和生活环境是影响人们幸福感的直接因素，他们需要绿色、务实，农民收入与财政收入的增长并无必然关联，富民与强县并非完全是同一个概念。

第六节　美丽乡村产业发展制约因素及面临挑战

一、美丽乡村产业发展面临的问题

目前的美丽乡村产业发展还面临一些困难和问题，需要引起各级主管部门重视，并在实践中积极探索解决方法和路径。

1.认识不到位，目标不明确

美丽乡村产业是补齐农村发展短板，促进农村社会经济可持续发展的重要支撑和内在动力。由于对美丽乡村建设认识不够，不同层级政府和不同职能部门，在具体实施或参与美丽乡村建设时，所表现出的积极性和行动力必然不同，难以形成建设合力，达成整体联动、资源整合、社会共同参与的建设格局。对于美丽乡村建设，不能仅仅停留在“搞搞清洁卫生，改善农村环境”的低层次认识上，更不能形成错误观念，认为只是给农村“涂脂抹粉”、展示给外人看。而应该提升到新常态下，如何建立新机制、输入新动能、培育新主体、发展新业态，使乡村产业发展焕发新的生机和活力，推进生态文明建设，加快美丽乡村建设、促进城乡一体化发展的高度。

第一，开展美丽乡村建设，是实现全面建成小康社会目标的需要；是推进生态文明建设、实现“三农”永续发展的需要；是强化农业基础、推进农业现代化的需要；是优化公共资源配置、推动城乡发展一体化的需要。即使将来城镇化达到70%以上，还有四五亿人在农村。农村绝不能成为荒芜的农村、留守的农村、记忆中的故园。城镇化要发展，农业现代化和新农村建设也要发展，同步发展才能相得益彰，要推进城乡一体化发展。“小康不小康，关键看老乡”，美丽乡村建设就是要补齐乡村产业发展滞后的短板。

第二，建设美丽乡村，是亿万农民的中国梦，是作为落实生态文明建设的重要举措，和在农村地区建设美丽中国的具体行动，没有美丽乡村就没有美丽中国。可以说，开展美丽乡村建设，是落实国家发展战略，贯彻“五大”发展理念，符合我国城乡社会发展规律，符合我国农业农村实际，符合农民期盼，意义极为重大。

2. 参与部门多，组织协调难度较大

美丽乡村建设是一项系统工程，产业发展是核心，需要主管部门以及社会力量参与。但在具体实施中，由于缺乏统一的组织协调机构，美丽乡村建设往往缺乏顶层设计和统一的政策指导。浙江安吉县美丽乡村建设行动早，探索积累了一套比较成熟的经验，值得各地借鉴。安吉县在美丽乡村建设中，明确了不同政府层级之间的职责定位，理顺各自责权关系。既避免不同层级间职权交叉，造成政府管理错位和越位，又避免权责出现“真空”，造成政府管理缺位，导致某些事项无人负责。县级政府主要负责美丽乡村总体规划、指标体系和相关制度规划建设，对美丽乡村建设的指导考核等工作；乡级政府负责全乡的统筹协调，指导建制村开展美丽乡村建设，并在资金、技术上给予支持，对村与村之间的衔接区域统一规划设计，并开展建设；建制村是美丽乡村建设的主体，负责美丽乡村的规划、建设等相关工作。同时，理顺部门之间的横向关系，对各部门的责任和任务进行量化细分。安吉县根据美丽乡村建设规划和任务，建立了美丽乡村考核指标和验收办法，将指标落实到部门，由部门制定指标内容和标准，并对该项建设负总责。同时，参与由美丽乡村建设办公室组织的考核验收，有效破解了“九龙治水水不治”的困局。

3. 重建设轻规划现象突出，项目建设规划和标准缺失

有些地方在美丽乡村建设试点中，注重硬件设施建设，但不注重美丽乡村产业发展的总体规划，和长期行动计划的科学制订，导致同质化建设严重、特色化建设不足，短期行为多、长远设计少，以及视野狭隘，缺乏全域一体化建设理念。安吉县等地之所以美丽乡村建设效果显著，与重视规划、引领建设不无关系。总结实践经验，做好美丽乡村建设规划，需要注意以下几点。

（1）美丽乡村建设规划做到统筹兼顾、城乡一体。编制美丽乡村规划要坚持“绿色、人文、智慧、集约”的规划理念，综合考虑农村山水走向、发展现状、人文历史和旅游开发等因素，结合城乡总体规划、产业发展规划、土地利用规划、基础设施规划和环境保护规划，做到“城乡一套图、整体一盘棋”。

（2）因地制宜做到规划。比如，按照“四美”标准（尊重自然美、侧重现代美、注重个性美、构建整体美），各乡镇根据各自特点，编制镇域规划，开展村庄风貌设计，着力体现一村一业、一村一品、一村一景，按照宜工则工、宜农则农、宜游则游、宜居则居、宜文则文的产业发展原则，将建制村分类规划，将建制村划分为加工特色村、高效农业村、休闲产业村、综合发展村和城市化建设村五类。

（3）尊重群众意愿。美丽乡村建设规划设计，按照“专家设计、公开征询、群众讨论”的办法，经过“五议两公开”程序（即村党支部提议、村两委商议、党员大会审议、村民代表会议决议、群众公开评议，书面决议公开、执行结果公开），确保村庄规划设计科学合理，达到群众满意。

（4）注重规划的可操作性。为了把规划蓝图落地变成美好现实，就必须把规划内容分解成定性定量的具体内容，转化成年度行动计划，细化为具体的实施项目。

（5）配套制订美丽乡村建设标准体系。为了更好地落实和执行美丽乡村建设规划，还必须研究制订美丽乡村建设标准体系。通过标准体系的配套实施，确保美丽乡村建设的质量和效益。

4. 政府唱独角戏，市场机制和社会力量的作用发挥不够

许多地方在进行美丽乡村建设时，没有积极探索引入市场机制、发挥社会力量作用，而是采取传统的行政动员、运动式方法，尽管一些设施（如垃圾处理、生活污水处理设施等）一时高标准建成

了，却难以维持长期运转，缺乏长效机制。尤其是，政府主导有余、农民参与不足普遍，农民主体地位和主体作用没有充分发挥，产业链没有很好建立，利益共享机制缺失，以致部分农民认为，美丽乡村建设是政府的事，养成“等靠要”思想。这就难免会出现美丽乡村建设“上热下冷”“外热内冷”的现象，甚至出现“干部热情高，农民冷眼瞧，农民不满意，干部不落好”的情况，其主要症结就在于农民积极性没有调动起来，农民主体作用没有发挥。

所以，美丽乡村建设要充分尊重广大农民的意愿，切实把决策权交给农民，让农民在美丽乡村建设中当主人、做主体、唱主角，培育新型职业农民、新业态经营主体、多渠道引资引智。乡村建设的主体发生了错位，建设主体不是生于斯长于斯的农民而是城里来的社会精英，不可避免地形成“乡村运动、农民不动”的悖论。

5.“软件”建设不同步，美丽乡村建设局限于物质建设和生态环境建设狭小范畴

美丽乡村建设不是“做盆景”“搞形象”，更不是“涂脂抹粉”。美丽乡村，要有“形象美”“内在美”，不能停留外在形态上，更要通过产业建设体现乡村特色。着力在农村产权制度改革、乡村社会治理机制创新上积极探索，增加农民资源、资产收入，农民不单是土地耕种者，而是农村资产的经营者和管理者，农民是一种职业。真正融入到农村经济建设、政治建设、文化建设、社会建设全过程，最终建成具有中国特色社会主义新农村。

二、美丽乡村产业建设面临的挑战

随着我国城镇化进程的加快，城乡二元矛盾日益突出，乡村发展动能减弱，产业发展面临诸多挑战。2014年全国两会政府工作报告中指出，城镇化是现代化的必由之路，是破除城乡二元结构的重要依托。推进以人为核心的新型城镇化、着重解决“三个1亿人”的问题，即促进约1亿农业转移人口落户城镇、改造约1亿人居住的城镇棚户区和城中村、引导约1亿人在中西部地区就近城镇化。

美丽乡村建设是新型城镇化的基础，推进美丽乡村建设，能带动投资、扩大消费、促进发展、造福农民群体，能最大限度地保护城镇和乡村的自然、历史和文化风貌。

新型城镇化建设过程中，破除“重城轻村”的观念，坚持城乡并举、统筹推进、协调发展。目前，我国美丽乡村产业发展，面临“四个难以为继”的难题：一是传统农业产业中资源高消耗、低产出、重污染的发展方式难以为继；二是二元结构体制下的城乡分离、人地分离的城乡关系难以为继；三是快速城镇化背景下重城轻乡、乡村发展缓慢，农村价值难以为继；四是土地非农化过程中低征高卖、失地农民及农民工城乡双漂的民生权益难以为继。具体呈现以下现实难题。

1. 农民是未来农业产业的经营者

我国城市建设用地的快速扩张，不仅导致人口膨胀、交通拥堵、环境恶化等为人熟知的“城市病”，也引发了村庄废弃化、“空心化”等严重的“乡村病”。

随着农村劳动力的大量转移，以及农业种植比较效益的下降，一是“谁来种地”是我国未来农业发展面临的严峻挑战。仅靠农业生产要素投入已没有出路，我国农业生产成本“地板”抬升、价格触顶“天花板”已是公认事实，靠高资源消耗、高成本的单一产业发展遭遇瓶颈，农民靠经营承包地已难以养家，传统农业产业必须适应供给侧改革的新要求，调结构、提质增效，走产业融合发展的道路。二是农业经营主体过快老弱化。我国农村青壮年劳力过速非农化，加剧了留守老人、留守妇女、留守儿童问题。“三留人口”难以支撑现代农业与新农村建设。有地老人耕、良田撂荒普遍。三是农业耕地质量下降。粗放经营，短期利益，简化耕作，重用轻养，耕地质量退化，制约农业产业可持续发展。四是农业面源污染日益严重，农产品质量安全忧患加重。大生产资料的高量投入和使用，养殖业废弃物排放不达标。农药、化肥、除草剂、养殖业抗生素等超量使用，农产品质量安全已成社会忧患。

2. 农村环境污染亟待治理

随着社会经济的转型、区域要素重组与产业重构，特别是乡村要素非农化带来的资源损耗、环境污染、人居环境质量恶化等问题日益凸显，绿水青山受到挑战，致使农村产业发展可持续性面临威胁。目前，农村点源污染与面源污染共存、生活污染与工业污染叠加、城市和工业污染加速向农村转移，农村环境保护基础薄弱。农村人居环境质量普遍较差，垃圾、污水处理问题亟待解决。据2010年《第一次全国污染源普查》，我国农村污染物排放量约占全国总量的50%，其中，COD、TN、TP排放量分别占43%、57%和67%。据测算，全国农村每年产生生活污水约90亿t，生活垃圾约2.8亿t，人粪约2.6亿t，其中大部分未经处理随意排放，导致村镇环境质量下降。2013年我国农村垃圾集中处理率仅占50.6%，近一半农村地区垃圾自然堆放，造成垃圾围村；农村污水处理率低，约88%的生活污水未经集中处理随意排放。农村地区化肥、农药的粗放低效利用，导致农业生产非点源污染严重。据2014年国家发布的《全国土壤污染状况调查公报》和《全国耕地质量等级情况公报》，全国土壤点位污染超标率达19.4%，耕地退化面积超过耕地总面积的40%；在区域上，我国南方土壤污染重于北方，长三角、珠三角和东北老工业基地等土壤污染问题较为突出；西南、中南地区土壤重金属超标范围大，镉、汞、砷、铅4种重金属含量呈现从西北向东南、从东北到西南方向逐渐升高的态势。这些问题严重威胁着广大群众的健康和社会的稳定，制约了乡村产业和农村经济社会的可持续发展。随着城镇化发展和产业结构转型，我国工业污染问题呈现由城市向农村、由局部向整个流域、由东部向中西部地区转移的趋势。如果农村环境污染得不到有效的治理，伴随地区性资源高消耗、环境重污染所造成的灾难和危害不断升级，特别是饮用水和食物的长期重度污染，“癌症村”悲剧可能还会发生。农村是社会和谐的基石，建设美丽乡村，践行生态文明，亟须推进农村环境污染综合治理、彻底改变农村环境整治的“三无”（无人管、无法管、无钱管）局面。

3. 农村基础设施亟须完善

美丽乡村建设不仅关注乡村环境，同时，要注重农村的产业发展、农民增收以及公共服务和基础设施保障。农村基础设施建设是发展现代农业产业体系、建设美丽乡村的重要物质基础。资金短缺是农村基础设施建设的重要制约因素。目前，我国中央和地方财政支农资金是农村基础设施建设的主要资金来源，存在资金投入不足、布局不合理等问题。农村基础设施建设区域差异明显，东部地区农村基础设施建设较为完善，而西部地区基础设施建设相对滞后。

农村基础设施建设滞后主要归因于以下几点。

（1）“重城轻乡、重工轻农”的发展模式。受城乡二元结构的影响，农村基础设施建设所获资金支持有限，农村公共产品供给程度属“自给自足型”，城乡基础设施差距悬殊。近年来，国家加大了对农村公共基础设施建设投入力度，但由于历史欠账较多、底子薄，当前农村公共基础设施供给能力尚不能满足美丽乡村建设的需要。

（2）投资体制不合理，投资渠道窄、建设资金不足。据统计，全社会人均固定资产投资额城镇是农村的6.89倍，财政预算内投资城乡差距超过10倍，农村基础设施建设面临严重的资金投入不足。

（3）管理机制不健全。由于大部分村镇建设缺乏统一规划和统筹协调，导致农村生活基础设施分散或重复建设，从而影响农村环境的有效治理。因此，完善农村基础设施，亟须建立城乡一体化的基础设施供给制度，建立自下而上决策机制，实现农村基础设施供给主体和资金渠道的多元化。

4. 古村落文化遗产保护与传承危机重重

在城镇化进程中，由于缺乏相关法律法规及管理不到位，城市扩张、乡村城市化辐射影响了众多传统村落、街区、旧街巷、古建筑，历史遗存面临危机。研究指出，2004年在长江、黄河流域颇具历史、民族、地域文化和建筑艺术研究价值的传统村落有9 707个，到2010年锐减至5 709个，平均每年递减7.3%，每天消亡1.6个。几千年源远流长的中国农耕文化的根在农村，传统村落的消失意味着中国传统农耕文化载体减失。传统古村落传承中华民族的历史记忆、生产、生活智慧、文化艺术结晶和民族地域特色，维系中华文明的根，寄托着中华儿女的乡愁。因此，如何在快速城镇化过程中守住乡愁、保护和传承非物质文化遗产，亦是美丽乡村建设亟待破解的难题。

5. 农民参与美丽乡村建设的积极性不高

中国小农经济的传统，导致农民在整村推进美丽乡村建设中积极性不高，因文化素质等原因，农民难于正确理解政府宏观调控和宣传，不易体会到自己是美丽乡村建设的受益者，可从美丽乡村的建设中真正得到实惠。即使政府采用各种方式积极引导，但是仍然无法短时间内彻底解决农民参与积极性不高的问题。

6. 美丽乡村产业发展动能不足

乡村产业发展的业态单一，产业链衔接不紧密，新型经营主体培育滞后，投资融资渠道不畅通，利益共享体制机制不健全，甚至缺乏，致使乡村产业开发的动能减退，需要外部输入与内部激活相结合。

7. 美丽乡村产业建设的规划力度不够

随着“美丽中国”概念的提出，美丽乡村建设逐渐成为建设美丽中国的一部分，不可能一蹴而就，不能为了追求所谓的政绩而一味强调建设的进度。致使部分村庄在建设完成后呈现村不像村、镇不像镇、城不像城的局面，没有以乡村文明传承为根，没有以产业发展为本，可持续发展的生命力不强。

8. 对村庄特色历史文化的保护意识不强

美丽乡村建设通常与旅游业联系在一起，为了吸引游客前来，部分乡村大肆盲目建设一些游乐设施、农家乐设施等旅游项目，而忽视乡村“灵魂”的挖掘追忆，血脉文明文化塑造。

9. 在试点示范中，存在认识问题有待厘清

一是试点的周期问题。美丽乡村建设作为全国性战略，试点的目的是进一步在全国范围内推广，因而试点周期不宜过长，有成效后，让其自身滚动发展。二是试点样本的代表性问题。美丽乡村建设要覆盖全国农村地区，所以试点样本必须具有代表性，不应直接指派或是依托项目、规划等变相指定。三是试点对象选择的公平性问题。在实践中，美丽乡村建设试点的选择，客观存在排斥经济落后村庄等问题，并偏好于社会主义新农村建设中，已经重点扶持的乡村。这不仅降低了财政投入的边际效益，而且使非试点村庄处于政策覆盖范围之外，不利于经济欠发达乡村的产业发展和脱贫致富。

第七节　美丽乡村产业发展的提升途径

具体的提升途径一要有正确思路，二要处理好六个方面的关系，三要有科学规划设计，四要有具体保障措施。

一、美丽乡村产业建设的推进思路

1. 做好美丽乡村产业建设的顶层设计

坚持系统性思维和顶层设计理念，把美丽乡村产业建设，纳入农村社会建设的整体框架，从农业部发布的美丽乡村建设标准可知，美丽乡村建设具有一定的前瞻性和发展性，蕴含现代农村产业建设的标准和理念。

当前，我国农业产业发展现状与美丽乡村建设要求尚有很大差距。韩国“新村运动”用了近20

年的时间才达到当时的现代化水平。我国是一个农业大国，面临的问题和挑战更为复杂。因此，必须把美丽乡村产业建设作为一项长期、系统的战略工程逐步推进，既要注重美丽乡村建设的阶段性，也要看到其长期性和艰巨性。一方面，坚持系统的思维和方法，把美丽乡村产业建设融入农村经济、社会、文化等各方面建设的全过程，从农民、农业和农村三位一体的战略高度整体推进；另一方面，立足长远，做好美丽乡村产业建设的顶层设计。宏观方面，运用技术路线图等现代工具，明确美丽乡村建设的阶段性目标和长远目标，整体把握美丽乡村建设的推进进程和技术路径；微观方面，进一步完善项目带动、规划推进等审批机制，改善美丽乡村产业建设的运行机制，在实践中构建一套运行高效、有约束力的美丽乡村建设制度。

2. 统筹兼顾试点先行与全面推进

推进美丽乡村建设由点到面转换，从方法论看，试点先行与全面推进是辩证统一的关系。试点先行是全面推进的基础和前提，全面推进是对试点先行的扩展和检验。只有试点先行没有全面推进，试点就失去了价值和意义。开展美丽乡村建设试点活动，就是通过试点的方法，总结美丽乡村产业建设经验和教训，探索适合我国各地实际的美丽乡村产业发展道路，确保经过试点，检验成果的可复制性，以指导全国美丽乡村产业发展，减少美丽乡村建设相关风险和浪费损失。

从试点先行到全面推进思路看，有两条可实现的路径：一是渐进式推进美丽乡村建设，遵循由点及线、面的顺序逻辑。在实践上坚持打造“精品”，并使试点成为美丽乡村建设的“常态”和“惯性”。其优点是减轻了地方的行政、资金等压力，缺点是过于注重美丽乡村建设的优先顺序，而损害农民利益。二是由点到面直接转换，强调美丽乡村建设的协同推进，注重美丽乡村建设福祉惠及农民。这符合试点先行与全面推进的逻辑关系。对此，需要动态跟踪和观察试点建设进程，及时总结试点样本的经验和教训，客观论证试点建设成果，科学提炼试点建设经验。

3. 理顺政府与农民的行为边界

政府是美丽乡村产业建设的重要引导者和推动者，也是政策和资金的重要提供者，但不等于政府可替代农民建设美丽乡村。农民是美丽乡村产业的实施者和经营者，也是产业经济发展受惠者。理论上，政府与农民之间存在一条严格的界限，决定了政府与农民的行为边界。只有边界清晰且合理才能形成巨大的合力，而界限模糊或有失公允性往往成为农村工作效果不佳的重要原因。

从动机看，美丽乡村产业建设战略的根本目的是给农民造福，是让农村成为安居乐业的幸福家园，这决定农民既是美丽乡村建设的受益者，也是美丽乡村建设的真正主体。

换言之，应动态界定政府与农民的行为边界。在美丽乡村建设初期阶段，农民参与建设面临要素短缺、能力不足等，所以，可适当压缩农民的行为边界，扩大政府的支持和扶持作用；随着美丽乡村产业建设的深入，乡村自我发展的能力不断提高，农民的主体地位逐渐确立，新的经营主体必须日渐成熟，即由外生型走向内生型。当然，美丽乡村建设的内生型道路，是不断“还农民建设美丽乡村之权，赋美丽乡村建设之能”的过程中演化博弈的结果。财政部发布的一事一议财政奖补试点的《通知》就是尊重和发挥农民主体作用、调动农民参与美丽乡村产业建设积极性的重要举措。

二、处理好美丽乡村产业建设六方面关系

美丽乡村建设涵盖了农村产业、生活、生态等内容，运用一事一议财政奖补政策平台推动美丽乡村建设，应以人为本、尊重农民主体地位，规划引导、突出地域特色，试点先行、重点突破，多元投入、整合资源，以县为主、统筹推进，改革创新、完善制度机制的原则要求，妥善处理好六个方面的关系。

1. 处理好政府主导与农民主体间关系

村庄不仅是农民的居住地，也是农民生产、生活的重要场所，农民是美丽乡村的主人。建设美

丽乡村，政府是主导，农民是主体，政府主要作用是编规划、给资金、建机制、搞服务，不能包办代替，不能千篇一律，不能强迫命令，更不能加重农民负担。要探索建立政府引导、专家论证、村民民主议事、上下结合的美丽乡村建设决策机制。美丽乡村建设不是给外人看的，而是要让产业得到充分开发，农民得实惠，给农民造福。美丽乡村建设不是“涂脂抹粉”。不仅成为城里人到乡村旅游休闲的快乐“驿站”，而且是建成广大农民赖以生存发展、创造幸福生活的美好家园。美丽乡村建设的最终目的是让本地农民提升幸福指数。评价美丽乡村建设的根本标准是增进农民民生福祉，产业生机勃勃，农民就业充分，让农民享受美丽乡村建设成果。因此，从规划、建设到管理、经营，自始至终都要建立农民民主参与机制，从而保障政府规划建设的美丽乡村和农民心目中想要的美丽乡村相统一，更不是显现政绩的形象工程。通过农民参与机制，切实让农民拥有知情权、参与权、决策权、监督权，共享美丽乡村建设的成果。

2. 处理好政府与市场、社会的关系

美丽乡村产业建设投入大，不能靠政府用重金打造“盆景”，不能靠财政资金大包大揽，否则不可持续，也无法复制推广。要发挥市场配置资源的基础性作用，以财政奖补资金为引导，鼓励吸引工商资本、银行信贷、民间资本和社会力量参与美丽乡村产业建设，解决投入需求与可能的矛盾。建立有效的引导激励机制，鼓励社会力量通过投资创业、创新创业、结对帮扶、捐资捐助、智力支持等多种方式，参与美丽乡村产业建设，形成“农民筹资筹劳、政府财政奖补、部门投入整合、集体经济补充、社会资本融资”的多元化投入格局。对美丽乡村建设中的一些具体项目（比如乡村垃圾的收集、运输和处理）的实施，要积极探索通过政府购买的方式，交由企业或市场去运作，形成长效运行机制。村庄公共服务业，也须发挥村民自治和社会组织的作用，大力培育和发展乡村社会组织，探索农民自我组织、自我维护、自我管理的社会民主治理机制，最终形成“政府引导、市场运作、社会参与”的美丽乡村产业建设新格局。

3. 处理好一事一议财政奖补与美丽乡村兴业的关系

美丽乡村建设要结合农村建设的规律，把一事一议财政奖补资金的基数部分用于改善农民的基本生产条件和人居环境，而将增量重点用于美丽乡村创新创业的引导和扶持，新业态的培育，产业经营融合体的扶持，农民职业技能培训等，两者并行不悖。要以普惠保基本，以特惠保重点，妥善解决好重点投入与普遍受益的关系。对于美丽乡村建设给予的一事一议奖补资金，也主要用于对美丽乡村产业建设中的制度创新激励，而不是用于一般性的硬件设施的建设；同时，要运用好一事一议奖补资金，引导和撬动社会资本的投入。

4. 处理好统一标准和尊重差异的关系

我国地域广大，民族众多，发展不平衡，文化迥异，各地千差万别，必须因地制宜，尊重差异，保持特色。在此基础上，对规划编制、资金项目规范管理、建设标准等应有一般性的统一要求，源头上规范，嵌入式管理，防止各行其是，五花八门。牢固树立规划先行、健全美丽乡村产业建设规划和标准化体系，逐步将标准化嵌入美丽乡村发展的全过程。切实把具有特色的古村落保护好，把乡村非物质遗产传承好，把优秀的民族文化发扬光大，而不是简单地用同质化的建设标准裁剪、改造乡村，复制产业。

5. 处理好牵头部门与其他部门间的关系

美丽乡村建设是涉农各部门的共同责任，越多部门参与对工作开展越有利，相关部门各司其职，各尽其责，有为才有位，形成活力。在推动美丽乡村产业建设时，整合相关部门的资源，形成建设合力，把各部门中的惠农资金，统一整合到美丽乡村产业建设平台上，使之发挥最优效益。

6. 处理好美丽乡村“硬件”与“软件”建设的关系

美丽乡村建设既包括村容村貌整洁之美、基础设施完备之美、公共服务便利之美、产业发展生活宽裕之美，也包括经营管理体制机制创新之美。努力创新农村公共服务运行维护机制、政府购买服务机制、新型社区治理机制、农村产权交易流转机制、乡村社会经济发展的共享机制等。在美丽乡村建设中同步推进相关改革，进一步破解城乡二元结构，释放农村产业发展活力与潜力，营造与美丽乡村相适应的产业软环境，把美丽乡村建设成为农民创新创业幸福家园。

三、美丽乡村产业建设保障措施

推进美丽乡村建设，促进乡村产业发展，维护社会稳定，改善基础设施，提高居民生活质量，保证可持续发展，需要落实如下保障措施。

1. 要基本原则，坚持城乡统筹，优化布局

根据城乡规划，统筹安排城乡产业、人口、公共设施布局，深入挖掘乡村自然资源、田园风光、传统文化、民俗风情、乡土建筑和产业经济等特性，把农村社区和历史文化村落，建设成为环境整洁优美、居民就业充分、社会文明和谐的重要节点。

2. 要发展理念，坚持生态优先，绿色发展

要强化“绿水青山就是金山银山”的发展理念，以绿色生态贯穿美丽乡村建设全过程，不以牺牲环境来谋求发展，大力发展生态经济，加快建设生态家园，使农村真正走上生产发展、生活富裕、生态良好的文明发展之路，实现宜居宜业宜游的目标。

3. 要规划设计，坚持分类指导，整体推进

优先选择基础条件较好、村民意愿强烈、特色鲜明的乡村开展精品村建设，科学定位景观带和精品村，节点村的功能、规模，突出产业发展重点，提升品质品位。串点成线、连线成片、全面推进，努力建设产业特色鲜明、乡土气息浓郁、整体风貌协调的美丽乡村。

4. 要资源整合，坚持以人为本，群策群力

始终把农民利益放在首位，发挥村民的主体作用，引导他们自觉参与美丽乡村产业建设。挖掘建设资源，整合政府部门、社会团体、企业等各界力量，加强协调、创新机制、增强合力，共同推进美丽乡村产业发展。发展策略采取深挖内涵，拓宽产业发展新思路，建立美丽乡村产业发展新模式。要充分发挥农村山水风光秀丽、农耕文化多样、人文底蕴深厚的优势，树立建设美丽乡村和经营美丽乡村并重的理念。

（1）优化农村人居环境，夯实美丽乡村产业建设基础。美丽乡村建设的基础是清洁、朴素、自然，要坚持全域覆盖，大力开展清洁乡村行动，为美丽乡村产业发展打好基础。

（2）结合财政实际和村民意愿，有序安排重点项目。坚持“因地制宜、彰显特色”的理念，分类推进精品村、重点村建设。

（3）发展农村特色产业，强化美丽乡村建设实效。以乡村建设为契机，促进乡村产业融合升级。以乡村建设为平台，促进现代都市农业快速发展。以乡村建设为抓手，促进农村传统产业转型升级。

（4）弘扬乡村优秀民族文化，提升美丽乡村建设内涵。培育和彰显乡村民族传统文化。注重农村传统耕读文化、孝德文化的整理和重建，充实美丽乡村的传统文化，使美丽乡村成为农民和游客共同的精神家园。

5. 要整体推进，坚持“富规划、富设计、穷建设”的理念

从优化村庄建筑布局、村庄整体风貌塑造、特色优势产业发展和传统优秀文化培育上着力，打破

固有的规划设计模式，提高村庄规划水平。

（1）转变村庄规划设计理念，塑造丰富乡村特色为目标。尊重自然环境，尊重当地历史文化，尊重自然村落空间生长肌理，努力营造自然和谐乡村风貌。

（2）尊重农民意愿与尊重发展规律相结合。村庄规划关系到农民切身利益，编制过程既要坚持科学性，遵从村庄发展规律，又要听取村民意见。规划方案要协调各方利益和矛盾。挖掘地方文化特色，兼顾村民的近远期利益的需求。

（3）推广优秀规划设计方案，形成示范效应。因地制宜，优选可行规划设计方案，突出地方传统特色。

6. 要立足点，始终关注四个方面

（1）立足于改变村容村貌，通过规划引导和环境整治，使村庄布局更加合理、村容村貌更加优美。

（2）加强对环境的管理与维护，从根本上改善农村的生产、生活与生态环境。

（3）整合资源，形成合力，加大财政投入和政策支持力度。

第一，注重财政引领。优先足额安排美丽乡村建设专项资金，努力创新融资模式，积极争取现代农业产业引导资金，通过金融机构放大投资支持美丽乡村和现代农业发展。

第二，整合各项资源。整合乡村旅游、农业两区、联村公路等乡村产业建设相关财政资金，优先向美丽乡村建设项目倾斜。同时，引导社会资本投入美丽乡村产业建设，探索村民自筹自建模式。

第三，加大基础设施投入。解决农房改造、环境整治和配套设施建设完善体系。补上农村生活污水治理和垃圾处理设施建设历史欠账。

第四，利用民间资本。美丽乡村产业建设需要雄厚资本，应积极吸引民间资本投入，通过项目立项与运作带动整个村庄发展，获得美丽乡村建设启动示范效应。以吸引更多的民间资本投入，包括海外侨胞对家乡发展的支持。

第五，加强金融贷款。国际、国内金融机构贷款，也是乡村产业发展资金重要来源。可寻求金融机构对基础设施、可持续性开发和其他非营利性投入等提供专项资金。另外，以经济效益好、回收短期的产业开发项目，如旅游景点开发及现代农业科技园建设向国内金融机构寻求贷款。

（4）深入宣传，提高全民参与美丽乡村产业建设意识。美丽乡村建设离不开农民的参与，通过宣传工作，使村民更直接、更生动地感受到乡村产业发展成效和带来实惠，从而主动投入到乡村创新创业中去。要加强对外宣传力度，提升对外形象。主要抓：第一是拓宽宣传渠道。通过电视、广播、报刊、网络等主流媒体，开展宣传，形成全社会共同关注、参与和监督美丽乡村建设的良好氛围。第二是加强村民素质教育。积极参与美丽乡村建设、房屋内外优美整洁、勤劳创业增收致富、家庭成员和睦团结、热心农村公益事业。以营造和谐团结的农村人文环境。第三是加大清洁乡村宣传力度。改善农村生态环境，清理清运垃圾、拆除违章乱搭建、整理房前屋后乱堆放、整治公共卫生设施、整治农业面污染，加大清洁乡村力度，力促全民参与美丽乡村建设。

四、美丽乡村旅游产业开发路径

1. 以旅游商品为突破口，延伸和拓展乡村旅游产业链，带动农村相关产业发展

发展乡村旅游的重要作用就是带动农业、农副产品加工、手工艺品加工、旅游用品和纪念品、商贸、运输等上、下游产业发展，促进农村产业结构向高产、优质、高效、生态、安全和深度加工的方向调整和发展。在乡村旅游的六大要素中，唯有“购”与商业服务业发生直接关联，且与农业和工业发生关联的要素。由“购”引发的旅游商品生产与销售，在所有旅游要素中牵涉面最广，牵动的行业和产业最多，对地方经济和就业机会贡献最大。因此，在考虑加大旅游产业的关联度，拉长乡村旅游产业链，增强乡村旅游对其他产业的促进和带动作用时，选择旅游商品开发作为突破口是合适的。

乡村旅游者以城镇居民为主，他们对乡村农副产品和土特产品情有独钟，会购买价格比市内便宜，又新鲜的农副产品和有地方特色的手工艺品。建立以当地农产品加工为龙头企业，对当地土特产和手工艺品、纪念品进行深加工、精加工，力求上规模，上档次，为旅游者提供多样化的旅游商品，刺激旅游消费，拉动市场需求。

乡村旅游与果园、菜园、经济作物、家禽家畜养殖相结合的乡村旅游经营模式，向游客提供绿色无污染的粮食、蔬菜、家禽，带动相关农副产品的销售，吸引游客进行餐饮消费。

深入挖掘乡村元素的旅游价值，物质的、非物质的、有形的、无形的、生态环境、乡间小道、节气农事、喜庆民俗、果木花卉、种植养殖、四季时鲜、采摘收获、农民画、传统手工艺、土特产制作等皆可为资源素材组合加工深度利用，形成四季型全年候的产品，产业链接的要素越多，时间越长，收益也越多，对农村相关产业的拉动效应也就越大。

2. 把乡村旅游产业链并入区域旅游网，加强区域旅游协同整合

（1）建立区域性旅游协作板块，加强城乡交流合作。乡村旅游景区知名度不高，是城市旅游产业的补充。现阶段城市旅游景区在品牌、市场竞争力、企业规模等都较乡村旅游景区有优势。在城乡合作的过程中，乡村旅游景区可以与城市著名旅游景区联合构建旅游线路，加入区域旅游整体推进大环境中。通过建立城乡信息网络，实现旅游信息共享和客源共享，实现城乡旅游景区之间的合作双赢。

（2）改变目前分散经营、各自为战的状态。在资源富集区可根据农业特产适度集中，形成特色区块；村落适度集群发展，形成规模优势；加强与区域内的旅游沟通链接；与旅行社、景区、旅游集团等结对加盟，纳入旅游的主流线路；提升与度假、休闲、体验、商务、会展等多种现代旅游功能对接；引入新理念，加强产品营销策划，设计独特卖点，建立成熟的销售网络，加强市场推广。

3. 发挥乡村旅游产业链中核心企业的龙头作用

核心企业在乡村旅游产业链的地位和作用是无可替代的，反映了规模、市场份额、品牌和效益。核心企业虽不是产业链的全部，但是最重要的环节，发展有竞争优势和带动力强的核心企业，就是促进发展乡村旅游产业链。我国现阶段乡村旅游产业链还处于初级阶段，缺少在乡村旅游产业链中担任领导作用的核心企业。建立有实力的龙头企业，通过吸引投资，扩大经营规模，形成具有市场竞争力和品牌竞争力的大型乡村旅游企业集团。当地政策也应支持机制好、竞争能力强的大型企业，使这些企业迅速扩张规模，提高产品质量，提高企业抵御市场风险能力，发展成龙头企业。围绕核心企业进行产业链整合，借助核心企业影响力，带动相关产业的发展，由“点”带动“线、面”的形成，通过乡村旅游产业促进区域经济发展。形成以龙头企业为核心的乡村旅游产业链后，要注意整链协作互动。只有产品被市场接纳，各环节的价值才可实现。

4. 大力开展田园综合体模式试点示范

国家支持有条件的乡村建设以农民合作社为主要载体、让农民充分参与和受益，集循环农业、创意农业、农事体验于一体的田园综合体，通过农业综合开发、农村综合改革转移支付等渠道开展试点示范。田园综合体是集现代农业、休闲旅游、田园社区为一体的特色小镇和乡村综合发展模式。田园综合体是顺应农村供给侧结构改革、新型产业发展，结合农村产权制度改革，实现中国乡村现代化、新型城镇化、社会经济全面发展的一种可持续性模式。也指综合化发展产业和跨越化利用农村资产，是当前乡村发展创新突破模式。就是“农业+文旅+地产”的综合发展模式。田园综合体从概念上看，就是跨产业、多功能的顶层综合规划设计；从具体项目看，就是多功能、多业态搭建产业结构的综合运营，超越了原来的单线思维。例如，原来是片农田，现在要有观光功能；原来是农房，现在可以同时开客栈变宅宿。综合体是突破原有惯常用途，顺应文化发展、技术进步、市场演变、制度革新，结合农村供给侧改革探索，激发原来受局限的资产和资源效力，形成乡村社会产业发展的广阔空间，包

括农村土地、房屋资产。

田园综合体经济技术原理，就是以企业和地方合作的方式，在乡村社会进行大范围整体、综合的规划、开发、运营。一首先企业化承接农业。以农业产业园区发展的方法提升农业产业，发展现代农业，形成当地社会的基础性产业；二规划打造新兴驱动性产业综合旅游业，也称文旅产业，促进社会经济产生大发展；三开展人居环境建设，为原住民、新住民、游客这三类人群，营造新型乡村、小镇，形成社区群落。本研究指出，大力开展田园综合体模式试点示范，可为我国美丽乡村建设和生态乡村旅游产业发展积累经验，提供可复制的田园综合体典范。

参考文献

蔡颖萍，周克，杨平. 2014. 美丽乡村建设的模式与成效探析——基于浙江省长兴县的调查研究[J]. 湖州师范学院学报，36（1）：20-23.

曹玉孝，王亚海. 2008. 喜看乡村换新颜——临洮县洮阳镇阳洼村新农村建设纪实[J]. 党的建设（4）：29-29.

陈秋红，于法稳. 2014. 美丽乡村建设研究与实践进展综述[J]. 学习与实践（6）：107-116.

陈善鹤. 2014. 美丽乡村建设实践模式探索[D]. 上海：华东理工大学.

陈锡文. 2005. 深化对统筹城乡经济社会发展的认识扎实推进社会主义新农村建设[J]. 小城镇建设（11）：14-17.

程小旭. 2012. 加大统筹城乡力度扎实推进美丽乡村建设[J]. 政策瞭望（3）：20-22.

崔花蕾. 2015. “美丽乡村”建设的路径选择[D]. 武汉：华中师范大学.

方青. 2014. 后枫村美丽乡村建设研究[D]. 福州：福建农林大学.

弓志刚，李亚楠. 2011. 乡村旅游产业链共生系统的特征及模式的演化和构建——以山西省为例[J]. 农业现代化研究，32（1）：73-77.

龚勤林. 2004. 区域产业链研究[D]. 成都：四川大学.

韩喜平，孙贺. 2016. 美丽乡村建设的定位、误区及推进思路[J]. 经济纵横，362（1）：87-90.

黄克亮，罗丽云. 2013. 以生态文明理念推进美丽乡村建设[J]. 探求（3）：5-12.

黄磊，邵超峰，孙宗晟，等. 2014. “美丽乡村”评价指标体系研究[J]. 生态经济：学术版（1）：392-394.

黄幼钧，马利军，黄卫国. 2013. 西湖区『美丽乡村』建设的调查与思考[J]. 杭州农业与科技（3）：6-7.

金建新. 2011. 推进湖州美丽乡村建设的思考[J]. 农村工作通讯（2）：47-49.

赖瑞洪. 2012. 衢州市扎实推进美丽乡村『四级联创』[J]. 政策瞭望（11）：41-43.

李灿华. 2015. 美丽乡村建设研究[D]. 武汉：华中师范大学.

李钒，侯远志，张燕君. 2013. 产业链构建与统筹城乡发展研究[J]. 山东社会科学（8）：169-173.

李杰义. 2008. 农业产业链视角下的区域农业发展研究[D]. 上海：同济大学.

李杰义. 2009. 农业产业链的内涵、类型及其区域经济效应[J]. 理论与改革（5）：143-146.

李英豪，郑宇军，LiYinghao，等. 2011. 基于综合发展规划理念的“美丽乡村”规划设计研究——以东阳市花园村为例[J]. 规划师，27（5）：37-40.

刘彦随，周扬. 2015. 中国美丽乡村建设的挑战与对策[J]. 农业资源与环境学报（2）：97-105.

倪云，徐文辉. 2013. 杭州市“美丽乡村”庭院景观营造模式研究[J]. 中国园艺文摘（5）：103-105.

农业部农村社会事业发展中心新农村建设课题组. 2009. 打造中国美丽乡村统筹城乡和谐发展——社会主义新农村建设“安吉模式”研究报告[J]. 中国乡镇企业（10）：6-13.

史学楠. 2012. 中国乡村休闲经济发展研究[D]. 北京：中央民族大学.

宋京华. 2013. 新型城镇化进程中的美丽乡村规划设计[J]. 小城镇建设（2）：57-62.

苏颖. 2013. 建设“蓬莱美丽乡村”的探讨与研究[J]. 山西经济管理干部学院学报，21（2）：54-55.

王卫星. 2014. 美丽乡村建设：现状与对策[J]. 华中师范大学学报（人文社会科学版），53（1）：1-6.

王旭烽，任重. 2013. 美丽乡村建设的深生态内涵——以安吉县报福镇为范例[J]. 浙江学刊（1）：220-224.

王艺. 2012. 论岭南文化在广州“美丽乡村”建设中的价值构建与传播对策[J]. 大众文艺（15）：178-178.

吴理财，吴孔凡. 2014. 美丽乡村建设四种模式及比较——基于安吉、永嘉、高淳、江宁四地的调查[J]. 华中农业大学学报（社会科学版），33（1）：15-22.

吴声怡，陈训明，王玉玲，等. 2007. S文化观视野下和谐乡村的构建[J]. 中国农村经济（s1）：46-50，58.

夏淑娟. 2013. 基于浙江省美丽乡村建设背景的产业型乡村绿道规划研究——以安吉县产业型乡村绿道规划为例[D]. 杭州：浙江农林大学.

谢鑫. 2011. 乡村文化建设的路径选择[D]. 福州：福建农林大学.

徐忠国，华元春，倪永华. 2014. 美丽乡村建设背景下村土地利用规划编制技术探索—以浙江省为例[J]. 上海国土资源，35（1）：55-59.

严端详. 2012. 美丽乡村幸福农民——安吉县推进美丽乡村建设的研究与思考[J]. 中国农垦（12）：50-54.

杨伟容. 2008. 乡村旅游产业集群化发展的理论与实证分析[D]. 武汉：华中师范大学.

于法稳，李萍. 2014. 美丽乡村建设中存在的问题及建议[J]. 江西社会科学（9）：222-227.

禹杰. 2014. 美丽乡村建设的理论与实践研究[D]. 金华：浙江师范大学.

张军. 2010. 以生态文明理念推进社会主义新农村建设——浙江推进美丽乡村建设综述[J]. 今日浙江（21）：10-13.

张琳滨. 2016. 农业产业链发展研究[D]. 广州：华南农业大学.

张壬午. 2013. 倡导生态农业建设美丽乡村[J]. 农业资源与环境学报，30（1）：5-9.

张钟福. 2013. 永春县美丽乡村建设研究[D]. 福州：福建农林大学.

赵承华. 2007. 我国乡村旅游产业链整合研究[J]. 农业经济（5）：18-19.

郑军德. 2014. 美丽乡村建设背景下乡村特色的景观营造——以浙江中部地区为例[J]. 浙江树人大学学报（2）：47-49.

郝林璐. 2015. 基于“美丽乡村”建设背景下的乡村滨水景观设计研究[D]. 昆明：昆明理工大学.

郑向群，陈明. 2015. 我国美丽乡村建设的理论框架与模式设计[J]. 农业资源与环境学报（2）：106-115.

周衍庆. 2015. 全产业链模式下我国区域乡村旅游发展的重要选择[J]. 农业经济（9）：63-64.

Burel F, Baudry J. 1995. Social，aesthetic and ecological aspects of hedgerows in rural landscapes as a framework for greenways[J]. Landscape and Urban Planning：327-340.

Fabos JG. 2004. Greenway planning in the United States： its origins and recent case studies[J]. Landscape and Urban Planning（68）：321-342.

Gregory A，Ruf ，Cadres，et al. 1998. Making a Socialist Village in West China[M]. Stanford & Calif： Stanford University Press.

Little CE. 1990. Greenways for America[M]. Baltimore and London： The Johns Hopkins University Press.

第十二章　美丽乡村规划设计及实施效果

—— 以贵阳市白云区十九寨为例

第一节 引言

随着中国经济的快速发展，广大农村地区也加快了建设的步伐，人居环境得到了明显改善。在改善人居环境、建设美丽家园的过程中，以贵州的美丽乡村建设最为突出，领跑全国。贵州省委、省政府提出了“四在人家、美丽乡村”，以保护自然、突出民族特色风情，守住发展和生态两条底线，建设现代山地高效农业，建成全国无公害绿色有机农产品大省，到 2020 年实现全部脱贫、全面小康的发展理念。通过近几年的发展实践，逐步形成了具有贵州地域文化特色和丰富的少数民族风情的美丽乡村发展模式。本章以贵州省贵阳市白云区十九寨美丽乡村建设为例，从生态保护、建筑风貌、环境卫生、基础设施、文化建设、产业发展以及村寨配套服务设施的建立完善，全面阐述美丽乡村建设的全过程。

一、白云十九寨基本概况

白云十九寨位于贵阳市白云区东北部，分别由都拉乡和牛场乡管辖，占地面积约85km^2，人口约 1.5 万，区域内少数民族众多，民族文化底蕴丰富、民风民俗淳朴，有布依族、苗族、彝族、仡佬族等少数民族；地形地貌起伏多变，以山地、丘陵为主，原生态自然山水、田园风光、山林植被保存完好；旅游资源相当丰富，境内有天然淡水湖北郊水库、自然溪水沙老河、下水大佛等自然人文景观；区域内建筑相对集中，部分建筑还保留着民族文化传统特色；市政道路云程大道直达十九寨，交通较为便利；同时该区域也是白云区“蓬莱仙界”云上九章景区所在地。

二、规划建设理念

白云十九寨是在现有的山水骨架、村容村貌、产业特点、文化特色的基础上做了顶层规划，积极倡导人与自然和谐共处、可持续发展，通过“三生”（生产、生活、生态）、“三产”（农业、加工业、服务业）的有机结合与关联共生，在保护和建设美好生态环境基础上，创造出集现代农业、休闲旅游、文化创意和田园村寨于一体的世界级的田园综合体，使其成为贵阳城乡建设一体化的典范，引领整个贵州美丽乡村的发展建设。

（1）保护原有的自然山体、岩石、洞穴、植被、河流、溪水、湖泊、林木、古树、老井、老宅、老街、石碑、古墓、祠堂、庙宇以及民歌、民乐、戏剧、手工艺等非物质文化遗产，保留村寨原有的风俗民情、村落风貌、农田肌理，传承千年耕读文化。

（2）协调好农田和山地、林木、河流以及农村住房建设用地的关系，退耕还林，退田还河，大力提高农业生产效益，建设现代山地特色高效农业和生产无公害绿色有机农产品。

（3）利用原乡、本土、原生态的地域资源，根据各个村寨现有不同的地方特色和风貌，打造出各具品质、景观各异、韵律十足、特征显著的美丽乡村。借助自然山水资源，深入挖掘历史人文优势，逐步培育发展休闲农业与乡村旅游，创造出涵盖乡村生产、生活、生态于一体的田园综合体，全面展示田园种养、田园科技、田园休闲、田园旅游观光、田园文化、田园养生养老等乡村田园发展动力，推动美丽乡村向更高的目标迈进。

（4）建立乡村文化品牌，共享诗意田园生活。把“看得见山、望得见水、记得住乡愁”的田园生活梦想变成现实。田园生活是城乡一体化的重要组成部分，是中国发展的未来，村民可分享城市发展带来的各种基础设施配套服务的便利，城市居民也可更方便的享受广阔乡村所提供的自然生态的山水田园风光、更为洁净的空气、原生态的饮食、原汁原味的古朴乡村文化以及创意无穷的田园生活。

第二节　项目解读

一、区位整体关系

二、背景解读一

三、背景解读二

四、十九寨基本概况

五、十九寨设计范围

六、各村产业资源分布

七、区域交通现状

八、区域用地现状

九、自然资源分析

十、村寨特色人文景观

十一、 村寨建筑现状

十二、设计思考

一、区位整体关系

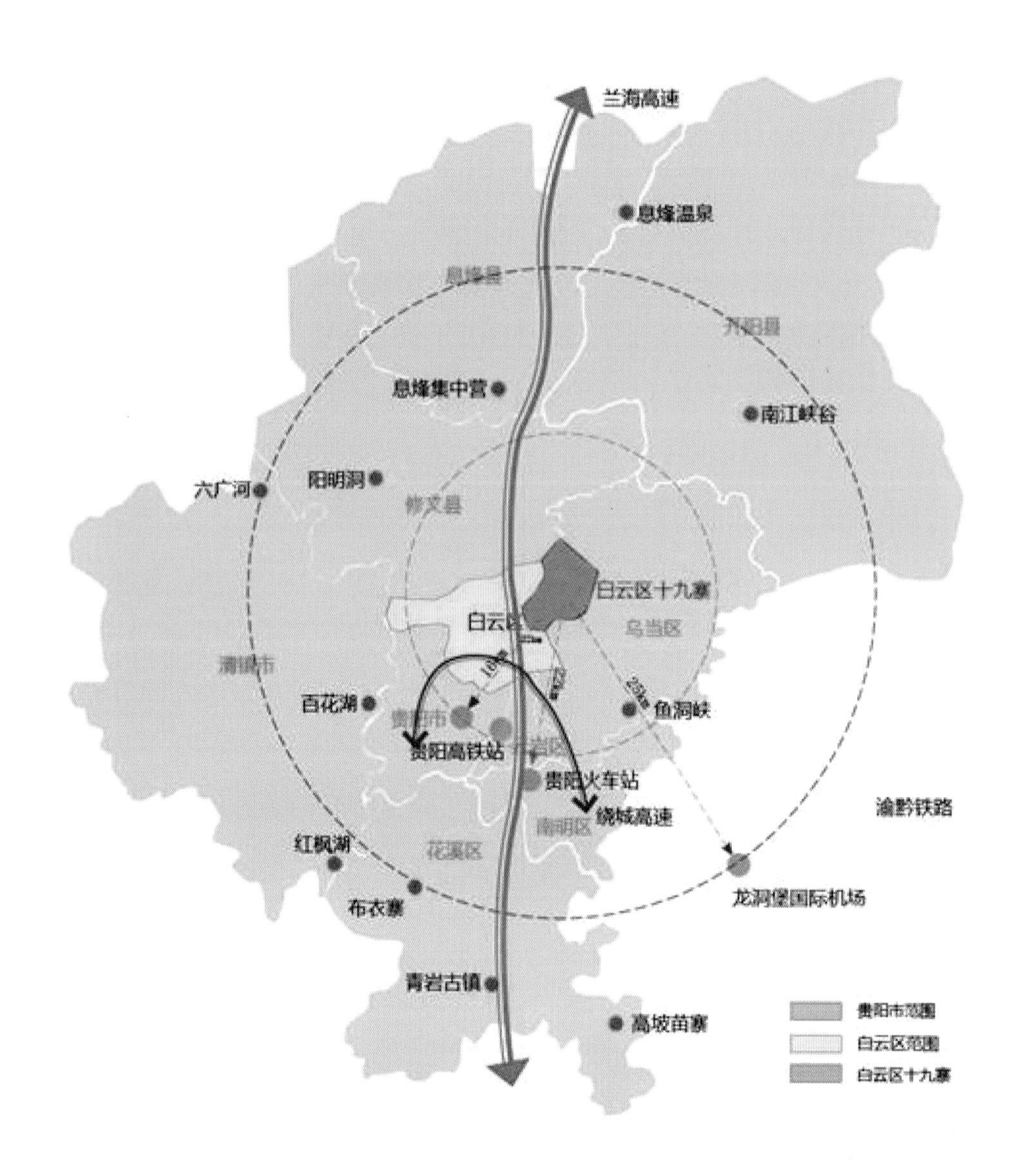

区位解读：

贵阳市，简称“筑”，别称“林城”。全市土地总面积8 034km^2，占全省土地总面积的4.56%。市区面积2 403km^2。行政区域包括南明区、云岩区、花溪区、白云区、乌当区、观山湖区，面积约495km^2。海拔最高处为1 762m，最低处为506m，主城区平均海拔1 070m。

白云区是贵阳市的六个市辖区之一，行政区域总面积270.37km^2，占贵阳市总面积的11.31%，是全国最大的铝工业基地之一。截至2014年，白云区常住人口32万人，少数民族主要为布依族。白云区境内有贵阳欢乐世界、下水大佛、长坡岭森林公园等旅游景点。

二、背景解读一

图例：
- ⟷ 7线
- 高速道路
- 白云区域
- 蓬莱仙界
- 十九寨

背景解读：

十九寨位于贵阳市白云区,面积约85km^2，人口约1.5万。目前以云程大道为线的九大景区已基本完成；十九寨分布于蓬莱仙界景区周边，为了完善和提升蓬莱仙界大景区旅游价值，现规划十九寨打造美丽乡村“连点成线，连线成面”来推动贵阳白云区整体旅游文化的发展。

三、背景解读二

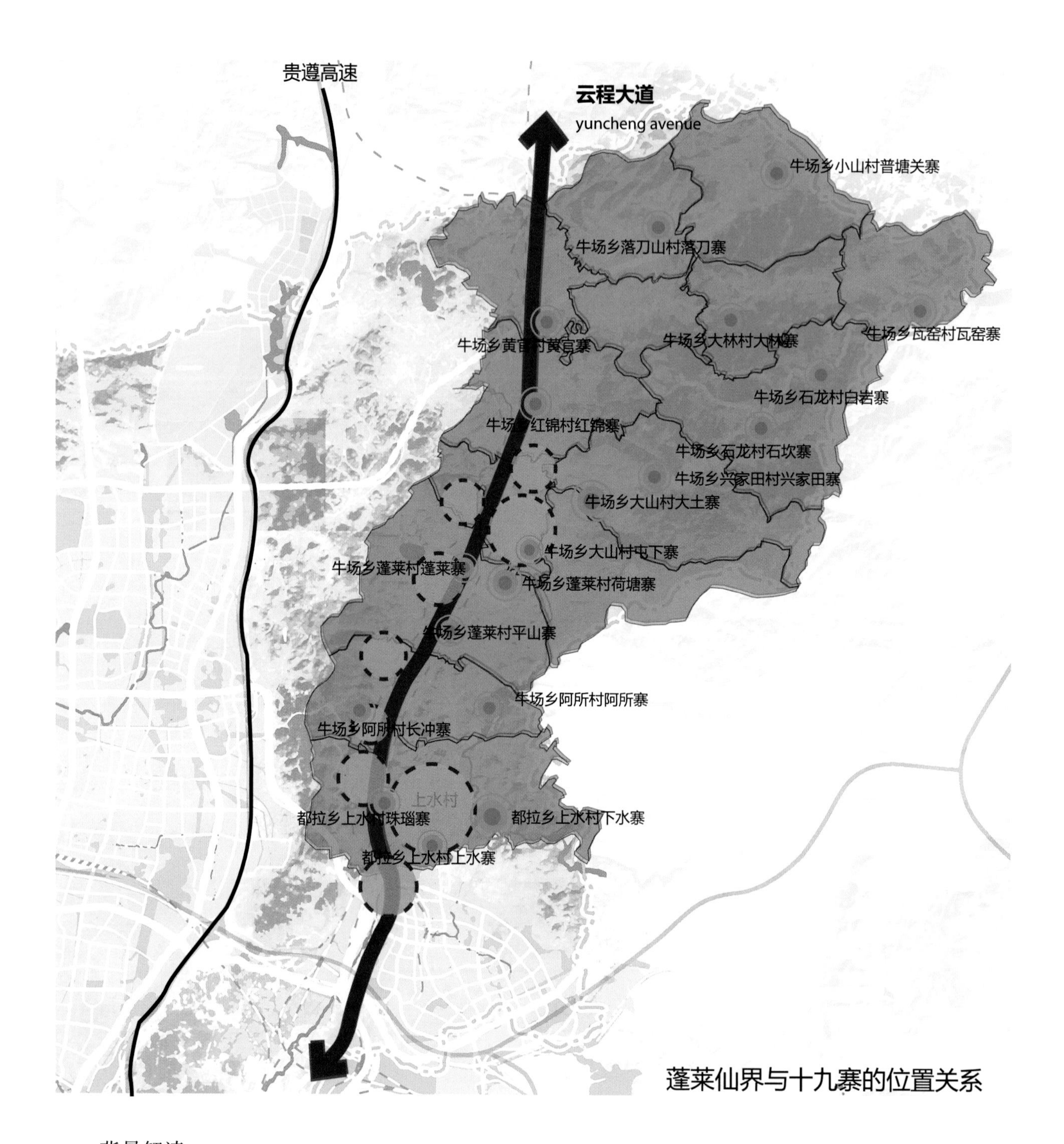

蓬莱仙界与十九寨的位置关系

背景解读：

白云蓬莱仙界景区，面积为66.5km^2，规划有九大篇章。以布依文化为主，布依族以农业为主，种植水稻的历史较为悠久，享有“水稻民族”之称，保留着一些古代越人的风俗习惯，如居住干栏式房屋、敲击铜鼓等。民俗礼节保存较好，民俗文化内容丰富多彩。“蓬莱地戏”是白云区牛场乡蓬莱村的一项传统民族文化活动，从明朝初期到如今，传承完好，内容丰满，堪称贵州省布依文化的一块“活化石”。

四、十九寨基本概况

十九寨地貌以丘陵和山地为主，原生态田园风光，风景优美，区域旅游资源丰富，境内有天然淡水湖北郊水库和自然溪水沙老河、自然山林，下水大佛等自然景观，具有悠久的历史价值和观赏价值。区域内少数民族众多，布依族、苗族、彝族、仡佬族等。区域内建筑相对集中，部分建筑还保留着民族文化传统，产业以传统农业作物为主，有养殖业和矿石开采。

五、十九寨设计范围

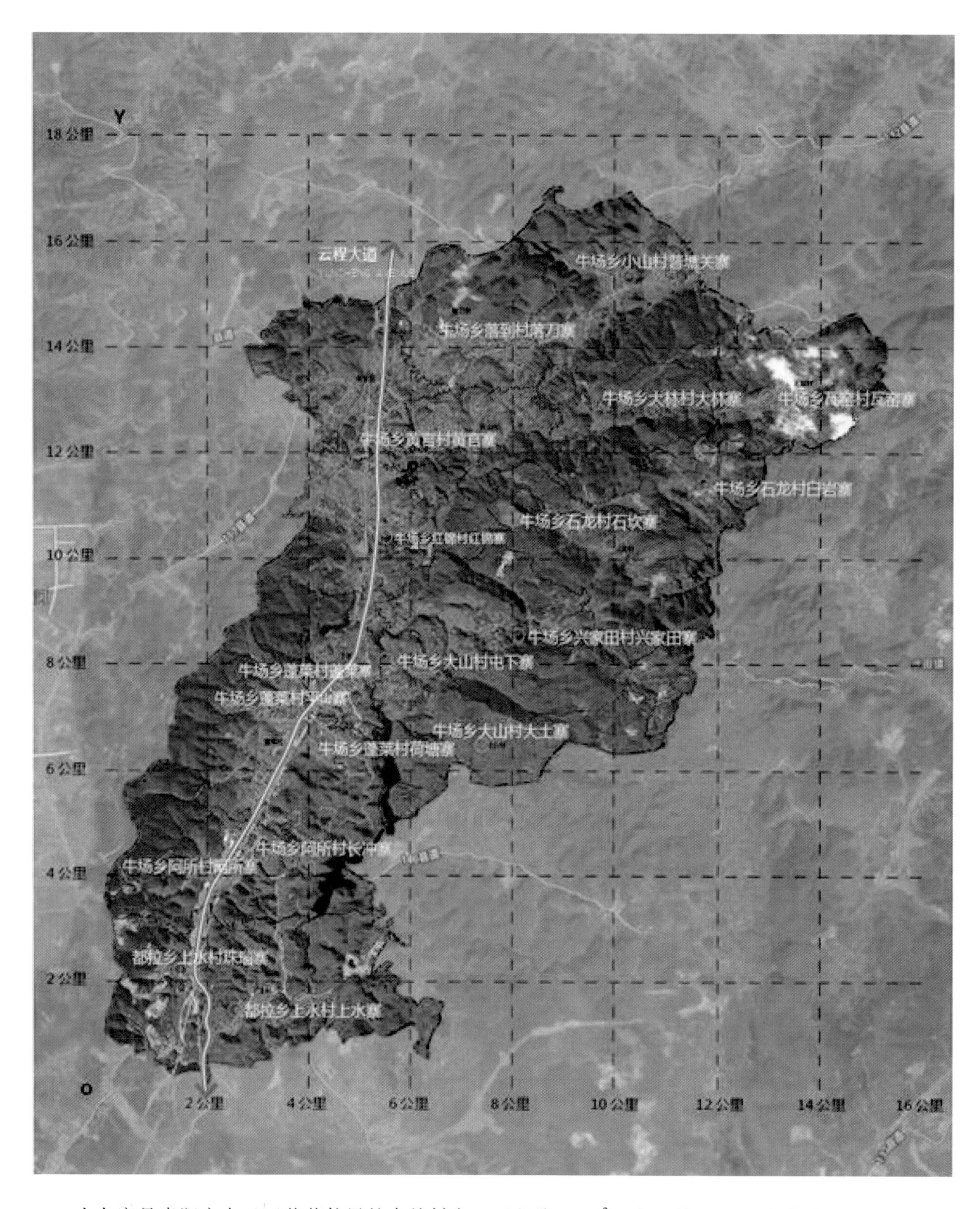

十九寨是贵阳市白云区蓬莱仙界的自然村寨，面积约85km²，人口约1.5万。文化底蕴深厚，民风民俗淳朴，原始植被完整，目前以云程大道为线的九大景区已基本完成；十九寨分布于蓬莱仙界景区周边。

六、各村产业资源分布

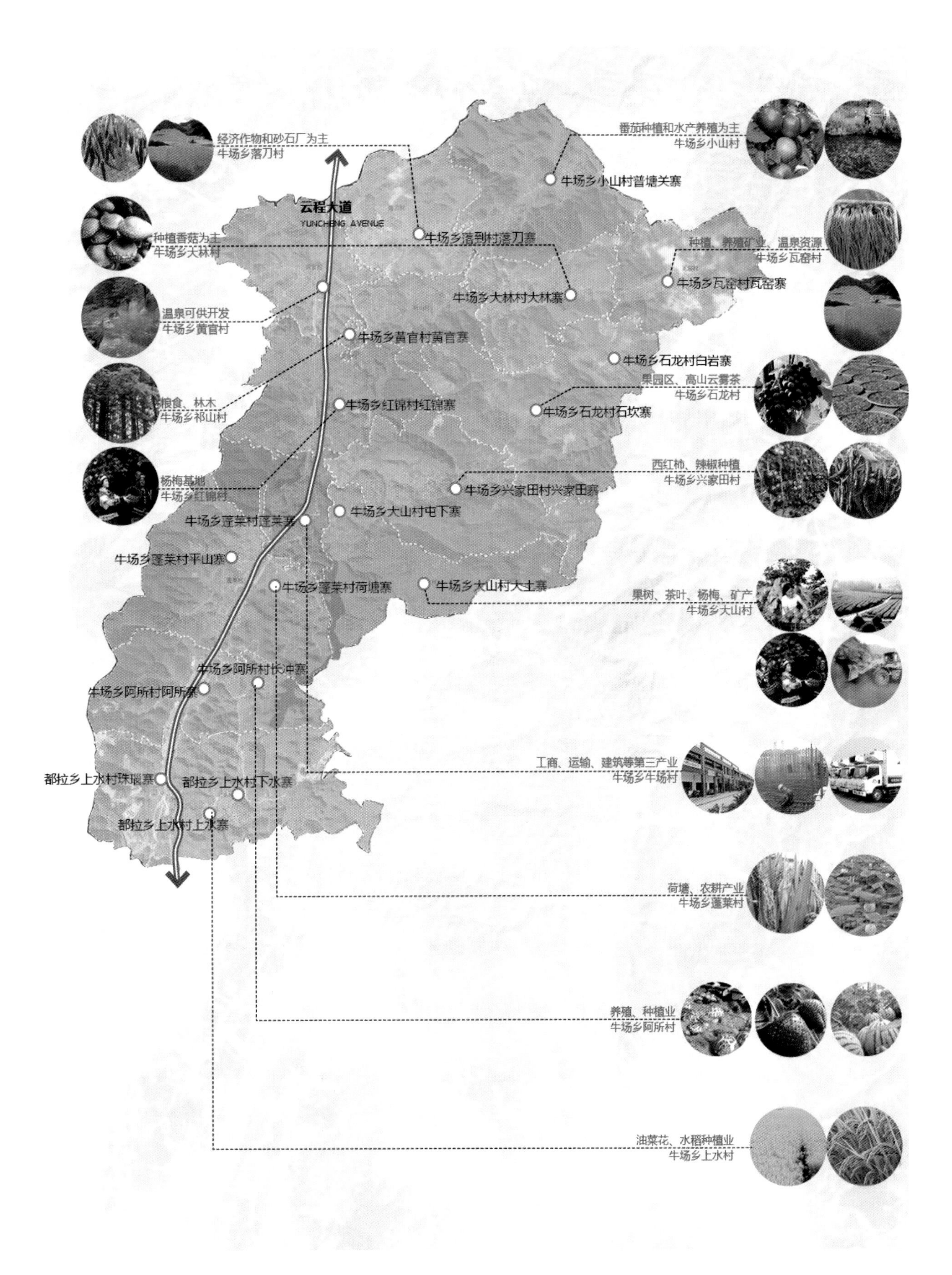
经济作物和砂石厂为主
牛场乡落刀村
云程大道
YUNCHENG AVENUE
牛场乡落到村落刀寨
种植香菇为主
牛场乡大林村
温泉可供开发
牛场乡黄官村
牛场乡黄官村黄官寨
粮食、林木
牛场乡祁山村
牛场乡红锦村红锦寨
杨梅基地
牛场乡红锦村
牛场乡蓬莱村蓬莱寨
牛场乡蓬莱村平山寨
牛场乡蓬莱村荷塘寨
牛场乡阿所村长冲寨
牛场乡阿所村阿所寨
都拉乡上水村珠瑙寨
都拉乡上水村下水寨
都拉乡上水村上水寨
番茄种植和水产养殖为主
牛场乡小山村
牛场乡小山村普塘关寨
牛场乡大林村大林寨
种植、养殖矿业、温泉资源
牛场乡瓦窑村
牛场乡瓦窑村瓦窑寨
牛场乡石龙村白岩寨
果园区、高山云雾茶
牛场乡石龙村
牛场乡石龙村石坎寨
西红柿、辣椒种植
牛场乡兴家田村
牛场乡兴家田村兴家田寨
牛场乡大山村屯下寨
牛场乡大山村大土寨
果树、茶叶、杨梅、矿产
牛场乡大山村
工商、运输、建筑等第三产业
牛场乡牛场村
荷塘、农耕产业
牛场乡蓬莱村
养殖、种植业
牛场乡阿所村
油菜花、水稻种植业
牛场乡上水村

七、区域交通现状

现状分析：

（1）现有道路网系统尚未完善，没有形成车行道、自行车道、人行道等交通系统，不能满足乡村慢生活旅游需求。

（2）村寨各级道路普遍偏窄；村内小巷狭窄弯曲，消防车无法进入。

（3）村内其他道路均为质量较差的水泥路，道路附属设施不够齐全，没有慢行绿道系统。

八、区域用地现状

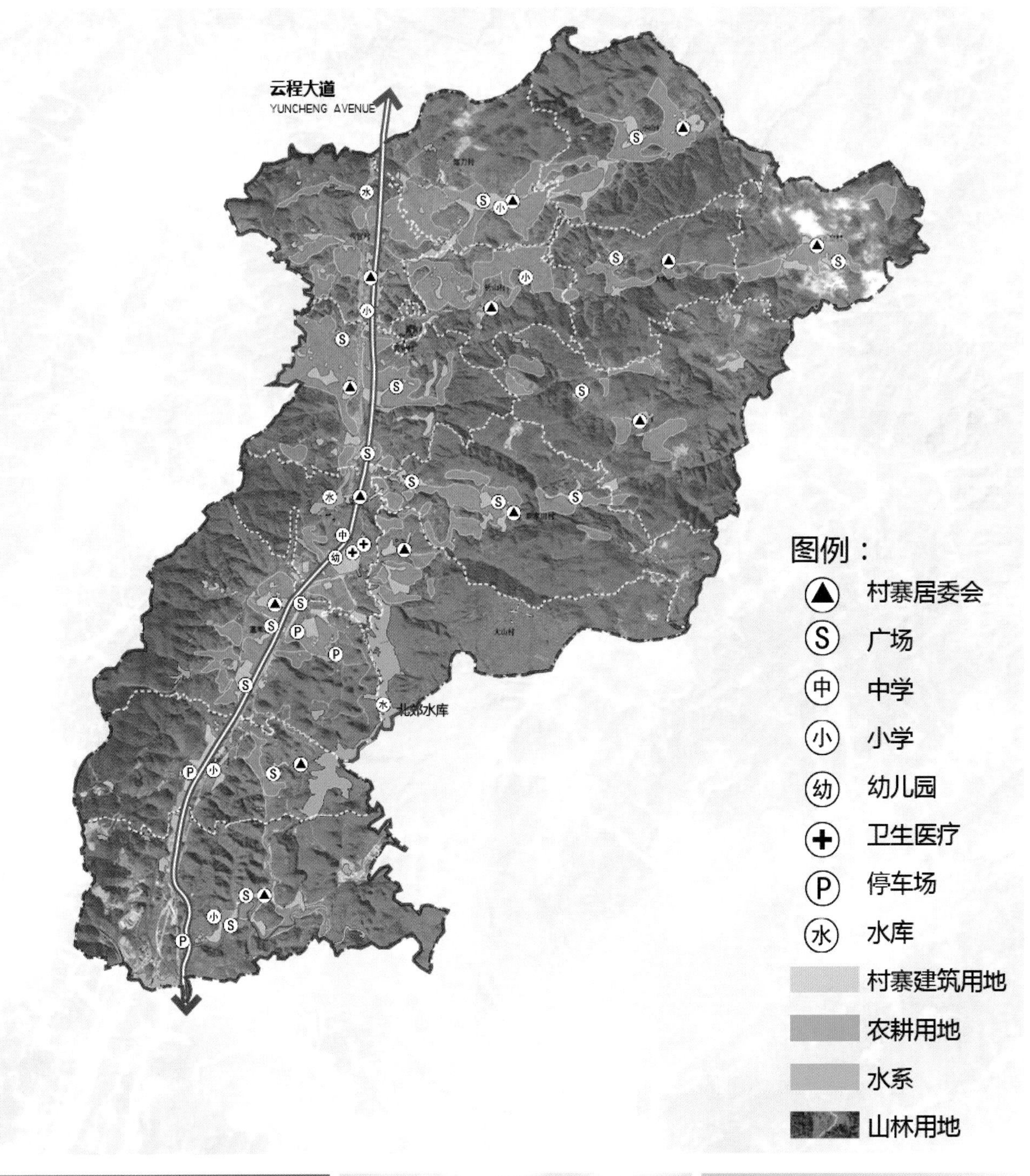

村寨建筑用地

农耕用地

水系

九、自然资源分析

白云十九寨从南至北海拔逐渐增高，山林谷底变化丰富，酝酿出秀丽的山川，独特的森林风光，肥美的谷底水系……具有丰富的山、水、植被、动物等宝贵的生态资源；形成天然舒适的小气候，拥有天然的地理优势，是避暑胜地。

十、村寨特色人文景观

村寨特色思考：

利用众村落具有地方特色的民居风貌，打造辨识特征显著的美丽村庄，做到“一村一品”“一村一景”“一村一韵”，打造十九个各具特色风情村寨。同时深入挖掘各村落区域交通、人文历史、自然风光等方面特色优势，培育发展休闲农业与乡村旅游，推动“建设村落”向“经营村落”稳步提升。

十一、村寨建筑现状

现状问题：

（1）村寨住房布局成无序发展状态，水域、农田、山林受到不同程度的影响和破坏，导致生态绿盲，水系不完整；村落旧建筑破败，建筑风貌参差不齐。

（2）村寨居住环境差，垃圾较多，污水乱排，卫生状况差，严重影响村落整体环境。

（3）民众对古建保护意识薄弱，村寨部分建筑破败倒塌，无人管理。

对策：

（1）整治居住环境，优化建筑风貌，依据村寨文化和产业特色做到一村一品，并制定村寨建筑风貌控制图册。

（2）设置垃圾、卫生处理点，提升住房周边绿化，恢复生态居住环境。

（3）保护古建筑，在修旧如旧的基础上改造提升使其更适合现代居住要求。

村庄

建筑细节

古建筑

破旧建筑

村寨现状建筑分布图

十二、设计思考

如何解决农村存在的问题？

农村存在问题：

总体来说农村主要有村落空心化，人口老化，基础设施不完善 、村容村貌丧失地域性、环境卫生状况差等问题；另外在公共服务设施和公共休闲空间等生活配套上几乎没有，文化精神空间也缺少；农业发展还在看天吃饭，依然处在最原始的状态，农业及周边的产业发展少之甚少；总之，今天的农村渐失活力。解决农村，农民，农业等三农问题，仍然任重道远。

农村问题的对策：

这是一个长期持续的问题，大家都在积极的探索之中，总的来说解决这一系列的问题需要以人为中心以资源为根本以政策支持为驱动力；从基础设施，公共服务设施，村寨建筑风貌控制，环境卫生提升，教育，文化精神建设，产业引导与发展等多方面统筹发展，有效的把城乡结合起来，实现城市人的田园梦，实现田园人的生活美。

景观的角度：

以保护农村生态，整合农村自然资源、民俗文化、历史人文等资源为前提，通过美丽乡村建设，完善基础设施，建立休闲生活系统与公共服务设施，培育精神文化建设等策略，实施生态共享、文化共享、发展共享等理念建设富有诗情画意的田园综合体，发展乡村旅游，走农业结合旅游业转型之路，通过旅游带动高品质有机农业和畜牧业的发展，逐步做到深加工，文化创意 IP 等深度和广度，最终实现现代化农业产业化。

第三节　规划构思

一、规划策略

二、规划定位

三、规划目标

四、规划内容

五、内容表达

一、规划策略

1. 营造核心吸引力—低投入，高回报，大效应

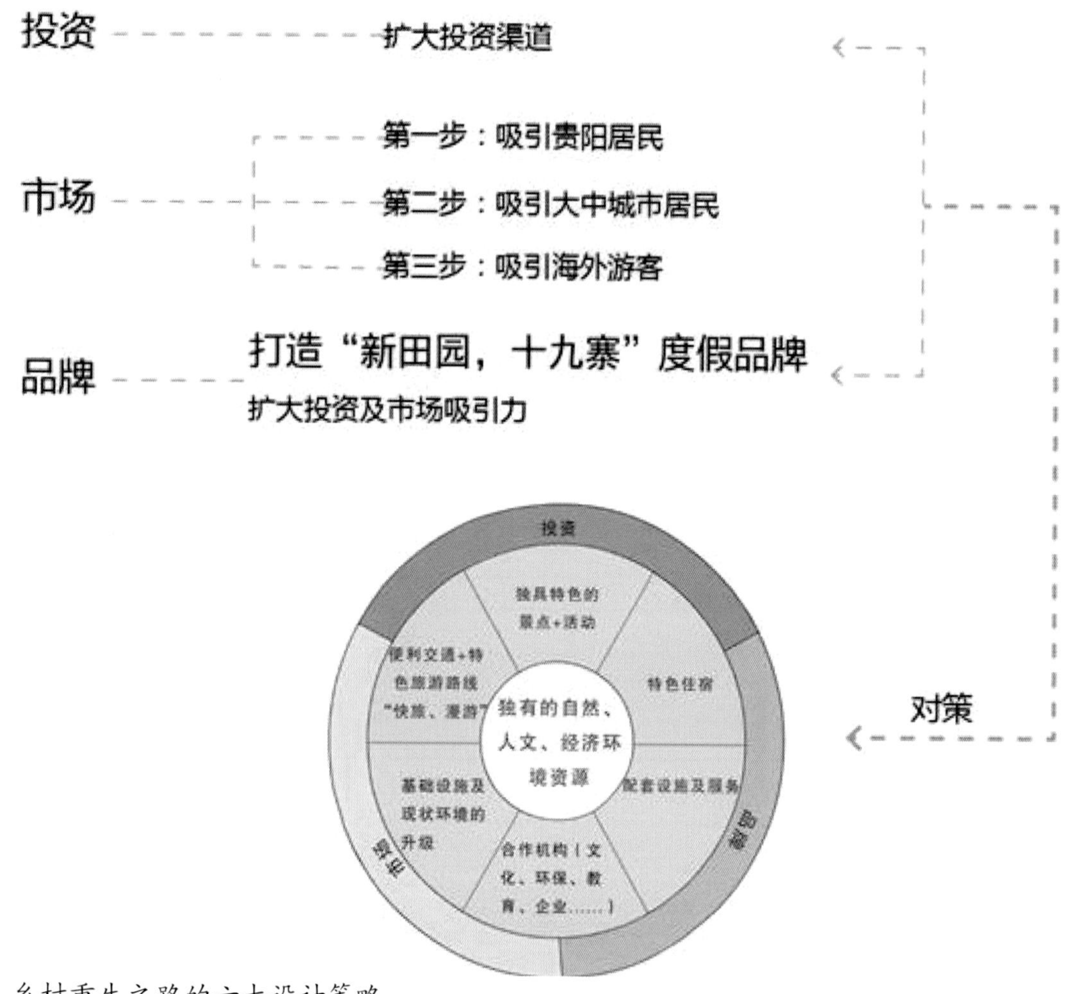

2. 乡村重生之路的六大设计策略

（1）通过多元共治，利用原乡，原生态，民俗风情，打造乡村全景产业链，营造和谐的田园生活。

（2）乡村旅游发展必须要秉承“景田相依、农旅相生、再造故乡”的原则，乡村旅游的根本在农，核心在体验。保留并还原乡村古朴 生态的特色，充分利用原有地形地貌，选择性保留原有动植物资源，并大量使用农作物和生态工程进行景观营造和基础设施建设。以传统农业为基础，注入旅游休闲的功能，营造旅游环境。

（3）以增量激活存量，实现“生产、生活、生态、生命科学”四生共赢。

（4）通过深入挖掘每个村寨的资源特色，尊重村庄原有的有机体系，将地域本土文化融入乡村旅游产品设计，打造乡村唯一性的特色产品，形成强有力的旅游吸引力。

（5）乡村全景产业体系将涵盖乡村田园生活各方面，包括田园种养、田园休闲度假、田园科技、田园文化、田园养老等，构筑一幅乡村田园生活产业链的全景图。

（6）通过整合资源，聚集功能，不断提高产业经营与服务能力；通过建立互动机制，充分调动当地村民的积极性，盘活当地的山水、田林果、地、河等自然资源，使村民能参与商业运营，盘活资源，经营文化，切实享受项目带来的商业利益。

二、规划定位

打造世界级田园综合体

每个人心里都有一片桃花源，古今中外的文学家、思想家、社会改革家也都在呼唤“田园城市”。在当今中国，在经济高速发展，空气质量、食品安全已严重困扰都市生活的今天，“望得见山，看得见水，记得住乡愁”变成了人们最渴望的田园梦想，跨越城乡二元化的经济、社会鸿沟，实现城乡共同发展，是当代中国人的历史使命。**“田园综合体”**模式体现出一种新型产业的综合价值，包括农业生产交易、乡村旅游休闲度假、田园娱乐体验、田园生态享乐居住等复合功能。

借助**“田园综合体”**模式探索**“田园，经济”**，是面向城市人浪漫主义生活消费的一片田园风貌，价值在于综合，它让农业变得有观光和深消费价值，让旅游业寄托在乡村梦的消费上，让原本不能开发都市房产的地方变成都市人向往的田园小镇。

旨在打造活化乡村、感知田园城乡生活，将生活与休闲相互融合。保留了村庄内的古井、池塘、原生树木，最大程度地保持了村庄的自然形态。

三、规划目标

打造现代农业、休闲旅游、文化创意、田园社区等产业为一体的田园综合体

白云十九寨顶层规划，倡导人与自然的和谐共融与可持续发展，是建设“诗意白云、乡愁白云”的重要载体，通过“三生”（生产、生活、生态）、“三产”（农业、加工业、服务业）的有机结合与关联共生，实现生态农业、休闲旅游、艺术创意社区、田园居住等复合功能，将其打造成为贵阳城乡一体化建设的示范和标杆，引领美丽乡村建设。

四、规划内容

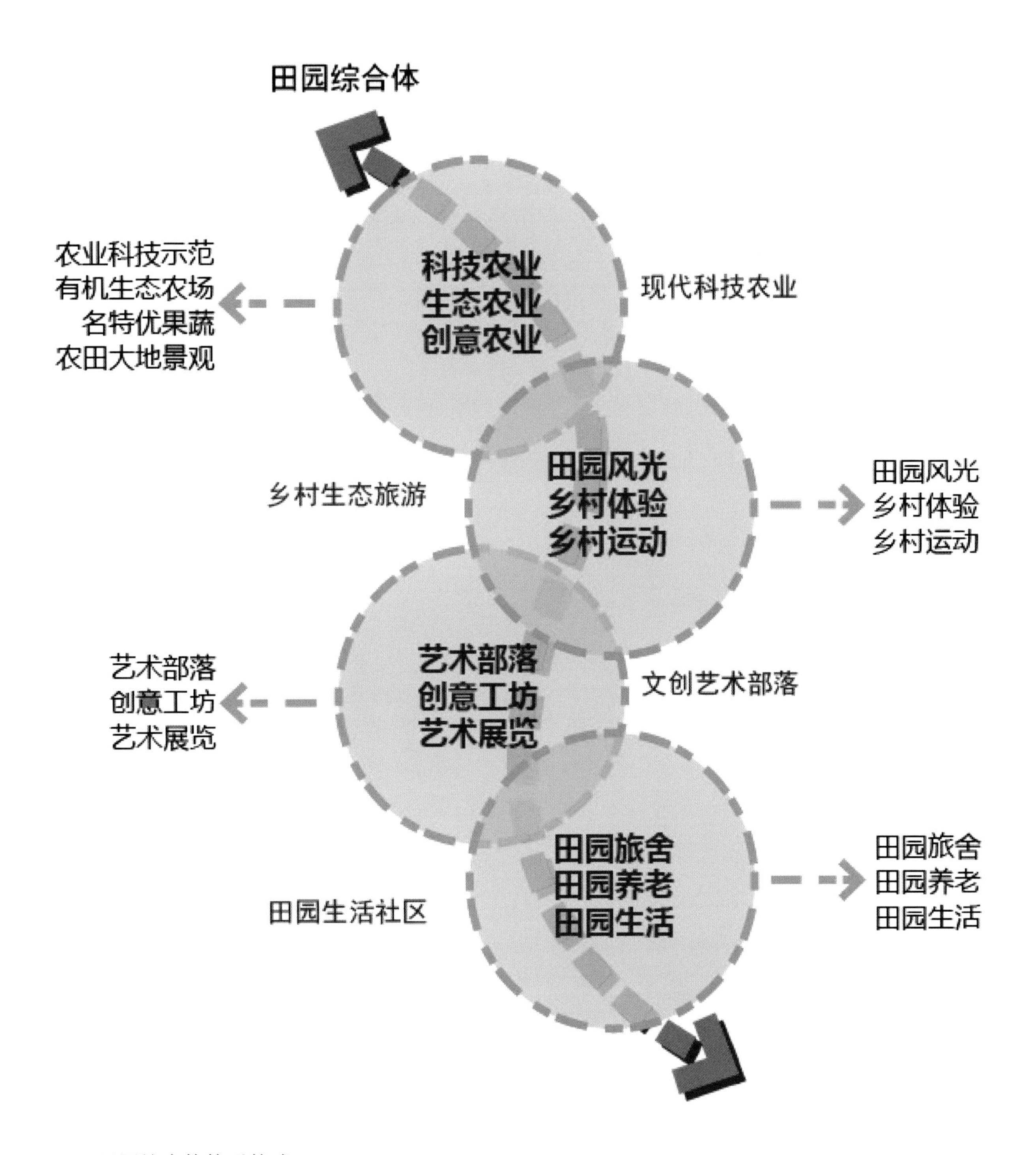

田园综合体体系构成：

包含现代农业、乡村旅游、文创艺术部落、田园生活社区等几大板块，打造一个以生态高效农业、农林乐园、园艺中心为主体，体现花园式农场运营理念的农林、旅游、度假、文化、居住综合性社区。

五、内容表达

现代科技农业：

农业是乡村的根本和基础，通过现代农业技术的推广和应用，从生产到加工到包装销售全产业链的整合，提高农业生产的经济效益。

乡村生态旅游：

利用好十九寨拥有良好的原生态、河流山川、优美的田园风光、多彩的少数民族民俗文化，发展乡村休闲旅游，发展第三产业，带动农村增收就业。

文创艺术部落：

利用好十九寨靠近贵阳城区区位优势，打造诗情画意的人文生态艺术部落，吸引城市的创意产业落户，打造创意产业。

田园生活社区：

提倡田园生活，围绕休闲、体验、康体、养老，打造良好的业态，形成新田园主义的生活方式。

第四节　开发策略

一、村寨发展策略

村寨发展策略：

“以点为基，串点成线，连线成片”，打造“美丽乡村”的整体性与集聚性、通过农村产业提升，激活农村活力，打造成宜居、宜生产、宜生活，可持续发展的村落。

（1）依托蓬莱仙界景区开发，区位交通优势，充分利用河流湖泊、森林资源、田园风光、历史人文等资源，培育发展休闲农业与乡村旅游。

（2）通过电商平台，发展名特优农产品种植加工、销售，增加农民收入。

（3）通过多元化渠道融资，吸引有经验、有实力的企业及商客，参与乡村旅游开发。

二、区域旅游规划

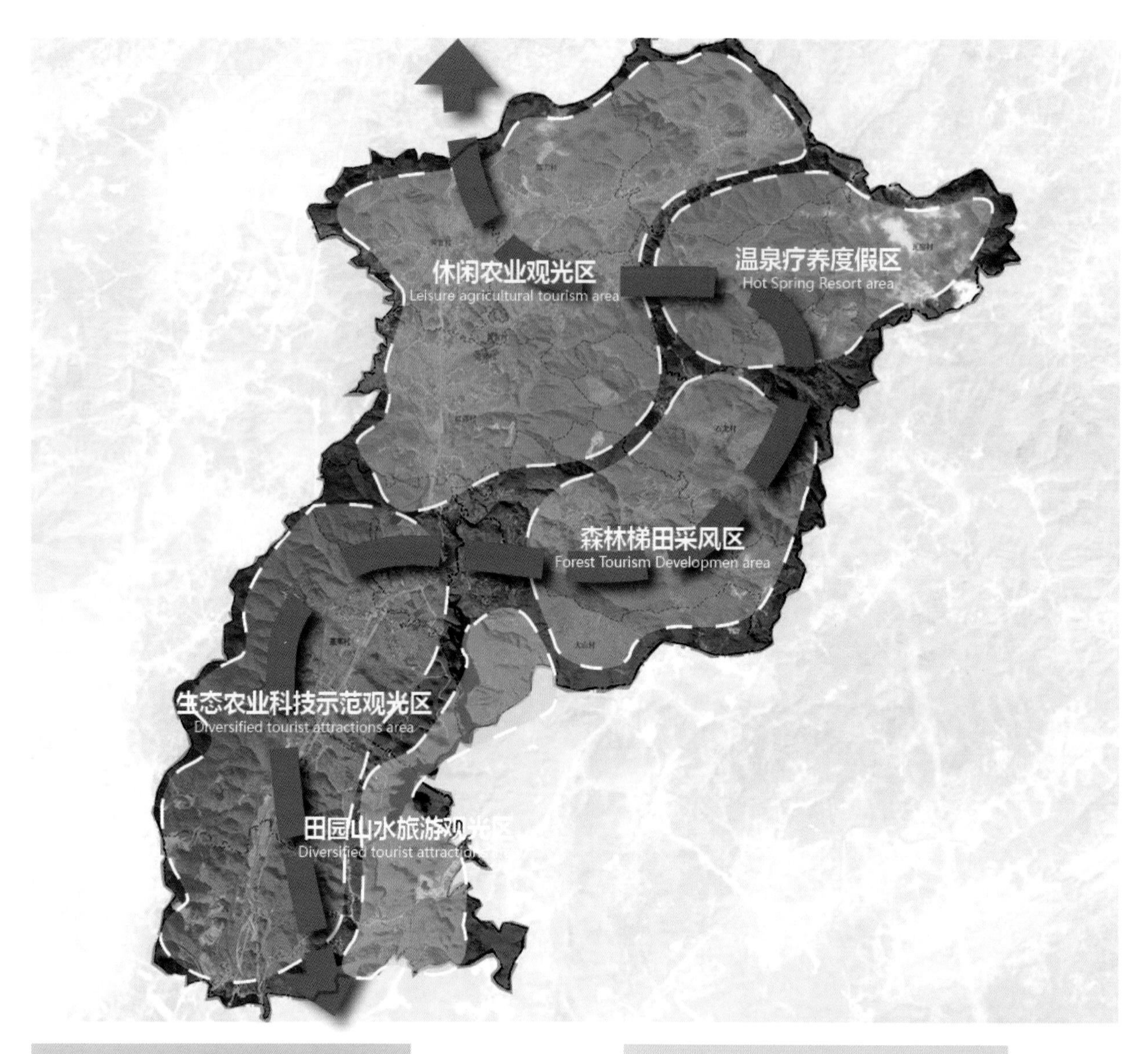

生态农业科技示范观光区

现有区域农耕资源较为丰富，以此为主要的观光点进行打造，可观光、采摘，体验农作，了解农民生活，享受乡土情趣。

田园山水旅游观光区

现状已规划了上村上下水寨和阿所寨及长冲寨，具有优美的田园山水资源，打造成田园山水旅游观光区域。

温泉疗养度假区

现状具有较为丰富的温泉资源，以此为亮点，打造乡村温泉度假区，沐浴于秀丽的山水间。

森林梯田采风区

此区域包含丰富的水系与山林梯田资源，具有天然的自然景观优势，可以打造滨水景观空间、山林梯田观光、摄影，感受十九寨的山林梯田风光。

休闲农业观光区

现状已规划了蓬莱仙界九个旅游篇章，分别为都拉垂柳、佛田春韵、金银滩·布依人家、珠瑙驿栈、阿所大营、蘑菇世界、神农庄园、荷塘月色、古镇记忆，是生态农业科技示范的区域。

1. 区域旅游规划——生态农业科技示范观光区

2. 区域旅游规划——田园山水旅游观光区

3. 区域旅游规划——森林梯田采风区

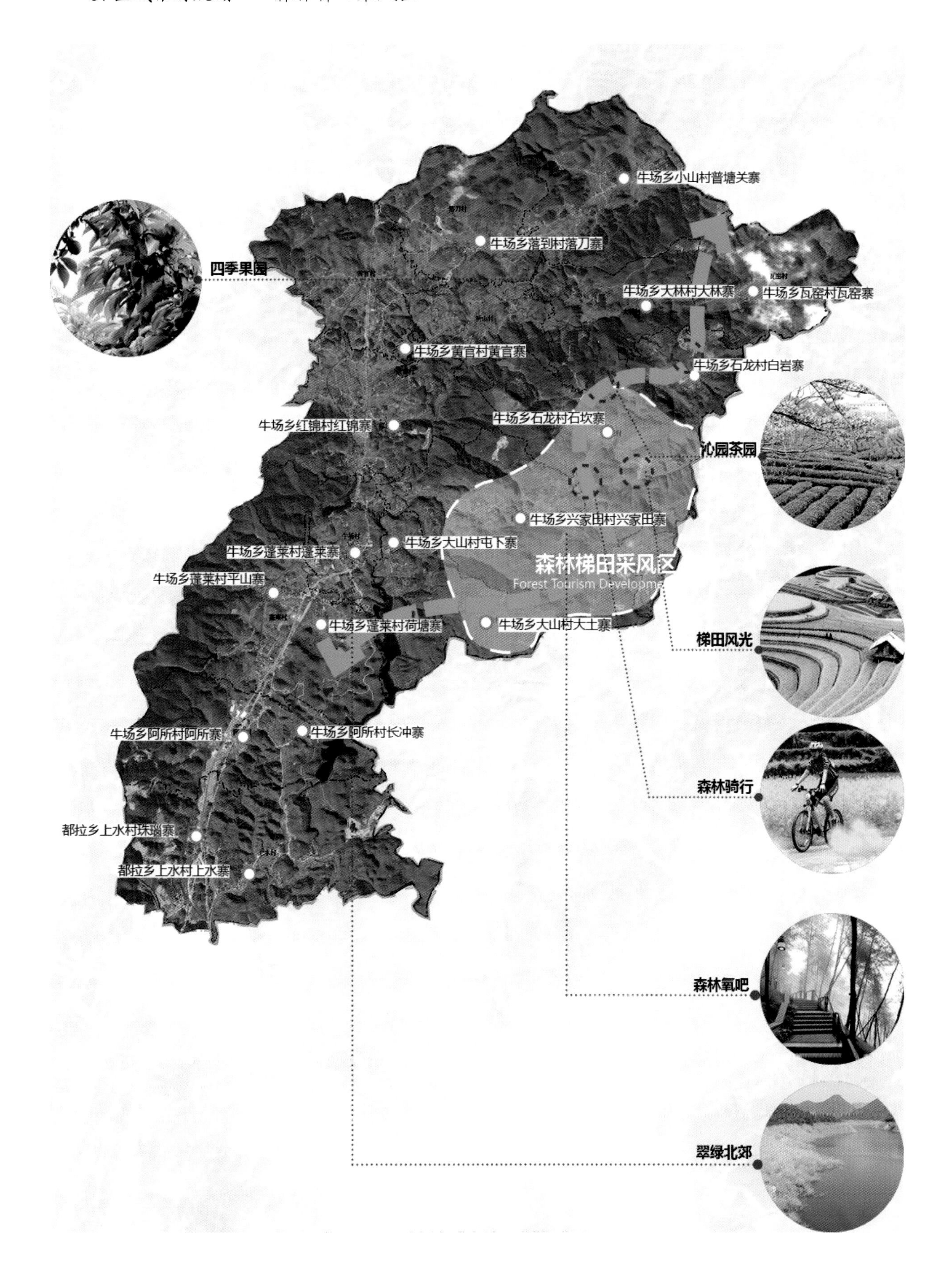

4. 区域旅游规划——温泉疗养度假区

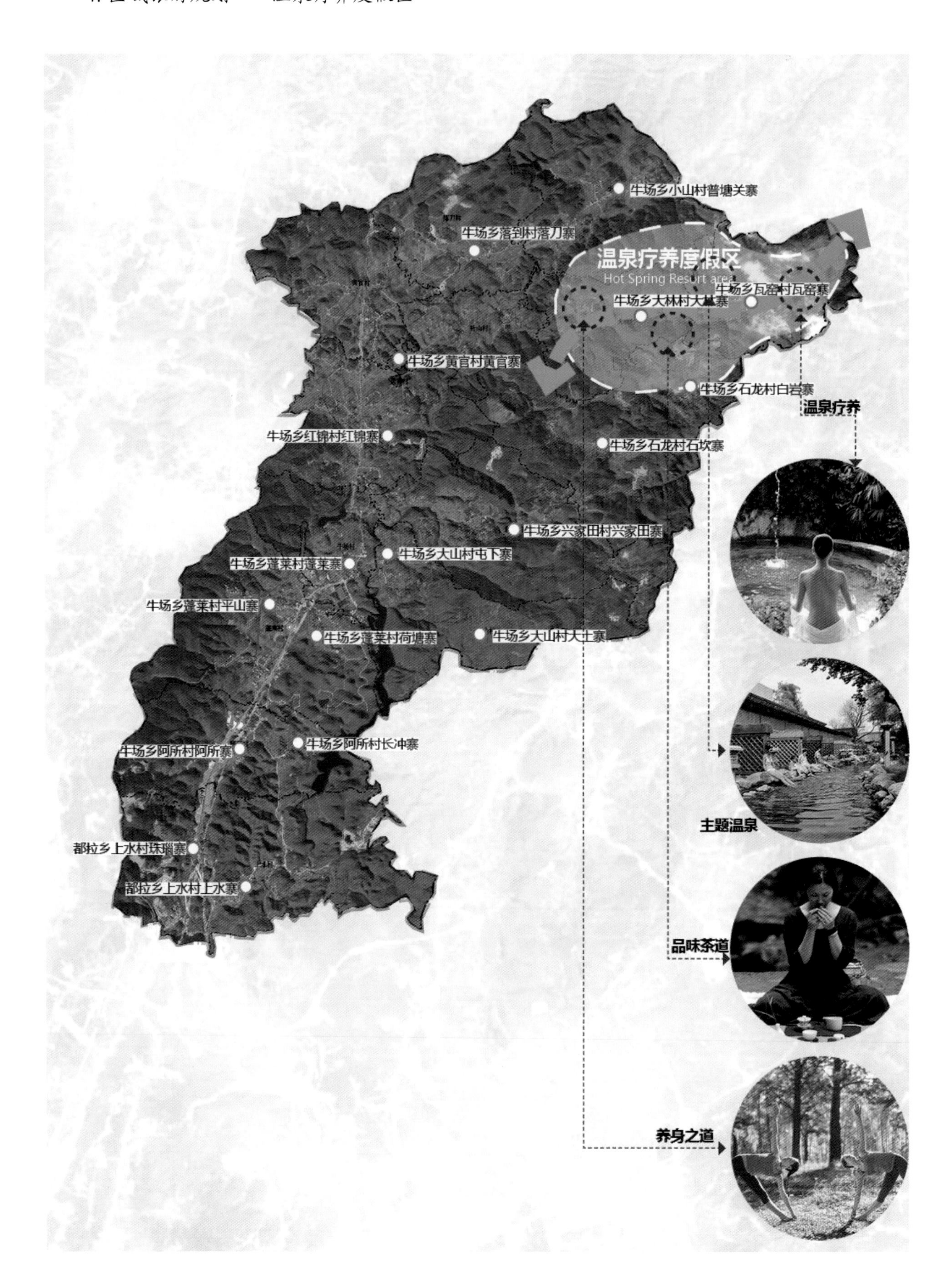

5. 区域旅游规划——休闲农业观光区

三、主题策划

"十九诗篇，十九种风情"
云程大道
YUNCHENG AVENUE
天高云淡，五彩普塘
（鱼米之乡）
落刀清泉，世外桃源
（美酒文化）
云山深处，汤泉养生
（温泉文化体验）
古木逢春，大林野趣
（古树名木、野炊，采菇露营）
祁山烟云，密境寻踪
（山林密境，森林探险）
白岩叠翠，云蒸霞蔚
（高山云雾，茶文化）
苗寨卧龙，歌舞踩堂
（苗寨风情，歌舞手工艺）
白云佳果，红锦杨梅
（杨梅产业，采摘体验）
家田李下，农耕情怀
（农田观光，农耕文化体验）
浪漫屯下，草莓之恋
（草莓采摘体验）
古镇新韵，蓬莱生辉
（古巷记忆，传统建筑）
空山秋韵，大土佳肴
（特色农家美食体验）
云卷云舒，平山芳草
（中草药种植，药膳体验）
芦花荡舟，荷塘映月
（荷花，湿地）
平湖北郊，百果飘雪
（湖泊观景，水果采摘体验）
阿所盘营，古韵新风
（电商文化，军事体验）
云裳珠瑙，风情驿站
（布艺文化，传统手艺）
艺术部落，山水人家
（艺术家村，田园景观）
莲心禅韵，花开佛田
（花田风光，佛文化）
牛场乡小山村普塘关寨
牛场乡落到村落刀寨
牛场乡大林村大林寨
牛场乡瓦窑村瓦窑寨
牛场乡黄官村黄官寨
牛场乡石龙村白岩寨
牛场乡红锦村红锦寨
牛场乡石龙村石坎寨
牛场乡兴家田村兴家田寨
牛场乡大山村屯下寨
牛场乡蓬莱村蓬莱寨
牛场乡蓬莱村平山寨
牛场乡大山村大土寨
牛场乡蓬莱村荷塘寨
牛场乡阿所村长冲寨
牛场乡阿所村阿所寨
都拉乡上水村珠瑙寨
都拉乡上水村上水寨

1. 主题策划——都拉乡上水村上水寨

2. 主题策划——都拉乡上水村下水寨

3. 主题策划——牛场乡阿所村长冲寨

4. 主题策划——牛场乡兴家田村兴家田寨

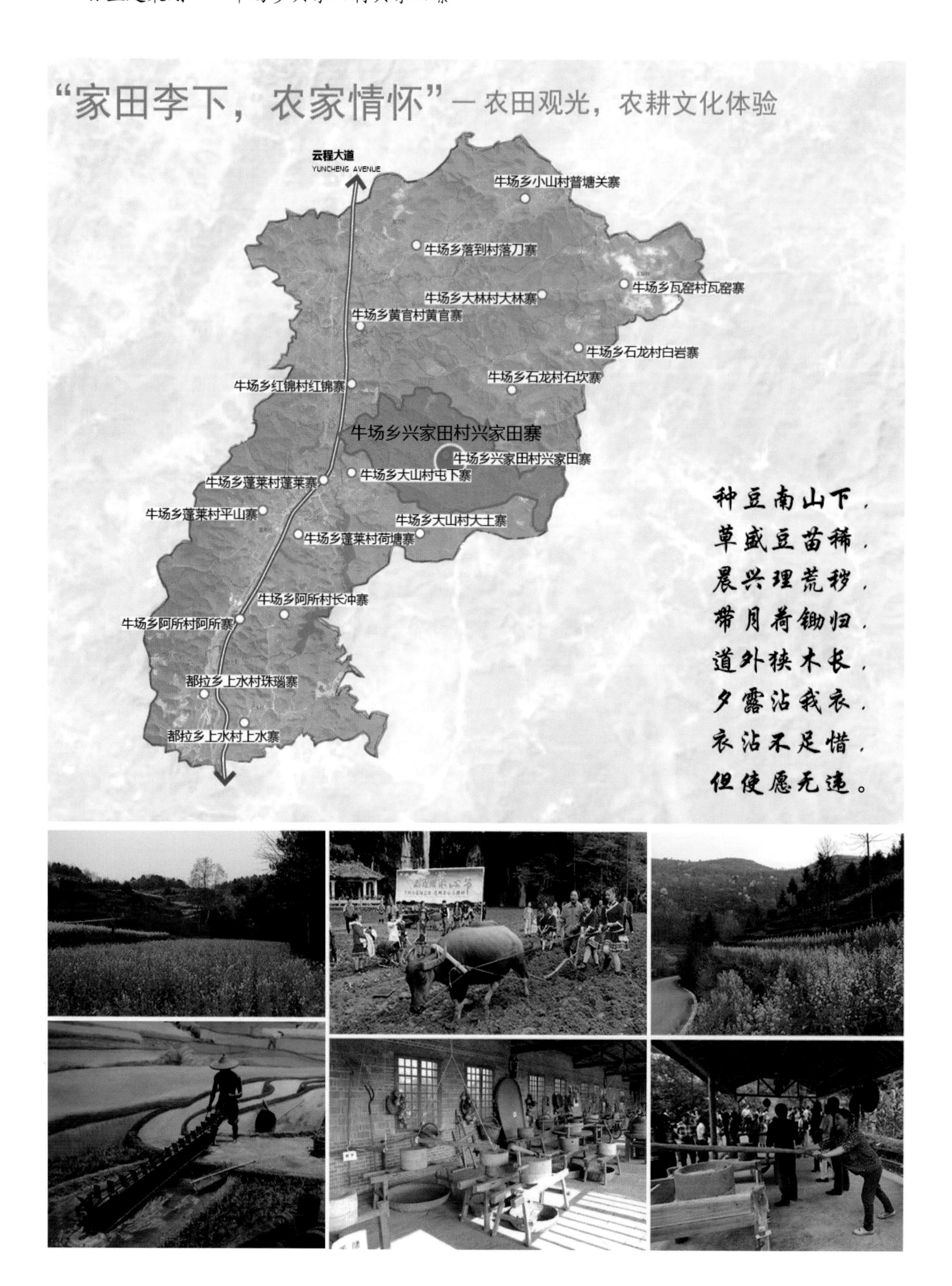

5. 主题策划——牛场乡石龙村石坎寨

四、交通规划

1. 交通规划——慢行系统

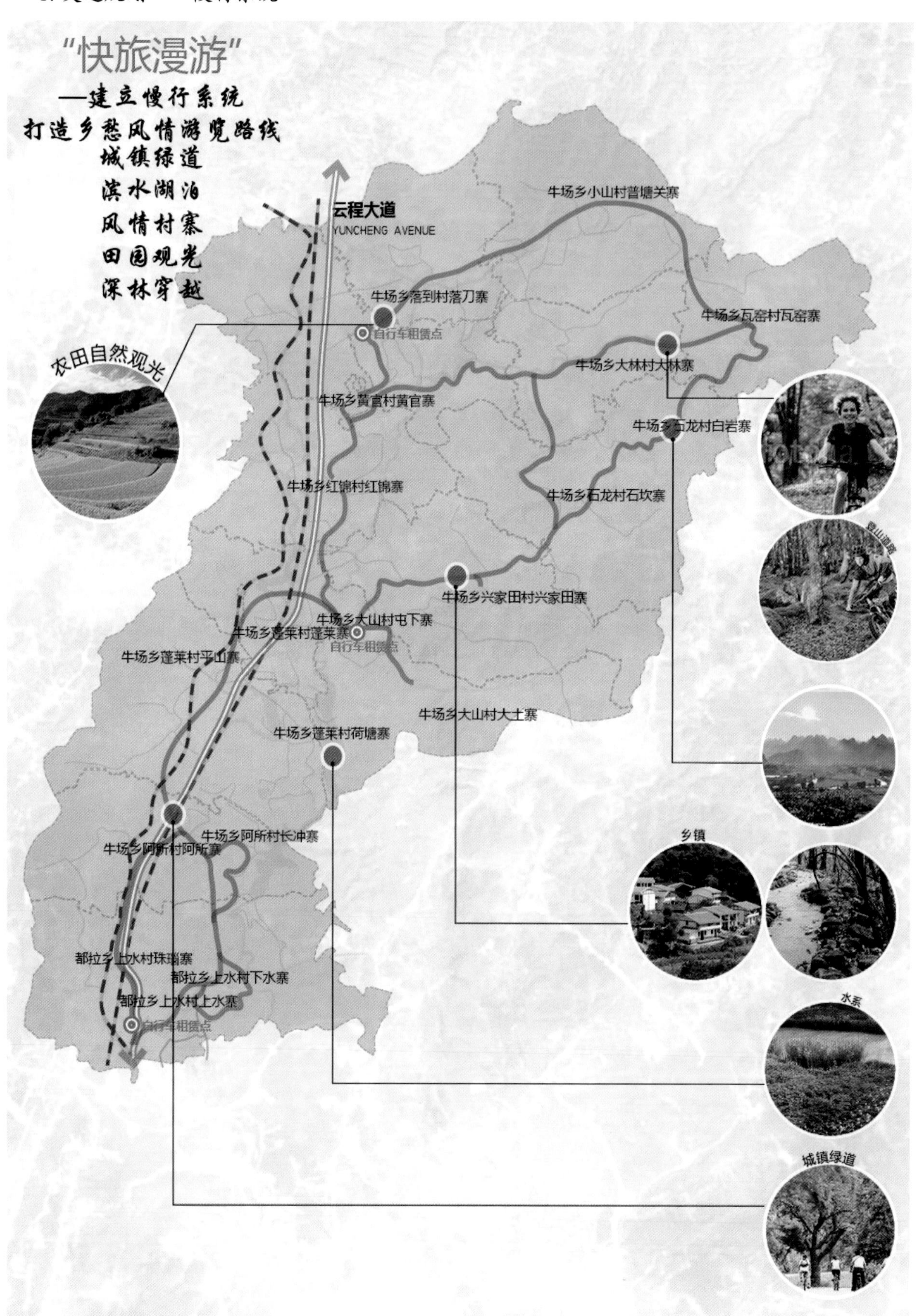

2. 交通规划——丛林远足体验线

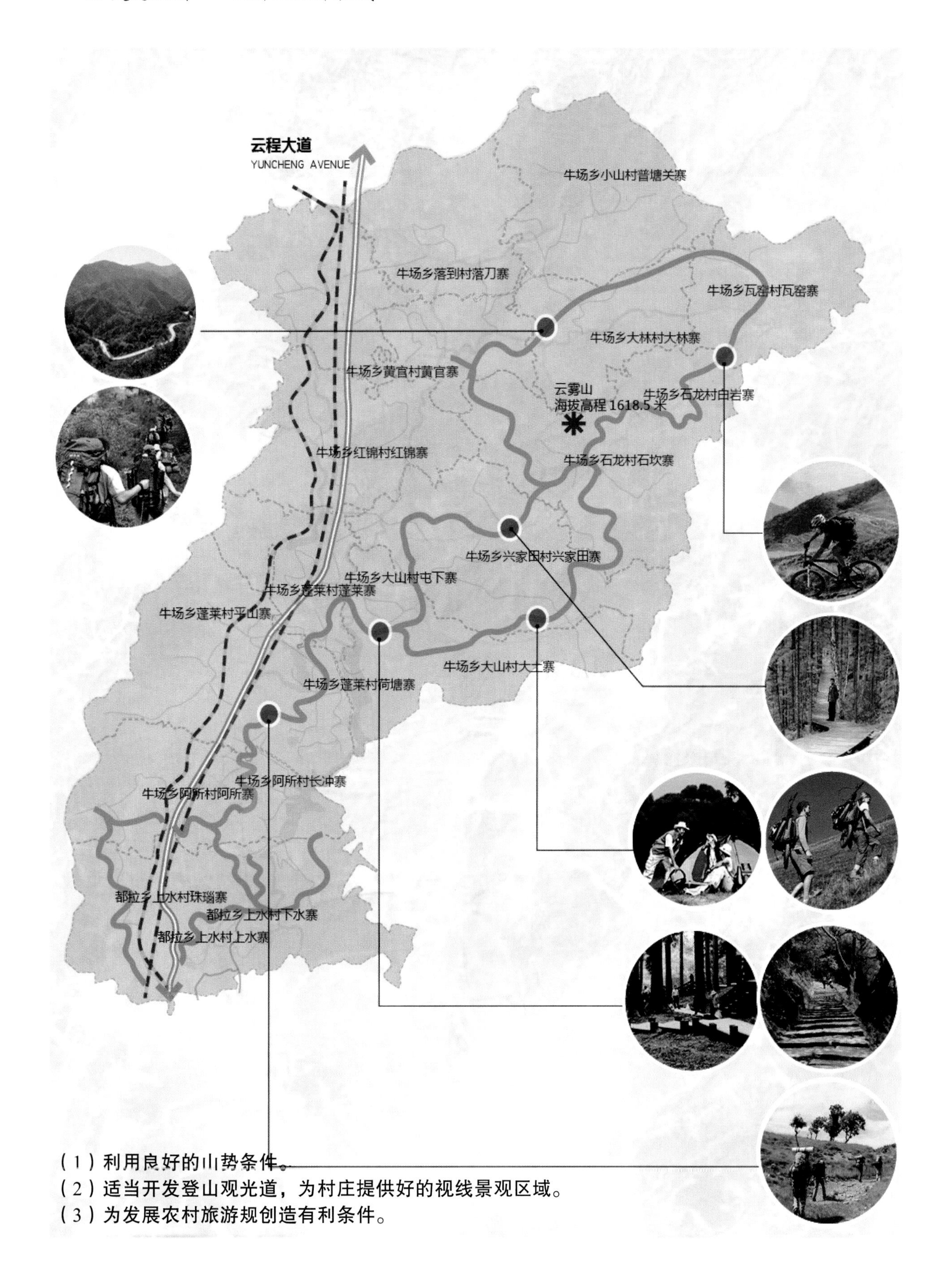

（1）利用良好的山势条件。
（2）适当开发登山观光道，为村庄提供好的视线景观区域。
（3）为发展农村旅游规创造有利条件。

五、绿地规划

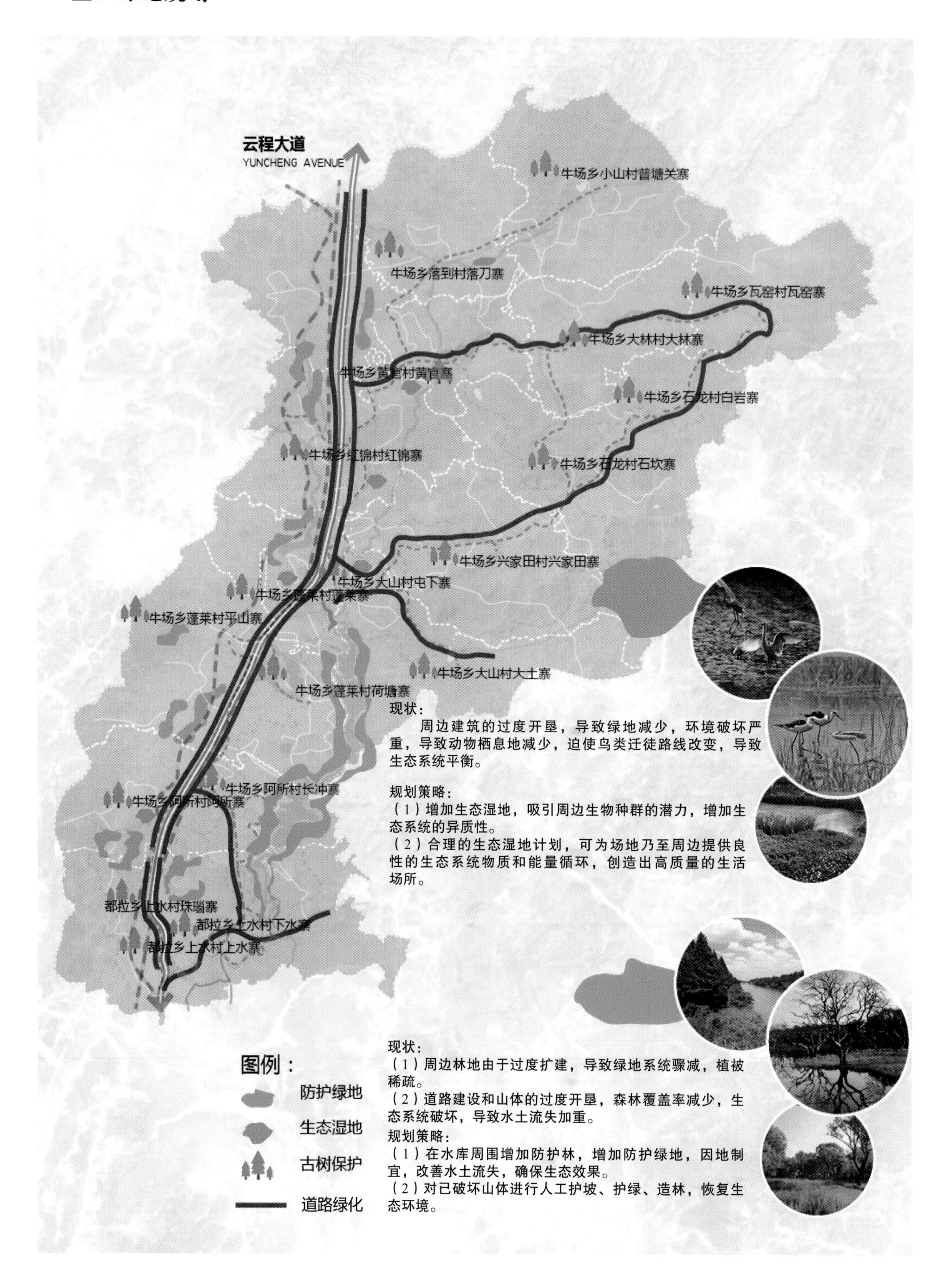

云程大道
YUNCHENG AVENUE
牛场乡小山村普塘关寨
牛场乡落到村落刀寨
牛场乡瓦窑村瓦窑寨
牛场乡大林村大林寨
牛场乡黄官村黄官寨
牛场乡石龙村白岩寨
牛场乡红锦村红锦寨
牛场乡石龙村石坎寨
牛场乡兴家田村兴家田寨
牛场乡大山村屯下寨
牛场乡蓬莱村蓬莱寨
牛场乡蓬莱村平山寨
牛场乡大山村大土寨
牛场乡蓬莱村荷塘寨
现状：
周边建筑的过度开垦，导致绿地减少，环境破坏严重，导致动物栖息地减少，迫使鸟类迁徙路线改变，导致生态系统平衡。
规划策略：
（1）增加生态湿地，吸引周边生物种群的潜力，增加生态系统的异质性。
（2）合理的生态湿地计划，可为场地乃至周边提供良性的生态系统物质和能量循环，创造出高质量的生活场所。
牛场乡阿所村长冲寨
牛场乡阿所村阿所寨
都拉乡上水村珠瑙寨
都拉乡上水村下水寨
都拉乡上水村上水寨
现状：
（1）周边林地由于过度扩建，导致绿地系统骤减，植被稀疏。
（2）道路建设和山体的过度开垦，森林覆盖率减少，生态系统破坏，导致水土流失加重。
规划策略：
（1）在水库周围增加防护林，增加防护绿地，因地制宜，改善水土流失，确保生态效果。
（2）对已破坏山体进行人工护坡、护绿、造林，恢复生态环境。
图例：
防护绿地
生态湿地
古树保护
道路绿化

六、共享空间规划

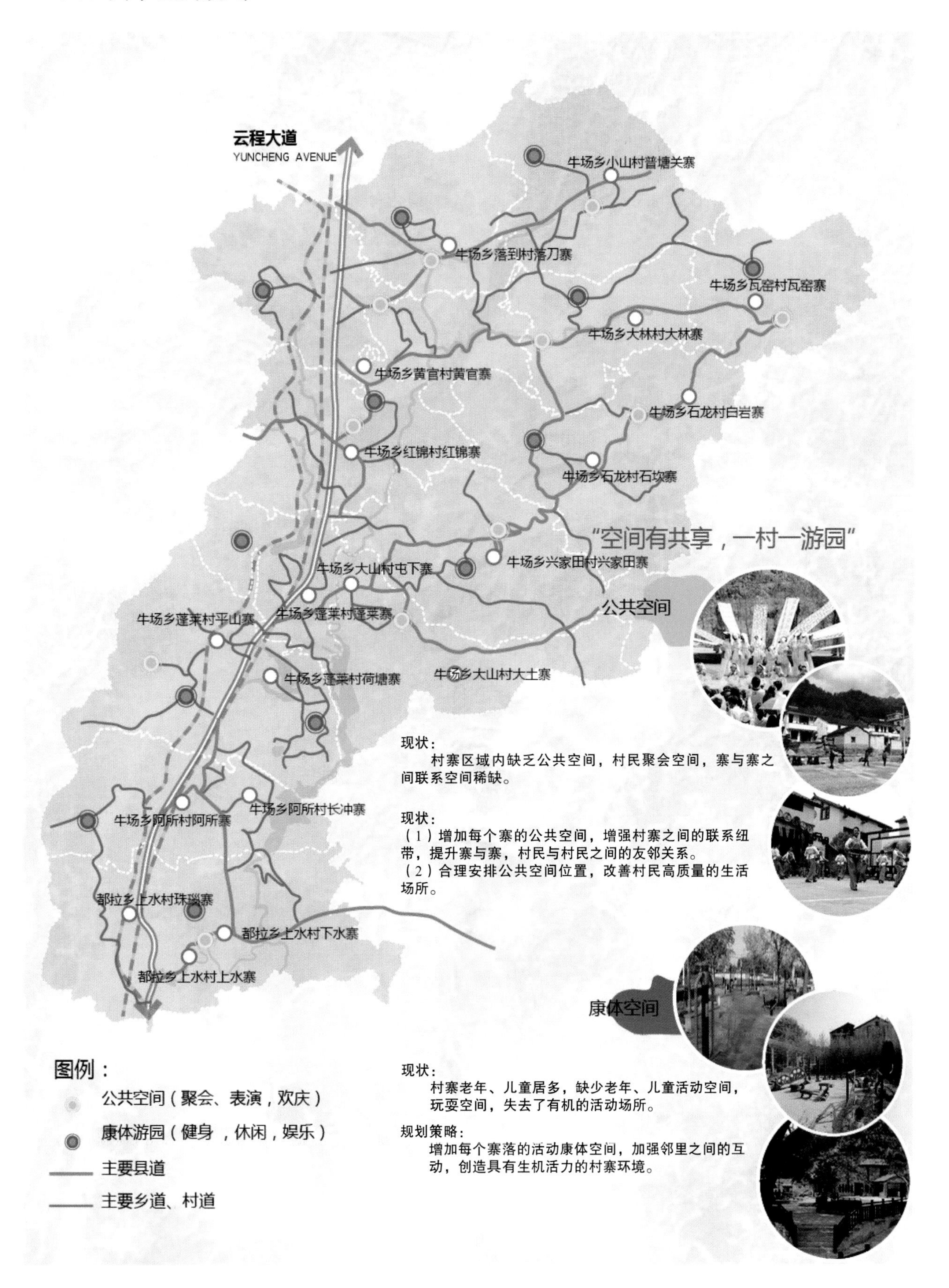
云程大道
YUNCHENG AVENUE
牛场乡小山村普塘关寨
牛场乡落到村落刀寨
牛场乡瓦窑村瓦窑寨
牛场乡大林村大林寨
牛场乡黄官村黄官寨
牛场乡石龙村白岩寨
牛场乡红锦村红锦寨
牛场乡石龙村石坎寨
"空间有共享，一村一游园"
牛场乡兴家田村兴家田寨
牛场乡大山村屯下寨
公共空间
牛场乡蓬莱村平山寨
牛场乡蓬莱村蓬莱寨
牛场乡蓬莱村荷塘寨
牛场乡大山村大土寨
现状：
村寨区域内缺乏公共空间，村民聚会空间，寨与寨之间联系空间稀缺。
牛场乡阿所村阿所寨
牛场乡阿所村长冲寨
现状：
（1）增加每个寨的公共空间，增强村寨之间的联系纽带，提升寨与寨，村民与村民之间的友邻关系。
（2）合理安排公共空间位置，改善村民高质量的生活场所。
都拉乡上水村珠瑙寨
都拉乡上水村下水寨
都拉乡上水村上水寨
康体空间
图例：
公共空间（聚会、表演，欢庆）
康体游园（健身，休闲，娱乐）
主要县道
主要乡道、村道
现状：
村寨老年、儿童居多，缺少老年、儿童活动空间，玩耍空间，失去了有机的活动场所。
规划策略：
增加每个寨落的活动康体空间，加强邻里之间的互动，创造具有生机活力的村寨环境。

七、水系生态系统

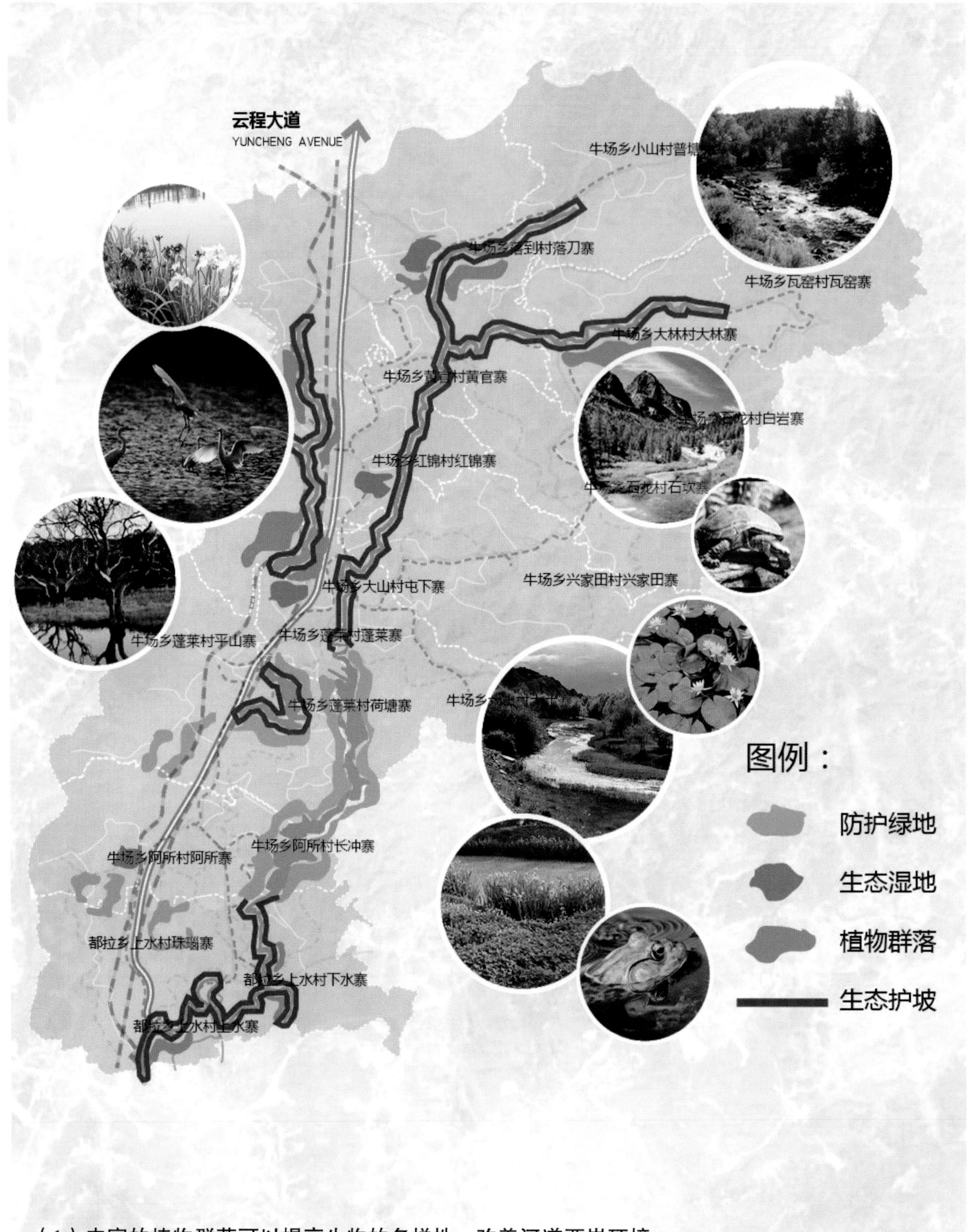

（1）丰富的植物群落可以提高生物的多样性，改善河道两岸环境。

（2）植物根系可以提高土壤中有机物的含量，并改善土壤结构提高其抗侵蚀、抗冲刷能力。

（3）植物的枝叶可以起到截留雨水、抵消波浪、净化水质、天然氧吧的作用。

第五节　村寨设计

一、上水村概况

二、上水村特色资源

三、设计

1. 设计目标

2. 主题特色

四、总平面图

五、景观

1. 景观结构设计

2. 景观功能分析

六、景观流线分析

七、渠道河道改造策略

八、分区分析图——莲心湿地

九、分区分析图——桃柳报春

十、分区分析图——东篱菊园

十一、分区分析图——精品客栈

1. 布依族民风雅院效果图

2. 精品客栈效果图

3. 农家餐饮效果图

4. 餐饮空间效果图

5. 民宿客栈效果图

6. 风情小院效果图

十二、分区分析图——禅意旅居

十三、分区分析图——禅心谷莲花禅院

十四、分区分析图——鸟语溪林

一、上水村概况

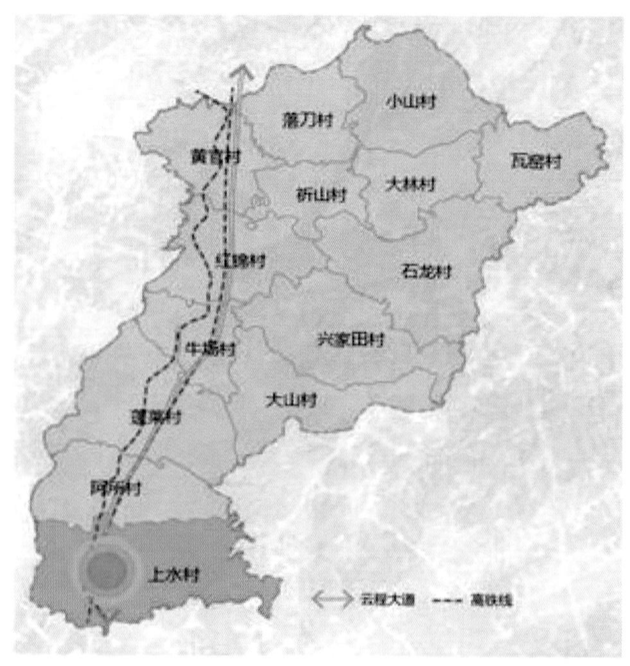

上水村地处都拉乡北面，距离贵阳市老城区16.5km，距白云区政府14km，东邻乌当区水田镇，南接都拉村，西连沙文镇吊堡村，北抵牛场乡阿所村，本村下游有北郊水厂的三江水库。

上水属农业村寨，主抓养殖、种植业，生产总值600万元。

上水村交通便利，从牛场至都拉的乡道从村域通过，是全村对外的交通要道。

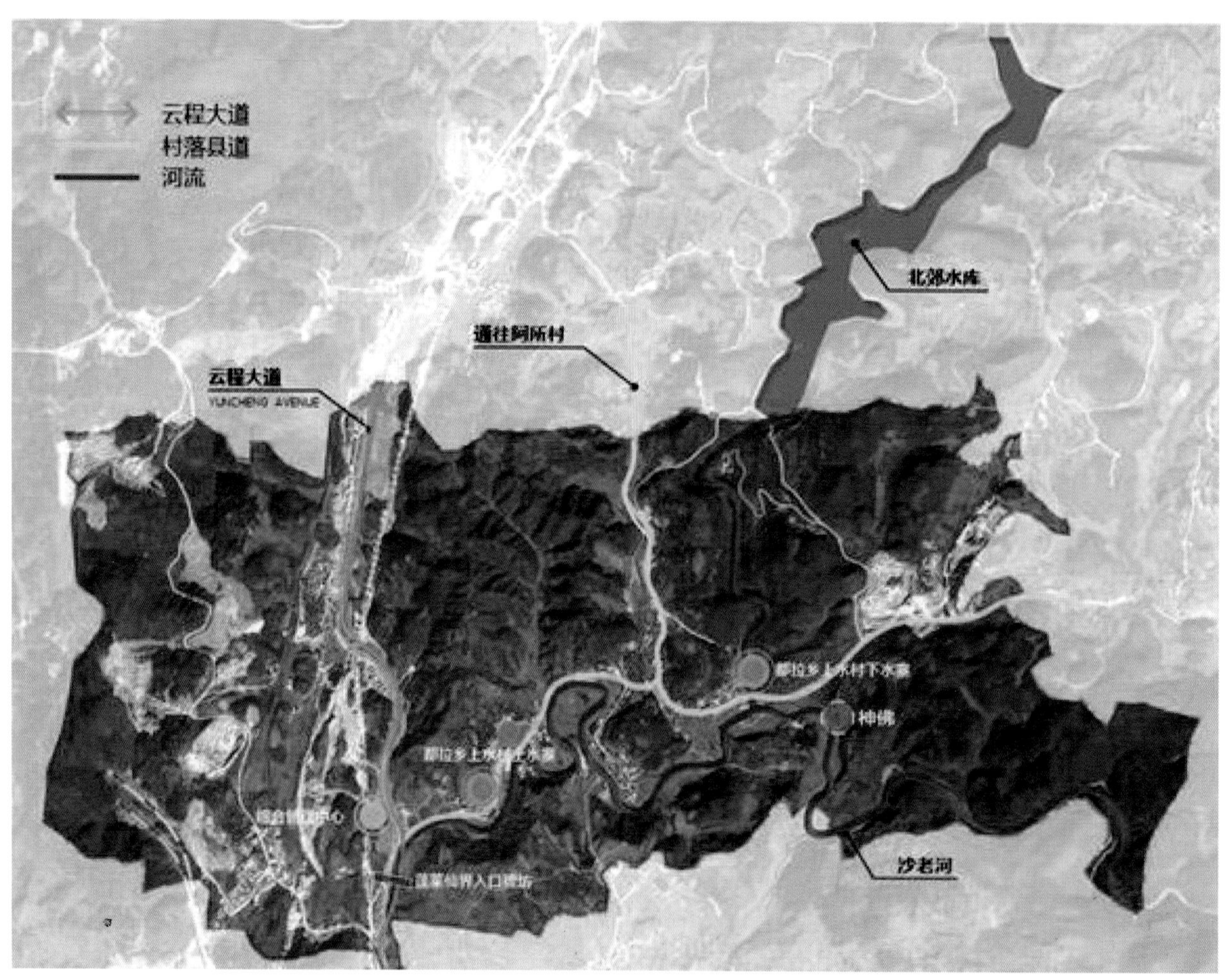

二、上水村特色资源

【人文资源】

【产业 + 自然资源】

上水村特色资源概况：

上水村主要以布依族为主，布依族来源于古代“濮越人”，具有自己的语言文字，布依族以农业为主，素有“水稻民族“之称，民俗文化资源丰富，布依族人民精于水磨制香技艺、纺织、印染、织锦、刺绣等非物质文化工艺，是贵州布依族人民珍贵的文化遗产。

下水大佛，位于都拉乡下水村，离贵阳市中心约16km，被誉为世界第一大自然石佛。

原生态田园风光，风景优美，水系资源丰富，境内有天然淡水湖北郊水库和自然溪水沙老河、自然山林，等自然景观。

三、设计

1. 设计目标

2. 主题特色

气质渗透到感官的方方面面：无论是林间路侧的佛龛，或是毛石垒砌的景墙；还是从余韵缭绕的古音清乐到调理机体的茶饮美食，皆以人的五感体验为宗旨，营造出听有禅音、品有禅意、思有禅修、悟有禅觉的冥空境界。

四、总平面图

①仙界牌坊　④桃柳抱春　⑦精品民宿　⑩九曲沙老　⑬鸟语溪林
②服务管理中心　⑤上水春意　⑧艺术部落　⑪县道　⑭北郊泛舟
③莲心湿地　⑥东篱采菊　⑨双亭望佛　⑫生态林

五、景观

1. 景观结构分析

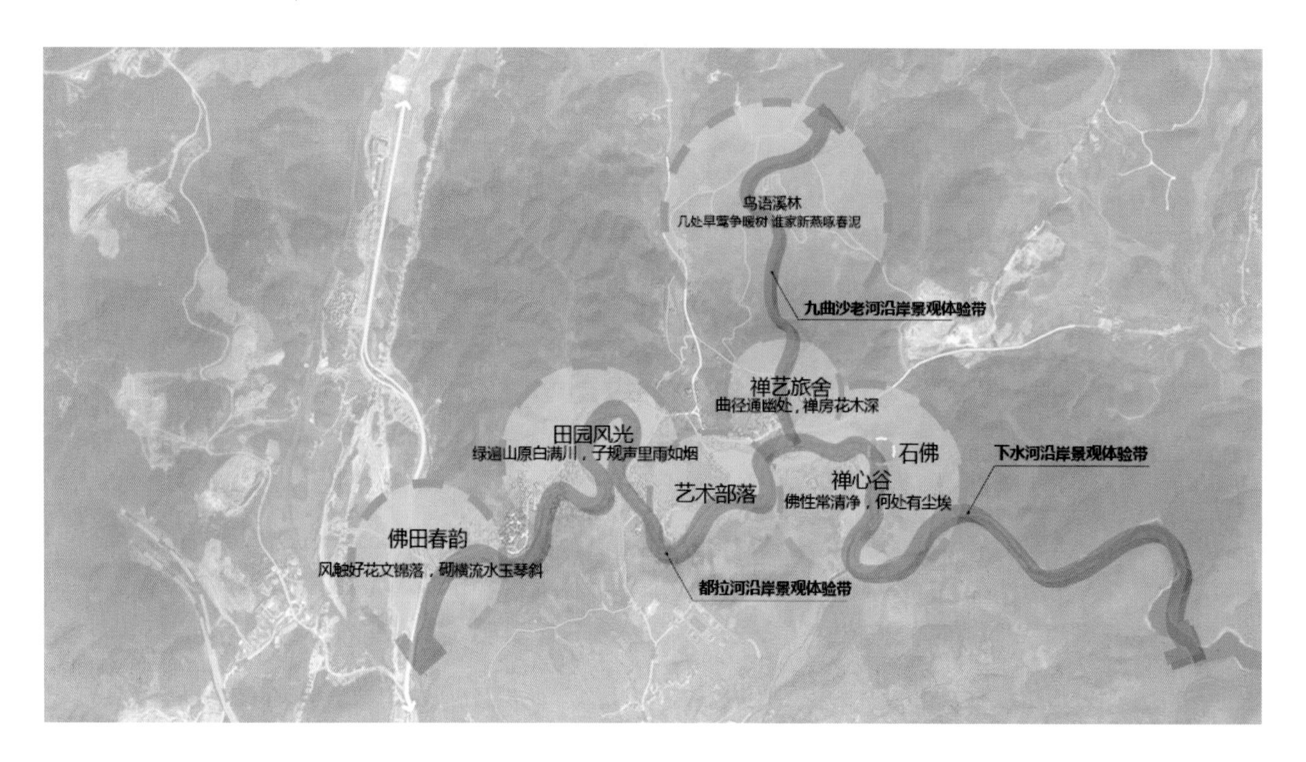

“一线六景”

一线：是指沙捞河沿岸景观体验带。

六景：是以禅意文化为主题，综合乡村聚部，花卉植物景观，乡村田野风光，沿岸自然水系等元素，构筑各具主题的景点空间。

2. 景观功能分析

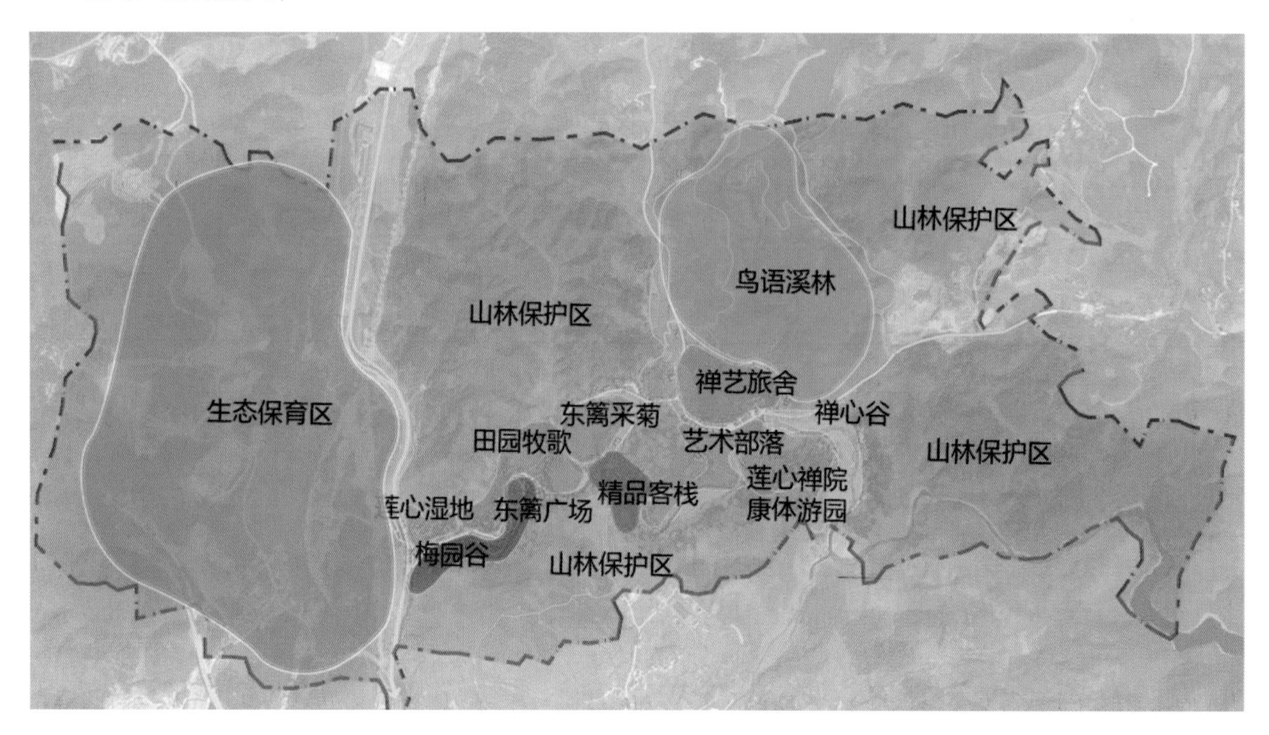

六、景观流线分析

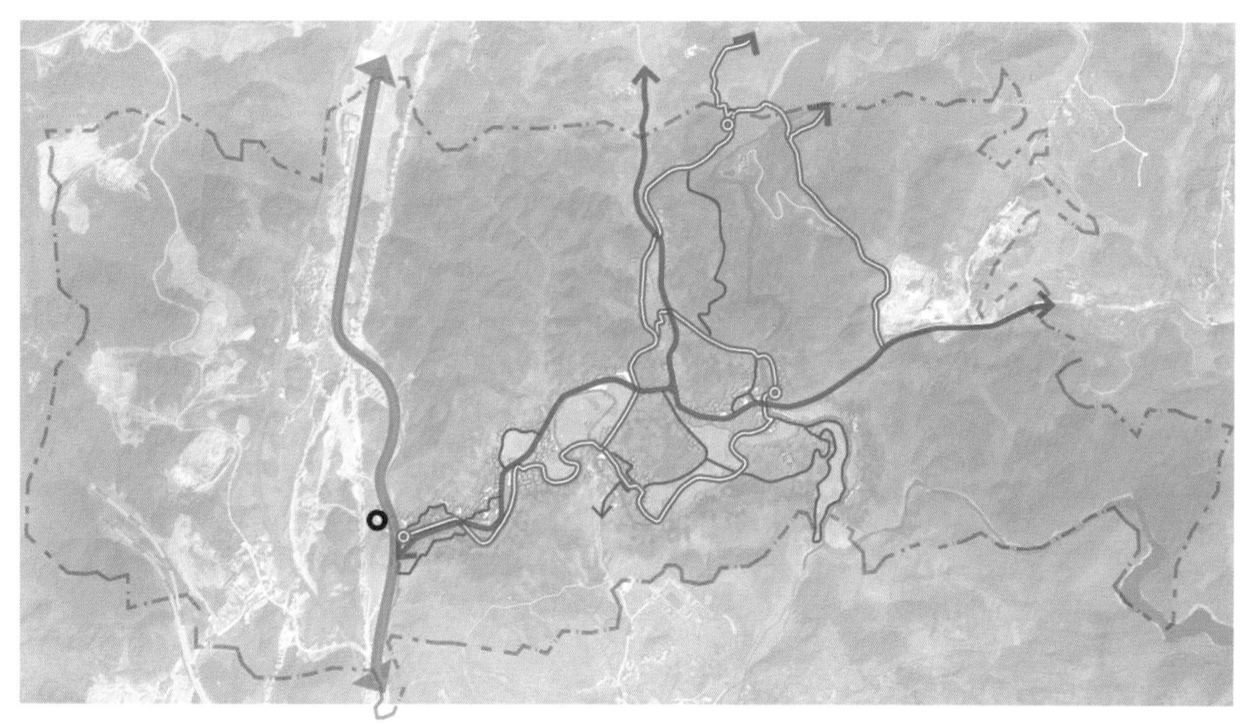

图例：
云程大道　村落游园道　健身绿道
村落县道　停车场　自行车租赁点

七、渠化河道改造策略

上下寨村中，上下水寨及十九寨中河流有许多地方将河道渠化，人工化浓，不够自然生态，缺少乡村气息，希望改善提升

通过改造后可使渠化后的水道变得更加自然美丽，恢复河湖的自然形态。

亲水台阶

绿荫驳岸

水生植物驳岸

卵石河滩

八、分区分析图

九、分区分析图

十、分区分析图

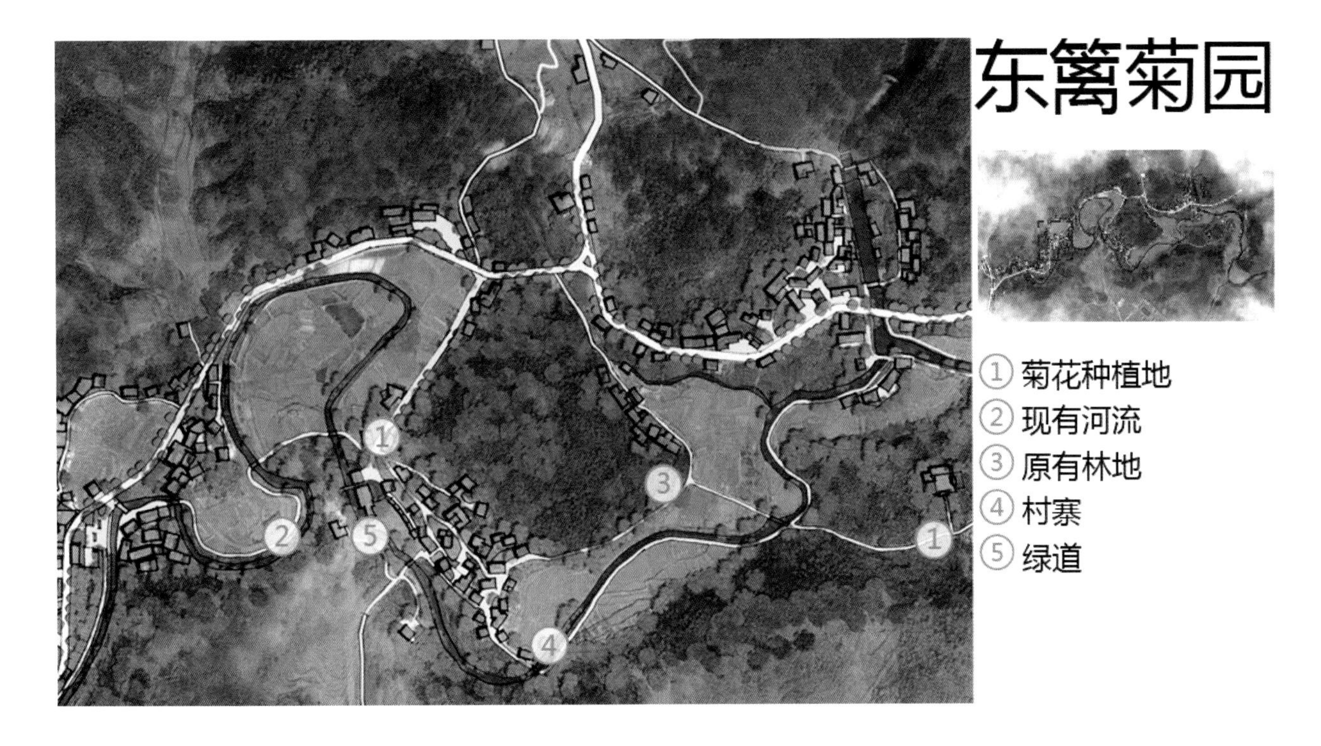

设计说明：

（1）菊花产品的市场前景广阔，市场需求量大，饮用和药用价值高，深受顾客喜欢，与金银花、桑叶茶、桂花等配套发展，产值将翻几番。

（2）菊花种植见效快、采摘期短，适宜蓬莱大部分地方的土质，由于劳动力强度不大，特别适合目前全村留守群体多的现状。

（3）菊花连片种植，开花季节，适宜观赏，能带动乡村生态休闲旅游的发展。每年9—10月，还可以举办菊花节，搞菊花摄影展、菊花科普展，搞生态观光、田园风情游等。

（4）可以通过公司承包土地的方式，雇佣当地农民，形成规范化、规模化的种植模式，调整优化乡村的产业结构。

十一、分区分析图

1. 布依民风雅院效果图

2. 精品客栈效果图

3. 农家餐饮效果图

4. 餐饮空间效果图

5. 民宿客栈效果图

6. 风情小院效果图

十二、分区分析图

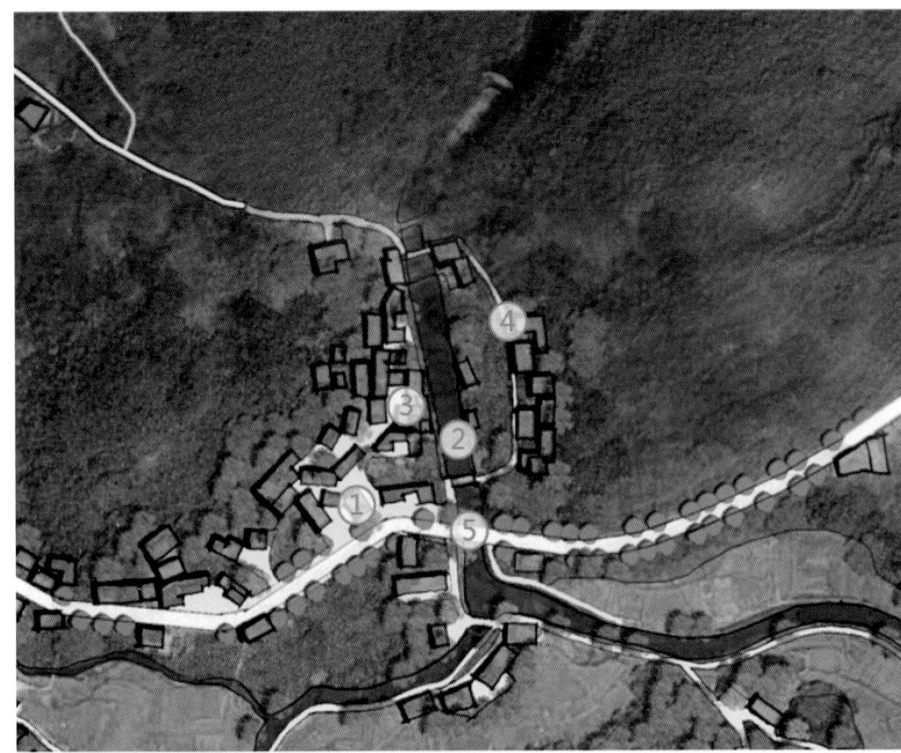

禅艺旅居

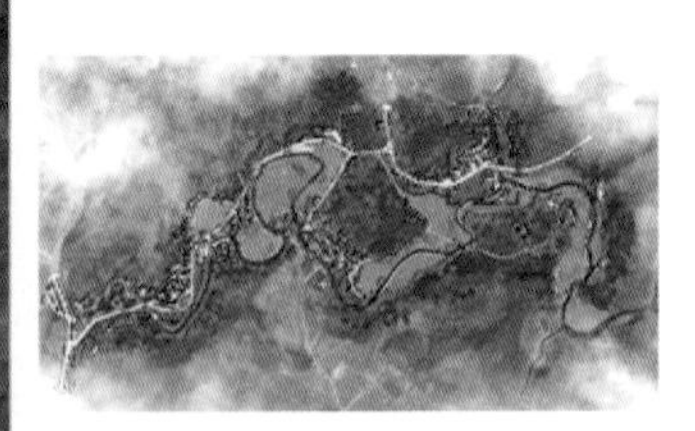

① 休闲广场
② 养殖鱼塘
③ 村落庭院
④ 绿色步道
⑤ 村道

十三、分区分析图

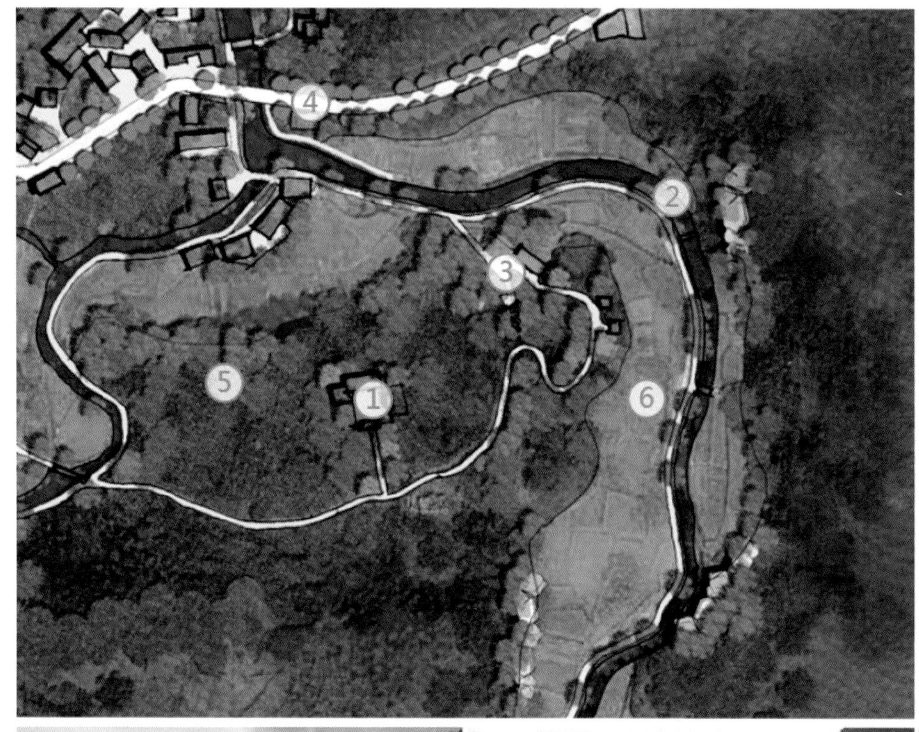

禅心谷
莲花禅院

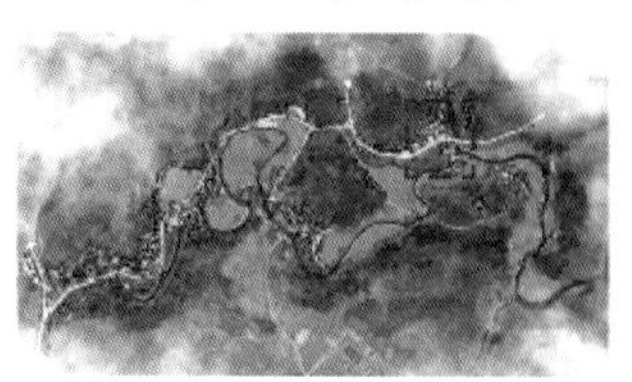

① 莲心禅院
② 九曲沙河
③ 禅心谷
④ 过境村道
⑤ 生态林
⑥ 五彩田园

十四、分区分析图

鸟语溪林

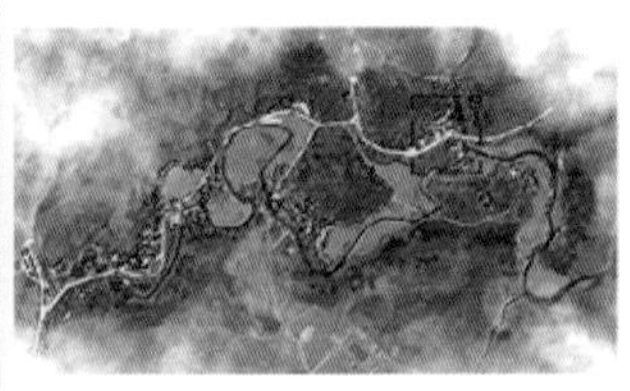

① 自然水系
② 北郊水库
③ 绿道
④ 生态林地

第六节　重点区域设计

一、 现状分析

二、上水广场现状分析

三、上水公园分析图

四、上水公园功能分析图

1. 上水公园鸟瞰效果图

2. 上水公园透视效果图

3. 上水公园透视效果图

4. 上水公园透视效果图

5. 上水公园效果图

6. 上水公园效果图

7. 上水公园民居庭院改造效果图

8. 上水公园河道效果图

五、 “流云” 艺术

1. “流云”艺术部落位置分析

2. “流云”艺术部落分析图

3. “流云”艺术部落交通分析

4. “流云” 艺术部落功能分析

5. “流云”艺术部落现状分析

6. “流云”艺术部落画卷

7. “流云” 艺术部落鸟瞰效果图

8. “流云”文化艺术展馆效果图

9. “同里别院”效果图

10. “流云”文化艺术广场效果图

六、 “曲境”艺坊效果图

七、 “云想”艺坊效果图

八、观佛台效果图

一、现状分析

现存问题：

（1）现状村落广场现已用为临时停车场，没有相应的配套设施功能，区域规划空间不完善，场地使用率低，周边绿植杂乱。

（2）现状河道渠化，人工化浓，不够自然生态，缺少乡村气息。

（3）现状桥道路面破损，安全系数低。

（4）文化广场与县道具有较高的高差，存在一定的安全隐患，现状种植凌乱，缺乏美观。

（5）村落建筑形式受现代化影响、村寨建筑失去原有的建筑风貌，现有的建筑形式凌乱，没有凸显当地特色文化。

二、上水广场现状分析

广场功能混乱，空间单一，环境杂乱

建筑过于呆板，缺少布依民族应有的文化底蕴

具有一定的高差，杂乱，缺乏乔木及层次感的绿化

桥过于简陋，造型不美观，与环境不协调

河道渠化，人工化浓，不够自然生态

三、上水公园分析图

图例：

① 民居建筑
② 布依文化景墙
③ 公园出入口
④ 景观桥
⑤ 林荫休闲空间
⑥ 风雨廊
⑦ 多功能活动广场
⑧ 亲水平台
⑨ 都拉河
⑩ 管理房与生态卫生间
⑪ 景亭
⑫ 湿地花园

四、上水公园功能分析图

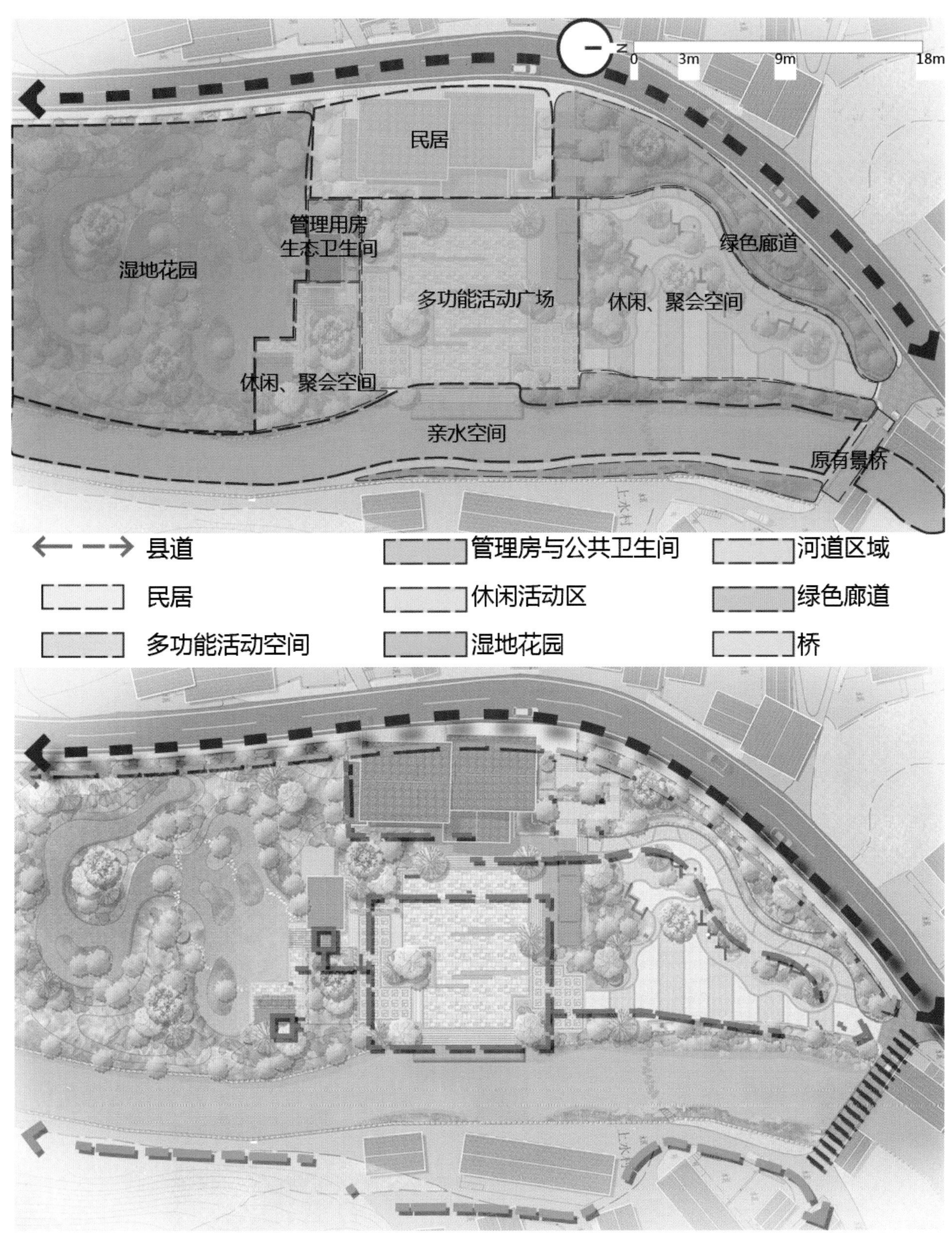
0
3m
9m
18m
民居
管理用房
生态卫生间
湿地花园
绿色廊道
多功能活动广场
休闲、聚会空间
休闲、聚会空间
亲水空间
原有景桥
县道
管理房与公共卫生间
河道区域
民居
休闲活动区
绿色廊道
多功能活动空间
湿地花园
桥
县道
人行道
游园路线
景桥
绿道

1. 上水公园鸟瞰效果图

2. 上水公园透视效果图

3. 上水公园透视效果图

4. 上水公园透视效果图

5. 上水公园效果图

6. 上水公园效果图

7. 上水公园民居庭院改造效果图

8. 上水公园河道效果图

五、“流云”艺术

1．“流云”艺术部落位置分析

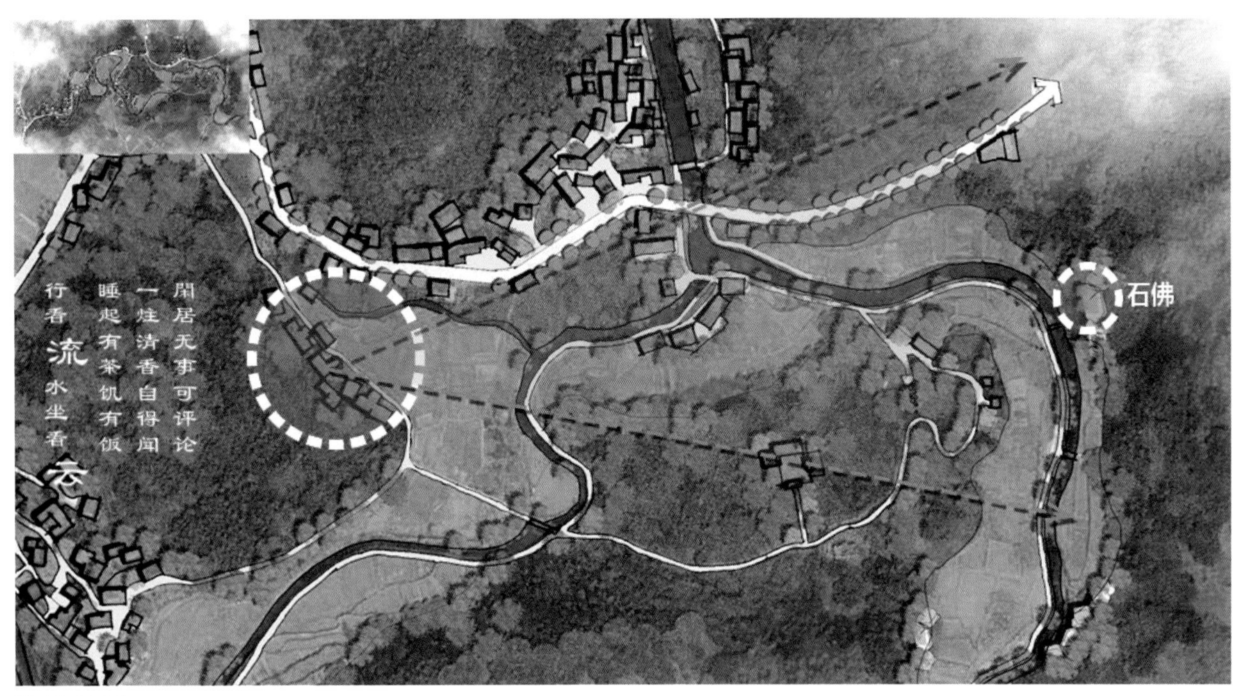

选址分析：

（1）空间视线辽阔，能直接观望到石佛。

（2）选址区域，具有大片农田，河流，石佛等优越的自然资源。

（3）村落基础面貌完善，建筑层次丰富，规模较小，交通便利，有利于管理控制。

2. “流云”艺术部落分析图

①村落车道
②村落停车场
③入口牌坊
④生态田野
⑤村落民居
⑥艺术展示空间
⑦共享活动空间
⑧农家小院
⑨民宿文化体验空间
⑩创意部落
⑪艺术工坊
Become Legendary
2008.2.23-4.18

3. “流云”艺术部落交通分析

4. “流云”艺术部落功能分析

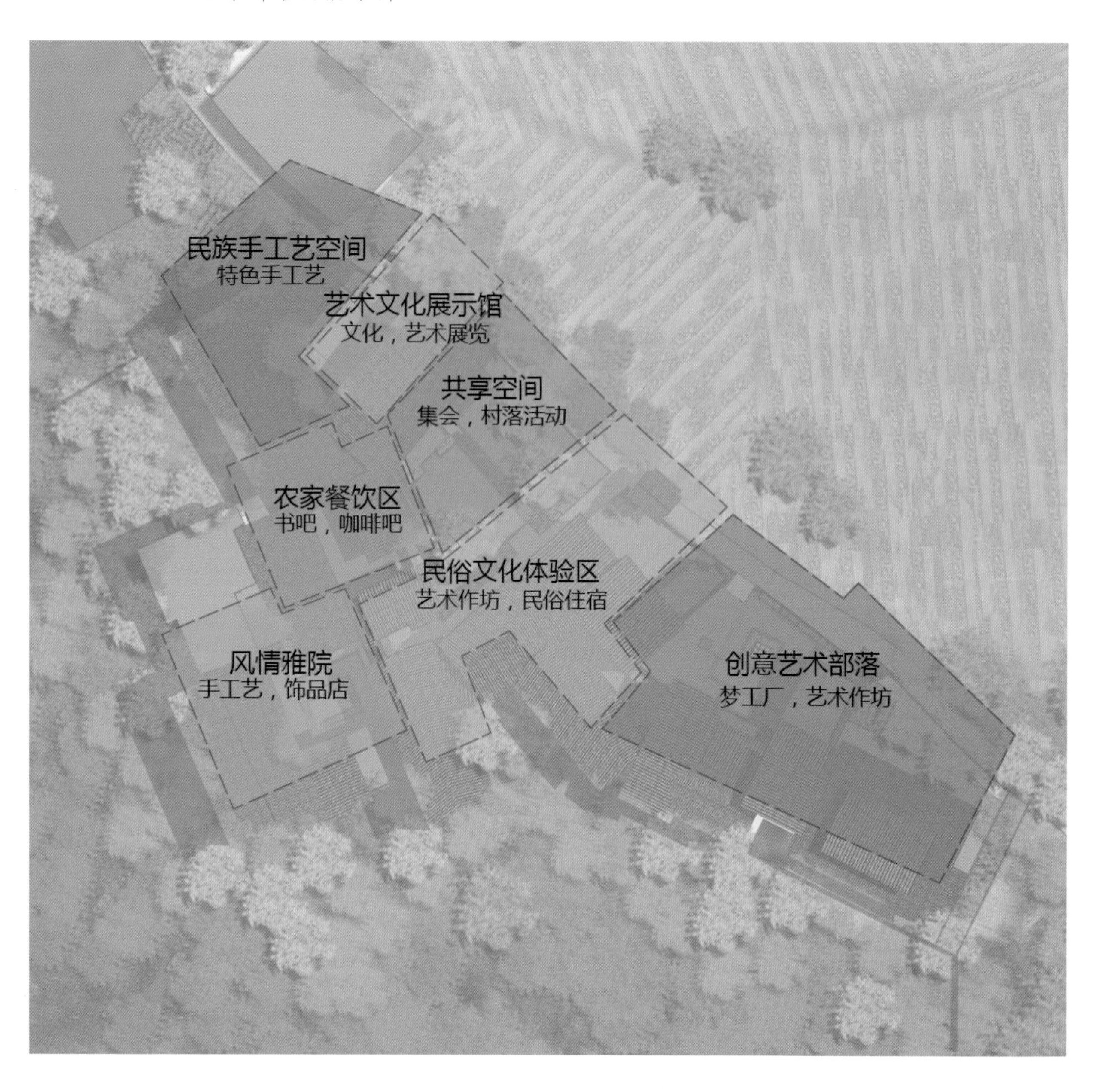

5. “流云”艺术部落现状分析

6. “流云”艺术部落画卷

7. “流云”艺术部落鸟瞰效果图

8. “流云”文化艺术展馆效果图

9. “同里别院”效果图

10. “流云”文化艺术广场效果图

六、“曲境”艺坊效果图

田园派
小厨房
Lombardis

世界这么大，先到这看看!
田园“派”基地
Pastoral Base
Lombardis

七、“云想”艺坊效果图

八、观佛台效果图

第七节　村寨整治改造策略

一、村寨居民改善与提升

二、老旧民居保护与改造

三、配套服务建筑开发策略

四、景观环境与卫生

五、生活垃圾处理

六、环境优化策略

七、配套设计策略

八、矿山生态恢复策略——问题分析

九、矿山生态恢复策略

一、新建居民改善与提升

问题：

（1）现代民居建筑样式多样，显得有些杂乱；体量和细节的控制出来的效果不理想。

（2）乡村民居形式受现代化影响，大部分村寨失去原有的建筑风貌，导致现有的建筑形式凌乱，没有凸显当地的特色文化。

（3）由于部分建筑经施工并改造，在此基础上进行提升优化，尽可能的减少拆除，即使拆除的尽可能的考虑再利用，优化整体建筑形式，达到理想的效果。

优化对策：

整体风貌尊重当地特色，利用建筑文化中元素，体现新农村生态化，对建筑的整饰运用当地原材料进行局部修改，运用统一的色彩及构筑形式。

案例分析：

（1）因地制宜，特色发展，在旧村落基础上，注重原乡村风貌和历史文脉的保护，杜绝大迁大建，通过因地制宜、独具匠心的改造，建设特色美丽乡村。

（2）确立“全面整治保留村、科学保护特色村”的建设思路，强调发展建设的高立意，更强调发展建设的接地气，利用众村落具有地方特色的民居风貌，打造辨识特征显著的美丽村庄。

二、老旧民居保护与改造

现代古建筑	改造意向

现状分析：

（1）现代古建筑过于破旧，安全系数低，部分建筑已无人居住，荒废于此，影响整体村落的形象外观。

（2）村落荒废的古建筑，导致村落不整洁，较脏乱。

改造对策：

（1）保留建筑特色的元素，维护古建筑的文化遗产，作为当地民族文化的重要历史遗迹。

（2）通过产业转型，在文化引导下一二三次产业的有机融合，精心打造十九寨古建筑的文化传承，作为旅游产业的基点，构成了富有特色的美好乡村文化游集散地。

现状分析：

（1）部分古建筑保留较完整，凸显出民族特色建筑文化。

（2）有一定居民生活于木质构筑古建筑，建筑外立面受到一定的损坏，主体建筑保留完整。

改造对策：

（1）在保留原有建筑特色上，运用当地原材料进行局部修改，维护古建筑原生风格。

（2）适当修饰民族特色建筑文化细节，打造乡村民族居住生活的文化特色。

现状分析：

（1）个别古建筑保留较完整，并在古建筑上已整改修葺，但修改形式多样。

（2）受现代化的影响，建筑外立面材料多样化，没有很好的突出建筑形式特色。

改造对策：

（1）对已整改的古建筑进行统一的整改细节元素，保护建筑主体构造形式，统一色彩墙立面。

（2）在古建筑基础上，注重原古建筑风貌和历史文化的保护，既能宜居又能保留原汁原味的当地文化。

三、配套服务建筑开发策略

开发策略：

（1）通过对民族文化村落推广、新产业化的引进，在文化引导下各个产业的有机融合，带动了农家乐发展与民俗展馆、民宿、手工艺展示群、茶馆和咖啡屋等文艺范结点，构成了富有特色的美好乡村文化游集散地。

（2）打造了乡村慢生活体验区，让游客留下来，住下来，玩起来，休闲养生，享受自然生活，感受乡村美丽，带动旅游消费，真正做活了乡村，为美丽乡村建设后续发展注入了强大的市场动力。

四、景观环境与卫生

水系处理

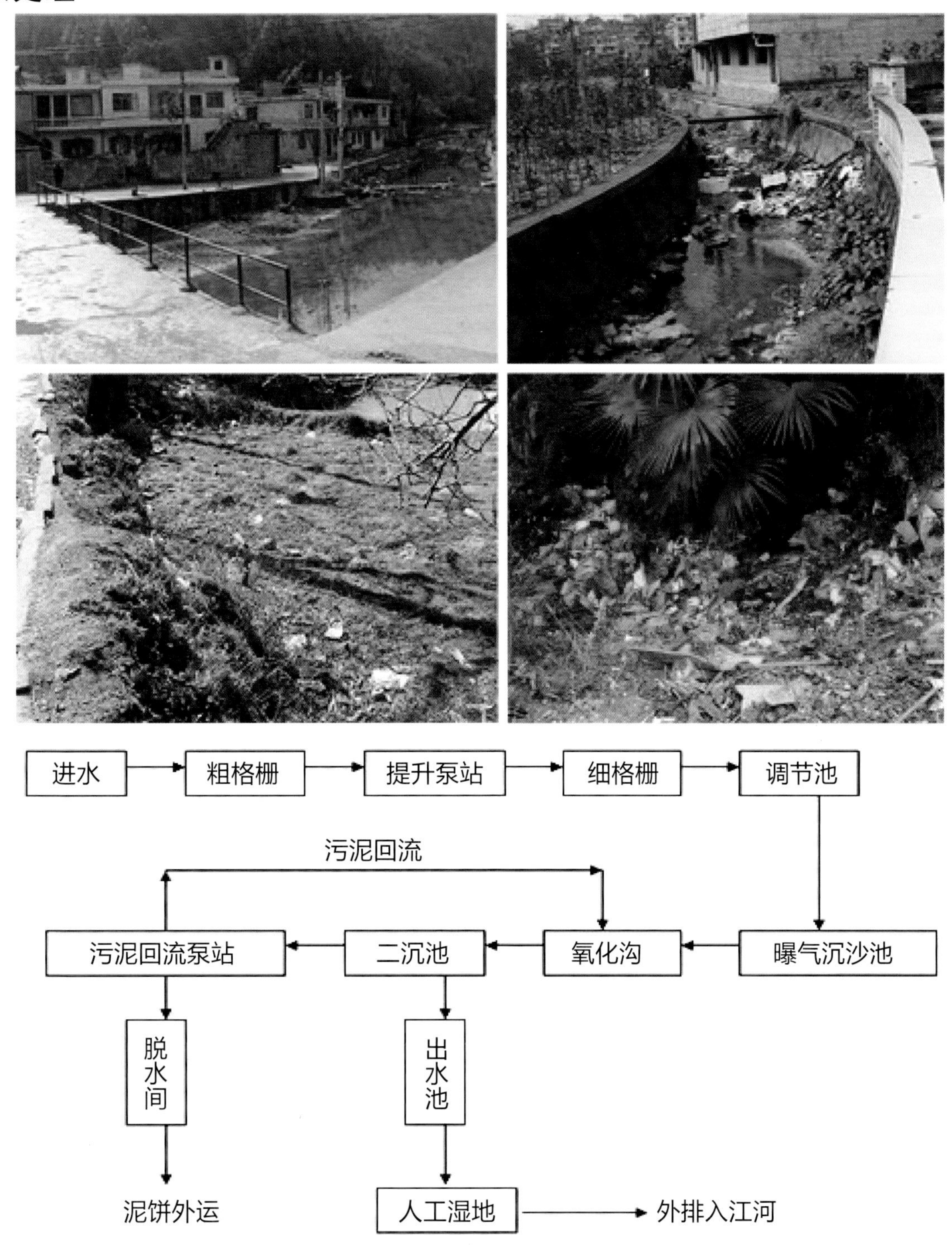

现状分析：

根据基地环境分析，生活垃圾到处乱倒（包括田园、树下、水渠、溪流等），现状水系被污染，浑浊，掺杂着垃圾，水系串联各个村寨的脉络。

水系处理方法：

生活污水先排放到窨井，汇入村里的污水池后，经沉淀、无动力压氧、人工湿地、沉沙池等处理，农民可自觉地在污水池旁人工湿地上种植美人蕉、菖蒲、麦冬等亲水植物，通过根系吸附净化污水。

五、生活垃圾处理

1. 垃圾

2. 选址、覆盖

3. 有机物分解

4. 6~8周即可完成

5. 铺撒土壤上

6. 用于盆栽植物和育苗

生活垃圾处理方法：

堆肥是多种有机物质的混合物，可以被用作肥料。

益处：

（1）堆肥会产生一种有益的腐殖质，它将有机物还回到土壤中。

（2）堆肥会减轻垃圾掩埋中有机废弃物的有害影响（例如，水污染，强效温室气体甲烷的排放，以及各种臭气）。

（3）堆肥可以减少菜园/花园对化学肥料的需求。

（4）堆肥可以减少垃圾回收的成本。

（5）自己制作堆肥还可以节约钱财。

（6）堆肥可以减少填埋垃圾所需要的空间。

六、环境优化策略

环境教育目标：

培养对环境问题的意识和责任感，丰富人们对环境的知识了解，改变人们对环境及其价值的认识。提供识别、研究和解决环境问题的技术，通过公共参与和活动提高人们对环境的责任感。

主要策略：

（1）举办推广活动。在当地学校、村里宣传栏张贴环保广告。

（2）在村庄活动广场展开各种室外教育活动。

（3）有针对性的制定环境教育覆盖图。

（4）每个村庄设置一个生活垃圾堆放点。

七、配套设计策略

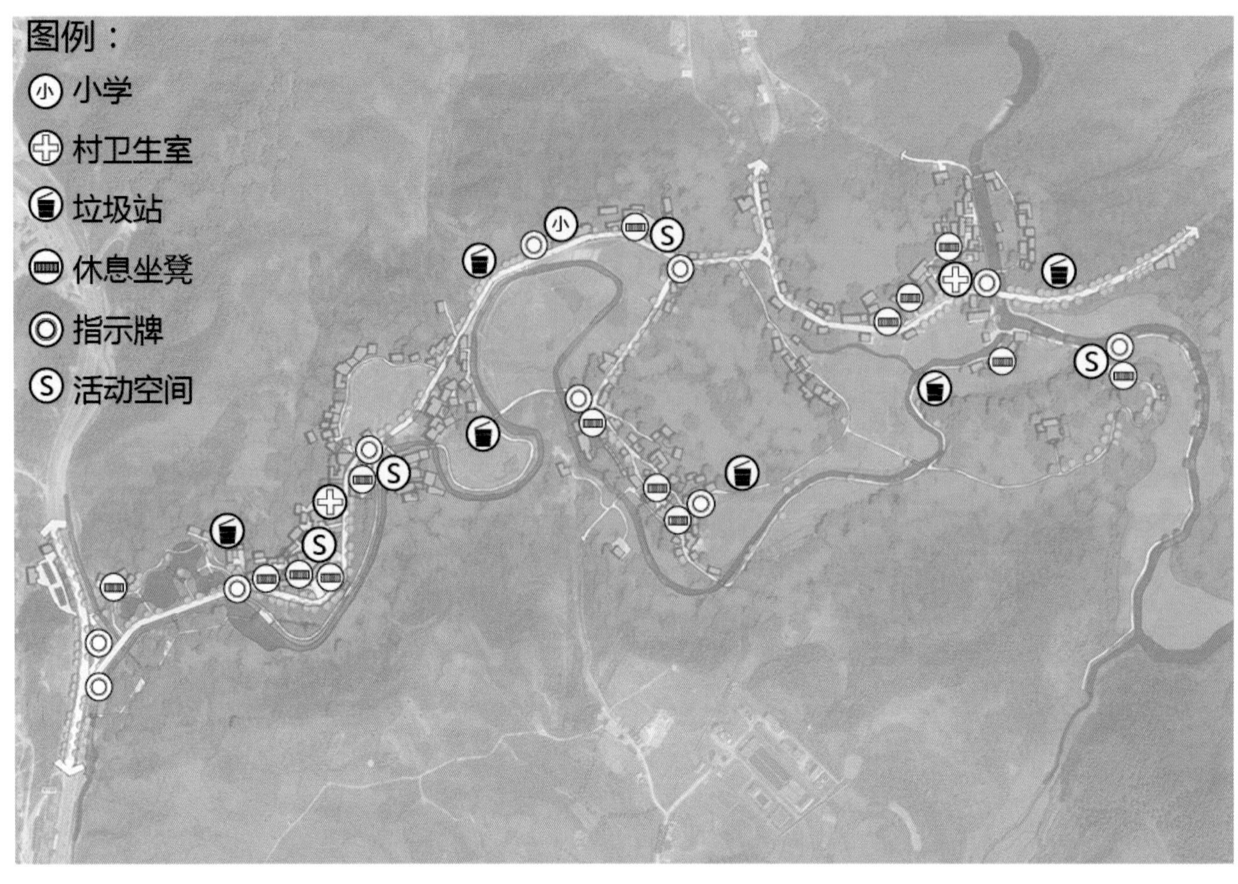
图例：
小 小学
村卫生室
垃圾站
休息坐凳
指示牌
S 活动空间

垃圾桶
休闲座椅
MUIR WOODS NATIONAL MONUMENT
爱情广场
Love Square
芭蕉凝霞景区
Rosy Sunlight Garden
历史名人雕塑园
指示牌
活动空间

八、矿山生态恢复策略—问题分析

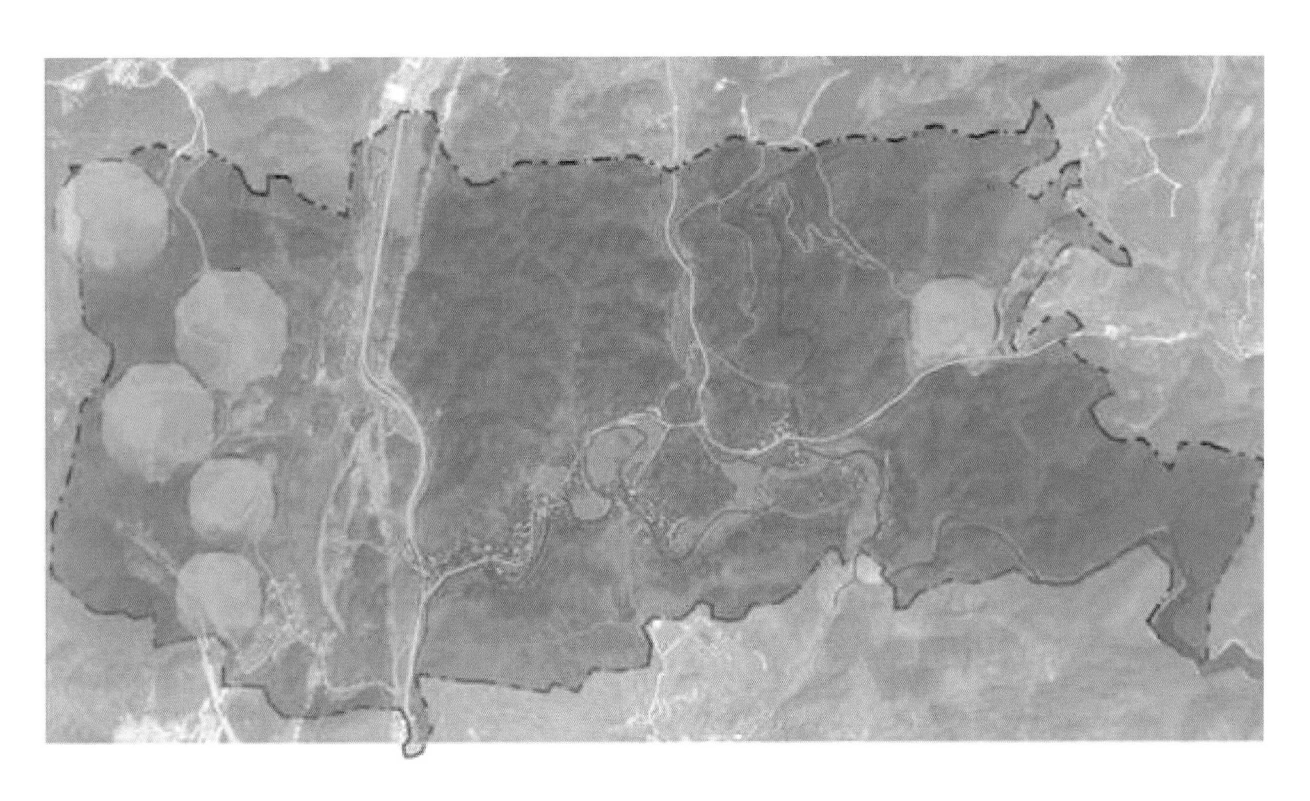

规划红线范围内的山体破坏

现状分析：

（1）山坡整体开采情况严重，造成山体形态的突兀性截断。

（2）在有些采石现场，采石后往往留下一些凹凸不平的采石坑。石层裸露，植被稀拉，景观效果差。

（3）在采石过程中，有用的大块石头被运走，剩下的含土或不含土石渣大量堆积，风起漫天飞沙，造成对景区的污染和景观形象。

九、矿山生态恢复策略

生态修复措施

污染治理——物理、化学、植物方法

基质改良——更换土壤，微生物调节

水系疏浚——截流沟、排水沟、沉沙池等

植被恢复——自然演替

工程技术——纤维毯、喷射播种、生态袋

安全处理——挡土墙、护坡、拦沙坝、围护栏网等

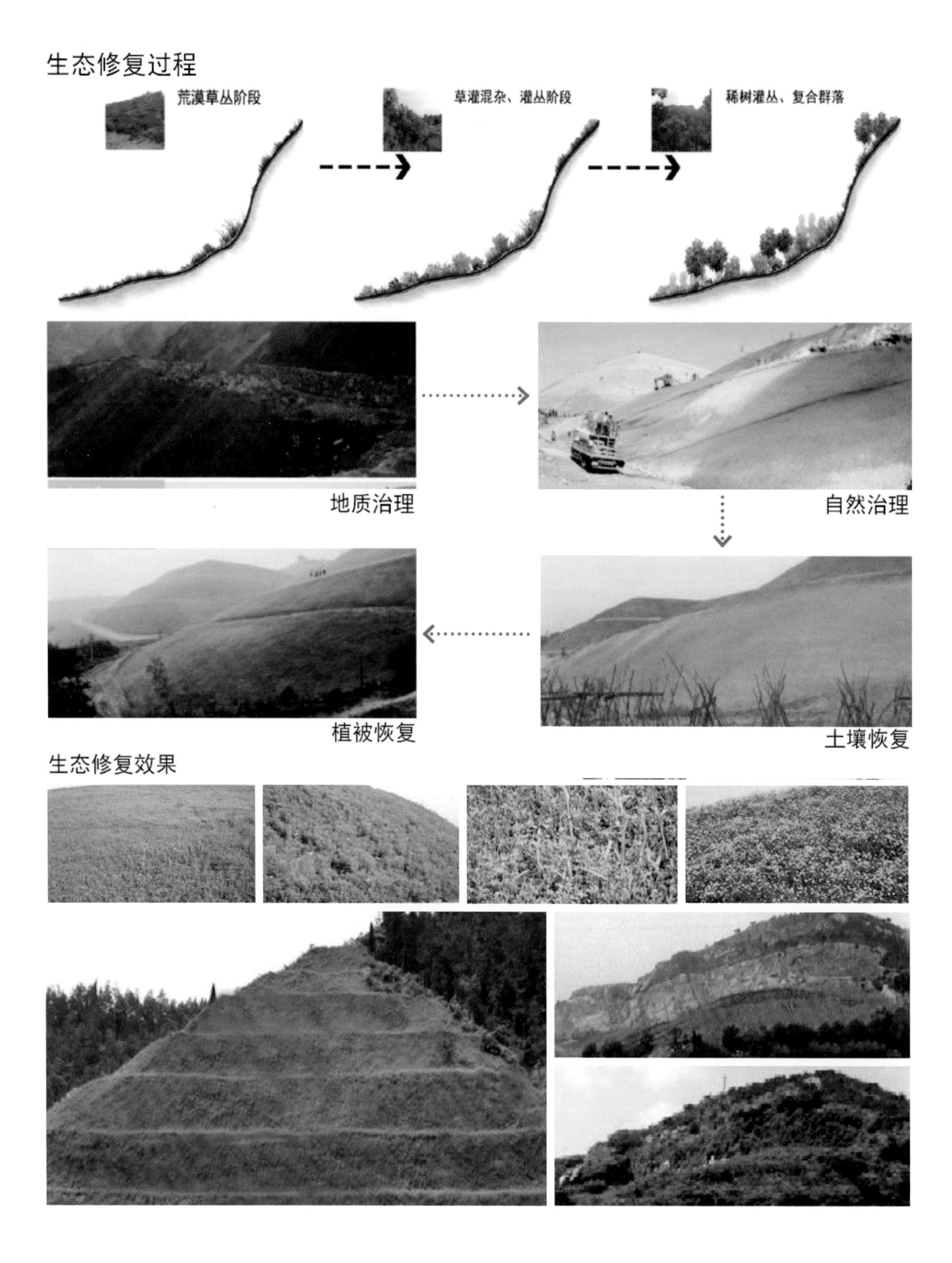
生态修复过程
荒漠草丛阶段
草灌混杂、灌丛阶段
稀树灌丛、复合群落
地质治理
自然治理
植被恢复
土壤恢复
生态修复效果

第八节　实施效果

经过近两年的建设，白云区上水村美丽乡村建设已逐渐成型，整体环境面貌焕然一新，村容村貌得到了彻底改变，原先已丧失的民族风情、特色毫无的村寨又激发出了崭新的活力。

（1）在建设发展的同时，尊重原有的自然山水骨架、村寨肌理和空间形态，保护原真山林水脉，保留自然河道的通畅和自然形态、山林谷地的原始地貌以及各类农作物种植的田园耕地。

（2） 建立车行、人行和乡村绿道系统，并在每个村寨建设相应数量的生态环保停车场。建造网状的、安全便捷的人行系统是必要的，由于近郊的农村，人口众多，村民车辆逐年递增，人车混杂，存在较多安全隐患，需要人车分流，通过疏通、串连、扩建，修建了融生产、生活、旅游观光于一体的村寨绿道系统。同时建造了便捷的停车场，方便村民和访客。

（3）环境优雅舒适的村寨生态公园的建立，为村民提供了风格各异、文化内涵丰富的公共交流活动空间。因地制宜，结合村寨现状合理布局的村寨公园，充分利用了现有池塘、溪流、果林、山地等资源，布置休闲坐凳、休憩廊亭、娱乐广场、大家乐舞台、文化景墙、栈道露台、公共阅览室、公共服务中心等，提高了村民的生活品质，丰富了村民的精神文化生活，使村寨的空间结构和整体形象得到极大地提升。

（4）在尊重现有村寨建筑布局的基础上，对村容村貌进行了全面改造，将村民房屋、入户大门、前庭后院、瓜果凉棚、围墙栅栏、串户村道以及门牌标识等进行全面整合、统一协调，形成具有民族风情特色元素的乡村居家氛围。

（5）村寨生活污水、垃圾及时分类处理，做到生态环保，避免污染土壤和水系，保护环境清洁卫生。

（6）合理使用土地资源，保护生态、涵养山林水系；有效种植果林、花木；集约开垦农田、牧场；集中饲养家禽、家畜；综合整治鱼塘、浅滩。最大限度地满足村民的生产、生活需求，促进现代山地高效农业的建设，并积极提高农业旅游服务的品质，增加各类配套服务设施，全方位加大建设集农事体验、休闲观光、创意农业、田园村寨于一体的田园综合体的广度、深度和力度。

实施效果

上水公园民族舞台

上水公园亲水空间

上水公园休息区

上水公园广场

上水公园

上水公园入口

实施效果

庭院与建筑

庭院与道路

庭院

庭院与小桥

庭院生活

庭院内部

溪流

实施效果

生态铺装

休闲空间

景亭与流水

停车场

公共广场

县道与人行系统

栈桥

实施效果

参考文献

董铭胜. 2016-12-03. 国务院关于印发“十三五”脱贫攻坚规划的通知[EB/OL]. http：//www.cpad.gov.cn/art/2016/12/3/art_46_56101.html.

韩喜平，孙贺. 2016. 美丽乡村建设的定位、误区及推进思路[J]. 经济纵横（1）：50-51.

何东升. 2015. 新型城镇化视域下的美丽乡村建设[J]. 延边党校学报（12）：36-38.

纪志耿. 2017. 当前美丽宜居乡村建设应坚持的“六个取向”[J]. 农村经济（5）：42-45.

王荣才，黄继胜，刘振宏. 2017. 精准扶贫视角下美丽乡村发展路径探索[J].安徽农学通报（5）：66-69.

杨惠菊. 2016. 习近平关于美丽乡村的思想探析[J]. 湖北经济学院学报（人文社会科学版），13（05）：5-6.

云振宇，刘文，张瑶，等. 2015. 浅析我国美丽乡村标准体系构建[J]. 中国标准化（9）：29-32.

赵菲菲. 2015. 建设美丽乡村的意义和思路[J]. 现代农村科技（22）：72.

郑向群，陈明. 2015. 我国美丽乡村建设的理论框架与模式设计[J]. 农业资源与环境学报，32（02）：106-115.

第十三章　美丽乡村生态旅游示范工程的创建及其效果剖析

江西省进贤县前坊镇西湖李家村，地处鄱阳湖滨，低丘陵地区，这里土地贫瘠，“天晴一块铜，下雨一包脓”。风不调，雨不顺，是我国著名的由第四纪红色黏土发育的南方红壤低产区。古代农民以农耕为主，是我国南方农村贫穷落后的典型，本无发展乡村生态旅游的经济和物质基础。但近十年来，西湖李家村民，在政府政策的扶植下，从建设社会主义新农村开始，一举发展为远近闻名美丽乡村建设国家AAAA级生态旅游景区。现在村庄美了，农民富了，农耕文化，田园风光，旅游产业蓬勃兴旺。下面介绍的是南方滨湖区、西湖李家乡村生态旅游成功发展模式。其思路和经验可视为中国美丽乡村建设中可借鉴、可推广的示范典型。

第一节　西湖李家乡村生态旅游的十年发展历程

西湖李家是个有着600多年历史，500多户人家，2 000多人口，以李姓为主的古村庄。相传西湖李家村的李姓渊源于故里在陇西成纪的唐太宗李世民。村庄位于南昌市进贤县青岚湖和军山湖之间。现全村山水相济，树木苍翠，田园秀美，乡风古朴，民俗浓郁，建设成了具有得天独厚的自然生态与农耕文明村落。

自2006年以来，积极响应党中央号召，打造社会主义新农村。按照“传承华夏文化，恢复古村精华，重墨青山绿水，美我故乡天下”的宗旨，围绕“古村神韵，田园稻香，塘中莲藕，山间鹭翔，农家饭菜，湖边泳场”的建设思路，突出了“马头墙，红石路，碧绿水，满村树”的特色，按照先村庄，后田庄，先村容，后文化的做法，进行大量卓有成效的建设。

建设中，本着“村容整洁，不乱不脏，南北通路，拆除违章，搞活水系，绿化村庄”的要求，清理卫生死角，拆除乱搭乱建；硬化道路广场，绿化山间路旁；复活东西两水，整理村容田庄。从而在村容村貌、生态环境、文明乡风等方面得到明显的提升，实现了道路硬化、村庄绿化、水面净化、民宅美化，先后建成了陇西堂、古戏台、古门头、乡心亭、万家桥、俊明泳场、农博馆、油榨坊、会议室、陇西亭、沙凼农舍、楹联墙、楹联馆、农夫草堂、德胜楼等一批旅游景点，显著的改善了当地的生态环境和人居环境。良好的生态吸引了大量野生禽鸟类，夏天的白鹭满山，冬天的天鹅栖息，形成了人与自然相和谐的动人景象。

同时，李家优美的自然风光，浓郁的民俗文化，也吸引了大批热情的游客前来参观、游玩，已经成为了乡村旅游的胜地。总结出了西湖李家九大看点：一看古村神韵，二看田园风光，三看乌岗果翠，四看鹭鸟天堂，五看青岚荡漾，六看沙滩泳场，七看农博馆场，八看翰墨飘香，九看农夫模样，十看新村气象。目前在建设过程中取得一定的成效，休闲农业、生态旅游、乡风文明等亮点频出，慕名前来观光休闲旅游的人数逐年增多，近半年游客达到10万人次。先后被评为南昌市十佳旅游景观村、十佳乡村旅馆，江西省乡村旅游示范点，江西省省级生态村，国家AAAA级旅游景区，全国休闲农业与乡村旅游五星级园区，全国休闲农业与乡村旅游示范点，中国幸福村，全国文明村，全国宜居村庄示范村，中国最美休闲乡村，全国十佳休闲农庄，中国乡村旅游金牌农家乐、中国美丽乡村百佳范例等荣誉称号。中央电视台新闻综合频道、中央4台国际频道、中央7台农业频道、中央5台体育频道、中央9套记录频道先后播报西湖李家村在社会主义新农村建设中带来的巨大变化，并成功举办了第三届中国新农村电视艺术节暨小康电视工程颁奖典礼（2011年），中国（南昌）第四届国际楹联文化艺术节暨中国（西湖李家）首届农村楹联文化艺术节（2014年）。在西湖李家全景（图13-1、图13-2）拍摄了反映中国首部粮食安全题材电影《命根》。特别是在2015年下半年中央4台（中文国际频道）把西湖李家作为全省唯一选点拍摄纪录片《记住乡愁——不忘本源》，社会反响强烈。中央9套记录频道于2017年3月拍摄，预计2018年播出。

图13-1　西湖李家全貌

图13-2　西湖李家导游图

第二节　西湖李家乡村生态旅游工程的规划及建设目标

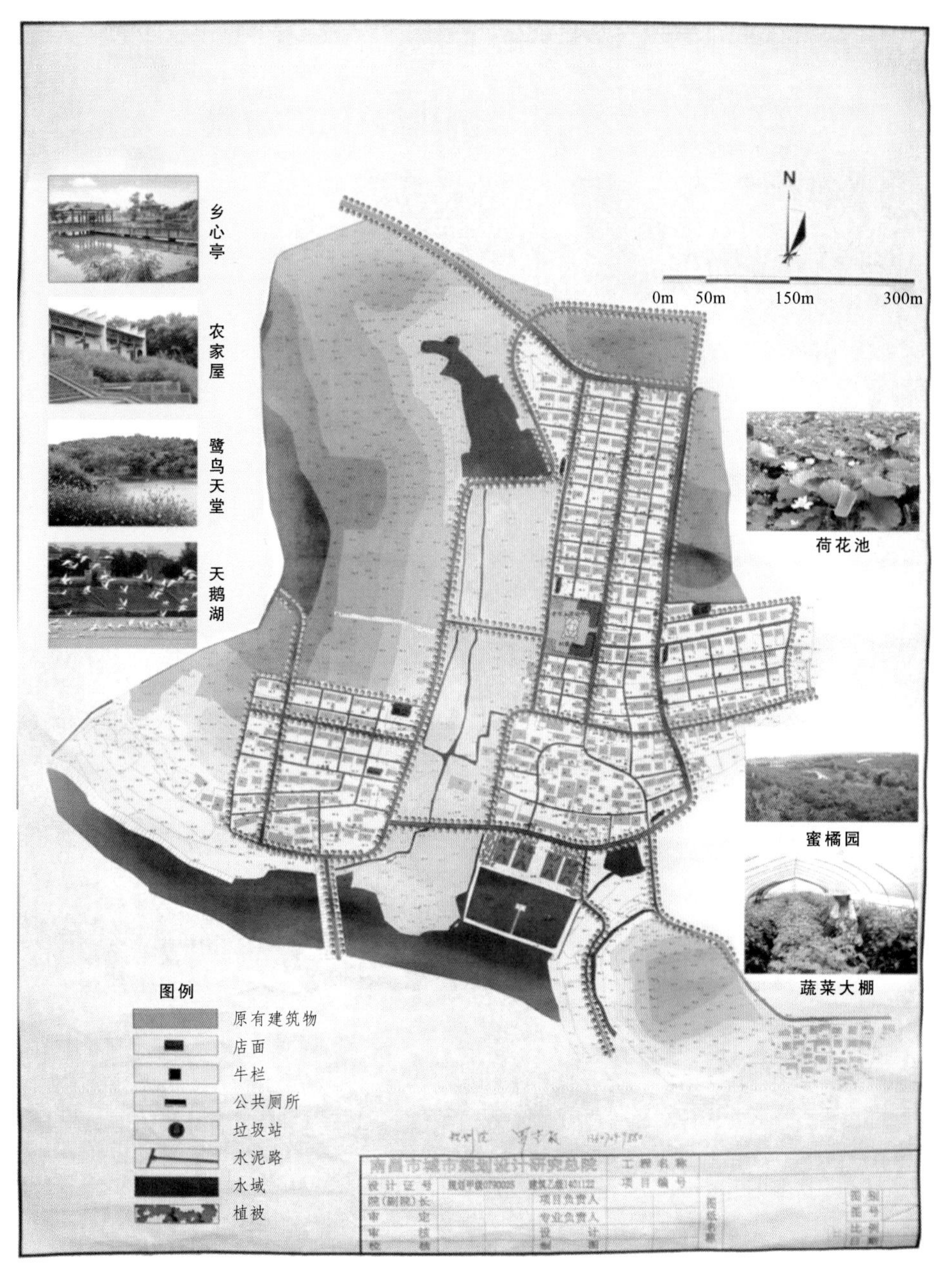

前坊镇太平村委会
2006年

图13–3　西湖李家乡村旅游规范示意图（2006—2020年）

一、西湖李家发展乡村生态旅游产业经济的目标

1. 西湖李村自然环境基本现状

（1）地理环境与农耕现状。前坊镇太平村委会西湖李村地处青岚湖畔，三面环水，与南昌县仅隔一渡水。西湖李家村中心区位于北纬28°38′5″，东经116°24′10″。距南昌市中心60km，是近郊

区，交通方便，适合发展农耕文化休闲旅游产业。全村现有耕地面积193.3hm²，耕作制度：水田为早稻—晚稻—油菜（或紫云英绿肥）；旱地多为：小麦—大豆—芝麻（或红薯），也有冬季油菜—大豆—芝麻，与麦—豆—薯隔年轮作。耕地常年产值：水田22 500元/hm²左右；旱地为18 000～20 000元/hm²。湖泊面积80hm²，山地绿化面积123.3hm²。因此单靠农业，该村收入很低，激发了村民开发乡村生态旅游新产业热情。

（2）气候及水文资源。气候属中亚热带季风湿润气候。年平均气温17.45℃，低温一般为-7～-3℃，最低曾达-9.4℃（1951年1月13、14日）。高温一般为37～39℃，最高曾达40.6℃（1961年7月23日）。日照由春到夏逐渐增多，由夏到冬逐渐减少。全年日照一般为1 700～2 000h，多年平均为1 934.7h。冬、夏季风各半年，交替明显。冬春多北风，夏多西南风，秋多东北风。多年平均风速为3.3m/s。

雨量充沛。多年平均降水量为1 522mm，其中最大年降水量达2 132.1mm，最小年降水量为1 044.2mm。在每年的降水中，春、夏季雨多，秋冬季雨少。4—9月为汛期，降水量达1 076mm，占年降水量的71%，尤其在4—6月间常有暴雨，占年降水量的53%，多年平均蒸发量为1 268mm，其中7—8月的蒸发量最大，达504.8mm，占年蒸发量的43%，而1、2月的蒸发量最小，仅有76.3mm。

全年平均无霜期280天，最长的达330天，最短的250天，霜冻期为66天。

从水文条件看，西湖李村位于青岚湖畔，湖水流径邓坊垅和穿越万家桥，进入万家塘。乌岗山被湖水三面围绕，形成湖边一座孤岛，现已成为休闲景区和候鸟栖息的天堂，是很有价值的旅游天然景点（图13-3、图13-4）。

图13-4 西湖李家良好的乡村旅游环境

（3）土壤为南方代表性红壤。西湖李家地貌为滨湖丘陵，土壤类型主要为山丘第四纪红色黏土发育的红壤，水稻土，旱地及荒地红壤呈酸性反应，pH值在5左右，其土壤肥力特性见表13-1。

表13-1 红壤主要理化特性

土壤样品	pH	有机质（%）	全N（%）	P_2O_5（%）	K_2O（%）	黏粒（%）<0.001mm	物理性黏粒（%）<0.01mm
水田	6.5	2.031	0.127	0.105	1.815	35.5	45.7
旱地	6.2	1.556	0.101	0.120	1.931	37.1	48.9
荒地	5.5	0.861	0.082	0.051	2.163	37.9	50.1

（由江西省红壤研究所分析提供）

由第四纪红色黏土发育的红壤，“酸、瘦、旱、黏、蚀”是土壤原始特征，在很长历史时期限制了这一地区农业生产力的发展。但第四纪红黏土红壤土层深厚，无重金属和碱性物质污染，在农业现代化时期，水肥问题一解决，红壤成为我国南方发展农果业重要土壤资源。

（4）原生植被已破坏，人工植被正在重建。西湖李村属于中亚热带的落叶阔叶林与常绿阔叶混交林地带，由于人为影响，原生天然植被已存在不多，多为次生和人工林，如湿地松、合欢、旱水杉、香樟等。主要花卉有桂花、桃花、紫薇、月季、杜鹃、荷花、牡丹、菊花等。

2. 西湖李家社会、经济发展的基础

西湖李家村经过社会主义新农村发展阶段，全村社会经济和民生事业得到了提升，为迈向乡村生态旅游产业发展奠定了坚实基础。

（1）多元经济发展。近年来，太平村委会西湖李村逐渐形成了以农业、养殖业、种植业、果业、旅游服务业为主的具有地方特色的经济新模式（图13-5）。

图13-5　西湖李家多元化产业结构

（2）交通设施现状。以前，村道路各自为路，断头路多，等级低，道路网络化、利用率、通车率都不高。农户之间的网络人行道路以泥土路面为主。近几年来，西湖李村十分注重基础设施建设，相继完成了道路改造，逐步并实现村村通道路、村村道路硬化和村村通电话的目标，使全村交通便捷，通信条件有了明显改善，村产业发展环境得到优化。

（3）社会事业有新发展。各类教育事业全面发展，九年制义务教育已经落实，适龄儿童入学率达100%。同时，卫生、计生等各项社会事业取得新的发展。

（4）垃圾处理现状。以前村中的垃圾重点是各家各户堆积存放，堆积处理率在70%以上，为了改善农户乱堆乱放垃圾的现状，结合新农村建设，太平村委在各村设立生活垃圾收集点500个，并配有垃圾桶，建立一个垃圾转运场，配备了二辆垃圾运输车，安排专人负责，定点、定时收运到转运场，送到县城，进行无害化处理。

（5）绿化现状。西湖李村道路两侧已经种植了绿化带，村里村外近几年种植了大概45万株树木，人均公共绿地面积105m²/人，基本能满足农村可持续发展和人居环境建设的要求。林地现状覆盖率从15.42%提升至86%，基本控制水土流失。

（6）水环境质量。西湖李村水资源重点是地表水和地下水，农村饮用水以自来水为主，特别是畜禽养殖专业大户，必须采取干湿分离。属饮用水取水水源的水塘，严禁肥水养殖。完善村民点的污水排放设施，提高污水处理率。保土蓄水，合理开发利用塘、库水体（图13-6）。

图13-6　西湖李家生态建设效果

3. 西湖李村在推进美丽乡村生态建设中主要发展目标

西湖李家为加快村级经济发展，改善人居环境，提高生活质量，以建立农民增收长效机制为核心，以提高农业综合生产能力为重点，以调整经济结构转变增长方式为主线，以科技进步为动力，以改善农民生产、生活条件，不断提高农民物质、文化生活水平为宗旨，牢牢抓住美丽乡村生态建设的战略发展期。坚持以人为本，促进农村经济繁荣和社会进步，全力加快西湖李村生态旅游产业建设步伐。

根据国家和省、市美丽乡村生态建设的总体要求，西湖李村在推进乡村生态建设的目标是完成一个提高，即五年提高农民人均纯收入3 000元；培育支柱产业，即农业现代化；搞好三个建设，即水电、道路、环境的基础设施建设和综合治理；确立四个机制，即农民增收长效机制、村级民主机制、农村经济科学调整机制、农民社会保障机制。

以现代化农业为基础，以优质蔬菜、水果、畜禽养殖的规模发展为后盾，建设高标准的乡村生态农业示范区。

总体目标是实现村庄绿化、庭院净化、道路硬化。进村和村内主要干道铺上红石路，中心干道和进村道路安装路灯，路旁绿化；彻底治理脏、乱、差，达到道路硬化、村庄绿化、整体美化，建成设施完备、功能齐全的文化体育场所，提升村民思想道德和科学文化素质，全面推进精神文明和物质文明建设。

二、西湖李家发展乡村生态经济建设的构思及策略

1. 发展乡村生态产业的总体构想

西湖李家村围绕快速和谐崛起和“富民强村”的目标，大力实施“开放活村、产业富村、文化立村、人才兴村、和谐稳村”战略，加快美丽乡村建设步伐，努力把西湖李村建设成为环境优良，社会和谐稳定，群众生活富裕的新型生态旅游产业村。

2. 西湖李家美丽乡村建设社会经济发展策略

乡村生态建设社会经济发展战略的核心就是增加农民收入，促进农村发展，其方法、途径就是要在“农内”“农外”做文章，其工作重点就是努力提高农业环境保护生产能力。提高农业综合生产能力，既是确保粮食安全的物质基础，又是保护环境，促进农民增收的必要条件；既是解决当前农业发展突出矛盾的需要，又是增强农业发展后劲的战略选择；既是促进农村经济发展的重大举措，又是推动农村社会进步的重要保障。从实际看，西湖李家在推进美丽乡村生态产业经济发展，必须做实做好以下对策（图13-7）。

（1）更加注重环境发展，增创经济跨越发展新优势。通过优化完善乡村旅游投资环境、人文环境和治安环境，为乡村生态经济持续高速发展打牢基础。加快旅游基础服务配套设施的建设，深入挖掘历史和现代文化资源，大力培养产业文化，促进文化建设与经济建设相融合，为西湖李村经济社会持续发展注入强大活力。抓紧对各类人才的培养，根据现代产业经济的发展需要，加强培养、引进特色产业发展需要的专业人才，为村经济建设和社会发展提供更丰富的各类人才。保障良好的社会治安环境是经济可持续发展的前提，努力优化生态旅游经济经营环境，提高乡村旅游发展竞争力，构建有效的社会治安防范网络，防止各类案件发生，进一步增强村民和游客安全感，营造景区良好的社会治安环境。

（2）多渠道、多途径扩大乡村生态旅游客源，壮大村财政实力。围绕提升村财政综合实力，积极培育税源，壮大村级财政。充分利用西湖李村生态文化旅游载体，积极组织和承办有影响的节庆文化和专题旅游活动，不断丰富旅游的文化内涵。多层次、多途径增加旅游客源进景区，有效逐年提高乡村生态旅游总收入。

（3）更加注重城乡统筹，建设美丽乡村生态产业链。按照“生产发展、生活宽裕、乡风文明、村容整洁、管理民主”的要求，全面推进农村经济社会发展，切实加大公共财政对农村教育、卫生、文化、交通等事业发展的扶持力度，努力提高村民生活质量。一是切实改善农村生产、生活环境。加快推进农村公共服务中心和村落文化设施建设，加大村级卫生医疗和文体、休闲、旅游等服务设施建设力度。二是切实做好强村富村富民工作。争取政策性金融支农力度，大力发展个私经济，促进农民转移就业，拓宽就业渠道，加快农村劳动力向二三产业转移，千方百计增加农民收入。深入实施农民素质培训工程，加强农村实用人才建设，建立劳动技能培训基地，提高农民创业致富能力。逐步建立起适应社会主义新农村建设需要的长效机制。三是加强农村基层组织和精神文明建设。深入开展文明乡村的创建活动，组织接纳县市科技、法制、文体、卫生下乡，全面提高农民文化素质和道德水平。加强村民现代文明意识和法律法规教育，倡导公平、文明、诚信、守法的道德风尚，提高农民综合素质。四是建立长效机制，深入开展农村环境卫生综合整治。加强环卫人员队伍建设，落实职责，积极探索和建立环境卫生管理长效机制。

（4）更加注重项目建设，促进人民生活水平实现新提高。以项目建设促村级经济发展，以村级经济发展促进人民生活水平的提高。一是要因地制宜，选准项目，不贪大，不脱离村情。二是不搞短期项目，更不搞杀鸡取蛋、竭泽而渔的项目。三是定项目要注重高起点，不搞重复建设。四是要注意节能减排，保持青山绿水的自然环境。五是对项目实施，要搞一个成一个，不搞半拉子工程。使项目发挥效益，使村民得到实惠。

（5）更加注重协调发展，开创和谐社会新局面。确保社会稳定，建设平安村庄。建立纠纷调解机制。邻里纠纷不出村。建立老年人协会，由村里德高望重的长者组成，专门调解邻里纠纷；设立妇女协会，专门调解家庭婚姻纠纷；设立红白喜事理事会，专门调解丧喜事纠纷。坚持“稳定压倒一切”的方针。深入开展社会治安综合治理，完善群防群治网络，推进社会治安防控体系建设，最大限度地预防、遏制各种犯罪，确保社会政治稳定。强化安全生产监督管理。建立完善公共安全机制和安全生产责任制，全面落实安全生产措施，坚决杜绝重特大事故发生。提高对社会公共安全问题和突发时间应急处理能力，努力营造安全和安定的村级管理新局面。

（6）加快发展社会事业，完善社会保障体系。一是优先发展教育事业，巩固提升义务教育，适龄儿童入学率达100%；提高教育质量，力争多出高学历人才。二是着力发展科技事业。扎实推进科技创新，鼓励绿色企业提高自主创新能力，健全农业科技推广和服务体系；完善人才工作体制和选拔任用机制，用事业吸引人才，用环境凝聚人才，用机制激励人才。三是大力发展文化、卫生、体育等社会事业。积极开展各种文体活动，加强文化设施建设，丰富农村文化生活，发展文化经济。四是深入开展全民爱国卫生运动，进一步提高医疗制度及医疗救助制度扩大农村合作医疗覆盖面，提高农村医疗保障水平，努力解决看病难问题。五是健全农村社会保障制度，推进农村基本养老保险扩面工作，力争100%以上的村组参加农村养老保险；落实低保制度，做好困难弱势群体的帮扶工作，重视做好身边的希望工程；加快农村富余劳动力转移，确保新成长劳动力充分就业。支持妇女儿童、老年人、残疾人事业发展，提倡社会关爱。

图13-7　西湖李家农果业及第三产业

第三节　狠抓乡村旅游基础建设，建立工程施工保障体系

一、公共基础设施建设工程

近三年来，全村加大基础设施建设力度，花了大量投资。建造红石休闲广场一座，总面积26 200m^2；挖水塘10口，水面53 333m^2；铺红石路12 500m，砌红石水沟6 000m，造红石桥7座，砌景观围墙4 500m，红石门楼165个，水泥路5 000m，建凉亭3个，安装路灯145盏，建古戏台一座，文化活动中心一幢，景观桥一座，广播室一间，高音喇叭8只，修旧房332幢，新建村史馆等农家屋10幢，建造沙滩游泳场一个，为村民安装了有线电视。这些设施，使村民生产、生活条件得到了极大的改善。现在，全村广播响，路灯亮，春天桃红柳绿，夏天荷花争艳，秋天桂花飘香，冬天天鹅戏水。吸引了四面八方的游客来西湖李村旅游观光。

二、农村居住环境建设工程

1. 村落卫生环境治理

近期以整治为主，治乱、治脏、治水为重点，建公厕16座。垃圾转运场1个，解决脏、乱、差问题。

2. 集中村民点布局

以现有村庄为基础，以中心村路为主轴，村外环公路两旁为扩大村规模范围。形成中心村落，加强村整体布局的合理性和规划的必要性。中心村路及村外环路为水泥路，房前屋后铺红石路，栽种各种规格的苗木，果树；村民建房要统一设计，统一风格；配置村文化活动中心、古戏台、农博馆、旅游接待中心。

3. 旧住房改造

对村民住房采取修旧如旧的改造，以徽派建筑风格为主。为改善村民居住环境，拆除村内破旧猪、牛栏和露天厕所等附属建筑5 000m^2，进行人畜分离。改水主要是桶装自来水，改厕主要是室内冲水厕所，实现水、电、闭路、宽带户户通。西湖李家村内设立固定的垃圾收集点50个，并配有垃圾桶。建造红石广场并配有绿化带，完善房前屋后的绿化工程，使村容村貌有较大的改观，真正符合美丽乡村生态建设工程管理的需求。

三、环境保护建设工程

1. 水环境保护管理

环村水塘严禁肥水养鱼，净化水质；完善村民居住点的污水排放设施，提高污水处理率；保土蓄水，合理开发利用现有塘库水体。

2. 大气环境保护管理

提倡使用清洁能源，扩大液化气、秸秆液化的使用率，杜绝燃煤对大气的污染。沿塘、沿水沟两旁和道路两侧种植绿化带，调节大气环境质量。

3. 固体废物控制管理

逐步建立完善的生活垃圾收集、清洁和垃圾处理体系，实现垃圾分类收集、固体废物的定点收集和定点转运，使固体废物达到无害化、减量化和资源再利用化。

四、生态文化建设（图 13-8）

1. 居住区生态文化建设

制定创建规划，实行目标责任管理制。以人为本，邻里和睦，人与自然和谐共处。建立生态文化教育网络和制度，注重公众参与居住区生态管理，倡导节能、节水、生活俭朴、生态环境良好。

加强环境伦理道德教育，包括社会公德、职业道德、家庭美德、个人修养等，形成了民风淳朴、敬业守法、呵护自然。建立了生态文明建设群众监督举报制度，同时建立公众信息反馈渠道和管理机制。

2. 村落生态文化建设

为丰富农村群众的业余文化生活，提高农民群众的各项素质，建设了一批富有传统特色和时代特征，积极向上的村落文化项目，培养了一批个人素质好、示范带动强的村落文化带头人，大力培植一批文化中心户，全方位推进了农村文化阵地。

3. 多层次开展生态文明教育

西湖李家在美丽乡村建设中，重视村民的生态文明教育，每年分期开设了生态建设培训，聘请相关技术人员给村民讲解生态知识及创建生态村的重要性和任务，以及建设的进展情况；利用报刊媒体和“世界环境日”“世界人口日”“地球日”等纪念活动，广泛开展村民生态文明教育；建设绿色学校，提升了农民生态文明素质。

图13-8　西湖李家生态建设得到了各界领导的大力支持

五、西湖李家美丽乡村生态工程施工保障措施

1. 建立科学的管理机制

成立了西湖李家美丽乡村生态建设领导小组，全面负责协调各项建设工程项目施工过程中的领导和决策。具体负责协调和处理乡村生态建设过程中出现的问题，并对各项生态建设工程实行项目管理和监督。

2. 资金筹措与投资保障

建立和完善投资机制。制定有利于筹集美丽乡村生态建设工程资金的各项措施，鼓励社会企业不同经济成份和各类投资主体，以承包、股份制、股份合作制等不同形式，积极参与西湖李家生态建设，充分调动社会各界和群众投资的积极性，多渠道筹措资金，不断加大生态建设重点项目的资金投入力度。对环境基础设施建设、环境质量监控、农业污染源治理、水环境治理等重大生态建设项目，要重点投入确保工程施工。

3. 加大科技投入力度

建立生态环境专家咨询和技术支撑系统，完善科技推广信息服务体系和技术交流网络，为美丽乡村生态建设提供技术支撑。发展和培育科技市场，健全技术市场功能，形成高效运行的科技信息服务网络。

4. 加大宣传力度，提高全民意识

切实加大美丽乡村建设生态环境保护的宣传教育力度，增强村民的生态意识，树立可持续发展战略的思想，提高人们对乡村生态建设重要性的认识。对广大农民进行有关生态环境的教育。建立生态环境建设的公众参与机制，加强宣传教育和舆论监督，提高村民的环境意识和法制观念，形成保护生态环境的良好氛围。表扬先进典型，揭露违法行为，充分调动村民参与美丽乡村生态建设的积极性，使社会关心、支持和监督西湖李家村生态建设工程运作。

5. 扩大合作交流，借鉴他人经验

积极吸收和借鉴有关生态保护与建设先进典型经验，结合本村实际，提高美丽乡村生态建设水平。开阔视野，拓宽领域，请进来、走出去，全方位开展交流与合作，实现美丽乡村生态建设整体目标。

第四节　山水田林路居生态系统重建及乡村景观效果

美丽乡村建设实质是面向我国“三农”生态体系建设问题，用农业生态工程学理论，指导农村山水田林路居田园景观的生态系统重建，使农村山更绿，水更清，土地肥，田高产，人更富，村更美。纵观近几年来，西湖李家在美丽乡村生态建设过程中，主要是从四个方面，创建了乡村建设全国休闲农业与乡村旅游五星级企业村。

一、打造乡村人居环境

西湖李家共有500多户，村民2 212人，进行美丽乡村建设的第一步，就是如何改善人居环境。在改善人居环境中，重点在屋、路、场、灯四个字上做好文章，夯实基础（图13-9至图13-12）。

1屋。全村共有房屋336幢。对这些旧房屋，不搞大拆大建，进行修旧如旧。针对每幢屋的破损程度，采取穿衣戴帽的办法进行维修。就是把“人”字墙改建为马头墙，使之成为粉墙黛瓦的形象，恢复历史上的徽派建筑风格。

2路。按照车子进出村庄跑水泥路、村民在村内活动不走泥巴路的要求，全村铺了5 000m水泥路，供车辆分别在村中，村东、村西环村庄进出。在村内铺了12 500m红石路。架设了7座红石桥，供村民及游客在村内的村头巷尾活动，一年四季不走一脚泥巴路。

3场。在村前铺了红石文化广场供村民集会、玩灯和旅游停车场使用，在每家每户的房子前用红石铺庭院、铺阶沿。这几年，一共铺了红石场地26 200m^2，方便了村民和单位游客集体活动。

4灯。为了改变夜晚村民活动难的问题，对村头巷尾、庭院广场进行了光明亮化，全村共安装路灯145盏，其中高架景观灯8杆。

图13-9 西湖李家徽派建筑群

图13-10　西湖李家村内红石路

图13-11　西湖李家村内广场

图13-12　西湖李家村内路灯

二、打造乡村卫生环境

美丽乡村生态工程建设的一个重头戏，就是改变全村卫生环境不佳的状况。为此，全村上下总动员，男女老少齐上阵，扎扎实实的打了一场攻坚战。

（1）拆除破旧。为了消灭苍蝇蚊子的生存环境，对村内破旧甚至倒塌的破牛栏、破猪栏、露天厕所、破旧草间等一律进行拆除和清理。一共拆除了335间，面积3 672m^2。对拆下来的旧砖、旧瓦、旧木料，按新买的价格由村集体收购后，用到其他的建筑物上（图13-13）。

图13-13　村内拆除破旧

（2）改水改厕。为了优化水质，使村民能饮用地下水源，使全村沟渠活水长流。帮常年在村庄里居住的185户农户挖了深水井，装上了水泵提水，家家户户用上了干净的自来水。同时，对村旁的10口水塘重新清挖了一次，蓄水面积达5 400m^2。砌了6 000m长的红石沟渠，将10口塘蓄水串通，使全村达到了活水长流的目的。村内建公共厕所16座，其中冲水厕所2座（图13-14）。

（3）人畜分居。为了做到人畜分居，在村旁8处新建牛栏56间，面积450m^2。同时，在村后建猪场3个，实行专业化养猪。这样，猪牛不进农户关养，村内就没有了猪牛粪出现，大大改善了旅游景区卫生条件（图13-15）。

（4）严管垃圾。为了使全村的生活垃圾不落地，村里对每家每户配备了共500个垃圾桶，设立了垃圾收集点50个，方便村民倒垃圾。购买2辆垃圾运输车，每天将收集的垃圾运往离村庄2km远的垃圾场，然后集中转运到县城统一处理。农家使用的农膜，实行定期回收，专人运送处理，不留田间，保护了田园土壤环境（图13-16）。

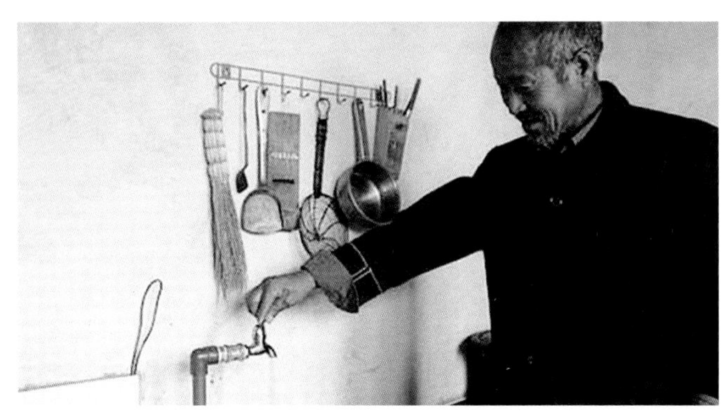

图13-14　改水改厕

图13-15　人畜分居

图13-16　严管垃圾

三、打造乡村生态环境

在美丽乡村生态建设中，特别注意生态环境的保护，围绕山青水秀打造绿色环境。

（1）植树绿化。在村庄的路边、沟边、塘边、山岗、湖滩和房前屋后都栽树，连续五年植树45万棵，风景林和果木林共10多个品种。在农户庭院中，栽上了柚子、桃子、李子、枣子等果树，在村庄后面，分别建起了蜜橘园、香柚园、枇杷园、银杏园等，面积共38.7hm^2，参与农户320户，人均增收1 000元。在乌岗山建立了桃花园20hm^2，80户农户参与经营，人均增收1 000元（图3-17）。

生态景观：桃花园

密橘园

香柚园

枇杷园

银杏园

图13-17　西湖李家村农果业生态景观

（2）种藕种花。为了美化环境，村里利用河塘56 667m^{2}种植莲藕，引进优良的观赏莲种，盛开艳丽的荷花供游人观赏（图3-18）。同时，利用空地种花，形成黄、红、绿多种色彩的绿化坪带。

图13-18　西湖李家村生态景观：荷花池

（3）护林护鸟。面积33.3hm^{2}的乌岗山是先期绿化山丘，现乔灌林绿树成荫，是候鸟白鹭栖息的天堂。为了保护乌岗山的生态环境，村里规定村民不准进山打猎、不准进山放牛、不准砍伐树木，对该山实行封山育林保护。同时，在该山的沙凼湖打造了一个天然游泳场，游客游泳后即可在沙滩躺椅上品茶，观看鹭鸟飞翔（图3-19）。

图13-19　西湖李家村生态保护取得良好效果

（4）整理田庄。为了使全村成为名副其实的江南鱼米之乡，对全村的33.3hm^{2}农田全面实行高标准的改造，做到田成方，路成行，排灌自如，旱涝保收。用红石砌沟渠，用机械耕作，使双季水稻实现了持续高产丰收。

通过对生态的打造，如今的西湖李家是：春天桃红柳绿，夏天荷花争艳，秋天桂花飘香，冬天天鹅戏水。成为众多游客流连忘返的地方。从2009年起，就连年被评为江西省省级生态村和宜居宜业乡村。

四、打造乡村文化底蕴

西湖李家是一个有着悠久历史文化的古村庄。在美丽乡村建设中，特别注意与文化建设融为一体，大力弘扬道德文化，认真传承农耕文化，着力恢复民俗文化，不断创新节庆文化，努力构建现代文化，重点宣传红色文化（图13-20）。

（1）大力弘扬道德文化。为了弘扬道德文化，全村新建了3条长达4 500m的文化墙，在文化墙的215个红石门楼上，刻有《二十四孝》《三字经》和李氏名人的图象及文字介绍；在红石广场的四周建造了6本石头书，刻有村歌、村史、村赋、村图等；在红石桥上刻有名人名句；在祖坟山前建造了祖坛，用于村民祭祀祖先；还建造了祠堂一幢、祖堂5幢，以教育后人不忘祖先的恩德。同时，为了提高村民的道德情操，全村开展了“评优争模”活动，评选出了9种道德模范，即优秀村组干部5人，优秀村民42人，优秀少年9人，好父子5对，好婆媳7对，好兄弟6人，捐款模范64人，放牛模范7人，卫生模范5人。这些道德模范，在每年正月初一全村百桌年饭团拜会上，披红戴花，给予发奖表彰（图13-21）。

图13-20　西湖李家村大门

图13-21　西湖李家村大力弘扬道德文化

（2）认真传承农耕文化。几百年来，西湖李家世世代代都靠种田为生，祖祖辈辈过的是农耕生活。随着社会的发展，村民的生产、生活都发生了深刻的变化。为传承农耕文化，村里专门兴建了3幢总面积为2 100m^{2}的农博馆，并分别建造了甲弟馆、农耕馆、作坊馆和明堂馆，专门陈列以前使用过的生产工具和生活用具。馆内的展品，本村留有的，作价收买。本村没有的，到省外、县外求购。实在买不到的，请木匠、蔑匠等老艺人重新制作。通过农博馆的展览，使农耕文化得到了有效的传承，使城市青少年游客认知农耕文化的光鲜（图13-22）。

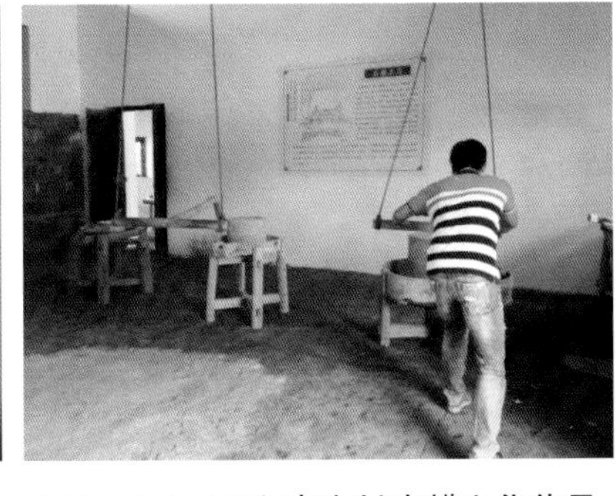

图13-22　西湖李家村农耕文化传承

（3）着力恢复民俗文化。西湖李家的民俗活动，由于多种原因，几十年没有了声息。在美丽乡村建设中，为了使民俗活动得以继承，确定了“龙灯舞、龙舟渡、采茶戏、陇西谱”四个恢复项目。为了恢复龙灯项目，村里派专人外出寻访扎龙头、龙颈、龙尾、灯笼的老艺人，打造出一条长达1km的板灯龙，每逢大年初七和元宵节，村民玩龙灯、庆丰年。2009年，这条龙灯荣获了中华文化促进会在浙江宁波授予的文化传承奖。为此，江西电视台向省内外进行了播送，中央电视台向海内外进行了播送。《人民画报》进行了专题刊登。为了恢复龙舟项目，村里购买了4条龙船，从南昌市水上运动学校请教练，专门训练村民划龙船，每年端午节进行龙舟赛。2009年端午节，村龙舟队参加江西省的“青岚湖杯”龙舟赛，分别获得了第二名和第三名的好成绩。为了使尘封几十年的村剧团得以恢复，一方面，村里请年事已高的老演员追忆古装戏的内容，形成剧本；另一方面，专门建造了一幢古戏台，购买了服装道具。从而，使采茶戏在每年的春节得以上演。另外，该村花了三年的时间，与甘肃省陇西县多次联系，终于把陇西谱联到本村。每逢大年正月初一，村里都要在醒目的地方悬挂陇西谱，以彰显祖上功德，激励后人奋发向上（图13-23、图13-24）。

图13-23　西湖李家村龙舟比赛

图13-24　西湖李家民俗文化活动

（4）不断创新节庆文化。中国农村有春节、元宵、清明、端午、七夕、中秋、重阳、冬至、腊八九大传统节日，这些节日的活动，是农民忙中休闲的时间，也是农民开展文化娱乐活动的时间。为了培养村民爱村的思想，增强集体娱乐的观念。西湖李家主要对春节、清明节、中秋节的活动进行了创新。过大年，是家家户户合家欢乐的好时光。西湖李家在合家欢乐的基础上，农历正月初一采取千人共吃百桌年饭的方式，进行全村欢乐。上午，全村2 000多人聚集在红石广场上，先给9种道德模范在古戏台上披红戴花、发奖章、发奖品，再开团拜会，然后吃年饭。100桌年饭摆上来后，老人坐着吃、年青人站着吃、小孩边跑边吃，人声鼎沸，爆竹喧天，热闹祥和。千人共吃百桌饭，获2010年5月25日在重庆颁奖的全国节庆中华奖。清明节，家家户户上坟扫墓，祭拜先人。西湖李家在祖坟山前打造了一个红石祖坛，坛上刻满了已故先人的名字。清明这一天，全村扫墓村民，聚集在祖坛前面，敲锣打鼓吹喇叭，供香纸和“三牲”，向祖坛上的祖先三上香，集体举行祭祖仪式。这种方式，既庄重又文明。中秋节的晚上，家家户户都是在自家的院子里赏月，西湖李家则不同，而是全村老少聚集到打谷场上，围坐在贴有24节气的24张桌子边，一边吃月饼、柚子，一边赏月。先是一顶花轿抬着一个身着凤冠霞帔的年轻女子到打谷场的祭月台前，由这名女子走上祭月台，手捻三炷香，对着月亮读祭月辞，读完祭月辞后下台跟着村民就坐，祭月完毕。紧接着开始烧圣塔，圣塔的火花从塔孔中射出，映红了半边天，照的夜空通亮，伴随着锣鼓声、鞭炮声响彻夜空，使全村老少欢乐无比，度过了一个欢乐中秋夜（图13-25至图13-26）。

图13-25　西湖李家村百桌年饭

图13-26　西湖李家村节庆文化

（5）努力构建现代文化。为了使古村焕发生机，村里为构建现代文化作了一定的努力。首先，建造了科普广播室，安装了8只高音喇叭，使沉默的村庄发出了现代音符。其次，为500多户安装了闭路电视，村民不但能知道党的农村政策和农科知识，还能及时了解各种信息。另外，2008年电影《命根》在村里拍摄，使村民大开眼界，增添了新的文化理念。为了进一步活跃文化生活，村里谱写了一首村歌，通过葛军独唱的碟子，引领村民学唱，从而激发了男女老少爱村的激情。该首歌被评为全国“十佳”村歌，于2010年元月十四日在北京人民大会堂颁奖。还组建了农家书屋，屋内藏书1 700多册。不断丰富村民的文化知识。村里还成立了妇女禁赌会、红白喜事理事会、民事调解会等，不断革除旧的文化陋习，灌输新的精神食粮。为了活跃村民的体育活动，村里在泡桐广场安装了体育健身器材，供全村村民锻炼身体，增强了村民的体质（图13-27）。

图13-27　西湖李家村现代文化

（6）隆重宣传红色文化。建造了红色广场、毛主席像章纪念馆、毛主席雕像、德胜楼等一批红色建筑（图13-28）。

图13-28　西湖李家村特色建筑

五、结论

纵观西湖李家几年来的美丽乡村生态建设，可以用三个“五个一”来总结。硬件建设“五个一”：“房子修了一遍、山塘挖了一遍、道路铺了一遍、山地绿了一遍、田园整了一遍”；古村文化“五个一”：“一部村史、一张村图、一篇村赋、一首村歌、一套村规民约”；节庆活动“五个一”：“一条龙船、一台采茶戏、一个艺术节、一桌年饭、一条龙灯”。在全体村民的共同努力下，西湖李家村民素质越来越高，几年来，全村无违法犯罪人员，无计划外生育，无群体性事件发生，无村民上访，文明村风越来越和畅，生态环境越来越优越。从而带来了经济的飞跃发展，乡村旅游收入年年提升，村集体资产不断增厚，村民人均纯收入超万元，冠于全县农村人均收益。

第五节　美丽乡村生态旅游产业的发展与经济效益评价

一、乡村建设资金筹措、投资模式及效果评估

兴办乡村生态旅游产业，是靠资金投资推动的。西湖李家筹措资金有四个渠道：一是建设初期由农民集资或投劳；二是利用政府政策专项补助资金；三是发动南昌市相关企业股权投资；四是旅游收入，用于基础建设新项目，滚动发展。现在旅游收入（包含门票、餐饮、住宿等）占村总收益70%～80%，由于设施完善，客源增多，生态旅游价值提高，经南昌市物价局洪价经字〔2011〕35号文件批准，门票价为60元/人，实收30元/人。年满65周岁以上老年人、残疾人、现役军人凭有效证件可免费，在校学生凭学生证门票半价优惠。

经过近几年的打造，西湖李家已形成旅游点15处，开辟了南昌和进贤到西湖李村2条旅游专线，形成了乡村一日游的格局，年接待游客10万人次，旅游年综合收入达600万元，直接接纳200多人就业，间接提供劳动岗位数400个，带动本村产品销售等附加效益100多万元，年增纳税额60万元。现积累村集体资产560万元。

二、乡村旅游业支持了主导产业种养业的稳定发展

乡村旅游发展之前，西湖李家全村经济以农业种植为主，产业结构很单一。经过十年的建设发展，现在转变以种植业、养殖业、乡村旅游业三种产业为主，同时还带动了服务业、交通业等多行业的发展。从而优化了整个村的产业结构，使一二三产业协调发展。已跳出了单一农耕结构，向乡村旅游业、农果业、水体养殖业等多种经营发展。通过发展休闲农业，美丽乡村生态旅游产业已成为西湖李家主导产业，有经济力量对农果业、畜牧水产业进行反哺。兴修水利，添置农业机械，发展设施农业，增施肥料，改良土壤等。促使全村种植业、养殖业更加稳定，种养业稳定、高产，为乡村旅游业的发展提供了更加绚丽多彩的田园风光（表13-2）。

表13-2　西湖李家土地利用现状

项目	耕地		林地	水域	基地建设	村宅、道路等公共设施	广场、停车场用地	总土地面积
	水旱地	果园						
面积（hm^2）	256.7	56.7	190.0	31.1	36.7	226.2	2.6	800
占比（%）	32.09	7.08	23.75	3.89	4.59	28.27	0.33	100

三、西湖李家村农民脱贫致富奔小康的受益经济持续发展

1. 综合效益在提升

西湖李家村主导产业由以前的单一种植业，发展成现在的种植业、养殖业、乡村旅游观光三种产业有机结合。乡村旅游业的发展，带动了农家乐餐饮、交通、服务等行业的发展，为农民提供了更多的就业机会，还增大了农产品的附加值，提高了农产品的经济效益，从而使全村的经济和农民收益得到了全面发展。为我国美丽乡村建设，农民快速脱贫致富奔小康，发展乡村旅游产业做出了示范贡献（表13-3）。

表13-3　西湖李家村民人均年收入对比表

年度	2005	2009	2016
人均年收入（元）	3 500	7 268	12 560
增收（%）	45.7	107.66	258.85

2. 诚招天下客

西湖李家乡村旅游客源在拓展，游客逐年增多。就今年上半年而言，游客群体组成为：学校师生团体游。以南昌市为主，从小学、中学、职业技校到大学都有组团，2017年前5个月，1 000人以上的有南昌凤凰城上海外国语学校、南昌28中等10多所学校；以家庭为主假日休闲游；各种专业会议食住游；省内外群体节假日组团游；退休老人团体游（65岁以上老人免收门票）；当地幼儿园野外游。上半年约接待游客5万人次，由于在培育旅游景点时，特别注意了春夏秋冬的四季生态景观，因此游客来源四季均匀。不存在吃春季、养三季或多季息业的不良经营状况（图13-29至图13-31）。

图13-29　各色各样的团体来西湖李家游玩

图13-30　学校来西湖李家进行社会实践

图13-31　各种工作会议在西湖李家召开

四、西湖李家乡村旅游产业的发展，产生了重大社会影响

西湖李村优美的生态环境，亮丽的旅游景点，周到的旅游服务，在国内、国外产生了强烈反响，上级领导、国外友人、名人雅士、知名企业家慕名而来，指导工作、观光旅游。省委常委、南昌市委书记王文涛、省政协主席傅克诚、副省长李炳军、朱虹等领导来村指导和支持乡村旅游建设；同时引来了一批国内知名专家来村考察，例如我国红壤改良专家赖庆旺、黄庆海两位资深研究员从农业土壤学科发展角度，总结西湖李家美丽乡村建设和产业发展经验。我国农业生态学家、江西农业大学教授黄国勤博士，带领印度尼西亚博士研究生一行3人来村生态学考察。英国、加拿大、日本、德国、芬兰、韩国、新加坡、蒙古、中国香港、中国台湾等12个国家和地区的友人，先后来到西湖李村旅游观光，美国斯坦福大学鲍梅立博士专门来村考察；中国治理荒漠化董事会会长、中国节能协会副理事长张剑鸿一行来村考察绿化和生态保护工作；西安美术学院刘丹教授等文人墨客，在乌岗山青岚楼吟诗作画；中国台湾中华书艺大汉协会一行8人，在景点内外采风观光。

图13-32　红壤改良专家参观指导

省政协傅克诚主席来村视察

南昌市委常委宣传部长周关来村指导

美国斯坦福大学鲍梅立博士来村考察

日本、德国、芬兰友人来村观光

韩国友人考察李村生态状况

蒙古友人考察李村生态建设

中国治理荒漠化基金会会长
中国节能协会副理事长
张剑鸿指导李村绿化工作

中国台湾中华书艺大汉协会来李村采风观光

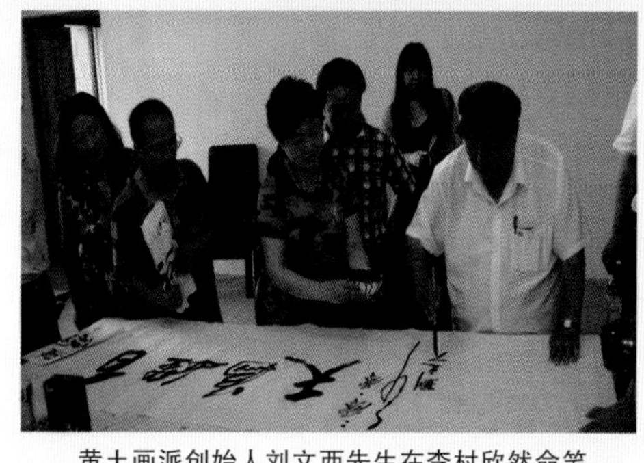

黄土画派创始人刘文西先生在李村欣然命笔

西安美术学院刘丹教授等在李村吟诗作画

黄土画派写生团在李村观光写生

图13-33 社会各界游客来西湖李家参观

五、西湖李家美丽乡村建设前景展望

西湖李村创建美丽乡村旅游示范的工作进行了几年，取得了良好的成效，但全村的旅游资源和旅游项目的开发，还有一定的潜力。按照规划要求，待开发的资源和发展项目如下。

（1）打造农家旅馆。全村300多幢民居，经过整修后，面貌一新。现已在为每栋民房门前砌围墙和红石门楼，庭院内都载了果树。这些民居，只要屋内增添旅游所需要的床、餐具等生活用具，就成了农家旅馆，可以接待常住游客。计划明年搞100栋，以后再逐年增加。

（2）提升农夫草堂。在去农博馆的路上，建了一幢1 600m^{2}的农夫草堂。主要陈列文化艺术精品，作为一个文化艺术博物馆，供游客游览，以后要在文化精品层次开发上做好文章。

（3）拓宽镇村公路。从前坊镇到西湖李村的公路，总长为6km。这条水泥公路，由于前几年搞建设，载重车辆频繁行驶，使路面遭受了程度不同的损坏。因此，准备对这条公路进行拓宽改造，以适应旅游车辆进出的需要。

当然，西湖李村旅游资源丰富，旅游产业尚未全面形成，所以，还需要更进一步加大旅游开发力度，坚定按可持续发展的路子走下去，让这颗中国美丽乡村生态旅游示范明珠发扬光大。

参考文献

本刊记者. 2012. 江西省老科协会员活动日关注新农村建设[J].今日科苑（20）：81.

付喻光. 2013. 岚湖春风焕古村[J].当代江西（09）：59.

胡琳菁. 2015. 省级“一村一品”示范村打造生态乡村样本——记南昌市进贤西湖李家[J].江西农业（06）：14-15.

孔鑫. 2016. 乡贤文化视域下的乡村治理研究[D]. 南昌：南昌大学.

李清华. 2014. 重墨青山绿水绘我故乡美画[J].江西农业（05）：38-39.
刘杭，文逸贤，黄迎春. 2015. 力推美丽乡村建设构筑和谐秀美家园[J].中国财政（20）：63-64.
王小刚. 2009-09-13. 加快西湖李家新农村建设进度[N].南昌日报（001）.
夏秋桦. 2013. 鄱阳湖典型小白鹭栖息地重金属污染及其社会经济影响因素分析[D]. 南昌：江西师范大学.
夏秋烨，倪才英，赵中华，等. 2014. 鄱阳湖夏候鸟小白鹭对环境样品中重金属的富集研究[J].长江流域资源与环境（11）：1540-1544.
杨希. 2009-12-13. 全市“体育三下乡”活动深入西湖李家[N].南昌日报（001）.
杨雪. 2013-04-01. 中国幸福村：路上不断人灶里不断火[N].南昌日报（001）.
张平. 2011-06-01. 彰显文化特色打造魅力新村[N].南昌日报（003）.
赵丹. 2009-02-09. 新农村美景拍进了电影[N].南昌日报（007）.

第十四章　我国美丽乡村生态建设的科技创新成就及发展前景

美丽乡村建设是美丽中国建设在广大农村地区的具体实践，是推进生态文明建设的新工程、新载体，是统筹城乡发展中的一次重大创新。更注重农业可持续发展，更注重农村居民幸福体验，更注重乡土文化传承和繁荣，更注重城乡的互推互动和互融互联。美丽乡村生态建设是一个综合系统工程，要与农村基础设施建设、山水田林路居环境治理，发展农林牧副渔游农村产业经济，加快脱贫致富等结合，统筹做好城乡协调发展，切实提高农村居民幸福感和满意度。实现经济、社会、文化、生态的和谐发展与持续发展。

第一节　我国美丽乡村生态建设的科技创新

从科学性和实践性结合评价，《中国美丽乡村建设生态工程技术与实践》主要科技创新有以下几点。

1. 明确了我国美丽乡村生态建设的战略意义及发展方向

从“三农”建设发展策略，“十三五”国家提出发展6 000个宜居宜业宜游美丽乡村，重点发展休闲农业和乡村生态旅游产业。同时，“十三五”期间要实现全国农村贫困人口全部脱贫等，论述了我国美丽乡村生态建设的战略意义及发展方向。首先介绍了美丽乡村溯源、美丽乡村内涵、美丽乡村发展方向、美丽乡村主要特征等基本概念。阐明了传承和发展我国美丽乡村生态建设的重要意义。从发展乡村生态产业，改善农村农民的生活环境，以及国家解决“三农”问题，都是美丽乡村生态建设的关键，同时美丽乡村生态建设也是保护、继承与发展乡村传统文化的精髓。通过案例效果分析，国家政策解读，更加肯定了美丽乡村建设，有利于促进乡村的物质文明与精神文明协调发展。

2. 构建了美丽乡村生态工程学结构体系

肯定了中国美丽乡村建设生态工程学理论体系的学科定位。从农业生态学原理、美丽乡村生态学原理、乡村景观生态工程学原理、乡村生态工程的建筑学原理、乡村生态工程的植物学原理五个方面，阐述了美丽乡村生态工程学的学科体系定位，梳理了我国美丽乡村生态工程学的理论体系、技术体系、市场体系，丰富和完善了我国农业生态工程学科体系，为我国美丽乡村生态工程学的发展和创新，打下了扎实基础。

3. 研讨了我国美丽乡村生态工程的建设条件和标准

主导循序渐进建立乡村旅游基地，建一个成一个，不坑农。美丽乡村生态建设工程是需要大量投资的。针对各省区当前争点、布点、试点，地方热情高。据报道西南某省已有1.6万“四在农家•美丽乡村”创建点，覆盖9 000多村，占全省行政村50%，受益群众1 500万人，有全面铺开之势。该书研究了中国美丽乡村生态工程建设的基本条件及建设标准。指出选点定位必须符合五个基本条件：一是有青山绿水的村落地理环境；二是具备了前期基础建设资金或筹措途径；三是有一定的古文化底蕴；四是有村民参与休闲农业和生态旅游建设的积极性；五是乡村公路已畅通。首先从美丽乡村生态建设的基本内涵、分类及其特点，论述了构建美丽乡村建设的基本条件为舒适的人居环境、适度的人口聚集、新型的居民群体、优美的村落风貌、良好的文化传承、鲜明的特色模式、持续的产业发展体系。通过对国家和地方一系列美丽乡村建设标准的调研，结合多年美丽乡村建设的实践，作出了标准化研究成果报告，为丰富和发展我国建设美丽乡村定性与定量标准化管理体系做出了新贡献。

4. 推出乡村山水林田路居统一整治，农林牧副渔游产业全面发展的规划技术

研究提出了美丽乡村生态建设与环境整治规划工程技术。阐述了我国农村土地利用的现状及面临的问题，肯定了乡村土地利用规划是美丽乡村建设的前提和基础。并从美丽乡村土地利用规划技术、美丽乡村综合生态体系建设技术、美丽乡村建设绿地规划技术、发展美丽乡村生态旅游产业的规划技术，发展乡村生态经济产业的规划技术等五个要素，论述了美丽乡村生态工程建设与环境整治，做好山水田林路居土地规划与科学布局农林牧副（工）渔游各产业，为美丽乡村建设画出了可实践、可复制、可推广的规划蓝图。

5. 研发了一批美丽乡村生态工程支撑技术成果

本书通过六大专题形式，详细论述了美丽乡村生态工程建设与环境整治规划、美丽乡村生态工程的植物选择与配置技术、美丽乡村生态景观工程的建造技术、美丽乡村田园土壤质量提升与管控技术、美丽乡村水源保护与利用技术和受损山体生态修复技术，为美丽乡村生态工程建设提供了成熟有效技术体系支撑。主要成果有以下三点。

第一，根据当地气候特征，介绍了园林景观植物、水土保持植物、耐阴植物及田园经济植物的选择与配置技术成果。强调从乡村生态经济产业发展和农业产业化结构调整的角度，指出田园植物选择，应以发展经济果木和经济作物为主体，不断提高旅游乡村区单位耕地产出效率，并提出了植物配置与高产种植技术。

第二，提出从土地利用、农业布局、经济产业发展等方面开展美丽乡村生态建设工程的前期规划，肯定了农业是美丽乡村主导产业地位，为美丽乡村生态建设与产业发展明确了规划方向。还介绍水土保持、山体生态修复等技术成果，肯定保护土壤资源是美丽乡村生态建设的基础，是农民赖以生存的根基所在。

第三，通过对粤赣东江从安远、寻邬源头，上中下游，多年来东江水资源保护措施及效果进行监测，以新开发城市深圳30多年用水安全和香港供水安全为例，为美丽乡村建设源头水资源保护，保持清洁源头水资源，做出了规模性水安全范例。

6. 依据不同生物气候带，利用乡村自然资源，建立美丽乡村建设典型模式

我国幅员辽阔，地形地貌多样。我国农业生态深受水平气候带与垂直气候带交错的影响。本书对不同生态区域美丽乡村典型模式进行了研究，指出了依据不同气候带和当地自然资源，建立不同生态区位美丽乡村生态建设典型模式，并按类型、分布及主要特征，规划美丽乡村产业发展途径。为美丽乡村建设生态经济产业发展区划提供了科学依据。

7. 揭示了美丽乡村生态产业发展途径，为“三农”建设指明了发展方向

阐述了美丽乡村生态建设产业发展途径及效益评价。通过美丽乡村产业发展、美丽乡村产业产品链及其构成的分析，指出美丽乡村生态建设的实质是农村、农业和农民，即“三农”同步发展，是经济、政策、环境和文化举措的复合性作用和“四位一体”的综合体现。明确要实现美丽中国的目标，美丽乡村产业建设是不可或缺的重要支撑。从美丽乡村产业发展水平及试点示范管理经验、美丽乡村产业要素及效益评价标准、美丽乡村产业经营模式、美丽乡村产业发展制约因素及面临挑战、美丽乡村产业发展的提升途径五个方面，采用典型产业模式案例分析的方法，指出了美丽乡村产业发展途径及效益评价，为美丽乡村生态建设与产业发展提供了方向性和决策性依据。

8. 总结了贵阳白云区十九寨PPP模式和西湖李家边建边营业，滚动发展，创建美丽乡村生态旅游示范效果

本书以贵阳白云区十九寨乡村旅游规划与南昌西湖李家村为例，重点剖析了美丽乡村建设生态旅游设计与施工实践取得的成果，介绍了西湖李家乡村生态旅游发展思路、创建过程和滚动发展经验。《中国美丽乡村建设生态工程技术与实践》的出版发行，展示了我国美丽乡村生态建设巨大成就，也反映了我国美丽乡村生态建设工程技术水平的创新与突破。

9. 研究提出了美丽乡村田园土壤质量提升与管控技术，为发展乡村农果茶绿色产业提供了成熟技术

本研究论述了美丽乡村田园土壤质量提升与管控技术。从土壤有机质积累速率，腐殖质组分，阐明了有机肥对农业土壤改良及肥力提升的积极意义。同时，作物施用氮、磷、钾肥后，对养分去向进行了跟踪，揭示了施肥对提高水稻、玉米及草莓等产量及品质的影响，为美丽乡村建设生态产业发展，提升乡村有机农业，保障食物安全，提供了科学施肥、养分循环管理技术。

10. 受损山体边坡稳定性的计算方法的创新，为边坡地质稳定性的评价系统提供了由定性走向定量的科学依据

近几年受损山体边坡的崩塌、滑坡甚至产生泥石流灾害，造成了严重危及生命和财产的安全事故。例如，深圳光明新区柳溪工业园渣土受纳场边坡坍塌、泥石流事故，覆盖面积约38万m^2，造成73人死亡，4人失踪，17人受伤，33栋建筑物被损毁、掩埋或不同程度受损。事故造成直接经济损失为8.81亿元；2017年6月四川阿坝州茂县叠溪镇新磨村，发生山体高位滑坡，造成46户农房被掩埋，141人失联。这些人为或自然地质灾害，早已引起了政府和社会的高度关注。现各地从边坡安全性出发，要求新上边坡生态工程项目，市场招投标中必须对边坡地质稳定性作出诊断。本书第九章受损山体生态修复技术。从山体边坡类型和特点，生态工程固坡原则，生态修复技术等，论述了受损山体边坡生态工程技术。特别提及的是研究了用定量方法确立山体边坡稳定性的计算技术，并运用于三亚市吉阳区南新一队H-40号花岗岩矿、崖州区H-6号花岗岩矿、天涯区H-5号花岗岩矿三个边坡生态修复工程的现场设计方案，得到了三亚市林业局、市财政局和方案评审专家的多方认可。为市场建立山体边坡稳定性评价系统做出了创新贡献。

第二节　我国美丽乡村建设生态工程未来研究方向

美丽乡村生态建设新常态下，在广袤的农村，涌现了一批美丽乡村建设先进典型。在土地制度改革、发展乡村旅游产业、新型经营主体培养，包括产业化龙头企业的塑造等，为农村一二三产业融合发展，提供了强大的案例和模式支撑。展示了基层实践，夯实现代农业和美丽乡村建设的基础。美丽乡村生态建设是一个综合系统性工程，各种实践探索不可一刀切，不可一个模式走到底。就乡村旅游而言，应因地制宜探索休闲式、体验式、观光式农业发展模式。

国家“十三五”提出发展6 000个宜居宜业宜游美丽乡村，重点发展休闲农业和乡村旅游产业。同时，“十三五”期间，要实现全国农村贫困人口全部脱贫。“十三五”期间我国农村贫困人口7 017万人（2015年中央经济工作会议统计报导），2016年完成脱贫1 442万人。至2020年要完成5 575万人口全部脱贫工作。要实现完成这两项“十三五”规划，任务十分艰巨。这对“三农”主管部门和广大农业科技工作者既是机遇，也是挑战，任务艰巨，责任重大。美丽乡村建设拥有广阔的前景空间，应继续加强我国美丽乡村生态建设7个方面的研究。

1. 美丽乡村生态建设合理布局，循序渐进的研究

美丽乡村建设依现在地方争点、争试趋势看，显然全面铺开是不现实的，一是筹措资金投入难保障；二是旅游客源有限，乡村旅游点过多过密，在美丽乡村建设中不可能办一个成一个，有再次出现城市“烂尾楼”式而坑农倾向风险。因此，应加强美丽乡村生态建设条件和标准的宏观科学研究，做细做实。防止一哄而上，人人搞旅游，家家农家乐，要对美丽乡村建设条件进行综合研究，处理好统一标准和尊重差异的关系，逐步将建设条件和标准化技术，嵌入美丽乡村建设全过程。

2. 美丽乡村生态景观四季配置技术的研究

主要研究山水田林路生态系统的生物配置技术，“三季有花，四季常青”的植物布局与种植技术等，促使美丽乡村山清水秀，满足游客的观赏性和舒适感。例如江西进贤西湖李家乡村生态旅游示范工程十年创建业绩。该点地处鄱阳湖滨低丘陵红壤低产区，这里气候冷热极端，风不调，雨不顺，红壤“酸、瘦、旱、板、蚀”的原始特征，长期限制了当地农业生产发展，不适合建乡村旅游点。但在当地政府扶持下，他们狠抓生态景观的再造，十年大变样，现“春天桃红柳绿，夏天荷花争艳，秋天桂花飘香，冬天候鸟天堂。”生态环境可十看：“一看古村神韵，二看田园风光，三看乌岗果翠，四看鹭鸟天堂，五看青岚荡漾，六看沙滩泳场，七看农博馆场，八看翰墨飘香，九看农夫草堂，十看新村气象”。现一年四季游客不断，全年接待游客10多万人次，旅游收入占全村三大产业（农业、养殖业、旅游业）80%，全村2 000多人，人均收入达12 560元，比新农村建设前2005年提高2.58倍。成了远近闻名的旅游村。解决了乡村旅游普遍存在的春季收一季，养三季或多季休业的不良营业倾向。

3. 美丽乡村生态建设成果组装技术应用途径的研究

美丽乡村建设投入大，资金筹措压力大。不能靠政府用重金打造“盆景”，靠财政资金大包大揽，是不可持续，也无法复制推广。解决途径：一要发挥市场配置资源的基础性作用，以财政奖补资金为引导，鼓励吸引工商企业资本、银行信贷、民间资本和社会力量参与美丽乡村建设，解决投入需求与可能的矛盾。正确处理好政府与市场、社会的关系；二要研究农业科技成果组合推广应用途径，用科学技术引领美丽乡村建设。例如，用土壤圈物质流、能量流和生物信息流技术原理，打造最美乡村田园风光；用乔灌草混喷快速成林技术，治理山体水土流失；应用绿地和栽大树技术，加快文化广场绿色生态景观封闭期；采用园林建筑力学原理，改造农村旧房和古建筑技术；水系沟渠湿地植物的选择与色块花卉的造景技术等。这些组合技术的推广应用，是降低工程成本，加快美丽乡村前期旅游景观形成的有效技术。乡村旅游项目，鼓励边建设边开放旅游收费，积累资金，滚动发展，促使美丽乡村建设健康、扎实发展。

4. 美丽乡村生态建设农业主导产业布局与稳定性的研究

在美丽乡村生态建设中，未开放乡村生态旅游之前，以种植业为主的农业产业格局很稳定，农业仍然是农林牧副（工）渔五业之首的主导产业。但一旦设立门票，开放乡村旅游业，农业经营及经济架构就发生改变，一般旅游收入占乡村总收入的70%～80%，传统农业产业的基础地位也随之变化，若处理不好，可能出现耕地抛荒，或将土地用途改成建房或旅游基建用地。农业耕地主要以保障国家粮食安全为主导，因此，应主要研究粮食耕地的高产稳产技术，农果牧业土地利用最佳比例结构监控技术，旅游经济改善农田水利及土壤地力基本建设的反哺条件及效果监测。从而保证乡村在任何条件下，农业产业的主导地位。从统计学观点看，利用乡村土地开发旅游产业，仍然归大农业产业化总产值的增值范畴。

5. 乡村旅游产业园区，土壤及水体污染防治技术的研究

主要开展乡村游园区生态环境破坏因素及污染源的动态监测，土壤污染类型及防治技术，黑臭水体的工程措施与生物措施的防护技术，污泥（污染物质）禁入食物链的园林湿地利用技术等，为美丽乡村建设及生态旅游产业持续发展提供创新技术。

6. 美丽乡村建设农业现代化装备选型及设施农业发展途径的研究

美丽乡村生态建设是观光农业、休闲旅游、生态旅游的升级版，规划建设应起点高，除了农耕文化展览馆有旧式农具外，所有生态园区都应以现代化农业为标准，添置农业装备和智能管理的设施网棚，从作物播种、插秧、防病虫草害到收割，均实施机械化作业。有条件设立农业测土配方施肥和食品安全监测实验室。园内电能游览车、电子安全监控及其他旅游设备，都应体验现代化农业气息。这是提高美丽乡村建设品牌及市场竞争力重要科技手段，将美丽乡村建设园区，打造成宜居、宜业、宜游的现代化产业基地。

7. 不同生物气候带，美丽乡村生态产业模式的研究

我国生物气候既有水平地带性规律，又有垂直立体气候特征。例如春季旅游盛行的油菜花，在我国开花期可达7个多月，1月南亚热带的广深惠花开，4月华北平原花开，5—6月黑龙江，内蒙古油菜花开，青藏高原海拔3 000～5 000m地带6—7月油菜花开。因此，利用区域气候差异性，调节植物播种与开花习性，打造乡村旅游花海果园环境，建立和形成不同的美丽乡村生态产业链，或产业模式，对提高乡村旅游质量层次有着重要意义。各地盛行的市花市树，以及历史形成的北方苹果、柿园，南方的柑橘、脐橙园，海南热作的杧果、菠萝蜜果园，新疆葡萄、哈密瓜果园等。这些都是当地特殊气候和土质生成的农业旅游天然果园产业好模式。现代农业更有条件用植物布设新的农业旅游景区，形成观赏性、食物型新的果茶产业模式。

参考文献

安卫. 2014. 休闲视角下的美丽乡村规划设计研究[D]. 南京：南京农业大学.

白金明. 2008. 我国循环农业理论与发展模式研究[D]. 北京：中国农业科学院.

陈相强. 2008. 关于中国园林与生态园林的新思维与实践研究[D]. 杭州：浙江大学.

戴波，刘华戎，李国治. 2014. 生态农业是我国现代农业发展的战略选择[J]. 安徽农业科学，42（25）：8710-8711.

都叶利纳. 2016. 在新农村建设中发展乡村旅游业的思考[J].中外企业家（02）：41.

冯佺光. 2012. 公共选择下的山区农村经济协同发展问题研究[D]. 重庆：西南大学.

郭勋斌，顾克礼，崔业荣，等. 2009. 杂草稻的化学除草技术研究[J]. 杂草科学（2）：26-29.

韩春花，李明权. 2009. 美国《2008年农业法》中农业补贴政策的主要内容及特点分析[J]. 生态经济（2）：l0-14.

侯福龙. 2010. 看，他们的生态农业试验[J]. 世界博览（12）：56-57.

李红军，张富平. 2005. 生态农业在中国的发展优势、作用及建设模式[J]. 农村经济与科技，16（2）：23-24.

李伟娜，张爱国. 2013. 美国发展生态农业的成功经验[J]. 世界农业（1）：92-94.

孙小杰. 2015. 美丽乡村视角下农村人居环境建设研究[D]. 长春：吉林大学.

王丹玉，王山，潘桂媚，等. 2017. 农村产业融合视域下美丽乡村建设困境分析[J].西北农林科技大学学报（社会科学版）（02）：152-160.

王旭东. 2001. 中国实施可持续发展战略的产业选择[D]. 广州：暨南大学.

杨百战，杜绍印，宋小玲，等. 2010. 移栽稻田杂草稻的发生特点及防控措施[J]. 北方水稻，40（5）：58-60.

杨艳红. 2015. "美丽乡村"建设下宁化湖村镇乡村旅游发展研究[D].福州：福建农林大学.

张壬午. 2013. 倡导生态农业建设美丽乡村[J]. 农业环境与发展（1）：5-9.

赵庆玉，李尚庭. 2016. 从英歌石村的发展看美丽乡村建设前景[J].新农业（03）：53-54.

致谢词

中国美丽乡村生态建设，是我国在生态文明建设全新理念指导下的“三农”建设的升级版。发展我国美丽乡村生态产业是利用农村青山绿水和田园风光的乡村资源，发展休闲农业和生态旅游产业，为城市居民提供假日短途旅游服务，实现脱贫致富，缩小城乡差别的新途径、新模式。创建“美丽乡村”，全面推进生态人居、生态环境、生态经济和生态文化建设，创建宜居、宜业、宜游的“美丽乡村”，是美丽乡村建设理念、内容和水平上的全面提升。进入“十三五”，国家提出发展6 000个示范乡村，重点发展休闲农业和乡村旅游产业。全国加快推进美丽乡村生态建设，已取得重大进展和显著成效。2016年乡村旅游营业收入超过5 700亿元，比2015年增加29.5%，约占全国旅游总收入的14.6%，截至目前，全国共创建休闲农业和乡村旅游示范县328个，推介中国美丽休闲乡村370个，认定中国重要农业文化遗产62项，展示了美丽乡村生态建设的良好前景。

建设美丽乡村是转变经济发展方式和调整农村产业结构的客观需要，是美丽中国建设的基础，是发展“三农”产业经济的新载体、新工程。但我国目前鲜有系统总结美丽乡村生态建设技术成果文献，社会和市场亟需一部反映美丽乡村生态建设技术成就的专著，以统一模式标准，提供技术途径。因此，我们以企业现有美丽乡村建设生态工程的技术创新和工程实践为背景，结合剖析全国技术成熟范例，组织多学科专家编写、出版了《中国美丽乡村建设生态工程技术与实践》一书，系统总结了我国美丽乡村建设生态工程学的理论体系、技术体系、市场体系和工程实践，为我国美丽乡村生态建设的发展提供了创新科技支撑。

该书是对我公司美丽乡村建设生态工程技术创新及产业发展的肯定。从另一侧面上也反映了我国在美丽乡村建设生态工程技术创新成就。我公司自2001年成立以来，工程实践遍布内蒙古、贵州、广东、广西、福建、海南等地，围绕城乡生态建设主题，已成为一家集园林景观规划设计、园林绿化施工、生态修复、土壤治理、土壤修复、城乡水源保护工程、园林古建筑施工及苗木生产销售为一体，综合实力较强的园林景观施工设计龙头企业之一。国家级高新技术企业、国家火炬计划重点高新技术企业。有近20年的的生态工程技术创新和产业化实践经历。先后承担了各级科研项目20余项，获得市级科技进步奖一项，发明专利授权7项，实用新型专利授权17项，先后与北京林业大学、甘肃农业大学、福建农林大学、深圳市仙湖植物园、深圳职业技术学院等建立了产学研合作关系，在美丽乡村生态技术创新、生态工程修复方面，实施了一系列合作开发项目。也得到了深圳市技术攻关计划、深圳市技术开发计划等项目的立项和经费支持。在此，借助该书的出版，向国家科技部、福建省科技厅、广东省科技厅、厦门市政府、深圳市政府和翔安区政府、厦门市科技局、深圳市科技创新委员会和福田区科技局等政府主管部门，给予的科研立项和资助，以及各协作单位表示衷心的感谢！

中国科学院赵其国院士，对本书的编写给予了鼎力支持和指导。书稿完成后，在百忙之中为本书做序，肯定了本书的出版对我国美丽乡村建设生态工程学的创新发展的贡献，并提出了我国美丽乡村生态建设科研发展方向。为此，我代表公司董事会特向赵其国院士致以深切谢意。

本书从准备到完稿，历时将近两年的时间，在编著过程中查阅了国内外最新研究进展。得到了江西省红壤研究所、江西农业大学、深圳市水务局水保处、深圳市风景园林协会、深圳市农科集团公司、贵阳市白云区政府等单位的大力支持，还引用了部分同仁公开发表的乡村生态典型工程的案例，在此一并致谢。

中国美丽乡村生态建设面临着“十三五”建立6 000个“三宜”美丽乡村的发展规划。同时，到2020年要实现全国农村贫困人口全部脱贫。美丽乡村生态建设任务艰巨而光荣。借用赵其国院士序言里的一句话，只要积极、有序地开展美丽乡村生态工程建设，经过若干年的努力和奋斗，“美丽乡村”必将呈现在祖国的大江南北。希望在未来美丽乡村生态工程建设和农业现代化发展道路上，我们可以走的更高、更远。

厦门日懋城建园林建设股份有限公司
深圳市日昇园林绿化有限公司

董事长、总经理：

（苏进展）
0755-83547401
2017年08月08日

图1-1　浙江省湖州安吉“大年初一”风景小镇

图1-2 安吉白茶茶园

图1-3 安吉县城夜景

图1-4 安吉——竹海

图1-5 安吉仙龙峡游客中心

图1-6 安吉的竹海和农家

图1-7　安吉环境优美的社区

图1-8　安吉原生态竹海中漂流

图1-9　江山市大陈乡大陈村

图1-10　廿八都镇兴墩村

图1-11　廿八都镇浔里村

图1-12　石门镇清漾村

图1-13　峡口镇枫石村

图1-14　新塘边镇勤俭村

图1-15　新塘边镇日月村

图1-16　仙居县白塔镇上横街村

图1-17　仙居县淡竹乡下叶村

图1-18　仙居县下各镇新路村

图1-19　仙居县下各镇杨硖头村

图1-20　仙居杨丰山梯田

图1-21　成都锦江区三圣花乡

图1-22　成都锦江区三圣花乡

图1-23　三圣花乡定位以“花文化”为媒

图1-24　三圣花乡建筑融入了蜀文化民居风格

图1-25　三圣花乡旅游资源丰富且条件良好

图1-26　江西婺源李坑

图1-27　江西婺源民居

图1-28　江西婺源月亮湾

图1-29　婺源油菜花

图1-30　宁国市储家滩

图1-31　宁国市恩龙世界木屋村

图1-32　宁国市恩龙树木博览园

图1-33　宁国市杨山

图1-34　宁国市千秋畲族村

图1-35　宁国市夏霖

图1-36 宁国市青龙湾

图3-1 张家港市南丰镇永联村

图3-2 钢村嘉园

图3-3 江苏省苏州市张家港市南丰镇永联村

图3-4 高家堂村

图3-5 高家堂村竹海

图3-6 高家堂村

图3-7　高家堂村竹产业

图3-8　松江区泖港镇黄桥村

图3-9　松江区泖港镇蔬菜种植

图3-10　上海松江区泖港镇松江乐莓园——蓝莓采摘

图3-11　松江区泖港镇——火龙果种植

图3-12　天津大寺镇王村社区环境

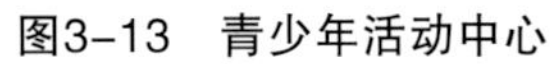

图3-13　青少年活动中心

图3-14　活动广场

图3-15　天津大寺镇村庄建设

图3-16　河南省洛阳市孟津县平乐镇平乐村——千人画牡丹活动

图3-17　河南省洛阳市孟津县平乐镇平乐村

图3-18　平乐农民牡丹文化创意产业园外景（左）与内景（右）

图3-19　武山县“台田养鱼”

图3-20　武山县休闲渔业

图3-21　甘肃天水市武山县

图3-22　内蒙古太仆寺旗贡宝拉格苏木道海嘎查

图3-23　内蒙古锡林郭勒盟西乌珠穆沁旗浩勒图高勒镇脑干哈达嘎查

图3-24　福建省漳州市平和县三坪村

图3-25　广西壮族自治区恭城瑶族自治县莲花镇红岩村

图3-26　江西省婺源县江湾镇

图5-1　苦楝

图5-2　大叶紫薇

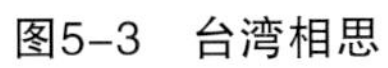

图5-3　台湾相思

图5-4　黄槐

图5-5　油松

图5-6　臭椿

图5-7 刺槐

图5-8 侧柏

图5-9 多花木兰

图5-10 紫穗槐

图5-11 胡枝子

图5-12 夹竹桃

图5-13 黄荆

图5-14 檵木

图5-15　南天竹

图5-16　银合欢

图5-17　白灰毛豆（山毛豆）

图5-18　百喜草

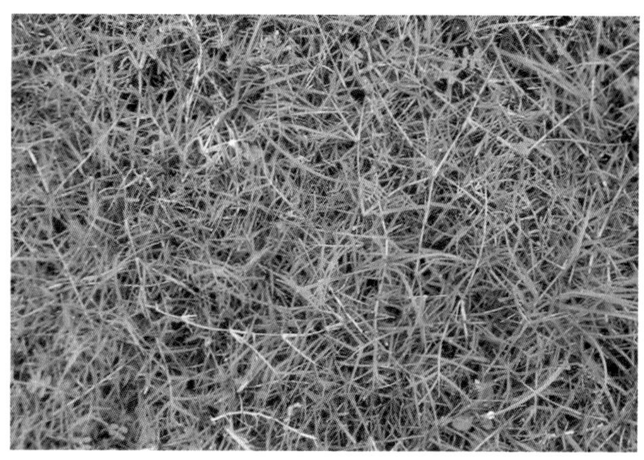

图5-19　狗牙根

图5-20　高羊茅

图5-21　沿阶草

图5-22　黑麦草

图5-23　结缕草

图5-24　猪屎豆

图5-25　草木樨

图5-26　薜荔

图5-27　络石

图5-28　常春油麻藤

图5-29　五叶地锦

图5-30　猫爪藤

图5-31　炮仗花

图5-32　板栗

图5-33　茶

图5-34　柑橘

图5-35　李

图5-36　枇杷

图5-37　苹果

图5-38　桑

图5-39　杧果

图5-40　石榴

图5-41　柿树

图5-42　桃

图5-43　乌桕

图5-44　油茶

图5-45　杨梅

图5-46　山楂

图5-47　核桃

图5-48　向日葵

图5-49　草莓

图5-50　西瓜

图5-51　西红柿

图5-52　黄瓜

图5-53　豇豆

图5-54　凤凰木

图5-55　雪松

图5-56　木棉

图5-57　桂花

图5-58　香樟

图5-59　玉兰

图5-60　百合

图5-61　凤仙花

图5-62　菊花

图5-63　牡丹

图5-64　芍药

图5-65　栀子

图5-66　鸡冠花

图5-67　毛地黄

图5-68　黄花鸢尾

图5-69　苔草

图5-70　风车草

图5-71　芦苇

图5-72　芦竹

图5-73　美人蕉

图5-74 菖蒲

图5-75 香蒲

图5-76 水葱

图5-77 千屈菜

图5-78 泽泻

图5-79 眼子菜

图5-80 紫芋

图5-81 狐尾藻

图5-82　阔叶凤尾蕨

图5-83　叉花草

图5-84　肓叶线蕨

图5-85　铁线蕨

图5-86　长叶铁角蕨

图5-87　江南星蕨

图5-88　小驳骨

图5-89　金苞花

图6-1　草坪喷灌系统

图6-2　液压喷播

图6-3　液压喷播的适用性极广

图6-4　枝插

图6-5　根插

图6-6　叶插

图6-7　大树移植后效果

图6-8　大树移植后效果

图6-9 大树移植前挖树

图6-10 包土球

图6-11 包土球完成

图6-12 倒树

图6-13 大树装车

图6-14　大树运输

图6-15　大树支架

图6-16　大树支架

图6-17　营养液滴注技术

图6-18　营养液滴注技术

图6-19 大棚栽培

图7-1 小麦三抗西瓜套种模式

图7-2 茶园内套种的油菜

图7-3 茶园套种灵芝

图7-4 茶园套种绿肥

图7-5 茶园套种绿化苗木

图7-6 茶园套种香氛植物

图7-7　茶园套种油菜

图7-8　茶园间套种的樱桃树

图7-9　杨树林套种油菜

图7-10　甘蔗套种玉米

图7-11　核桃套种小麦

图7-12　林果与农作物间作模式

图7-13　魔芋玉米套种

图7-14　温州茶园套种红豆杉

图7-15　小麦套种花生

图7-16　玉米小麦套种

图7-17　玉米青菜套种

图7-18　玉米套种大豆

图7-19　玉米套种糯玉米

图7-20　玉米套种土豆

图7-21　紫云英绿肥种植

图7-22　农家肥

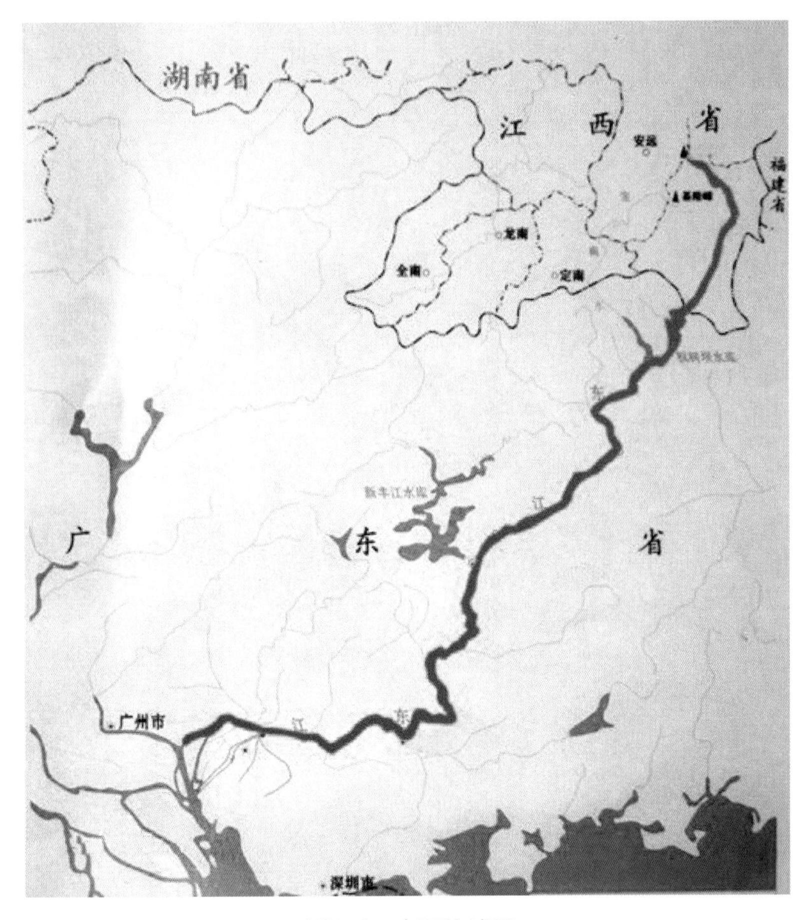

图8-1　东江流域图

图8-2　周恩来题词

图8-3　东江上源江西寻乌水

图8-4　寻乌退果还林保护东江源

图8-5　寻乌桠髻钵山东江源头

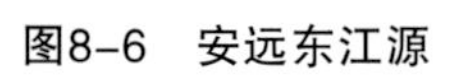

图8-6　安远东江源

图8-7　东莞大堤

图8-8　东江源水源保护林

图8-9　东江源桠髻钵山

图8-10　东江源水源

图8-11　枫树坝水库

图8-12　白盆珠水库

图8-13　新丰江水库

图8-14　深圳水库

图9-1　施工完成2个月前后对比效果

图9-2　施工完成6个月后效果

图9-3 施工完成6个月后“V”型槽植物生长效果

图9-4 Ⅰ号边坡

图9-5　Ⅲ号边坡

图10-1　海伦市扎音河乡朝阳村

图10-2　安庆杨亭村

图10-3　安义古村

图10-4 蚌埠市固镇县连城镇禹庙村

图10-5 谷城县堰河村

图10-6 滨州狮子刘村

图10-7 池州市贵池区梅村镇霄坑村

图10-8 滁州市明光市自来桥镇尖山村

图10-9 凤林镇白沙村

图10-10 浮梁严台村

图10-11　广昌驿前古镇

图10-12　广丰小丰村

图10-13　河南信阳郝堂村

图10-14　贺村镇耕读村

图10-15　吉安渼陂村

图10-16　吉安钓源古村

图10-17　宏村

图10-18　济源五里桥村

图10-19　绩溪县仁里村

图10-20　泾县月亮湾村

图10-21　景德镇瑶里

图10-22　乐安流坑古村

图10-23　利川市主坝村

图10-24　临沂常山庄

图10-25　洛阳重渡沟村

图10-26　漯河南街村

图10-27　南昌安义古村

图10-28　南阳化山村

图10-29　平顶山东竹园村

图10-30　铅山河口古镇

图10-31　三河古镇

图10-32　上饶石人村

图10-33　夷陵区青龙村

图10-34　威海烟墩角

图10-35　芜湖市繁昌县铁冲村

图10-36　南陵县家发镇峒山阮村

图10-37　吴城古镇

图10-38　武汉市黄陂区张家榨村

图10-39　西递

图10-40　歙县雄村

图10-41　襄阳市谷城县堰河村

图10-42　绩溪县瀛洲镇龙川村

图10-43　寻乌周田古村

图10-44　瑶里古镇

图10-45　宜昌市夷陵区青龙村

图10-46　宜黄棠阴古镇

图10-47　四川西部丹巴藏寨

图10-48　新疆喀纳斯图瓦村落

图10-49　云南德宏州喊沙村

图10-50　广东开平碉楼及附近村落

图10-51　福建土楼建筑群及村落

图11-1　江宁五朵金花之——东山香樟园

图11-2　南京江宁的五朵金花之——石塘人家

图11-3　南京江宁五朵金花之——世凹桃源

图11-4 休闲农业、观光农业种植

图11-5　花卉种植

图11-6　果树种植